规划研究方法手册

[英]　伊丽莎白·A·席尔瓦　帕齐·希利
尼尔·哈里斯　　　　　编著
[比利时]　彼得·范·登布洛克
顾朝林　田　莉　王世福　周　恺　黄亚平　等译

中国建筑工业出版社

著作权合同登记图字：01-2015-3884号

图书在版编目（CIP）数据

规划研究方法手册/（英）席尔瓦等编著；顾朝林
等译.—北京：中国建筑工业出版社，2015.10
ISBN 978-7-112-18515-3

Ⅰ.①规… Ⅱ.①席…②顾… Ⅲ.①城市规划－研
究方法 Ⅳ.①TU984-3

中国版本图书馆CIP数据核字（2015）第227867号

责任编辑：郑淮兵　董苏华
责任设计：董建平
责任校对：陈晶晶　关　健

规划研究方法手册

[英] 伊丽莎白·A·席尔瓦　帕齐·希利
　　尼尔·哈里斯　　　　　　　　编著
[比利时] 彼得·范·登布洛克
顾朝林　田　莉　王世福　周　恺　黄亚平　等译

*
中国建筑工业出版社出版、发行（北京西郊百万庄）
各地新华书店、建筑书店经销
北京京点图文设计有限公司制版
北京云浩印刷有限责任公司印刷
*
开本：850×1168毫米　1/16　印张：32¼　字数：703千字
2016年8月第一版　2016年12月第二次印刷
定价：**99.00**元
ISBN 978-7-112-18515-3
（27725）

版权所有　翻印必究
如有印装质量问题，可寄本社退换
（邮政编码 100037）

主要翻译人员

顾朝林　　田　莉　　王世福　　周　恺　　黄亚平　　李彤玥　　张雨蝉

参与翻译人员
（按姓氏拼音排序）

曹哲静	陈楚璋	陈　霈	邓昭华	杜　坤	韩　菁	贺璟寰
胡佳怡	胡瑜哲	黄俊浩	李吉桓	李经纬	李　昕	李义纯
刘希宇	刘　铮	卢有朋	马一翔	莫　策	钱芳芳	冉旭东
单卓然	唐婧娴	王铂俊	王博祎	王宝宇	王　晨	王艺铮
王卓标	吴凯晴	吴梦笛	吴诗雨	吴怡慧	杨　晨	杨　柳
叶亚乐	尹子潇	詹　浩	赵丽元	赵银涛	周　萌	朱智华
邹　晖						

译者序

自 1978 年改革开放以来，为了应对快速的经济增长和住房、交通等城市问题以及生态环境恶化带来的挑战，中国的规划业者（包括学者和规划师）一直在学习西方国家的规划理论和方法，从最大程度上进行内容整合和方法创新。毋庸置疑，中国最近 30 多年的城市规划学科发展为中国的快速城镇化进程发挥了积极和重要的作用。规划的作用已经获得了决策者的认可，成为政府进行建设管理和发展调控的公共政策工具，其在社会事务管理中可发挥的协调协商手段也在日趋成熟。然而，由于过多的工程项目和过快的运行模式，在城乡规划的政策属性和社会属性逐渐被承认的过程中，其规划研究的属性却逐渐遭遇轻视乃至丧失。在面对各方政治诉求主张、多元社会群体利益和复杂经济社会矛盾时，规划师也逐渐失去"向权力讲述真理"的自信，回归理性规划和崇尚规划研究已经成为规划行业的社会新需求。

劳特利奇出版社最近出版的《规划研究方法手册》正好符合中国规划业者和规划行业的这种新需求。这本书由英国剑桥大学伊丽莎白·A·席尔瓦（Elisabete A. Silva）、英国纽卡斯尔大学帕齐·希利（Patsy Healey）、英国卡迪夫大学尼尔·哈里斯（Neil Harris）和比利时鲁汶大学彼得·范·登布洛克（Pieter Van den Broeck）共同主编，包括研究生涯中个人感悟、规划研究技巧、定性研究、定量研究和规划研究实用方法五个部分。编著者从过去五年参加 AESOP、ACSP 和 WPSC 会议的人员中挑选出活跃的来自世界各地的规划研究者作为作者。这本书注重规划研究方法的讨论，不仅可以作为指导规划科研人员（学者或研究生）进行研究设计的参考手册，更重要的是，它给我们清晰地勾勒出了当前规划研究所倚仗的认识论基础以及规划分析所依托的科学方法，既包括了我们熟悉的调研访谈（Interview）、回归统计（Regression）等方法，也介绍了会话分析（Discusive Analysis）、人类学分析（Ethonogrpahic Research）等新的研究工具。

科学性是规划的灵魂，但规划有自身的特殊性。正如规划大师约翰·弗里德曼（John Friedman，1987）将规划定义为"公共领域中知识向行动的转化"一样，这本书力图阐明规划研究的本质在于：从一般意义来说，规划研究是一种科学研究，但规划研究是以某种方式运用已有的知识引导新的见解，且这种知识应当通过系统性调查研究获得。很多规划研究工作都要求研究解决现实问题，有的甚至希望通过规划研究形成相关的政策建议或完成具体规划的编制。规划研究强调了这种研究既是一个互动过程（信息不断被共享），也是一个实践过程（强调知识的"应用"）。系统性调查研究包括缜密的数据收集、清晰的指导数据采集和分析的概念性理论框架，以及具备全面开展研究活动的严谨性和技巧。

对中国规划师而言，适应经济发展的"新常态"，从增长拉动型规划转向存量提升型为主规划，规划需要提出合理合法的技术方案、政策主张或协商共识，规划师因此也就需要有更加坚实的科学知识基础，回归理性规划，崇尚规划研究势在必然。因此，我们需要重新认识规划中"科学属性"价值，并将"科学理性"作为所有规划认知和观点的基础。只有这样，规划师才能言之有据；也只有这样，规划在我国经济社会发展中的作用和地位才能延续并发扬光大。

这本书，作为第一本有关规划研究方法的专著，填补了科学研究中规划研究方法的空白；作为中文版译本，也凝聚了我国许多规划学者和研究生的跨文化跨制度的深思熟虑而付出的很多心血，得以出版，是为译者序。

顾朝林　田　莉　王世福　周　恺　黄亚平

2015 年 5 月 24 日

litian262@126.com, archcity@scut.edu.cn,

zhoukai_nju@hotmail.com, hust_hyp@sina.com

目　录

图片目录

表格目录

编著者简介

玛赫亚·阿列菲(Mahyar Arefi)，美国辛辛那提大学规划学院教授。已经出版了城市设计理论、场所和场所营造、国际发展等领域的大量著作。其新书《Deconstructing Placemaking：needs，assets，and opportunities》(Routledge，2014)探索了三个主要的场所营造范式。

包晓辉（Helen Bao），英国剑桥大学土地经济系房地产金融学讲师。关注估价和住房经济学领域，研究兴趣为：特征价格模型及其在房地产金融学和经济学、住房经济学和住房政策中的应用。

菲利普·布思（Philip Booth），早期任职于英国设菲尔德大学，城镇和区域规划领域的副教授。已出版了关于比较规划，尤其是法国与英国发展控制的大量著作。

W·W·布恩克（W.W.Buunk），荷兰兹沃勒温德斯海麦应用科学大学。在地区发展研究小组工作，主要关注开发方法和技术在城市和区域发展中的分析、设计和决策过程。

希瑟·坎贝尔（Heather Campbell），英国设菲尔德大学副校长、战略专业顾问，城镇和区域规划教授，是《规划理论与实践》杂志的高级编辑。研究兴趣在于规划理论，包括伦理、社会公平、知识和行动之间的关系。

达维德·卡西纳里（Davide Cassinari），地方发展经济学硕士。比利时鲁汶大学建筑、城市和规划系研究员。主要关注欧洲社会城邦及跨学科研究方法论。

顾朝林（Gu Chaolin），中国清华大学建筑学院城市规划系教授。主要研究兴趣：城市与区域规划理论、城市地理学、区域经济。已出版很多论著，主要涉及区域规划、城镇体系规划、城市社会空间、城镇化等，讲授《规划理论与实践》、《规划研究方法》等课程。

马克思·克拉利亚（Max Craglia），欧洲委员会联合研究中心研究协调人。研究中心负责欧洲空间信息基础设施的技术开发（http：//inspire.jrc.ec.europa.eu）。在 2005 年加入 JRC 之前，他曾经是英国设菲尔德大学高级讲师，教授 GIS 课程，研究领域为空间数据基础设施的开发与应用及数据政策。

黛安娜·戴维斯（Diane Davis），美国哈佛大学设计学院城市和发展方向教授。研究兴趣包括城市发展政策、冲突城市的社会空间实践、城市化和国家发展的关系、国际发展对比研究。她目前的研究关注城市社会、空间和政治冲突，对于全球化、非正规性和政治经济暴力的响应，及其对城市治理的影响。

西明·达武迪（Simin Davoudi），英国纽卡斯尔大学环境政策和规划教授，可持续发展研究会副主任。她是 AESOP 前主席，社会科学院研究员及英国政府和欧盟委员会专家顾问，英国和国际研究评审小组专家顾问。已出版大量著作，关注社会和生态、空间规划、治理之间的相互关系。她是《Conceptions of Space and Place in Strategic Planning》（Routledge，2009 with I. Strange）和《Reconsidering Localism》（Routledge，2015 with A. Madanipour）的联合编辑。

玛丽亚·德·巴罗斯（Maria Hilde de Barros Goes），巴西里约热内卢联邦农业大学农学院 / 地球科学系副教授，毕业于阿拉戈斯州联邦大学（UFAL）地理学专业，获里约热内卢联邦大学地理学硕士学位（UFRRJ），圣保罗州立大学地理科学和环境博士学位（UNESP）。研究兴趣地貌学、地理信息系统、环境规划评估和分析等。

斯蒂芬妮·杜尔（Stefanie Dühr），荷兰内梅亨大学欧洲空间规划教授，获布里斯托尔西英格兰大学博士学位，主要研究兴趣：空间规划的制图表达、欧洲国土合作、欧盟对规划的影响、比较规划制度研究，是《The visual language of spatial planning》（Routledge，2007）的作者和《European spatial planning and territorial cooperation》（Routledge，2010，with C. Colomb and V. Nadin）的联合作者。

詹姆斯·多米尼（James Duminy），南非开普敦大学非洲城市中心研究员，城市规划和城市历史硕士。2010 年开始任职非洲规划院校协会，基于 ACC 并受到洛克菲勒基金会项目资助。

雅克·杜托伊特（Jacques du Toit），南非比勒陀利亚大学城市和区域规划系高级讲师，获南非斯泰伦布什大学研究方法论博士学位。研究兴趣：研究方法论、规划方法和技术、环境行为研究。

约翰·福雷斯特（John Forester），美国康奈尔大学城市和区域规划教授，著作有《Planning in the Face of Power》（California，1989），《Dealing with differences》（Oxford，2009），《Planning in the Face of Conflict》（American Planning Association，2014），《Rebuilding Community after Katrina》（with Ken Reardon，Temple，2015）等。

皮埃尔·弗兰克豪泽（Pierre Frankhauser），法国弗朗什孔泰大学国家科学研究中心地理学教授，获得斯图加特大学理论物理学博士、巴黎第一大学地理学博士学位。研究领域为城市结构建模和分形分析、居住决策过程、基于分形理论的可持续城市发展研究。

斯坦·吉尔特曼（Stan Geertman），荷兰乌得勒支大学地理信息科学副教授、空间规划主任。国际期刊上发表大量文章，出版编辑大量书籍，是国际同行评议期刊 ASAP（Applied Spatial Analysis and Policy）编辑、CUPUM（Computers in Urban Planning and Urban Management）主席，研究兴趣包括政策实践中的规划和决策支持系统（PSS/DSS）、西方和中国可持续城市化、GIS 应用方法论、治理和支持技术等。

罗伯特·海宁（Robert Haining），英国剑桥大学人文地理学教授。长期从事空间统计方法在地理数据领域的应用研究，同时关注犯罪地理学和疾病地理学及经济地理学的研究。

玛丽亚·哈坎森（Maria Håkansson），瑞典斯德哥尔摩皇家工学院城市与区域研究助理教授。研究兴趣：理论与实践的关系、职业角色和能力、作为话语的可持续发展、学习过程、研究方法、知识如何用于规划实践并被再生产。

尼尔·哈里斯（Neil Harris），英国卡迪夫*大学卡迪夫规划和地理学院高级讲师，同时参与学术研究及政府、专业团体和慈善机构的咨询项目。在卡迪夫大学获得博士学位，英国注册城市规划师。

塔利·白田（Tali Hatuka），以色列特拉维夫大学当代城市设计实验室，主任博士，建筑师、城市规划师。主要关注当代社会城市更新与发展、暴力和生活的关系。

帕齐·希利（Patsy Healey），英国纽卡斯尔大学建筑、规划和景观学院荣誉退休教授，规划领域系列名著作者，尤其在协同规划领域拥有杰出成果，新书包括《Urban complexity and spatial strategy making》（Routledge，2007）和《Making better places》（Palgrave Macmillan，2010）。

蒋新颜（Xinyan Jiang），中国上海同济城市规划设计院高级规划师。主要研究领域：城市总体规划和文化工业旅游。

---

* Cardiff，又译加的夫。——编者注

仁娜特·科特瓦尔（Zeenat Kotval-K），美国密歇根州立大学城市规划系助理教授，城市和区域规划及酒店管理硕士。主要研究兴趣：可持续性、建成环境、交通形态。

齐尼娅·科特瓦尔（Zenia Kotval），美国密歇根州立大学教授。研究兴趣：社区发展、经济政策与规划、地方经济变化中结构和特征、社区发展战略的影响。关注理论和实践的联系，强调地方经济发展、产业重组和城市复兴。作为 MSU Extension's Urban Collaborators and Urban Planning Partnership 的主席，持续从事学术和专业研究以满足密歇根城市的需求，拓展新知识和技术帮助提升城市生活品质，同时将学术和专业技能用于深化经济和规划议题以影响城市发展。

格雷格·劳埃德（Greg Lloyd），英国阿尔斯特大学建成环境学院院长，曾任独立的部长级顾问。关注北爱尔兰规划事务，领导了一系列苏格兰政府资助的研究项目，出版了与规划相关的大量书籍。

弗朗切斯科·罗·皮科洛（Francesco Lo Piccolo），意大利巴勒莫大学建筑系城市规划教授，富布莱特奖学金和玛丽居里 TMR 获得者。研究主要关注：社会排斥、种族划分和多样性、身份识别和地方社区、公众和市民参与，尤其关注伦理学和公平问题。

帕特里夏·麦克赫默（Patricia Machemer），美国密歇根州立大学规划设计和建筑学院城市和区域规划副教授，获得密歇根州立大学资源管理博士和密歇根大学景观建筑学和城市规划硕士学位。在空间规划发展中心教授景观建筑、城市和区域规划课程。研究兴趣：参与式设计和规划，尤其关注儿童参与。作为一名区域层面的土地利用规划师，拓展了地理信息系统在规划实践和教学方面的运用，提倡跨越学科边界的研究，并提供实践性的土地利用和规划方法及解决途径。

蒂亚戈·巴德尔·马里诺（Tiago Badre Marino），巴西里约热内卢联邦农业大学地球科学系助理教授，获得圣保罗大学交通工程硕士，里约热内卢联邦大学计算机科学博士。

阿比德·马哈茂德（Abid Mehmood），英国卡迪夫大学地方可持续发展研究所研究员。研究兴趣：社会创新、城市和区域发展、环境治理，参与了一系列欧洲 FP 项目，最近出版《Planning for climate change》（2010，edited with S. Davoudi and J. Crawford）和《The international handbook on social innovation》（2013，edited with F. Moulaert，D. MacCallum，and A. amdouch）。

安杰拉·米利翁（Angela Million），德国柏林工业大学城市和区域规划研究所所长，AKNW 城市规划和城市设计师，曾担任柏林城市事务研究所研究员和讲师，并为城市规划官员开设城市规划和公众参与相关培训课程。研究兴趣：可持续城市发展和参与式设计方法。非营利组织 JAS（Jugend Architektur Stadt）创办会员，致力于建成环境教育以及儿童和青年人参与。

弗兰克·莫拉尔特（Frank Moulaert），比利时鲁汶大学空间规划系教授，规划与发展 Unit ASRO 主任、鲁汶空间和社会研究中心主任。研究兴趣：城市与区域发展、社会科学理论与方法，尤其是社会创新。最近出版《Urban and Regional Trajectories in Contemporary Capitalism》（2012，edited with F. Martinelli and A.Novy）和《The International Handbook on Social Innovation》（2013，edited with D. MacCallum，A. Mehmood，and A. Hamdouch）。

约翰·R·穆林（John R．Mullin），美国马萨诸塞州阿默斯特大学城市规划教授，规划咨询公司穆林学会创办会员，有 35 年以上规划编制经验。研究兴趣：规划史、新英格兰磨子工业城的历史和未来。

伍美琴（MeeKam Ng），中国香港中文大学地理和资源管理系副系主任，城市研究课程主任，RTPI、HKIP 和 HKIUD 成员。

皮耶尔·卡里奥·巴勒莫（Pier Carlo Palermo），意大利米兰理工学院城市规划教授，建筑和社会学院院长、建筑和城市规划系主任。出版有大量书籍和期刊文章；研究兴趣为空间规划和政策设计；《Spatial Planning and Urban Development》（Springer，2010）的联合作者（with Davide Ponzini）。

德博拉·皮尔（Deborah Peel），英国邓迪大学艺术和社会科学学院建筑和规划系主任，从事大量国家和地方政府资助的研究工作，发表许多土地利用规划现代化和改革论著。

桑德拉·李·皮内尔（Sandra Lee Pinel）美国注册城市规划师研究院（AICP），博士。厄瓜多尔洛哈科技大学普罗米修斯奖学金获得者，美国内布拉斯加大学规划专业访问教授。从事跨文化景观保护和区域发展及多元司法体制下的协同规划研究，尤其是针对美国西部、东南亚、拉丁美洲的乡村和城市地区，并与当地美国部落、地方、州和联邦政府及非政府组织一同开展项目。应用人类学研究学会成员，美国规划学会区域和政府间董事会成员。

保罗·皮尼奥（Paulo Pinho），葡萄牙波尔图大学工程学院空间规划教授。CITTA、领土、交通和环境研究中心创始人和主席，空间规划博士课程主任，葡萄牙波尔图和科英布拉大学联合倡议者。

佩德罗·皮雷斯·德·马托斯（Pedro Pires de Matos），葡萄牙里斯本技术大学讲师，国际委员会当地环保行动欧洲秘书处项目助理。获得英国剑桥大学应用计量经济学和经济地理学博士、英国伦敦大学学院发展和规划 / 城市经济发展理学硕士、葡萄牙里斯本技术大学区域规划和城市管理学士，曾在美国北卡罗来纳州立大学从事博士后研究 。

达维德·蓬齐尼（Davide Ponzini），意大利米兰理工大学城市规划助理教授，研究兴趣：规划理论、城市文化政策。《Spatial Planning and Urban Development》（Springer 2010）一书的联合作者（with Pier Carlo Palermo）。

约瑟·雷斯（José P. Reis），剑桥大学格顿学院成员，获得英国剑桥大学土地经济系博士、葡萄牙波尔图大学土木工程（与城市规划相关的）硕士。研究兴趣：城市形态、城市增长和收缩的过程、城市规划政策。

托雷·萨格尔（Tore Sager），挪威科技大学土木与交通工程教授，教授交通经济学和战略规划。研究兴趣：制度经济学、交通和城市发展的决策过程、规划理论。

伊丽莎白·A·席尔瓦（Elisabete A．Silva），英国剑桥大学土地经济系空间规划高级讲师。研究兴趣：动态城市模型在城市规划中的应用（尤其是 GIS、CA 和 ABM 模型），是《A Planner's Encounter with Complexity》（Ashgate，2011）联合作者和《Urban Design and Planning》杂志编委。

罗伯特·马克·西尔弗曼（Robert Mark Silverman），美国布法罗大学城市与区域规划系副教授，研究兴趣：社区发展、非营利机构、教育改革和住房不平等问题，是《Fair and affordable housing in the US》（Brill，2011）和《Schools and urban revitalization》（Routledge，2013）的联合作者。

休·托马斯（Huw Thomas），英国卡迪夫大学规划和地理学院副教授，研究兴趣：规划中的价值和伦理学问题，最近编著《Emerging values in health care》（Jessica Kingsley）（with S. Pattison and others）。

安德斯·腾齐维斯特（Anders Törnqvist），瑞典查尔姆斯理工大学空间规划教授，获得瑞典皇家布莱金厄技术研究所博士，瑞典建筑师学会研究和教育委员会会员。

加布里埃拉·昆塔纳·比希奥拉（Gabriela Quintana Vigiola），澳大利亚悉尼科技大学城市规划讲师，委内瑞拉城市研究博士。研究兴趣：参与式设计方法论、总体规划、城市设计、文化和宗教信仰、城市规划历史和理论。

安德烈亚斯·福格特（Andreas Voigt），奥地利维也纳技术大学副教授，地方规划研究所主任，空间模拟和建模跨学科研究中心主任。获得维也纳技术大学博士，具备总体规划和地方规划特许教授资格。研究兴趣：可持续城市与区域发展、空间模拟、规划理论。

彼得·范·登布洛克（Pieter Van den Broeck），比利时鲁汶大学规划与发展研究小组（P&O/D）博士后研究员，获得鲁汶大学规划工具的社会建构博士学位，私人咨询公司 OMGEVING 高级规划师。研究兴趣：规划工具和规划制度、制度规划理论、通过社会创新和社会生态系统治理的国土开发、可持续规划等。

L·M·C·范德魏德（L. M. C. van der Weide），荷兰兹沃勒温德斯海姆应用科学大学地区发展工作小组工作。研究兴趣：城市和区域发展中的分析、设计、决策过程的技术支持和研究方法。

克劳迪娅·亚穆（Claudia Yamu），奥地利维也纳技术大学助理教授，空间模拟和建模跨学科研究中心副主任，空间模拟实验室主任。获得法国弗朗什孔泰大学地理学和区域规划博士、维也纳技术大学建筑学博士（与得克萨斯大学合作）。研究兴趣：计算机可视化和建模、复杂性和规划设计、可持续城市中的信息决策和协同规划过程。

王宝宇（Baoyu Wang），中国同济大学城市规划系博士研究生，中国上海同济城市规划设计院规划师，澳大利亚昆士兰技术大学访问学者。研究兴趣：城市文化与城市设计。

克里斯·韦伯斯特（Chris Webster），中国香港大学建筑学院院长，城市规划师、城市经济学家和空间分析师，致力于研究规划边界内的城市自组织和自发秩序，出版 8 部著作、约 200 篇论文。最近受到 ESRC 转型研究基金资助从事城市形态计算和可达性度量。

黄燕玲（Cecilia Wong），英国曼彻斯特大学空间规划教授，环境、教育和发展学院城市政策研究中心主任。研究兴趣：政策监控和分析、战略空间规划、城市和区域发展、中国的空间规划。

张冠增（Guanzeng Zhang），中国同济大学城市规划系教授，日本东京国际基督教大学、明治学院大学、德国魏玛包豪斯大学访问教授。出版著作包括《The Formation & Growth of East Asian Cities》、《A Survey of Urban Development》、《English for Urban Planning》、《A Short History of Urban Construction in Western Countries》（主编）和《Higher Education in Taiwan》（合编）。

豪尔赫·泽维尔·达·席尔瓦（Jorge Xavier da Silva），巴西里约热内卢联邦大学荣誉退休教授，获得美国路易斯安那州立大学地理学硕士和博士。研究兴趣：地理信息系统、环境分析。

张雨蝉 译　顾朝林 校

导言

论空间和区域规划研究方法

伊丽莎白·A·席尔瓦，帕齐·希利，
尼尔·哈里斯，彼得·范·登布洛克

关于规划学科研究的争论

本书专注空间和区域规划学科如何做研究，本书也是为从事规划研究者而著。研究分为很多不同的形式，并在多样化的环境中进行，作为本书的读者，你可能是规划学院或城市与区域规划系的博士生，可能是正在撰写研究生或者本科生论文的学生，可能是刚刚从业的规划研究人员，也可能是才进入规划学科领域从事科学研究的新手，也许正在想知道如何在规划学科中应用你的技巧和经验，如何得出规划学科的专门特征和研究传统。也许你可能在研究所从事实际的应用研究工作，也许你可能已经确定或者被指定就某一"主题"进行研究，抑或你对怎样研究已经有了初步的想法。非常可能的是你已经完成或正在进行有关"研究设计"课程或课程模块的学习，乃至已经完成或正在做你的研究中的"研究方法"部分，已经涉及大量的社会科学研究方法的文献（如见 Outhwaite and Turner，2007；Lewis-Beck et al.，2004；Somekh and Lewin，2011；Ruane，2004）。

这种研究方法文献的确有用，但往往比较笼统，而且是在不同的学科应用。教科书中有些材料可能是为了专门的学科进行专门的研究设计或研究方法进行描述的，这对我们规划学科来说往往觉得有点遥远。阅读这些文献你会发现这些特定的研究设计和研究方法仅适用于特定的领域，包括刑事司法、心理学、护理学及社会工作（请分别参见 Logio et al.，2008；Lyons and Coyle，2008；Clamp et al.，2004；Thyer，2010）。然而，有关规划领域研究方法的讨论还没有，最接近的其他空间学科的研究方法可能是人文地理学研究方法（Flowerdew and Martin，2005），两者有一些共同的特征，但仍然差异巨大。我们认为这些差异非常重要，如果忽视规划学科做研究的特殊性，可能会引发一些严重的后果。这些后果包括学生和研究者在探索和运用全面的研究方法来理解广泛的规划问题时，可能会忽视学科本身和在发现世界的过程中采用的研究方法之间的相互作用。虽然在一些文献中，规划研究者描述出他们已有的工作方法（Roy，2003；Healey，2007），但是仍然缺乏规划领域研究的针对性。因此，毫无疑问，这本书主要针对规划领域承担研究需要面临的多重挑战而写，填补了规划学科的研究方法这一空白。读者阅读本书也应该阅读一些有丰富价值的相邻社会科学研究文献，尤其一些规划学者如费吕博基格（Bent

Flyvbjerg）2001 年和2012 年的研究成果，它们在这些方面已经取得了显著的学术贡献。本书被设计成将广泛的研究设计和研究方法文献与规划领域的特殊性关联起来的规划研究方法实用手册。在这本书中我们试图提供一些特别的章节，要求作者特别注重规划领域做研究工作的技巧、应用在规划领域的各种各样研究方法以及规划中做研究产生的特定挑战。

空间和区域规划做研究的特殊性

本节的目的是阐明"研究"的基本定义并探讨规划学科中研究的特征。已知有关研究的最常用的定义来自弗拉斯卡蒂手册（the Frascati Manual，OECD，2002）。该定义本来用以评估研究与开发（R & D）活动，但它已被包括学术机构在内的大部分社会群体广泛采纳并应用。这本手册所说的"研究"是指"为了增加人类、文化和社会的知识储备而进行的系统性创造工作，以及利用这些知识储备进行新的应用的各种活动"（p.30）。在英国的学术研究质量评估中，研究被定义为"调查引发新见解并且能够有效共享的过程"（Higher Education Funding Council for England, 2011）。在这两个定义中有几个重要内涵。首先，它们都重点强调了知识可以是全新的，也可以是正如第二个定义所指出的以某种方式运用已有的知识引导新的见解，而这种知识应当通过调查研究获得。调查研究的特征之一在于其系统性，这有别于一般的询问和其他形式的"发现"世界的调查。系统的调查研究是指缜密的数据收集、清晰的指导数据采集和分析的概念性理论框架，以及具备全面开展研究活动的严谨性和技巧。其次，这两个定义同时强调了研究即是一个互动的过程（信息不断被共享），也是一个实践的过程（强调知识的"应用"）。

如上述研究的第二个特征——通过调查的过程获得知识的应用——这对于规划学科尤为重要。很多规划研究工作都要求他们的研究工作在解决现实世界中的问题时有所贡献，有些人甚至希望通过他们的研究形成一个政策建议或编制一个具体的规划。因此，规划领域聚焦于规划实践。关于这一焦点长期存在众多争论，而且从未有可能形成统一的答案。对于我们而言，我们总是以城市未来发展为中心采取集体的"规划行动"（Healey，2010；Albrechts，2004）。这实际上是一种城市治理的形式，包含了将知识赋予规划行动可能性的过程（Friedmann，1987）。同时，正如最近多次被强调的，知识不仅是先前提到的基于系统调查形式基础上研究产生的知识，即：科学稳健的知识，也包括各类经验的、实用的和地方性知识（Schön，1983）。

那么系统调查在规划领域中扮演着何种角色呢？本书的编著者们提供了若干建议，但是这些建议可能并不一致。概括起来，系统性研究调查起到对经验进行巩固和评估的作用 [是什么在起作用？为了谁？有什么利害攸关的条件——为什么（why）？什么时候（when）？在哪儿（where）？怎么做（how）？]，同时也起到对相关技术、工具、未来的可选概念以及实践习惯的开发和评估的作用。很多规划研究同样具有描述性和解释性，直白一些，也就是对"到底是怎么回事"不断进行发问。在这方面，规划研究更加靠近社会科学和自然科学领域的研究调查传统。然而，虽然规划研究与广泛的社会科学或者自然科学研究的传统相呼应，但它的一些特征仍使得规划学科内的研究工作独具特色，尽管这些特征并非规划学科所独有的。我们认为，规划研究者进行系统性调查、知识的生产和应用的这个独特环境，是由这些特征之间的组合、特征本身的显著性以及它们构建规划研究活动的方式所造成的。本书的主要贡献之一就是鼓励进一步反思我们研究学科的传统和实践。我们作为编者对这一问题进行思考后，认为以下内容是从事规划研究的关键性学科特征，其中很多特征都反映着与规划相关的更广泛的问题：

- **行动导向**：[1] 要求在进行一个研究项目时关注展开该研究活动的最开始的社会和政治动机，以及该研究结果企图给这些动机造成影响和变化的决心。

- **明确的规范性焦点**：[2] 做规划研究涉及对价值的识别，这些价值可以激发研究兴趣、并在某些案例中支撑着想要在实践中产生实际影响的动机。规划研究往往在一个交织着关于"应该如何做"的不同观点的复杂框架中进行。因此，研究作为一种产生知识和深刻见解的活动，总会不可避免地涉及对权力关系的塑造。

- **认可系统性的知识产生**：在塑造和评价现实世界干预中的价值。

- **对于场所特质和空间关系抱有实质的兴趣**：[3] 认识到许多不同的力量和关系塑造着场所特质的产生，同时某一场所发生的内容与他处发生的内容具有复杂的联系。从这个角度上看，规划研究与其他空间学科（例如地理学）具有一些共同的特征。

- **对于规律和范式多元性的敏锐程度**：[4] 需要关注规划领域中基于不同的研究传统下的认识论和本体论，无论是在直接的领域还是在交叉学科领域都一样。

- **对知识产生和运用的政治制度环境的认知**：需要意识到谁有可能运用知识和知识可能怎样被运用。

- **对知识产生和运用的伦理维度的敏感性**：[5] 涉及关注明确是什么和是谁的价值观念存在其中，以及规划研究者的道德行为。

本书的不同编著者在他们的独立章节中强调着上述的不同方面。例如一些编著者专注于为他们研究进行特定政治－制度背景的阐释，而另一些编著者通过他们的研究展示出明确的变革性的意图，旨在他们各自的国家中改变规划实践。然而，我们认为规划研究者应当意识到并且理解所有这些特殊性，并且展现出其从事的规划研究设计与规划研究工作的价值。

规划学科中这些从事研究的特殊性使得之前介绍的研究的正式定义可能发生一些偏差。例如，从事系统性调查往往意味着收缩议题以关注关键性的要素和关系，这往往被称为"分析单位"（Yin，2009；Remenyi，2012）。这对于研究从实践经验或目的中引发的热点议题的规划师来说可能是非常困扰的。在行动模式中，规划领域的工作者需要意识到他们对特殊实际议题产生影响的多元维度和关系。一个关键性的实际技能是将多元化的概念和要素"集成"和综合为一个理念、规划或者策略，以塑造、解释和证明特定的干预措施。[6] 但是在研究模式中，重点则转变为对可能仅有的一种显著关系的深入探究。研究者面临的最大挑战在于制定出调查恰当的核心关注点，以及为了实现研究目的，将什么问题置于环境上下文中。

许多规划研究的实用性和实践性特征及其行动导向同样影响着规划研究行为。例如，身处学术环境中的博士生和研究者常常被认为是可以选择和塑造自己的研究课题以及调查模式的"自由角色"，然而正如在其他各行各业中一样，这种情况鲜有发生。[7] 尤其是在规划领域，系统性研究是在各种各样的制度环境中，伴随着赋予研究者的各类期待中展开的。虽然研究者可能受到他们自身动机和研究调查激励的驱使，我们仍然被限定在某种方式中。博士生必须注意资助者的诉求，尤其是那些博士研究全部或者部分由合作或者赞助机构资助的博士生，同时还要注意他们导师的关注点。学者们被鼓励从外部资源寻求和保证研究经费，这就意味着资助者会相应的产生特定的、并且少有协商余地的需求和期待。规划研究者也可能在从事实际规划工作的机构和咨询公司工作，这些单位往往需要研究者专注于针对他们当下需求的研究。专业研究机构和专业政策咨询机构也许会认可他们的工作人员从事系统性研究活动的价值，但它们也会有一些确定"研究什么"和"如何获得结果"的专门议程。在本书的最后一部分，我们探究了这些不同研究情况之间所产生的张力。然而，所有这些都需要谨慎的道德和社会政治敏感性。研究伦理学的课程与文本往往关注研究者与研究"受试者"之间建立联系的恰当方式，以及将证据与发现相关联的恰当方式。然而，尤其是在规划领域，注意研究调查和资助者之间的关系伦理、注意研究发现的使用者同样重要。[8] 规划研究者同样需要知晓他们和其他研究者所从事研究的社会政治环境。研究可以用于维持现状和资助者的既存利益，也可以用于催发广泛的授权变革。因此，研究人员选择研究什么，以及资助者将什么确定为研究的优先项目是永远也无法做到中立的。

本书的结构

本书内容以面向规划领域中研究者（包括初次从事研究的人们）的手册进行组织，我们希望它同时还能够作为一种提示，对较有经验的研究者有所帮助。本手册对于规划领域的贡献在于它的启发和视角，人们能够利用它选择和研究特性的问题，但是这也是对组织这本研究手册提出挑战。本书包含五个主要部分，每个部分可以作为一个独立的部分来阅读（有的部分还有引言）。本书的第一部分，以传记的方式向读者介绍一些规划研究者的经验。我们要求我们自己以及相关的规划研究者，全面呈现他们在规划领域中学习研究技巧的经验。这些传记性章节的目的主要在于传达编著者们在他们的研究生涯中采用的不尽相同的规划研究路径，同时希望能够与早期的规划研究者分享我们的积极经验，同时为克服规划研究中的挑战提出指导。我们用约翰·福雷斯特关于学习学术写作技巧的文章对这一部分进行了总结。写作是研究工作的重要组成部分，同时也是确保知识和见解得到有效分享的途径之一。

本书的其余四个部分委托了世界各地的规划研究者撰写完成。这些作者是通过对过去五年AESOP、ACSP 和 WPSC 会议论文摘要和会议日程回顾，挑选出活跃的规划研究人员名单，分别发给邀请并给他们确定了本书各自撰写的主题，被列入该名单的作者还被邀请提交一份简短的摘要，随后我们审核了这些摘要并且针对如何建构章节提出了反馈意见。

在第二部分，我们考虑了一系列关于研究调查实践的常见问题、研究调查实践在规划领域中的特殊性，以及研究者将特定的概念性传统与具体的研究策略或方法相结合的例子。这些章节通过规划研究中的伦理研究和不同规划体系的对比研究，从总体研究设计的基础中解决关键性问题。这部分提出的关键性问题常常由于急于确定适当的、特定的研究方法而被忽视。有充分依据的研究将探究这些更为根本的问题，进行认识论和本体论地位的探索。这部分还希望鼓励读者领会到规划学科的特征，即针对研究的功能和行为问题具有迥异甚至有时相互冲突的研究视角。本书结构的最大挑战在于如何组织各种各样的编著者针对特定规划研究方法所贡献的成果。我们采纳了规划理论中已经勾勒出的不同的理论传统和视角来建构本书。[9] 但是这些不同规划理论的方法论含义往往不甚明确，并且相关文献也往往并没有明确表达。有时候不同的规划理论可能具有相同的方法论基础，因此可能提出类似的研究设计和方法选择问题。另外一些情况，是采用类似的方法可能会掩盖迥异的认识论基础，因而导致相异的方法论和结果。因此，鉴于编著者的多维视角，围绕特殊的理论主题组织文本是存在问题的，它可能导致对研究成果的错误或者不恰当的归类分区。

在本书的第三部分和第四部分，我们根据编著者研究是运用定量还是定性的方法进行成果收集，组织本书的主要内容。在社会科学的文献中，对研究方法进行分类的方式已经建立并且具有传统。[10] 当然，这种划分并没有知识性的逻辑，一个特定的研究问题可能涉及定性和定量相结合的方法，二者也越来越多地混合使用。总体而言，本书定量研究和定性研究的组织方法与学术机构中经常教授的研究方法是一致的。最后，不同的研究者具备不同的能力和敏感性，一些偏爱以数值的形式进行证据和含义的表达，另一些则偏爱叙事的形式。所有的研究分析都包含某种"解释性"的工作，但是一些研究通过计算来解释，另一些通过文本来解释。本书编著的研究成果提供了规划学科两种研究传统，尽管某些编著者可能对于平衡二者持有不同意见。

在第五部分，我们汇总了探索研究和实践关系的研究成果，这些成果还突出强调了方法的实践应用。这部分中的章节审视了研究如何对实践产生（或不产生）影响，为政府部门做规划研究如何区别于更加学术形式的研究工作，以及应用环境中的研究过程涉及利益相关者时会出现什么问题。第五部分研究成果中的经验和教训，对于规划领域中从事学术或实践研究的人们尤其重要。

规划学科的知识传统及其对研究实践的影响

任何学科的研究实践都不可避免地受到更广泛的学术传统和框架的塑造作用，这使得每个学科具有特殊的形式和特征。不同的知识范式与具体的研究设计和研究方法相一致。因此，一个学科（例如规划学科）吸收了优势知识传统的方式将导致其与确定的研究方法具有密切关系。本节主要在于提供一个针对规划思想发展方式的总结性介绍，并解释这如何导致某些特定的研究传统和方法被优待（或者说被强迫接受）。对于那些首次接触规划学科的人而言，本节应当作为关于规划知识传统的关键部分进行阅读（Friedmann，1987）。对有经验的规划研究人员来说，只要能够认识这一节的主要轮廓内容，并且领会到所涉及的不可避免简化了的内容就可以了。对于所有读者而言，我们希望能够建立多样规划知识传统与规划研究设计及方法之间的关系。

多重启发塑造下的规划制度和实践演变

规划领域在逐步变为一个学术范畴之前，是以大量实践的形式出现的，到后来它才在相关学科的的基础上建立起自己的学术基础。这些实践具有与不同的国家相关的不同侧重点、不同政治动态和制度形式背景。19 世纪末的法国，重点在于城市设计和城市形态的"现代化"以塑造具有国际影响力的传统。在德国和美国的一些地区，对城市扩张的监管成为关键问题，以确保建设发展与基础设施的供给相协调。这便产生了土地利用分区实践的广泛传播。在英国，一些形式的城市规划的动力最初来自 19 世纪工业化带来的日益拥挤和不健康的城市中对于提升住房和基础设施条件的迫切需求，控制城市蔓延进一步促进了小汽车的增加和伦敦铁路网络的建设。20 世纪中叶，许多国家开始关注区域景观管理，并雄心勃勃地开始关注区域和国家的经济发展。而在完全的社会主义国家中，规划的焦点变成对整个经济体的规划。[11]

这些不同的背景，不仅对规划研究产生了多样的关注焦点，而且还要求规划师具备不同类型的专业知识。规划工作和规划行业的整合，在有些国家发源于建筑学，在另一些国家则发源于土地测量和工程学。在许多东欧国家，规划工作由接受过区域经济分析训练的人员主导。目前，来自各种各样学科背景的人们开始展露出规划的专门知识，即便他们往往并没有接受过正规的"规划"训练。[12]

如此多元的实践渊源生成了适应于多元知识传统的规划领域知识文化并不为奇。"规划理论"作为巩固这些影响的方式出现，并且始终作为冲突性启发和传统的引导者。[13] 但是这些讨论（或者是"对话"）都围绕着本章开始时提出的议题展开。然而，理解这些议题的方式在不同的知识传统中演化。在下面的小节中，我们介绍这些知识传统及其对"研究活动"的影响，并且将它们与规划实践与制度环境联系起来。在阅读以下内容时重要的一点在于铭记这些知识传统并非以一个传统接替和覆盖较早的一个传统的形式或被安排在一个历史性的连贯范式中，其中很多传统持续并行存在，导致了学科多元化以及共存的知识传统的异质性。

早期规划的发端：城市和区域规划中调查的演变

在 19 世纪末和 20 世纪初早期的规划工作中，并不关注提升城市环境或者发展区域和国家经济，规划研究的重点主要在于"寻找场所"。规划师需要空间布局和需求规模的信息。这些现在在大多数西方国家能够取得的数据库当时尚未产生。场所的特征、条件和潜力必须通过多种形式的"调查"获得。[14] 在这一"调查"工作中，三种规划传统可能被定义。一是各种各样的数据收集——人口、住房、土地利用、不同种类的就业等。这种类型的研究很少关注关于场所特质和动态的假设，而这些假设往往支持着考虑方面和数据收集的选择。现在我们称这种研究为"实证主义者"——将对象定义为简单的事实——和"经验主义者"——收集描述性的数据而不仔细思考如何解释它的重要性。用这种方式来进行场所研究被含蓄地视为现象的汇聚，几乎不关注这些数据之间的联系以及因果动态过程。二是受到 19 世纪法国地理学的影响，有着很强的综合性，无论在区域还是城镇，都强调场所文化。受到这一传统影响的规划工作被鼓励考虑场所的"精神"。20世纪初伟大的规划先驱帕特里克·格迪斯（Patrick Geddes）试图将这两种传统结合起来，强调市民生活具有社会性、经济性、政治性和生物性等多重方面，强调实地观察的重要性，还有将这些知识带入场所的某种意义中，以及这些知识可能对未来的影响分析的必要性（Geddes，1915b/1968）。它的工作被证明对很多后来抱有规划目标的城市和区域规划研究具有启发性。[15] 其中许多规划工作起初以咨询的模式进行，由创新专家来促进新的场所设计和管理的方法论，而非学术调查。一些规划顾问专家在新兴的规划教育项目中进行教学，这些教育项目是非常实际和实用的课程，影响了新一代的规划专家。

社会科学转向：理性分析、系统建模和理论构建

20世纪50年代之前，规划工作一直由建筑师、工程师和土地测量师等这些与城市建设相关的人主导。到20世纪50年代以后，社会科学开始被引入规划领域，尽管基于历史根源还可以追溯至19世纪中期（见Friedman，1987）。在社会主义国家，经济学家是设计和实施国家规划实践的关键专家。在北美和欧洲，经济学家创立了不同的规划原理和理论，并且开始发挥对于公共政策设计的重要影响，主要的方法源自凯恩斯主义关于混合经济的论述，其中民主国家提供框架，在框架中资本运营被塑造并且被鼓励 [Healey and Hiller's（2008）introduction, p. xi]。规划的重点是保持物质增长和确保以公平的方式进行利益分配。这对规划师来说，需要具备比过去的描述性和文化性规划研究更复杂的理解。正是在这一时期，在充满活跃辩论的美国早期规划院校，"规划理论"开始成型。[16] 管理科学和制度经济学的发展也被用以发展成为规划技术，旨在帮助塑造城市与区域的发展战略和投资项目。[17] 规划研究者被鼓励设计社会关系模型用以预测未来社会的情景。这样的规划模型主要被用于特定的系统如运输动力学，也有被用于整个经济系统和社会系统。随后爆炸性的研究可以追溯到这一时期的规划学术期刊[18]，关注的焦点从描述性研究（是什么？在哪儿？有多少？）转向事件及其结果产生的关系研究、转向成因的研究——即焦点转向"怎么样"和"为什么"问题的研究。

这对许多规划师来说，这种社会科学的转向伴随着规划工作的专业化培训扩大，使规划领域在知识发展上向前迈进了一大步，并且影响了一代成长中的规划师。但是，无论是历史地还是从后来的时代来看，规划领域的社会科学转向所体现出的概念都受到质疑。后来，将规划视为政治和经济背景的产物，具有稳定的、线性的发展路径，并将实现更加的经济社会繁荣作为规划的目标。这时的规划开始采用的概念假设知识模型主要来自自然科学和新古典主义经济学模型，期望规划实现是人类和自然力量在一个地方的"真正地"（即客观地）相互作用现象发生，表现为"实证主义"的规划假设。规划研究的任务在于产生关于生产关系的研究假设并且预测它们的发展过程，寻找它们之间的因果关系和普遍规律，为构建预测模型提供基础。这些规划研究存在于很多研究中，其中关于人类本性的假设来源于新古典主义经济学。这些假设将社会视为由个体组成，个体有其偏好和兴趣且能理性计算。这些假设被整合到一个著名的规划过程

模型[19]，模型传达的思想是：城市与区域总体规划能够通过关系建模、偏好计算和结果预测的理性过程编制出来，同时嵌入技术发展要素，对拟定的增长和发展路径进行监测和评估。这些系统性技术、"理性"计算为包括规划领域博士生在内的当时新兴的规划研究者提出了广泛的挑战。但是到了20世纪60年代末，这一规划研究设想同时受到规划实践经验和保守的规划师的不断抨击。

1970 年代激进主义批判：科学规划、类方法和行动规划研究兴起

到了1970年代，由于政府提升了对城市和区域发展的干预程度，对于具备规划技能的人才需求开始增加。这种转向促进了大学和相关研究机构增加规划专业人才培养。在英国等一些国家，咨询活动逐渐萎缩，并被各级政府和学术界的规划师所取代。在有些地方，学者承担了大量的咨询工作。很多规划研究工作被大学、规划部门的研究团队和特殊的研究机构承担。学术界已经成为规划领域的一支重要力量！但这时，战后福特主义的增长动力已经趋缓，一些先前的政策限制开始显现，将发展视为一个线性过程的理念逐渐显得缺乏说服力，政治体制稳定的假设也受到质疑，增长的环境成本变得越来越明显，社会效益也未能满足最贫穷的社会阶层。此外，民权运动强调了社会分化不应仅仅归因于经济过程，还与种族、民族、性别和其他形式的社会差异相关。这一时期学校中很多规划学者对社会运动抱有同情，这对已经建立的规划方法论和规划实践造成了威胁。

这些鼓励采用更积极的方法进行研究。由于很多研究都集中在不公平和效率低下的规划实践和政策措施的批评[20]，所以一些规划研究者展开了通过"行动研究"这类更加接近激进主义实践的研究方法。尽管研究者常常受到不公平或者已建立的实践环境的危险性的刺激，但是他们仍渐进式探索将这些感受植入到模型的更广泛的研究框架。对于许多人来说，马克思主义政治经济学的复兴正好提供了这样一个理论框架。这对将社会视为一个集合进行理性计算的假设造成了冲击。于是，它取代了社会结构定位人的行为的社会模式，并基于经济主导类别的"结构性"冲突构建了新的研究框架。基于这样的理解：如果冲突是社会过程固有的属性，那么将不会有政治和经济稳定性的假设存在；资产阶级从工人阶级那里获取剩余价值，所以后者的贫困是由前者剥削式的增长导向而导致的，往往出于资产阶级的利益调节资本与劳动之间的关系；这样，规划制度和规划实践就被理解为是社会调控（有时是剥削）的一部分。这种知识和政治取向导致了规划研究的重点转向关注社会过程，关注人类社会是怎样通过社会过程被建构的？关注城市治理是怎样形成的？关注谁从规划活动的结果中受益等问题。[21]这种社会结构和社会斗争的动力学分析鼓励揭示资本主义剥削行为的研究，这些说明规划实践往往很难都是出于有益的目标而展开的。这也就是说，社会系统能被构建综合型模型并按照线性方式进行结果预测的有效性被阶级斗争的因素削弱了。如果模型预测的结果是阶级斗争的结果，那么线性预测显然不能有助于想象中未来。

20世纪70年代发展出来的批判性评价工作提供了一个实践价值的焦点，做规划为了什么。

人们开始聚焦实践，聚焦规划工作包含些什么。一些研究者，特别是那些不认同政治经济学马克思主义模式的研究者，提倡从关注设计抽象决策技术转而关注规划实施的实践。[22] 另一些人开始注意到规划实际上在做些什么。[23] 这便强调出机构的作用。人们可能并不是理性的经济学计算师，但是也并非仅仅作为广泛的社会力量而存在。规划学者开始把目光转向运用其他哲学启示来解释他们的发现，并专注于他们的研究努力。

后现代主义 / 后实证主义 / 后结构转向

在 20 世纪 70 年代后半期以后，尽管"现代性"和"现代主义"的一些要素在很多规划实践中仍然持续存在，但其概念范式 [24] 却受到越来越多的挑战。在全球范围内，传统的物质持续增长（"进步"）的整体路径理念，逐渐被不确定性和不可预测性的认知所取代。社会民主的西方模式似乎无法实现关于全体富裕的承诺，而社会主义模式也遇到了腐败和经济误判等政治问题。其他的社会也对唯物主义和西方模式的殖民主义傲慢提出挑战，并辅以学科内包括女权主义方法在内的其他形式的知识批判。在此背景下 [25]，规划的问题是什么、为什么、如何处理城市发展问题受到了较之前而言更多的争论。规划研究者开始转向本体论和认识论的思想确认身份和知识，认识到社会结构是复杂的，而非如预定的"现实"那样简单。

这种哲学观念的转变在规划理论文献中得到大力促进和讨论，并表现为很多不同的方向。[26] 这些方向都受到 20 世纪科学和社会科学提出的实证主义假设的批判。这一批判认为，由于人类情感的局限，将永远无法把握人类所生活着的物质的和"真实的"世界。我们了解的往往只是对所发生的事件的一部分解释，并且我们的解释无法避免不受到我们特定的历史和地理条件的影响。正如舍恩（Schön）1983 年的名言所说：这意味着人类，尤其是专家学者们，需要培养反思其工作假设的能力。对于研究者而言更是如此。这一哲学观点意味着批判性评价研究主要在于其是否揭示了隐藏在理所当然的社会日常生活背后的社会过程，而研究者接受这个观点的同时也应当明确自己的假设。

在这一研究传统中，出现了各种方式的分析政策"话语"的爆炸性研究。[27] 有些研究探讨了利益相关者合作伙伴关系的作用、参与和协同设计流程的运作。[28] 还有一些研究关注规划者和规划过程的其他参与者实际上所做的内容及其思考，以及参与者对他们所处的情形进行分析。[29]

这些工作的大部分都是由大学中的规划师和学者完成，许多研究受到了政府和国际机构的资助。在方法论上，这样的研究广泛运用案例分析，尤其与基于场所的空间学科如规划相关。这些研究都是在结合多种研究方法，包括文献分析，参与者观察、调查和其他统计性的证据收集，例如内容分析法等研究策略基础上完成的。这种"解释性"研究面临的主要挑战是其叙事方式的建构，应当呈现出研究发现与概念和问题（用以建构调查研究）之间的联系。这种解释性研究，不同于从个别案例到群体案例的概括，而是从概念框架中概括主题（Yin，2009）。这个研究框架可能本身包含或甚至在研究过程中不断发展。正像许多博士生的发现一样，构建这样的研究框架是一项很难做好的工作。但是，这样的工作的确极大地提升了我们对于规划实践的理解——怎样规划和城市发展进程是怎样工作的？它们如何随环境而变化？机构的主动性和更广泛的力量之间是如何相互作用的？这也突出了规划领域规范性议程复杂性的重要程度。尽管规划研究的焦点还在规划做什么、为什么做、谁受益，但这些问题现在已经转到必须重视身份和价值观的多样性和变动性等许多方面的理解上。

这个"解释性"研究的传统已经被"定性"的社会科学研究方法的文本扩展得到发扬光大。[30] 但是其哲学意义上的转变可以被定位到更早期的系统分析的发展时期。而在20世纪60年代，建立交通系统或土地利用系统模型的人们结合系统趋于平衡态的系统动力学观点构想出一个具有稳定联系的世界。但是，新的分形几何学抛弃了这样的假设，认为世界和人们具有复杂的联系，不确定性在复杂系统建模中扮演着重要的角色，应当成为规划的关键（Batty and Longley，1994；Openshaw and Openshaw，1997；Batty，2005；de Roo and Silva，2010）。同时，规划领域开始充分理解冯·纽曼（von Neuman）、摩根斯坦（Morgenstern）、乌拉姆（Ulam）、图灵（Turning）的博弈论及微观——宏观行为观点。这项工作基于这样的假设：自然过程不能有效地解释世界，人类行为又受到我们建构和作用于自然环境方式以及人类与自然相关联方式的影响（同时也影响着后者）等。这一认知反过来要求对于自然和人类系统（空间和空间特征）随着时间和空间进化、适应过程的双重感知，同时还要认识到不同的地方、行为、模式和过程的创造性（Silva，2011；Wu and Silva，2013，2012）。一种尺寸适合所有模型类型的概念已经过时，并转向寻求更加定制化的途径，着眼于方法论、模型、数据的组合以及所述一个或其中几个最适合的问题和目标的选择的途径。在这个新的范式下，定制化需要具备向其他学科学习的开放理念，并认识到什么方法和数据是可用的，认识到什么是可能的（什么在当下是不可能的）以及摒弃我们已经习惯先入为主的确定性的方法显得至关重要。

规划研究的认识论和道德敏感性

上述简要介绍了历史故事，似乎好像是一个接着一个被取代。现实上绝不是这样的，所有传统的例子都能够在最新出版的研究和出于特定实践目的的研究中找到。在可获取数据和场所描述传统非常有限的国家，基本的调研工作是必须的（见第5.5章James Duminy的文章）。实证主义的假设存在于自然科学和经济学领域，并渗入与环境问题相关的规划领域，并且在新的公共管理实践中不断进化。在一些实践和研究中，"经验主义"仍然存在，其中因素和数据以非常分散的方式被使用。萨维茨基（Sawicki）（2002）将"指标"运动描述为一种"经验主义"的神话，为实现政策目的，而很少具备系统性的概念架构（见第四部分黄燕玲的文章）。

此外，前面提到社会理论和复杂性科学的发展有助于削弱定量和定性研究方法论之间的传统区别。哲学的转变已经削弱了认为运用科学能够完全理解世界的希望。相反，大多数研究者普遍认为，任何研究都仅仅是认识复杂的、动态的、我们生活着的、规划工作进行着的一部分世界。源于"实证主义"传统的方法仍然有效，尤其是在研究背景可以被假设是稳定的情况下，其中就主要关系和含义达成合理性共识、权力和不平等的存在并不能够妨碍其运用。"解释性"传统下的工作可能有助于为统计方式的研究调查设定参数。

各种观点和研究传统的存在要求规划研究者解释其关注的研究问题及进行研究设计时作出的选择。规划理论提供了情景化和建构研究的方法。研究技巧在于以特定的方法提出研究问题，并且提供一些新的观点，这些观点不仅仅能阐明这个问题，还能够引发重新概念化过程。此外，在世界存在不同的体制背景、权力关系和价值驱动理论下，研究课题的选择已经不再中立。根据不同的规划研究课题、问题和成果，规划研究既可以是开放的，也可以是作为现存权力关系的一种支撑。规划研究者需要意识到规划研究对于规划实践作用的局限性。一方面，实用性决策并不一定能从规划研究中"读取"，规划研究的作用在于为规划工作的实用性判断提供支持材料，而并非取代实用性判断；另一方面，规划研究不应与规划实践中的问题相脱离。然而，在接触了最近后实证主义哲学家和社会科学家的观点后，一些博士生和学术论文作者往往却沉迷于冗长的理论展示和叙述，与随后实证调查的联系非常微弱。总体而言，21世纪的规划研究者应避免简单地提出异议，而是谨慎地定位研究，并进行着富有想象的、系统化的研究努力。

这些知识传统与规划学科总体轮廓交织在一起，认为规划研究者具有一系列的关键研究敏感性非常重要。这些最重要的敏感性包括如下方面：

- 对与其研究课题相关的社会背景的认识；
- 能够明确地阐明人或者其他力量可能做出怎样的行为，因此对于本体论的理解非常重要；
- 在有关"知识是如何被产生和验证的假设中"谨慎地定位研究调查，这需要对认识论有所理解；
- 针对适用于环境、问题和假设的研究策略选择，能够提出明确的理由；
- 仔细关注如何进行"研究解释"和"研究报告"的架构和表达，这包括根据听众和读者的反馈进行提升。

然而，正如本章开头指出的，规划领域研究的目的不仅仅是为了取得知识的进步，也是为了改革与评估，甚至是为帮助变革实践活动。在下一节我们将探讨这一关系。

在实践中研究：研究与实践的相互作用

理论和实践之间的关系常常是空间规划文献中被广泛讨论的主题[31]，然而，研究和实践之间的关系却较少被关注。本章前面的部分定义了"行动导向"作为规划研究的特征，尽管这仅仅是规划研究和实践领域之间存在的诸多关系之一。本书的第五部分定义了规划研究和实践之间多元的、复杂的关系，其中一些关系强调"谁"进行规划研究、利益相关者在研究过程中的作用、从事和委托进行规划研究的人们之间的关系等重要问题。以上反映出研究和实践之间的关系是很重要的。本节重点介绍空间规划领域研究和实践之间的四个重要关系。测定和评论这些关系的简单方法是它们是否给予"研究者"的立场以特权，本书的第五部分将论述这种做法日益受到的挑战。

实践是研究的"思想"源泉

研究和实践的第一个重要关系在于，实践为调查和研究提供了问题的根源。这是一种知识的传统模式特征，在实践中，实际问题会出现，并受到包括大学在内的研究机构的关注，因此有用的知识得以产生，并且反馈给实践者。舍恩在1983年明确记载了这一模式，并且提出了批判。这一模式的前提是明确区分学术机构中高水平研究产生的知识以及舍恩提到的"沼泽式低地"（Schön，1983，p. 42—43）。事实上许多规划研究者寻求解决实践问题意味着实践往往是系统研究调查思想的源泉。学习空间规划课程的学生往往被要求定义一个实践中的问题作为他们调查研究的焦点。这种"实践的相关性"在其他研究和实践的关系方面也起着重要作用（见前文），但是此处强调将实践作为疑惑、问题和研究调查地区的来源。一些组织，如政府部门和专业机构，可以以重点议程的形式有效地设置研究优先顺序，以形成由其他人开展的研究。在其他情况下，实践中能够形成为研究焦点的"问题"本质可能非常不明显，或者尚未被很好地定义，因此研究者定义出"问题"就非常重要。

实践是开展学术研究的"场所"

实践常常是学术研究者开展实证研究的"场所"或"地点"，其他感兴趣的人也可以在实践中"做研究"。学术研究者使用的"田野"这一术语是指去学术机构之外做实地调查。田野通常包括实践的环境，如规划办事处、公共空间、受访者的工作场所等。在规划实践中所被称为的"场所"，意味着它是一个由学术机构单独独立出的"地点"，最终还伴随着有一种或另一种已提取的实践数据。博士研究生在分析数据前可能会用很长的时间去学校以外的地方进行实地调研。这是一个理解研究过程的很传统的方式，最近的研究成果强调研究是一个集体活动，鉴于研究开展的过程中活跃的合作者，研究活动涉及很多利益相关者。[32] 因此，"科学院"和"田野"的传统区分受到了挑战并被重新评估，这要求研究者适应新的角色和开展研究的新机制。

实践是从事研究的场所

导论开头就强调了研究开展的制度和组织环境的宽广范围，其中很多"处于实践中"，例如智库、政府部门和咨询机构。研究任务被委托支持多重尺度上的政策准备和评估。国家政府可能希望通过研究来支撑其规划政策，地方政府也可能希望研究为其规划的制定提供证据性的基础。研究和实践之间的这一关系不同于学术研究，它更强调研究作为实践的一部分。因此，做学术研究和在实践中做研究的相似之处和不同之处便非常明确了。例如，访谈作为一个学术研究项目的一部分，可能涉及录音、转录和编码等细节。而在实际研究项目中，只要注意几个关键要点作为备忘录即可（见本书第1.3章哈里斯的文章）。在这样的环境中，在导论开始的部分介绍了的系统性的研究活动可能只能够支撑委托人短期和迫切的需求，因为这种做法在系统探究和学术研究的传统标准方面明显缺乏严谨性。"在实践中进行研究"的某些方面也可能被高度常规化、规范化并建立起方法论和工具。因此，很多影响学术研究特征性的恰当的方法论的形成可能在实践中的体现并不明显。

实践是学术研究的对象

研究和实践之间的最终关系反映着研究者通过其研究活动塑造实践的努力。这提出在一定程度上改变了早期定义的研究以及通过研究所得到的学术交流成果。[33] 强调研究如何影响实践，重点越来越多地放在以证据为基础的政策制定和研究的"影响"，这使得研究和实践处于另一种重要的关系中——研究的目的在于影响"在实践中做什么"。在某些情况下，通过研究产生的见解已经对实践产生了明显的影响，而困难的是使得研究能够长期、广泛地影响实践的内容。

研究和实践的操控

空间规划中存在一些有趣的方面，即：研究和实践的不同关系将互动、结合产生一个特殊的研究环境。大学中从事学术研究的研究者可能同样活跃在一些咨询项目中，也可能与私营部门的规划和研究咨询机构进行合作。因此研究者可以跨越学术和专业背景积极参与专业网络，这意味着他们可能操控多个角色和机构，有时接触规划实践，有时参与实践研究，还可能是研究用户，这些在本书的第一部分传记性的思考部分进行了很好的呈现。有时空间规划研究的专业化背景还在开展研究的环境中加入了另一个重要的维度，其中部分学术研究人员和规划院校形成更广泛的专业和多学科项目的一部分。对于任何从事规划研究的人而言，最重要的是识别和反思他们与实践相关的"立场"，并理解这一立场对其所从事的研究的影响。

结论：对着手规划研究者的善意提醒

我们以一系列有用的提醒来作为本书导论的总结。首先，规划研究是一个系统性的探究过程，然而我们也在本文中将研究行为描述为"技巧"。规划领域研究与探究是具有吸引力的、创造性的工作，这在本书第一部分的个人思考中有所体现。规划研究需要我们将观察得到的理解与关键性的、富有想象力的深刻见解相结合。这需要具备结合分析和解释技能开展系统性探究的能力。规划领域研究调查"技巧"涉及许多复杂的判断，这将影响到研究如何发起、如何聚焦、如何开展及如何撰写。这些判断都不仅与知识取向和分析的一致性相关（虽然它们很重要），还受到制度环境和从事特定研究的原因的影响。因此研究者应当在研究的早期阶段停下来思考其研究在怎样的制度和环境中发起和开展，出于什么目的、研究最终试图呈现怎样的成果。

其次，规划的研究工作，尤其是相比于其他自然科学和社会科学，往往具有强烈的实用目的导向。因此，从事规划研究的人们往往遇到"那又怎样？"这一问题挑战。你应该在别人问你这个问题之前问问自己，并通过思考准备自己的答案。这种强烈的实用导向也要求同时尊重研究设计和撰写研究成果，尊重研究伦理。这些伦理道德的挑战涉及尊重性的关心和研究者预计如何对待研究对象等问题。在这样的挑战中，研究人员有望依据道德守则进行处理。[34]在规划领域，规划研究者还需要具备对于实践和所处体制环境的特殊性和对我们的研究发现可能被运用的方式的敏感性（见第 2.3 章托马斯和罗·皮科洛的文章）。这包括对于研究选题的社会政治意义的敏感性，以探讨你的研究活动和实践之间的关系，并仔细思考研究的伦理问题。

第三，要记住规划是空间性的学科，大部分研究的重点在于探究、评估并试图理解场所及其相互关系。研究往往专注于发现和解释特定场所是如何工作的。同时还应从对比研究中学习其他地方的规划经验（Sanyal，2005）。规划研究者应当在规划研究中保持对特性的聚焦以形成规划研究基础，并尝试解释不同的地方不同的结果。

最后，本书的章节将呈现出有经验的规划研究者如何发现并制定出路径，以迎接对做研究中复杂方法的挑战。然而，任何一位编著者不会提供一种精准的关于如何做研究"秘诀"，即使这是可能实现的。一个标准的"秘诀"可能会扭曲引领规划研究者探究特定的情形及问题的方向。最终每个规划研究者要自己制定、证明并解释自己的判断，专注于将自己关心的议题与合适的概念视角连接起来，以架构一个研究。定义关于这个议题有什么可研究的，并将此转化为一个研究问题、一个研究策略、一系列合适的研究方法和分析、报告所发现内容的方式。我们希望这本书中的材料将有助于呈现、启发和充实这些判断。鉴于不同的哲学方法论塑造形成的本体论和认识论共同影响着规划领域，今天规划领域的研究者必然在冲突的立场中把握研究路径，并将特殊问题的概念化、设计出适当的研究策略。因此，研究者应该思考自己在研究过程中如何操控路径，随着研究进展不断调整方向，并仔细思考选择某一路径而非其他路径的理由。

注释

1. 见弗里德曼（Friedmann）和哈德森（Hudson）1974 年关于规划中知识和行动关系的报告，及弗里德曼（Friedmann）1987 年关于此报告发展的文献。
2. 见哈珀（Harper）和施泰因（Stein）1992 年为探索这个规范层面的特定规划的报告，及豪（Howe）1990 年为进一步考虑规划的规范性道德的报告。
3. 第 2 章希利（Healey）2010 年提供了一个关于规划此特性的入门报告，并提供了一步阅读的参考文献。
4. 弗里德曼（Friedmann）1987 年有关规划中不同知识传统的经典报告帮助开启这一多样性探索。
5. 见罗·皮科洛（Lo Piccolo）和托马斯（Thomas）2009 年关于规划研究伦理的论述：见亨德勒（Hendler）1995 年关于规划更广泛的道德的讨论。
6. 见戴夫欧蒂（Davoudi）和彭德尔伯里（Pendlebury）（2010），坎贝尔（Campbell）（2012）和基钦（Kitchen）（2007）第 8 章。
7. 随着"科学"成为一种调查方式，从 19 世纪的斗争发展出学术"自由"的爱念。然而，科学探究的大部分领域被实践推动着，大学长期以来一直致力于管理类的培训，最初是为教会，后来是为了国家。近日，"学术自由"的概念一直受到争议。缓慢科学运动对不断增长的特殊行业和市场对研究和学术自由的丧失构成的压力提出了批评，同时还提倡"公民的科学"。见 slow-science.org。

8．见罗·皮科洛（Lo Piccolo）和托马斯（Thomas）（2009）。

9．见弗里德曼（Friedmann）（1987），希利尔（Hillier）和希利（Healey）（2010），阿尔门丁格（Allmendinger）（2009）及费恩斯蒂茵（Fainstein）和坎贝尔（Campbell）（2012）。

10．见伯格（Berg）和伦（Lune）（2012），吉文（Given）（2008）和戈拉德（Gorard）（2003），作为例子，以及耶诺（Yanow）和施瓦茨谢伊（SchwartzShea），（2006）。

11．见萨克利夫（Sutcliffe）（1981），霍尔（Hall）（1988），沃德（Ward）（2001）及伯奇（Birch）和西尔韦（Silver）（2009）。

12．见罗德里格斯−巴奇列尔（Rodriguez-Bachiller）（1991）。

13．见《规划理论》杂志（the journal *Planning Theory*），弗里德曼（Friedmann）（1988）、戴夫欧蒂（Davoudi）和彭德尔伯里（Pendlebury）（2010）。

14．见格迪斯（Geddes）（1915a/2000）和恩格斯（Engels）（1845/2003），研究传统的早期例子。

15．见霍尔(Hall)(1996)，尤其是第5章；梅勒(Meller)(1990)，第6章关于格迪斯(Geddes)工作的影响；沃德(Ward)（2001），关于20世纪的规划传统。

16．弗里德曼（Friedmann）（1973）。

17．见达尔和林德布洛姆（Dahl and Lindblom）及西蒙（Simon）（1945）。

18．这一时期的关键期刊是《美国规划师协会》（Journal of the American Institute of Planners ,JAIP），随后是《美国规划学会杂志》（Journal of the American Planning Association，JAPA）。

19．见泰勒（Taylor）（1998）关于理性综合模型的解释和批评。

20．行为研究包含研究者的系统性反思；见里森和布拉德伯里（Reason and Bradbury）（2008）和麦利夫和怀特海德（McNiff and Whitehead）（2006），及 Uttke 等人所著章节，及科特瓦尔和穆林所著本书第5章（Kotval and Mullin）。

21．费吕夫布耶格（Flyvbjerg）（2001）认为"谁受益"是规划领域的关键性问题。

22．见普莱斯曼和韦达夫斯基（Pressman and Wildavsky）（1973），及巴雷特和富奇（Barrett and Fudge）（1981）。

23．见福雷斯特（Forester）（1989和1999），及霍克（Hoch）（1994）。

24．这一术语意味着用一个概念体系建构一个科学问题。

25．见格里德（Greed）1994 关于它们及其关系的论述。

26．见希利和希利尔（Healey and Hillier）2008 的第三卷，及希利尔和希利（Hillier and Healey）（2010）。

27．见哈耶尔（Hajer）（1995）环境相关论述和詹森和理查德森（Jensen and Richardson）（2004）关于欧洲空间规划的论述。

28．见希利（Healey）（1998和2006），及英尼斯和布赫（Innes and Booher）（1999）。

29．见图德−琼斯马克和托马斯休（Tewdwr-Jones，M. and Thomas，H.）（1998）。

30．一般方法见西尔弗曼（Silverman）（2011），伯格和伦（Berg and Lune）（2012），及耶诺和施瓦兹−谢伊（Yanow and Schwartz-Shea）（2006），及费吕夫布耶格（Flyvbjerg）（2001）和杰索普（Jessop）（2005）。

31．见亚历山大（Alexander）（1997），哈里斯（Harris）（1997）、阿尔门丁格（Allmendinger）和图德−琼斯（Tewdwr-Jones）（1997）关于关系交换的研究。

32．马克思−尼夫（Max-Neef）（2005）和卡西纳里和莫拉尔特（Cassinari and Moulaert）5.3 节。

33．见戴夫欧蒂（Davoudi）5.2 节，及戴夫欧蒂（Davoudi）（2006）和克里泽（Krizek et al.）（2009）。

34．这些准则因学科的不同而相异。英国一个适用于社会科学研究的框架来自经济与社会研究委员会（ESRC）（UK）。

参考文献

Albrechts, L. (2004). Strategic (spatial) planning re-examined. *Environment and Planning B: Planning and Design*, 31, pp. 743–758.

Alexander, E. R. (1997). A mile or a millimetre? Measuring the 'planning theory-practice gap'. *Environment and Planning B: Planning and Design*, 24(1), pp. 3–6.

Allmendinger, P. (2009). *Planning Theory*. 2nd edition. London: Palgrave Macmillan.

Allmendinger, P., and M. Tewdwr-Jones. (1997). Mind the gap: planning theory-practice and the translation of knowledge into action; a comment on Alexander. *Environment and Planning B: Planning and Design*, 24, pp. 802–806.

Barrett, S., and C. Fudge. (1981). *Policy and Action*. London: Methuen.

Batty, M. (2005). *Cities and Complexity*. Cambridge: MIT Press.

Batty, M., and P. Longley. (1994). *Fractal Cities: Geometry of Form and Function*. New York: Academic Press.

Berg, B., and H. Lune. (2012). *Qualitative Research Methods for the Social Sciences*. Cambridge: Pearson.

Birch, E. L., and C. Silver. (2009). One hundred years of city planning's enduring and evolving connections. *Journal of the American Planning Association*, 75(2), pp. 113–122.

Campbell, H. (2012). Planning to change the world: between knowledge and action lies synthesis. *Journal of Planning Education and Research*, 32(2), pp. 135–146.

Clamp, C.G.L., Gough, S. and Land, L. (2004). *Resources for Nursing Research*. 4th ed. London: Sage.

Dahl, R. A., and C. E. Lindblom. (1953/1992). *Politics, Economic and Welfare*. 4th edition. New Brunswick: Transaction.

Davoudi, S. (2006). Evidence-based policy: rhetoric and reality. *DISP*, 165, pp. 14–24.

Davoudi, S., and J. Pendlebury. (2010). The evolution of planning as an academic discipline. *Town Planning Review*, 81(6), pp. 613–645.

De Roo, G., and E. Silva. (2010). *A Planner's Encounter with Complexity*. Aldershot: Ashgate.

Economic and Social Research Council. (2012). *ESRC Framework for Research Ethics*. Swindon: ESRC.

Engels, F. (1845/2003). The great towns. In: R. LeGates and F. Stout (eds.), *The City Reader*. 3rd ed. London: Routledge, pp. 58–66.

Fainstein, S. S., and S. Campbell, eds. (2012). *Readings in Planning Theory*. Oxford: Wiley-Blackwell.

Flowerdew, R. and Martin, D. (2005). *Methods in Human Geography: A guide for students doing a research project*. 2nd ed. Harlow: Pearson.

Flyvbjerg, B. (2001). *Making Social Science Matter: Why Social Inquiry Fails and How It Can Succeed Again*. Cambridge: Cambridge University Press.

Flyvbjerg, B., T. Landman *et al.*, eds. (2012). *Real Social Science: Applied Phronesis*. Cambridge: Cambridge University Press.

Forester, J. (1989). *Planning in the Face of Power*. Berkeley: University of California Press.

Forester, J. (1999). *The Deliberative Practitioner: Encouraging Participatory Planning Processes*. London: MIT Press.

Friedmann, J. (1973). *Re-tracking America: A Theory of Transactive Planning*. New York: Anchor Press.

Friedmann, J. (1987). *Planning in the Public Domain*. Princeton: Princeton University Press.

Friedmann, J. (1998). Planning theory revisited. *European Planning Studies*, 6(3), pp. 245–253.

Friedmann, J., and B. Hudson. (1974). Knowledge and action: a guide to planning theory. *Journal of the American Institute of Planners*, 40(1), pp. 2–16.

Geddes, P. (1915a/2000). City survey for town planning purposes, of municipalities and government. In: R. LeGates and F. Stout (eds.), *The City Reader*. London: Routledge, pp. 330–335.

Geddes, P. (1915b/1968). *Cities in Evolution*. London: Ernest Benn.

Given, L., ed. (2008). *The SAGE Encyclopaedia of Qualitative Research Methods*. London: SAGE.

Gorard, S. (2003). *Quantitative Methods in Social Science: The Role of Numbers Made Easy*. London: Continuum.

Greed, C. (1994). *Women and Planning: Creating Gendered Realities*. London: Routledge.

Hajer, M. (1995). *The Politics of Environmental Discourse*. Oxford: Oxford University Press.

Hall, P. (1988). *Cities of Tomorrow*. Oxford: Blackwell.

Hall, P. (1996). *Cities of Tomorrow. An Intellectual History of Planning and Design in the Twentieth Century*. Updated ed. Oxford, UK: Blackwell.

Harper, T. L., and S. M. Stein. (1992). The centrality of normative ethical theory to contemporary planning.

Journal of Planning Education and Research, 11(2), pp. 105–116.

Harris, N. (1997). Orienting oneself to practice: a comment on Alexander. *Environment and Planning B: Planning and Design*, 24(6), pp. 799–801.

Healey, P. (1998). Collaborative planning in a stakeholder society. *Town Planning Review*, 69(1), pp. 1–21.

Healey, P. (2006). *Collaborative Planning: Shaping Places in Fragmented Societies*. 2nd edition. Basingstoke: Palgrave Macmillan.

Healey, P. (2007). *Urban Complexity and Spatial Strategies: Towards a Relational Planning for Our Times*. London: Routledge.

Healey, P. (2010). *Making Better Places: The Planning Project in the Twenty-First Century*. Basingstoke, UK: Palgrave Macmillan

Healey, P., and J. Hillier. (2008). *Foundations of the Planning Enterprise*. Critical Essays in Planning Theory, 1. Aldershot: Ashgate.

Hendler, S., ed. (1995). *Planning Ethics: A Reader in Planning Theory, Practice and Education*. New Brunswick, NJ: Rutgers.

Higher Education Funding Council for England. (2011). *Research Excellence Framework 2014. Assessment Framework and Guidance on Submissions*. Bristol: HEFCE.

Hillier, J., and P. Healey, eds. (2010). *The Ashgate Research Companion to Planning Theory*. Aldershot: Ashgate.

Hoch, C. (1994). *What Planners Do: Politics, Power and Persuasion*. Chicago: Planners Press.

Howe, E. (1990). Normative ethics in planning. *Journal of Planning Literature*, 5(2), pp. 123–150.

Innes, J. E., and D. Booher. (1999). Consensus building as role playing and bricolage: toward a theory of collaborative planning. *Journal of the American Planning Association*, 65(1), pp. 9–26.

Jensen, O. B., and T. Richardson. (2004). *Making European Space: Mobility, Power and Territorial Identity*. London: Routledge.

Jessop, B. (2005). Critical realism and the strategic-relational approach. *New Formations*, 56(1), pp. 40–53.

Kitchen, T. (2007). *Skills for Planning Practice*. Basingstoke: Palgrave.

Krizek, K., A. Forsyth and C. S. Slotterback (2009). Is there a role for evidence-based practice in urban planning and policy? *Planning Theory and Practice*, 10(4), pp. 459–478.

Lewis-Beck, M. S., A. Bryman and T. F. Liao. (2004). *The SAGE Encylopaedia of Social Science Research Methods*. London: SAGE.

Logio, K. A., Dowdall, G. W., Babbie, E. R. and Halley, F. S. (2008). *Adventures in Criminal Justice Research*. 4th ed. London: Sage.

Lo Piccolo, F., and H. Thomas, eds. (2009). *Ethics and Planning Research*. Aldershot: Ashgate.

Lyons, E. and Coyle, A. (2008). *Analysing Qualitative Data in Psychology*. London: Sage.

Max-Neef, M. A. (2005). Foundations of transdisciplinarity. *Ecological Economics*, 53(1), pp. 5–16.

McNiff, J., and J. Whitehead. (2006). *All You Need to Know about Action Research*. London: SAGE.

Meller, H. (1990). *Patrick Geddes. Social Evolutionist and City Planner*. London: Routledge.

Openshaw, S., and C. Openshaw. (1997). *Artificial Intelligence in Geography*. Chichester: John Wiley.

Organisation for Economic Co-operation and Development. (2002). *The Measurement of Scientific and Technological Activities: Proposed Standard Practice for Surveys on Research and Experimental Development. Frascati Manual*. Paris: OECD.

Outhwaite, W., and S. Turner, eds. (2007). *The SAGE Handbook of Social Science Methodology*. London: SAGE.

Pressman, J. L., and A. B. Wildavsky. (1973). *Implementation: How Great Expectations in Washington Are Dashed in Oakland*. Berkeley: University of California Press.

Reason, P., and H. Bradbury, eds. (2008). *The SAGE Handbook of Action Research: Participative Inquiry and Practice*. London: SAGE.

Remenyi, D. (2012). *Case Study Research*. The Quick Guide Series. Reading: Academic Conferences.

Rodriguez-Bachiller, A. (1991). British town planning education: a comparative perspective. *Town Planning Review*, 62, pp. 431–445.

Roy, A. (2003). *City Requiem, Calcutta: Gender and the Politics of Poverty*. Minneapolis: University of Minnesota Press.

Ruane, J. M. (2004). *Essentials of Research Methods: A Guide to Social Science Research*. Malden, MA: Blackwell.

Sanyal, B. (2005). *Comparative Planning Cultures*. Abingdon, UK: Routledge.

Sawicki, D. (2002). Improving community indicators: injecting more social science into a folk movement. *Planning Theory and Practice*, 3(1), pp. 13–32.

Schön, D. (1983). *The Reflective Practitioner*. New York: Basic Books.

Silva, E. (2011). Cellular automata models and agent base models for urban studies: from pixels, to cells, to Hexa-Dpi's. In: Xiaojun Yang (ed.), *Urban Remote Sensing: Monitoring, Synthesis and Modeling in the Urban Environment*. Hoboken, NJ: Wiley-Blackwell, pp. 323–345.

Silverman, D., ed. (2011). *Qualitative Research*. London: SAGE.

Simon, H. (1945). *Administrative Behavior*. New York: Free Press.

Somekh, B., and C. Lewin. (2011). *Theory and Methods in Social Research*. 2nd edition. London: SAGE.

Sutcliffe, A. (1981). *Towards the Planned City: Germany, Britain, the United States and France, 1780–1914*. Oxford: Blackwell.

Taylor, N. (1998). *Urban Planning Theory since 1945*. London: Sage.

Thyer, B. (2010). *The Handbook of Social Work Research Methods*. London: Sage.

Tewdwr-Jones, M. and Thomas, H. (1998). Collaborative action in local plan-making: Planners' perceptions of 'planning through debate'. *Environment and Planning B: Planning and Design*, 25(1), pp. 127–144.

Turing, A. M. (1937) "On Computable Numbers, with an Application to the Entscheidungsproblem". *Proceedings of the London Mathematical Society*, 2(42), pp. 230–65.

Ulam, Stanisław (1986). *Science, Computers, and People: From the Tree of Mathematics*. Boston: Birkhauser.

von Neuman, J. and Morgenstern, O. (1944). *Theory of Games and Economic Behavior*. Princeton Univ. Press, US.

Wagenaar, H. (2011). *Meaning in Action: Interpretation and Dialogue in Policy Analysis*. New York: M. E. Sharpe.

Ward, S. (2002). *Planning in the Twentieth Century: The Advanced Capitalist World*. London: Wiley.

Wu, N., and E. Silva. (2012). Surveying models in urban land studies. *Journal of Planning Literature*, 27, pp. 139–152.

Wu, N., and E. Silva. (2013). Selecting AI urban models using waves of complexity. *Urban Design and Planning*, 166(1), pp. 76–90.

Yanow, D., and P. Schwartz-Shea, eds. (2006). *Interpretation and Method: Empirical Research Methods and the Interpretive Turn*. New York: M. E. Sharpe.

Yin, R. (2009). *Case Study Research*. Thousand Oaks: SAGE.

李彤玥　译，张雨蝉　校

第一部分

研究生涯感悟

1.1
引言

帕齐·希利

做研究的好坏与否并不只是遵从有关的技术程序。这一切需要综合的判断、富有想象的洞察力以及强烈的去探索批判性话题的精神。研究所需要的专业技能，就和做好规划工作一样。并且如同提高规划能力一样，这需要通过专业教育、经验和时间才能成熟。那么，我们如何在规划领域建立这些技能呢？这本书作为一个整体讲了这个问题，我们研究方法的讨论从规划研究者个人简介开始，介绍了每一个研究者发展研究的重点和专业知识的个人经历。这些简介资料不只是职业生涯的描述，他们还对在这本书的很多其余的部分提出概念、方法和制度问题留下思考。

这些简介资料包括一些编辑和其他几个人，反映了一系列的研究工作和学术/实践的环境。最后，我们荣幸地邀请到约翰·福雷斯特同意在书中加入他的论文，这些关于他如何学会写作的技巧的方法在民间已经流传很久。因此，临近半退休的我和约翰、在职业高位的伍美琴和希瑟·坎贝尔以及在事业中期阶段的尼尔·哈里斯和伊丽莎白·A·席尔瓦为这一部分做出了贡献。

我们的研究训练和经验的范围包括英国、葡萄牙、中国香港和美国。我们都取得了博士学位，年轻的人有着结构更加良好的教育背景。我们中有一些人，不仅获得博士学位，同时已为人父母！我们所有的人都是通过研究活动与实际工作相结合，来自社会、学术的学习与非学术的活动都曾经给我们带来挑战。我们都一路跌跌撞撞跳过陷阱和克服着不确定性，这些困难在某种程度上总是存在的，不管你拥有多么丰富的经验。

因此，我们希望这些个人的想法会给那些在规划领域中攻读博士学位或学术生涯阶段里的人即将遇到的问题一些帮助和安慰！我们所有的人都是不同的，所以每个人都反映出不同的风格和内容。但是这些主题有很多共通之处。其中之一是我们如何进入规划领域，然后发现我们深深地被规划调查研究所吸引。正是在正常的生活轨迹中，我们的故事出人意料，还有个人背景下混合出的新故事，鼓舞人心的教学和工作经验，令人鼓舞的机构管理工作，一本书或文章指引着我们，拥有越来越多自我的意识，去做我们内心真正想做的事情。我们其中的一部分人没想过要成为研究工作者，但发现只有通过调查现实世界的困境和问题所驱动的研究，却是一个如此吸引人且有益的工作。不管怎么样，我们所有的人，都已经被研究和实践活动之间的复杂关系而兴奋刺激。

另一主题是在规划领域中不同的学术环境里的经验。希瑟和约翰严肃地表达了他们对学者行为的观点！希瑟试图通过建立一种不同的部门文化去改变自己的学术环境。约翰提供给我们如何积极地去使用我们所接收到的不管是出于什么动机的批判。我们都经历过工作中需要结合实际工作的参与和学术方面的不同需求，并发现这种参与往往激发了我们的学术工作。尼尔和我在学术中承担着顾问的角色。伍美琴已经把她的教学和科研与积极参与社区工作联系了起来。伊丽莎白借鉴实际的活动专注于空间分析技能的发展，已经开始使用它在学术上的经验积累组织去学习如何实际参与。而约翰一直专注于研究者如何去工作。

尼尔发现，实际管理竞争的需求从来都是不容易的，随着大量的研究活动组合，高校教学与管理亦是如此。不同的重心可能是在不同时间、不同语境的需要。然而，正如约翰所强调的，教学不是从科研工作分心，而是能帮助巩固和理解研究的行为。

我们的集体经验也表明，研究工作是在规划领域中许多不同的社会背景下完成的。有时我们出于一种单独的工作方式，我们自己拥有项目从开始到结束的控制权——有点像一个标准的博士却没有导师。但往往我们是在团队中工作，我们必须要关注研究资助者或实质的客户。这本书有各种机构职位研究活动的例子。而这些个人的想法带给我们不同情况下的挑战。而且不同的情况下总有一些压力——为获得一份合同、在预算范围内坚持、为获得博士学位写论文和通过考试——它需要时间来使我们的想法、洞察力和理解变得成熟，达到"煮熟了"的水平，约翰解释说。以学术研究为职业的优点之一是研究的兴趣可以通过很多年来建立，使我们能够探索不同的途径和犯错误。约翰和我可以证实，我们并不总是认同我们年轻时期所写的东西。我们的想法和观点同时在发展、成长、壮大且随时间变化。学术研究生涯需要时间来建立。关于如何去了解这一点，伊丽莎白提出了很好的建议，她的足迹从葡萄牙到美国再到英国。她强调重要的不仅仅只是做研究，我们的工作同时也面向公众的需要，所以需要得到承认和分享。约翰将我们带入写作经验中灵感的喷发和实际的挫折。希瑟提醒我们，不要试图去过于紧密地模仿已经建立的学科。相反，她认为，我们的目标应该是很好地利用我们的学识中自己的独特见解，将他们融入规划实践使之相互结合。

所以这些传记的思考将带领读者成为规划领域的研究者，并一生致力于学术的研究。这需要时间和努力来建立技能、经验和信心以及坚定的决心。但我们都得承认，只有在不断地发现自我、从丰富且刺激的学术基金和规划实践中不断地学习，我们才有伟大光明的未来。

张雨蝉　译，顾朝林　校

1.2
学习研究技巧：
一个持续的过程

帕齐·希利

开始攻读博士学位

我经常讲述我是怎么进入规划领域的故事。1960 年代我在伦敦区的规划部门工作了几年，在那期间我通过业余学习获得了专业规划师资质，但我仍感觉我对参与的规划活动了解得太少了。我来自一个科学背景的家庭，因此我想读一个博士或许能更多地了解规划的本质。这促使我在 1969 年进入伦敦经济学院攻读博士。我非常幸运，因为当时一个新的城市和区域规划硕 / 博士专业课程刚刚开始，我的兴趣和专业背景正符合他们的招生要求。

和许多博士研究生一样，我带着想要了解规划作为一种理想和活动能够在多大程度上改变社会状况的模糊的想法来到伦敦经济学院。"规划和变革"成为我研究的首要主题，最终也成了我学位论文的题目。我的导师建议我做英国新城和扩张型城镇的发展经验研究，但那时我有机会去拉丁美洲，那里的城市化高速发展。这看起来似乎更加有趣。因此，几个月后我终止了英国新城和扩张型的城镇发展研究。但是这段研究同样给我留下了宝贵的财富，我花了几个月在伦敦经济学院的图书馆学习社会科学是如何解释国家发展的进程以及社会和城市发展之间的关系。这些跨学科领域的学习是进入由不同的学科领域构成的思想世界的探险。[1] 掌握概念、研究问题、研究方法和解释分析之间复杂的关系是一个挑战。每一个领域都很困难，因为它有复杂的分支和争论。"他们是如何形成这样的思维模式呢？"我经常思考。社会学、人类学、地理学和政治学关于城市化和发展的讨论有不同的关注焦点和不同的研究框架、调查方法和解释结果。但是这些尝试后来被证明是非常好的训练，让我掌握如何通过不同学科领域形成研究观点，同时也训练了我对解释分析的敏感性。[2]

然而，回到那时候，我得到的解释分析训练太少，因为我接触社会科学的时候正是实证主义科学和经验主义方法主导的时期。那时候的英国，还没有训练博士研究生研究方法的传统。我用一种不加反思的松散的方式，写我大学的学习成果，有时是地理学方法（识别现象和绘图的描述方法），有时是人类学方法（让研究者体验他人的人生或思想世界的民族志方法）。导师留下大部分时间让我们自己做，然后和其他人在专题研讨会上讨论。我曾经给导师准备过几篇论文看，但仅仅偶尔能够得到他们的回复。然而，我发现一个想象中的导师可能是非常有用的。

我过去常常设想我的实际导师会如何回复我写的东西，通过这种方式想象他可能给我的所有批评。由此一来，我解决了许多困扰我的问题。通过指导其他人，我开始认识到读博的经历对一个人学术生涯的核心作用就是培养这种自我批判的能力。好的学者需要同时具有两种能力，既要有能够推动新发现和新见解的自信，也要有在面对难以理解的问题时的谦逊，即使聚焦在一个非常小的研究问题，也要解释这个世界是如何运转的。

所以我的博士生经历是混乱的，通过这种自我探索式的训练，我学习到了大量的规划领域的传统思想，以及怎样将这些思想应用到我研究的委内瑞拉和哥伦比亚的实践中。现在回想起来，我希望我能更多地接触研究方法的讨论。有机会讨论不同的认识论传统，对于系统知识的产生将是非常有用的。在戴维·哈维之前，这样的哲学思考在当时英国的地理界和规划界一直缺失。[3]但在我完成硕士论文后，我从乔·贝利介绍的现象学中得到了启发。他在金士顿理工学校给规划师开设社会学课程，而我曾经在那儿做过演讲。乔·贝利介绍马克思主义分析方法和现象学观点（Bailey，1975），后来与社会学家安东尼·吉登斯（1984）结合在这一领域发表了许多成果，尤其是通过对组织动力机制感兴趣的社会学家戴维·西尔弗曼，我知道了开展定性研究调查的所有方法。[4]

我的第一个研究项目资助

在此之前，尽管我当时在牛津理工学校（现在的牛津布鲁克斯大学）参与规划项目的设计，对我（和其他人）来说，可以确定当时已被规划理念如何与现实世界互动所吸引。这实际上是我早期规划和变革兴趣点较为温和的形成阶段。在拉丁美洲的工作中，我发现在城市治理实践中不同的规划思想是同时存在的，有时还会发生冲突。回想几年前在伦敦的规划经历，我思考哪些规划思想影响了当时伦敦33个区的规划实践。[5]这促使我设计了一个研究项目，规划师在规划实践中的规划理论应用，这个项目被环境研究中心（CES）资助。[6]当时布赖恩·麦克洛克林（Brian Mclough-Lin）是那儿的资深研究专家，他对我这个名不见经传、缺乏经验的研究人员非常支持。[7]像他这样的人，对一个研究新手来说帮助巨大，非常幸运我碰到了他。

这个研究，在方法论上要比我的博士研究多很多，主要将参与式观察和采访调查结合起来调查规划师在实践中规划理论应用情况。雅基·安德伍德（Jacky Under-wood），一位伦敦区的规划师，成为研究助理，他花了六个月时间在其中的一个区调查。[8]我们对每个区规划处的规划师做了不同深度的访谈，采用了半结构化问卷调查，对每次访谈内容都做了详细记录。我们也接受了西尔弗曼的建议，并和研究对象讨论研究报告的初稿。这个项目既具挑战性又很充实，因为我们必须理解他们对研究报告初稿的反应和意见。在后续研究中，只要有可能我都会采用这样的研究步骤。但是，这种做法非常费时间，同时还需要谨慎地关注道德问题。

在这次研究的基础上，我得到了第一张关于规划实践中哪些规划理论被广泛传播的概念图。[9]但是我们同样发现，伦敦各区主流理念和实践［即文格尔（Wenger）在1988年提出的"规划实践圈子"（communities of practice）］都受到地方政治结构和各地面临的发展挑战的影响。这促使我的研究进一步直接聚焦到发展规划的编制是如何受外部环境影响的。在这些调查中，我习惯了团队作业，也习惯了与客户合作。一项关于规划制度如何运行的研究项目得到国家研究基金资助，它不仅为研究活动提供重要的资金支持，而且也与地方的规划实践有了很好的沟通。[10] 但带给我的压力也很大。我曾在其他地方说过，这种来自客户端的压力能让研究团队多出研究成果。[11] 我们同样需要牢记我们的工作面向两个对象。一方面，我们必须向客户编写研究报告发布我们的研究成果；另一方面，我们也需要报告我们的调查给更科学的学术圈。这种双重报告是一个非常费时而且吃力的过程，但是非常容易产生新的见解。

<h2 style="text-align:center">更改地点</h2>

1980 年代后期，我去了英国的纽卡斯尔大学。在这儿我的挑战是认识一个与富裕的英格兰南部非常不同的外部环境。我和同事们一起就纽卡斯尔地区自然和社会再生进行了一系列探索，有时我们作为参与者，有时作为已完成工作的跟踪关键参与者，有时还帮助社区团体表达他们对一项倡议的看法。用研究战略和设计的术语说，其中最复杂的一项研究可能是城市中心复兴项目。[12] 这个项目获得中央政府资助，但一直受到来自地方政府的压力。通过这个案例和研究经历，我们构建了一个理论来解释什么会导致现行治理过程的变革。

该理论的核心假设是推动现行治理过程（我们用"动员"一词来表达）变革的力量来自有效的知识资源和关系资源的质量，通过治理过程中和更广泛的环境相互作用推动变革的发生。我们用"制度能力建设"的概念来进行为项目建立的合作机构的治理过程的研究调查。我们是一个不同背景的团队（阿里·迈达尼普尔，克劳迪奥·德·马加良斯，约翰·彭德尔伯里和我），克劳迪奥推动我们采用一致的研究方法进行工作。我们跟踪了机构的首席执行官，参加伙伴会议，通过系统的利益相关者分析挑选进行半结构式访谈者，并查阅了大量的文件（报告、会议记录等）。我们通过详细的文字工作分析了上述所有材料，并且用了分析文字数据的 NUDIST 软件。[13] 然后根据最初的构想用四个主题将上述分析综合在一起。我们将研究工作写成了一份详细的研究报告，并将一些文章收录在两本书里。[14] 我们发现，尽管该机构尝试了新的工作方式，也动员了可观的知识资源和社会网络的支持，但是还不足以对治理面貌形成广泛的影响。这让我们形成了更广泛的概念，部分变革有可能深入到现行治理过程的制度土壤和更加广义的治理文化中，但是无论何时，或者以何种方式，这种变革依赖更加广泛的背景力量，这些力量产生于当地历史和地理的相互作用中。[15]

也许最终我学到了如何做现在大多数博士研究生被训练做的事情。我最享受的研究过程是对欧洲不同国家之间如何制定空间战略的实践研究 [16]，在这项研究中，我正式离开教学和行政工作，自己做自己的研究助手，重新找回了做博士研究生的感觉。但是，作为过来人，我们和许多年前刚开始的时候不完全一样，因为我们（希望是）在做各种判断的时候有更丰富的经验和更多自信，或多或少，它们成了我学术创造的一部分。这段经历和这些判断的价值，当然，要留给后来人评估。

感言的概括

在进行研究活动时，我有着自己特定的工作方式，与经济学和心理学相比，我更倾向社会学和人类学的方法论传统。我着迷于发生的细小事件，因此能从细节处找到大事件酝酿进程中的线索与灵感。我们都拥有自身的敏感性，但我却勤于反省和修缮自身；这种研究技巧总是具备挑战性的一方面，便是如何撰写出色的研究成果。正像约翰·福雷斯特在第1.7章中的讨论一样，这对任何研究者来说都是必备的重要技能。尽管有些我所参与的研究，与参与者共同学习，其研究报告不会超出客户的要求，但它们却带动了其他的项目和论著写作。当然，我写作面向的读者也多种多样，因此尽管核心信息（研究结果）是一样的，不同的读者将关注发现不同方面，这便使得其所接纳的语言风格迥异。我曾学习如何修饰言语使之严谨、具有表现力，并避免长篇累牍（我在学校常能快速撰写大段文字，但直到后来才学会对思想意识进行条理分析表达）。正如福雷斯特强调，能有一些挑剔的朋友帮你检阅书写文章的意思和风格将颇有裨益。当然这还是难以满足不同读者以不同方式阅读吸取材料的要求。因此，我发现最佳的方法便是尽力考虑不同读者对于我论述内容的需求。对于这些读者，也许是我们的学术同行在他们评审我们的论文的时候是非常难预测的人群，福雷斯特曾从多种角度提到过这类人群；当然也有这样一类读者，他们对学者关注的问题毫无兴趣。将复杂概念和研究成果转化为面向读者的清晰的政策化表达和实际建议是一项艰巨的任务，因为我们时刻面对有限的时间、有限的资源以及对已知事物了解的局限性。如此一来，之前的一些表述用此标准衡量则过于奢求了。

研究圈外的人通常想明白此项举动的目的是什么。许多人对于实际问题追求确切的答案。但是当我越多地置身研究领域，我越发敏锐地意识到我们在感知特定事物时的局限性。我们的规划学术工作可以在规划项目演进或者特定政策发展的某一时刻提供真实有用的输入。这种影响可能以书写的报告或文章的形式呈现出来。但是更经常的是，这些影响更多地迸发于对某一问题学者和实际工作者的相互交流。一些效应的产生会经历更长的时间跨度，如当新一代学生阅读到前辈的贡献时所产生的影响；另一些贡献的认可则需要等到大众能够理解作者所展现的思维模式才行。据此，我总结两点：首先，规划研究者不应该将研究活动和实际产出两者视为简单的线性关系；其次，作为规划研究者，我们应该意识到我们的研究赋予更广泛的世界的意义。我们需要勤于发问，总结研究，去思索是什么含义的政策和实践才是需要我们关注的焦点。

在我的研究生涯中，每当我谨慎地跋涉于道德问题两难困境的丛林中，我都颇为留意。我在博士研究中也被这样一个困扰所有科学家的关键问题难倒，即谁会相信我，或者说我的研究成果的阐释该是何种模式。那时，我凭借经验调研，过度论证自己的观点，许多内容也未在论文中展示。之后我学会了通过与实验对象的互动去观察我的论述如何和他们相关联。随着时间流逝，我更精于设计，并通过一些概念和假设去重构调查研究。但是以上仅仅是我遇到有关道德挑战的某一层面。还有涉及保密问题，比如我能将参考资料的多少展现于人，或我怎么样确保对访谈者访谈内容的保密，又如我是否在利用为我提供信息的人以及我将何以回馈参与到我研究准备工作的人。最终，尽管不易，我对于上述两难境地的处理办法便是对于所有人予以同样尊重。有时，就算你知道一些事情对于受访者有用，因为保密承诺你也必须保持沉默；还有时，你甚至由于一些丰富有价值的材料会影响信息提供者的工作职位而无法将其公之于众。我在与他人共事时遇到了有关责任的其他问题，即团队运作和工作贡献度测算。我曾在两本书中担任主要研究者，我们对每位成员的工作量进行详细的讨论并确权。[17] 在那段时间，由于学术成果关乎于每位研究者的事业，越早讨论作者权属问题越好。除此之外，还有更广泛的道德责任问题，尤其是研究者和客户之间的紧张关系。这些问题将在罗·皮科洛和托马斯的第 2.3 章作详细探讨。

因此我已经从关于我们领域的研究技巧有关的经历中学习了很多，这些经历包括：做研究、与他人合作、帮助研究新手学习研究技巧、与客户针对特定的问题合作以及与各种重要的友人和听众互动。如果我像他们现在一样，在研究开始阶段就能够获得有关研究方法的书籍以及教导，我可能会更快地学习到现在了解到的知识。我在思考研究项目中特定的步骤时，也经常翻阅类似的研究文本以促进思考。当我们从事调查研究时，关于研究方法的文本可以提醒我们可运用的策略和技术的众多可能。然而在最后，好的研究的关键在于具备醒目的关注点以推动调查研究、对经验世界发生的情形具备富有想象的洞察力，以上内容与研究技巧相结合，使得关注点能够转变成为一个系统的、可完成的研究。以上这些都需要具备判断能力，以避免研究技巧的运用沦为技术程序，对我们生活着的、无法"发声"的世界进行扭曲。来自经验世界的洞察力使得我们摆脱偏见和假设，将我们的想象力激发成为全新的解释和理解。

注释

1. "知识社群"的观念源于社会科学的研究，指由发展和巩固学术工作的科学家组成的团体，他们持有相似观点、概念和研究方法（见 Haas，1992）。
2. 如今解释性方法已在社会科学中建立，适用于针对政策分析和规划领域的评论[见 Fischer and Forester（1993），Wagenaar（2011），and Fischer and Gottweis（2012）]。
3. 哈维（Harvey）的《社会正义和城市》（Social justice and the city）（1973）对于许多规划学者和地理学家都颇有启发。
4. 戴维·西尔弗曼（David Silverman）持续为社会学家提供研究建议，并定期更新关于定量研究方法的书籍；见 Silverman（2009）。
5. 事实上只有 32 个自治市，第 33 个是伦敦。
6. 环境研究中心（CES）是政府资助的研究中心，由于撒切尔时代不鼓励规划和研究活动，CES 在那时被关闭。
7. 布赖恩·麦克洛克林逝于 1994 年，是一位有着规划实践经验的学者。他因关于规划系统观点洋溢的文本（1969）和对于与规划策略吻合的墨尔本城市发展的详细分析而闻名（1992），但此后他又反驳了之前的规划系统的观点。
8. 在她的详细的研究中，"城市规划师对于角色的寻求"（1980）于 20 世纪 80 年代在英国扬名。她于此之后调入布里斯托尔高级城市研究学院。
9. 这出现在希利、麦克洛克林和托马斯（1982）的第 2 章中。

10．这项工作是希利等人工作的基础（Healey et al，1988）。

11．希利（Healey）（1991）；又见罗皮科洛和托马斯（Lo Piccolo and Thomas）（2009）。

12．见希利等人（Healey et al.）（2002，2003）。

13．但是我们认为没有必要在正规技巧的分析层面，作超过一层的解释。

14．卡尔斯等人（Cars et al.）（2002）；哈耶尔和瓦赫纳尔（Hajer and Wagenaar）（2003）。

15．这个想法是希利总结的（Healey，2004）。

16．见希利（Healey，2007）。

17．这些是希利等人（Healey et al.，1988）及瓦伊格等人（Vigar et al.，2000）。

参考文献

Bailey, J. (1975). *Social Theory for Planning*. London, Routledge and Kegan Paul.

Cars, G., P. Healey, A. Madanipour and C. de Magalhaes, Eds. (2002). *Urban Governance, Institutional Capacity and Social Milieux*. Aldershot, Hants, Ashgate.

Fischer, F., and J. Forester, Eds. (1993). *The Argumentative Turn in Policy Analysis and Planning*. London, UCL Press.

Fischer, F., and H. Gottweis, Eds. (2012). *The Argumentative Turn Revisited*. Durham, NC, Duke University Press.

Giddens, A. (1984). *The Constitution of Society*. Cambridge, Polity Press.

Haas, P.M. (1992). "Introduction: Epistemic Communities and International Policy Co-ordination." *International Organization* **46**(1): 1−35.

Hajer, M., and H. Wagenaar, Eds. (2003). *Deliberative Policy Analysis: Understanding Governance in the Network Society*. Cambridge, Cambridge University Press.

Harvey, D. (1973). *Social Justice and the City*. London, Edward Arnold.

Healey, P. (1991). "Researching Planning Practice." *Town Planning Review* **62**(4): 457−468.

Healey, P. (2004). "Creativity and Urban Governance." *Policy Studies* **25**(2): 87−102.

Healey, P. (2007). *Urban Complexity and Spatial Strategies: Towards a Relational Planning for Our Times*. London, Routledge.

Healey, P., C. de Magalhaes *et al.* (2002). "Shaping City Centre Futures: Conservation, Regeneration and Institutional Capacity." Newcastle, Centre for Research in European Urban Environments, University of Newcastle.

Healey, P., C. de Magalhaes *et al.* (2003). "Place, Identity and Local Politics: Analysing Partnership Initiatives." *Deliberative Policy Analysis: Understanding Governance in the Network Society*. M. Hajer and H. Wagenaar. Cambridge, Cambridge University Press: 60−87.

Healey, P., G. McDougall and M. Thomas, Eds. (1982). *Planning Theory: Prospects for the 1980s*. Oxford, Pergamon.

Healey, P., P. McNamara, M. Elson and J. Doak. (1988). *Land Use Planning and the Mediation of Urban Change*. Cambridge, Cambridge University Press.

Lo Piccolo, F., and H. Thomas, Eds. (2009). *Ethics and Planning Research*. Aldershot, Hants, Ashgate.

McLoughlin, B. (1992). *Shaping Melbourne's Future?* Melbourne, Cambridge University Press.

McLoughlin, J. B. (1969*). Urban and Regional Planning: A Systems Approach*. London, Faber and Faber.

Silverman, D. (2009). *Doing Qualitative Research*. London, SAGE.

Vigar, G., P. Healey, A. Hull and S. Davoudi. (2000). *Planning, Governance and Spatial Strategy in Britain*. London, Macmillan.

Wagenaar, H. (2011). *Meaning in Action: Interpretation and Dialogue in Policy Analysis*. New York, M.E. Sharpe.

Wenger, E. (1998). *Communities of Practice: Learning, Meaning and Identity*. Cambridge, Cambridge University Press.

邹　晖　曹哲静　译，顾朝林　校

1.3

穿梭在学术型研究与实用型研究之间：

大学环境下规划研究

尼尔·哈里斯

引言

当我的编辑伙伴们提出要将我们的研究经历用自传概述的形式作为这本书的开篇时，我是犹豫的。我的有关规划研究的经验迄今为止一直是混杂的。我的叙述无法说明我具备成功的研究生涯。诚然，我是参与了不少不同类型的研究项目，在这篇文章中记述了其中一部分。然而，有时我也会纠结于如何让研究资料保持新鲜。研究一直是我学术生活的一部分，而且经常充满挑战，需要投入充足的时间和精力。我期待和希望在学术研究方面的同路人，从我的反思中产生共鸣并且有所裨益。

在研究型大学学习

我第一次接触规划研究是在 20 世纪 90 年代初，那时我还是一位本科生。事实上，在这之前，我就已经决定这一生将致力于规划和建成环境事业，因此选择就读于经过专业认证的英国卡迪夫大学规划本科专业。卡迪夫这所大学和许多英国的其他大学一样，将自己定义为研究型大学，期望全体师生积极开展研究。据此，以研究为主导也顺理成章融入规划系的教学和学习过程中。老师会在教学过程中加入他们从事的项目内容。有的老师还会告诉我们他们正在从事的研究项目，以便使我们可能会对其中的某些想法或资料产生兴趣。老师强调他们参与了政府部门的研究项目，这会在我们经过专业认证的课程中充分激起学生的共鸣。课程的一个关键部分是讲授研究方法和技巧，并要求所有本科生从事设计并提交研究论文。研究论文规定的内容包括研究设计的发展过程、现场调研开展的情况以及数据的收集和分析。研究行为是体现规划师技能的重要组成部分。老师传授的研究方法大多是偏学术的，反映了规划系在定量研究和统计分析中的优势。假设——演绎研究模型是我们教学和学习的重点，这一研究模型是通过参照经验数据对一个建立的假说进行证伪或证实（见第 2.6 章韦伯斯特的文章）。不过，我们也接触到作为政府规划研究项目一部分的实用型研究。因为实用型研究注重实际问题，注重为改变规划体制所产生的建议，所以这更加吸引我的注意，尤其在规划体制内那些可能会直接导致改变的研究非常重要而且令人兴奋。

本科做研究的经历，后来也成为我确定博士学位论文焦点预演——一个探索和调查自己选题的机会。现在，作为一名研究生导师，我总会告诉同学们，论文或个人研究项目应该来源于自己最有热情的课程。毕竟，这些才是他们选择研究项目的主题和重点。我记得很清楚，那时我坐在漆黑的卧室，将我感兴趣的主题列成了很长的单子，然后归纳成三四个备选短名单，最终才选出我认为最好的主题。在做最终选择时，关键指标是既要有话题感和时效性，又要与实践相关。在我必须进行博士论文选题时，正是英格兰和威尔士进行地方政府重组的时期，我很关心这些将对规划制度及其传承会产生怎样的影响。细想起来，这是我长期关注规划制度及其更有效地发挥作用的起始。一位年轻的学术型老师给了我很大的鼓励，我以此为主题进行研究并发表了一篇学术论文，从而激发了我对学术生涯的向往（Harris and Tewdwr Jones，1995）。不过，那时我仍然是怀抱成为职业规划师愿望的，我已经开始了规划课程的学习，并进行了为期一年的工作实习，这些是当时我的学习-实践-学习"三明治课程"的一部分。

在实践环境中工作

我为期一年的工作实习非常有趣，主要是在英国地方规划部门参加发展控制活动。我对规则和程序怎样工作，政策如何表达与应用，以及为什么有些决定机制有用而有些没用等问题产生了好奇。更吸引我的是，我可以看看规划师在实际中怎样工作，看看他们怎样解释情景，怎样提炼重要问题，怎样概括充满政治色彩的情况，以及怎样在规定范围内行使决策权。我不认为我是一名有影响力的发展控制官。[1] 比起亲自做决定，我更感兴趣的是这个决定是怎么做出来的。后来总结我的实习经历，一位同事是这样评论的"也许你会在政策研究方面做得更好"，回头想想，这也许是在暗示我不那么实际。我总是把这句当作他人对我热衷于更加抽象概念的认可，也因此得出政策研究和学术研究相差甚微的结论。

这段规划实践的小插曲，与我从事的规划事业相关，也为我开启了全新的研究内容和研究兴趣领域。最后一年，我回到大学进行专业研究，一位老师给我介绍了北美学者关于"规划师做什么"的研究（Hoch，1994；Forester，1989）。这篇文献与我的实习经历产生了共鸣，文章说规划师忙于凌乱的、实际用的、日常的活动，规划研究可以了解很多有关专业判断、规划工作的约束条件以及职业道德方面的问题。这让我意识到，我并不适合做一名规划师，我乐于观察并试图理解规划师从事的活动。希利（1992）从方法论的角度提供用文件记录规划师的一天工作的帮助，而导师推荐的读物也激发了我对规划师在做什么，为什么这么做，以及他们的工作与提出的概念之间的关系的兴趣（Healey and Underwood，1978；Underwood，1980；Reade，1987；Evans，1993）。我的另一篇论文，作为我获得专业文凭的部分成果，探讨了一些关于规划过程中谁做决定，以及如何与规划建议联系的问题（Harris，1998 年）。

博士研究经历

回首本科毕业的时候，那时有两条路摆在我面前—— 一条是我一直想要从事的与规划实践相关的规划师事业，另一条是读博士学位走学术生涯之路。我私底下想我能成功获得博士期间的资助。于是，我就将本科后期吸引我的一些学术论著进行系统整理，进而将这些材料与新兴的交际规划理论联系起来（见本书的导言）。最终我真的得到了资助，这意味着我成了一名博士研究生，而且一下资助了我三年的研究。我这一代博士生正赶上博士研究训练这一概念的起步阶段。我需要在博士的第一年获取在社会科学研究方法的专业文凭。博士科研培训等项目也在这一时期迅猛发展，这样使我的研究课题运用了更广泛的社会科学思想。我们博士班由不同学科背景的同学组成，他们从事多种不同研究主题，例如犯罪和自杀、医疗条件识别、教育、性和性别等。博士生导师们同样也有不同的学术背景，他们会使用各自学科的材料授课，也会传授规划专业适用的人类学田野调查经验，并探究一些从专业上看很创新甚至有风险的课题。这方面的经验与假设——演绎研究模型和定量方法截然不同，曾经是我接受规划教育的特色部分。参加社会科学的学习，帮助我用不同的方式看世界，其中包括定性和定量研究方法。我在博士培训阶段接受的社会科学学习，使我掌握了一系列做定性研究和分析的方法，还有结构化的系统分析方法，这些就成为既合理又经得起推敲的规划研究方法。同时也让我认识到，规划的研究如果加入定性分析方法可以变得更加容易推陈出新，而这些方法在我当博士生时还并不普及。同样，也让我还认识到，每个学科都有自己的传统研究方法。规划学科是这样，其他学科也是这样，这也是编著本书的关键所在。

回想我的博士生经历，像许多人一样，都有奇怪的高潮和低谷时期。在研究的高效率时期，我能深入系统地将研究课题与我自己的研究兴趣结合起来，这近乎是独一无二的机会。在一个人的学术生涯中，有这么高强度且没有任何承诺或干扰的地学习三年，这样的机会现在是不可能再有了。回过来想，虽然当时感觉有些平淡，但却可以说是奢侈的机遇。同样地，也只有在博士生阶段才有机会在没有其他承诺的情况下，采用只有专职专项做研究方能采用的研究方法。我用这段时间做持续的实地调查，经常去规划机构办公室，并连续好几个月与规划师们泡在一起。当然，还有机会广泛阅读文献，甚至包括学科外的书籍，还有时间能对经历过的事情进行反思（Harris，1999）。我也有幸得到马克·图德-琼斯导师的帮助，他自始至终给我信心和鼓励，这是我在论文的关键阶段非常需要的。当然在学校还有很多人对我的研究很有帮助，他们定期测试我的研究进度。我常常无法让老师们认可我的观点，因此只好回去重新考虑我的论文。他们许多人后来成为我的同事，包括休·托马斯和乔恩·默多克，尽管如此，他们仍然会用让人信服的论据友善地指出我研究的不足。

尽管博士生阶段自由且有经费资助，但我发现这段经历也是十分孤独的，我常常对我做过的事情感到不确定甚至怀疑。这些天，我反思这是否就是博士生的经历，其中充满孤独、不确定性、死胡同等组成的障碍的自我突破，也是每个走向学术研究的科学家的必由之路。三年的博士生研究很快就结束了，我也不得不结束这人身短暂的篇章。这样的画面，总是反复地出现，让我害怕，就是当我的博士生导师编写他的博士生指导书，他去看或他的博士生再去阅读我的论文！不过，我记得在我答辩时，对我开发的面向规划理论评估的专家系统给予了肯定。我记得我的主考老师给了我非常有用的意见——我已经具备一整套的研究技能和品质，可以应用到整个研究生涯中任何感兴趣的任何课题。这样，我可以高高兴兴地放下博士论文，将研究焦点转移到我感兴趣的事物上。

科研工作

我的学术生涯的下一阶段是直接拿到了一个教学岗位。那时的研究是在保证上课、批改作业、见学生的基础上挤出的零碎时间开展的。我在不断挣扎挤时间做研究，跟现在差不多。正因为如此，我也很少有时间能走出去做像博士生期间做的那种持续的实地调查研究。以学者的身份做研究，与博士生阶段做研究有很大的不同，研究变得需要合作，而不是个人研究。我成为研究项目投标小组的成员，有时会投标成功，有时也会失败。这些小组有时由同事组成，但也可能涉及第三方，如规划顾问等。这时的研究项目经常是为了保证研究经费而设计，研究基金和我三年博士生的资助经费明显不同。比起自己的研究兴趣，这些研究更受客户需求的左右，巨大的挑战在于要尽力将这两者统一起来。那时的研究项目还有一个不同，就是需要在三个月或半年的时间完成，而不是我做博士论文所花费的三四年。这些可能反映了自我参与学术研究以来所从事的研究项目类型。

自此之后，我所完成的部分研究很难和咨询机构所做的咨询类研究相区别。确实，我们和这些机构时有合作，这就需要理解实践中应用研究方法怎样不同于做学术研究的方法。例如，"政府委托的"的项目需要实用型视角，与完全转录、编码、仔细分析的严谨的学术型研究视角截然不同。对于学术研究，可能会关注研究的严谨性、科研发现是否稳定或是否有因为时间有限没有论证的其他分析和解释。实用型研究，是一种快节奏的直接的问题研究，有时可能是愉快的，但实践需求明显不同于学术需求传统。与以客户为导向的研究不同，像研究基金会或类似组织资助的较长期的研究项目，可能更反映学术型，更像是做博士论文那种研究。虽然为政府的研究项目为推动更多规划政策和实践做出贡献，但大学中研究绩效评估[2]是我博士论文研究中所没有接触到的，而且这种研究绩效评估变得越来越重要。

面向客户的实用学术研究最大的挑战是如何将研究工作获得的见解变成学术研究成果，包括学术论文发表。有些例子是，在做完面向客户的研究后，我们会从更加批判的、学术的、概念的视角对提供给客户的研究成果进行再利用（Harris and Hooper，2004；Harris and Thomas，2011）。这可能会导致现场工作之后对于概念框架的充满好奇的研究工作，但我发现，这是更深刻理解数据的有效的方法，也能帮助进一步理出和探索相关的概念。另一个面向客户的实用研究的挑战是不仅仅需要的理解世界，还要求切实可行的建议或提炼出的好的行动计划。无论你是做学术型研究还是做面向客户的实用型研究或者来回穿梭于两者之间，都非常的有趣。即使在我参与的理论性学术研究工作中（Harris，2011），我也持较宽容的态度，让从事实用型研究的人理解面临的挑战，也让学术型研究工作带有一定的实用性。一个关键的任务是将自己学术的、概念的和理论的术语转换成有现实语言。假如我们用获得全貌监管的福柯式的概念，以及横向监管的其他理念，并与规划执法人员，探讨如何去发现和调查规划控制的缺口（Harris，2013），你能感悟到将学术与实践联系起来是多么的有趣？

结论

这本书的许多读者可能刚刚接触规划研究，有的是本科生有的是研究生，并且都在研究型大学学习。他们可能正纠结于如何选研究项目，如何确定对自己研究课题采用合理适当的研究方法，或者不确定相关研究是出于什么目的。他们有可能刚接手充满挑战的博士研究任务，并在空间规划学科框架下完成超越极限的任务。无论上述任何情况，这本书可以提供帮助，并为空间规划的特定学科提供支持。然而，这些研究小传编排既是为了强调共同的规划研究主题，也为了突出空间规划领域各类参与者的差异。如果要我说在我叙述中想强调什么，那就是通过研究活动将学术型研究和实用型研究联系起来的价值。我有时觉得，就做学术型研究或就做实用型研究，我永远不会感到舒服——也许我不适合它们两者中的任何一种——因为我在研究探索思想、观念和实践的过程中，穿梭在两者之间能让我兴致盎然，乐在其中。

注释

1. "发展控制官"（development control officer）是英国用来形容处理规划许可申请的规划师的术语。这样一位官员应当胜任这样的工作，处理大量规划许可申请，并向高级长官或选出的政府人员提出是否给予许可的建议。
2. 英国的大学要求定期提交——大约每五年左右——以评估他们在研究中的表现。这些评估中一个日益重要的部分是展示他们研究的"影响"。这种影响是通过超越学术的方法，对研究的影响和效益进行评估。又见第5.2章达武迪的文章。

参考文献

Evans, B. 1993. Why we no longer need a town planning profession. Planning Practice and Research, 8(1), 9–15.

Forester, J. 1989. Planning in the Face of Power. California: University of California Press.

Harris, N. 1998. The art of delegation: officer-delegation in development control. Planning Practice and Research, 13(3)

Harris, N. 1999. Working away from home: philosophical understanding in the development of planning theory. Journal of Planning Education and Research, 19(1), 93–97.

Harris, N. 2011. Discipline, surveillance, control: a Foucaultian perspective on the enforcement of planning regulations. Planning Theory and Practice, 12(1), 57–76.

Harris, N. 2013. Surveillance, social control and planning: citizen-engagement in the detection and investigation of breaches of planning regulations. Town Planning Review, 84(2), 171–196.

Harris, N., and Hooper, A. 2004. Rediscovering the 'spatial' in public policy and planning: an examination of the spatial content of sectoral policy documents. Planning Theory and Practice, 5(2), 147–169.

Harris, N., and Tewdwr-Jones, M. 1995. The implications for planning of local government reorganisation in Wales: purpose, process and practice. Environment and Planning C: Government and Policy, 13(1), 47–66.

Harris, N., and Thomas, H. 2011. Clients, customers and consumers: a framework for exploring the user-experience of the planning service. Planning Theory and Practice, 12(2) 249–268.

Healey, P. 1992. A planner's day: knowledge and action in communicative practice. Journal of the American Planning Association, 58(1), 9–20

Healey, P., and Underwood, J. 1978. Professional ideals and planning practice. Progress in Planning 9(2), 73–127.

Hoch, C. 1994. What Planners Do: Power, Politics and Persuasion. Chicago, Illinois: Planners Press, American Planning Association.

Reade, E. 1987. British Town and Country Planning. Milton Keynes: Open University Press.

Underwood, J. 1980. Town Planners in Search of a Role: A Participant Observation Study of Local Planners in a London Borough. Bristol: University of Bristol.

刘希宇　译，尹子潇　顾朝林　校

1.4

研究方法和我的生活：

一些个人感言[1]

伍美琴

"你已经走过了很长的路！"这是我的博士生导师约翰·弗里德曼教授发现我的父母都是没受过什么教育的工厂工人的时候，对我讲的一句话。回想一下，考虑到我是一名亚洲（中国）文化背景的女性，这又是一句很有洞察力的评论。

我曾经是年轻的马克思主义者

在我幼小的心灵里，有许多事情留下了"左派"思想的印记。当我还是小孩子的时候，我们一家五口人住在中国香港九龙古城外围的一文不名的棚户区中一间非常小的房间里。我依然清楚地记得这些情景，父母亲和叔叔阿姨们站着或者坐在破旧的长椅上，围成一个圈，讨论合用的诸如水表用水量、固体废弃物处理和污水排放等问题。那段被称为"贫民窟狗"（Slum dog）[2]的人生阶段总是把我的研究兴趣引向城市化过程中"受压迫者"的需求上。并且，因为一些说不清楚的原因，父母将我送到一个左翼工会负责的幼儿园。尽管只有短短的两年时间，但它很神奇地对我后来的生活产生了持续的影响。我与许多同龄的香港人不同，心里并不惧怕中国内地，反而对中国这个幅员辽阔的国家、土地和人民自然而然产生了一种难以言表的热爱。有一件事深深植入我的脑海里，让我思索至今：我当时的老师怎么能那么肯定认为她说的话是对的？在她告诉我，我父亲读的报纸不好（在 20 世纪 60 年代中国香港社会被政治分化为亲左[共产主义]和亲右[民族主义者]两大阵营，而我父亲在读一份持中立态度的报纸），这个问题就一直印在我的脑袋里。这些早期的教育经历，解释了为什么我在初中时期对马克思主义和毛泽东思想如此痴迷。不过，当时的中国香港还是英国的殖民地，学校里禁止讨论政治问题。阅读马克思的《资本论》和毛泽东思想都是"秘密"进行的。[3]当时的我太年轻，还无法把这些课外读物与学校里应付考试偏重死记硬背的家庭作业联系起来，思考它们的关系。

液化气（LPG）罐将我引入城市规划领域

在中国香港，大约有一半的人口居住在公屋中。在 20 世纪 70 年代末，我们一家十分幸运地离开了棚户区搬到有海景的公屋内。然而，就在公屋区隔着一条马路的对面，大概一箭之遥的距离，是液化气储罐站，用规划的行话来讲，就是危险设施。在液化气储罐站的对面是私房地段。20 世纪 80 年代初，中国香港开始引入区政府制度，一群旨在竞选区议员的年轻社会工作者开始鼓动当地社区居民要求搬迁住宅用地中液化气罐站以防范潜在的灾害风险。作为一名应届大学毕业生，我积极加入这一社会活动，并体味了我有生以来的第一次社区运动。我们并不像父辈们那样有了问题寻求在社区内解决，而是积极走访不同的政府部门，进行问卷调查，仔细研究机密的顾问报告，提高公众环保意识，并举行新闻发布会，让附近居民分享有关我们了解到的液化气罐站潜在危险的知识，并质疑当地的城市规划师的所作所为。最后，我们的工作取得了成效，液化气储罐站在多年后终于被搬离。这件事激发了我对城市规划的兴趣，我决定重返校园，攻读城市规划硕士学位。

那时在中国香港大学城市规划理学硕士课程的三位教师，都是新马克思主义者，并持反规划的立场。鉴于我的"左派"印记，研究生期间我广泛阅读，并被戴维·哈维的《资本的极限》(The Limits to capital，1982) 等书所吸引。不过，在班级里，由于我只采用这一种解释方法来阐释一切，这种限制导致了相当让人沉闷和泄气的结果。由于哈维著作中许多晦涩的新马克思主义术语，使一些同学望而却步，即使已经开始阅读的人后来也选择放弃。当时我很困惑，在结构主义的争论面前，感到相当无奈和虚弱，例如他们会说城市规划师一样，他们的工作只能惠及资产阶级。这一点让我很绝望，于是我又回去找了我的本科老师，问我是否选错了研究题目。

驰骋在 UCLA

硕士毕业后，我暂时在政府部门担任行政人员，后来我发现行政官僚体系并不适合我。尤德爵士，一个深受中国香港人爱戴的总督，在 1986 年参与北京中英香港未来谈判的过程中去世。政府为了纪念他，设立了奖学金。我获得了奖学金并得到中国香港大学教授的推荐去 UCLA 攻读城市规划博士学位。对于像我这样一位整个学生生活都是在死记硬背中靠标准答案获取高分（包括新马克思主义的论点）的人而言，UCLA 攻读城市规划博士学位的这段经历可以说是颠覆性的。我还记得在 UCLA 学习两年后离开洛杉矶回中国香港的那天，我不得不向约翰·弗里德曼教授告别，他对我说："你的思想已经有了天翻地覆的变化！"这句话是如此的真实。在我动身去 UCLA 的时候，我试图学习一些简易可行、适合中国香港和那时刚发展起来的珠江三角洲的区域发展理论回来应用。然而，后来我很快发现，这样的理论根本不存在，事实上，新兴的区域发展问题也并没有标准答案可以解决。在我所有接受的正规教育里，这是第一次我被鼓励通过实践来自己思考问题[4]，事实上这些是我在以前的正规教育体系之外一直在做的事情，但不知何故一直没有在正规教育体系内应用。这是一次完全解放的经历，在 UCLA 短短两年内的每一天，我都是在喜悦与兴奋中度过，而且这种喜悦与兴奋还与日俱增。

为了完成我的博士课程，我被要求在规划系外选修一些课程。社会学分析方法的两门课对我的学术生涯起了重要的影响。虽然这两门课使我的平均学分绩（GPA）[5]不太好看，但我在其中学到的或综合出来的原理，时至今日仍有重大作用。这里引用几个例子：

- 做一个好工匠，别成为方法和技术的囚徒。要建构自己的方法论和理论（Mills，1959，p.224）。
- 在涉及"人性方面的重要问题"时，特别是问到具体、明确、指定的问题并且保证可以回答和解决时，通常都表现为"专门知识缺失"（Merton，1987，p.9，1，19）。
- 对于"具有历史意义的文化现象"，研究问题时需要将相互关联的假说整合到一个统一的分析框架中（Weber，1949，p.75），并不断地寻求与之相关的一些问题，回答是什么，在哪里发生，何处发生，为何以及以何种角度切入（Bunge，1959，p.281）。
- 始终牢记住研究问题只是"单一或几个角度观点的单方面的放大"（Weber，1949，p.90），研究对象无论它怎样超脱现实背景（现实中的全部），它们都具有特定空间和特定时间属性（Bendix，1963，p.533）。
- 研究问题不应该只是让我们"理解现实中的唯一性特征"（Weber，1949，p.72）；它也应该使我们能够探索普遍性的经验规律，以解释其他类似的情形。
- 了解历史角色的想法和意图是十分重要的（Roth，1976，p.316），他们植床于多维的社会结构中，嵌套在与其他个体不同类型的关系里（Przeworski，1985，p.393）。
- 当我们比较时，我们需要比较具有相同内涵的事物（Zelditch，1971，p.11）。并且类比单元应该是相同水平的（Zelditch，1971，p.280）。比较研究不仅使我们识别到事物的特殊性，还能帮助我们在可比较的历史实例中，概括普遍性规律，检验我们的解释，并探寻可能的答案。因此，比较研究是在事件序列的某一段或者整个事件进行历史阶段或系统间的比较研究。

在规划学院里，强调研究问题的人性化的重要性和历史意义相映成趣。UCLA 规划系许多教授都对社区规划和激进规划产生了浓厚的兴趣。规划学院就是这些权力伦理的实践场地。因此，学生们甚至在招聘教职工这件事上还有话语权。

事实上，我是多么希望能在 UCLA 多留一些时日，但我的家庭需要我工作挣钱养家。在中国香港，我一边工作一边完成我的博士论文，而且学位论文所有内容都是通过跨洋的航空邮件来回传递的。如果没有弗里德曼教授高效、细致、关键和建设性的帮助，我是绝不可能在四年中完成我的博士研究的。弗里德曼教授的指导和辅助成了我学术生涯的榜样。

从火星回到地球

由于我的本科教授休假，我很幸运获得中国香港大学的兼职教职。从此以后，我就成为中国香港大学环境与城市规划研究中心城市规划硕士课程的临时的全职教员，这里也是我获得硕士学位的地方。在 20 世纪 90 年代初，中国香港仍然采取带有很强的自上而下色彩的规划制度。我从 UCLA 中学到的诸如加强社区权利和规划实践中的沟通对话，在中国香港却显得很不适用。我花了很长的时间来重新定位自己，寻找各种方法将我学习过并信仰的规范理论、我必须理解和认识的中国香港现实以及将两者联结起来协调一致。这对于习惯死记硬背"知识"、仅仅在 UCLA 接受过两年批判性独立思考训练的人来说，绝非易事。太多太多的言论在向我宣告，西方的理论并不适合于中国香港，我的想法过于理想化了，并且与现实脱节。然而，拥有"贫民窟狗"的生活经历、幼儿园时期的民族主义教育以及课外马克思主义和毛泽东思想的阅读积累，所有这些常驻我的内心，并且保持鲜活记忆印记，让我对规范理论始终保持热情，纵然这些理论与强大政府推动中国香港的日常生活少有契合，我也义不容辞地在课堂传播。因为我特别确定，中国香港社会作为一个整体，已经具备可能孕育出独特发展途径的决定性的时刻和条件。这些研究工作都是在大学繁重的教学和行政工作、在家抚养两个男孩和在社区倡议更多进步规划实践之余完成的。在中国文化和基督教文化中，我作为一位母亲和妻子，总是将家庭放在事业之前，至少两者不相伯仲，对我来说，这是一个不小的挑战！

研究、教学和社区服务的平衡

到目前为止，总结这 20 年里，我参与过的 25 个研究项目，最重要的经验是通过理论、实证发现和实践三者积极的对话来协调好研究、教学和社区服务（此方面包括培育我们的孩子）的三角关系。涉及人性方面的重要问题研究有助于我们充分利用有限的资源产生最大的效益。我的人生经历、在 UCLA 的学术训练和香港的具体情况一起塑造了我对城市框架下规划与发展政治学的研究兴趣，特别是政府和市民社会之间的权力关系。

在所有的基础性研究工作中，我努力构建指导实地研究的理论框架（一组相互关联的暂定假设）并使得实验结果能够检验前面概念设计的正确性，这是十分必要的。比如，在挖掘中国香港市区重建实践的规范理论见解时，我采用罗伯茨和赛克斯（Roberts and Sykes，1999）提出的"全面"、综合和多部门模型作为起点，借用列斐伏尔空间生产的理论（Henri Lefebvre，1991）来解释旧城改造当局和当地居民之间的认识差别；采用费吕夫布耶格（Flyvbjerg，2001）的"语音研究方法"（phronetic approach）来捕捉案例中的细节，在研究过程中提出价值驱动的问题，为利益相关者创造不同的机会，审核验证研究成果；研究中还参考福雷斯特（1989），弗里德曼和道格拉斯（Friedmann and Douglass，1998），希利（1997）和桑德科克（Sandercock，1998）的研究成果来提出期望和战略行动。

利用这些理论和观点，我们采访了决策者、城市规划师，与社会工作者分享理念成果，走访调查不同类型的居民，如业主和租户，并出席为相关社区或社区组织的各种宣传活动。通过采取费吕夫布耶格的"语音研究方法"，我们发现，在香港重建实践与罗伯茨和赛克斯的理想模型相去甚远，并证实列斐伏尔的说法"政府的重建计划并没有尊重人民的生活经验"。针对重建过程中不平衡的权利关系问题，我们建议并强调需要将协作的规划过程制度化，以期产生一个更具包容性和多元化的社会，珍惜在空间和地方的使用价值和交换价值。[6] 这些研究过程也提供了宝贵的教学资料。为了进一步验证我们的研究结果，我和我的同事成功地建立了一个社区规划研讨会，并纳入规划的课程，鼓励学生在本地区内针对市区重建问题与不同的利益相关者打交道。多年来，在实践前线，我不断尝试为我的社会工作者和社会活动家提供实证检验过的理论见解，并鼓励他们在社会生活中进一步测试这些理论。在市区重建策略中纳入社会影响评估、共建维港委员会的尝试协同规划（见我在这本书的章节）都是这些努力下产生的结果。

寻找合适的方法是毕生追求

城市规划的研究与一般社会科学研究不同，主要在于规划始终在意研究发现在行动中的实施。很多时候，我们开展的是行动导向的研究工作。例如，在回答"中国香港是一个可持续发展的城市吗？"我们必须制定出一套可持续发展指标。在寻找适用于中国香港的指标过程中，我不得不依赖地方社区的持续投入来框定和审视可持续发展的含义，选择并将指标按照优先顺序排好，并解释研究结果。从某种意义上说，公众成了我的研究合作伙伴，我们在整个过程中相互学习。正是这样的经历，加强了我对倡导以社区为基础的城市规划或资产为基础的社区发展（ABCD）（McKnight and Bloc，2010）[7]的兴趣，这种方式试图引导城市规划超越社区竞争，在区级层面制度化，通过认同社区能力、价值和资产来建立社区竞争力。

在一个强权政府主导的非民主社会里，"向权力讲述真理"（Wildavsky，1987）需要极大的勇气。除了非常容易被贴上"激进"的标签外，还很可能会失去被任命为高级别委员会委员的机会。在只认可国际顶级期刊发表文献的学术圈中，社区层面的鼓动性工作很少会被认可。在一个经济和社会极化的社会里，比如今天的中国香港，尝试从不同的角度阐释问题，并说服冲突各方进行沟通和协作越来越困难。然而，作为"贫民窟狗"的生活强化了我的信念，即赋予最弱势群体权利的重要性，并且在必要的时候还要为他们的权利发出声音。在 UCLA 弗里德曼教授等众多出色学者对我严格的学术训练，坚定了我对高品质生活的理解——名誉和财富并不是美好生活的特征。相反，所有好的生活，在于健康和有营养的人际关系。虽然在年轻时候，我被新马克思主义和毛泽东思想所吸引，我已经认识到超越冲突和争论争取一定程度的共识的重要性。我的研究证明，规划师以及其他利益相关者都可以不受制于他们所处的结构关系来采取行动或作出决定，问题是他们是否有勇气这样做。

注释

1. 本章中的思想部分由中国香港特别行政区科研资助局提供支持（项目编号 CUHK749309 和 CUHK750610）。
2. 维卡斯·斯瓦鲁普（2005）. Q & A：贫民窟的百万富翁. 道布尔迪。
3. 中共中央委员会（1972）. 马克思和恩格斯全集（第 23 卷）. 人民出版社（中文版）；毛泽东（1977）. 毛泽东选集：第 5 卷. 人民出版社（中文版）。
4. 即使在我就读硕士学位几年，我们被迫采取新马克思主义的观点来看待规划问题，现在回想起来并不是非常有意义。
5. GPA 衡量一个人学术表现的好坏。在 UCLA，GPA 最高可以拿到 4 分，相当于 A 或 A ＋的成绩。
6. 在中国香港的发展过程中，能够产生高交换价值的空间经常优先考虑建造。与此相反，日常使用和旧社区（高使用价值）却很少得到珍惜和保护。
7. 美国西北大学社区发展中心自 20 世纪 90 年代就开始倡导基于资产的社区发展（ABCD）模式。他们认为，

即便是边缘社区都有丰富的资源，并提倡以开发仓库为起点，来调动社区为自我服务。更多信息请登录
www.nwu.edu/IPR/abcd.html。

参考文献

Bendix, R. (1963). "Concepts and generalizations in comparative sociological studies". *American Sociological Review*, 28, pp. 532–539.

Bunge, M. (1959). "Causality and lawfulness in the sociohistorical sciences". In M. Bunge (3rd edition), *Causality and Modern Science*. New York: Dover.

Flyvbjerg, B. (2001). *Making Social Science Matter*. Chicago: University of Chicago Press.

Forester, J. (1989). *Planning in the Face of Power*. Berkeley: University of California Press.

Friedmann, J., and Douglass, M. (1998). *Cities for Citizens: Planning and the Rise of Civil Society in a Global Age*. Chichester, NY: J. Wiley.

Harvey, D. (1982). *The Limits to Capital*. Blackwell: Oxford.

Healey, P. (1997). *Collaborative Planning: Shaping Places in Fragmented Societies*. Houndmills, UK: Macmillan.

Lefebvre, H. (1991). *The Production of Space*. Translated by D. Nicholson-Smith. Oxford, UK: Blackwell.

McKnight, J., and Block, P. (2010). *The Abundant Community: Awakening the Power of Families and Neighbour-hoods*. San Francisco: Berrett-Koehler.

Merton, R. K. (1987). "Three fragments from a sociologist's notebooks". *Annual Review of Sociology*, 13, pp. 1–28.

Mills, C. W. (1959). *The Sociological Imagination*. New York: Oxford.

Przeworski, A. (1985). "Marxism and rational choice". *Politics and Society*, 14, pp. 379–409.

Roberts, P., and Sykes, M. (eds.). (1999). *Urban Regeneration: A Handbook*. London: SAGE.

Roth, G. (1976). "History and sociology in the work of Max Weber". *British Journal of Sociology*, 27(3), pp. 306–318.

Sandercock, L. (1998). *Towards Cosmopolis: Planning for Multicultural Cities*. Chichester, NY: John Wiley.

Weber, M. (1949). *The Methodology of the Social Sciences*. Edited by E. Shils. Glencoe, IL: Free Press.

Wildavsky, A. B. (1987). *Speaking Truth to Power: The Art and Craft of Policy Analysis*. London: Transaction.

Zelditch, M. Jr. (1971). "Intelligible comparisons". In I. Vallier (ed.), *Comparative Methods in Sociology: Essays on Trends and Applications*. Berkeley: University of California Press.

唐婧娴　译，刘希宇　顾朝林　校

1.5
要有所作为不仅是做像样的研究者：
规划研究面临的挑战

希瑟·坎贝尔

引言

1987 年我注册成为一名规划专业的博士生。那时，在我攻读学位的设菲尔德大学规划系，拥有博士学位的学术型教员不多，而且其中没有女性。一所专业认证的规划学院，其核心作用是教学，要成为一名称职的教师必须有从事规划实践的经历。和许多专业学科一样，一般认为，老师必须曾经涉足和从事过这个职业，并始终保持活跃的职业生涯，哪怕是通过兼职。所谓的学术性和职业性之间的关系十分紧张，长期引起规划行业内外的激烈争论。这体现在一种看法上，即认为卓越的学术研究与贴切的职业生涯互不相容，并且认为规划研究与规划实践有着天壤之别，两者相互交叉会各自削弱，而不会相得益彰。然而，就在我开始博士生阶段从事研究的时候，来自英国规划圈外的压力改变了这一境况。20 世纪 80 年代撒切尔的政府管理不仅带来了高等教育经费的紧缩，更特别的是，在 1986 年引入了第一次英国高等教育科研评估。[1] 学术研究的质量开始面临评估和排名，表现得最好的单位会得到财政经费奖励。出于亦好亦坏的原因，研究卓越度是作为一种学术追求，还是更狭隘地作为一种衡量业绩的手段，已成为规划学院讨论的话题。

从许多方面看，我的职业生涯一直伴随着规划学院研究能力的成熟，我决定把理论与实践的关系作为反思的核心问题。因此，到 1991 年我担任讲师的职位时，博士学位已成为获得学术研究职位的必要条件，至少在研究型大学如此。毋庸置疑，对于规划业内的人来说，像我这样的人担任老师会被谴责为专职学术，甚至是专职理论，这种任命集中体现了规划教育中的所有问题。我对现实世界有哪些了解呢？学者能对实践产生什么实际影响呢？研究往往被视为象牙塔中的庸人所从事的神秘追求，他们讲着难以理解的话语，与从业者的真实生活或现实中的人和场所毫不相关。我当然不会辩称所有的证据都与这些观点背道而驰。在大学内，还存在一种轻蔑的认识，即认为所谓的应用学科和专业学科在理论方面不值得尊重，只有二流的学者才会投入到这样的学科之中。正如泰勒（A.J.P.Taylor）在 1967 年总结战后高等教育时所说，"大学当前几乎拥有各个方面的教授，诸如酿酒、种族关系，还有城市规划"。虽然 40 年来，这些认识很敏感，引起了一些争议，但这类评论的广泛推动力回应了几个世纪以来关于学者在职业教育相关领域所能达到高度的争论。由于与实践和职业的关联，理论已经被贬低到了什么程度呢？作为一名规划研究者，你会经常发现自己陷入职业和学术之间的两难境地。学术性与适职性之间的关系不仅为规划学科，也为社会中更广泛的"学者"和"大学"提出了一个基本问题。

反思的危险是思想可能变得思旧、保守。我的目的是试着利用自己过去的经历向前看。如果说我曾经认为规划需要去遵守传统社会科学的严谨性，而我现在则提醒自己，这种关系并不是单向的，而且规划界对于理论与实践（研究与行动）之间相互影响的解读，是驱动规划学科内外理论知识发展的一个先决条件。随着规划圈内研究能力的成熟，我们应该对自己作为规划研究人员（恕我冒昧，称之为规划学者）充满信心，而不是模仿老牌的传统学科。虽然这可能充满挑战，但我认为学术实力与成功的实践所需的知识能力并无二致。

在接下来的部分，我首先讲述自己作为研究人员，并偶尔参与实践的经历，然后集中讲述我的社会科学研究活动，特别是我们作为研究人员看到了什么，没有看到什么。最后，我会回到学术性与适职性之间关系的问题上来。

规划研究历程：学会做一名像样的研究者

请让我以一段自述开始。我成为这个专业的博士，是有些偶然的[2]，因为我当时对这个专业印象总体上不深。我的经历并不像童话中所描述的那样——进入博士学习就像是一个智慧的火花得以开启。进入规划专业成为一名硕士研究生的我，一心打算从事实践工作（攻读博士学位时我依然把它作为首选）。到了硕士课程第一学期结束，我认为规划似乎有点肤浅。我现在惊讶于这一评价的自大，但实质并非如此！当时，规划著作的许多内容是描述性的，在本质上主要是例行程序，集中于具体的事情，似乎缺乏质疑与批判，然而也陷入与规模大、状况遭、历史久的兄弟学科——建筑学——的地盘争夺战中。虽然，平心而论，这一学科说不上是理论思考的前沿学科，但有些学者坚持认为研究和学术是驱动这个学科理论与职业发展的必要条件。

我的博士阶段的研究几乎没有结构，系内的其他博士生屈指可数，主要来自海外。我参加了一些组织仓促的跨学科博士生课程，按要求做了一场系内讲座，讲述我初入研究六个月的经历，并简述我的研究设想。不过我的研究大部分是我和导师共同推进的。我定期去见我的导师，但按照现在的标准来说，他要求我走自己的路，做自己的探索，犯自己的错。我的研究问题让我不得不进行人种志学的研究，而我的论文是系内采用这一方法的首篇。回顾过去，可能显得很奇怪的是，我的研究方法涉及在两个当地规划部门几个月的实地工作，却并没有论证具体的观点。然而，当时采用的定性方法，对我来说十分重要。在那时，假设、数据调查、建模和空间分析等方法好像是过时的、甚至是保守的思考方法。但正是从那时起，我逐渐认识到，研究的质量不能仅仅根据方法的好坏新旧来评定。研究可能有好有坏，大部分很普通，但所谓的质量并不局限于任何特定的系统方法。悲哀的是，在今天，方法分类仍旧在分散研究者对一些深层次问题的注意力，这些问题关乎我们个人和集体研究成果的真正价值。我最近时常被人问到，"你的研究采取的是定性的还是定量的方法？"我的回答表明了我的学术历程的特点："二者都不是。"

通过反复摸索，我对研究的本质有了更多的理解。例如，有效地深入访谈是我研究的核心手段，并一直让我十分着迷：如何表述一个问题，如何确定协调框架，如何利用肢体语言来获悉受访者的深层认识，而不是让访谈很快结束；在第一次见面时，如何鼓励受访者告诉你超出预想的内容；如何解决要紧的问题。当前在开展实地调查的准备活动中，出现了注重研究者与受访者关系的趋势。在访谈中，不仅是我在听和看他们，他们也在看我。我也意识到，世人倾向于认为，如果你是年轻的女性，那么你一定懂得很少。虽然这令人沮丧，有时令人生气，但这确实为那些最为尖锐问题留下了提问的余地——那些（似乎）很傻很天真的人。此外，我的经验表明，人们一般认为，年轻与学术上的严谨难以共存。尽管全世界对身份和性别歧视的事情都很敏感，但似乎大家更倾向认为年轻的学者（或者看起来年轻的学者）缺乏学术权威和学术地位。

我也意识到，我的研究对象不只在注视着我，他们也准备好了刺探我对他们的用处。对一些人来说，我作为规划部门有关研究者的身份会引起人们的怀疑——我是老板的眼线吗？而另外一些人则疑惑我是否可能作为一根有用的传递信息的导线。此时，让自己被视作明确独立的个体是至关重要的。另外，对那些常常乐意让我占用其时间和空间的人，我的责任是什么呢？我的研究对象在时间和知识上的付出（有望）让我获得博士学位，并且随后为成果出版添砖加瓦，但他们个人或者集体能得到什么呢？到今天我仍然很好奇，有多少次那些本来紧锁的大门，是由于这样的搭话被打开的："我正在从事一个研究项目，想知道您是否介意我问您几个问题？"

然而，攻读博士不仅是为了掌握研究者所需的能力，它也为进入学术圈提供了契机。大多数博士生课程常常被忽略的一个关键方面是，导师和其他学者的行为如何为今后提供楷模。我们自己是否希望像一些博士生那样，被迫忍受一些事情呢？在管理的基本环节以外，我回想起研讨会上同学们被教师们的批评所"摧残"，实际上这一幕在他们面前比在他们的导师面前上演得少多了。研讨会当时成为一个表达学术偏见与嫉妒的机会，而不是学生接受批评性、建设性反馈与建议的机会。我相对幸运，通常受到尊重。然而，虽然我们不可避免都有发脾气的时候，但是学者对待他们的博士生、同事和研究对象的方式本身很重要，对于传达做学者的广义内涵来说也很重要。

在完成我的博士学位的时候，我最强烈感受的可能是研究的混乱感。我所阅读的杂志文章和我所听到的讨论展示，不管在认识论上的起点是什么，都似乎有对研究过程的清晰认识：准确论证问题，确定研究方法，准确收集与分析实证性证据，得出结论，那么原创性贡献就做出了。但是我自己的经历却是另外一番情形——那是个混乱的过程，充满不确定性，我从来没有对自己所做的事情或者发现的东西很肯定。有趣的是，我周围的人却认为我一直有一个清晰的中心，但那离我所感受到的相差很远。我从令人满意的博士过程中所得到的核心经验是，不确定性是做研究的内在要素，当我的论点顺利提出的时候，我会希望今后的研究项目也会如此顺利。但这没有弱化我的理解——实际研究过程中的许多事情都是被小心掩盖起来的，而神话是通过控制、命令和澄清保持下来的。博士学习相对独立而孤独的性质进一步增强了这种感觉。我在这段经历的鼓舞下完成了博士学习，但也清楚博士生的规划项目可以也应该做得更好。

在 1991 年，第一个讲师职位面试中，我表现出了对于提升系内博士生教育方法的热切期望，一经聘用领导就告诉我，"做吧……根据你的想法做"。没有大纲，没有工作对象，没有分配工作时间，没有职权范围，甚至也没有可汇报的上级；我仅仅被告知"做吧"。以当时的眼光看，队伍中最低级的成员被给予充分的自由来提升博士生的教育方法，这似乎是非常不负责任的。确实我也犯了许多错误，但犯错不是坏事；对于学习来说，犯错是与生俱来的，我怀疑我的前辈和优秀的同事是否想到我将会脱离他们的轨道。这可能看起来像一段对我自己和学院都不负责任的时期，但我很享受在这个角色中和在博士阶段研究相关的许多方面被给予的自由。最近这些年，追求更大的支持和系统的课程结构也许是必要的，但存在一定的危害，需要认识到学术活动并没有变得标准化、模式化。结构应该加强，而不是受到束缚，更不应该减少。

我通过设菲尔德大学博士生课程想要实现的目标，十分简单——我希望博士生们走到一起，发现自己并不孤单，并且相互学习。我希望他们分享自己真实的研究经历，比如：协商开展案例研究的经历；在不同的语言之间转译、与研究助手一起工作的经历；努力确保二手数据真实性的经历；在访谈过程中依照不同的文化礼仪的经历；一直感觉还有许多书要读，而其他人已经做了该研究的经历；如何弄明白大量的实证材料的经历；反复做同样的噩梦的经历；地震之后立即开展访谈的经历；雨季中被逐字卡住的经历；出现写作障碍的经历；孩子出生的经历；处理故障与缺失的数据组的经历；口试成功通过，使得考核人员叹服的经历；对了，还有如何应付导师的经历。博士生课程可以组成一个研究团体，研究者们不仅具有对自己专长的兴趣，也有着对更加广阔的知识世界的欣赏和尊重。正是在每周的讨论会上和讨论组中我开始领会到，认识论或者方法论的立场并不能控制真理（包括那些不存在真理的学问）。通常，我对于一个话题或者一种方法了解得越少，我在重新考虑自己研究领域的假设和理解的过程中受到的挑战越多。并且，什么事能比与下一代的规划学者一起工作更加令人兴奋呢？任何学术型学科最强的方面即在于博士生项目，但对传统上仅仅建立在于展示专业实力基础上的规划学院来说，以此为前提代表了方向上的深层变革。

当我开始探索如何提升规划学院博士生教育水平的时候，经济与社会研究基金会（ESRC）为了让一些院系得到认可，经济与社会研究基金会为资助学生设立奖学金，开始确定它自己的例行做法和相关过程。我受邀参与规划专业研究训练纲要的起草，并最终于 20 世纪 90 年代后期成为规划专业小组的主席。参与这些过程给我提出了一些与规划学术研究的基础知识相关的具有挑战性的问题。对老牌的社会科学学科来说，长期以来这些知识虽说不上充满异议，但都是反复争论的主题。但是，将明确的知识边界与更宽泛的学术圈相结合的能力有多强，内部的紧张关系就有多突出，因此这种内部的紧张关系保持了学科的特殊性。

相比之下，规划学科相似的争论没有很好地展开。毕竟，规划学院缺少理论传统，成立以来就以训练（我更喜欢说教育）规划师为目标。在个人层面上，与本科学习地理的经历相比，我更享受学习规划的过程中没有学科的科学实验报告和学科界限。我能够深入浅出不同的领域，不会受到任何人太多的干扰。但规划学科的研究训练指南不能仅仅写着"做你想做的"，而且我也不认同这一点。当我与其他学科的代表绕桌而坐时，我更加相信，如果我们不为规划研究者提供一种能力，让他们把自己的的研究与广义的理论世界——其中的理论既包括规划学科内的，更重要的是规划学科外的——联系起来，那么未来的社会将会缺乏规划研究者。这也表明有必要全方位地理解研究方法。进入学术圈需要这样的知识，同样需要一种严谨的研究方法。这不仅是一个能否进入社会科学研究的问题，更重要的是在质疑和挑战那些想当然的问题时，拥有足以引起重视的理论背景的问题。此外，一个缺乏必要的见识和能力、无法产生高质量研究的学术圈，并不能服务好规划职业。

我认为无论是在过去还是在当下，在规划学科内部，对于博士教育的这一方法都没有达成一致认识。有人认为实践与研究有着不同的需求，而有人认为博士生教育的方法对于规划学院的优先事项存在重要影响，两种观点之间的关系依然剑拔弩张。然而，在 20 世纪 90 年代后期，我没有意识到，虽然社会科学对理论的认可与在方法论上的严谨曾经是（当前也是）规划学作为一个学术型学科发展的必要先决条件，但是诸多能力的发展并不能给出完整的答案，而且可能更加重要的、更深层的挑战就在前面。

像一名研究者足够吗？

通过博士研究，我学会了如何做一名像样的研究者，不久之后我也承担了教学任务，确保在读的博士们接受的训练有望比我当年所接受的更好。那么，做一名像样的研究者意味着什么呢？我曾经学习过如何确定一个研究主题，并定义可研究的问题；如何在现有文献的范围内安排研究性学习并发展分析框架（或者概念框架）；如何鉴别并采用合适的研究方法；如何利用已有框架分析实证结论；如何得出结论，并鉴定研究项目在概念上和实际中会造成的影响。这就是在研究设计与实施中要想做到严谨——人们对于研究最看重的品质——所需要做的。正如在许多领域一样，理解其中的原则与令人满意地执行这些原则并不是一回事。然而，这些能力至少是"建造高楼大厦的一个基础"，我从未怀疑过发展它们的重要性。但是，要成为一名研究者，这就够了吗？

随着时间的流逝，我越来越关注两件事：第一，我们作为研究者我们实际上看到了什么；第二，"严谨"这一思想塑造了我们做研究的方式，它到底意味着什么呢？社会信任研究者，甚至因为我们通过研究拷问世界的同时假设自己身份独立而见解深刻，社会允许我们在授予仪式上把我们的头衔改为"博士"。但研究者视角的本质是什么呢？

当研究者看（或听）的时候，他们看到（或听到）了什么呢？长期以来我一直苦思冥想，在开展实地调查时，为什么我和其他人看到的事情不完全一样。难道我看得不够认真？还是因为我不理解？我是否被误导了，抑或完全错误了？对于现场所看到的一切，我的思想保持了几分开放呢？当然，我们理解，我们都带着我们自己的成见和文化情绪，但是看问题是否存在不同的层次呢？

拥有好的研究设计，就意味着表明研究是可资助性的，因而好的研究设计需要确定一个定义明确的主题，此后确定可探索的问题。就其本质而言，研究设计意味着关注点集中在一些事情上，而放松另一些事情。并且，由于实证调查是规划学科绝大多数研究性学习的核心（和社会学科一样），研究设计也就意味着我们细致地观察一些事物，而不观察另一些。在之前的陈述中，"我们"这个词的使用很有趣，因为在博士和博士后的工作之后，进行调查（研究）的"我们"和书写建议或者主要起草研究报告的人不是同一拨人。我们聘用研究助手来收集——常常也分析——原始的或者二手的证据，构成那些周期不超过几年的研究的部分成果。因此，实践中的调查常常好似"传话筒"这一游戏。为了尽量减少弯路，标准化的草案形成了，但我不得不说过程中必定会出现差错。在观察与思考之间，难道不存在一种极其重要的联系吗？

从直觉上说，这个问题的解答容易指向一些观点，认为研究更加需要以实践为基础，也就是说，研究应基于规划实践的真实世界，基于规划师寻求合作和效劳的实践团体。但是，如果有人质问我们的研究活动，我们的一些实证研究是如何做到以实践为基础的呢？首先，我们的实证性证据承载着潜在的概念化模板。一个题目被归类为可研究的题目，以及之后我们弄清楚选择哪条证据，正是基于这个概念化模板。因而可知，采用福柯式的分析方法一般会发现一个福柯视角的世界，采用政治经济学思维方式一般会发现一个政治经济学视角的世界，等等。我们的（准确来说是研究助手们的）调查结果取决于我们的工作框架。我们所看到的就是那个工作框架。由此产生的论文选择了他们所呈现的证据。我并不是在表示存在滥用证据，而只是想说，与被提交的相比还有大量证据没有被提交。

与学术圈中的一般认识相反，到目前为止我最重要的研究经历是担任学院领导。人们一般认为，担任行政角色自然就等于一个人研究生涯的结束。我曾学到的最重要的教训之一是，及时做出决定与事后评论决定大有不同。事后我们都能表现得很明智。然而，做决定是进行推理和综合，而评论是做描述和解释，是对已发生事件的分析。[3]我过去常常会对一些方面感到惊讶，这些方面是我在从事研究项目的过程中从来没有遇见过，也不会遇见的。例如，我长期以来不认同美国实用主义思想，但在一场无休无止的会议中，建筑学院（包括建筑系、景观系和城镇与区域规划系）的教员们一直在争论各自学科的必要性，如果会有一次不可避免的大学重组的话，哪个系最应该加入；在对该会议的回应中，我不由自主地说，"这不是一个基本原则的问题，而是哪个系的工作干得最好的问题"。我并没有因此而完全变成一个实用主义者，但和许多人一样，这一刻给了我仔细考虑的理由。更加通俗地说，作为规划学科的研究者，我们每天都会遇到许多我们所关心的事情，当然不仅是在我们忙于套上实验服做研究的时候。有人可能会表示，我作为学院领导的经历只是趣闻轶事，而不是正规的研究。那么问题就紧随而来了：什么是正规的研究？

这得说到我对学术研究的顶梁柱——严谨——越来越多的思考。正如前文所述，严谨这一品质常常与严密的方法论相联系。因此，要获得资助，研究需要证明自身设计的严密性，而不是针对社会挑战所提出问题的恰当性或者针对性。并且，要实现必要的严谨程度，所做研究可以与已有研究只有些许不同，因为不这样的话可能会有方法论上的欠缺和不确定性。这样的结果可以从国家研究基金会所资助的研究的类型中看出。受资助研究在严谨性上得分非常高，因而在研究的实证有效性上（这个当然并非不重要）的得分也很高，但研究成果往往远离前沿，甚至平庸而十分无趣。这些研究计划的评定主要以投入为基础，而不是以产出为基础，这是当前研究计划评定过程的内在问题。这类研究拥有"锡人"（见于《绿野仙踪》）的特点，外表展示了最高的科技能力，但缺乏一颗心脏。关于所做研究的伦理价值，可能还需要提出更多问题。因此，尽管一些资助人越来越希望去支持风险更大的研究形式，这反映了资助者认识到研究已形成窠臼，但要调整对研究的卓越度的本质理解，还将是一个漫长的过程。调整对研究的卓越度的本质理解将挑战那些支撑许多研究基础架构的固定认识，但可以说是学术圈所面临的最重要的挑战。如果伦理价值而不是方法上的严谨成为我们理论努力的基石，研究的本质可能会如何变化呢？

最后，我反对的不是严谨本身，而是它所带来的方法上的排他性。毫无疑问，这种类型的严谨限制了所提出的研究问题的类型。目前这种研究使研究者获得了物质奖励，并形成了一系列的出版物（很少人会读它们），但它形成了有影响力的研究成果了吗？研究行业，其中一部分是大学，正在产出越来越多关于鸡毛蒜皮的知识。发展对于严谨的同样深刻的理解是必要的，这种理解能够使对不同形式的问题和场所的研究成为可能，使研究重视论证的质量及其可能的影响，而不仅仅是方法的层次。这种全新的理解将会成为严谨的一种主要形式。如果说有什么差异的话，它会是一种更加严谨的形式。而且更重要的是，在对于严谨的全新理解中，严谨和相关的方法是并存的，而不是像现在这样相互对立。

结论：要有所作为，所需要的不仅是做一名像样的研究者

我的规划研究者经历伴随着规划学科中的研究变得更加严谨，更好地植根于社会科学研究传统的过程。规划学科内开展的研究性学习，今天发表在社会科学的一流期刊上。但这就足够了吗？我当前看到的挑战是，如何坚持理论知识的重要性，但同时也不失去从规划研究中获得的对于研究的本质理解。我们不仅要有信心作为效仿者，我们也要有信心保持理解的清晰，这就需要理解到，重要的不仅是调查，理论与实践的深刻认识在于知识与行动的相互影响。规划师所担心的社会问题，比如空间不平等、气候变化、文化包容等等，并不能轻易地得以定义，被贴上"社会学"、"政治学"或者"经济学"的标签，同样也不能被贴上"理论"或者"实践"的标签。重要的是，职业实践的知识基础需要有效而有选择性地交叉知识的能力，以便框定问题，并且将分析与规范联系起来。

我的一位本科老师谈到过"从一粒沙中看到世界"的重要性。我不确定当时我是否真地理解他所暗示的东西，但这个格言一直伴随着我。尽管我们研究的技术能力越来越强，但我担心我们最终对于个别的一些沙子了解得越来越多，而不是在争取看到整个世界。我们看到了片段和部分，而不是整体。我们进行分析却未能综合。我们的体制和越来越标准化的研究步骤鼓励我们对更个别的沙粒进行更进一步的描述，却没能鼓励我们整合已经知道的，或者我们尚未理解的，更重要的是，也没能鼓励我们对于真正重要的问题的鉴别。我们所增加的是更多的事实，

或者说解释，而不是判断这些知识内涵或者他们产生影响的方式的能力。我们正在变得更加渊博，却没有变得更加智慧。

由一个个沙粒组成的世界变成了一个似乎越来越复杂的世界。然而，正如我的博士导师对我说的那样，"复杂化并不难，难的是简化"。那并不是陈腐的或者过度的简化，而是为更美好的未来提供可能性的简化。那么，更完整地引用威廉·布莱克（William Blake）的诗，智慧所面临的真正挑战是：

> 在一颗沙粒中见一个世界，
> 在一朵鲜花中见一片天空，
> 在你的掌心里把握无限，
> 在一个钟点里把握无穷。

——威廉·布莱克，《天真的预言》

注释

1. 英国高等教育科研评估（RAE），今天被称为卓越研究框架（REF），从 1986 年起大约每 5 年进行一次，评估整个英国高等教育部门的研究的质量，并进行排名。
2. 我在 1987 年 3 月被诊断出患有 I 型糖尿病，在出现在我面前的众多信息中，我找到的依据是，糖尿病会把我的生命预期减少 10 到 15 年。鉴于此，攻读博士的机会似乎应该被抓住，而不应该留在日后。
3. 见 Campbell（2007，2012）。

参考文献

Blake, W. (1863) *Auguries of Innocence*.

Campbell, H. (2012) Planning to change the world: between knowledge and action lies synthesis. *Journal of Planning Education and Research* 32(2): 135–146.

Campbell, H. (2007) Learning about planning: some stories from a British planning school. *Planning Theory and Practice* 8(2): 268–275.

Taylor, A.J.P. (1967) *Europe: Grandeur and Decline*. London: Penguin.

叶亚乐　译，唐婧娴　校

1.6
与学术研究相伴的人生经历

伊丽莎白·A·席尔瓦

进入大学前的经历

我将近 7 岁才上小学，比其他小孩都要晚。在葡萄牙，孩子们一般在 6 岁开始上小学，但如果在开学那天还不满 6 岁，他们就需要再等一年。我就是这样耽误了一年时间，由于这一年额外的自由生活（再加上我天性无拘无束），我在"学术生涯"的开端并不喜欢学校。

20 世纪 70 年代初正值葡萄牙的困难时期，尽管人们对于由独裁到民主的转变感到欢欣鼓舞，但同时，在 1974 年 4 月 25 日的军队和平政变之后，仍有一些反革命和不稳定的因素存在。

我遵从了父母的决定，搬回了乡下的祖父母家。我能够理解城市和乡村之间的巨大差异（当时人们习惯这样讲，"葡萄牙就是里斯本，其余地方都是乡村"）。长期的独裁和绝对的封闭使得葡萄牙与中欧和北欧的发达国家相比，发展至少落后了 50 年。我现在仍然记得，当我意识到这两个不同世界的存在时，是多么的震惊。

小学的前两年时光很痛苦，学校的老师对我和父母说，我在课堂上根本打不起精神，喜欢坐在教室最后一排，靠近门或窗，看着外面。在三四年级，在我父亲和学校老师的一次决定性会谈之后，事情发生了一些变化。我父亲提到在这么小的年龄所有孩子都应该拥有同样全面的理解能力和同等水平的注意力。当时我三年级的老师(刚好是我的姑妈)决定采取一些主动措施，那对我是极其重要的。她决定把我放在第一排，面向着黑板，并且离窗户很远很远。这些举动对我意义重大，是使我能够重新把注意力放到课堂、静下心学习的重要触发点。我开始集中注意力，到了四年级，家人觉得我没有希望的焦虑开始减弱。出于某种我解释不清的原因，我逐渐地开始喜欢上了学校。

当我 10 岁的时候，我父母由于工作原因必须搬到里斯本大都市区。这里距离城市中心更近，我可以又一次感受到城市和乡村在资源分配上的差别。到了七年级，我已经在里斯本，那时真的喜欢上学习了；到了十年级和十一年级，我已经明确为拿最高分而竞争了。的确，我一直在选择我喜欢的东西在做，而且很努力地将运动和学习较好地结合起来。我尤其喜欢足球、童子军游戏、历史和地理。我对地理和历史的兴趣要归功于两位优秀的老师，尤其是埃斯梅拉达·杜兰斯（Esmeralda Duraes），她要求很高，但有着鼓舞人心的教学风格。她显然是教过我的最好的老师，也是一位很好的朋友（我最后邀请了她参加我的毕业典礼）。我的期末考试曾让我略感激动，我最后决定选考历史、哲学和地理，并且在这三学期中都得到了 A 的成绩。这是一个有难度的成绩，因为选考社会科学不像自然科学那样，把一份试卷答成"完全答对"更加困难，所以选考社会科学的学生往往考试得分较低。

地理学的大学时光

在我期末考完试以后，我感觉非常自信，决定以后要成为一名律师或是地理学家。法律是用来保证经济收入的学科，地理学才是我真正钟爱的，因为它能带我走近田野调查，和其他人一起探索世界，正如在童子军游戏中一样。我们可以申请十几所大学，我很清楚我想做什么。我决定要申请三个大学（两个不同学校的法律专业和一个里斯本大学的地理与规划专业）。我不得不说这些是公认的要求最严格的大学，为了让它显得更严格，我只申请了学习自然地理学。我记得我当时在想，因为我走到了这个阶段，还是选择一些真正有挑战性的东西比较好。我被录取到了自然地理学科，这是一个要求数学、地理学和生物学等多方面知识的学科，对此我明显没有准备好。

那些年正值第一波欧洲基金时期。在 1986 年，葡萄牙加入了欧共体。对于那些经历了困难的独裁时期和 20 世纪 70 年代严重的经济危机的人来说，那些年是富裕的。

那时候葡萄牙本科学习通常要持续四到五年（多数是五年）。在第一年我一直在考虑转到法律，但到第一年结束时候我已经深深地喜欢上了地理与规划专业，以至于当申请转系的日子到来时，尽管我对于自身能力的信心已经几乎缩减到零（就我花在学习数学、地理、化学等基础课程上的时间来看），但我决定要继续留在地理与规划专业。很显然，我从不后悔这个决定，并且不久以后我认为这是此生最棒的决定。

但在那些年间，我衡量自信的方式改变了。在第二学年，我感受到如果我——"世界上曾经最不学无术的人"，都能攀上顶峰，那么成功只是努力与否的问题——没有必要那么聪明，每个人都可以走到这一步。在我的大学阶段，我的观念稍有转变，我意识到要构筑新的知识首先要对于背景知识进行深入研究。于是，我在学习自然地理的第一年是极其刻苦的，比已经学过数学、生物、化学等课程的同学刻苦三倍。但我十分享受实地调查和作图，作图并不是我的长项，但我还是很享受最终的成果。并且，如果说所有同学都抱怨老师要求高，安排大量的作业、持续的实地调研、各种考试环节，但不给我们打高分而令我们感到不快……那么……其实我们都在同一条船上，我们身处这个组织紧密的 25 人自然地理学小组，都感到非常愉悦。

我对丹尼斯·德布鲁姆费雷拉教授（Denise de Brum Ferreira）和玛丽亚·若昂·阿尔科福拉多教授（Maria Joao Alco forado）尤其关注。他们在努力供养家庭的同时，也都成了杰出的研究者和优秀教师。我认为我也能像他们一样。我将在大学里拥抱我的未来。在 20 世纪 80 和 90 年代，葡萄牙的大学毕业生大多都有工作。大学很少，只有很少的人有大学学历。那时候大多数的地理学研究者最后当了老师或者到公共部门工作。但在我的第二学年我已经知道我想要成为一名研究者。还有很多东西需要探索和理解，虽然未来多半是不确定的，而且当时我已经深刻认识到了我的局限性，但是我已经做好了寻找答案的准备！

迷上地理信息系统研究方法

在生命中有三个时刻代表着我从一个阶段转向另一个阶段的重大转折。我现在可以清晰地分辨出"转折之前"和"转折之后"。生命中的一些大事和抉择最终触发了一些改变，如果没有这些改变我今天的生活也许会完全不同。第一个这样的转折当然是我小学三年级的时候，当时有人为我殚精竭虑，试图搞清楚我不专心的原因。第二个生命中的重大事件是我选择攻读地理与规划专业。从自然地理到人文地理，地理学为想要了解世界的方方面面的人提供最好的背景。

在我学习地理的最后一年我意识到，尽管我很喜欢画图并且认为它非常有用，但我并不擅长这个工作。令我惊喜的是我意识到有一种新的作图方式——通过电脑自动作图。这种制图方式还没有出现在地理学或者其他本科专业的课程中，但在此前后已经有国家部门在这些领域做一些前沿性的工作了。地理信息系统中心的创建是为了将数字世界，尤其是地理信息系统引进到各级政府和私人部门中。我在最后一学年申请了一份无薪的实习并且被录取了。在我本科学习结束时我在这个新兴研究机构获得了一个研究职位。我在地理信息系统中心的上司建议我到里斯本大学读硕士，因为他是那里的规划学讲师，去那里读硕士有机会将硕士的研究内容与地理信息系统联系起来。第一年进行得很顺利，一年的课程之后我必须要做论文了。攻读硕士学位花了我两年多时间。虽然作为一名在职学生，完成论文需要更多时间，但我获取的专业知识不同凡响。

我在地理信息系统中心工作和到里斯本大学读硕士的那些年非常重要——我学到了电脑辅助地理规划方面的专业知识，参与了和地方、区域和国家各级部门的合作，并为私人部门提供了咨询意见。所有的这些都发生在葡萄牙一无所有（没有技能/专业知识）的年代。随着第一波欧洲基金到达葡萄牙，这里成了新生人才的乐土。工作岗位如此之多，类型如此多样，以至于我们都学到了很多。（但我们也认识到，成功递交成果申请的秘诀是把握好研究组织和时间规划。）

在地理信息系统中心的一个研究项目期间，我最终去了美国。我们与美国有一个联合项目，其中一个美国的研究人员邀请我去参加他的博士生研究项目（杰克·埃亨教授和约翰·穆林教授）（Professor Jack Ahern 和 Professor John Mullin）。我要先准备托福（TOEFL）[1] 和 GRE 的考试，如果我通过了这些考试，美国马萨诸塞州阿默斯特大学会有奖学金来支付我的学费（还有一笔来自圃美基金会的奖学金来支付我的生活开销）。因为我想确保我能够在五年之内完成博士学习，所以我博士阶段的最后两年是由葡萄牙科学基金会赞助的。

美国的博士生生活

这是我生命中第三个重要的转折。这三个阶段，连同来自父母和两个姐妹持续的鼓励和支持，奠定了我生命中所有美好事物的基础。我常常觉得，我所得到的比我能够回报的更多。

在美国，博士生课程系统化的知识使来自世界各地的学生在第一学年底达到了相近的知识水平（在背景独立的情况下，每个学生在第一年底都对基础知识有了相似程度的掌握，足以启动各自的研究；理论、历史、方法以及实质性研究领域的一些专业知识都会传授给所有博士生）。在那里我夯实了我的知识，也了解到了很多关于发表文献（而不仅仅是埋头于一张落了灰的架子上却不能帮助别人进步）的必要性的知识。

在美国我在美国马萨诸塞州阿默斯特大学完成了博士学习，但由于我的合作导师之一，基思·克拉克教授（Professor Keith Clarke）是美国加利福尼亚大学圣巴巴拉分校的老师，所以我最后也成为一名国家地理信息分析中心的研究人员——该中心的基地就位于美国加利福尼亚大学圣巴巴拉分校。通过我在美国马萨诸塞州阿默斯特大学和美国加利福尼亚大学圣巴巴拉分校的经历，我成长为了一名研究员。我在国家地理信息分析中心使用的很多电脑模型在那时候才刚刚开始开发。我逐渐成为一名成熟的大学学者（在马萨诸塞州阿默斯特大学的两年内，我既是一名研究员，也是一位助教）。许多人都对于我的教育有所帮助，但尤其要指出的是约翰·穆林、杰克·埃亨、朱丽奥斯·法伯斯（Julios Fabos）和基思·克拉克，我们成了很好的朋友。我知道和他们在一起我可以发展出自己的想法，而这也是我现在仍然向我的学生说的：做博士研究的时候请首先确定一个你想要在博士阶段和未来的职业生涯中想要一直研究的领域，并且在这个领域内找一个合适的导师——这是做博士研究的关键。对于学校的选择应该是基于你最初对于导师和课题的选择。

不论是作为一个同事还是老师，与国际学生相互交流，都是很精彩的。与世界各个角落的学生交流学习，向世界各地的老师取经，以及体验世界各国最棒的实践，向我开启了一个新的世界——讲座、社会时事、聚会，以及交流体验来自不同国家的食物、不同的庆祝方式和节日。宝琳娜·沃尔普（Paulina Volpe）是我的房东，我们成了非常非常要好的朋友。所有这些都是那些最好的时光的美丽回忆。我现在还鼓励我的学生要享受博士阶段，这是你生命中绝无仅有的一段能够全身心地投入研究的时间。

为博士之后的生活做准备是我在美国的两所学校都得到过的建议。在距离提交论文还有一年的时候，导师务实而主动地建议我们开始更多地参加学术会议和发表文章——"让别人认识自己，知道你的存在，也让人们知道你对于他们的组织会有所帮助"。我现在告诉我的学生要为以后做短期、长期以及中期的安排。这些计划不应该完全被固定，但应该作为一种行动计划的指引。

丰富多彩的教职生活

除了我所做的几个关键转折的重要性外，我现在意识到的另外一件事情是为转变做准备也很重要（对于一个新的职位、一次升迁、一次休假、一个新实验室的发展等）。有些这样的转折会成为改变你整个人生的结构性触发器。它们可能是由你计划的或者是由于别人的建议或者行为而产生的，但最后作出回应的还是你自己。

就我而言，我听从了导师的建议，在我博士的最后一年，开始申请美国的工作。美国的工作申请机制非常井井有条。通常学生们会申请由美国规划院校协会和美国规划协会推荐的工作，并且在这些协会的学术会议（这是一个很好的机会，招聘方能够评估应聘者的研究和展示能力并尽可能地面试更多的应聘者）上进行首次面试。我通过了第一关并且已经被列入了美国大学短短的面试名单中。那时，一位葡萄牙教授说我不爱国，接受了葡萄牙国家科学基金会的两年资助就应该申请回葡萄牙工作。大概很少有人会同意从美国的稳定职位转向一份葡萄牙的博士后，但我同意了——在确定了我不会永远是一个博士后，只是作为在葡萄牙暂时的实践之后。我在葡萄牙待了四年（两年时间在里斯本技术大学做博士后，两年在天主大学工程学院做讲师）。葡萄牙经济危机在2002年至2004年已经是事实了。到2005年，科研资金的短缺以及博洛尼亚条约改革将大学学制由五年缩减到三年，似乎都表明了科研基金和学术进程的下滑趋势。在2006年的第一个学期，我在与学院院长的交谈中提到，葡萄牙的经济形势，尤其是大学层面的形势，使我很担忧。我已经为职业生涯投资了大量的时间和金钱，于是我觉得是搬到一个机遇更多的国家的时候了。

美国是最显而易见的选择（我在那里读了博士），但我决定看看欧洲是否有可能。我看了欧洲规划院校协会的网站（当时有两个工作可以一试，一个在维也纳，另一个在鲁汶——距离申请的截止日期只有三四个月的时间），还看了www.jobs.ac.uk网站（有一个招聘广告距离申请截止日期还有四天，是英国剑桥大学土地经济系的讲师职位；虽然这个大学很有名，但我对这个城市和部门并不了解）。我感觉剑桥这个急迫的截止日期能激励我为日后的申请做好准备，于是我决定申请了……而在之后的两个月忘了我申请了这个工作（坦白说，我当初并不认为他们会考虑我）。这是我的第一次申请。一个月后，我向维也纳也寄出了申请，而当我准备向鲁汶提交申请材料时，我收到了剑桥的邮件，向我提出了面试邀请。面试的第二天我便得到了工作邀请。

这就是我来到剑桥的过程。在三个月里，我实现了工作所在学校和国家的转变。这些转变并不容易。如果你目标不明确和敢于挑战，你就会过于迁就别人的要求，而在自己的发展轨道上迷失方向。灵活应变固然很重要，但有时候事不遂人愿，你就需要准备好行动了。我现在仍然对坚持在他们读博士的大学继续做博士后研究的人数表示震惊，他们现在已经四十几岁，因为不愿意调动（或者某些情况下他们由于个人原因确实无法调动），而仍然在博士后岗位上。我认为这可能是与我们现在的学术生涯最相关的发现之一——如果研究补助取消或者不再有科研奖励，大量的研究人员会失去稳定的职位，处于失业的边缘，但现在他们又无法转到更加稳定的职位上。

我必须为自己的人生做出那些选择。你需要对于你的选择有所分析，并且明白在你能胜任的领域中可获得的岗位的数量，以及获得一个职位的可能性（例如，有一些教学经验或是之前的助教或讲师经验很重要）。作为博士后的时间不应该超过三到五年，意味着在第三年之后你需要开始重新考虑你下一步的打算。可能会有一些像研究员或高级研究员一类的岗位。在某些国家，这是一种半永久或永久的职业。或者你应该考虑申请大学讲师。大多数博士生在 30 岁出头或二十大几岁就完成了博士学位。这个时候他们还没有孩子，仍然可以长距离通勤（有些情况下甚至跨大西洋）。这些最初的大学职位之后开放为终身教授职位。如果没有在正确的时间做这些事情，会产生一系列的后果，因为再晚一段时间，由于合作伙伴、孩子和家庭会占据主导地位，做调动会极其困难。与你所在部门或项目的领导坦白地对话是有益的。把前进的需要描述为一个垫脚石，坦诚如果学院有开放职位的话即会返回，似乎是在一开始计划你最初职业发展的一种合理方式。

在学术生涯开始的头几年，有一种可能性就是你需要频繁地更换地方（在 A 校做三年博士后，在 B 校做两年讲师，等等）。但你仍然需要花时间来夯实基础。这会使你对于你所处的机构有更深的认识，并且有时间集中精力到你自己的研究上（四处调动和太多次的重新开始会阻止你进行你自己的研究）。一个建议是——尽管在最初的那些年你需要调动，但保证你的工作都有头有尾（你会看到人们会非常感激你并觉得你可以信赖）。

当前在人生的这个阶段，我作为一名大学高级讲师，我有了一些其他的考虑。当然许多都是与研究有关的，但越来越多的是与物流系统、编程和过程相关，尤其是当我们仅仅是这庞大的机构组织中的沧海一粟时显得越来越重要。有趣的是，我不再仅仅为我个人考虑。我开始思考我的"遗产"，我对于这个系统的影响，以及通过这些研究项目更好地研究，同时也帮助我的学生改善他们的生活。我的学生为我骄傲吗？我能让他们的发展过程更加便利吗？我是否将他们培养成为一个好的研究者或老师，或者为获得一个好工作岗位提供可能性？

后记

现在回过头看，我认为我们是幸运的一代。在数年的独裁统治和几次世界经济危机之后，葡萄牙开启了对周围国家甚至整个欧洲的开放。1986 年欧盟委员会提供的资金促使大学毕业生的数量增多，进而使大量的人摆脱贫困。那是葡萄牙步入正确轨道的几年，在某种程度上也是欧盟扩张的开始。

相比之下，当下（2013 年）的葡萄牙政府却正在重蹈覆辙，通过将学费降低到大多数美国、欧洲大陆和英国大学的国际准入要求之下，将国外留学奖学金数目实质上缩减到零。但愿，这不是过去那种黑暗封闭的日子回归的预兆。当前，撤并大学的乌云正笼罩着欧洲，包括葡萄牙（这种情况主要发生在葡萄牙、西班牙、希腊和意大利）。在葡萄牙，里斯本大学和里斯本技术大学正在合并中。欧洲的项目也似乎存在风险，因为紧缩的日子仿佛就是欧洲碎片化的开始。在这个环境下，大学处在怎样的位置？我应该如何为我的学生（其中有许多国际学生）做打算？这个大洲显然正面临着无尽的挑战，十几年后就有可能会失去其全球科研与创新中心的地位，那么我可以继续把类似的学生吸引到这里吗？对于改善当前出现在英国、葡萄牙和整个欧洲的这种状况，我又能作出怎样的贡献？所有这些变化将会走向何方呢？

在葡萄牙、美国和英国，我经历了多种不同的学术环境。可以说在过去的几十年，随着项目和实践的标准化，差异正在逐渐缩小。（只不过）盎格鲁-撒克逊体系依然比欧洲大陆更加注重实践。但如果我们比较英国和美国，就会发现，博士项目在美国需要更长时间，即在美国需要五年，而在英国只需要三年。美国结构化的博士项目已经传播到了欧洲大部分大学（这些大学正在宣传他们的博士项目和全球信用流通体系）。在期刊引文报告、影响体系、引用指数和作者引用记录的刺激下，对出版物的重视似乎正在扩散。

在欧洲，大学被比作创造性体系的核心。然而，似乎大部分针对大学的投资发生在新兴国家（其结果可以从进入顶级大学榜的学校数目的增加中清楚地看到）。我与亚洲大学的联系和对这些校园的造访都表明，这里是孕育着机会的新天地，很可能在这里，很多新晋研究者能够实现职业生涯的重要转折，找到新的研究与发展道路。

注释

1. TOEFL 代表"英语作为一门外语的考试"，它测试参加者在学术环境下使用和理解英语的能力。GRE 代表"研究生入学考试"。它是一个标准化的考试，常作为美国研究生学校，以及全球范围的其他研究生学校和商业项目的录取标准。它旨在测试文字推理能力、数量推理能力、分析性写作能力和批判性思维技巧等这些通过长期积累所获取的能力，且并不与某一个具体学习领域相关。

尹子潇　译，叶亚乐　校

1.7
学习学术写作的技巧 [1]

约翰·福雷斯特

这一章的第一部分回顾了我在研究生院时以及离开那里后尝试学习写作的努力。第二部分介绍了一系列我之前从没想到过的注意事项、建议和经验教训。

尝试学习写作

我每天坐在我用的安德伍德手动打字机前，但是经过了 18 个月之后，我的论文还是没有明显的进展。我已经在加利福尼亚大学伯克利分校的城市与区域规划专业博士班经历了数年的选课、各类考试和现在的论文写作，我对此并不满意。之后心脏病的事情又让我好几个月远离了写作。最后，在失去了所有的耐心以及任何来自学院导师的指导后，我坐下来拼命地写，每天什么也不做，只是写我的毕业论文。

1. 博士论文

我从论文的第二章开始写起，因为我觉得我可以把它写出来。我写出了六个小节共 30 页，这实在是太薄了以至于每一页都需要实实在在的工作。在接下来的 6 个月里我写的那第二章成了我的博士论文。它包含了很多内容，但我却想用一种完全不同的顺序，以及不同于我一遍遍强调的重点来抽象设想并大致介绍它们。我对这个作品感到恶心。只是当我五年后在康奈尔大学再次看到它时，我才有些惊讶地发现，仅此一章是真的让人有些尴尬。这并不是一次好的写作经历。如果这篇博士论文就像一种可以击败太多东西的药用烈酒的话，那么这次写作经历便成为一种持续性的巨大的后遗症。从好的一面来讲，完成了我的博士论文意味着我可以自由地去做进一步的工作；从不好的一面来讲，我之后进一步的写作前景是扑朔迷离的，几乎令人作呕。

我也知道和别人去交谈，但是并不起作用。我每天自己摸索着去写作。到处都有迹象表明有人知道我正在做什么。一天，我的未婚妻从她所工作的伯克利分校公共卫生学院的一次聚会回来。她告诉我说，公共卫生学院的一位教员问起了我。她说道："当我告诉他你正在写博士论文时，他问道'他还处在那个三年或者六年的阶段吗？'"我有一位朋友在国立精神卫生研究院工作了五年后，来到伯克利的规划系做博士后工作。他曾经称他的博士论文写作是"我一生中最幼稚的经历"。现在我知道他是什么意思了，但是对于写作，我还是毫无头绪。尽管如此，我的一位朋友西蒙确实还是给了我极大的帮助，关于他，我在此之前还有更多话要说。

当我的论文写到四分之三时，有了六个粗糙的章节，但是还没有明确一致的结论，我所在伯克利分校的杰克·迪克曼教授（Professor Jack Dyckman）请我去代他上一门规划理论课，因为他有事要离开一段时间。他指定我讲哈贝马斯的《合法性危机》，这本书我们前一年曾在他的课上一起阅读并小组讨论过（Habermas，1975）。当我开始备课时，我也开始写作：哈贝马斯的分析策略，尽管并没有具体的论点，但给我的博士论文结论提示了一个可能的思路，用来写我。我曾一度被难住，但现在，在上课前的仅仅几天时间里就有30页纸从我的打字机中出来——这些成果给了我勇气，帮助我完成了博士论文的最后两章。

后来发生了更多的事情：在完成我的博士论文的同时，我也第一次把视线投入到哈贝马斯实际要做的事情中去。我过去曾经读了他好几本书和文章，但是直到最后一刻，它们才对我的博士论文起了作用。现在很多章节都可以契合在一起了——尤其是一种直觉，教你如何经验性地将这种大量的抽象工作运用到规划评估实践的研究中。过去没人这么做过。

这样，我度过了博士论文的难关。[2] 虽然很难说毫发无损，我却看到了我能研究一个更大研究项目的潜力——如果机会和技能二者兼备的话。我很幸运，至少我已经有了机会。

2. 写论文与教学

在加利福尼亚大学圣克鲁斯分校，一年的兼职教学和寻找一份全职研究型岗位，助长了我的论文写作势头。火种已经被点燃。由于我的博士论文已经至少可以说是标新立异了，我知道我不得不去写。在伯克利，我的另一名教授曾坦言："当你在做什么事情时，你不得不把它清晰地写下来并且表达出来，不然你就会忘记它。"在圣克鲁斯，我曾情不自禁且表情夸张地对一位朋友说道："论文写作就像是从地狱中向外爬一个梯子。"她带有怀疑地扬了扬眉毛。问题是我是很认真的：我当时正在不停地写，等待着期刊编辑的回复，希望能够发表。但是之后好运气来了，我来到了康奈尔大学。我的新同事希望我现在就教书和写论文。但是，我该怎么去做这些呢？

我的博士论文经历基本没让我建立什么自信——虽然有着一次偶然机会，杰克·迪克曼教授安排哈贝马斯的书给我，并让我替他代课。在伯克利分校，说到形式，我的朋友西蒙，一如既往地认为我知之甚少——虽然现在我会学着去写论文，尤其是寄给他一些"这个说得再清楚点"、"那个要表达出你所想说的话"的"简单的15页纸的论文"。事实证明，这很难去改——如此这般折腾了差不多六年之后，西蒙仍然在向我要那篇论文，虽然他早已撕碎并修改了我所写的所有东西。

我不得不写下去，尽管我觉得没有准备好。在研究生院的时候，我从我的老师那里学到过很多，但并没有学到怎样用持久的方式去写论文。我的导师坚持用清晰的表达方式表达意思，并且不喜欢我经常使用连字符；所以我开始用破折号分割句子而不是用连字符连接词语——这是一种进步吗？当然，伯克利分校的老师写文章也有着很大的不同，并且，虽然我在自己博士论文写作的缓慢阶段渴望指导，我所听到的奇闻轶事似乎并没有最终对我有多大帮助。他们是怎么做到的？一个多产的社会学家在不同的时间、不同的地点写着不同的项目。另一位杰出的社会学家告诉我一些关于他一天试着写作 10 页的事情，我惊呆了，以至于忘了问："10 页？！"。一个规划教授在任何给定的时间点上都有着 15 个项目在进行中，并且当外界的需求出现、需要他做出回应时，他都能拿出结果来。我真的好奇，这是怎么做到的？他写他自己的书吗？如果我准备好去写或者是知道了关于写论文的一些事情，我一定是最后一个知道的。

我曾反复阅读 C·赖特·米尔斯（C.Wright Mills）的精彩文章《论智力技巧》（Mills，1959）。是的，当我重新组织我的文件时我也发现了新的东西，而且很多。即便如此，《社会学的想象力》的附录是我读过的似乎就是我所面临的论文写作问题的东西。另一个是雅克·巴赞（Jaclues Barzun）和亨利·格拉夫（Henry Graff）的《现代研究》（1970）的写作部分让我度过博士论文难关。他们强调重写的过程是多么的正确，但当我要重写时，关于重写我知之甚少，而且束手无策：重写，就是将不成熟的论文草稿，铺展开来，有点像我有时候对其他人说的那样，"用手指思考"，慢慢地一字一句地修改。

很多年以后，我发现政治学教授阿伦·威尔达夫斯基（Aaron Wildavsky）是一个在学术研究工作习惯方面非常精明的学生。[3] 他曾经说过怎么有这么多的学者如此效率低下，他也提到他在研究生期间以及之后的专业写作中也有这么一段时间是这样，现在用在我身上太确当不过了。不过一篇题为"我从来不知道"的精彩文章给出了不同的东西："在大学，经常会说，你不可能（把教学和研究结合起来，并把它们都做得很好），但我并不知道这个，所以我确实做到了（既教了 X、Y 和 Z 三门课，同时还写了一本关于 Z 的书）"（Wildavsky，1971）。这篇文章的精髓是告诉人们将老师的敬业精神和挡不住的研究探索精神结合起来，持续的工作、阅读、研究，并且每天写一点点东西。

我读了威尔达夫斯基的这篇文章，宛如一针强心剂给了我非常大的振奋，三天后，我就写了一篇我至少想写了一年而没有去写的论文。仿佛在一瞬间，文章就写成了，送去发表，4 个月就收到接受函，而且只需要小改。"就在一瞬间？"当然也不是。这篇文章被我作为演讲内容讲了好几遍，它已经被"烹饪"好一年多了。我只是选择幸运的时间地让它出炉。

我会把威尔达夫斯基的文章给研究生看吗？不太会，因为我担心威尔达夫斯基的虚张声势和对别人辛辛苦苦作品的蔑视，会伤害到一些人的最后一点自信。假如在我博士论文一筹莫展的时候，我读了他的只言片语，大概会收拾好行囊打道回府了。威尔达夫斯基是用高调在写东西；而我，很明显是用低调在写东西。这里给出一个简单的测试。当你还没有完全沉浸在工作中时，读一读威尔达夫斯基精彩的文章"我从来不知道"。如果你想要写了，很好：写吧！如果没有，也不用担心。但作为一名新助教，我仍想知道：怎样能学会写文章？

我在圣克鲁斯写了好几篇文章草稿。首先，我把我的博士论文第三章改写为一篇文章。它被一家杂志接受了，但这家杂志后来倒闭了，因此这篇文章至今也未发表出来。后来，我把我博士论文的提要写了第二篇文章。经过多个杂志的拒绝和多次修改，三年后终于得以发表。有了这个经历，我又把我进研究生院前做了多年研究的一篇论文的附录修改成第三篇文章。在研究生政治理论研讨课上，学生们对我论文的附录更加好奇和感兴趣。在博士论文答辩后总是在寻找生计，修改并发表那篇关于"聆听"的文章，已经距我离开圣克鲁斯两年，距第一次写下它五年了。[4] 我的第四篇文章是在圣克鲁斯一位名叫波利·马歇尔的学生问我问题之后的一个长周末完成的。他问我伊凡·伊里奇（Ivan Illich）的《医疗克星》和哈贝马斯（Habermas）的著作之间如果有联系的话是怎样一种关系。于是我发现答案足够有趣和惊人，完全可以写一篇30页的论文。带有一些运气但也是意料之中，那篇文章在它写出来近7年后终于发表。这么多的即时满足！接着，由于朋友的邀请和鼓励，我为一个春季公共管理会议写了第五篇短论。我把它寄给了《公共管理评论》，编辑高思罗普对文章的评价是感兴趣、有深度但肯定不予发表。我才开始认识到杂志编辑在除了投稿的文章内容外，他们的人格特质以及他们对文章风格、读者和是否适合发表的判断标准是什么。两年后，那篇文章才被一家小杂志接受发表。因此，可以这么说，在我博士论文答辩后没有任何研究成果是很快发表的。

在康奈尔大学的第一年，我疲于上课和给杂志编辑发一些经常没有结果的信。一位编辑评论我的一篇文章说"面太窄了"；而另一个编辑评论另一篇文章又说"面太宽了"。一位重量级的人物为一本书征集文章，我竭尽所能写了一篇文章，希望能够作为这本书其中的一章发表出来；足足等了整整15个月，也除了那句"工作仍然在进行中"以外，没有任何消息，直到最后我终于得知整个项目已被取消了，作为重要人物邀请发表论文的事情也就到此为止了。在第一年底，我和我在旧金山从事贫困法律工作的老朋友特里·寺内（Terry Terauchi）聊了这些事。我告诉他，这看起来就像是我从来没有发表过任何东西，如果这是真的，那我还不如搬回到阳光明媚的加利福尼亚州找份加油站的活干算了。他让我再坚持坚持。他赞同我的朋友西蒙，那个坚持不懈和无限苛刻的家伙，他那句"就用15页的论文清楚地说明你真正想说的东西！"我准备坚持下去，是大学里写文章就是这样，我得有一个长远打算。

除了写博士论文是我最为孤立无助的一段经历外，研究生院的生活还是丰富多彩。回想起来，我的博士论文工作真的如同很多人说的具有独创性吗？还是说所有的学术论著都是如此？在康奈尔的第一年是如此忙碌充实，以至于我只有更多的问题而没有答案。博士论文答辩后才有真正的生活；这是我在充满希望的新研究项目的一个发现。于是我仍然不得不学着写论文——但是一篇关于社会理论评论的文献，拿我在规划系的同事和学生的话说，我还不如一直待在希腊。我把"实践中的诠释学与批判理论"作为我"聆听"文章的副标题，一位前辈同事打趣说"诠释什么？"我是新来的，辈分太低，没能被逗乐。

但是我的朋友西蒙帮我彻底地修改和编辑，我对此很重视并且进行了重写。论文变得更短更清晰了。句子仍然很长，短语是抽象的，并且语言有时候更接近于德语而不是英语，但是杂志编辑的回应是论文质量提高了。我又写和重写了多次。西蒙仍然让我改，而且从来没有满意，确信我不用承诺能够写出好的东西。就15页纸……15页干干净净的表达！我是满足这样的要求，还是因此退却，浪费这样一个帮助和鼓励呢？

在我博士论文答辩后我发现我的写作既是孤立的也不是，既是高度个人化的也是深度共同化的。我发现我开始掌握倾听别人意见、不断编辑、不断修改、调整文章风格和掌握分寸的写作技巧了，尽管多年以后一直还是这样，但这些我有了粗浅的理解。经过了五年左右的时间，我发表了足够的相关的文章，可以完成两本连贯的书，以及更多的文章还"在进行中"[5]。然而，我总觉得我的工作滞后于我的能力，所以我一直在试着了解更多：怎样写出我最好的东西？

我发现，研究生通常很少能够发现那些能够帮助他们参与或学习写作的方法，写作是他们正在越来越多要去做的事情。因此，我就专业学术写作中的若干注意事项进行了问题梳理，这些问题同学和老师都可能和我一样也碰到。其中一些问题让我吃惊，另一些则让我迷惑；我发现，所有这些最重要的就是去面对。套用维特根斯坦说他逻辑哲学论的话，下面的注意事项只是留给读者的梯子上的踏步，用以发现自己独特的方式来更有力地去写作（Wittgenstein，1972，6.54）。

学术论文写作注意事项

1. 极端主义

我并不知道要注意科学极端主义：同事间超临界的挑剔倾向引发一场革命，迫使一个作者不得不去解决诸如真理、正义性、合法性的问题——抑或三重目标同时实现。根据极端主义的标准，整个政治和社会理论的传统简直就是一个关于失败的记录。每一个"新的"理论家都能被看成旧的，存在根本性缺陷、虚假希望、目光短浅会将你不可避免的领入死胡同的家伙。学术新手意味着：面临一场知识流沙和很少进展。当杰里米·夏皮罗（Jeremy Shapiro）写新马克思主义的时候，他的出色特点就是，作为"左翼武士传统"的知识宗派主义代表，与研究生院传统比表现得过分积极崇尚实践[6]（参见第1.4章中伍美琴的经历）。但是，一到写博士论文，就成了各种文献资料的重组或拆装的合成，一点也看不出我们受过研究生阶段批判性分析训练（同样可以参见第1.5章坎贝尔的文章）。

2. 字句形式主义

对于很多学者的刺眼的字句形式主义我并没有做太好的准备。除非一个研究者特别涉及一个理论本身的概念需要变革，他或者她必须总是去问，为什么要做这样的分析——不管它是理论争鸣还是案例研究——以及它试图去做什么，核心是怎样才能被更清晰地阐述。通过这种方式我们才能用我们的已有的东西去构建新的东西，以致我们对已有知识的极限不至于束手无策。园丁会对土壤施肥，而不是嫌它贫瘠；我们需要去做与我们读到的一样多的事情。我发现自己很怀疑去询问那些对我来说似乎是最基本的问题：给定一个感兴趣的问题，理论如何引起我们注意——告诉我们往哪儿看？当我们看的时候，我们还看到了别的什么？为什么？

当我们能够弄明白"看到别的什么"的含义时，我们就有机会去拓展而非简单地复制我们的理论。当我们可以解释那个"别的什么"是怎样的重要时，我们就可以着手建构我们自己的理论了。这是在"研究"中探索的一个很重要的部分——不过它很脆弱：字句形式主义者们将会攻击这样的努力，将它作为一种对已知理论边界的偏离。我试着提醒我自己：我们应该打破这些边界，或者突破这些理论，不然我们将永远无法得到提高。如果研究者希望对一些问题研究有点成绩，那么你就不应该像其他人一样带上同样的眼罩去做研究，而是关注相关生活经历或用新的方式去做访谈。赫伯特·布卢默（Herbert Blumer）认为，做研究的第一原则就是尊重那些已有研究成果，让理论的字句形式主义从属于我们的生活经验。

3. 简化（还原）论

我并不知道要提防简化论或贴标签：我的研究工作总是简单地认同我经常使用的"理论"（不管它合适与否我总是将它们挪来挪去！），以至于我的工作有时会被诬蔑甚至辞退，无论我百般申辩还是我手头的分析真正有了成果也无济于事。尽管学术有着勇于探寻真理的说辞，但现在我相信学术怯懦（或者说学术偏见）到处存在。那些敢冒风险的学生都有可能受到我发现的这个沉痛教训。敢冒风险的学生将会发现一些读者已经给他们贴上了标签而不关心论点是什么。关于所写的东西，并不是提出直面性的评阅意见，而是什么"太理想主义了"，或者"太定量了"，或者"太刻板了"，或者"马克思主义者的观点"，或者"新古典主义分析方法"，或者"基本自由主义"等标签。如果你不怕博士生或者学院同事们在你的研究过程中将你的研究工作全部掩埋或全盘否定，那么让他们用陈词滥调和标签来简化你的研究工作也无妨。一些早期的警告，一些针对我在"更老成、更明智、更聪明"上表现的天真的攻击，也许对研究过程会有帮助。

我并不知道象牙塔是一所玻璃房子。所以让我来提供一个忠告：学者和作者会扔石头的。你正在写马克思？你将会被问道："难道不是他制造了斯大林主义吗？"你在写丹尼尔·贝尔（Daniel Bell）？你将会被问道："难道他不是和欧文·克里斯托尔（Irving Kristol）一起做一个杂志的编辑吗？后者和诺曼·波德霍雷茨（Norman Podhoretz）更近，他编辑着当代……"你在写哈贝马斯，交流是什么东西？你将会听到："难道不是他写了那些很长的德语式的句子吗……你是在说'交流'吗？"你越是关注与你正在写的内容，你越会迷惑于人不对事的嘲笑说法、诽谤、暗讽、对忠实誓言的调用——所有都代替了对你工作的细致而审慎的批评。当你从朋友那儿听到这些时，困惑的感觉会变成被出卖了的感觉。这里只需要去做一件事：继续写下去。你的皮肤会变厚，你也会发现谁才是你真正的朋友。但我发现，这是最难学的一课。

4. 缩短就是改短而不是在读者面前故弄玄虚

我觉得我需要使用几种不是很普通的表达方式，但我没有非常认真地想到过这样做的结果。这里至少要提两点。如果一篇并不仅仅是写给"理论家"的文章中包含"解释学"、"主观概率"，或者"霸权"这类的词，就可能会被拒绝，因为那些学术术语太不是"普通语言"了。

首先，我确信在不牺牲分析的精确性的前提下，应该尽可能地用简单明了、平易近人的文风去写作。任何用长句子说的话都可以——或者总能——用短句子说得更清楚。通过提高我写用散文风格写论文的水平，我可以赢得我需要的读者的信任，当然时不时地在特殊的地方也用一些常人不太熟悉的技术术语。最理想的是，作者可以通过逐字逐句的写作过程引起读者的关注和信任。

其次，写一篇社会学、规划学或者哲学的文章应该比写生物化学、微生物学或者动物学的文章简单吗？[7]非理智者总是戴着读者总是在找容易读的东西框框行事。懒惰的读者并不比作者少。但这并不是不必要的朝难里写、随便改写一下或不认真编辑等的借口。假如作者懒惰，那所造成的影响将更具破坏性、更尴尬、更缺乏价值。

所以我们不应该混淆这两种情况：在给定主题的情况下，作者应竭尽全能清楚地表达且写出令人信服的东西，编辑则尽可能做到一丝不苟，他们各负其责。读者没必要遭受由于作者——学生、教授或者专业作者——的粗心、懒惰或者编辑疲劳所带来的痛苦。但是反过来讲，这也不是读者不去工作、不去努力思考作者写的是什么、甚至重读的理由。

5. 对抗专业术语无聊的配方

不管怎样，我很快学会了怎样合理地不用技术术语或普遍的政治性陈词滥调，而以前我对此很是轻率盲从。使用不必要的、不熟悉的术语不正是评论家芭芭拉·格里祖蒂·哈里森（Barbara Grizzuti Harrison）曾经对诗人阿德里安娜·里奇（Adrienne Rich）的政治言论的批评所在吗？它烦扰着读者，使他们不满。专业术语就像是有着讽刺意味缺陷的拐杖：没有人可以用它来行走（1979）。

研究生处在一个固定的位置上。他们不得不读一些拼凑、冗长、杂乱无章的文献。在社会科学和人文科学中，他们发现用不同声音写成的争论性文本必将和他们自己的专业不符。至少在开始时，总会有一些压力，都会很悲哀地导致学生们去采用那些他们觉得特别引人注目的作品的作者所用的风格和句子结构。然而，为了那些永远也不会得到满足的读者以及那些确实得到满足的读者，学生必须争取尽他或她所能清清楚楚地写作。这就只意味着一件事：一行一行地、一段一段地、一节一节地编辑和重写，直到所有都恰到好处。

我所知道的唯一可以开始这个过程，或者可能在每一篇新文章中重新学习它的方式，就是让会抬杠的朋友去读它，然后这儿一句、那儿一句地告诉你如何避免专业术语和怎样写得更清楚些。我很感激地说，在我博士论文结束后的那一年里充满了这样的批评。朋友西蒙对内容和风格都进行了抨击。在我写的一篇太过典型的争论性文章的一段旁边，他的一条旁注这样写道："马要死到什么程度我们才能停止抽打它？"他总能找到关键所在。在看完他缩减的句子之后，在所有他插注的地方（或者"句号"处），我都会思考一会儿，可能他的编辑就像是一幅点彩画。朋友维克托（Victor）曾致力于法国卫生政策的问题；他用一种补充说明的方式编辑。周旋考虑了各种短语后，他在页边注释道，就我所知"B.E.L."作为一个法语形容词要比用符号更好。我让他翻译一下。他告诉我，这每一个考虑过的短语，都反映了一种"英语的私生子"。

慢慢地，我的朋友们都提出了一些关键性问题。我们通过写作来传达和某人之间的争论。正如西蒙可能指出的，文本中的每一次对不熟悉短语的使用都会赶走读者，好比汤中有一个奇怪的东西会吓住食客一样。用专业术语写作得到的经常只是排斥，并且作者会和读者共同承担相关的后果。

6. 勇敢和关注各不相同

一开始我并没有意识到差异的风险。通过慢慢地学习，我发现，很多时候我们不得不用新的方式去探索一些研究性问题才能找到新的答案。如果我们把答案塑造成现成的结论，我们的结果就很可能变得平庸，因为它们是早已预见到的。在对一些重要问题进行研究时，有时候我们不是通过看马克思、弗洛伊德、凯恩斯的著作（如果我们从其他人的工作中了解到了这些的话），而是通过特定案例的调查研究得出重要的和没有预料的答案。我们获得的材料在我们之中激发出的反应——包括想法和感受——过去一次次被忽略了？什么耐人寻味的、引人入胜的、充满挑战的、令人担忧的、有威胁的、充满希望的、可证实的，应有尽有，为什么呢？

当我们应对这些问题时，我们是以作者经验去写作的——其中有做研究的经验、有持续细致搜索的经验、有诚实地提问的经验、有面临一种情形并能够利用对手头案例所应该有的关注去质疑它的经验等。当我们让自己关注正在调查研究的事情时，我们发现，正如汉娜·阿伦特（Hannah Arendt）所暗示的，关注和思考之间有着深层次的联系。[8]如果我们可以解释我们的所见并且也可以解释其他人可能关注的东西，那么我们就有话可说，我们的读者也会有尽可能多的思考。

对思考和关注的强制性分离将使写作绝产。很多社会科学家忘了客观性不是来自智力和情感的分离，而是来源于在一个由探究者组成的共同体中批评的过程（正如卡尔·波普尔（Karl Popper）很久以前所写，以及希拉里·普特南（Hilary Putman）和玛莎·努斯鲍姆（Martha Nussbaum）在今天如此雄辩地争辩的那样）。[9]这些批评体现了探究的热情以及查明清楚、清理掉混乱、揭示以前没有被认识到的过程和在争论中作为正确的一方来面对似乎是深深的误导的对立方的激情。客观性同时需要激情和尊重，而远远没有摆脱它；对以前周到和敏感工作的尊重，以及去尽可能地用犀利、清晰并富有洞察力的激情写作。

考虑另一种方式：作者对自己的材料厌倦也将会使读者厌倦。致力于清楚表达和着迷好奇的作者可以把这份着迷和好奇传递给读者。但是那些禁止了所有的情感和关注、激情和动力，在一种被误导的对超然客观性追求的作者，则有可能谋杀了自己的文章。这不是呼吁对作者的价值观、愿望、幻想或政治偏见追根刨底，但是作者应该清晰不隐藏地将课题的意义和神秘充分展现出来。

詹　浩　译，朱智华　顾朝林　校

7. 完整性幻想

我并不知道，但我慢慢学习了有关完整性的诱惑——同样地，当然，我也慢慢学会了尝试去发表半生不熟的思想，没有观点的主张，没有认同其他人工作的观点。

给杂志社寄一些文章评审的作者从中既能学到很多关于写作经验又能知道杂志社评审过程的特质。对于提交后的论文评阅意见有：它是如何精心地组织的，它是多么明晰或者不清晰，它是如何求证的。这些评阅意见将论文评审过程转化为真正的学习过程，并且通过建设性的批评和建议帮助论文修改。

但也存在其他类型的文章评阅意见，对文章总体风格、理念和方法进行评价。这些评审意见只是表明作者是否敲对了门：论文是否适合期刊的风格，寻求重视的读者类型，杂志编辑委员会的理念是什么？但有时也发生着这样的事，评阅意见暗示着编辑曾将文章发给古怪的评阅专家。

早先我有一篇文章由于所谓的"片面历史性和不完整"被一本杂志拒了，但6个月后却得到"原创性贡献"的评价被另一本杂志接受。对于评审意见，相比一般性的判定，我更加关注对提高文章质量的专门建议（当他们提供这些时）。这也是我后来在后一个杂志社发表了那篇文章的原因。关键点在于：有些杂志，但不是所有的，审稿人和杂志编辑能帮助修正论文，就像很难找到真正能帮助的同事帮忙一样。

那么完整性的诱惑是什么呢？在有些情况下，这是一种冲动——举个例子，比如要么完美结束，要么没有完成——有可能什么也没有干，但在其他地方做了什么，也可能寻找专业帮忙。但通常来说，作者通过多读一两本书，涵盖更多的数据资料，反复地全面检查，确实是可以避免过于热衷修改论文的危险。将你的工作向同事展示也可能有些帮助。但是，如果你坚持的东西，而你尊重的人仍然建议提交和发表，那可能就不只是写作技巧问题，更多是你存在恐惧问题。

总存在更多的事要做。我们带着善意去进行深度研究，将一本本笔记本码在一起，并且不停地打引号，到头来你什么也没有展示。在实践中，你不将工作方法展示出来，就不能从其他人的反应中学习到东西，读者可能会困惑于这些观点，但会发现它们是有趣的，或不完善的，或新颖的。不给人看论文草稿——如果它已经不是特别粗糙——也就意味着切断了修改论文的想法、建议、鼓励和激励，这只是满足论文一开始所做的一切需求。所以，一个完整的研究不只是满足概念饥渴状态（一种途径总是想去做得更多），也是一个社会隔离状态：与清晰易读的开头、中间和结尾无关，它显示一些人熟悉的问题，如果仅从他们说的"第三部分是薄弱环节"，或者"这观点从没有讲清楚"，或者"这些部分如何联系一起"这些话中考虑，我们就不能从任何人的建议和忠告中学到东西。这类评阅意见不可能说太多，但是它们非常有帮助。

但还有另一个关于完整性问题，它普遍存在于毕业论文写作和"第一篇文章"中。就像作为作者经常将"概论"和"背景"混淆，我们会失去几个月的时间。我有必要提一提我认识的一名博士生，他进行区域发展的政治经济研究，其博士论文的前四章，写了120页，历史性地、分析性地以及批判性解释和介绍了政治经济学方法。他的博士指导小组告诉他一些政治经济学入门文本已经存在，让他去掉论文开始的120页，同时建议他直接以下一章作为开始，讨论经济发展中的特殊问题。

一篇文章或者毕业论文的导论应该告诉读者你的论文主要说什么，期望什么以及为什么。接下来的一部分或一章可以提供实质性的背景，但只要介绍与接下来的专门讨论有关的背景。为了避免过分正式的开头，我们应该希望用散文语气写作，能像小说一样平滑流畅，但很难想象我们有小说家的天赋。虽然作者经常假设自己拥有天赋，是个有成就的讲故事的人，但他们试图小心进入文章话题，用 30 页的所谓的分析论证，直到第 15 页观点才讲清楚，读者感到的更多是混乱而不是清晰。

所以我将面对日常的矛盾概括成两点：（1）当他们回应我，认为论文草稿还不错，我不得不听听真实读者的声音，然后再修改；（2）某些程度的自信，我的政治和伦理信条就是坚持。在我多年的办公桌上，放着一个来自剧作家威廉·戈尔丁（William Golding）的语录："我知道我不是评论家的宠人。但如果我相信他们所写的，我就应该在很久以前自断手腕。没有人喜欢批评……你必须做到最好……然后坚持下去。"

8. 克服分心和拖延症

我也学会了警惕分心，但即使是在最好的情况下，这也是一场持久战。每天我能完成的几乎任何其他的事情，比起写作来，都更可以为我带来即时快感并保证圆满结局。

写作和做研究是不确定、模棱两可的，且要在平庸明显的表达内容和隐晦难懂的写作风格二者之间维持着摇摇欲坠的平衡。这种特点助长了某种诱惑，即只需再多读一本书或一篇文章，就可能证明我们观点的正确性（或者，我们害怕被告知，有人已经说过我们正希望说的）。写作在与时间进行的比赛过程中，容易出现一千种分心的事，如必要的任务、重要的义务、简单的职责以及只此一次的机会。那些任务、义务和职责或许能被你无可挑剔地完成，也能抓住并享受只此一次的机会。但是，如果没有定期写作，将会遭受连续性的转瞬即逝。文字表达将参差不齐；就不断重复悲惨的初始成本而言，失去连续性将付出高昂的代价：尽管写作可能很难，但开始甚至更难。总有诱人的不去写作的理由出现——而不管写什么，你都必须抵制那些诱惑。我们总能找到理由等待直到截止日期，但如果我们等到那时候来最终执笔，我们就失去了许多宝贵的时间。这些失去的时间我们本可以用来改写、研究、发现和转变观点，其每件的意义不亚于组装原料。

要避免这多种诱惑和分心，最好的办法是返璞归真的简单生活，这是一个需要实现的极为重要的挑战：每天如期写作。这意味着我们需要保持每天的那个时候，不去开会、不去看电影、不去吃饭、不去喝咖啡、不去散步、不去参观图书馆和书店以及与朋友碰头：这意味着我们一段一段地连着写作。如果有一天我们不知道写什么，这个问题可以允许拖到该天剩下的 20 个小时或以上的时间内来解决，而不是用明天的时间来写。如果这些听起来就好像我们也可以这样说，"每天如期写作并虔诚地保持这个习惯，"那并不是因为一些神学的原则，而是因为持续的写作要求我们说明承诺并遵守纪律。小提琴家这么做；篮球运动员这么做；我们也需要做到这一点——每天保持写作 2 小时，不管有什么事。

手头上的事情从来不会自己表现出紧要性；敏锐的洞察力、直觉，或者我们脑海里的解决方案不会自己到纸上或变成可阅形式：我们必须用不亚于头脑的双手做出努力，在纸上构造和编写。我们必须对所有会威胁我们逃离写作遇到的挫折与痛苦、不确定性和模棱两可的那些分心的事情，坚决说"不"：当我们应该将句写成段、将段写成章节、再将章节成文的时候，甚至可以对阅读说"不"。

在唐格尔伍德上课的时候，作曲家和指挥家安德烈·普列文（Andre Previn）提出了这样的观点："如果音乐用来空想而非制作的话，你的一天就浪费了。如果你的一天付诸东流了，你就再也不会捕捉到它的美妙"（Drees Ruttencutter，1983，p.85）。没有比写作更真实的了。我能不断地思考某个问题，不管那是什么意思。但只有当我尝试写通它，我才能在概念和文字上都取得进展。所以，现在我告诉自己和我的学生，不只是对问题作更多的思考，而是"用你的手指思考"：手写并返工；重写并向其他人展示成果。想想这是体力劳动，你的大脑会跟随甚至引导你劳动。

从这种常规培养的路线、这种好习惯、这样每天遵守的纪律来看，那会成果丰硕。我们这一天剩余的时间或这一周发生的事情，一定满足这种日常的胃口。以这种方式写作可以帮助推动、刺激和要求我们发展研究能力，以齐驱并进，但前提是我们把写着开头、中间部分和结尾的纸张拿去与人交流并接受批评指正。否则，我们就是在冒险将事实、细节和之后少量的观点积聚成一段文字，如同变形虫一样，没有清楚的结构和形状。有什么是能够以解决避免千种分心为开始，然后能发展成将研究活动与写作技能相结合的训练的呢？每天只需2个小时！

此外，每天写作能激发思考。很多人写作，不仅是整理想法，事实上也尝试新有所得，梳理一下他们从仿佛"思考"的直觉而来的暗示。我们可以通过写作来解决我们看到的难题，或来面对我们所关心的问题。如果有可能，给他人出示连贯的草稿，然后学到打动他们的东西，那就更好了。

9. 知道什么不能听：愤世嫉俗的声音

没有人警告过我所谓的"愤世嫉俗是走投无路"。我没有准备应对否定者、悲观主义者、讽世者和自我放纵者。如果我们需要冒险来写，我们必须希望并相信在我们的领域我们能做得更好，我们能学习，我们能消除一些我们继承下来的神话；其他人也能很关心我们感兴趣的问题，帮助我们扩展或完善或重构我们现在可能仅仅只是一个草案的构思。

写作是提供一个讨论，一个理解事物的方式。但这提供容易变得平淡。反对者多于有勇气的人至少10:1；讽世者多乐观者至少100:1，悲观者以相同比例超过其他人。大多数人不是沉默的。如果我们仅有25%的参与机会，我们必须讨论分析内容有什么问题，为什么分析内容没起作用，或者解释为什么方法从根本上来说是不够的，我们很可能忘掉我们自己曾做过的任何新工作和冒险。麻痹不是玩世不恭，而是受到多元化的唆使，而且非常廉价。

我不是说我们不应该听取建议。但我们必须考虑到不仅是建议本身，还要考虑是谁提供的。他们是否已经反对我们提交或考虑的研究类型，以及他们理应回应的讨论？他们是否可能只对一个总体印象做出反应，给我们一个好的想法，或者在具体建议的幌子下提出些一般性观点？同事和朋友们会观看、建议、提醒和鼓励，但只有那些愿意去写作的人才能承担风险写下去。

10. 已经展示的证明

关于内在矛盾我只知道一点：固定观念的危险。重要的现实是真实的，也能被证实的，比如种族歧视，现实往往比用新的更加有力的方式展示他们是多么真实更不重要。

约翰·奥斯汀（John Austin）曾经说，"事实比文辞更加丰富"（Austin，1961：195）。这世界总是能给我们提供不仅是宠物理论或让我们怀疑的结论。这没有必然证明我们想的不成立，因为它能引领我们得到新的想法并开阔视野。当然，任何作者必须面对含糊性和不确定性工作，从混乱中找出秩序，从细节和可能描述的无限空间中找出秩序。但我们研究的问题往往很少去证明一个观点（权利问题！惊奇？），而经常去询问世界上事物如何运行、发展，如何成为可能，如何被联系，或者还可以。简单为已经得到的结论收集证据容易导致其他人的怀疑、不信任和自己的信誉缺失：因为这里我们没有搜索知识，只是选择性展示证据去支持观点。有人能找到证据去支持一个定位就像定位本身一样有趣。六千分之一的证明变得平庸，像在另一个案例中"市场解决方案"或者"国家政策有利于资产阶级"，除非研究告诉我们一些关于市场运作、关于政策如何有利于一个阶级而压迫另一个阶级的新东西。就像所有的咨询，新古典主义的和批判性的研究不仅需要复制，而且需要甚至更强大的关于"如何"问题的答案。

考虑一个例子，当给定的背景是一篇论文或者是悲伤的哭泣，和其专业一样古老，规划师会变得无能为力。就其本身而言，那篇文章可能引起这样的反应"那么还有什么是新的？"这里研究问题是探索社会权利关系和无权工作如何用以前未经审查的方式来提供任何规划师在特定背景下可能拥有的权利。更好的话，或许就像伯克利大学科学家尼尔斯·梅尔瑟一天在办公时间提出，问题是探索被调查世界里的变量。这些差异是基于什么（例如，规划师权利方面）？一个为统治阶级（或者执政党）服务的给定政策是依据什么（变量）？什么人（谁）能影响那些变量？随着对这些问题的回答，研究结果成为潜在性的"实用"。在一个代理机构中，规划师或多或少都有些权力，如果是这样，这取决于什么因素？如果那些变量的某部分能受到规划师自身的影响，或通过其他特定的角色担当，然后研究结果就可能实用。当研究指导读者关注他们需要了解的世界层面时，研究正变得要么实用要么不实用。然而，将政治的实用性放在一边，研究能开放问题，指出新的联系和突发事件，显示世上受关注的一些事情是如何在第一时间发生。但再多一个关于固定观念的喘不过气的证明，最可能引发疲劳和对研究者隐藏议程的新怀疑，而非研究成果。

11. 学术交流的品质并不光彩

我想知道所谓的学者圈，因为我想成为大学老师。这在字面意思上会是一个真正圈吗？竞争似乎猖獗，专业化使得相同领域的人群分离；嫉妒和羡慕折磨的学者不少于其他群体的人。或者更进一步说，一个朋友将一个说法归于乔治·斯坦纳（Geoge Steniner）："学术政治之所以如此凶残，是因为风险很低。"听起来有趣，但被忽略，我确实感到我有很多岌岌可危的地方。

什么是人在专业"学者圈"中所希望的？我听过的最常见的论文建议中涉及限制——"选取一个容易解决的问题，然后不要试图做得太多！"但这不会对困难和持续性研究活动火上加油。我听过由于"常规和世俗"而"可控的"，这像死亡之吻敲打了我。回顾许多年后，我可以看到我的错误："可控的"并不意味着"不令人兴奋"或"不新鲜"。它的意思是"可实现的"，以致我能实现讲故事，并继续做我幸运的好工作。

当然，在研究生院，撰写博士论文的孤独会导致疯狂的情绪。在三篇文献中迷失的某一刻，一个新主意的灵光可以满足我朋友利兰·纽伯格的讽刺性称呼"博士生的爱因斯坦复合症"。所以博士论文答辩委员会委员可能给你答辩会上迫切需要的鼓励，但粉碎了下一次会议中肆无忌惮的希望和固执的青春期幻想。

我们在巨人阴影的边缘写作。寻求前进，我们真的不能按照棒球运动员萨切尔·佩奇的建议："不要回头——他们可能正要超过你呢！"然后，我们将怎样写呢？

问题是，在我们的时间和情况下，我们的地方而非所有时间和地方，我们可以说什么来阐明我们关心的一些问题？如果马克思和韦伯，福柯和弗洛伊德和公司"解决"了我们的问题，我们将没有研究可做。但我们认为这些作者是开创性的，因为他们采用新鲜和权威的方式将问题强加给我们，然后他们接着向我们展示世界中仍然看得不清楚的方面。我们有更深层次的问题，因为他们的世界不是我们的世界。所以我们的问题是：在给定的继承下的思考方式和关于世界的思考，给定关注周围所发生一切的方式，当前我们想更好地了解什么，认识到什么，当心什么，学会去适应什么？我们可以作为一个学术团体的成员去解决这些在时空层面的问题。

如果我们想象读者厌烦于我们所着迷的（也许着迷于我们所厌烦的）东西，我们可能永远无法写作。为了写作，我们可能需要独处，但我们还需要也关心我们所面临的问题的其他作者的文字陪伴，不管他们是否活着。当我们意识到我们的问题在其他时间和地点激发了其他人的兴趣，同时这些问题仍然需要关注，那在写作过程中我们可能感觉更加自信和不孤独。然而奇怪的是，日常生活中许多人可能对我们写的问题了解很少（并且很少在乎）——这是必然的。学术生活的特殊社会环境使得这一切对我们最重要的是，去记住我们的文字伙伴和那些一块吃喝的人一样重要。在马基雅维利写到他在佛罗伦萨临近1513年的时光中，他这么写道：

> 在即将到来的夜晚，我回到家里，进入我的学习；在门前我脱下了一天满身泥尘的衣服，然后穿上华丽典雅的服装；再穿着得体，我进入古人的古代法院，在那里我接受到他们的情感，我靠自己拥有的和天生就有的东西维持生计，在那里我不会羞于与他们交谈，询问他们行为的原因；同时他们也友好地回答我，四小时的时间内我没有感到无聊，我不害怕贫穷，我不害怕死亡，我完全将自己交给他们。
>
> ——马基雅维利（Machiavelli，1961：142）

我们当中有多少人，一进入图书馆或个人研究情境，就开始和我们过去的智慧和辉煌的声音交流？

12. 助人即助己：分享连贯的论文草稿

我几乎没有感觉到我的写作和研究有怎样的进展。在研究生院，我着迷于科学哲学；作为一名新教员，我反而不得不写关于规划的问题和策略。花费我几年的时间忙于满满的粗略的想法，我很快就发现了最后期限真是一种强制性的魔法。

如果我必须在巴尔的摩的美国规划协会会议上提交一篇论文，我知道，在我离家之前，我手头必须得有一篇论文，复印 20 份并分发给大家。最后期限能够使人心思集中，移动手指手写或打字。大部分我写的和最好部分最初都是用于会议，这个任务我提前几个月就开始执行了。几个月来，我反复思考，收集笔记、装模作样地开始，然后慢慢有了写作的压力，直到最后，不管是否完成了早期的大纲，我写出了论文草稿，我可以一遍又一遍地重写它再与人分享。之后我便可以把那些开头、中间部分和结尾仔细连接的草稿存在邮箱里，而不是放在文件抽屉里：一旦会议的截止期限迫使我写出一份可示的文稿，我就尽快发送给期刊以期出版。

我学会了一条基本规则：决不、决不、决不让论文草稿一直成为草稿，也从不阻止合适期刊的评审专家对论文草稿一份不错的审稿意见，这些审稿意见或许会有帮助。等到我提交论文的时候，我想这些草稿都已是连贯的整体；然而尽管基本完成，它们通常还有 10%—20% 或以上需要修订。大多数时候，杂志评审的审稿意见确实有助于指导完成修订。通过这些比其他更有用或更相关的审稿意见，我通常就能修改好并发表这篇提交过的文章。

经常地，我发现自己面临着来自匿名审稿人的不一致的审稿意见。一方可能推荐只要小修改就可以出版，而另一方则倾向于要求在推荐出版前进行大修改。编辑们处理这种情形时通常谨慎决定，要求我重写，并且在附信中明确地回答二者审核的意见。我会多次回信，明确说出为了完成那个审稿人的意见，哪些地方我可以重写，哪些地方我不能重写。我会认真考虑审稿人的审稿意见，这种努力几乎一直使我能够获得编辑们对我部分修改的接受。

当然我也打破过这个基本的规则；我有四五篇论文安静地躺在文件夹里占据空间并等待修改，或者只剩贴上邮票和写上地址就可以提交给合适的杂志社了。然而，辛辛苦苦地做了全部的工作写出论文却不提交发表、不及时回答审稿人的审稿意见，或被一家期刊拒绝后不再提交给其他可能对文章更有兴趣的杂志，这些做法都是错误的。文稿不该积满尘埃，而应该获得审稿人的审稿意见以及编辑接受并发表。

不论我对期刊编辑们的评审过程了解多少，然而，我仍然发现强制性的截止日期安排了我的写作。起初我斥责自己不需要这些拐杖，但随后我开始认识到，总是存在分心的事和随机的要求干扰学术时间和注意力，我开始欣赏用最后期限作为路标，对自己确有助益。

13. 先写结论后写导言

最后，我还知道一件事，但我练习它太过摇摆不定。鲍勃·比勒（B.Biller）教他伯克利的学生倒过来写政策文件：以初步结论开始，然后做试图反驳和证实结论的研究。我发现我这样做自然但不夸张。我不能完全从标着"结论"的一页开始，但我经常会，尤其在最后期限的压力下，做一个又一个简短的列表，"这是我真正想要说的。"

该列表总在发展变化。原项目的一半最后留下来，一半由于空洞或错误开头或者过度雄心勃勃而消失。同样的，最后列表的一半反映了过程中所增加的。但最后，就如我看到的，事实上"这五点确实是我想表达的"，然后我发现我可以立刻写这篇文章。在那之前，我不太知道我要怎么写下去。直到我知道论点，我才会写开头；但直到我开始对问题下赌注、有直觉并开始质疑，我才有明确的论点；然后完成我认为研究能支持的主要观点的所有页。通常我写完的一页让我有个简单想法，以前都没有，之后就有，我会抛开文章重新开始探索手头的观点。这样写作的研究过程是缓慢的准备工作。但什么是初步的？什么不是？事先都没有说法。

这里很清楚的是，写作牵涉到周期和循环、持久性和规律性。现在我让学生打个草稿写"初步猜测／可能结论"，在这之前，手头必须要有些沉思，合适熟悉的材料。否则，任何人将得到什么结论？但同时，没有对抛锚点和目标的感知，没有对可能结论和多于一个宽泛宗旨的粗略想法，这样写作往往过于宽泛。写作像说话和表演，就是关于选择和判断。通过不断检查理想目标来平衡一个领域的探索，我们避免了过多偏离轨道而迷失方向。在给定一个问题的前提下，关于它的研究（通过经验、文献的掌握、访谈等），对结论的初步勾画、提炼、修改和添加是重要的和非常实用的，这不仅是在完成证实结论的工作之后。只有对目标的感知，人才能决定最终走的路。有时候对我来说，如此早写出初步结论仍听起来是倒过来的，但即使这样，那也是很有帮助的。[10]

注释

1. 该文章最初作为"关于学术写作技巧的注释"的框架来制定，这得追溯到 1984 年。我为了也在挣扎写作的学生和青年学者写作，相信苦难青睐结伴。因稍微编辑，它看起来较短，且这里再为结论而编辑。

2. 我的论文因过度雄心勃勃而失败，题为"质疑和形成注意力作为规划策略：向一个关于分析和设计的关键理论"（UC Berkeley，1977）。在研究城乡规划部门中环境审查部门的工作人员中，我探讨关于选择性注意力的伦理学和政治学。选择性注意力是当规划师做项目建议书的基础规划分析时，规划师的实践性提问（言语行为）形成的。

3. 同样参见 Wildavsky's Craftways，Transaction Books. New Jersey. 1989.

4. 《聆听：日常生活的社会政策》文章作为《面对权力的城市规划》的第七篇（University of California Press，1989），它的主题为大多数我已经写的和之后我想要深入探索的打下基础并赋予生命力。《协商者》（Forester，1999）和《处理差异》（Forester，2009）两者都在关于额外聆听他人意见的理论和实践层面上发展（参见，例如，Forester，2012a，2012b，2013）。

5. 这些书最终将出现在《面对权力的城市规划》（1989）和《批判理论，公共政策和规划实践》（State University of New York Press，1993）。两者都探索在充满争议性的政治背景下的实践：前者在规划学院找到一个读者，后者也许对于政治理论家来说，理论性太强，规划政策导向性太多，似乎找不到读者。

6. 参见 Jeremy J. Shapiro，"Reply to Miller's review of Habermas' Legitimation crisis，"Telos，March 20，1976，170–176.

7. 我们可以发现，实际上，在阿尔弗雷德·舒茨的"充足假设性"，但这有自己的问题。A. 舒茨，《现象学和社会关系》，瓦格纳（Chicago：University of Chicago Press，1970）。

8. 参见 Hannah Arendt，"Thinking and Moral Considerations，"Social Research，38，no. 3（1971）：417–446.

9. 参见，例如 Karl Popper，Conjectures and refutations（New York：Basic Books，1962）；Hilary Putnam，Reason，truth，and history（Cambridge：Cambridge U. Press，1981）；and Martha Nussbaum，Love's knowledge（New York：Oxford University Press，1992）．

10. 写在 1984 年（见注释 1），我打破自己与这文章的规则，并没将它提交出版，因为我相信它个性化得太怪异。15 年后，我发现它有个背景存在于康奈尔写作计划中，我简单地编辑一下，与感兴趣的学生和青年教师分享。

参考文献

Austin, John. (1961). *Philosophical papers*. London: Oxford University Press.

Barzun, Jacques, and Henry Graff. (1970). *The modern researcher*. New York: Harcourt Brace.

Drees Ruttencutter, Helen. (1983, January 17). "A Way of Making Things Happen," *New Yorker*.

Forester, J. (1989). *Planning in the face of power*. Berkeley: University of California Press.

Forester, J. (1993). *Critical theory, public policy and planning practice: toward a critical pragmatism*. Albany: State University of New York Press.

Forester, J. (1999). *The deliberative practitioner: encouraging participatory planning processes*. London: MIT Press.

Forester, J. (2009). *Dealing with differences: dramas of mediating public disputes*. Oxford: Oxford University Press.

Forester, J. (2012a). "From good intentions to a critical pragmatism," in R. Crane and R. Weber, eds., *Handbook of urban planning*. New York: Oxford University Press.

Forester, J. (2012b). "Learning to improve practice: lessons from practice stories and practitioners' own discourse analyses (or why only the loons show up)." *Planning Theory and Practice* 13 (1): 11–26.

Forester, J. (2013). "On the theory and practice of critical pragmatism: deliberative practice and creative negotiations." *Planning Theory* 12 (1): 5–22.

Habermas, Jurgen. (1975). *Legitimation crisis*. Boston: Beacon Press.

Harrison, Barbara Grizzuti. (1979, June 2). "On Lies, Secrets and Silence: Selected Prose 1966–1978, by Adrienne Rich," *New Republic*.

Machiavelli, Niccolo. (1961). *Letters*. New York: Capricorn Books.

Mills, C. Wright. (1959). *The sociological imagination*. New York: Oxford University Press.

Nussbaum, Martha. (1992). *Love's knowledge*. New York: Oxford University Press.

Wildavsky, Aaron. (1971). "Things I never knew: a preface" and "Introduction" in *Revolt against the masses*. New York: Basic Books. See also Wildavsky's *Craftways*, Transaction Books. New Jersey. 1989.

Wittgenstein, Ludwig. (1972). *Tractatus logico-philisophicus*. New York: Humanities Press.

朱智华　詹　浩　顾朝林　译校

第二部分

研究技巧

2.1
引言

帕齐·希利

充斥着热情与紧张的初学者往往在项目研究之初感觉需要沉浸于实证材料中，收集数据，试图建立起研究框架。本书这一部分的章节旨在督促所有研究者抵制这种诱惑（见本书导言）。反之，避开那些会导致我们对某一特定话题产生偏见的问题，去思考所要进行的研究的本质是十分重要的。类似的思考会引发一些观念上与方法上的重要抉择，决定着如何去选择研究问题、所采取的分析的本质、对结果的有效性进行判断的方法。什么问题是研究的重点？它们对我们所计划要取得的知识的积累、对解决一个具体的、现实的困境有什么贡献？什么样的世界观塑造了作为研究者的你对于问题的思考方式，它们对于有待探索的事物间的联系有何影响？它们如何塑造适用于研究的方法？研究的受众是谁，它们如何影响对其稳定性与有效性的判断？

本章这一部分的目的是去帮助规划研究者思考这些宽泛的问题。但是不要指望能获得简单的答案和方法——没有简洁而单一的答案。如总导言中所概述，规划领域借鉴了多个学科的惯例、知识与观点。规划领域本身仍有不同的意见（例如对比由莫拉尔特和马哈茂德在第 2.5 章和韦伯斯特在第 2.6 章对于规划的定义）。这种多样性是一种潜在的优势，可以使研究者采用多元化的概念和方法开展研究，但同时，也需要严谨与创造力的结合。对于如何将一个最初的研究难题转化为特定的研究问题、分析的方法和具体的手段需要慎重的选择。稳健起见，根据可行性的范围，研究人员需要明确思考我们需要注意什么，在哪些背景下、什么事物会使我们的项目研究结果被认为是有效的"真理"。本章这一部分旨在让你开始思考。一些观点是帮助选择具体的方法与策略的，而另一些观点是以特殊的视角提供了特别的方法。不要期待达成一致！如果作者们都在研讨会议上，肯定会爆发一些争论。我们鼓励读者将这些争论作为明确研究方法的启示。本章的其余部分介绍了丰富且可在本书中查找到的资源。

在 2.2 章，杜托伊特介绍了在规划领域设计研究策略和决定研究范围时所面临的普遍挑战。他鼓励研究者思考研究策略的逻辑。他介绍了各种各样的研究类型学。他将这些宽泛的范例（实证主义、注释与批评）与世界观和方法的选择联系起来。接着，他将这些类型学用于归类规划领域的研究设计，用研究实例为读者们进行了丰富详尽的阐述。在第 2.5、2.6 和 2.7 章中，作者们从特定视角给自己的研究以定位，读者们在阅读之后可能会重温杜托伊特的章节。然而，杜托伊特并未要求我们一定要在研究视角与方法中做出排他性的选择。研究设计可能混杂着灵感。在这种情况下，做出明确而系统的选择和辨明研究的逻辑更为重要。

做出什么样的研究设计是一个复杂且负载着价值观的过程，即使是研究处于实用主义在科学中十分常见的条件下。因此，研究活动充满了伦理问题。在第 2.3 章中，托马斯和罗·皮科洛回顾了价值观如何介入研究活动的选择，研究项目的不同阶段所涌现的各种伦理问题。他们阐述了研究中伦理的正式规范及其作用，解释了其作用与局限。但是他们强调做研究是一种社会实践，正式规范只能对其产生轻微影响。研究的文化更为重要。他们认为我们的研究目的与研究方式被我们所处的研究机构与我们从事研究的原因所深深影响着。对规划领域的研究者而言，由于这一领域的行动取向与价值观导致这些由来已久的问题极具挑战性。托马斯和罗·皮科洛强调，对于研究范例和适用方法哪些更"稳健"将会产生争端。这种争端可不是简单的事——举个例子，当一个新手研究员试图摆脱首席研究员倾向的研究范式。托马斯和罗·皮科洛强调了发展研究实践文化的重要性，这种鼓励批评批判与质疑，能够认识到不同的研究设计与逻辑都是可能的。坎贝尔在第 1.5 章中描述了她在一群博士生中组建"研究者社区"所做的努力。

接下来的两章探讨研究设计的比较，尤其对跨国家比较的思考与讨论。这在 20 世纪 90 年代以来欧洲规划研究界逐渐整合的背景下尤为普遍，但越来越多地被世界各地所主导。在我们的领域，这样的研究必然要面对不同国家与文化中复杂的政治制度的差异，它们影响着规划活动的理解与实践方式。第 2.4 章中，布思介绍了跨国家研究所面临的挑战。他认为，所有的比较都涉及相似性与差异性的假设。在规划领域，我们比较的重点通常是地方与治理活动的特点。布思以漫长的研究生涯比较了英格兰与法国之间发展管制的哲学与实践。很明显，在不同的管治文化和历史里，出现了类似的干预工具与举措，它们塑造了规划的制度和实践。布思也注意到了语言的重要性，一种语言中的一些概念不能被翻译成另外一种语言。他认为，涉及跨国比较的研究设计需要时间与空间去掌握这些重要的语境动态性。

在他指出的一些工作中，布思介绍了来自不同国家的研究团队面临的挑战，在不同的团队中，以一个共同的框架来指导工作是十分重要的。第 2.5 章中直接解决了这一挑战，在该章节中莫拉尔特和马哈茂德引用了一系列近年来进行的大规模、欧盟支持的、多站点的研究项目。这些项目的特别之处在于城市社区的社会创新进程。这项工作从一项常规问题得到启发，该问题探讨集体行动如何改变处于困难与边缘化情况下人们的生活。参与这项工作的团队成员不仅来自不同国家，而且还来自不同的学科，他们需要那个被莫拉尔特和马哈茂德称之为"后学科"的研究方法。进行这样一个雄心勃勃的研究，关键在于一个"元框架"的建立。他们认识到，每种情况都会有自己的特点，研究团队需要足够的自由对独特而且不断变化的研究对象进行研究。但同时，也需要独立的案例以解决元框架中特定的问题，这本身就是研究团队进行整体研究的一部分。然后，面临的挑战是确定研究案例中可识别的模式，需要通过可靠的实证发现来证明其可信度。从本体论上来看，这种方法基于杜托伊特的"阐释"与"批判"的传统之上。他还借鉴了实用主义哲学倡导的探究与反思的方法论，特别是以"全局"的方法去分析"局部"与"整体"的关系。

在第 2.6 章中，韦伯斯特重申了在进行规划研究中严格的研究设计与稳健的实证方法的重要性。和莫拉尔特和马哈茂德一样，他关注的是如何从探索、测试与行为模式中获得的不同体验中而总结出具有一般性的知识。他从不同的学术视角来探讨这一挑战的解决方案。他把自己定位在空间经济学的行为传统中。他的关注点是理解行为模式与城市形态模式间的关系，所以他重点关注个人行为，相较而言布思主要关注文化。所以，从本体论来看他是一个"方法论个人主义者"。在认识论上，他主张卡尔·波普尔对这种模式的假设与反驳而提出的研究方法。本章的核心是研究中的反驳方法论。但是韦伯斯特没有将我们引向一个抽象的讨论。他非常关心那些政客与医生所询问的健康与城市模式之间或土地行为与房地产市场之间的问题稳健的解决方法。他的章节旨在要求通过侧重实证调查以提高学术质量。

在第 2.7 章中，巴勒莫和蓬齐尼探讨了一种不同寻常的规划文化，同时谈到了学术学科、规划机构与实践。在意大利，规划学科及其实践仍被建筑设计学科所深刻影响。这使得巴勒莫和蓬齐尼产生了在项目设计中运用研究工具的兴趣。他们选择了回顾规划理论的视角切入，比较了"实证主义"和多元的、采取沟通手段的理性决策，并且寻求将后者发展为基于产生项目概念的探索性研究方法。通过这种方法他们达到了类似韦伯斯特提出的"设计假设"。然后他们介绍了 1930 年代至今意大利三个先锋规划师通过设计工作得出的方法，认为这些方法在近来的规划理论与方法的探讨中屡屡被忽视。巴勒莫和蓬齐尼认为，规划过程中的线性概念需被舍弃，而应采用多次循环的、基于相互交流的方法。莫拉尔特和马哈茂德提倡在社会科学与规划领域建筑研究传统间寻求更多的互动与合作。

这些章节介绍了规划领域研究的不同方法和争论。他们都倡导无论从研究的概念还是方法上仔细思考，重点研究那些可被研究的、逻辑可被清楚地解释和说明的研究项目。这似乎是一个艰巨的挑战，但它不必多么复杂或是需要多少雄心壮志，这项探索也不应为得到有序的研究逻辑而摒弃洞察力和想象力。从第一部分研究重点的思考可知，研究调查往往是一个混乱的过程，通过调查学习研究人员不断发展他们的观念。研究工作是充满惊喜的，伴随着潜藏的错误和混乱，闪烁着理解之光。最初的研究设计可能只是为了在踏上未知旅程之时提供有帮助的垫脚石或者手杖。然而最终，这段旅程的报告——研究结果——不得不被整合起来，形成连贯一致且有说服力的解释。一个产生有益结果的学术研究报告，其方法明确，概念基础清晰，并在此基础上研究各种关系。实证数据如何收集，在使用时为何会有局限，并解释了在特定的情况下，研究结果可被视为"真理诉求"。在一个知识断言四处飞散但缺少实证支持的世界里，这无疑是对规划研究一项重要的贡献。

杜　坤　译，田　莉　校

2.2
研究设计

雅克·杜托伊特

为什么要做研究设计？

"研究设计"可定义为将研究结果的正确性最大化的逻辑计划,通常等同于研究的结构蓝图。值得强调的是逻辑计划的概念——研究设计通常也指研究战略,包括某种将经验实际纳入研究的特定方法,从而尽可能明确地回答研究问题。然而规划专业的学生和研究者们通常不了解研究设计的构成,以及哪些设计适用于规划研究。因此,在收集数据前进行研究设计这一流程很容易被忽视。规划专业的学生通常在提出某个研究问题之后便开始收集数据,但这些数据往往并不能真正解答这些疑问。我们经常会看到某些建议,认为研究需要有定量、定性设计,或一系列的访谈或问卷调查。但定性或定量研究并不是研究设计的本身,而仅仅是所收集数据的类型。同样,访谈或问卷调查也不是研究设计,而只是数据收集的形式。那么到底什么是研究蓝图——也就是说,访谈或问卷调查究竟是调查、案例研究,还是评估的组成部分?

规划专业的学生和研究者们有许多的教材,其中只有很少部分强调了研究设计的重要性,更不用说适用于规划研究的典型设计类型学了。本章节将讨论研究设计过程中一些较重要的考虑要素,并列举了10种典型的规划研究的设计方案的类型学。随后概述每种设计方案的子类型,专门化的子类型以及规划研究和实践的应用中值得注意的方面。本章节提供了较为广泛的方法,因此有助于为之后的章节在解决具体设计应用问题时提供相应的依据。

研究设计需考虑的要素

研究设计包括选择并定制一项典型的设计,基于研究问题的本质,从而最大化研究结果的正确性。被认为是"正确"的研究结果需通过准确而系统性的程序而得到,同时这些程序本身的正确性是得到别人认可的。尽管研究问题无疑是最重要的,但仍有些其他要素需要考虑。你研究的主题可能因为与某种特定的研究范式紧密联系而要求你采用某种特定的设计,你也可能因为缺少某些回答这个问题的数据而采用次优方案。但无论如何所有的研究都是有局限的,研究设计的艺术就在于权衡所有相关要素之后,尽可能组合出最好的方案。

需考虑的要素可分为方法和实践两方面。基于获取正确知识尤其是在学术领域的科学需求,方法层面的考虑无疑更重要。实践层面的考虑一般与实践、资金、政策、逻辑等相关，通常需要临场发挥，例如采用单个深入的案例研究而不是大尺度的研究。研究设计的过程中如何权衡不同的考虑要素不仅需要良好的研究实践，也需要经验和制度。

在这里我们不可能涵盖所有的考虑要素，或是某些具体情况下应该如何设计特定的研究，而是讨论6种重要的方法层面的要素，包括：（1）研究背景；（2）研究主旨；（3）研究目的；（4）方法论范式；（5）方式方法；（6）数据来源。

1. 研究的内容和主旨

首先应考虑的是研究背景和目的，包括谁是研究者、为什么要进行这项研究以及它将如何影响研究的设计？在"无商业价值"的学术研究和具有"快速收益"的咨询报告之间通常具有差别，更准确地说则是基础研究和应用研究的区别。

基础研究由理论目标主导，受到与规划相关的前沿基础知识以及规划所解决问题的学术环境的控制。以某住房项目的调研为例，其目的在于检验居住满意度的理论模型。我们最终可以利用这一调研更加深入地了解居住满意度，从而可能用以提升或降低住房项目的质量。科学界是主要受众，因此研究的严谨度通常很高。尽管通常以实证为主，大多数的规划论文和期刊文章可能更接近基础研究，同时审稿人和互评人很可能会仔细审查研究设计对有效结果的贡献程度。

应用研究由实用目的主导，它们为具体问题提供实际解决方案。以入住后的评价为例，这一评价将为项目负责人提供居民对住房项目的体验信息。最终这些信息将用以提升这一住房项目——尽管他们可能没必要编入科学出版物中。从业者将是主要受众，因此研究的严谨度一般参差不齐或处于适中的水平。规划实践的研究可能更接近应用研究，因为委托人更希望研究设计能在一定时间和预算内解决某一特定问题（参考第1.3章哈里斯的经验）。

基础和应用研究代表同一种连续的两端，但并没有明确的界线。很少有研究是纯基础性或应用性的——尤其是在规划领域。尽管由于学术背景的不同，硕士生和博士生的研究会更加倾向于基础性，但规划学科通常需要研究某些实际生活中的问题，因此会得到一些理论结果之外的实际解决方案(参见本书导言)。同样，如果研究越符合基础研究的系统步骤,结果就会越可信。研究者们可能会偏好结构性设计，以便更好地掌控研究过程。而如果研究越符合应用研究的步骤，那么结果将会更强调实际的可用性。这类研究偏向于灵活的设计，并具有不同方法的组合方案。

2. 研究目的

由于我们需要尽可能明确地回答研究问题，与之密切相关的研究目的则可能是最重要的考虑因素。那么这将遵循怎样的逻辑——即研究将如何引入经验实际，以及研究需要哪种类型的设计？

探讨性研究关注相对不了解或少有涉及的领域，从而为后续的描述性或解释性研究提供更明确的研究问题。因而探索性研究是典型的定性研究，它为后期的定量或假设检验研究提供了基础。

描述性研究尽管严格而准确，但这类研究只是简单地描绘了现实的情况。描述性研究或某些提出"是什么"的研究可以说是规划研究中最典型的类型，因为许多研究致力于更好地理解规划的本质以及规划所涉及的事实。由于我们通常是在总体水平上进行规划，描述性研究充斥于社区、城市或区域层面，包括这些层面上的现状是怎样的以及应该做些什么。

解释性研究解释了某些事件或现象的产生原因。解释性研究或某些提出"为什么"的研究是典型的假设检验性研究，在规划领域并不十分典型。规划更关注的是"X"像什么以及应对它做些什么，而非到底是"Y"还是"Z"导致了"X"的产生。然而这并不意味着此类研究并不如其他类别重要。规划必然需要整体的知识体系，其中不同研究类型是互补的。当在设计某些旨在对问题有影响的干涉条件时，假设检验的研究就显得很重要。而规划研究也需要一些关于这些问题成因的概念，以及某些特定干预方式在解决问题方面的潜力（参考第 2.6 章韦伯斯特的讨论）。

说明性研究关注抽象的现象，例如人类的产物（包括文本、论述、叙事、艺术作品等）以及人类的文化和经验。这一类研究的案例包括关于规划政策和文件的内容或论述性分析，知名规划师的传记以及认知地图或场所研究等（见表 2.2.1 和表 2.2.2"文本和叙事研究"）。

成因性研究由以制定决策为目的的规划干预所主导，对实践有指导意义，例如场地和聚落分析，以及规划和政策分析。

评估性研究通过判断或阐明问题、监控项目并衡量结果和影响来评估实践的效果（见表 2.2.1 和表 2.2.2 的"干预"和"评估"研究）。在规划中，评估性研究可能更常见的是事前和事后评估。

解放性研究例如女权主义研究、重点关注社会不公平的研究，它旨在提高人们的意识，减少错误的观念并提升社会状况。

3. 方法论范式

方法论范式属于哲学范畴，它通过间接或微妙的方式渗透进研究的不同方面。范式是"理论和研究的一般性组织框架，包括基本假设、关键议题、定性研究模型以及寻求答案的方法"（Neuman，2011：94）。尽管范式涉及科学研究的诸多要素，例如我们为什么要做研究、如何做出好的研究以及什么是研究道德，但它主要还是关于现实的本质（本体论）和知识的基础（认识论）的。不同范式具有（非常）不同的本体和认知体系，也就导致非常不同的研究设计要求。研究者对于现实和认知会（有意或无意地）做出哪些假设？哪种设计适合这些假设？

通常研究者们在设计一项研究时不会预先有特定的范式。某些专门进行的研究例外，如论证后现代或女权主义这类哲学命题与某个特定规划领域的相关性。同样，如果你的整个研究是基于特定数理模型或假设检验的（见第四部分的案例），你需要明确向你的导师或其他人提出你对事实的假设是客观的。同时研究所得到的结果将具有某种工具价值，例如通过某些具有因果效应的关系进行干预，（以期）使现实变得更好。另一方面，如果你的研究是基于自然环境中的深入访谈，你会认为人们对现实的体验是主观的，而知识旨在帮助我们从他人视角来更好地理解其生活环境和经历。因此研究者对其他类型的范式有所涉猎是很重要的，只有这样才能确保研究具有某种程度上的哲学一致性，以及在必要的情况下论证研究中的一些基础型假设。克雷斯韦尔也论证道：

> 尽管哲学思想主要隐藏在研究中（Slife and Williams，1995），他们仍影响着研究的实行，因此需要被识别出来。我建议研究者在准备研究建议和计划时，应尽量说明他们所支持的哲学思想。这也有助于解释为什么他们会选择定性、定量或者混合方法。

> (2009：5—6)

然而，方法论范式是十分抽象的，它们组成了科学哲学研究中的一部分。纽曼（2011：90—122）概述和总结了关于社会科学研究中主要范式。其中影响规划研究的 3 种最典型的范式是实证主义，解释和批判性社会科学。实用主义与规划思想中实用主义的概念类似（Healey，2009），同样被认为是一种研究范式（Feilzer，2010）。女权主义和后现代研究并不是明确的范式，而是属于"微妙地位"，其中女权主义研究与批判性社会科学具有一定联系（Feilzer，2010：6）。

实证主义社会科学仿照自然科学，其研究目的在于发现能够预测和控制现实的一般规律。由于客观主义本体论，现实需要被客观地研究——即现实是超越人类影响的独立存在。因此实证主义研究者对定量设计具有强烈的偏好，尤其是实验的方式（见表 2.2.2）。大多数交通、城市建模和（基于环境决定论的）早期环境行为研究都是典型的实证主义研究。

解释性社会科学与实证主义相反，其目的在于描述有意义的社会行为从而理解社会现实。由于主观主义的本体论，现实需要被主观地研究——即社会事实和其意义是社会性构建并且是持续变化的。因此解释性研究者对定性研究具有强烈偏好，尤其是文本和叙事研究以及场所研究。社会-空间分析、城市历史研究以及最近的环境行为研究都是典型的解释性社会科学研究。

批判性社会科学强调相关性——研究需要揭示未知的事物并帮助人们改变社会。尽管批判性研究者可能也具有强烈的本体和认知的观点，但他们更关心的是研究是否能够直接导致积极的社会变化。本特·费吕夫布耶格关于语音的规划研究概念属于应用于规划的批判性社会科学或参与式行动研究（PAR）。批判性社会科学显然是民主的，尤其是它偏向于定性和参与式设计的方法，因此研究者们也参与了这些流程。典型案例是女权主义研究，或者是具有解放目的的研究，如帮助社区或保障社区利益群体与具有危害性的规划决策相抗衡。

实用主义也强调相关性——研究中需要解决现实问题并提升人居环境。它容纳多重社会现实，根据在解决某特定研究问题时所发挥的最佳成效而采用组合式或混合方法的设计。实用主义研究是典型的评估性或成因性研究，相比于其他范式，近几十年来大多数规划方案都可以被视作是实用主义类的（du Toit，2010：155—157）。后现代研究则更加激进——它排斥几乎所有的研究类型，尤其是实证主义、甚至是解释性社会科学。研究可能仅仅阐述、容纳及激励主体本身。现实被视为是混乱而流动的，没有任何实际的模式并缺少总体规划，同时后现代研究者通常着重于通过文本、叙事、论述和交流分析来解构主题。

4. 方式方法

方法过程围绕着不同类型数据的运用展开，尤其是定量（数值的）和定性（文本和可视化的）的数据。研究者通常熟知这两种方法的不同，因此会基于个人对某种特定方法的喜好来选择设计，然而研究目的更加重要。研究者们更应考虑研究的科学价值，在需要采用某种不熟悉的方法时应寻求帮助，或将其视作一次学习的机会。同样，这两种方法并没必要互相排斥，研究是定量还是定性研究仅取决于哪种方法占主导地位。

> 定性和定量方法不应被视为相反或对立的两极，相反，他们代表了同一连续体的不同末端 (Newman and Benz，1998)。一项研究可能会更偏向于定性研究，也可能更偏向于定量。混合方法研究则处于这一连续体的中间位置，因为它包含了定性和定量方法的要素。

(Creswell，2009：3)

克雷斯韦尔将混合方法视为连续体的折中，然而这并不意味着采用混合方法的研究就是简单地运用了定量和定性的方法。一项混合方法研究是"研究者将定量和定性研究的技术、方法、过程、概念或语言混合或合并入一项研究中"(Johnson and Onwuegbuzie，2004：17，引用于殷，2006：41)。进一步而言，"混合"和"合并"是通过"方法内的三角网"或"方法间的三角网"而实现的 (Gaber and Gaber，2004：228)。因此如果一项研究包含了定量和定性数据，也不一定是混合方法的研究。实际上许多研究在证明或三角化结果时都会包含这两种方法，但会更强调其中一种。混合方法研究"不仅仅是简单地收集和分析各种数据，还包括先后使用两种方法，从而使得最终成果比单一的定量或定性研究更好"(Creswell，2009：4)。

参与式方法将重点从数据类型转为调研对象，它需要积极地将人们纳入研究过程中，否则他们可能会成为消极的样本。这种关于参与和行动的方法将带来积极的变化和解放。研究者的数据和信息可能被其他利益相关者用以制定决策和行动，而这些数据和信息可能是定性、定量或是混合的——他们都能实现目的。

5. 数据来源

数据来源可以是一手的、二手的或混合的。一手数据是新收集的、典型的原始格式的数据，用以分析某一特定的研究问题。二手数据是已经收集好、具备特定格式并且通常更具有成本效益的，但在解决不同研究问题时，重新分析这些数据很可能具有一定的局限性。然而，由于现今在获取以及使用数字可用信息（最典型的例子是网络）时较过去几十年来已经有很大的进步，研究者应充分利用二手数据来源。这类数据库(例如人口普查数据库)既可以被看成是一手数据，也可以看作是二手数据，因为这些数据虽然都是半原始格式，但已经是收集并计算好的。同时使用一手和二手数据的单个项目则具有混合的数据来源。

在讨论了研究设计的 6 个重要的考虑因素之后，我们便可以得到适用于规划研究的设计，以及他们是如何与每个考虑因素挂钩的。

规划研究设计的类型学

表 2.2.1 列举了 10 种典型的设计：(1) 调查；(2) 实验；(3) 建模、模拟、制图、可视化；(4) 文本和叙述研究；(5) 基地研究；(6) 案例研究；(7) 干预研究；(8) 评估研究；(9) 参与式研究；(10) 元研究。例如，调查与基础研究、理论性主旨、描述、实证主义和具有一手数据的定量方法相关。同样，评估研究与应用研究、实证性主旨、评估、实用主义和具有多种数据来源的混合方法相关。每种设计类型也具有区别于其他类型的独特的核心逻辑。例如调查的逻辑是概括一群人或类似目标群体的特征，建模和模拟的逻辑是预测不同样本之间的关系，等等。因此研究者可能需要提出疑问，自己所做研究的总体逻辑是什么？哪种设计是最适合的？

值得注意的是实际研究的设计可能不会满足类型所描述的所有关联项。例如，并不是所有的调查都是实证主义的——案例研究也会用在应用研究中；一些评估仅仅是定量的、而不是混合的方法等等。实际研究设计通常比书中提及的典型设计更加繁复，同时研究者将面临许多其他的考虑因素，尤其是没有在本书中描述的实际情况。尽管如此，由于类型学展示了不同设计是如何与不同的考虑因素相关联的，它也有助于研究者注意到方法的一致性。我们再来回想"研究设计"的定义：作为最大化结果的正确性的逻辑方案——至少就特定方法论范式和过程而言，研究越具有方法一致性，研究结果越可能正确。

选定某项设计之后，研究者可能需要在不同子类中进一步进行选择。例如，应该使用哪种调查——横向的还是纵向的？如果选择纵向的，那是否需要使用专门的类别（如群组研究或专门小组研究）？表 2.2.2 概括了 10 种设计及其子类、专门化子类和运用于规划研究及实践的领域。在此列出的应用领域是基于 2000 年到 2010 年间规划界的方法来源的回顾而归纳的，并不在于全面详尽。尽管如此，表 2.2.2 也提供了规划研究中多种设计以及与其相关的更值得注意的研究领域的详细信息。大部分规划研究倾向于案例研究、评估研究和调查。[1]然而 1996—2005 年间《规划教育与研究杂志》中，基于元研究（关于研究的研究）的论文占据最高比例，包括了文献综述，研究综合，概念分析，类型建构，模型或理论，以及哲学或规范的论证（du Toit，2010：161—170）。纵向调查和实际的实验则很少被用在规划研究中。早前的主旨在于追踪社会变化的路径，是一种成本很高的、义务性的研究形式，而后期的主旨则在于检验实验条件下的因果关系。

规划研究的设计类型学 表 2.2.1

设计考虑要素						研究设计
研究内容 & 研究主旨	研究目的	方法论范式	方式方法	数据来源	核心逻辑	
基础（相对于应用）内容；理论性主旨	描述性研究	实证主义社会科学	定量	一手数据	归纳	调查
	解释性研究				因果归因	实验
				（数值的/空间的）二手数据	预测/例证	建模，模拟，制图和可视化
	说明性研究	解释性社会科学（相对于实用主义）	定性	（文本的）二手数据	（解释学的）解释	文本和叙述研究
	探讨性研究					
	描述性研究					
				（倾向于混合的）一手数据	（民族学的/现象学的）解释	基地研究
					情景化	案例研究
应用内容；实用性主旨	成因性研究 评估性研究	实用主义	混合方法（相对于定性）	混合数据	干预	干预研究
					评估	评估研究
	解放性研究	批判性社会科学	参与式	一手数据	参与/行动式	参与式研究
基础内容，元理论主旨	元分析目的的研究	不适用（非实证）	不适用（非实证）	不适用（非实证）	多重核心逻辑	元研究

资料来源：杜托伊特（du Toit）和穆顿（Mouton）（2013：132）。

规划研究设计的概要 表 2.2.2

研究设计	研究设计子类	专门化子类	应用领域
调查	横向调查		"环境行为研究"（Moudon，2003：371-373）；场地/聚落分析及评估（LaGro，2008：79）
	纵向调查	群组研究，专门小组研究，追踪研究	
实验	真实实验（即实验室实验）	实验前和实验后的控制组设计；所罗门四组设计；仅实验前控制组设计；实验者内部设计；引子设计	
	类实验（即基地/自然实验）	非随机控制组，实验前和试验后设计；简单时间序列设计；控制组，时间序列设计；逆时间序列设计；交替处理设计；多线程设计	"环境行为研究"（Moudon，2003：371-373）

研究设计	研究设计子类	专门化子类	应用领域
建模、模拟、制图和可视化	建模，模拟	人工神经网络建模（ANN）（Boussahaine and Kirkham，2008）；结构方程建模（SEM）；计算机模拟；游戏；模拟展位／模型；情景分析（Ratcliffle，2008：222-226）	城市和区域规划（Wang and Vom Hofe，2007）；规划中的目标导向程序和无序建模（Cripeau，2003：152-153）；"建成环境的未来"研究（Rateliffle，2008：222-226）；环境模拟；参与式规划／设计（Dandekar，2005：133）
	制图；可视化	社会网络分析（SNA）（Pryke，2008）；社会空间分析（即空间分析）（Khattab，2005：141-158；宾，2008：18-25）	项目管理中的 SNA 研究（Pryke，2008：171-172）；环境测量／构图；场地／聚落分析和评估（LaGro，2008：23-40 及 139-168）；"空间形态研究"（Moudon，2003：376-377）
文本和叙述研究	内容／文本分析	定性／定量内容分析；法定解释；哲学解释；文学评论	规划／政策分析及评估（Gaber and Gaber，2007：103-134）
	演讲／谈话分析		
	历史学；生物学	哲学／概念的历史研究	"城市历史研究"；"类型－形态研究"（Moudon，2003：368-370&374-376）；建成环境行业中的女权主义研究（Morton and Wilkinson，2008：45-46）
基地研究	民族学（即参与观察）		"环境行为研究"（Monton，2003：371-373）；场地／聚落分析及评估；规划／政策分析及评估；社区参与（Dandekar，2003：30-31&42-43；Gaber and Gaber，2007：17-44；LaGro，2008：79）
	现象学		"环境行为研究"；"图像研究"（Moudon，2003：368-373）
案例研究	单个／多个案例研究	整体／嵌入的单个／多个案例研究	"场所研究"（Moudon，2003：371-374）
	比较案例研究		比较城市政治研究（Denters and Mossberger，2006）；建成环境的跨文化／国家研究（Steinführer，2005）
干预研究	场地／聚落分析和评估	设计先例（Groat and Wang，2002；LaGro，2008）；规划／设计／政策编制（Zcisel，2006：51-53）	场地／聚落分析和评估（Ellis，2005；Glaumann and Malmqvist，2005；Wlodavczyk，2005；Wang and Vom Hofe，2007；LaGro，2008）
	规划／政策分析及评估	规划／设计／政策回顾（Zeisel，2006：53-59）	规划／政策分析及评估（Gabel and Gabel，2007）
评估研究	诊断性／澄清的评估（即事前评估）	需求评价研究；可行性研究；市场研究	可持续聚居地规划（Ellis，2005）；场地／聚落分析和评估（Glaumann and Malmqvist，2005；Wlodarczyk，2005；Wang and Vom Hofe，2007；LaGro，2008）
	实施评估；项目监测	试点实施研究；重复研究	规划／政策分析及评估（Margerum，2002）
	成果／影响评估（即事后评估）	实验／准实验成果研究；环境／社会影响评估研究；成本-收益／效益研究；规划平衡表（PBS）；目标-达成矩阵（GAM）；使用后评估（POE）（Zeisel，2006：59-64）	"图画研究"（Moudon，2003：370）；可持续聚居地规划（Ellis，2005）；场地／聚落分析和评估（LaGro，2008：84-85）

续表

研究设计	研究设计子类	专门化子类	应用领域
参与式研究	技术性/科学性/写作性的参与式研究		"设计研究"（Groat and Wang，99-132）
	实际性/交互及/或协作性/商议的参与式研究		"设计研究"（Groat and Wang，99-132）；可持续聚居地规划（Ellis，2005）
	解放性/优化性/批判科学性的参与式研究		基于社区的规划/设计（Al-Kodmany，2001；McGvath 等，2005）；建成环境行业中的女权主义研究（Mortor and Wilkinsor，2008：45）；"XXX 规划研究"（Flyvbjerg，2002）；公共参与（Cogan，2003；Horelli，2005）
元研究	文献回顾；研究综述 概念分析	元分析	
	类型学/模型/理论建构	扎根理论；持续比较法；数理建模	"类型-形态研究"（Mouton，2003：374-376）；城市和区域规划（Wang and Vom Hofe，2007）
	哲学/逻辑/规范的论证	逻辑论证（Groat and Wang，2002：301-340）	

资料来源：杜托伊特（du Toit，2010：125-128）。

结论

本章讨论了设计研究中的 6 个重要的考虑要素以及应用于规划研究的设计类型，包括子类，专门化子类以及应用在规划研究和实践中的领域。本书之后的章节会根据这一类型来评估它们。这一类型可能具有以下优势：它提供了（1）对规划研究的典型设计的更多关注；（2）区分方法概念和术语的一套标准化的方法语言；（3）一套有助于研究者查询与重要因素相关的合适设计的解释性地图，例如研究范围、主旨、目的等。一旦选定了某种合适的设计，研究者便可以使其研究框架变得更清晰，同时也可以在整体研究设计框架的基础上，更加细致地讨论数据收集、分析和解释的方法。

注释

1. 在实际指代所进行的调查或场地研究时，规划研究者有时会使用"案例研究"这一术语。大多数规划研究碰巧会处于某一特定设定中，但它并不一定就是案例研究。案例研究是关于某些独特的事件或现象，其逻辑是存在于这些事件或现象之中的。

参考文献

Al-Kodmany, K. 2001. Bridging the gap between technical and local knowledge: tools for promoting community-based planning and design. *Journal of Architectural and Planning Research*, 18(2): 110–130.

Boussabaine, A., & Kirkham, R. 2008. Artificial neural network modelling techniques for applied civil and construction engineering research, in A. Knight & L. Ruddock (eds.), *Advanced research methods in the built environment*. Oxford: Wiley-Blackwell, 155–170.

Cogan, E. 2003. Public participation, in H. Dandekar (ed.), *The planner's use of information environment*. 2nd edition. Chicago: American Planning Association, 187–212.

Creswell, J. W. 2009. *Research design: qualitative, quantitative, and mixed methods approaches*. 3rd edition. Los Angeles: SAGE.

Cripeau, R. 2003. Analytical methods in planning, in H. Dandekar (ed.), *The planner's use of information environment*. 2nd edition. Chicago: American Planning Association, 213–240.

Dandekar, H. C. 2003. Field methods of collecting information, in H. Dandekar (ed.), *The planner's use of information environment*. 2nd edition. Chicago: American Planning Association, 23–48.

Dandekar, H. C. 2005. Qualitative methods in planning research and practice. *Journal of Architectural and Planning Research*, 22(2): 129–137.

Denters, B., & Mossberger, K. 2006. Buildings blocks for a methodology for comparative urban political research. *Urban Affairs Review*, 41(4): 550–571.

du Toit, J. L. 2010. *A typology of designs for social research in the built environment* (Doctoral dissertation). Retrieved 19 November 2011 from http://hdl.handle.net/10019.1/5142.

du Toit, J. L., & Mouton, J. 2013. A typology of designs for social research in the built environment. *International Journal of Social Research Methodology*, 16(2): 125–139.

Ellis, C. 2005. Planning methods and good city form. *Journal of Architectural and Planning Research*, 22(2): 138–147.

Feilzer, M. Y. 2010. Doing mixed methods research pragmatically: implications for the rediscovery of pragmatism as a research paradigm. *Journal of Mixed Methods Research*, 4(1): 6–16.

Flyvbjerg, B. 2002. Bringing power to planning research: one researcher's praxis story. *Journal of Planning Education and Research*, 21: 353–366.

Gaber, J., & Gaber, S. L. 2004. If you could see what I know: moving planners' use of photographic images from illustrations to empirical data. *Journal of Architectural and Planning Research*, 21(3): 222–238.

Gaber, J., & Gaber, S. 2007. *Qualitative analysis for planning and policy: beyond the numbers*. Chicago: American Planning Association.

Glaumann, M., & Malmqvist, T. 2005. Assessing the environmental efficiency of buildings, in D. Vestbro, Y. Hürol & N. Wilkenson (eds.), *Methodologies in housing research*. Gateshead: Urban International, 242–257.

Groat, L., & Wang, D. 2002. *Architectural research methods*. New York: John Wiley.

Healey, P. 2009. The pragmatic tradition in planning thought. *Journal of Planning Education and Research*, 28: 277–292.

Horelli, L. 2005. Inquiry by participatory planning within housing, in D. Vestbro, Y. Hürol & N. Wilkenson (eds.), *Methodologies in housing research*. Gateshead: Urban International, 17–29.

Jacobs, K. 2006. Discourse analysis and its utility for urban policy research. *Urban Policy and Research*, 24(1): 39–52.

Khattab, O. 2005. Socio-spatial analysis of traditional Kuwaiti houses, in D. Vestbro, Y. Hürol & N. Wilkenson (eds.), *Methodologies in housing research*. Gateshead: Urban International, 141–158.

LaGro, J. A. 2008. *Site analysis: a contextual approach to sustainable land planning and site design*. 2nd edition. Hoboken, NJ: John Wiley.

Margerum, R. D. 2002. Evaluating collaborative planning: implications from an empirical analysis of growth management. *Journal of the American Planning Association*, 68(2): 179–193.

McGrath, N., Marinova, D., & Anda, M. 2005. Participatory methods for sustainable remote indigenous housing in Western Australia, in D. Vestbro, Y. Hürol & N. Wilkenson (eds.), *Methodologies in housing research*. Gateshead: Urban International, 108–123.

Morton, P., & Wilkinson, S. 2008. Feminist research, in A. Knight & L. Ruddock (eds.), *Advanced research methods in the built environment*. Oxford: Wiley-Blackwell, 39–50.

Moudon, A. V. 2003. A Catholic approach to organizing what urban designers should know, in A. R. Cuthbert (ed.), *Designing cities: critical readings in urban design.* Malden: Blackwell, 362–379.

Neuman, W. L. 2011. *Social research methods: qualitative and quantitative approaches.* 7th edition. Boston: Pearson.

Penn, A. 2008. Architectural research, in A. Knight & L. Ruddock (eds.), *Advanced research methods in the built environment.* Oxford: Wiley-Blackwell, 14–27.

Pryke, S. 2008. Social network analysis, in A. Knight & L. Ruddock (eds.), *Advanced research methods in the built environment.* Oxford: Wiley-Blackwell, 171–182.

Ratcliffe, J. 2008. Built environment futures research: the need for foresight and scenario learning, in A. Knight & L. Ruddock (eds.), *Advanced research methods in the built environment.* Oxford: Wiley-Blackwell, 216–228.

Richardson, T., & Jensen, O. B. 2003. Linking discourse and space: towards a cultural sociology of space in analysing spatial policy discourses. *Urban Studies*, 40(1): 7–22.

Steinführer, A. 2005. Comparative case studies in cross-national housing research, in D. Vestbro, Y. Hürol & N. Wilkenson (eds.), *Methodologies in housing research.* Gateshead: Urban International, 91–107.

Wang, X., & Vom Hofe, R. 2007. *Research methods for urban and regional planning.* Beijing: Tsinghua University Press.

Wlodarczyk, D. 2005. Structural analysis of urban space in residential areas, in D. Vestbro, Y. Hürol & N. Wilkenson (eds.), *Methodologies in housing research.* Gateshead: Urban International, 173–187.

Yin, R. K. 2006. Mixed methods research: are the methods genuinely integrated or merely parallel? *Research in the Schools*, 13(1): 41–47.

Zeisel, J. 2006. *Inquiry by design: environment/behavior/neuroscience in architecture, interiors, landscape and planning.* Revised edition. New York: Norton.

王博祎　译，田　莉　校

2.3

规划研究伦理

休·托马斯和弗朗切斯科·罗·皮科洛

引言

本章将讨论为什么各类研究者——教师、学生和咨询顾问——需要具备研究伦理。本章写于多个学科越来越关注"伦理秩序"及在大学中规划（和其他）研究越来越多的监管（乃至官僚化）的背景下（Loo，2012：10）。虽然有些人认为道德伦理并非针对特定职业，我们认为，在规划研究领域，需要特别重视伦理问题。

北半球的大部分国家从事规划研究的博士生，及最近在其他南欧国家中的博士生，被要求提供没有违反研究伦理方面的声明并通过审查。在许多国家中本科生与硕士生的研究也需要这样的许可。本章的重点是管控与现实行为改善间的关系。管控是一回事，而真正的改善是另一回事。在什么情况下我们会相信伦理规范能确保规划人员的研究伦理呢？

本章首先从伦理角度思考科研实践，因科研实践的理解方式差异而有所差别。然后探究对研究人员的行为监管为什么成为大学与研究群体的当务之急。最后，本章审视了伦理规范的本质与何时它们是最有效的。

为什么要关注研究伦理（何时需要我们关注）？

研究过程可被划分为：

1. 制定研究问题框架；

2. 设计一个合适的课题，包括设计研究工具；

3. 实施研究，包括针对研究问题的数据分析；

4. 发布结果。

在实证主义的传统下（见第 2.2 章），这些活动应是分离的且依次出现。在其他传统中情况不总是令人满意，但在定义什么是研究实践的中心时，这些过程仍然是至关重要的。

诸多关于研究伦理的讨论以及大学在研究伦理上的行政管理主要关注第 3 点，较少关注第 2 点。这是可以理解的，因为在这些方面的研究都是对其他人产生直接影响的——如人，其他事物和场所。选择从来不全是技术问题。至少一些伦理如诚实、正直和透明度是决策者所期待的。大多数人会认为决策时的伦理考量不止于此，即使当它被描述为"技术层面"时。例如，无论何时研究者参与研究都是出于自愿的这一标准可归类为第 3 点。保证自愿参与的理由是尊重基本人权和每个人类个体的自主权（Small，2001）。这是一个伦理观，我们将在本章中对后者进行更多的阐述。确保同意参与可能并不总是可行的；这意味是这些项目应不应该继续其形式本身就是一种伦理判断。这一判断取决于自愿参与和以何形式参与的重要程度。

写研究报告可被认为是分析过程的一部分。清晰的协作包括各种选择——证据、解释和语言——如同研究者认为他们已经建立的那样。在民族志的研究中这也许是最明显的（Geertz，1988）。桑德科克和阿蒂利（Attili，2012）对将土地从加拿大西部原住民手中夺走从而导致种族冲突的民族志探究中强调了这方面的伦理问题，并将此以电影形式"写作"下来。在编辑电影时他们对于伦理问题进行了考虑，他们认为这部电影是公众制造的人工产品，而当代社会的公众常常是"精明"的。他们意识到他们的选择与技术影响到他们将会看到的事物。在此过程中，他们采取了协作的方式，这与他们的政治伦理信仰一致。事实上，所有文字上的研究是为了说服读者信服研究者已被说服的事物。像任何社会研究一样，在规划研究报告中的图片或模型表明了什么人，动机是什么。

在民族志的写作中，类似的选择问题更加明显，但是在所有学术和咨询研究中，观点和论证是核心问题。因此，在当代学术写作中，参考文献有相当一部分是为了建立作者的可信度。这种现象为时已久，尤其在自然实证科学中（Martin，1992，2008），参考文献仅列举引用来源。有人认为学术写作的实际惯例已经发生改变，所以参考文献的这种形式是合理的；然而，即使我们接受这一惯例，对于现实本身的沉默也会引发伦理问题。

第 2 点和第 3 点可能最受关注，但是第 1 点和第 4 点也具有伦理意义上的重要性。关于第 1 点，许多人已进行了有力的辩证，即使在术语的使用上略有不同，在规划与环境领域政策的制定中，研究问题的框架建立仍是最重要的。这种政策的制定与占主导地位的看待和理解世界的方式（认为某种他们倾向的政策是"必然"和"自然"的）一直处于政治斗争中。大量的规划研究是受委托或与各种规划咨询机构进行合作。如果这些项目接受这些机构规划的概念框架，它会基于这些概念进行实施。这种观察和认识世界的方式会带来政治上的后果。在规划研究中，文化遗产问题、环境和公共健康、社会公正和平等的机会等项目在这方面更加明显。另一方面，对那些从事社区行动规划研究的人，伦理立场不可避免，因为当他们在充当研究者的身份和角色时，必须寻求合作以获得共鸣（Attili，2009）。

所有的研究都是一些团体或者其他机构为了理解现实的某一方面而开展的，通常是学术性的，但也会是政策相关的，或仅仅是一种社会活动。这意味着结果的传播对研究十分重要。也有人认为真正的社会研究应导致有所行动 / 改变，这不可避免地导致研究结果的公布及其影响（Flyvbjerg，2012）。规划研究通常是以行动为导向的，因此传播将是从事研究的一个关键部分（见本书导言）。桑德科克和阿蒂利（2012：162–163）举例说明："我们的研究策略是，我们对于研究做了多少努力，对于传播和后续规划就要做多少努力。"这关系到对于研究立场进行什么样的干预、与什么团体和机构会有联系，甚至如何应对掌权者可能会试图影响研究结果传播的威胁、暗示或者其他（Imrie and Thomas，1995；Healey，1991/2009；Flyvbjerg，2012）。

在这一部分我们认为，伦理或价值在研究过程中是不可避免的。在本体论和认识论的传统中，它们也受我们理解世界的概念框架的束缚。形而上学的科学实验基础中，其本体论和认识论是寻求对世界的理解的唯一方法。在社会科学中，实证主义作为科学实验由同样的形而上学所约束，引起了激烈的争论（例如，费吕夫布耶格，2001）。各种（不同的）社会科学的实证主义批判的中心都是伦理道德。在社会科学问题受伦理约束的背景下，无视和不列举资源出处会受到各界批判（Flyvbjerg，2001）。还有人认为，为使个人和社会活动有意义，社会科学必须理解个人和群体的方法（和价值）的系统与产生行动的理由。因此，社会科学与人文学术领域可能被定性为活动，寻求理解而不是追求知识（Collini，2012）。这意味着理解他们可能需要感知他们的价值观与生活方式。

研究是为了帮助我们更好地认识世界，尤其是对于规划这样一个认识世界然后研究是否可以及其如何去改变世界的学科而言，伦理道德具有额外的隐含的意义。大多数规划研究（尤其是直接用于指导实践的）没有提及任何道德或伦理理论。这并不意味着这项研究没有（规范的）伦理理论基础，而只是隐含着的，且有时处于一个非认知的意识层级中（Lo Piccolo and Thomas，2008）。在我们的规划研究实践中明确这些隐含着的伦理基础将会是一个重大的进步。

以某种方式看待别人会决定以何种方式对待他——两者息息相关，不管是一个人在丹麦的一个重大规划项目中试图阐明各种利益关系（Flyvbjerg，1998）或者如雅各布斯（Jacobs，1961）和丹尼斯（Dennis，1970，1972）那样批评由于规划师的失败而使社区遭受影响。在这些案例中，格尔茨（Geertz，1988）认为有说服力的解释是人类学研究的中心所在。但即使是自觉冷静的研究，如福赛斯（Forsyth，1999）对于悉尼城市扩张的斗争的解释或者勒古瓦（Le Goix）和韦伯斯特（2008）的门禁社区理论，仍然要求我们以一种特定的、带有某种价值观的方式理解社会世界。试图捕捉道德伦理是不可能的，因为我们除了"不要说谎；不要编造"之类的警告无可奈何。

在规划中，规划研究者知识储备（取决于信息源、数据的可用性及其处理、接近决策的层级，已建立的目标及其优先权）的质量和数量在一定的环境下会赋予其特权并影响人们的生活、地位甚至他们的公民权利。在许多情况下（通常在近代，由于当代企业型大学的地位），规划人员正在寻求具有重要伦理意义的制度上的要求和承诺。托马斯（2010）探讨了规划研究如何帮助促进政策话语权并通过声明达到某种合理性和客观性。换句话说，规划研究是大学作为一种机构的制度要求下的产品——大学可能帮助证明和维持政府的某一特定的治理安排。它能够得以实现是由于大学作为知识（所谓客观中立）的守护者与建设者的立场。托马斯写的是英国；然而，希利（2008）认为，不同的国家（有时是国家内的不同的区域）内的大学有不同的制度背景。这些提供了影响政策的不同机会，并由此产生不同的伦理挑战。

很显然，伦理和价值观在研究活动中是密切相关的，无论是在规划领域还是其他学科。然而这不意味着研究应该由研究伦理和伦理规范的程序代码获得批准。毕竟，良好的行为是一种社会规范，而不是所有的人都受到监管。至于社会研究和更具体的规划研究，只是在最近几年开始有正式的程序来约束研究者，在下一节我们将讨论为什么会发生这些。

为什么对研究进行规范？

研究是一种社会实践，用一种特殊方法组织有序而普遍的社会联系以发现其自身的定义与基本原理——换句话说，一种组织社会生活的方法。好奇心、学习和教学及社会角色（教师、牧师、长者、大师）至少部分是或多或少地基于知识的储备和理解，这在人类社会中可能是较为普遍的。研究作为当代大学进行的一种活动在社会中是独特的。其中，自然和社会世界是可被研究和理解最终被规划的对象。因为研究已经成为一种特殊形式的社会实践，在历史上它受社会的正式与非正式调控，并取决于实践研究的社会政治背景。

在我们看来，社会研究的一般规范和作为其一部分的伦理规范，在许多国家都存在。其中最突出的是日益强调研究的重要性，它决定了一个大学的特征，也是大学主要的收入来源（Rüegg，2004；Collini，2012）。其次，只需以最少的教学工作量来多做研究就可满足职业生涯的要求，无论对已有的教师或新入职的教师而言，他可以放弃其他职责，或者被录用为研究人员。研究型博士几乎已经成为希望开展学术生涯的普遍要求。随着这些趋势，社会研究机构不断强化自己在知识生产中的权威性，特别是立足于证据的政策制定方面（Allen and Imrie，2010；Thomas，2010）。所以，大学和研究机构正在做更多的研究并声明其重要性，越来越多的学者都认为自己是，至少在很大程度上是研究者。正是在这样的情况下，设计和遵守一种伦理规范，用作研究人员在实践中约定俗成的规章显得具有吸引力且也是适当的。规划在学术界中的地位仍不够安全，对于这一学科，在学术伦理上进行自我规范并明确遵守对于其获得连续的学术合法性显得尤为重要。斯唐热（Stengers，1987）讨论了"软"科学正变得更"'硬'以获得更广泛的认可"。"硬化"一个学科的过程是为了获得更广泛的社会合法性，并使其成员获得更高的地位。为此，一个学科不得不遵守"游戏规则"。例如，遵循更结构化和根深蒂固的科学方法和实践。职业伦理规范的建立是一个（温和的）获得学术合法性的过程。

准则是什么？它们怎么帮助规范或改善行为？

在探讨规划职业伦理准则时，泰勒（1992）探讨了一个经常出现在研究伦理［例如斯莫尔（Small，2001）］中的问题：我们需要一套可以使用于任何职业的伦理准则，或者至少专业型的职业中的准则吗？或者是可以界定特定活动的特定挑战和相关问题呢？研究中的美德，诸如诚实、客观与尊重保密性［例如雷斯尼克（Resnik），日期不详］在很大程度上只不过是研究者在工作中具备良好的品格（Thomas，2009）。但可以肯定的是不同种类的研究往往会带来不同的挑战和困境。罗·皮科洛和托马斯（2009）的研究案例阐述的伦理挑战在规划研究者中产生了共鸣，而在自然科学研究人员中很少或几乎没有共鸣。例如，波特（Porter，2009）关注的核心是探索当非本地研究者研究本地人的生活时以客观的角度审视的可行性。她拒绝在那些实验研究者的研究立场上进行讨论。

因此，对特定的职业或活动敏感的伦理准则会更有用。研究中，对于那些涉及人、其他的生物或物体，研究人员可能需要不同的伦理准则。不同的准则也适用于从事可能造成广泛的危害活动的群体。这些只是一些例子，许多人认为在研究伦理规范中值得特别提示。因此，那些希望从研究准则得到有益指引的研究人员需要发掘适合他们的研究。应该注意的是，研究种类间的巨大差异本身就是一种伦理判断。所以对于开展某项研究的群体，必须分享同样的伦理观。

这一点和泰勒的观点不谋而合。他认为，伦理准则的中心必须对于活动（例如，规划研究）是什么有一个预判，也就是麦金太尔（MacIntyre，1985）提到的该活动的重要性。

这样的预判是有争议的，也并不总是显而易见的。因为在现今的研究活动中，讨论常集中在琐碎的日常研究行为中。人际关系很重要，研究人员必须对诸如社会生活中的各种利益关系等伦理因素敏感。研究活动本身可以建立各种不同的、动态变化的社会关系（例如，Porter，2009）。此外，那些从事研究的人，无论能力如何，当他们从事研究时，都不可避免地带有其社会地位（例如性别或阶级）的印记。如同塞耶（Sayer，2005）认为的那样，社会阶级连同它们所属的阶层由于个人价值观不同，都会影响伦理评判。但是，正如已经讨论的，不同的研究传统对于构成卓越研究的内容有不同的理解（见第 2.1 章），对研究伦理规范会促进何种研究实践亦看法各异。

然而，我们必须记住，如果研究人员有意做错事，那伦理准则毫无意义。我们从大学生作弊现象的研究中可以学到一些东西。麦凯布（McCabe）、特维诺（Treviño）和巴特菲尔德（Butterfield）（2001）对长时期内跟踪所采用的方法和手段进行了综述，认为设置禁止作弊（例如抄袭等）的伦理准则本身是无效的；但是在学校、大学内的各个层次（从机构到老师）使学生明确认识到作弊是一种严重的错误这样的规则十分有效。简而言之，机构的文化氛围是塑造行为的重要组成部分，如果准则的执行受到拥护，或与日常实践相关，那么它们的具体规定就会产生一定的影响（Thomas，2012）。在一些著名的科学丑闻中，有人声称学术环境中的竞争压力是引起人们做那些明知故犯的重要原因（Broad and Wade，1985）。获得文化"权利"并将伦理规范置于其中不可避免地成为集体行为；这一文化的中心是什么东西是更好或更坏的，或者什么是卓越的研究。考虑到规划研究的方式通常以小团体进行（在更大的部门或机构中），个人研究者从其所在的网络中得一致的伦理准则对其自身是有所裨益的。

我们设想研究者所在的工作机构的文化是支持研究伦理的。在这样的环境下，一个研究者如何确定在何种环境下使用合适的准则和准则包含的内容？接下来我们将讨论这些问题。

什么时候一些事物可被归为准则？规范准则和伦理传统

研究伦理准则往往包括一组核心概念。最中心的是诚实和对人的尊重。目前英国经济与社会研究理事会给予了研究伦理的框架并称之为"六大原则"（ESRC，2010：3）。

它们强调了这些事物的重要意义：

- 诚信、质量和透明度；

- 知情同意；

- 保密；

- 自愿参与；

- 避免参与者受到伤害；

- 不受成见干扰的的自主性／自由以及兴趣／偏好的声明。

斯莫尔（2001）列举出的种种具有伦理传统或理论的概念，其本身具有形而上学的基础。例如，知情同意和自愿的意义是尊重人的自由，在伦理意义上和本体论上比之前的任何社会实体更为根本。但是"对人的尊重"中自由的概念不能简单地被移植，比如，强调构建我们个性时作为社会存在的重要性的女性视角。像斯梅尔所说，对社会群体的尊重，并非康德哲学对于个人尊重的延伸，而是完全不同的想法。这种概念的修正和围绕着它的争论是伦理问题的核心。它是我们构建自身社会存在不可或缺的部分，伦理观念必须以在这些生活形式中才能得以理解（MacIntyrel，1998：1–4）。

斯莫尔（2001）认为，伦理规范是不同价值观群体之间妥协的结果，是所有人可遵守的最低水平的规范。毫无意外地，他认为培养研究者的伦理行为不应仅关注规范而应讨论伦理问题与达成共识的方式。如果遵循麦金泰尔的方法，即使是最低水平的共识也是虚无缥缈的——所使用的条款将被剥除其赋予它们意义的语境。结果是，不是它们被应用的方式显得太随意，就是即使所有人都同意，它们在某些时候将被卷入不可调和的矛盾，例如人类胚胎的研究，或涉及大量原住民的研究，在不同的伦理传统中概念有着不同的解释。

如克里斯蒂安（Christians，2000）指出，研究伦理规范发展于实证主义的、科学"价值中立"的背景下。它们已形成其自身的形式和内容。结果是，研究实践的本质和目的通常没有在规范中被提及。它被认为是对社会有益的和价值中立的（如自然科学中普遍如此认为）。准则集中在研究自身的日常实践中，其中，研究者被视为可拆分的（包括伦理上的拆分），至少在原则上（和伦理上）同那些被研究的对象拆分开来。

这对那些与充斥着价值导向的公共政策相关的规划研究是很不妥当的（见本书导言）。例如，如果规划是知识与行动之间的辩证关系（Friedmann，1973，1987），那些宣称生产规划知识的人将不可避免地牵涉到实践的道德考量中。我们知道，大多数规划实践在伦理上都会引致争论与困境。如考夫曼（Kaufman，1993：113）强调的那样"规划的行为大多反映了其伦理选择和随之而来的后果。伦理判断牵涉其中，有时很明显但更多时候是潜藏的，如许多规划活动中包括收集和分析数据、预测和分析成本效益"。所以，如果我们考虑和认识到参与规划工作的普遍伦理维度（Kaufman，1993），即使没有被特别强调，伦理也是相关的。规划研究部分主要来自规划研究者不断参与规划研究实践。规划实践从本质而言是具有政治性的，声称规划者作为价值中立、方法–目的为导向的技术人员处理着"真实的数据，避免以价值问题区分这些客体"的华丽辞藻或陈词滥调早已被否定（Klosterman，1978）。在这种环境下，好的研究部分是由在研究中对政治伦理问题的敏感性决定的（Flyvbjerg，2001）。

所以，规划研究者可能签署伦理准则且仍然不同意他们在其身处的环境中是否需要遵守准则，如果他们同意了，这些准则如何运用和引导他们也很重要。前一段时间，这一章的一位作者进行了如何在英国规划系统的日常实践理解种族歧视、种族主义问题和社会公平问题的研究（Krishnarayan and Thomas，1993）。很显然在这个项目中一些参与者以他们参与的研究为契机，利用研究者作为与他人或外部组织交流的中间人，致力于促进种族平等。不一定要使用真实姓名，他们似乎在利用研究者作为"背后通道"。

这种情况引发了一系列思考。首先，一位研究者是否有必要对类似的情况保持敏感并希望成为其中一员？在实证主义传统中，研究者声称其能够置身于研究对象之外，然后，项目的参与者的意愿与计划仅在一定程度上（即从参与者获取的数据质量）与研究相关。其他人会说，研究项目本身就是社会权力的一种干预，研究人员需在道义上认清并对此作出反应（例如，Ladsong-Billings，2000）。坚持此认知的伦理准则将会挑战仍具重要意义的规划研究传统。其次，即使研究人员认为他们作为参与者的一部分应该对这种说法保持敏感，研究伦理准则还是不会起作用。一项伦理准则中普遍的是劝诚尊重他人，甚至是促进社会公正。在案例研究中，对"种族平等"有不同理解的研究者，会对特定研究中特定参与者提出的建议产生不同的反应（Thomas，2000）。

结论

上述研究表明，在研究和相关群体的研究文化密切相关时，研究的伦理准则可以帮助研究者集中注意力。准则必须持续有助于发展、借鉴和解释研究群体的本质和实践的重要意义。因此，在规划中，具有良好的伦理基础的规划研究的重点，是培养一批对人类生活（包括实践研究）的场所与其联系有共同价值观的研究群体。在这个群体内，将进行原则性的、建设性的对于研究伦理的讨论。特别地，他们允许对于为什么、何时以及如何研究才是适当的，进行有建设性的讨论。伦理准则可充当伦理的指引角色，或者对研究者的诚信进行关键提醒，但并不回答研究中日常出现的问题。

参考文献

Allen, C., and Imrie, R. eds. 2010. *The Knowledge Business: The Commodification of Urban and Housing Research.* Farnham: Ashgate.

Attili, G. 2009. Ethical Awareness in Advocacy Planning Research, in Lo Piccolo, F., and Thomas, H., eds., *Ethics and Planning Research*. Farnham: Ashgate, 207–218.

Broad, W., and Wade, N. 1985. *Betrayers of the Truth: Fraud and Deceit in Science.* Oxford: OUP.

Christians, C.G. 2000. Ethics and Politics in Qualitative Research, in Denzin, N. K., and Lincoln, Y. S., eds., *Handbook of Qualitative Research*, 2nd ed. London: SAGE, 133–155.

Collini, S. 2012. *What Are Universities For?* London: Penguin.

Dennis, N. 1970. *People and Planning.* London: Faber and Faber.

Dennis, N. 1972. *Public Participation and Planners' Blight.* London: Faber and Faber.

Economic and Social Research Council (UK). 2010. *Framework for Research Ethics.* Swindon: ESRC. http://esrc.ac.uk/ images/Framework for Research Ethics tcm8–4586.pdf. Accessed June 5. 2012.

Flyvbjerg, B. 1998. *Rationality and Power*. Chicago: University of Chicago Press.

Flyvbjerg, B. 2001. *Making Social Science Matter*. Cambridge: Cambridge University Press.

Flyvbjerg, B. 2012. Why Mass Media Matter and How to Work with Them: Phronesis and Megaprojects, in Flyvbjerg, B., Landman, T., and Schram, S., eds., *Real Social Science: Applied Phronesis*. Cambridge: Cambridge University Press, 95–121.

Forsyth, A. 1999. *Constructing Suburbs: Competing Voices in a Debate over Urban Growth*. Amsterdam: Gordon and Breach.

Friedmann, J. 1973. *Retracking America: A Theory of Transactive Planning*. Garden City, NY: Doubleday and Anchor.

Friedmann, J. 1987. *Planning in the Public Domain: From Knowledge to Action*. Princeton: Princeton University Press.

Geertz, C. 1988. *Works and Lives: The Anthropologist as Author*. Stanford: Stanford University Press.

Hajer, M. 1995. *The Politics of Environmental Discourse*. Oxford: Oxford University Press.

Healey, P. 1991/2009. Researching Planning Practice. *Town Planning Review* 62(4), 447–459 (reprinted in Lo Piccolo, F., and Thomas, H., eds., *Ethics and Planning Research*. Farnham: Ashgate).

Healey, P. 2008. Knowledge Flows, Spatial Strategy Making, and the Roles of Academics. *Environment and Planning C: Government and Policy* 26, 861–881.

Hendler, S. 1990. Professional Codes as Bridges between Planning and Ethics: A Case Study. *Plan Canada* 30(2), 22–29.

Imrie, R., and Thomas, H. 1995. Changes in Local Governance and Their Implications for Urban Policy Evaluation, in Hambleton, R., and Thomas, H., eds., *Urban Policy Evaluation: Challenge and Change*. London: SAGE.

Jacobs, J. 1961. *The Death and Life of Great American Cities*. New York: Random House.

Kaufman, J. 1993. Reflections on Teaching Three Versions of a Planning Ethics Course. *Journal of Planning Education and Research* 12(2), 107–115.

Klosterman, R. 1978. Foundations for Normative Planning. *Journal of the American Institute of Planners* 44(1), 37–46.

Krishnarayan, V., and Thomas, H. 1993. *Ethnic Minorities and the Planning System*. London: RTPI.

Ladsong-Billings, G. 2000. Racialized Discourse and Ethnic Epistemologies, in Denzin, N., and Lincoln, Y., eds., *SAGE Handbook of Qualitative Research*, 2nd ed. London: SAGE.

Le Goix, R., and Webster, C. 2008. Gated Communities. *Geography Compass* 2(4), 1189–1214.

Lo Piccolo, F., and Thomas, H. 2008. Research Ethics in Planning: A Framework for Discussion. *Planning Theory* 7(1), 7–23.

Lo Piccolo, F., and Thomas, H., eds. 2009. *Ethics and Planning Research*. Farnham: Ashgate.

Loo, Stephen. 2012. Design-*ing* Ethics: The Good, the Bad and the Performative. In Felton, E., Zelenko, O., and Vaughan, S., eds., *Design and Ethics*. London: Routledge, 10–19.

MacIntyre, A. 1985. *After Virtue*. 2nd edition. London: Duckworth.

MacIntyre, A. 1998. *A Short History of Ethics*. 2nd edition. London: Routledge.

Martin, Brian. 1992. Scientific Fraud and the Power Structure of Society. *Prometheus* 10(1), 83–98.

Martin, Brian. 2008. Comment: Citation Shortcomings: Peccadilloes or Plagiarism? *Interfaces* 38(2), 136–137.

McCabe, D. L., Treviño, L. K., and Butterfield, K. D. 2001. Cheating in Academic Institutions: A Decade of Research. *Ethics and Behaviour* 11(3), 219–232.

McGinn, M., Shields, C., Manley-Casimir, M., Grundy, A., and Fenton, N. 2005. Living Ethics: A Narrative of Collaboration and Belonging in a Research Team. *Reflective Practice* 6(4), 551–567.

Murdoch, J., and Abram, S. 2002. *Rationalities of Planning*. Aldershot: Ashgate.

Porter, L. 2009. On Having Imperial Eyes, in Lo Piccolo, F., and Thomas, H., eds., *Ethics and Planning Research*. Farnham: Ashgate, 219–231.

Resnik, David B. n.d. What Is Ethics in Research and Why Is It Important? National Institute of Environmental Health Sciences. www.niehs.nih.gov/research/resources/bioethics/whatis. Accessed March 9, 2012.

Rüegg, W., ed. 2004. *A History of the University in Europe*. Volume 3. Cambridge: Cambridge University Press.

Sandercock, L., and Attili, G. 2012. Unsettling a Settler Society: Film, Phronesis and Collaborative Planning in Small Town Canada, in Flyvbjerg, B., Landman, T., and Schram, S., eds., *Real Social Science: Applied*

Phronesis. Cambridge: Cambridge University Press, 137–166.

Sayer, A. 2005. *The Moral Significance of Class*. Cambridge: Cambridge University Press.

Small, R. 2001. Codes Are Not Enough: What Philosophy Can Contribute to the Ethics of Educational Research. *Journal of Philosophy of Education* 35(3), 387–406.

Stengers, I., ed. 1987. *D'une science à l'autre: Des concepts nomades*. Paris: Seuil.

Taylor, N. 1992. Professional Ethics in Town Planning: What Is a Code of Professional Conduct For? *Town Planning Review* 63(3), 227–241.

Thomas, H. 2000. *Race and Planning: The UK Experience*. London: UCL.

Thomas, H. 2009. Virtue Ethics and Research Ethics, in Lo Piccolo, F., and Thomas, H., eds., *Ethics and Planning Research*. Farnham: Ashgate, 29–39.

Thomas, H. 2010. Knowing the City: Local Coalitions, Knowledge and Research, in Allen, C., and Imrie, H., eds., *The Knowledge Business: The Commodification of Urban and Housing Research*. Farnham: Ashgate, 77–92.

Thomas, H. 2012. Values and the Planning School. *Planning Theory* 11(4), 400–417.

Throgmorton, J. 1996. *Planning as Persuasive Storytelling*. Chicago: University of Chicago Press.

Winch, P. 1958. *The Idea of a Social Science and Its Relation to Philosophy*. London: Routledge and Kegan Paul.

杜 坤 田 莉 译，田 莉 校

2.4

我们能从法国学些什么?

对跨国研究方法学的几点思考

菲利普·布思

我们能从法国的经验中学到什么?如果我们正在学习的过程中,怎样才能做得更好呢?大约在30年前,我在进行这个距离英国最近的欧盟国家的比较研究时遇到了一些问题,它似乎在很多方面与我自己的国家都有所不同。与英国空间规划相关的一些假设在运用到法国时,很少能得到验证。知道从哪里着手、提什么问题然后寻求差异之间最合理的解释并不是一件容易的任务。由于法国空间规划本身及比较研究的理论与方法的文献缺乏,我的探索一开始并未得到任何帮助。但现有的文献已经比我刚开始研究的时候丰富了许多,因此根据这些文献,接下来的工作便是通过研究其他国家的规划而进行相关反思。

本章首先是关于比较研究的本质及关于规划活动的既有假设的一些思考。它着眼于进行比较研究的原因,及其产生的将规划视为一种文化建构、而不是客观的技术现象的理解。然后使用蒂利(Tilly,1984)和布伦纳(Brenner,2001)通过潜在目标进行比较分类的结果,来思考比较研究策略。最后一部分探讨语言和历史重要性在理解文化差异方面的困境。

比较研究的本质

向其他国家学习且希望进行比较已经成了在空间规划领域进行研究的基础。某种意义上来说,无论明确的或是不明确的,这一领域中的所有研究都与比较有关。这是由于有关某些特定案例或行为的研究都包含一个框架,而这个框架是根据我们已经熟知的例子得到的。当然这是一种总体的、过于简单化的表现,而且很可能会受到争议——正如利普哈特(Lijphart,1971)通常在社会科学中所说的那样——比较研究只是大量研究方法中的冰山一角而已。

但在空间规划的领域中,由于大量研究的结果都是为了应用于政策评估或地方表现的评估,因此比较研究仍然是一项重要的工作。在开展此项工作时,跨国之间的比较与一国之内不同地方的不会有很大的区别。

诚然,进行跨国比较的诉求在许多方面都是值得称赞的。这表明了学习其他地方经验的强烈愿望,也是消除狭隘思想及排外思想的方法。同时它还让人认识到在解决空间规划问题方面,某些特定的方法并不一定是最好或唯一的。反之这也意味着,(以任何方法)比较不同国家的空间规划的研究十分重要。而且跨国的比较研究不应该比一国内不同地方的比较研究更困难。

在我看来,这些有关比较研究的观点是建立在一系列受到高度制约的假设的基础上的。这意味着首先比较的目的必须是促进互相借鉴,因此比较研究必须明确什么适合借鉴,及其怎样才可能发生。其次,它假设除了一些细微的变化之外,规划者所面临的问题都是相同的。第三,比较研究的基础是从本质上将空间规划视为一项技术性工作,这项工作无论在何种情况下都采用大致相同的步骤。最后,跨国比较研究通常采用一套大体相同的科学方法。也就是说它会提出一种假设:可能确定某一常量,来相应地测试作为变量的不同政策——这个常量可能是某种特定的规划问题,也可能是某种特定类型的发展。这种方法论也可能以问题的形式,将政策视为常量,而将本土化和管治等要素作为需要测试的变量,如欧洲首都文化项目的例子(Sykes,2011)。然而,所有的假设都是存在问题的。

对于规划师来说,比较研究一个显而易见的目的是通过参考其他地方的经验来提升实践的效果。然而研究也可能得到其他结果,只能间接地促进实践效果的改善。因此在这一点上,其他社会科学的案例将有所助益。伯廷(Berting,1979)提出了社会学中进行比较研究的5个理由,它们都有可能合理地运用到空间规划的领域中。第一是理论的发展,第二是社会现象的说明和解释,第三是社会现实的描述,第四和第五分别是理解政策干预的影响和评估政策的过程(表2.4.1)。空间规划领域的研究往往集中在后两点上。前三个理由初看可能无法为空间规划领域提供太多帮助,但实际上比较研究可能为理论的发展提供独到的视角。在研究的反馈性实践中,社会现象的说明和解释与社会现实的描述与另两个理由具有相同的价值。

社会学研究中的五个基本目标	表 2.4.1
社会学研究中的五个基本目标	

- 发展理论
- 解释特定的社会问题
- 描述社会现象
- 理解政策干预的影响
- 评估政策过程

资料来源:Berting(1979),pp 159-160.

另两种关于比较规划的假设的基础是从本质上将空间规划视为由资深专家操控的一项技术层面的活动,这种理解与机械工程和医药科学方面的理解是相同的。这种观点对实践和研究的进行都具有重要影响。后一类科学方法的应用出现得更早。它假设规划的手段——包括计划、机制、控制城市化的过程以及政策——无论在什么情况下都具有相同的规则,并且希望得到相同的效果。同时它还假设规划师们都是技术人员,他们所使用的方法在任何项目中都是可比较的，并且他们也在向着相同的结果努力着。事实上正如瓦伊格（Vigar）等人所说："大多数规划体系的比较研究着眼于系统的工具（规划和监管权力）以及能力（每一级权力主体能做些什么）"（Vigar 等，2000，p.7；Davies 等，1989）。也有一些观点认为这类规划视角充其量只在局部上是正确的。从规划体系的手段和能力入手，这类观点很难解释差异性，有时甚至很难认识到差异性的存在。如果无法解释这些差异，那么比较几乎是没有意义的。

另一种规划的视角将其视作特定场所中社会、政治、行政力量的最终产物，即规划是一种文化现象，而不是单纯的技术工作。这对实践和研究都具有重要的影响。例如，这意味着规划在全世界不同的地方不需要达到相同的结果，其对象也会根据不同地方的具体情况而有所不同。这种观点将规划置于一种可能成为决策制定文化的背景中，它认为国家和法律机构组成了国家文化的一个关键的方面，并能深刻地影响规划实践的路径（Booth，1993）。这种理解的重要性在于它让我们能够解释规划体系之间的差异性，如果我们仅仅将空间规划理解成一种技术工作，这种差异性是不可能被把握的。

这种将规划体系及实践嵌入国家文化的理解得到了进一步的发展，可参见凯勒（Keller，1996）、弗里德曼（2005）和桑亚尔（Sanyal，2005）的相关理论。他们提出规划本身就是一种文化现象，在不同国家之间具有差异。正如桑德科克所总结：这种规划文化不是简单的"在任何国家中进行着的更广泛的政治、体制和意识形态系统的集合"，而是"重新定义政治、产生新的权力和合法性的来源以及改变约束力，其目的可能是为了提升现有情况，也可能是其他原因，但很少能在可预见的范围内"（Sandercock，2005，p.330）。对于桑德科克来说，规划文化不仅是在不同地方都发挥着作用的一般性文化力量所产生的最终结果，其本身实际上可能也是一种塑造国家文化的力量。

那些试图进行国际比较的研究往往必须面临国家文化的问题，及其为差异寻求解释与政策和程序的有效性所带来的困难。空间规划领域中最早的比较性研究之一是牛津-莱顿研究，研究试图比较英国和荷兰的规划体系在住区发展规划方面的成效。在这里面，为了评估两个国家基于不同规则所建立的空间规划的反馈效果，研究下了很大功夫去寻找可比性实例。研究在各地建立起团队，结果也不断地接受着审查。然而最终研究的作者以令人钦佩的诚实，被迫得出以下结论：

> 有时解释研究发现是不确定的。这是因为在规划制定和控制的相关实证工作完成之前，很难在研究早期为比较研究构建一个合适的框架。这是因为尽管荷兰和英国的规划体系在法律和行政特点上有明显的差异，但研究一开始就倾向于假定所制定的规划类型中以及规划和实施决策之间的关系中存在着一种主要的相似性。
>
> （Thomas 等，1983，p.261）

牛津-莱顿的研究人员推断得出有意义的比较研究是可能的，并且他们的确避免了一些他们认为是最明显的误区。其中一个误区是语言的国际化，以及由此可能导致的原意细微差别的损失。第二个误区是一种紧张的关系。这种关系存在于实施上级制定的刚性概念框架和特定的自下而上的案例研究之中，自上而下的框架可能无法适应案例各自的特性，而自下而上的研究则无法为比较提供连续清晰的依据。

牛津-莱顿研究基于一系列的一般性命题展开，这些命题组成了不同国家的团队都能采用的框架。研究的关注点着重在项目的实施，而不仅仅是将规划及其产物视为着眼点。这一关注点成为解决某些问题的方式，即在不同国家中，规划之间、规划和实施决策之间的关系被认为是不同的，并可能得到不同的结果。但在规划本质、发展类型等方面的基本相似性上，研究仍然作出了一些不一定是不证自明的假设。这一点在马克罗里（Macrory）和拉方丹（Lafontaine，1982）的研究中更加明确，这项研究比较了英国和法国的公众调查，但两国对公众调查（用以翻译法语的"enquête publique"）这一概念的理解是不同的。这也就很容易解释由于某些事情本身就是不同的，它们在其他国家也会不同。

牛津-莱顿和公众调查的研究是双向的。当历年来试图进行多边比较时，这个问题变得更加尖锐。例如在五个欧洲国家进行的规划控制的研究（Davies 等，1989）显示出大量对当地行政和法律文化的敏感度。然而最后，戴维斯等人发现很难进行被调研的国家之间的总体比较。欧盟空间规划与政策纲要（欧洲共同体 1997 年委员会）仅试图对欧盟的规划体系做出一个分类，但也冒了一个很大的风险——比较了一些可能无法合理可比的方面。

空间政策领域的研究近来已经开始通过进一步的反思来探讨这一问题。哈洛（Harloe，1995）关于住房保障的阐释以及和费恩斯蒂茵（Fainstein）的《城市建设者》（The city bwilders）（2001）的假设是，全球化资本主义的发展已经对城市发展产生了深刻与统一的影响，但地方政策的作用仍然是可以辨别的。然而即使费恩斯蒂茵在《城市建设者》中惊喜地评论到，她所调研的开发商并不是"仅仅对客观的情况做出应对，而是在一个主观环境下开展工作"（2001，p.25），纽约和伦敦当地的情况与她所预期的差别很大。尼尔森（Nelson，2001）在对伦敦和巴黎的城市更新中的合作关系进行比较时也得到了相同的结论。她的出发点也在于全球化已经影响了合作关系的性质，从根本上来说这种影响的方式是相似的。但根据一些证据，她认为组织之间的关系和政府的性质是两座城市之间差异的核心。

如果空间规划是文化嵌入的且能够产生其自有的文化，那么比较的预期结果显然是有问题的，且有效借鉴政策和程序的可能性也是令人怀疑的。诚然，比较研究可能被认为是一项无意义甚至是危险的活动，最好是避免进行。但以下三个理由可以解释为何这种悲观的结论是没有依据的。第一个原因，尽管可能会比较困难或危险，但对国家之间或其内部进行比较的强烈诉求几乎是无法阻挡的。在过去的二十五年之间，不同国家空间规划的比较研究在数量上得到增长，而寻求进行这类研究的方法一直是需要优先考虑的事项。第二个原因是在各国之间相互借鉴实践的愿望可是说是一致的。无论是否合适，政策、程序、手段的借鉴已经在各国之间进行，并将进一步发展。大英帝国将其自身的空间规划思想输出到殖民地中，因此尽管许多殖民地在获得独立后的很长时间内，其规划实践仍然遵循着英国的原型。这显然是不够的，因此，认为比较和借鉴是危险的且必须避免的这种观点显然是证据不足的。而评论家们已逐渐意识到，一些挑战迫使我们寻找更为合适的研究方法，来研究空间规划的文化根植性。

第三个原因在于对比较研究持有完全悲观的看法是没有道理的。例如在法律领域，马克尼斯（Markinis，1997）认为英格兰普通法传统和拿破仑民法这两个截然不同的法律体系之间不仅可能存在一种趋同性，而且事实上这种趋同性已经产生了。在他看来，有必要对这两种体系的不同文化渊源进行深刻地理解，但比较研究消除了两者不可能结合的想法。无论是在空间领域或是其他方面，合并而非借鉴一直是欧洲政策的主题之一。沃特豪特（Waterhout）、莫拉托（Mourato）和博荷姆（Böhme，2009）推断某些欧洲化的规划正在发生，并且正在探寻其实现的方式。尽管如此，他们也不得不承认地方条件是非常重要的，欧洲化的发生程度是可变的，也是碎片化的证据。但马克尼斯和沃特侯的工作都表明，以文化感知的方式进行的比较研究和跨国界的借鉴都是合理且具有成效的。

比较研究的策略

因此，比较研究策略的建立需要理解空间规划不单单是一套文化中立的技术和程序。正如我们所看到的，评论家认为空间规划是特定文化的产物，另一方面又创造了自己的文化——这种文化将对空间和场所的理解与干预和控制的手段结合了起来。这种理解固然重要，但它本身并不足以确定进行比较研究的适当策略。因此参考城市政策中更广泛的研究领域将有所帮助。就空间规划而言，城市政策方向的比较研究必须要应对一些观点，即政策不是中立的，同时不同的文化在发现且解决问题方面的方式也不同。

我们已经提到了伯廷（1979）对社会学进行比较研究的五个理由。在进行这类研究时有一个明确的目的是确定合适的方法的必要前提。但我们需要深入思考比较研究的潜在理论。该说法得到了蒂利（1984）的进一步证实，最近他的想法已经被应用在了城市政策的领域，详见布伦纳（2001）在阿布-卢格霍特的《纽约、芝加哥、洛杉矶：美国的全球城市》（Abu-Lughod，New York，Chicago，Los Angeles：Americas Global cities）（1999）一书中的综述。蒂利提出比较研究有四个独立的类别，它们分别是：个体性的比较，其中了解案例的特殊性是最重要的；普遍性的比较，其中所有的案例都应遵循相同的规则；包含性的比较，它试图表达案例之间的差异性在它们与整个体系的关系中的作用；变通性的比较，其重点在于探讨变量的强度和类型中的系统性差异（表2.4.2；Booth，2011）。这些分类并不是相互排斥的。在世界城市理论中，布伦纳认为"最突出的贡献……已经扎根于全面的比较中"（2001，p.137），但即使研究人员采用单一的案例并强调它们的个体性，仍然可能存在某种隐含的包含性比较，它"根据城市在世界经济中的不断演变的结构性地位，在这些贡献的范围内解释了地方的产出"（2001，p.139）。另一方面，布伦纳将费恩斯蒂茵的研究成果与其他进行分类，将其强调特定地方产出倾向的重点进行普遍化处理并结合了起来。这实际上也是尼尔森（2001）的初步假设。

比较研究的四大策略 表 2.4.2

- 个体性比较

"其重点是将对比某个特定的现象中的具体事例视为理解每个案例的独特性的方式。"

- 普遍性比较

"其目的是发现多案例的某些现象都基本遵循一个相同的规则。"

- 变通性比较

"期望通过检验多案例的系统差异建立某种现象的特性或强度的差异性原则。"

- 包含性比较

"在同一系统的不同位置展示不同的案例，从而解释这些案例在整个系统中各自变化所起的作用。"

资料来源：本表由布伦纳（Brenner，2001：pp.136—137）引自蒂莉（Tilly，1984）第82—83页。

根据布伦纳的研究，阿布-卢格霍特的工作在变通性策略的基础上进行。它的独特优势在于她对世界城市形成的时间维度的认可程度，以及对历史是其间的一个重要解释变量的认知程度。布伦纳认为她的工作具有创新意义，是"关于世界城市比较的新方式的一种重要的'初步剪辑'，这种新的世界城市比较方式在因果关系上比较混乱、在社会学意义上更加复杂，也比大部分现有的世界城市形成研究更加具有历史嵌入性，尤其是那些专门或主要依靠比较和纯粹经济指标的全面策略的方式"（2001，p.144）。它的重点很明确：研究城市必须应对城市场所的复杂性及其在时间和文化上的根植性。

理解伯廷设立的比较研究的目标或是由蒂利和布伦纳探讨的研究中固有的策略显然是很重要的。但这无法帮助我们确定能实现这些目标的研究方法以及处理潜在因素的多样性，而这些潜在要素通常能够解释差异性并可能得出有意义结论的。那么换句话说，我们可以从法国的经验中真正借鉴学到什么？

20 世纪 80 年代研究采用的方法强调要有来自要比较的不同国家团队的需求，以及强调清晰的比较框架的重要性（例如，Masser，1986）。这意味着有可能得到一个常量，可以衡量何时需要做出变通。但如上文所述，其问题在于明显的常量证明是不存在的。可能有人会提出，例如"住宅开发"这类项目只有从相当远的距离观测时才会有效。例如，马尔帕斯（Malpass，2008）在关于社会性住房的研究时论述道，越接近调查的主体时，差异则会越明显。住宅开发的概念化和生产的过程都高度依赖于当地的情况。事实上，这一类别本身属于其存在的规划文化产物的一部分，而"常量"和"变通"之间的关系也需要一个相对不同的方法。除此之外，这个方法会涉及另外一种风险，无论方法体系多么强大，所涉及国家的研究团队或许无法完全理解别国所作出的假设，无论是调研中的问题，或者是更普遍的、别国的事件的运作方式。这种缺少共同的假设与解释它们引起的问题由于语言问题混在一起，我们必须得避免这种情况。

解决这一问题的解决办法之一是放弃直接的比较，采用单向针对其他国家的单一问题或规划模式的单向研究方法。这会带来双重的优势，既消除了推论出不存在的假设的风险，同时也使某一问题的研究能在研究者本国的文化框架中进行：

> 当观察者处于一个视野比较好的塔中时，他无法看到塔本身，也不能看到他的视角中的一些盲点。我们难以选择纠正这种透视偏差，而只能尝试采用替代的文化视角，使自己逐渐进入另一种心态和思维模式，学习像本地人一样来思考其他的国家。
>
> （Lisle，1985，p.26）

单向研究允许了这种莱尔所倡导的地方文化的沉浸，这种沉浸也可能会因为直接比较而变得不明确。它要求对问题进行检验，这是由于它是在国家本身之内被理解和建构的，而不是置于为了同化两个或更多国家之间的差异而强加的评估框架之中得到的。这有助于界定那些容易受到与其他地方或体系的比较的影响的主题（Booth，1996）。

单向研究还存在着两个困难。首先，无论研究人员在问题调查时多么深入地融入当地文化，他或她在逐步接近其他国家时所涉及的理解、假设甚至偏见，都是来源于其自身国家的研究和经验。这必然会影响研究者对被观察事物的认知和态度。因此单向研究几乎不可避免地具有某种隐含的比较链，它对于理解被观察事物来说可能是十分必要的。在社会科学中以完全中立的观察者的想法并不符合实证研究的现实。在观察和分析的过程中难以避免地受到主观色彩的影响（见本书导言以及此部分的其他章节）。

第二个问题与理解文化的方式有关。用一个包罗万象的结构来表征文化是有可能的，这一结构包括了所有存在于其中的人及其行为和制定决策的方式。但这种观点的问题在于它暗示文化是静态且完全确定的。在 19 世纪的法学家和殖民地管理者亨利·梅因（Henry Maine）的一篇综述中，马姆达尼（Mamdani，2012）论证道，梅因对部落重要性的观点看上去较为前沿，尽管他预设了一种部落忠诚感，这种忠诚感从属于某种预先设定的、不可变的秩序和正义的体制，但他也认为非原住民所处的普通法环境处于演化状态之中，而这两种理解是相悖的。阿格纽（Agnew）、默塞尔（Mercer）和索菲尔（Sopher）提到：

> 文化由历史的和现存人类的思想和行为所创造。文化可以发生变化，因为它代表了个体行为的物质和象征的背景或限制条件。它不包括支配人类思考和行为的实体。
>
> （Agnew，Mercer and Sopher，1984，p.1）

我们生来就融入文化之中，并且不断认同它（通常是不知不觉之间）。但通过参与文化的过程，我们也在不断地改变它。文化并不是静态的。

我在关于法国的研究工作中验证了这种文化的演变过程。我最初的研究是在密特朗总统刚开始推动地方分权的这段时期进行的。这一分权运动预示着一些国家和地方政府之间的重大转变，但因为由长期存在的传统所塑造的原有权力似乎很容易就能重整旗鼓，这一运动也受到了嘲笑。然而通过后来关于这三十年的记录，可以证明法国的政治和行政文化的确发生了很大改变，并且至少有一部分属于密特朗的改革的结果。尽管原来的共和价值还经常被引用，但从行政意义上而言 2012 年的法国已经不再是 1985 年那样了（Booth，1993，2003，2005，2009）。

第三个问题在于文化显然是由无数的不同但相互联系的方面组成的，从吃（或不吃）牛肉，到关于国家形象的诗歌的意义以及政治责任的性质。那么为了理解空间规划问题，哪些需要在国家文化中进行检验？或许解决这一矛盾的关键在于理解空间规划是决策制定的过程，这种过程可能是个人的，但更常见的是集体的。这种决策制定产生于与国家的总体行政管理密切相关的结构中，并取决于国家宪法。另一方面它也受到规则的影响，这些规则是为了加强对公正、公平和合适程序的理解而设计的。这意味着理解空间规划与地方和中央政府的构成，以及决策制定者在等级内和法律前的责任之间有一定关系。它需要理解制定决策所遵循的法律体制的性质。最重要的是，它引发了对一系列隐含在决策背后的假设的仔细审查。

如果文化的某一方面对理解空间规划是如何运作的已经比较清楚了，如何研究它们仍然是一个问题。费恩斯蒂茵（2001）评论道，她的著作《城市建设者》更接近于新闻调查而不是"标准社会研究"，同时为了理解特定国家中空间规划的本质，探讨决策制定文化的必要方法确实需要一种新闻敏感度。这需要对官方文件以及来自国内的评论进行耐心分析，并通过指定角色将访谈结合进来。非正式资料来源可以有效地补充官方声明及正式的评论，例如本地新闻或其他媒体，这可能有助于补充完善正式的数据。但他们不会比对于空间规划本质的探究更深入，但由于与跨国研究相关的特殊困难，不同信息来源的拼接具有相当大的重要性。

如果直接比较是研究的一部分，那么可以假设的是比之书面或口头记录，统计数据将为比较提供更可靠的基础。但是正如汉翠丝（Hantrais）、曼根（Mangen）和奥·布赖恩（O'Brien，1985）警示道，这样的假设是错误的：明显的相似之处掩盖了实际测定事物中相当大的差异（见总体介绍）。费恩斯蒂茵（2001）在伦敦和纽约的比较中也表达了相同观点。作为法国的发展控制研究工作的一部分，我比较了规划申请的处理过程中的数据（Booth，1989）。但实际上这些数据衡量的是相同的事物吗？法国的正式处理过程很大程度上意味着验证提案的合法性，任何关于项目合适性的非正式讨论大多发生在申请提出之前，且往往是冗长的。另一方面，在英国，规划申请的处理往往需要很长时间来讨论项目的优势，这可能延长正式处理的周期，因此使比较变得非常困难。

语言与历史

这类取证调查下潜在的两个问题对比较研究的成功至关重要。首先是语言。评论家们经常强调使用东道国语言，以及避免英语凭借其的普遍性而成为主导的交流形式（例，Williams，1984；Kunzmann，2004）。库兹曼（Kunzmann）反对英语霸权的原因主要是它以自己在思想和行为模式上的多样性弱化了欧洲文化的丰富性，同时这本身也是英语非第一语言的地区坚持使用除了英语之外的语言的一个重要理由。但之所以在比较研究中需要关注语言还有一个更明确的原因。一个广泛流传的观点是，翻译是很困难的，并且两种语言中看似相似的术语却具有非常不同的文化内涵（2003年科波拉的电影《迷失东京》就是基于这一前提），但这在研究中很容易被忽略。有时问题在于看起来相似的词汇实际上表达的是不同的文化内容：法国人称之为"faux amis"（假朋友）。有时问题在于不同语言可以用一个单词将某些行为或概念进行归类，但其他地方的归类方式却有所不同。"发展控制"除非通过特定的词组否则很难被翻译成法语，即便如此，这一词汇的文化色彩也将会消失。布思、尼尔森和帕里斯（2007）在将"规划"翻译成法语时也遇到了同样的问题，因此被迫使用复合的表达方式来解释英语中仅用一个单词就可以概括的事物。海登海默（Heidenheimer，1986）指出，政策的概念在欧洲大陆中长期缺位直至最近，它与政治的概念不同，在英国的公共行政中具有重要地位。更普遍而言，穆勒（Müller）认为翻译需要被质疑：

> 翻译的问题要求我们需要克服翻译的多意义性，而不是不加批判地美化目标语言的主导权……我们应该适应翻译的政治影响。

> （Müller，2007，211）

这句话并不是说翻译很难，而是一种深刻的理解：使用语言的方式是比较研究过程中不可避免的一部分。

第二个潜在问题是历史对于理解由其产生的国家文化和规划文化来说很重要。除了在规划史的领域，空间规划研究少有兴趣去考虑过去的事件对现有情况的影响。然而，如果因为将文化理解为随时间演变的事物而接受了规划流程和政策在国家文化中的根植性，那么现有情况的历史性因果关系就十分重要了。布伦纳（2001）认同阿布－卢格霍特的观点，他认为"方法论的'现代主义'令世界城市研究者忽视了当代城市转变的长期的历史谱系"（p.131）。然而正如文化概念本身一样，研究的困难在于知道从何处以及何时开始。

历史对于理解场所和规划流程而言十分重要的这一论点表明早期的事件会影响随后的事件。问题不仅仅在于如何识别一个起点，还在于理解影响是如何产生的。目前规划和公共行政的实践现状属于早期决策及其实施的结果，我已探讨过以路径依赖作为工具来分析这些现状的特征和约束条件（Booth，2011）。路径依赖提出有可能确定某一可能引发一系列后续事件的"偶然事件"，这些后续事件的特性来源于这一偶然事件，并且将得到自我强化或是对其产生反作用（Mahoney，2000）。在法国的案例中，法国大革命可被作是偶然事件。其结果之一是形成了以市镇形式的地方行政管理模式，其目的在于确保中央政令甚至在国内最偏远的地方的也能得到执行。出人意料的是，这个模式被证明容易适应各种变化，之后的决策更强化了这种地域细分的特定形式。

路径依赖作为一种方法论也存在某些问题。它很容易被简化为含糊的命题：当其应用于经济和政治及作为因果性与相关性的关系明确的时候，过去的事件可能会影响现在的事件。在它原来的表述中，路径依赖理论提出事件是具有路径依赖特征的，因为当事件在某一路径之内发展时，其收益具有递增趋势。但盖恩斯（Gains）、约翰和斯托克（Stoker，2005）认为，在任何事件的序列中可能也存在着收益递减的情况，组织机构希望永久存在的诉求至少是它们维持它在某一路径中发展的强大动力。此外，确定偶然事件的路径并不是件直截了当的事。偶然事件本身可能是其他路径的产物，也有些变化可能会在某一路径中被认为是衰退的，这取决于如何定义路径。然而抛开方法的复杂性，路径依赖具有强调因果关系的优点，有时对于分析遥远的事件也很重要。对于强调因果关系时非常重要。在空间规划的比较研究中，承认历史在解释观察所得的差异现象的重要作用十分关键。

结论

最近在空间规划领域的丰富研究戳穿了一个谎言：比较研究是完全机械的，且对于实践和过程中基本的文化差异来说是不敏感的。然而认为规划是一种中立的、技术性活动的观点仍然隐含在大多数现有的研究工作中，强调规划的工具性仍然具有一些风险，包括混淆不同国家中规划运作的方式之间的真正差异的本质和影响。布伦纳（2001）认为，我们需要的是变通性的探寻而不是一般性的比较。这种探寻的策略是一个更混乱的过程，也带来了"许多晦涩的理论和方法论上的挑战"（p.143）。

那么，我们能从法国的经验中学到些什么？把借鉴作为比较研究的直接或间接的对象这个命题很可能是有问题的，因为实践和政策并不是文化中立的，并且使某处的政策和实践生效的情况不一定适用于另一处。尽管如此，基于借鉴的目的表明双线研究可能会成果颇丰。其一是在特定国家的特定问题提出一个特定的解决方案。从这一点出发，有必要认识到案例的所有方面都是潜在变量并且是相互依存的，包括问题的提出、解决办法、问题与解决办法的背景。接着有可能识别出影响结果的最重要的变量。双线研究之二是探讨规划文化的差异及将政策或实践借鉴到另一国家时的影响。

第二个值得学习的方面是主题性的比较。空间规划面临的一些问题源于通过一定程度的确定性对预测未来结果的基本关注，或是通过对面临未知事件时首选的结果会如何变化这一事件的理解。可以说这类问题在任何国家的空间规划中都是基本的问题，尽管其建构背景和过程可能会在文化上具有差异。这种主题性的比较巩固了英法两国中的关于自由裁量权的研究（Booth，1996）。

然而或许最重要的结果在于，比较研究为我们关于规划所作的假设带来了挑战。如果充分考虑了本章所倡导的这种敏感度以及规划的文化根植性，那么法国或其他任一邻海国的规划研究都有助于增强理解与实践。比较研究确实是困难的，但仅凭这一原因就将带来许多裨益。

参考文献

Abu-Lughod, J. (1999) *New York, Chicago, Los Angeles: America's global cities*. Minneapolis: University of Minnesota Press.

Agnew, J., Mercer, J., and Sopher, D. (1984) *The city in cultural context*. Boston: Allen & Unwin.

Berting, J. (1979) What is the use of international comparative research? in Berting, J., Geyer, F., and Jurkovich, R., *Problems in international comparative research in the social sciences*. Oxford: Pergamon, pp. 159–177.

Booth, P. (1989) *Rules, discretion and local responsibility: development control case studies in the urban community of Lyon*. PhD thesis, University of Sheffield.

Booth, P. (1993) The cultural dimension in comparative research: making sense of French development control. *European Planning Studies* 1(2), 217–229.

Booth, P. (1996) *Controlling development: certainty and discretion in Europe, the USA and Hong Kong.* London: UCL Press.

Booth, P. (2003) Promoting radical change: the *Loi relative à la solidarité et au renouvellement urbains* in France. *European Planning Studies* 11(8), 949–963.

Booth, P. (2005) The nature of difference: traditions of law and government and their effects on planning in Britain and France, in Sanyal, B., ed., *Comparative planning cultures*, Boca Raton: Routledge, pp. 259–283.

Booth, P. (2009) Planning and the culture of governance: local institutions and reform in France. *European Planning Studies* 17(5), 677–696.

Booth, P. (2011) Culture, place and path dependence: some reflections on the problems of comparison. *Town Planning Review* 82(1), 39–54.

Booth, P., Breuillard, M., Fraser, C., and Paris, D., eds. (2007) *The planning systems of Britain and France: a comparative analysis.* London: Routledge.

Booth, P., Nelson, S., and Paris, D. (2007) Acteurs et outils, in Booth, P., Breuillard, M., Fraser, C., and Paris, D., eds., *Aménagement et urbanisme en Grande-Bretagne et en Grande-Bretagne: etude comparative.* Paris: L'Harmattan, pp. 119–139.

Brenner, N. (2001) World city theory, globalization and the comparative-historical method. *Urban Affairs Review* 37(1), 124–147.

Commission of the European Communities (1997) *The EU compendium of spatial planning systems and policies.* Luxembourg: Office for Official Publications of the European Communities.

Davies, L., Edwards, D., Rowley, A., and Punter, J. (1989) *Planning control in Western Europe.* London: HMSO.

Fainstein, S. (2001) *The city builders: property developers in New York and London 1980–2000.* 2nd ed. Kansas: University of Kansas Press.

Friedmann, J. (2005) Globalization and the emerging culture of planning. *Progress in Planning* 64(3), 183–234.

Gains, F., John, P., and Stoker, G. (2005) Path dependency and the reform of London local government. *Public Administration* 83(1), 25–45.

Hantrais, L., Mangen, S., and O'Brien, M. (1985) *Doing cross-national research.* Cross-National Research Papers 1. Birmingham: Aston University.

Harloe, M. (1995) *The people's home? Social rented housing in Europe and America.* Oxford: Blackwell.

Heidenheimer, A. (1986) Policy, politics and policy as concepts in London and continental language: an attempt to explain divergences. *Review of Politics* 48, 3–30.

Keller, D., Koch, M., and Selle, K. (1996) 'Either/or' and 'and': first impressions of a journey into the planning cultures of four countries. *Planning Perspectives* 11, 41–54.

Kunzmann, K. (2004) Unconditional surrender: the gradual demise of European diversity in planning. Keynote paper, 18th AESOP Congress, Grenoble, 3 July.

Lijphart, A. (1971) Comparative politics and the comparative method. *American Political Science Review* 65, 682–693.

Lisle, E. (1985) Validation in the social sciences by international comparison, in Hantrais, L., Mangen, S., and O'Brien, M., eds., *Doing cross-national research*, Cross National Research Papers 1. Birmingham: Aston University, pp. 11–28.

Macrory, R., and Lafontaine, M. (1982) *Public inquiry and enquête publique.* London: Environmental Data Services.

Mahoney, J. (2000) Path dependence in historical sociology. *Theory and Society* 29, 507–548.

Malpass, P. (2008) Histories of social housing: a comparative approach, in Scanlon, K., and Whitehead, C., eds., *Social housing in Europe II.* London: London School of Economics and Political Science, pp. 15–30.

Mamdani, M. (2012) What is a tribe? *London Review of Books* 34(17), 20–22.

Markinis, B. (1997) *Foreign law and comparative methodology: a subject and a thesis.* Oxford: Hart.

Masser, I. (1986) Some methodological considerations, in Masser, I., and Williams, R., eds., *Learning from other countries.* Norwich: Geo Books, pp. 11–22.

Müller, M. (2007) What's in a word? Problematizing translation between languages. *Area* 39(2), 206–213.

Nelson, S. (2001) The nature of partnership in urban renewal in Paris and London. *European Planning Studies* 9(4), 483–502.

Sandercock, L. (2005) Picking the paradoxes: a historical anatomy of Australian planning cultures, in Sanyal, B., ed., *Comparative planning cultures.* New York: Routledge, pp. 309–330.

Sanyal, B., ed. (2005) *Comparative planning cultures*. New York: Routledge.

Sykes, O. (2011) European cities and capitals of culture – a comparative approach. *Town Planning Review* 82(1), 1–12.

Thomas, D., Minett, J., Hopkins, S., Hamnett, S., Faludi, A., and Barrell, D. (1983) *Flexibility and commitment in planning: a comparative study of local planning and development control in the Netherlands and England*. The Hague: Martinus Nijhoff.

Tilly, C. (1984) *Big structures, large processes, huge comparisons*. New York: Russell Sage.

Vigar, G., Healey, P., Hull, A., and Davoudi, S. (2000) *Planning, governance and spatial strategy in Britain*. London: Macmillan.

Waterhout, B., Mourato, J., and Böhme, K. (2009) The impact of Europeanisation on planning cultures, in Knieling, J., and Othengrafen, F., eds., *Planning cultures in Europe: decoding cultural phenomena in urban and regional planning*. Farnham: Ashgate, pp. 239–254.

Williams, R. (1984) Translating theory into practice, in Masser, I., and Williams, R., eds., *Learning from other countries*. Norwich: Geo Books, pp. 23–39.

王博祎　胡佳怡　译，田　莉　校

2.5

社会整体论：空间规划中的社会创新、整体研究方法论和务实的集体行动

弗兰克·莫拉尔特和阿比德·马哈茂德[1]

引言

为什么空间规划需要重视整体论？社会创新呢？或者两者都重视？这一节从社会科学的角度出发，解释整体论作为一种掌握各种各样社会关系的方法论，如何同时表现出不同社区部门的共同特征。如果社会创新是通过集体行动来改善社会关系的，那么它在空间规划中的角色是合理的，因为空间规划是基于变革目的的集体行动。这种变革只有考虑到社会的复杂性时才是有效的，当利用整体论去分析这种复杂性的时候，我们将看到其与实用主义之间与生俱来的联系。

正如我们在这一节介绍的整体论（作为实用主义时代伴生的产物），反映了本书的章节中认同的大部分规划研究调查的特点：以行动为导向，有明确而规范的聚集点，认同系统的知识可以形成和评估现实世界的干预措施，对产生知识的政治制度环境的认知。通过认识社会关系模式的复杂性，整体论明确反驳了人类行为研究的逻辑实证法。

社会创新的定义为社会关系的创新，满足人类需求的制度和供应系统，但迄今为止现有分配系统内无法得到充分满足。"整体论"是基于比较的视角，用适当的方法去分析社会创新（Moulaert，2002）。20世纪20年代整体论作为一种研究方法开始发展，在过去几十年里在许多科学辩论中作为一种比较分析工具出现。从方法论的角度来看，它对在不同制度环境下"部分"和"整体"的关系有详细的考虑，而且它作为一种社会哲学和科学方法与实用主义有着天然的联系（Ramstad，1986），比如在社会创新研究中，集体行动是一个主要的关注点。

不同的学科在理论上关于"集体行动"的意义和实质存在各种各样有趣的争议。然而，在这一节里，我们用蒂利（1978）提出的较泛的定义，"追求共同利益的人一起行动"（p.7），对于集体行动中的社会心理和情感动态没有做深入研究（Emirbayer and Goldberg，2005）。我们关注的是在许多社会行为和行动中，比较分析作为社会学习过程的一部分。本章的第一部分描述了整体分析和集体行动之间的关系。第二部分讨论了在理论框架下的比较案例中使用整体方法论进行分析研究，以"社会服务的质量"为分析主题的一个案例。在整体论中运用不同的理论选择合适的分析主题，并确定他们之间的关系（形式模型）。之后部分，用多方面案例研究

的框架去探讨社会创新中整体论的重要性。我们解释了整体论如何像集体行动一样在社会创新中建立完善的经验研究框架，还有在不同又相似的社会机构设置中克服社会排斥的策略。在这样的分析中定性和定量数据都发挥着重要的作用。为了说明这一点，我们使用了早期的研究项目，"社会创新管理和社区建设"（SINGOCOM）作为例子。这个项目对作为案例研究的欧洲9个城市的16个社会创新举措做了整体比较分析。我们提出"社会整体论"作为建立伦理的方法，要比实用主义与整体论的联系更加明确。我们同意使用比较分析法促进学科发展，有助于社会进步，也能增强集体行动和公共政策。

集体行动和科学分析

当认识到社会创新研究中整体方法论的重要性时，就要去解决一些问题。这些问题主要是关于集体行动和科学分析之间的关系。

集体行动定义为，有着特定目标的集体行动参与者去改变一个共同的关注点，向更加有凝聚力的社会关系努力，改善社会条件或者可以改善社会团体或者社区条件的政策措施。对改善的渴望促成了许多集体行动项目，这要归功于集体的态度（Emirbayer and Goldberg，2005）。然而集体行动是作为一个有目的调节的结果或不同参与方之间的谈判而出现的。依据实用主义者的方针政策和改变议程的途径，参与策略应当基于（集体）实际的和特定情况进行判断。杜威（Dewey，1993，p.206）称这种判断包括：

> "分析、道德、思维情感模式的结合，并非以抽象的原则出现，而是在生活的进程中形成。生活的变化不是存在于与世隔绝中的独立个体，而是位于不断形成'政体'的社会环境中。"

（引自 Healey，2009，p. 279）

近些年我们进行的比较案例研究，提供了很多集体行动的先决条件。表明集体行动需要领导力（Moulaert 等，2013）。它也包括其他方面，比如互补机构的参与，合作模式和组合行为，聚集和调动人们的制度规范，为了明确行动所需的条件和机会而进行知识共享。

科学分析对集体行动的策划很重要。它有利于避免随意性的机构并作为一种设置目标、解决问题、确定解决方案和查看解决方案潜在后果的工具。它还需要发现人们需求和喜好的方法，以及可以用在规范设置引导集体行动的过程中。通过这样的分析，我们也可以确定出满足那些需求的模式。这并不一定意味着每一个集体行动都需要分析。由于分析时间的缺乏，会有一些没有太多考虑就立即响应（或者自发的）需求集体行动，通常这样的案例有非常迫切的需求。这些紧急的情况可以是：自然灾害、流行病、当前福利需求、粮食短缺等。人们面对周围情况时，对紧急情况产生的本能和集体感觉的共鸣，相比经过逻辑思考，有时直接行动会提供更好的指引。

分析也可以帮助问题的解决。当不同类型的人参与研究（这是社会创新研究的规定）他们有着自己的看法和理想，通过共同设计方案和策略，积极地去探索潜在的变化。但在考虑解决方案之前，哪怕是交流者之间的简单交流和探寻一种共同语言已经可以对问题的解决路径有一种积极的影响。协同设计可以通过绘画、制图、说明、设计、实施等实践的共享来完成（Toker，2012）。协同设计往往需要各种角色在空间设计质量的共享条款方面进行初步协商（Goethals and Sohreurs，2011）。不同类型的分析可以相互结合，让需求和共享的理念更加实际。因此跨学科的研究，在科学方法和实践的领域将知识和技能结合起来，可以帮助与合作伙伴协商解决方案和策略，可以在面对解决问题过程的不同阶段时，明白为什么一些行动比其他的更有效。在社会创新研究中的跨学科的角度上，通过将团结的美德和共同追求人类发展付诸实践，反映了对于社会关系中创新的深切关注是为了建立更美好的世界（Novy，Swiatek and Moulaert，2012；Cassinari，Moulaert，本书第 5.3 章）。

在这种情况下，经验、语境化、比较和部分与整体的关系，在跨学科的整体分析中是非常重要的（Moulaert 等，2011）。部分与整体的关系形成了整体论的核心。部分的动态相互作用确保了整体论系统不再是封闭或静态的，而更多的是去适应和发展。从经验中得出的教训是，动态的部分与整体关系中的语境化和比较，指的是需要从历史中学习，从其他地方学习和彼此之间的知识交换（Moulaert and Van Dyck，2013）。这种映像提供了一个实用主义提出的与社会学习相联系的"过程导向"（Hea ley，2009，p.281）。另一个与实用主义相关联的是，一方面是理论构建和分析，另一方面是集体行动、政策以及规划，和两者之间反馈关系的形成。实用主义的主要原则之一是，作为科学哲学和产权知识机构的映射，是一个"强大"的理论。实用主义者认为，如果他们能反映现实中的方方面面对于多样化的集体行动议程是重要的，那么理论是稳健的。对整体论而言，这意味着被证实的理论能够在集体行动实践新的重要观察和经验教训中得到应用。这些经验是基于集体行动的相关实践上，或是有特别意义的，或是某些理论在特定领域的证实。

整体论作为理论层面结构性的比较分析

现在我们已经探讨了集体行动和科学分析之间的关系，还需要解释整体论实际上是什么，作为方法论如何去应用，以及为何它适用于社会创新分析和实践。基于研究基础上的实验经历（例如，特定干预类型的经验分析和不同地方的流程），主要集中在不同案例的比较上，集中关注案例和他们发展环境的相同点和不同点。这项研究的目的是阐明相似性如何与多样化相关联，同时要保持可比性。这就需要确定一个数量的概念，以便能进行比较分析。在整体论的词表中，对大多数情况来说常见的是这些概念通常被介绍为"主题"。整体分析的一个典型问题，例如，如何在不同的社区、地方或者（整体论中所说的）"子系统"中分析社会服务质量这个主题（布思"住宅开发"中可见，本书第 2.4 章）。进一步看，这种分析对社会创新的集体行动来说如何能引导出更切实际的提议以及社会政策呢？整体方法论将在下一部分中介绍的 SINGOCOM 项目中进行应用，涉及为了特定（领土）的"子系统"（比如，城市社区），对首要分析"主题"的选择（比如，有福利需求的人们）。接下来在已经确定的一些子系统中，进行主题的分析，通过社会动态和社会创新策略分析来进行排除一些因素，检查它们的相关性并找出所有子系统的异同点。正如我们前面解释的，第一个主题随后接入到第二个主题，最终导致一种"模式"的建立。

1. 整体分析中理论的作用

理论对在确定特定的主题和它们之间潜在的关系时具有重要作用。在社会创新分析的框架里，应分析不同主题之间的关系以及它们如何运用机构、结构、组织和论述（ASID）之间的内在响应关系来分析案例（Moulaert and Jessop，2006，2012）。这个框架强调结构动态和个体或集体行动的特殊性问题的重要性。同时，它还关注了两者之间的关系分析，也就是制度上的协同措施。在这样的协同下，以讲述为中心的文化动态性扮演了重要的角色。这些动态性是关于在特定情况下人们为什么以及如何按照特定的法则、规律、标准去做出反应，但在其他情况下人们可能以一种新的或更常规的方式在个人或者集体的能力上，做出本能反应。

2. 整体论的定义

整体论为贯穿特定子系统的特定主题之间提供了联系，解释了利用部分理论去拟合元理论框架的这些关系的存在（或缺失）。在更传统的科学术语方面，我们可以说我们是在一个系统的角度内。但与此同时，我们也应意识到特殊的、特定的和局部的因素作为解释过程中的关键元素的作用，它们与起源于系统分析中的通用规则或模式（像他们在整体分析中提到的）是一样重要的。在整体论知识的产生里，特殊或特定的事件同结构性或系统性得到同等重要的关注。在这个意义上的整体论更像是一个辩证的整合，依据传统意义——如同在抽象概念中将现有知识进行整合——还有实验验证以及改善关联不同研究主题的解释性框架。

迪辛（Diesing，1971）将整体理论中关于系统、子系统和主题的概念进行了分类。社会服务是早些时候作为一个分析主题的例子。一般的社会服务的提供可以由服务的类型（比如对儿童，青少年，老年人的服务）和质量来测量，不同的服务提供给不同的社会阶层和年龄阶层。对于一个已知的社区（子系统）来说这些变量是可以测定的。因此这种社会服务的质量（如第一个主题）对于每一个社区都成立。该方法是在时间和空间里进行比较。如图2.5.1(a)和2.5.1(b)可以初步推测社区子系统A，在社会服务质量的分数上比社区B和C高的假设。

第一个主题可以相关或者连接到另一个与第一个主题意思或者语境相关的主题。例如，如果社会服务的质量取决于地方政府的公共支出，那么地方政府的公共支出会成为第二个主题。在一个简单的相关性模型中，可以说在不同社区（或者子系统）之间的社会服务质量将在很大程度上取决于地方政府为提供不同类型的服务和覆盖各种各样的社会群体的支出水平（见本书第四部分）。但是为了进一步丰富比较研究，可以通过加入其他主题而变得更复杂，比如在这些社区内不同家庭的年龄、相对收入、流动性和家庭支撑情况。因此，重要的主题是一步步确定的并且相互之间有联系。随着情景的比较，不同的子系统之间出现了更多的异同之处。"随着时间的推移，一种总结系统性差异的类型学将被开发"（Ramstad，1986，p.1072）。当确定或者依据经验建立了一个主题时，研究者可以转向更多的主题并且尝试通过一组确定的主题在不同社区子系统之间找到关联（Diesing，1971）。这些关联解释了系统内部的互联性，如图2.5.1（c）所示。主题和关联度（如社会服务的质量和地方政府的公共支出水平）也呈现出一些临时的模式，可以通过选择适合"情景验证"的定性或定量的方法（调查、数据统计、案例研究等）进行验证（Diesing，1971，p.147）。在社区子系统之间选择主题时可以重复用这些过程去进行验证。值得注意的是主题不能随意确定。他们的确定应该基于（可用）理论和在元理论框架中将语境知识结合起来。验证组的主题可以帮助开发相互联系的网络或者图案模型。这类模型可以通过添加更多的与主题相关的参数，修正每一个子系统，以及通过实践和理论的交流来加强细化或修改。因此，在城市系统中上述行为正在进行，社区间进行比较分析，共享的分析主题和模式将他们联系起来。如果在个别案例中出现不同于一般模式行为的情况，运用的社区类型学和他们的社会服务会做出显著改变。

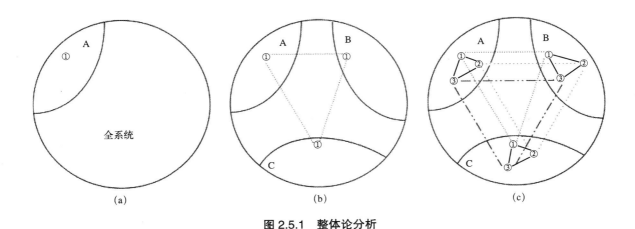

图2.5.1　整体论分析

资料来源：改编自拉姆斯特德（Ramstad）（1986年，p.1071–1172，图1和图2）。

SINGOCOM 案例研究分析

迄今为止，我们已经解释了整体方法论：如何选择主题、关联模式和在更加庞大的系统里进行跨子系统的检验。在SINGOCOM（Moulaert，2011）的研究里，子系统在城市环境中称为邻里社区。在它主题的选择中，SINGOCOM的灵感来源于集体行动主观能动性的多样性，主要受追求人类进步的道德感驱使。在这些集体行动中，不同的社会排斥形式阻碍人类发展，这与可以阻碍他们或让他们更进一步发展的社会创新选择相关。这些相关性是通过研究一系列流程和（相关）策略而建立的：动员策略，社会经济行动，新治理模式等。通过不同案例的比较分析，分析"模型"（局部创新的替代模型——ALMOLIN）是从使用来自各种社会科学文献中的元素后规范角度发展起来的。

在构建ALMOLIN作为一种连接不同主题的模型中，起源于学科多样性的社会创新的现有理论担当的角色十分重要。其中包括横向的理论水平和来自管理科学的更加民主的管理结构，经济的社会性质和技术创新，企业社会责任的社会创新特征，商业管理和社会环境发展的相互作用，通过艺术促进社会创新，社区发展中社会经济的角色（Moulaert 等，2005）和在空间规划与管理中的社会创新（González and Healey，2005）。与基于在社区内部通过各种各样的社会实践和社会关系的创新来追求社会凝聚力的社区发展本体论相结合，这些理论为在当地社区内分析人类进步提供了支撑，这也将成为实证调查的框架（Moulaert 等，2010）。在 SINGOCOM 研究中深度调查的 16 个案例，是从一个更大的社会创新项目数据库中进行交互式选择过程的结果，它们在项目开始的时候就通过地方研究团队的网络聚集在了一起。这些案例代表了在社区和邻里发展中大范围的社会创新经验。它们的整体分析包括了有趣的跨国比较，突出了在不同的历史、制度背景和文化下，怎样影响社会创新的性质和影响力。社会创新影响、历史根源和通过 ALMOLIN 分析方法成为空间框架的基本特征，绘制如图 2.5.2 所示。

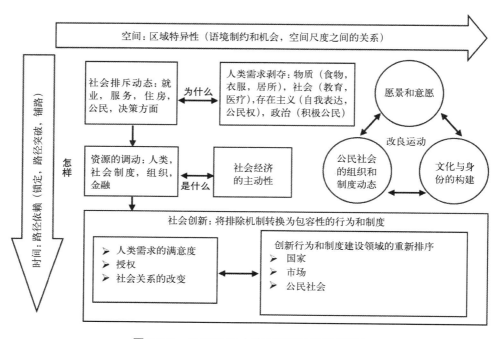

图 2.5.2　ALMOLIN（地方创新的替代模型）

资料来源：莫拉尔特等（2011 年，p.52）。

　　ALMOLIN 作为元理论的框架展示了社会排斥和社会创新之间的相互作用。这种互动性可能包括社会剥夺和排斥的影响，基于变化愿景的流动性和组织（通常是以社会运动的形式出现），还有基于追求新身份的文化复制，从而降低屈辱和异化感。克服排斥的情况需要进行内部资源的调动，或者反对现有组织和机构的设置。图 2.5.2 没有体现出公民社会或者重大的政治行动的角色。这些都是间接地通过制度和机构的路径依赖（第 2.4 章）和空间规模制度的相关性质（邻里、当地社区、直辖市、市、地区等等）来体现的。图中的方框是通过通用术语命名的，但是当应用于案例分析中时，应赋予具体内容。因此，ALMOLIN 将"整体论"塑造成解决当代城市和区域发展分析中的缺陷的一个科学建立的研究方法。

为 SINGOCOM 研究收集实证信息策略时，委托了当地的研究团队，他们每个人都熟悉各自案例的研究和其关于当地的情况。将国家、地区或地方统计数据收集到一起，对政策文件进行分析，与当地专家进行访谈，在某些案例中，采取参与式研究 [例如，米兰的 Leoncavallo 案例和某种程度上布鲁塞尔的 Mine（d）城市案例]。在鲁贝的 Alentour 案例中，在社区的居民中开展调查问卷，这证明是丰富的信息来源。在不同案例中，有时候定性和定量信息的性质和深度不同，而能保证一致性与可比性的是整体分析、元理论的框架。

尼曼（Nijman，2007，p.1）认为，真实的城市比较研究揭示了"所有城市真实的一面是什么和在一个时间点一个城市的真实面是什么"。SINGOCOM 的分析在这两极之间移动。对于任何多站点研究，维持不同案例研究的可比性，同时为每一个项目的特殊性预留空间是研究面对的挑战。从一开始就很明显的是，对于社会创新，尽管在项目开始的时候就共用了定义，但不同的事情对于不同地方的不同人们仍有着不同的"意义"。例如，私人与公共机构的合作在意大利南部被认为是"社会创新"，在英国却被认为是常见的，但这会构成社会创新的威胁。在社区层面，通过回顾社会创新的共同概念和理论，研究者们在案例研究中坚持他们的整体"方法论"。

当确保可比性，ALMOLIN 模型的分析框架还允许研究人员在一个更加民主、包容和公平的社会里，通过以创新的方式满足社会的基本需求，通过赋予被排除或边缘化的社会群体以权力，或通过改变不同参与者之间的权力关系和／或治理规模，在不同的案例研究中辨别和评估那些替代方案的特点和动态性，这是最有利于在特定地方引入持久的社会创新的做法。SINGOCOM 在这方面提供了一种道德感驱动下的创新方法。换句话说，它是实用主义的整体论框架的例子，我们也定义为社会整体论。

结论

总之，在社会创新研究中实用主义和整体主义之间的关系历时已久并且在今天仍高度相关。大约在同一时间出现在 20 世纪第一季度的美国（Ramstad，1986；Healey，2009）。以实用主义为哲学和科学的方法与集体行动相关联，整体论提供了在特定情况下的研究方法，将原型和情景以比较的方式去支撑集体行动和提供决策支持。他们都在 20 世纪经历了显著的发展，但实用主义特别是对科学的哲学和集体行动方面的讨论有强烈的影响。不同的是整体论主要将研究"整体和局部"作为一个含糊的标签，这是令人遗憾的，因为实用主义和整体主义显示了用于社会创新研究的认识论方法的两个互补方面。将二者结合得更好的方法需要为连贯的本体论社会创新研究方法提供真正的机会。

实用主义提供了一种定义科学家和集体行动参与者的态度和行为的方法。它在很大程度上需要进行伦理考量，这样可以导致人类条件的改善，以及整体上更加人道的社会发展。在各种各样的方法中，它解决了分析和集体行动之间伦理和方法论的关联。它强调需要了解集体行动和公共政策发生时的社会环境。它揭示了"逻辑实证主义"的局限性，显示了社会现实和机构制度分析的强大密切关系。它强调集体和跨"社区调查"[2]的跨学科学习的需求，这作为人类学习的个人能力是有限的，并且人类的共同学习和行动是必不可少的。像希利说的，"这个'独特方法'的核心是质疑和探索的习性，在关于这样或那样的经验例证关系中去检验答案和发现的事物"（2009，p.280）。遗憾的是，实用主义目前与整体论的关联并不明显。如拉姆斯特德所解释的，实用主义和整体主义之间的联系在（旧）社会的经济学家作品中显而易见，比如约翰·康芒斯（John Commons），在他的经济学分析中明显的采取了实用主义认识论。康芒斯认为经济学的主题为"受个人行动控制的集体行动是依据多样化的习性和关注点发展而成的操作惯例"（Commons，1961 [1934]，p.655；Ramstad 引用，1986，p.1076）。

整体论和实用主义之间的联系是天然的。实用主义的伦理学可以作为起点，引导整体论者的实证研究项目，并在集体行动和行为中给整体论者一个位置。在伦理上来说，某种意义上它凝聚了所有的集体行动，这些行动为人类的进步和尽可能多地改善社会中社会群体的康乐做出了贡献。

将这种伦理放在整体论中，我们将其应用称之为"社会整体论"。参照社区级的社会服务质量的例子，实用主义可以让我们直接分析社会服务的质量，因为它认识到，作为研究者，我们关心的是服务质量的供给（无论是公共或私人的）和社区中所有群体良好的福利服务。但它也强调集体行动和公共政策的作用。整体论作为一种方法将指导我们辨认不同的主题、模式和关系，有助于理解为什么社会服务是必需的，哪些因素会影响他们的供给（或无供给）。此外，它可以确定和分析集体行动和公共政策中，参与者和代理人之间的关系，以及他们的目标和宗旨。整体论有助于使实用主义中必不可少的反思具体化，同时实用主义确保整体的科学实践仍然需要自我反思(Moulaert 等，2013)。因此在社会创新反思方法中的两条线将继续影响彼此发展。

注释

1. 这章节中的部分引自莫拉尔特和马哈茂德（2013）。
2. 见希利（2009）在 Deweyian 上关于"社区调查"的概念。

参考文献

Commons, J. (1961 [1934]), *Institutional economics*, 2 vols. Reprint edition. Madison: University of Wisconsin Press.

Dewey, J. (1993), *The political writings*, edited by Debra Morris and Ian Shapiro. Indianapolis, IN: Hackett.

Diesing, P. (1971), *Patterns of discovery in social sciences*. Chicago: Aldine-Argerton.

Emirbayer, M., and C.A. Goldberg (2005), 'Pragmatism, Bourdieu, and collective emotions in contentious politics', *Theory and Society*, 34, 469–518.

Goethals, M., and J. Schreurs (2011), 'Developing shared terms for spatial quality through design', in S. Oosterlynck, J. Van den Broeck, L. Albrechts, F. Moulaert and A. Verhetsel (eds.), *Strategic spatial projects: catalysts for change*. London: Routledge.

González, S., and P. Healey (2005), 'A sociological institutionalist approach to the study of innovation in governance capacity', *Urban Studies*, 42 (11), 2055–2069.

Healey, P. (2009), 'The pragmatic tradition in planning thought', *Journal of Planning Education and Research*, 28, 277–292.

Moulaert, F. (ed.) (2002 [2000]), *Globalization and integrated area development in European cities*. Oxford: Oxford University Press.

Moulaert, F. (2011), 'Social innovation and community development: concepts, theories and challenges', in F. Moulaert, E. Swyngedouw, F. Martinelli and S. González (eds.), *Can neighbourhoods save the city?* London: Routledge.

Moulaert, F. (2012), 'La région sociale dans un monde globalisant', in J. L. Klein and M. Roy (eds.), *Pour une nouvelle mondialisation: le défi d'innover* (pp. 123–134). Quebec: Presses Universitaires du Québec.

Moulaert, F., D. Cassinari, J. Hillier, K. Miciukiewicz, A. Novy, S. Habersack and D. MacCallum (2011), *Transdisciplinary research in social polis*. Leuven: Social Polis. www.socialpolis.eu/the-social-polisapproach/ transdisciplinarity/ (accessed 5 August 2012).

Moulaert, F., and B. Jessop (2006), 'Agency, structure, institutions, discourse (ASID)', DEMOLOGOS synthesis paper, http://demologos.ncl.ac.uk/wp/wp2/disc.php (accessed 5 August 2014).

Moulaert, F., S. González, and F. Martinelli (2010). 'Creatively designing urban futures: A transversal analysis of socially innovative initiatives', in by F. Moulaert, E. Swyngedouw, F. Martinelli, and S. Gonzalez (eds), *Can neighbourhoods save the city?" Community Development and Social Innovation* (pp. 198-218) London: Routledge.

Moulaert, F., and B. Jessop (2012), 'Theoretical foundations for the analysis of socio-economic development in space', in F. Martinelli, F. Moulaert and A. Novy (eds.), *Urban and regional development trajectories in contemporary* capitalism (pp. 18–44). London: Routledge.

Moulaert, F., D. MacCallum, A. Mehmood and A. Hamdouch (2013), *The international handbook on social innovation: collective action, social learning and transdisciplinary research*. Cheltenham: Edward Elgar.

Moulaert, F., F. Martinelli, E. Swyngedouw and S. González (2005), 'Towards alternative model(s) of local innovation', *Urban Studies*, 42 (11), 1969–1990.

Moulaert, F., and A. Mehmood (2013), 'Holistic research methodology and pragmatic collective action', in F. Moulaert, D. MacCallum, A. Mehmood and A. Hamdouch (eds.), *The international handbook on social innovation: collective action, social learning and transdisciplinary research*. Cheltenham: Edward Elgar, 442–452.

Moulaert, F., and J. Nussbaumer (2005), 'Defining the social economy at the neighbourhood level: a methodological reflection', *Urban Studies*, 42 (11), 2071–2088.

Moulaert, F., and Van Dyck, B. (2013), 'Framing social innovation research: a Sociology of Knowledge perspective', in F. Moulaert, D. MacCallum, A. Mehmood and A. Hamdouch (eds.), *The international handbook on social innovation: collective action, social learning and transdisciplinary research*. Cheltenham: Edward Elgar, 466–480.

Nijman, J. (2007), 'Introduction – comparative urbanism', *Urban Geography*, 28 (1), 1–6.

Novy, A., S. Habersack and B. Schaller (2013), 'Innovative forms of knowledge production: transdisciplinarity and knowledge alliances', in F. Moulaert, D. MacCallum, A. Mehmood and A. Hamdouch (eds.), *The international handbook on social innovation: collective action, social learning and transdisciplinary research*. Cheltenham: Cheltenham: Edward Elgar, 430–441.

Novy, A., D.C. Swiatek and F. Moulaert (2012), 'Social cohesion: a conceptual and political elucidation', Urban Studies, 49 (9), 1873–1889.

Ramstad, Y. (1986), 'A pragmatist's quest for holistic knowledge: the scientific methodology of John R. Commons', *Journal of Economic Issues*, 20(4), 1067–1105.

SINGOCOM (2004), 'Social innovation, governance and community development', http://users.skynet. be/frank.moulaert/singocom/index2.html.

Tilly, C. (1978), *From mobilization to revolution*. Reading, MA: Addison-Wesley.

Toker, U. (2012), 'The community-based studio: participatory planning and urban design with students and communities in California', paper presented at the 26th Annual AESOP conference, Ankara, 11–15 July.

URSPIC (1999), 'Urban redevelopment and social polarization in the city', http://cordis.europa.eu/ documents/documentlibrary/78645531EN6.pdf (accessed 5 August 2014).

李经纬　译，田　莉　校

2.6

城市规划的辩驳和知识基础

克里斯·韦伯斯特

引言

20 世纪初欧洲萌发的一些学术观点使卡尔·波普尔（Karl Popper）——奥匈帝国最杰出的知识分子之一——深感困扰，其中包括西格蒙德·弗洛伊德的心理分析学和卡尔·马克思的物质决定论。波普尔的问题并不在于政治或思想方面，而在于实践与理论方面：这些社会理论的本质都是无所不包的，他难以肯定是否有人能辩驳这些理论。因此他认为这些理论是伪理论，无法通过它们建立起有效、可靠且科学的命题。他（遵循前人的观点）认为，辩驳是引导知识积累的更高级的原则。

在这一章中，我反思了城市规划知识基础的现状，并认为有必要进行方法改革。通过近来作为一名规划思考者、顾问、教师、实践者和研究者的亲身经历中的例子，我提倡更加严谨、连续和协作的规划研究，而目前的规划研究的特点在于与实践者的关系不大；无法与能够在可持续发展、健康和经济发展问题上与规划师进行合作的更科学的学科相结合；持续的知识积累太少；缺乏概括性结果；完善的理论太少，以及伪理论（尽管无法证明）可能太多。

规划中的知识欠缺

1. 实践知识

安德烈亚斯·法卢迪（Andreas Faludi, 1973）提出了"针对规划的理论"与"规划中的理论"，这两个概念近来被迈克·比德夫（Mike Biddulph, 2012）用来为英美城市设计领域进行辩护，两者的区别有助于展开本节讨论。任何学科在进入大学的过程中都会经历同样的压力。从 20 世纪 80 年代左右转变为以高校为基础的教育形式以来，英国的护理和理疗学科也经历了这一过程。同样的还有测量和工程管理，它们在英国 60 年代调查国内"理工学院"之后才开设。规划和建筑在 20 世纪早期首次成为大学学科，并经历了很长一段时间才把学术知识从实践中分隔开。英国杂志《规划理论与实践》是这方面的一项先进项目，无疑有助于解决这一分歧。美国的《美国规划学会杂志》和《规划教育与研究杂志》也在做着类似的工作，但是最近的一篇文章和随之发表的争议（Goldstein and Maier，2010）表明，尽管最近这些杂志在美国规划学术界的一项调查中被评价为最重要的杂志，但他们的影响因子却相对较低。这可能是由于它们主要迎合的是读者而非作者，其大部分的规划文章都发表在引用量更高的专业的、跨学科的城市期刊上（Webster，2011）。即使是在学术期刊中，实践—研究的分歧似乎也是难以避免的。

在规划院校的知识创造的动力中，来自实践者的尚未被解答并值得研究的问题并不十分明显。我最近参加了一个 EPRC（英国工程和物理科学研究理事会）的项目，该项目以高额成本邀请了大约 20 名来自中国的高级规划从业者以及来自 4 家重点英国高校规划研究单位的研究者参与，其研究地点先是在伦敦，然后转向上海。该计划明确了一些切实可行的项目，但据我所知，没有一项成功得到委员会的拨款。该项目的终止似乎并不是因为缺少学术思想，而是由于难以引起实践者的兴趣。因为确实没有什么他们想要解决的、急切需要研究的问题。这件事凸显了一个更加具有普适性的问题。规划似乎是一类较难产生与实践直接相关的科研问题的活动。它一方面可能与活动的本质及其所解决的（弱点）问题有关，但正如我在前文所说，它也与基于学院及潜在的专业训练中发展起来的知识库的本质有关。在中国，知识库主要以设计为导向。而在英国和美国，它主要基于社会科学的。对于基于实证的规划实践和与实践相关的理论来说，这两种形式都不甚理想。

2. 跨学科研究知识

规划的知识库在另一个方面也显得不足，即与其他学科的知识库的联系上。在最近的两件事中，我都因此而感到困窘。

第一次是在英国财政部有关国家土地利用规划体系的回顾中，财政部官员提出疑问："规划是否会阻碍经济的增长？"前首相戈登·布朗还就任英国财政大臣时举办过一次优秀规划学者参与的会议，很显然大部分规划师都发现，如果要回答首相的问题，如实阐述自己对规划目标和实践的理解是很困难的。

第二次是一次会议，其主要参与者是来自英国重点医学院的公共卫生学者以及一群对公共卫生议程感兴趣的城市规划师和设计师。流行病学家希望得到一些问题的合理解答："你如何评价你所在城市的城市设计和其他规划干预措施的成效？"以及"如何设计一座健康的城市？"针对这些焦点问题，许多规划师不仅难以梳理其自身的知识体系，甚至还有一些公然反对在任何调查研究领域都能衡量其因果效应这一观点。最后，这次对话因为规划师对科学的反感而被迫中止。

正如最近一位公共卫生的教授所说，公共卫生学者和实践者已经重新认识到城市规划是一种"根本的公共卫生干预措施"。对于规划而言，这将我们带回到 19 世纪的现代化的起源。如果我们重新参与这一发展过程，我们必须在科学的范式内重新设定规划类的学识。同样，也需要鼓励环境科学家、建筑科学家共同参与建设的节能环保的、环境精明的城市，以及鼓励经济学家、金融家、产权学者与实践者共同参与建设的经济可行的城市。

3. 基础稳健的理论

在我看来，城市规划最好是被看做土地使用的公私计划之间的协调方式（参见 Webster 和 Lai 在 2003 年以及 Webster 在 2007 年的一份详细数据）。虽然这是一个较宽泛的定义，但相比于规划院校及本书展现的那些理论和工作中的规划定义而言，仍是比较狭义的。因此也难怪规划学界会逐渐扩张到很全面且没有重点的学科领域中。这种发展的结果之一在于无法为这一门学科建立并检验完善的理论体系。要做到这一点，需要在学科的理论、要回答的问题以及适当的方法论上寻求更多的共识。

继续以最近的经历来论证，我想到如下的负面例子。我被一位业主叫去与当地规划官员谈判，他打算扩建乡村的半独立式住宅并坚持认为其设计是非常合理的。但规划"专家"认为开发会挡住相邻的半独立住宅的花园并降低其价值。这名业主争辩道，邻近的业主会对这一规划感到高兴，因为它会提高建筑的品质并丰富建筑风格，而且在任何情况下阴影区域都不属于邻居的室外活动的产权之中。规划人员对此回应说，当前的邻居感到满意并不代表之后的主人也如此，规划师有责任保持将来以及目前受益者的建筑环境的质量。

我希望马上就把这件事的荒谬之处呈现给读者。专业判断的本质错误来自认知的本质错误，这位规划师没能理解一些不言自明的观念。首先，作为本地政府的代表，他援引了规划法规致使：（a）减少了业主-开发商的现有福利；（b）减少邻居的现有福利，以及（c）减少了当地建筑工业的贸易量。其次，由多方面的私人损失的所谓社会收益，成了下一位购买邻居房子的私人买主的福利。规划师完全没有认识到，住房扩建这一建议将会影响任一买主为所有权而投标的价格，它可能会高于或低于没有开发的现有所有权的价值，这取决于它是否降低或提升了房子原有的品质。当然，规划师也可能被这一理念的更细化的应用所引导：由于杂乱的或不对称的信息，设计的负面影响将不会算进未来买主的竞价中。考虑到现实情况，这并不是一个合理的主张，并且相关规划师对土地经济学可谓是一无所知。如果他有这样的认识，他就会意识到他既（1）通过多次地反对双赢的设计从而提升了小型开发项目的交易成本，也（2）降低了各参与主体的总交易金额。

通过不断关注过去几十年里英国在控制住宅开发市场的细节方面的规划，可以预料，规划课程的核心将可能是一个完善的土地和所有权价值的理论。亚里士多德和来访的里卡多（Ricardo）、冯·杜能（von Thunen）、米塞斯（cron Mises）、哈耶克（von Hayek）、科斯（Coase）、阿隆索（Alonso）等人都先后提出了这一观点（见 Harvey 和 Jowsey 在 2004 年的文章，或其他任何介绍土地价值理论的城市土地经济学方面的文章）。在这种情况下，所有的规划学生都应明确这一概念：外部性在一定的条件下，可以预期被内部化从而进入房地产市场。如果以价值理论的视角来看待简单的开发控制决策，规划师就能够基于具有充分理由和逻辑支撑的论据来做出真正专业的决策，而不是人云亦云地得到一些启发式且无根据的、具有缺陷的推理。

4.积累性知识

缺乏确凿的理论意味着许多错误的决定将引起行业的衰弱，这也难以积累性地建立知识体系。代替循序渐进式的发展与转变会得到一些新的思想，它们不受知识的实用性或效果的引导，或者是对逻辑、证明、辩驳或依据的需求。也可以再造出新的"车轮"。新轮比旧轮更圆本身可能不是问题，但由于思想的不连续性，有的新轮会更有棱角。中国最高级别的规划期刊（由同济大学主办的《城市规划学刊》）就充满了新旧观点的创新性融合，这些观点在于探索对实践有益的理论以及具有中国特色的城市理论。这里面会有一些改革与创新，但对于许多作者而言，他们对后现代和后西方城市理论有着共同的困惑。你仍然能在中国的规划期刊中找到一些图表与方程式以及通过高级社会理论梳理出来的无专业术语的讨论，它们所寻求的模型、理论和观点可能有助于回答这些实践性的问题，例如，在城市的不同区域中土地的最佳混合利用方式是怎样的；一个具有次区域经济金融基础的新城镇应该建多大；应在西安哪个方向建设卫星城；比如对将 CBD 移向城市边缘而言，通过径向扩张的城市增长对 GDP 的影响如何？正如我所提及的，中国的注册规划师一般都过于繁忙，因此很难关注这些问题。然而，在中国具有学术背景的规划师们正在研究真正有用的问题，尽管讽刺的是他们大多数都忙于作为顾问的副业，从事一些解决他们自身提出问题的严肃项目。他们通过借鉴西方及其一个世纪以来的现代城市规划知识来寻找答案，但结果却不甚理想。这对我们西方规划院校来说是一场控诉——我们的中国同行为了寻求有用的理论，已经引用了如此多的过时的研究论文。

概括与普遍化

我在世界各地的规划院校举办了博士工作坊，邀请他们展示自己的研究设计并接受同伴的批评和评估。事实证明这很受欢迎，其原因有很多。其中之一在于，当学生们意识到研究设计是一种常识而不是书生气的哲学时，会受到启迪。我们通常讨论的第一个问题就是普遍化。

在一次对话中，我与一位博士后研究人员就他的学位研究进行了交流，他在研究城市小公园的使用与意义。我问他研究过多少公园，他说"一个"。我问他得到了什么结论，答案是"公园使用者的故事"。我问从中可以概括得出哪些独特的见解，他说"没有"。这只是一个案例研究，并不是总结概括。我问哪些人可能对这些故事感兴趣，他说公园的使用者。从这一点上我认为这并不是社会科学而是艺术，原因就在于他的成果——即一些"故事"，或者说是文学。

毫无疑问，始于极具价值的哲学和方法论的争论已经演变成社会科学中的一种自我否定。从人文学科借鉴更系统性的文本分析方法——例如文学批评和解释学——是很好的理念。但在某些情况下，结果以及方法也由借鉴得来，同时美观和优雅的想法、构思、写作和口语变得和清晰的理解一样，甚至更为重要。正如文学作品，点缀和模糊处理变得比简化和启迪更为重要。你可以看出一名城市学者从社会科学转向了艺术，不管是有意还是无意地：他根据脚本来发言。

我已经看到许多聪明的学者在这样做，并相信他们逐字阅读的原因不是因为他们没有掌握他们所选择的（通常是法语）范式的语言。我认为他们这样做的原因在于他们所从事的是艺术和讲座，因此对他们来说这已经成了一种表现形式。我从与最近访问我校的一名博学的学者的谈话中得到了这个有说服力的论据。在谈话结束时，我发现自己没有寻找到已经学过的有用的东西。但尽管如此，我在离开的时候感到特别受鼓舞。她虽然没能解释什么，却振奋了我的情绪——就像在一个艺术画廊待了一小时一样。批判性的社会和文化理论家在这一科学分支上并不孤独。我研读了古典城市经济学、所谓的新制度经济学和其他一些非主流的理论（它们重新发现了苏格兰启蒙运动或更早时期中更加统一的政治经济学），就福利经济学家的理论进行了国际化汇编。我最后掌握的数学推演模型并不比文化理论家的冗长故事少虚构多少。其中最优秀的部分显得十分优雅：一种艺术的数字形式。

要负责任的概括需要实证科学，其第一步就是分类。文学也需要类别，文学故事可以按类别来进行描述（类型、公式化的情节、样式等），以及用以概括（如神话、比喻、寓言等）。但为了得到关于城市和城市规划的概括性答案，则需要遵循科学的原则：通过完备的类型学和理论模型对表现为类别的模式进行描述，并描述、解释和预测它们之间的关系。还需要的是一个可以衡量的类别。而且需要谨慎地获取知识。

设计和科学中的辩驳

创建概括性的知识体系有不同的方法。对已有案例的研究是个不错的开端。医学研究者和从业者们利用病例的网络数据库（用以观测各类模式）来观察各种情况，包括药物相互作用的影响和其副作用，多重病理中的非常规结果等等。城市规划师与建筑师一样，喜欢将前例作为理念的来源来解决设计问题。而这一过程则与辩驳的哲学方法很类似。

设计者通过探讨可替代的前例来寻找灵感——不同模式的解决方式，它们可能全部或部分地用在目前的设计问题中。由于没有两个完全相同的设计问题，可能会存在一般性的解决方案——它们虽然是一些隐藏在无数种细节要素的排列中的抽象概念，但依旧可以辨认为一个离散的"解空间"的类别（比如可以产生不同的设计风格）。设计者越出色，她越能自如地移动于离散和连续的解空间之间（比如混合类型）。

科学家可以假设一个初始状态、最终状态或变化的机制。设计师则主要关注变化机制的假设（重组建设环境）。他还将对初始和最终状态进行假设：设计旨在通过产生更加合理的最终状态来解决确实存在或已预料到的问题。这种作为变化机制的假设（设计或方案），是对理想的最终状态（概要）或者说是对初始和最终状态之间差异的"检验"。否定或者修改设计等于否定该设计创造了理想的最终状态的假说。一个好的设计师将积极尝试否定她的工作设计，寻找细节中的缺陷，以便找到在初始状态、变化机制和最终状态之间更好地契合。在这种方式下，通过辩驳会产生优秀的设计作品。大型都市建筑工作室可能会聘请数十数百名设计师，试图对一项设计的不同的部分进行辩驳（和改善）。

这在城市规划领域来说则更加普遍，无论是针对建筑物、街道或街区尺度，还是更加复杂的社区、廊道、城市还是区域设计。但当我们转向更高级尺度和更复杂的情况时，辩驳的过程也变得更加困难。对于室内浴室设计者来说，基于一系列基本参数，比如隐私性、移动性、美学、功能、通风、光线和排水等，从三个可选设计中选出一个，显然相对容易一些。根据单一产权来选择也更容易：设计只需要满足单一客户（尽管客户可能需要考虑到多个用户的利益——比如家庭成员各自不同的需求）。尺度的扩大将无可避免地涉及更不完整的答案空间的取样，针对假设的解决方案测试也会存在更多的维度。

从单一客户转向多重所有权的客户——即公共领域的规划时，设计过程将会发生质的变化。这大致相当于建筑与规划之间的界限，也属于一项专业的活动。在这一点上检验规划的举证责任更重，因为设计师/规划师/政策制定者需要从多重利益主体的角度来判断解决方式的合理性。尽管建筑师在为单一客户设计一个基于单一产权的大型项目时可以在圆桌边或在星巴克与其争论各种方案，但一项公共导向的规划必须通过更谨慎架构和基于证据的论点才能被证明是合理的，这类规划的目的在于协调诸多私人产权所有者之间的私人规划问题。这种情况下的"辩驳"工作规划将需要更复杂的技能，包括就未来的收益和成本等方面评估不同的选择。而客户代表了多个利益主体的利益，他们会基于先例和设计探索要求更多的直观理由：她可能会要求能源模型、现金流折现模型和行人脚步、土地使用交通和零售支出的模型。服务于多个客户的规划将不得不进行更加复杂的"辩驳"模式。规划过程将在科学而不是艺术的基础上变得更加政策性（但经常是二者的混合）。特定的利益相关者都希望得到其偏好被采纳的证据，如果没有的话他们会希望得到详细的理由。规划师和政策制定者需要依据集体决定权的政策通过可辩的命题和理论来"修复"规划中特定所有权和资源的分配。

一位新设计的中国生态城市的市长曾经问我："我如何知道我的总体规划是否能将土地价值最大化？"一个英国财政部的公务员曾问我："支持一个电车系统的最小人口规模是多大？"一位南非的封闭小区开发商问我："私人社区的最佳规模是多大？"英国社区和地方政府部的一位高级规划师在一次火车旅途中问我："我们该如何调整新的社区基础设施税？"还有与此相关的"从土地收益中用来支持社会基础设施的最大金额是多少？"

经过美国近来的估算校准，经济学中的拉弗曲线假定任何特定的计税基数所存在的最优税率大约在32%到35%之间。当纳税较高的纳税人将其业务转移到海外，从而寻求避税或者法律漏洞时，将超过曲线的峰值和并且减少计税基数。随着税率上升到该水平，整体税收收益会下降，没有人将从中收益。那么对于土地价值税而言，什么是等效的准则？对于英国的规划师来说，在现金和实物方面的谈判性苛捐杂税（也被理解为开发商的贡献、补偿金、地产增值税等）已例行了多年，这让我感到我们需要系统地研究这种行为，规划师可能需要一些大致相当于拉弗法律的规范来引导他们——当然，需要通过辩驳来进行检验和改进。土耳其政府最近颁布了一个实用主义的阶梯函数的地价税曲线：五年40%的土地增值税。经过五年的连续所有权，税率逐渐降低为零。其中部分税收支付伊斯坦布尔和其他沿海热点地区的投资。如果这40%的税不受时间的限制，那么旅游业将不会有什么起色，而且许多土耳其城镇很难实现财富和公共设施上的增长。正如拉弗曲线所预测的那样，早期一项几乎独占所有开发利润的英国实验使得战后的土地市场戛然而止。

因此我们要从设计转换至科学。我们如何得到这些城市规划和管理的基本原则？只有在论证的基础上对理论进行认真研究和逐步细化。而出于有据可查并广泛认可（但并非无可争议的）的原因，最稳妥的方法就是辩驳（Popper，1934/2002）。

有一次我在新西兰的陶波湖上看到两只黑天鹅在游泳。对我来说，这已经足够用来辩驳所有天鹅都是白色的假设。如果这是第一篇目击到黑天鹅的报道，它可能还不够充分。我会以高昂的价格出售这些照片，世界上的鸟类学家也会纷纷涌向陶波湖亲眼求证。如果他们发现这两只天鹅是突变生物，或许是陶波湖异常独特的地热景观而产生的偶然结果，那么他们仍然无法验证所有天鹅都是白色的假设，而仅仅是无法辩驳它。但伴着其他的目击报告，我的照片则足以辩驳它。那么鸟类和哲学都可以得到进一步发展。（波普尔通过检验"所有天鹅都是白色的"这一说法来阐释其关于辩驳理念，这一说法在当时的欧洲被大多数人当成事实。）

波普尔认为，我们只能辩驳知识主张。我们无法证明他们是永久正确的。这在支撑城市规划的社会科学领域，并非是一种得到广泛运用的方法。在最糟糕的社会科学的影响下，有关复杂适应过程的知识已经被动摇了，这些过程包括创造、维持和改变城市。未经检验或不充分检验的要求一直在产生着，以至于谈论规划原则比谈论规划知识更加重要。

我们很难得知自己究竟知道什么和不知道什么，因此我们在应用规划和设计的规范性和创造性过程中会遇到很多问题。

由辩驳建构知识的案例：追求健康、富裕、绿色城市的设计参数

几年前我曾发表过一篇论文，说明了一些可持续发展城市制定的政策设计参数（Webster，1998）。这只是在一般均衡模型中的一次较随意的练习。或许它的可取之处在于证明了为了塑造城市，我们需要对私人和公共物品间的交易数额以及他们产生财富及福利的方式有一定的了解。

社会网络分析是试图将最优的特定城市进行参数化的一个更有用的模型，它通常应用于二维城市空间或城市空间拓扑类型。sDNA（空间设计网络分析）就是这样一个办法：我们已经在卡迪夫大学建立了一个简单的工具来利用存储于城市道路网中的复杂信息（www.cardiff.ac.uk/sdna）。但显然却并不意外的是，一个发展了数十年、甚至数百年的城市网格隐藏了诸多的有关个人彼此交换方式的信息。城市存在的意义在于满足个体之间交互的需求；这一网格向我们展示了人们为了追求更多的交互机会是如何进行自我组织的。

比尔·希利尔（Bill Hillier）邀请我在斯德哥尔摩举办的第七届国际空间句法研讨会上发言。冒着可能有些不礼貌的危险，我有些愤慨地表示，在预测城市活动的空间模式中，普遍可达性的测量 [也就是空间句法（SSx）]（另见本书第 5.7 章，在本章中腾齐维斯特将其用于空间句法）可能会胜过专门的可达性测量（已定义）（Webster，2010）。因此我的团队在卡迪夫开始通过一些尝试来辩驳在这一观点：首先，建立 SSx 的一个变体使其可以很快地处理大型网

络，并克服 SSx 的一些技术问题（sDNA 就是结果）；其次，通过启动一项研究计划来测试 SSx 和 sDNA 网络计量在解释城市绩效的重要模式方面的能力，从而衡量职业规划师和设计师所关心的核心问题。

1. 健康城市

在最近一篇文章中，卡迪夫团队对这一假设提出了辩驳：空间对肥胖和心理健康具有一定影响。更具体地说，我们希望能辩驳这一不切实际的想法：你的邻居的物质计划会影响你的身体质量指数和心理健康（通过标准的心理仪器测量）。萨卡（Sarkar）、加拉赫（Gallacher）和韦伯斯特（Webster）（2013）曾汇报过该研究，在此没有必要重复细节。基本要点如下所述：卡菲利是工业南威尔士州的一个拥有 15 万人的小型聚居区，也是世界上展开最密切研究的流行病学和公共健康实验室之一。前沿的流行病学家科克伦（Cochrain）和埃尔伍德（Elwood）及卡迪夫大学医学院的其他研究者们已经在此进行了超过三十年之久的密切研究。我们决定在已较为完善的个体健康的流行病学模型中增加 SSx 和 sDNA 等方式。这将检验由城市结构和设计决定的可达性是否会影响健康。

超过一百个可达性指标被用于计算卡菲利前瞻性研究中的个体情况，例如包括，测量某一区位到达健康中心和绿色空间的可达性；测量某一区位的人口密度；以及步行距离内的混合使用度（所有这些都是特殊可达性的指标）。根据多半径对两个普遍性指标进行了计算：临近性和中间性（根据已被测试的 SSx 理论；Hillier，1999）。临近性用于测量一个搜索半径内某一区位与其他位置的连接程度。计算步行距离半径内的这一值显示出一种区位优势，即与所有其他可能的步行区位之间的关系。利用相同指标对基于步行距离的整个城市或某些部分进行估算，能够测量出某地通过汽车（或者搜索目标调整为公交中转站）与其他所有位置进行交互的优势。另一方面，中间性计算了在城市中所有成对的位置所组成的最短路径的交互矩阵，以及通过经过这些位置的最短路径的数目建立起位置的索引。

我们的检验试图辩驳一种假设，即临近性和中间性的普遍可达性测量优化了在其他方面已完善的医学模型，这些模型解释了卡菲利市里老年人的（a）身体质量指数和（b）心理健康变化这两种变量。零假设在于城市的配置和个人健康之间没有任何关系。出乎我们意料的是，将所有其他指标（年龄、健康史、吸烟和饮酒、社会经济等）保持为常量时，一些特殊可达性的指标以及临近性和中间性这两者在"解释"这两个健康测定方式时都表现出显著性。因此我们必须否定城市配置无关这一零假设，同时确定它们如何相关的新假设——有关为老年人设计健康城市的假设。这些假设为某些原则提供了基础，这些原则可能有望纳入规划解决方案以及规划师自己的解决方案假设中。

例如，我们发现在其他条件不变的情况下，到达绿色空间的距离和肥胖呈负相关。这就产生了一个流行的城市规划理论。卡菲利的老人往往将步行去绿色空间纳入他们的常规时间预算中去，这使得那些住的更远的人要走更多的路，因此住得越远的人的步行时间更多、也不会过于肥胖。或许他们特意选择步行到更远的绿色空间，以达到节食的目标。同样，住在陡峭斜坡地区（通过对一定范围内数字地形模型高度的标准差的测量）的人也有着较低的体重。我们的研究结果表明，为老人规划的社区应当建设在斜坡上，并且和游憩绿地保持一定距离。

外行人或许期望这个例子背后的证据和研究的方法理论能够成为城市规划知识和专业技能的基石的一部分。如果是这样的话，那么学者和医生之间的鸿沟也不会这么大，同时实践型的规划师也可能在塑造城市的过程中发挥更大的影响力。

2. 富裕城市

在卡迪夫的另一项研究中（Yang，Orford and Webster，即将出版），我们检验了这一观点：一般可达性的测量方式纯粹从包含在城市道网中的几何与拓扑信息中提出来，它们能够补充解释完善的特征价格法房价模型（基于区域内外各特征属性预测房价，并检验其对房价的贡献）。如果这个假设得到证明，我们可以使用路网的几何形状帮助划定住房市场区域，识别功能性的邻里社区，找到更适应不同更新投资项目的地点等等。本文包含这些具体细节。

总结起来，对于南威尔士州卡迪夫市的样板社区，我们利用一组标准化的特征变量对从国家土地注册处得到的住房交易价格进行回归分析，包括房屋年龄、房间数、建筑类型、到 CBD 的距离，到主要公园的距离等。对此我们增加了对每幢房子临近性和中间性的衡量。我们的零假设是，在其他特征变量恒定为常量时，这些衡量的值对住房变量没有额外的解释贡献。

同样令人意想不到的是，我们排除了零假设并发现了一些证据来证明一个观点，即城市设计超越传统形态学的测量方式对房价产生影响，如与 CBD 的距离等。事实上，这一检验揭示了网络联系与房价之间的一种有趣的关系。在其他条件不变的前提下，临近性与房价呈正相关，而中间性与价格呈负相关。当其他方面都相同时，处于网格连接点上的住房根据经验而言具有负溢价的特征，它们在几何上（非经验上）处于网格中许多最短路径上。我们假设所发现的消极和积极的集聚外部性可以从网络形态上进行单独区分。这证实了健康学研究中的发现，即消极的和积极的健康外部性可以从城市形态模型中得到。

关于房价特征模型的文献很多，并提供了有助于规划师评估规划的研究成果。正如越来越多的健康建成环境的文献一样，这些文献不仅没有被规划研究者们持续地进行探讨，也没有作为工作知识得到充分使用。后者的问题无疑部分是因为前者而造成的。我们从卡迪夫房地产市场研究的结果中提出了一些新的假设，而其他研究人员也需要尝试通过辩驳它们来提出更好的替代假设。

3. 绿色城市

黑天鹅的故事表明，知识可以不需要统计建模而通过辩驳得到发展。为了说明这是规划领域中的情况，我们可以思考开罗绿色空间的案例。

在第三份卡迪夫的论文中（Kadafy，Webster and Lee，即将出版），我们检验了一个从产权经济学理论中借鉴的命题。该理论指出，明晰稀缺资源的产权不仅避免了资源的枯竭，同时通过增加供给而扭转了枯竭的过程。经典案例为远洋捕捞：海洋鱼类养殖的技术和制度的创新不仅扭转了库存减少的趋势，同时还增加了种类的多样性。

将这一理论应用于极端干旱和人口众多的开罗市中的绿色空间时，我们假设（a）绿色空间的匮乏使得许多制度可能会围绕着绿色空间的公共物品（定义为共同消费的绿色空间）展开，从而防止其枯竭；（b）拥有更多封闭的绿色空间的邻里社区也将有更大的绿色空间总量（假设是围墙会增加供应量）。我们通过以下方式来检验这些假设：（a）测量记录在市政府档案中的封闭绿色空间的总量和（b）直接从卫星照片中测量开罗绿色空间数量，将其分为封闭、非封闭的两种，并根据鲜明形态、产权和社会经济状况得到 7 种社区类型进行模式研究。

第一个检验可以看作与黑天鹅检验类似。由于缺少对开罗城市公园的经济方面的了解，研究队伍深入现场之后发现，67% 的公有公园设置了门禁并在入口处收取门票。这足够用来辩驳一个城市的公共公园体系必须是开放的，因而不可避免地面临过度使用的命题。我们至少发现了一个城市是通过将公园围起来从而保护稀缺环境资源，并且用它来支持（a）我们在干旱城市的绿色基础设施建设方面的理论运用，以及（b）稀缺性驱动了城市公共产品的所有权分配过程这一假设。我们还未证实这些假设，同时还需要通过进一步的检验来更严谨地提出围合背后的推动力，以及围合体系的演变路径。之后的研究可能会辩驳我们的解释——例如，通过开展中东地区多个城市的研究或关于城市的不同维度（其中一个是干旱）的研究，这对于城市空间围合来说十分重要（Cséfalvay and Webster，2011）。

鉴于在城市研究中获得良好的定量数据十分困难，对案例研究的辩驳在推进城市规划领域的知识积累上具有重要作用（Flyvbjerg，2006）。大多数规划研究的问题在于，案例研究常用讲述拥有复杂细节的故事或者"证明"积极的主张，而不是得到归纳性的假设或是检验那些建立在完备的理论中的有用的观点。

个人主义方法论

城市规划领域发展以实践为重点的理论所面临的最大障碍之一在于社会科学范式学界的主导思想，即拒绝以个人作为分析的主要单位以及理论的对象。对所谓方法论个人主义的反感可能来自两方面：这是一种经济学的方法（在社会科学某些分支中很不受欢迎的规则），而且它（错误地）与（新的和旧的）自由主义具有关联。

理论之所以应当建立在个人的行为模式上，简单地说是因为我们无法在办公室或家里思考，"哪种结构性的社会力量正在推动我做出今天的决定？"，相反，尽管受到各种限制以及环境和已有因素的影响，我们仍然表现出并且相信自己是自主的决策者，并且在任何时候都会做出各种影响自己和其他人的资源分配的自主决策。

因此为了了解城市中复杂的行为，我们需要建立约束决策代理人的行为模型：个人、家庭、企业和政府。很多使用社会模型的规划理论与研究都很少与个人模型相关联。为了将社会结构模型变得有用，需要将复杂的哲学操练与代理人结构（结构化、行动者网络理论等）联系起来，其结果是，令最聪明的规划专家都费解的学术语言和平均智商的普通人都能轻易搞懂的理论，都不一定是有深刻见解的。

多数人的目的是支撑起知识体系，这些知识建立在个人行为基础上，而不是建立在理解社会秩序的着眼点上。如果社会理论家干脆承认明显和已有的集体行为理论是建立在微观行为理论的基础上，那么生活将会变得简单许多 [最近去世的诺贝尔经济学奖获得者埃莉诺·奥斯特罗姆（Eleanor Ostrom）提供了一个有力的例证，即如何在经济学中加入社会见解，以及增加社会调查的价值；例子见 Ostrom，1990]。我们应该从哪里找到基于约束个人行为的有用的理论结构？这里有很多来源：心理学、人类学和社会学的某些分支、经济地理学和地理经济学、政治学的某些分支以及经济学。

经济学是一个日益丰富的来源，这里指的并不是 20 世纪的数学微观经济学。这一独特且充满智慧的项目始于深刻的见解，如价值的边际理论，但由于错误估计而导致极端错误：将某些方面有效的个人模型视为确定性模型的基本组成部分，而这一确定性模型将经济视为机器。为了实现这一目标，新古典主义经济学家围绕"典型个人"模型建立起理论体系，并借此有效地摒弃了个人主义模型的想法。

这在统称为非主流经济学的领域里并非如此，它从五六个世纪的古典政治经济学中借鉴了最有用的想法，并加入了经济学、政治学、社会学、历史学、人类学、心理学、哲学、物理和计算机科学中处于边缘的新观点。这一所谓的新制度经济学（Webster，2005）倾向于将个人置于理论的核心，但拒绝新古典经济学中站不住脚的模型结构。计算机经济学催生了"产生"的概念，这必须存在于始于受到约束的个体单元的科学当中（结构和模式产生于个体行为）。它利用自下而上的演化模型来代替新古典平衡模型的数学推导过程，从而实现这一目的。在这种模型中，许多个人社会性和交易性的代理的产物将不可预测地引导全球结构的演化：受到约束的个人消费、销售和社交行为将使得市场、邻里、城市和城市系统得以产生。

突发行为中的可预见部分应构成城市规划学术、理论和方法方面的焦点和基础。特别是规划学者应当深入理解多种干预措施对多重城市绩效维度的影响，这些措施大致包括三类：法规、直接投资和财政。

结论

任何范式都是处于演化之中，同时任何潮流也是有周期变化的。女士们长短裙下摆的长度随着经济波动与消费者信心时上时下。然而时装的艺术及科学却变得更单调了——它朝着物有所值、设计细化、生产营销科技等方面发展。如果没有科学、形式逻辑和哲学的学科发展，知识的发展只会变得更随波逐流，而缺乏方向和动力。知识的潮流与周期本身并不是坏事，因为它们会随着思想的重新发现、重新回顾、以新的视角被重新审视并修订，而有助于洞察力的进步。目前人们重新唤起了在那些存在于关注建设、管理和治理城市的事件中的系统理论，这些理论的发展动力在于生态和可持续发展范式的驱动。但是这一次，城市系统理论可以说被更完善地确立、构建并变得更加有用。在城市是如何作为一个整体运作的理论方面，控制论已经被具有广泛理论背景的复杂性所取代。空间演绎经济学进一步改进了新古典经济学。

我们正处于城市规划历史中的一个关键节点上，其重要性堪比19世纪末期和战后重建。规划在实现健康的、富有的、环境友好的、社会的和经济的可持续栖息地中具有重要的社会功能：即使出于不同原因，但在后工业的西方国家、新兴经济体、发展中国家和欠发达国家中均是如此。西方的规划理论和实践，以及其中包含的方法论需要适应这些变化。如果不这样做，规划会发现自己将被边缘化。规划需要重新发现它的工程和设计根基并与最优秀的社会科学相互交织，因为社会科学提供了最有说服力的、最简单的解释和强大的预测。它有必要成为论证为基础的空间和制度设计的中心。它应当不同于建筑设计的学问，体现在（a）关注具有更大的空间尺度；（b）着重于完善的社会科学理论，它可以引导实践和设计相关的研究进入到一个更为广阔的社会-空间-经济背景之下的各尺度的土地开发当中，以及（c）对设计机构的关注。规划学的艺术与科学的特殊性在于明白如何一边通过空间配置和设计、另一边通过制度设计，从两方面共同影响城市的变化及其社会、环境和经济效果。如果规划学术不能适应这一需求，那么其他专业和学术传统将会填补这个空白。我预计景观建筑学作为一种专业和学术传统具有较大优势，因为它已经演变成为一个专门的领域，能够满足城市场所决策和总体规划的新社会需求。同样，施工管理、物业融资和测绘也作为实践和学术领域得到了良好的发展，并取代了协调城市内部私人发展规划的工作。一般情况下，这些学科似乎比规划师们更了解私人发展规划的性质和目的，因此可以说更适合发展"对规划的规划"的科学与艺术。

随着哪怕一点点调试，规划的学术界在城市塑造的竞争方面就能发挥更大的优势。在更注重方法论和科学的基础上，它可以囊括：空间设计、城市动态理论和科学研究的研究方法。它应当掌握开发商的经济语言，建筑师的设计语言，社会、经济、政治、环境和医学科学家的科学语言。从某种意义上来说，城市规划仍然是并将永远是根本的文艺复兴运动。它能够且应当成为城市法则的指挥者，但首先它需要对自身进行科学的复兴。

参考文献

Biddulph M (2012) The problem with thinking about or for urban design. *Journal of Urban Design* 17(1) 1–20.

Cséfalvay Z and Webster CJ (2011) Gates or no gates? A cross-European inquiry into the driving forces behind gated communities. *Regional Studies* 46(3) 293–308.

Faludi A (1973) *Planning theory*. Oxford: Pergamon Press.

Flyvbjerg B (2006) Five misunderstandings about case-study research. *Qualitative Inquiry* 12(2) 219–245.

Goldstein H (2012) The quality of planning scholarship and doctoral education. *Journal of Planning Education and Research*. 32: 493–496.

Goldstein H and Maier G (2010) The use and valuation of journals in planning scholarship: peer assessment versus impact factors. *Journal of Planning Education and Research* 30(1) 66–75.

Harvey J and Jowsey E (2004) *Urban land economics*. 6th edition. London: Palgrave-Macmillan.

Hillier B (1999) The hidden geometry of deformed grids: or, why space syntax works, when it looks as though it shouldn't. *Environment and Planning B: Planning and Design* 26 169–191.

Kadafy N, Webster C and Lee S (forthcoming) Urban green space enclosure: testing an evolutionary theory of property rights adaptation. *International Planning Studies*.

Ostrom E (1990). *Governing the commons: the evolution of institutions for collective action.* Cambridge: Cambridge University Press.

Popper K (1934/2002) *The logic of scientific discovery.* London: Routledge.

Sarkar C, Gallacher J and Webster C (2013, January 19). Built environment configuration and body mass index trends in older adults: the Caerphilly Prospective Study (CaPS). *Health and Place* 33–44.

Webster CJ (1998) Sustainability and public choice: a theoretical essay on urban performance indicators. *Environment and Planning B* 25 709–729.

Webster CJ (2005) The New Institutional Economics and the evolution of modern urban planning: Insights, issues and lessons. *Town Planning Review* 76(4) 471–501.

Webster CJ (2007) Property rights, public space and urban design. *Town Planning Review* 78(1) 81–101.

Webster CJ (2010) Pricing accessibility. *Progress in Planning* 73(2):77–111. doi:10.1016/j.progress.2010.01.001

Webster C (2011) On the differentiated demand for planning journals. *Journal of Planning Education and Research* 31(1): 98–100.

Webster CJ and Lai LWC (2003) Property rights, planning and markets: managing spontaneous cities. Cheltenham, UK: Edward Elgar.

Yang Xiao, Orford S and Webster C (forthcoming). Urban configuration, accessibility and property prices: a case study of Cardiff, Wales.

马一翔　王博祎　译，田　莉　校

2.7

空间规划探索与设计：近现代城市规划研究的三种方法

皮耶尔·卡里奥·巴勒莫和达维德·蓬齐尼

空间规划领域的三种研究范式

在空间规划领域中存在着多元的传统以及近来迅速增长的研究方法（见本书第 2.2 章，杜托伊特的文章），这从不同方面解释了知识与行动之间的重要关系（见 Friedmann 的奠基之作，1987）。本章将讨论三种研究范式的不同特点，并根据这种关系的一些特定的参考对其进行比较。这三种方法在某种程度上是互补的，即实证分析（或实证主义）范式、互动范式和项目导向范式。实证主义规划方法的重点在于如何使研究成为一种基本的手段来为决策提供科学知识。互动范式与当代城市规划相关，它识别了规划的内在政治维度，同时也影响了认知过程。第三种范式包括了一些近几十年来的关键方法，它们产生于城市政策制定和空间设计的交汇处。由于这些范式之间的关系，规划研究被认为是一种关于政策探索的特定解释，即一种既通过传统城市分析也通过探索性项目来生产有用知识的互动领域。这也为规划理论和规划研究带来了新的挑战。

根据第一种传统，可以通过多种经验—分析的技术来理解城市和区域现象，以及规划决策和行动在空间上的影响（Perloff，1957；Chapin，1965；Krueckeberg and Silvers，1974；Bracken，1981）。规划领域的研究需要借鉴从人文科学到自然科学再到建成环境科学等多方面的知识。这类研究可能采取传统的定量分析或非正式的定性分析的方法（Quade and Miser，1985），使得在一定的时间和空间框架下能够得到关于城市现象及其影响的明显可靠的描述和解释。

这种范式有一个道义上的前提，即观察者的观点是独立于被调查的现象的。选择一种特定的研究视角是需要解释的，大多数情况下是默认的假设，就好像一个主要观测者的观点或者在认识论层面称为"没有源头的观点"是可能的（Nagel，1986）。这是一种意识形态的偏见，被包括非教条的科学理性在内的许多观点所批评（Popper，1963，1972；另请参阅本书导言）。然而这种观念影响了 20 世纪的理性和综观的规划概念。研究结果应当是一种对于经验数据不能篡改的（或至少是可信的）解释，即不能被可用的科学观察或科学实验所反驳的解释（另请参阅本书第 2.6 章）。这些陈述可以通过不同方式运用于规划过程中，包括制定决策的背景知识、社会和物质现象的评估、特定条件下决策的影响评估。这种范式下的研究方法致力于强化技术知识，首先是关于现象的解释，其次是作为决策制定程序中的输入信息。这种方法是规划领域

111

中发展起来的理性决策模式的核心（Faludi，1973a），但它同样被用在政治经济分析（Fainstein and Fainstein，1979；Harvey，1985）和激进的规划方法中，这种激进的规划方法以激进的描述、解释和对"形势"的批判为特征（Grabow and Heskin，1973；Friedmann，1987；Sandercock，1998）。这些方法的应用在 20 世纪 60 年代和 70 年代达到了顶峰，随后很快受到了越来越多的质疑（Palermo，1992；另请参阅本书导言）。

在第二种范式中，当在碎片化和具有潜在冲突的背景中需建立共同的解释性和规范性的观点时，规划承担了重要作用（Friedmann，1973；Innes，1995；Healey，1997）。在这里规划研究的主要目标并不是现象的客观呈现，而是利益相关者的核心价值、标准和偏好、对问题的观点以及通过互动和交流的过程建立共同愿景的可能性。从这个角度而言，"互动"和"有用的知识"的观念是很重要的（Lindblom and Cohen，1979；Lindblom，1990）。"如果你想知道、学习如何[互]动"：以这种实用主义的原则代替了与认识有关的知识的传统概念（von Foerster，1981）。规划研究的核心元素在这里是一个互动体系，它在一定领域内基于多种角色的利益、愿景和行动发展而成，这一领域的一部分是由共同的价值和标准所构建的（Palermo，1992；Lanzara，1993；Crosta，1995，1998）。协调不同的利益与观点成为至关重要的挑战。观察者在这种情况下不能从规划领域中独立出来，他们的对问题的看法、解决方案和落实方法都是在这一领域中形成的。

对于这种范式来说，对知识和行动之间关系的实证主义解读是不恰当的。实际上，它依托的是关于规划过程的多元观点和关于理性的战略性和交往的见解（Habermas，1981）。验证规划知识的原则并非科学的事实（或至少是非伪的），而是其在一定背景下的连贯性和有效性。因此规划理性属于实践理性范畴，需要实践或明辨的智慧，即在特定条件下做出最合适决定的能力（Palermo，1992；Flyrbjery，1992，2004）。这个观点强调了规划师的社会责任。然而我们必须承认，一些这一范式下的经验在过去三十年内部分地避开了做出明智选择的责任，而是重点关注了占主导地位的社会利益群体。"合作规划"和"公共争议解决方案"的地位强调了规划师作为调停者的调和作用和修复作用（Susskind and Cruikshank，1987；Healey，1997；Forester，1999，2009）。因此互动规划的重点和规划过程中的一种核心观点不同，这种观点认为严重的冲突不能简单地通过合作来解决。从这个意义上讲，互动方法的创新潜力面临着被弱化的风险。

第三种规划研究的范式是前两种范式的重要变体，它假设认为规划的核心任务是创造适用于不同尺度和主题下的好"项目"。这种对项目角色的关注需要一种规划研究的后实证主义阐释（基于认识论研究的关键性发展；见 Bloor，1976；Brown，1977）。在这种范式中，设计意味着根据对于规划背景及其潜在改变趋势的决定性认知来改造当地的条件（Gregotti，1966，1986，2004）。与实证分析范式相反，这意味着观察者的观点是很重要的。这种范式通常具有选择性并且以研究问题为导向，这些问题需要通过了解当地社会和物质环境而得到。它并不需要形成概要的实证分析，这种分析可能是通过没有什么用处的不完全调查而得到的。规划研究所调研的主题则来源于对于实际城市问题的批判性看法。这引出了规划探索的一个重要概念：

对假说变革的地方性探索，以及作为生产新的规划知识的有效途径的设计（De Carlo，1964，1992；Schön，1983）。设计指的并不是规划的最后阶段，而是项目导向的探索过程。它们可以被认为是渐进地理解规划背景的创新手段，包括在实际现象以及转型的可能性两方面。此外，这些以项目主导的探索成了利益相关者和参与者理解规划和实施过程演进的有效手段。这一章我们将讨论的问题是第三种范式的效果如何被前两种范式的最佳结果所强化，以及它们如何被合为一体。

规划研究中的新兴观点与方法

关于规划研究的三种不同范式的比较框架——实证分析研究范式、互动知识范式和项目导向探索范式——有助于我们的讨论。第一种范式属于实证主义传统，它从现代规划的视角为理解和衡量城市和区域现象提供了重要的基础。近来新技术的发展展示了新的机会，但"仅严格依靠实证结果能够产生合适的规划决策"这种观点已逐渐过时（Popper，1963，1976）。这种范式在理论和方法论层面上的影响都是有限的。从 20 世纪 60 和 70 年代起，这些方法在关于经济和社会的研究方面逐渐失去地位（例，美国精英学校中城市研究的危机：Wildavsky，1979；Rodwin，1981；见本书导言）。20 世纪 80 和 90 年代间，欧洲及其以外的一些国家的建成环境研究领域中也出现了同样的趋势（Palermo，1992）。更多解释性、战略性和设计导向的观点开始嵌入这种实证主义研究传统——尽管这改变了它最初的视角。

20 世纪 80 年代以来，互动知识的概念开始作为一个新的范式出现。它既不是实证主义也不是技术统治论的，而是多元化、务实的、战略性的，并且以建立共识为导向。威尔达夫斯基指出，理解规划实践的政治背景不仅需要研究统计数据和地图，还需要通过适当的（主要是定性的）研究方法，与最有影响力的利益相关者、其利益、策略和项目进行互动（Wildavsky，1973，1979）。此外，互动知识对于理解空间特征和复杂的社会经济系统的转变也至关重要。在规划领域，实施研究则深化了这些导向（从 Barrett 和 Fudge 在 1981 年的奠基之作开始）。

项目导向的规划探索在近 20 年内发展成熟，有时与上述范式具有鲜明的对比。这种范式的核心观点是仅依靠城市治理的原则和方法是不够的，仅依靠参与决策程序、协作规划或公共纠纷调解实践也不够（Palermo and Ponzini，2010）。如果不涉及物质空间及其潜在的转变趋势的实质性问题，研究者是无法讨论场所营造的（Carmona 等人，2003；Healey，2010）。具体有形的空间转型项目对于落实互动方法来说不可或缺（Oosterlynck 等人，2011）。从这个意义上讲，区域调查和政策网络分析无法在没有参考某些具体的情景（即物质和形态的探索）而独立存在。这样的调查和分析应当通过战略性的项目，由针对潜在转变趋势的探究来驱动。这一观点已经由著名的意大利学者得以阐述发展（De Carlo，1964；Gregotti，1986；Secchi，1989）。从这个角度看，项目导向的探索成了互动知识发展必不可少的补充条件。

在我们看来，后两种范式是当代规划研究最有用的概念基础。这一立场将通过知名的作者与相关的实践来说明。下文中每一段将专注于一个范式，每段遵循同样的格式。首先，将引用一组聚焦于认识论和方法论问题的国际案例。接下来，这些问题将根据有代表性的例子来进行讨论，它们从意大利的规划经验中提取而来。这些案例虽然不是国际知名的，但也有创新的贡献。其次，将讨论每种范式下规划研究和实践的评估与启示。最后将提出一些规划研究的未来发展趋势。

空间规划研究领域实证主义范式的衰落

"规划之前先调查"，这句启蒙文化的座右铭在不同时期和不同地理环境下影响着规划理论。这个方向的最后一次研究热潮是在 20 世纪中叶的美国，首先是基于战争需求，后来则到了"大社会计划"时期。由特格韦尔（Tugwell）和珀森（Persow）创立、由佩洛夫（Perloff）在 20 世纪 50 年代复兴的芝加哥学派可以被认为是最权威的实践之一。全面地调查现有条件被认为是规划过程的初步基础，这样做是为了避免偏见和不一致的推测（Friedwann，1987），其假设前提是决策的不确定性和关键问题可以通过实证分析得到解决。从 20 世纪 60 年代起，这种方法在美国开始衰退，这也是由于"大社会计划"改良尝试的衰弱，以及美国城市中以努力改善生活条件为目的的公众项目的出现而造成的。这种规划概念作为科学决策方式在北欧有部分复苏的趋势（Faludi，1973a，1973b），但意大利和其他地中海国家已意识到这种范式的局限性。在 20 世纪 50 年代和 60 年代间意大利进行了一些将规划决策融入综观和科学的知识之中的尝试，遗憾的是这些严谨但失败了的尝试在国际上仍然不太为人所知（Palermo，2006；Palermo and Ponzini，2010）。

乔瓦尼·阿斯腾戈（Giovanni Astengo）是意大利参与这个项目最多的规划师，他受到了欧洲理性主义规划和广受承认的法国地理和历史传统的启发（Astengo，1966）。他在规划选择的分析和公开辩论上投入了大量精力，因为他相信真理和知识的可靠性可以使利益相关者和市民理解一些不可避免的决定。在 20 世纪 50 年代中期，他在翁布里亚的阿西西城的总体规划中检验了这些原则。当时这座城市拥有一个古老而著名的城市中心区，但经济仍停留在乡村经济和边缘经济的水平。他详细地研究了当地活动的一些突出方面：调查了当地的农业和耕作、社会和住房条件，并将城市的改善作为规划的任务。然后他将这些创新的调查与建成环境的形态学和类型学分析进行结合，其目的是为了保护城市的遗产。尽管当时的技术有限，但最终的成果准确地再现了阿西西当地的经济、社会和建成环境。在此基础上，阿斯腾戈能够将重点工程与战略节点、城市结构规划、土地使用管理进行结合（Astengo，1958）。遗憾的是，这一规划过程花费了约 15 年时间。

大约 10 年后，阿斯腾戈成了贝加莫"20 年发展规划实验"的负责人（Astengo，1970）。他定义了四个大尺度的战略情境，随后分析和量化了每一种选择的成本和收益。他进行了一项关于当地经济、社会和建成环境的系统性探索，试图建立 20 年时间段内关于人口统计学趋势、经济趋势和聚居地的内在动力趋势相关的详细预测。此外，他还尝试预测给定区域内的房地产价格。规划过程建立在一个旨在最大化集体利益的理性模型上。贝加莫的规划为城市详细地设计了一段时间内追求的目标与成果。规划管理不仅覆盖了传统城市管理的主要内容和土地使用规划，还包含了城市每一个地块的技术、法律和操作实施。从这个意义上讲，阿斯腾戈在贝加莫的实验在某种程度上是对决策的预判，试图在一个野心勃勃的实验中整合关于描述、预测、调整城市变化的不同分析方法。

这些努力并没有真正成功。主要原因在于对于"规划"实际的城市发展来说，这些高要求的城市和区域研究大多数是多余或者失效的。然而，我们可以从中得到一些初步的结论。为规划进行的研究应当根据相关的社会利益和观点选择它的主题。在规划过程的初步阶段，尝试累计综合信息通常是得不到结果的，这样做往往还会产生代价高昂且没有具体目标和明确意义的数据。当然在过去50年间，信息技术已经有了巨大的进步，减少了调查的成本。尽管如此，当认知过程没有具体研究方向与问题时，技术进步仍然无法解决认知过程的方法和目标上的根本性问题。

后实证主义哲学框架强调实证研究和知识的先决条件之间的关系（Brown，1977），"客观的"呈现可以被认为是不同角色间依情况而定的惯例，这些惯例有时是由最有影响力的利益相关者强加的。因此规划师对于定量分析应当保持谨慎，因为量化城市现象并不能保证更科学有效的决策。希望批判性地重新评估既有观点的规划师们首先应当怀疑这些观点所隐含的认知参考框架。

表达的准确性取决于观察的重点与原因。详细或长期的预测往往是技术上不可行或者用处不大的。这些研究方法的主要目的，是理解一些主要的城市和区域现象的广度。相比于假设定量预测总比没有好，为每一个现象选择最恰当的表现形式（即使只是定性的）才是更严谨的。选择最终的表现方式是规划师的责任，因此这些选择应当尽可能公开透明，并且以可公开的论证为基础。

如今，很多学术领域都认同这些合理的原则。建构所谓科学和理性规划范式的野心已经基本消失。相信定量方法能够指导评价和决策很难实现，因为最有影响力的利益相关者可能不愿意调整他们的立场。不能指望在共同的实证知识这一单一基础上做出长期或者具体的抉择。

互动知识生产的必要性和风险

规划知识是通过相关参与者之间的互动产生的，这一假设已经由许多规划经验证实过。然而在20世纪70年代到80年代，规划研究只有一部分从城市和区域分析转向了公共政策分析（Widavsky，1979）。对实施的关注和"有用的知识"的产生（Lindblom and Cohen，1979）导致了传统综观理性模型的摒弃，也使研究转向了有限理性模型和渐进主义模型。"垃圾桶模型"这一更为激进地描述规划过程的方法促使了另一种理念的推翻，即问题与解决方案之间有一种线性的关联。这种描述方法还表明，随方法和机会变化的目标会推动已建立的解决方案的发展，继而定位更合适的问题（Cohen，March and Olsen，1972；March，1988）。我们可以观察到不同立场之间的一些联系，以及实用主义调查方法的复兴。这种方法是作为相互调整不同角色间的利益、愿景和认知框架的综合过程而出现的（Lindblom，1990）。这些立场在大多数传统的规划学院并不受欢迎，因为这被认为是一个艰难的范式转型，而这个转变否认了规划学科的真正使命和科学性。

人们必须认识到，互动的规划概念往往低估了城市物质环境变化的重要性（Punter and Carmona，1997），在某些情况下这可能导致规划过程仅成为一个程序性的概念。在少数几个试图克服这些限制的有效尝试中，贝尔纳多·塞基（Bernardo Secchi）试着将他在 80 年代到 90 年代间的实践中的两个基本的研究传统联系起来：一方面，技术地再现建成环境，这对土地使用管理和城市设计非常有用；另一方面，在规划过程中加入对有关的利益相关者和决策者的网络分析（Secchi，1989）。在塞基看来，规划工作不能脱离对城市结构的物质和形态学分析，但同时还应该调查其过程中的主要利益相关者和主要角色。不能仅通过物质空间设计的特点来评估一个开发项目；还必须通过其引起的成本和效益的社会分配来评估。从这个角度看，设计不仅仅意味着塑造城市的最终形态，还会影响权力结构和不同社会角色的选择（Secchi，1991）。在这里，后实证主义认识论颇有影响力的原则与规划知识的互动概念相互整合了。从这个意义上讲，规划调查成了一个集体的设计导向的实践，这个实践需要社会的互动以及可解决问题的设定（Lanzara，1985；Palermo，1992）。

然而，在 20 世纪 90 年代，结合了土地使用总体规划和社会听证、社会对话的几次实践都只是部分地成功了，例如锡耶纳、贝加莫、佩萨罗和布雷西亚等地的规划（Di Biagi and Gabellini，1990；Secchi and Viganò，1998）。这些创新实践的缺点来源于多种因素：尽管设想了互动的方法，但共识构建仍然不足；规划的规范和准则非常标准但仍然僵硬死板；实施过程存在持久的限制（Palermo，2006）。尽管有所限制，这些实践仍然展示了创新的研究调查路线在问题的设定、城市调研和为规划问题制定可行的解决方案等方面都能够起到重要的作用。这些实践还表明，交互知识与更多传统规划设计相整合并不是一件容易的任务。

在国际学术界的争论中，使用规划的传统理性——程序性方法的人与使用互动规划手段的人，以及进行物质空间设计的人之间都存在分歧（Palermo and Ponzini，2012）。在最近对于战略性空间规划的学术研究的复兴中，重蹈这一分歧覆辙的风险是显而易见的（Salet and Faludi，2000；Healey，2004）。塞基近期的工作是一个有趣的例外：例如大巴黎的规划咨询和安特卫普和布鲁塞尔的长期战略规划（VVAA，2009；Secchi and Viganò，2009，2011；Secchi，2010）。在这些案例中，塞基为规划师提出了一个不同的角色。规划师应当专注于理解当地社会并与之进行互动，对当代城市新兴的社会和物质空间形式进行深入的调查并进行设想，将环境问题、形态类型学问题、机动性问题和社会公平问题放在核心位置，而不是承担直接的协调责任。然而风险在于，如果这些设想不能驱动实际的发展进程，他们只会重置现有的问题。人们可以注意到，近年来，对关于战略性空间规划的意义和效力出现了相似且愈发笼统的批判（Allmendinger and Haughton，2009）。

规划过程中的调查与设计

在我们看来，将过程导向的规划文化从项目导向的方法中分离出来是我们学科领域中一个巨大的缺陷。现今由于在城市设计与规划之间的相互歧视和一些实际困难，建立两者之间的概念关系十分困难，这也导致设计和规划的关系研究严重不足（Palermo and Ponzini，2010）。唐纳德·舍恩（Donald Schön）对不同的专业人员进行了类比，他也是少数进行规划与建筑设计之间类比的独创性研究的学者中的一位（Schön，1983；Schön and Rein，1994）。基于这种视角，项目导向的方法似乎需要从实践中学习。实践者的核心竞争力并不在于他有多少知识，无论是实体的或是程序性的。发现独特的、有针对性的、可以处理的新问题，生产有用的知识，培育社会交往、互动和社会学习，这些才是在规划领域非常重要的能力。它可以更好地促进基于实验性项目的问题的解决，并有助于利益相关者达成共识。我们不能指望实体或程序性的知识能够在规划过程开始之前就是完整的。行动与互动会改善认知背景，因为它们通常会引发对战略问题和空间愿景之间相关性的更深远的思考。这种见解显然来源于实用主义哲学的传统，但同时也是有影响力的建筑学研究的中心（De Carlo，1992）。从这个意义上讲，城市设计探索可以成为提升规划知识的宝贵工具，因为如果研究了有形空间的发展形式，目标和导则就可以更加透明，也更容易进行评估。

自 20 世纪 60 年代以来，这种观点已经被一些重要的意大利建筑师和规划师所认可，并且进行了一些相关尝试。卢多维科·夸罗尼（Ludovico Quaroni）展示了空间规划调查的逻辑对应的并不是规划学院中普遍假设的纯粹的创意飞跃。它是一个诱导的、循环的过程，其中，项目导向的观点是必要的，为的是能够选择实证调查方法来修改它、强化它（Quaroni，1967）。一种规划观点的形成是基于隐喻性的转换，这种转化将过去的观点和经验变为一种特定的互动语境。"行动中的内省"将帮助规划师和公众设想一组关键的问题。在这一框架中，选定的实证案例与分析能力被赋予意义，并且与规划本身更加相关（Quaroni，1981；Schön，1983）。

詹卡洛·德卡洛（Giancarlo De Carlo）在一些知名的建筑和城市尺度上的项目中尝试过类似的方法。在著名的、由德卡洛担任市政当局的顾问的乌尔比诺案例中（De Carlo，1966），传统的定量分析并没发挥多大作用。为城市土地使用总体规划而做的调研主要关注的是如何衡量所选的城市现象的量级，而不是预测并假定一个精确而必然的数值。规划的实际需要，一方面是为城市的转变创造一个形态和环境的框架，另一方面则是通过探索性的设计来预想选定区域中的变化趋势（这种探索性的设计能够提供启发式的方案，帮助人们理解城市问题并在关键选择上达成共识）。对建成环境投入关注并不意味着积极地倾听当地人口和城市用户并从中学习等活动的积极性会受到限制。然而，德卡洛将对建筑、城市设计和规划的技术规律的掌握与对公众参与的投入综合了起来。在他的建筑和城市尺度的项目中，他关注的是与当地环境的连贯性、维持可持续性（在当时这个主题还不像如今这样广为人知）的必需品，以及为居民获得积极生活体验的机会（De Carlo，1964，1992）。他的工作表明如果不直面物质维度，规划会变得非常难懂：对城市物质环境进行改变的设计意味着巨大的社会责任，同时也是一个产生共同改变的机会。

这一范式强调决策与引导关于规划的认知过程的社会利益之间的关系。实用主义的规划标准倾向于与仅基于定量数据对评估和预测进行混合，或直接代替。过程的战略层面和交流层面都有重要的影响，但如果与给定社会角色的新兴项目有关，他们会变得更有意义，因为这些都会被专门地描述、设计并公开讨论。换句话说，基于交流理性的先决条件，建立一个探索性的项目是达成潜在集体协议的具体方法（Lanzara，1985）。

"探索性项目是规划研究的重要手段"这一观点挑战了规划方法的线性概念，这一概念建立起了一系列认知与评估步骤。相反，规划过程倾向于隐含着循环的行动，其中，从探索性的设计中学习，可能对修正目标与方案发挥重要作用（Pozini and Palermo，2010）。因此，规划研究中归纳逻辑和演绎逻辑之间长期的两难困境似乎得到解决了。在这第三种范式中，逻辑是可诱导的（夸罗尼在他的工作中认识到这一点）：首先，预想并草拟相关的规划和设计解决方案；接下来，基于实证与互动性的知识，以批判性的眼光测试他们的文脉连贯性和空间内涵；最后，重新起草解决方案。设计的技术工作对于起草具体的项目是至关重要的，而由于要将具体项目作为空间规划研究的探索性手段，设计的技术工作也非常重要。贯穿规划和实施过程的始终，这一定位都是与多元的、务实的、战略的和互动的观点相一致的（Palermo，1992）。

在主流的规划研讨中，与这一范式有着共同特征的国际上的研究和方法论探索都只受到了有限的关注，最有可能的是因为他们的定位处在规划和设计学科之间（Palermo and Ponzini，2012）。然而在意大利的背景环境之外，还有一些开创性的工作成果。例如，针对规划的设计维度的分析（Punter and Carmona，1997），规章和程序的实施过程中形态特征的关联性（Ben-Joseph，2005），在塑造大尺度前景时城市设计与开发项目的重要性（Van den Broek，2011），以及规划工具与实际城市开发项目的设计之间的关系（Tiesdell and Adams，2011）。有大量国际经验的意大利的研究学者已经强调了有形项目的设计作为探索重要规划问题的研究方法的重要性（Viganò，2010）。沿着这些学术前沿的进一步研究不应当只强调互动范式与项目导向范式之间的联系，也应当为未来的规划讨论和研究实践提供新的证据和激励。

结论：规划研究中的探索与设计

显然，在实践中，三种范式在历史上并不连续，也不是相互可以替代的选项。第一种范式代表着"做规划之前需先了解知识"的线性传统。第二种范式强调规划的政治维度，但倾向于将程序性知识与真实的物质规划问题分离开。这一缺陷被项目导向的方法所解决，在某些情况下，项目导向范式可以得到对于规划和实施过程的真实的理解。在当下规划学科面临危机的阶段，上述提到的原则之间的互相认可可能会产生新的视角。目前，培养它们的协同关系看起来比分别技术性地发展这几种方法要更重要。在我们看来，规划研究的新前沿应当专注于通过设计导向的探索来发展解释性的互动的知识。著名的建筑师和规划师们从这些视角进行了一些意义重大的研究。然而遗憾的是，在建筑学的教育和实践与规划教育和实践相分离的文化传统下，这些探索并不可能得到较好的发展。

参考文献

Allmendinger, P., and Haughton, G. (2009). Critical reflection on spatial planning. *Environment and Planning A*, 41: 2544–2549.

Astengo, G. (1958). Il piano regolatore di Assisi e i piani particolareggiati. *Urbanistica*, 24–25: 9–124.

Astengo, G. (1966). Urbanistica. In *Enciclopedia universale dell'arte*, vol. 14. Venice: Sansoni, 541–642.

Astengo, G. (1970). *Studi per il piano regolatore di Bergamo*. Rome: Edizione a cura della Rivista Urbanistica.

Barrett, S., and Fudge, C. Eds. (1981). *Policy and action: essays on the implementation of public policy*. London: Methuen.

Ben-Joseph, E. (2005). *The code of the city: standards and the hidden language of place making*. Cambridge, MA: MIT Press.

Bloor, D. (1976). *Knowledge and social imaginary*. Chicago: University of Chicago Press.

Bracken, I. (1981). *Urban planning methods: research and policy analysis*. London: Methuen.

Brown, H. I. (1977). *Perception, theory and commitment: the new philosophy of science*. Chicago: University of Illinois Press.

Carmona, M., Heath, T., Oc, T., and Tiesdell, S. (2003). *Public places urban spaces: the dimensions of urban design*. Amsterdam: Architectural Press.

Chapin, F. S. (1965). *Urban land use planning*. New York: Harper & Row.

Cohen, M., March, J. G., and Olsen, J. P. (1972). A garbage can model of decision-making. *Administrative Science Quarterly*, 17: 1–25.

Crosta, P. L. (1995). *La politica del piano*. Milan: Angeli.

Crosta, P. L. (1998). *Politiche: quale conoscenza per l'azione territoriale*. Milan: Angeli.

De Carlo, G. (1964). *Questioni di architettura e di urbanistica*. Urbino: Argalia.

De Carlo, G. (1966). *Urbino*. Padova: Marsilio.

De Carlo, G. (1992). *Gli spiriti dell'architettura*. Rome: Editori Riuniti.

Di Biagi, P., and Gabellini, P. (1990). Il nuovo piano regolatore di Siena. *Urbanistica*, 99: 31–88.

Fainstein, S., and Fainstein, N. (1979). New debates in urban planning: the impact of Marxist theory in the United States. *International Journal of Urban and Regional Research*, 3: 381–403.

Faludi, A. (1973a). *Planning theory*. Oxford: Pergamon Press.

Faludi, A. (1973b). *A reader in planning theory*. Oxford: Pergamon Press.

Flyvbjerg, B. (1992). Aristotle, Foucault and progressive phronesis: outline for an applied ethics for sustainable development. *Planning Theory*, 7–8: 65–83.

Flyvbjerg, B. (2004). Phronetic planning research: theoretical and methodological reflections. *Planning Theory and Practice*, 5: 283–306.

Foerster, H. von (1981). *Observing systems*. Seaside: Intersystems.

Forester, J. (1999). *The deliberative practitioner: encouraging participatory planning processes*. London: MIT Press.

Forester, J. (2009). *Dealing with differences: dramas of mediating public disputes*. New York: Oxford University Press.

Friedmann, J. (1973). *Retracking America: a theory of transactive planning*. New York: Doubleday Anchor.

Friedmann, J. (1987). *Planning in the public domain: from knowledge to action*. Princeton, NJ: Princeton University Press.

Grabow, S., and Heskin, A. (1973). Foundations for a radical concept of planning. *Journal of the American Institute of Planners*, 39: 106–114.

Gregotti, V. (1966). *Il territorio dell'architettura*. Milan: Feltrinelli.

Gregotti, V. (1986). *Questioni di architettura*. Turin: Einaudi.

Gregotti, V. (2004). *L'architettura del realismo critico*. Rome-Bari: Laterza.

Habermas, J. (1981). *Theorie des kommunikativen handelns*. Volume 1, *Handlungsrationalität und gesellsschaftliche rationalisierung*. Frankfurt: Suhrkamp Verlag.

Harvey, D. (1985). On planning the ideology of planning. In D. Harvey (Ed.), *The urbanization of capital: studies in the history and theory of capitalist urbanization* (pp. 165–184). Oxford: Blackwell.

Healey, P. (1997). *Collaborative planning: shaping places in fragmented societies*. London: Macmillan.

Healey, P. (2004). The treatment of space and place in the new strategic spatial planning in Europe. *International Journal of Urban and Regional Research*, 28(1): 45–67.

Healey, P. (2010). *Making better places: the planning project in the Twenty-First Century*. Houndmills, UK: Pal-

tional Journal of Urban and Regional Research, 28(1): 45–67.

Healey, P. (2010). *Making better places: the planning project in the Twenty-First Century*. Houndmills, UK: Palgrave Macmillan.

Innes, J. (1995). Planning theory's emerging paradigm: communicative action and interactive practice. *Journal of Planning Education and Research*, 14(3): 183–190.

Krueckeberg, D. A., and Silvers, A. L. (1974). *Urban planning analysis: methods and models*. New York: Wiley.

Lanzara, G. F. (1985). La progettazione come indagine: modelli cognitivi e strategie d'azione. *Rassegna italiana di sociologia*, 26(3): 335–367.

Lanzara, G. F. (1993). *Capacità negative: competenza progettuale e modelli di intervento nelle organizzazioni*. Bologna: il Mulino.

Lindblom, C. E. (1990). *Inquiry and change: the troubled attempt to understand and shape society*. New Haven, CT: Yale University Press.

Lindblom, C. E., and Cohen, D. K. (1979). *Usable knowledge: social science and social problem solving*. New Haven, CT: Yale University Press.

March, J. (1988). *Decisions and organizations*. London: Blackwell.

Nagel, T. (1986). *The view from nowhere*. London: Oxford University Press.

Oosterlynck, S., van den Broeck, J., Albrechts, L., Moulaert, F., and Verhetsel, A. Eds. (2011). *Strategic spatial projects: catalysts for change*. London: Routledge.

Palermo, P.C. (1992). *Interpretazioni dell'analisi urbanistica*. Milan: Angeli.

Palermo, P.C. (2006). *Innovation in planning: Italian experiences*. Barcelona: Actar.

Palermo, P.C., and Ponzini, D. (2010). *Spatial planning and urban development: critical perspectives*. New York: Springer Verlag.

Palermo, P.C., and Ponzini D. (2012). At the crossroads between urban planning and urban design: critical lessons from three Italian case studies. *Planning Theory & Practice*, 13(3): 445–460.

Perloff, H. S. (1957). *Education for planning: city, state and regional*. Baltimore: Johns Hopkins University Press.

Popper, K. R. (1963). *Conjectures and refutations: the growth of scientific knowledge*. London: Routledge & Kegan.

Popper, K. R. (1972). *Objective knowledge: an evolutionary approach*. Oxford: Clarendon Press.

Popper, K. R. (1976). The myth of the framework. In E. Freeman (Ed.), *The abdication of philosophy: philosophy and the public good. Essays in Honour of P.A. Schilpp*. (pp. 23–48). La Salle, IL: Open Court.

Punter, J., and Carmona, M. (1997). *The design dimension of planning: theory, policy and best practice*. London: Spon.

Quade, E. S., and Miser, H. J. (1985). *Handbook of systems analysis: overview of uses, procedures, applications, and practices*. New York: North Holland.

Quaroni, L. (1967). *La Torre di Babele*. Padova: Marsilio.

Quaroni, L. (1981). *La città fisica*. Rome-Bari: Laterza.

Rodwin, L. (1981). *Cities and city planning*. New York: Plenum Press.

Salet, W., and Faludi, A. Eds. (2000). *The revival of strategic spatial planning*. Amsterdam: Royal Netherlands Academy of Arts and Sciences.

Sandercock, L. (1998). *Towards cosmopolis: planning for multicultural cities*. London: Wiley.

Schön, D. (1983). *The reflective practitioner: how professionals think in action*. New York: Basic Books.

Schön, D., and Rein, M. (1994). *Frame reflection: toward the resolution of intractable policy controversies*. New York: Basic Books.

Secchi, B. (1989). *Un progetto per l'urbanistica*. Turin: Einaudi.

Secchi, B. (1991). Teoria del Piano Urbanistico e ricerca sociale: un programma di ricerca. *Archivio di Studi Urbani e Regionali*, 42: 41–64.

Secchi, B. (2010). A new urban question. *Territorio*, 53: 8–18.

Secchi, B., and Viganò, P. (1998). Un programma per l'urbanistica. *Urbanistica*, 111: 64–76.

Secchi, B., and Viganò, P. (2009). *Antwerp: territory of a new modernity*. Amsterdam: SUN.

Secchi, B., and Viganò, P. (2011). *La ville poreuse: un projet pour le Grand Paris et la métropole de l'après-Kyoto*. Geneva: Metis Presses.

Susskind, L. E., and Cruikshank, J. (1987). *Breaking the impasse: consensual approaches to resolving public disputes*. New York: Basic Books.

Tiesdell, S., and Adams, D. Eds. (2011). *Urban design in the real estate development process*. Oxford: Blackwell.

Van den Broek, J. (2011). Spatial design as a strategy for a qualitative socio-spatial transformation. In S. Oosterlynck *et al.* (Eds.), *Strategic spatial projects: catalysts for change*. London: Routledge, 87–96.

Viganò P. (2010). *I territori dell'urbanistica: il progetto come produttore di conoscenza*. Rome: Officina.

VVAA (2009). *Le grand Pari(s): consultation internationale sur l'avenir de la metropole parisienne*. Paris: AMC Le Moniteur Architecture.

Wildavsky, A. (1973). If planning is everything, maybe it's nothing. *Policy Sciences*, 4(2): 127–153.

Wildavsky, A. (1979). *Speaking truth to the power: the art and craft of policy analysis*. New York: Little, Brown.

李吉桓　王博祎　译，田　莉　校

第三部分

定性研究

3.1
重新发现定性研究

彼得·范·登布洛克

规划理论与实践的发展历史，见证了相关研究议程与方法的漫长演变。它们来自不同的研究领域，甚至是相互冲突的知识体系。这些研究议程包含了众多认识论、学术理论、研究策略与研究方法，认知这些要素皆有助于理解具体的研究项目。从这个角度来看，当"定性研究"被视为"使用非定量研究方法或技术的研究"（如：参与式观察、半结构式访谈、小组座谈、田野调查与参与式制图等）时，是不准确的。尽管第三部分接下来的九章的确介绍并讨论了这些非定量的研究方法和技术，但他们更重要地体现为认识论立场、学术理论、研究策略与研究方法的综合讨论。

一个首要问题是，是否可以通过这九篇文章的讨论得出定性研究的共性与定义？答案是肯定的，但前提是我们不局限于将"定性研究"等同于"定性（研究）方法"。第一，在实证主义与社会建构主义的认识范畴中，"定性"更加贴近于社会建构主义，这也在第三部分的大部分章节中有所体现。九篇文章均采用了社会建构主义的方法论，包括相关的学术理论与特定的研究方法。而文章的作者们认为知识是被社会建构的，涵盖了多种形式，并综合分析了利益相关者、知识体系、价值观、文化与制度等多种因素。大部分文章指出其研究的现象和其所处的特定语境是紧密联系的，因此需要通过其特定的社会文化背景去理解某种现象。这些研究方法帮助我们了解不同人的观点、经历、经验与价值观，同时解释这些要素的社会与制度的建构路径。此外，这些方法的设计还揭示社会进程中的深层含义（详见 Silverman、Pinel、Håkansson 与 Dühr 等人的文章）。第二，对伦理道德问题的反思与重视是定性研究的重要内容。以参与者的策略与社会动力为关注点，定性研究方法论适用于解释规划制定中的社会特征与公平等目标。同时，由于规划具有规范性，一些规划理论、实践与研究的分支对公平议题及倡导性规划方面更为重视。因此，该部分的章节提出了一系列问题，包括规划研究对于赋予个体与集体权利的能力，平衡对消息提供者的保护与收集"研究情报"需求的关系，等等（详见 Silverman、Davis、Hatuka 与 Håkansson 等人的文章）。第三，很多文章还运用实用主义、扎根理论以及行为研究等，以表达其渐进循环式的知识建构，包括理论、方法论、实证、分析及解释等层面，这些工作被一些学者看作是"诱导式"或"应急式"的研究设计。规划扎根于实践，以行动为导向及以社会变革为目标，这使其比其他专业更有自我证明的能力。定量的规划研究因此和实践紧密相连。尽管它并不需要为实践或者参与者提供直接导引，它却可在研究的同时找出实践的共性的问题，从研究方法中衍生实践方法，或者改变现实状况中的一系列行动轨迹（详见 Ng、Pinel、Håkansson 与 Quintana 等人的文章）。第五部分的文章对此进行了更加详细的论述。第四，定性规划研究的议题并不仅仅局限于社会建构主义认识论的角度。它还关注社会动态变化中参与者的策略以及研究和实践的互动关系。本章中的文章也在定性研究中得到启发，包括协同规划的实践探索、意义与价值的产生、物质空间与城市形态中的文化含义、地图制作、社会经济机制、城市规划职业、改变未来的潜力、权力机制与社会排斥等议题。最后，部分文章（如 Silverman、Pinel、Dühr、Buunk 与 van der Weide、Davis 与 Hatuka 等人的文章）强调，定性研究应该比定量研究同等或更加严谨。这个观点适用于研究策略以及特定的研究方法。无论从实证主义还是更加描述性的标准来看，扎实的分析框架、可靠的方法论、对偏见的关注、主观性与其他因素的相互影响、案例的选择、自反应的推动机制、交互式的数据分析、记录、组织和分析数据的技巧等等，都有助于提高定性研究的有效性。

　　除了以上提及的"定性研究"的共性之外，特定研究项目的特征只能从认识论立场、学术理论、研究策略与研究方法来归纳。除了共性，第三部分的文章表现出定性研究的多样性。这种多样性通过学者们的不同研究语境（如亚洲、欧洲、拉丁美洲、中东与美国）而加强。

　　罗伯特·西尔弗曼（Robert Silverman）首先提出了分析定性数据的基本原则。他强调了定性研究的持续性与系统性。这包含了反复试验与验证记录、组织及分析数据的技巧，包括研究问题的建构、标准化与焦虑管理、数据处理、事件记录、图示与发散思维等。然而，西尔弗曼主要讨论了核心的定性方法在规划实践的应用。文中介绍的研究方法不太多，但为学习定性研究的额外技巧提供了基础。该章涉及的议题包括：田野记录与田野观察，半结构式访谈与小组座谈。每个议题都是在规划实践的语境下讨论，并通过作者的研究案例来支撑的，例如底特律的有关社区合作式发展与业主委员会。在文章的最后，参与式的活动研究被认为是一个不断发展的研究领域。

　　在与第一个案例截然不同的语境中，伍美琴首先展开了一个关于协作式规划的核心讨论，从而论述 1997 年中国香港回归后不断增长的两种（自下而上式与政府主导式）社区参与活动。她提出了一套灵活的研究框架，以及可行的研究策略、研究问题、与适合的方法论。这较于那些基于西方经验却可能与亚洲背景截然不同的研究理论，更加适合亚洲语境。伍美琴解释了她是如何提出四个主要案例来展示城市发展与规划问题的。她的研究方法包括了三方面：通过案头研究来分析宏观社会经济与政治演变过程中案例的背景情况，访谈不同的利益相关者，以及参与与案例相关的活动。她最后强调推动本地化智慧的重要性，这有助于产生可行与灵活的行动。

　　桑德拉·李·皮内尔（Sandra Lee Pinel）与玛丽亚·哈坎森（Maria Håkansson）引介了人类学来了解如何近距离观察人与事件，以及现实语境是如何影响观察行为的。人类学认为文化是人类通过符号、社会制度与相应机构调和变化的方式。在定义研究问题与收集数据的过程中，研究者或规划干涉者本身是参与式研究的一部分；此外，参与式研究也关注社区如何通过赋能而引起变革式的行动。这需要研究者具有批判地反映现实的愿望和能力，以及怀着开放且灵活的态度对待参与式研究。皮内尔首先简要回顾了通过人类学可解决的三个规划问题：发现并记录利益相关者的价值观与关注点；评价替代性行动的可行性与适用性；在理解不同文化背景的前提下促进协作式空间规划。皮内尔随后把参与式观察、半结构式访谈与参与式制图，描述为文化人类学与人文地理学中，最为成熟的三种人类学研究方法。为了解释这三种方法，作者还使用了他们在美国印第安部落管治的相关研究与规划作为案例。

哈坎森研究了含义是如何单独和相互影响下形成的。此类研究强调揭示事物被赋予的含义，而非追寻所谓的本质真相。研究的过程和目标因此包含了阐释性理解、创造含义与更加深入地了解个体的经历。因此，数据收集与理论的发展有了互动。在理想的状态下，数据的收集、处理与分析，以及理论的建构同时发生。因此从人类学角度，我们需要一套合适的方法将人作为主观存在来研究。从该种意义上看，通过实践者的互动与参与，这个过程是传授式的。这些方法应能帮助我们了解人们的观点、故事、经验、选择，以及将研究的现象放入其社会文化语境中去理解。哈坎森认为访谈、专题小组与观察是其中较为合适的方法。此外，话语分析也同样是一种有用的方法，不过其并没有在本文中展开讨论。

斯蒂芬尼·杜尔（Stefanie Dühr）的文章展示了研究欧洲各国政策与图示的定性研究方法。这种空间规划图示的分析框架，其理论根植于地图学与空间规划，并把图示看作是社会建构的方式。这种解释性的方式，需要有应对实证分析的方法论挑战的论证，包括如何控制个体在读图与文字时的主观性。以"解构主义"的方式来解读和分析图示，需要定性的分析方法，以获得在规划语境与图纸中更深刻的反思，同时明白图示能如何塑造舆论、为部分公众或地域赋能、同时削弱其他人的能力。在制图学文献的帮助下，杜尔建立了一套标准，以同时分析战略空间规划制图表达中的图片与语言结构。

加布里埃拉·昆塔纳·比希奥拉研究地方的城市形态与居民的关系，以及场所感是如何通过城市社会心理实践所建构。昆塔纳关注委内瑞拉的宗教与其独特形态的相互渗透历程。为了理解空间与文化之间的关系，定性案例研究与人类学研究方法被认为是最适当的选择。昆塔纳强调其方法中的三个重要环节，即初步试验、组织不同的研究阶段与持续的数据分析。在这三个原则之外，昆塔纳还与她所研究的社区保持了良好紧密的关系。从一个社会建构主义认识论角度来看，她采用了一系列定性研究的方法，包括参与式观察、访谈与非正式的谈话，视听记录与照片调查，与文献研究。此外，她还对人们认为有意义的地点进行了一系列城市分析，包括公共空间体系、城市肌理、街区建筑模块、土地利用与道路等等。

W·W·布恩克和L·M·C·魏德展示了话语分析作为一种分析方法，能如何剖析规划实践与决策制定中潜在的价值观。话语分析能在特定的社会环境中，反映特定词语的价值观，例如"公正"、"骄傲"或者"城市密度"等，能反映其在社会与政治过程中深层次的信念、偏好、动机、诱因、欲望或实际的判断。因此，话语分析能洞察参与者是如何看待世界与空间发展问题的。它的挑战则是，学术知识与技巧以及实践经验是否足以解读话语分析所得到的结果。布恩克与韦德通过采用不同研究策略的两个荷兰案例，展示了如何寻找潜在价值。一个案例是严格的实证主义，通过文献分析与对参与者进行宽松结构的访谈。另一个案例则是在实证分析的过程中建立理论框架。

黛安娜·戴维斯与塔利·白田的目标是将创意式的远景构想带回到规划领域中。他们认为未来愿景构想可以为规划师与设计师了解城市，同时可以评估有效规划行动的局限性与可行性。远景构想可以产生批判式理解，包括对现实世界的制度、政治经济等约束的理解，同时它可培育对未来多种可能性的想法。此外，远景构想还可以揭示规划过程中，市民与其他利益相关者的一些错误认识、不妥协和存在偏见的状态。基于"公平的耶路撒冷竞赛"的试验性项目，戴维斯与白田研究如何通过远景构想为这个城市生成了一系列非传统的规划策略。通过话语分析，他们把关于城市可能的未来的数据进行图示与评估，从实用主义到乌托邦进行线性分类，并鉴别能超越实用主义–乌托邦分野的想法，使之成为可能的远景。

最后，从迪拜复杂的发展历史出发，玛赫亚·阿列菲提供了一个对现代迪拜矛盾性的探索研究。从一个渔村到逐渐崛起的全球城市，迪拜在短时间内经历了剧烈的变化。以阿拉伯世界为根基，迪拜加入了全球经济网络，并被认为是一个主要贸易与出口的中心。该章关注迪拜的新旧商业空间载体（传统市集与购物中心）。这些空间占据了迪拜很大一部分土地，并展现出全球化与地域传统的抗争。在对这些"令人迷惑的类型与尺度"进行剖析、观察与访谈研究后，这篇文章发现了传统市集是如何在购物中心爆炸性的发展中生存下来的，以及物质尺度与社会经济之尺度之间的微妙相互作用，从而为尚未回答的一些问题提供了新的思路。

第三部分文章中的这些不同的学术理论、研究策略、研究话题与研究方法，展现了在量化研究方法之外，从规划研究中不断发展的"定性"研究。在主流的社会建构主义认识观中，规划研究深入洞察了规划实践、战术与战略。它们是社会演变的一部分，也是参与者在社会经济、知识系统、文化表达、价值与想象、对话中的互动体现。新旧规划策略的立场与含义（如社会均衡、包容与排斥）变得越来越清晰。尽管被选中的这些文章并不能展示所有的研究战略与方法，例如社会生态演变、规划与设计、制度性分析等方面皆有所欠奉，但我们相信该章的文章可以成为未来规划研究探索的踏脚石。

刘　铮　贺璟寰　译，邓昭华　校

3.2
定性研究的数据分析方法

罗伯特·马克·西尔弗曼

引言

在规划教育中，定性研究方法往往被忽视，美国的专业学位课程尤其如此。缺少了教育工作者和专业组织的指导，很多学生和执业规划师只能通过反复试验不断试错来学习定性研究方法。本章力图解决这一规划教育领域的缺陷，重点介绍学生和执业规划师都应知道的主要的定性研究方法。本章介绍的定性研究方法容易上手且适应性强，并可与传统规划实践的其他研究技术结合运用。

规划专业关注一砖一瓦的实际项目及其他形式的实体开发，这也是导致美国专业学位课程中定性研究缺失的一个原因。近年来由于规划对社会层面的兴趣逐步提高，定量与定性研究之间的不平衡变得不那么明显。随着规划师们更多地考虑到公平问题和倡导式规划，这种研究兴趣也越来越强（Davidoff，1965；Krumholz and Forester，1990）。随之而来的，收集数据的需求也逐渐增大，以反映规划决策对各类居民观点的影响。在规划制定过程中，定性研究方法很适用于解释社会层面及平等目标的议题。在认识论角度，定性研究方法可用于揭示社会进程中的更深层含义（Brewer，2000；Saldana，2011）。由于更专注于发现社会意义，定性研究对当代规划实践至关重要。

本章的主要内容是讨论主要的定性研究方法在规划实践中的应用。其中介绍的方法并不全面，但为在定性分析中获得很多其他的技巧提供了基础。本章涵盖的主题包括：现场记录，实地考察，半结构式访谈，和小组座谈等。每个主题都是在规划实践的背景下讨论的。本章对于如何进入研究实地的关注较少，因为规划研究的本质就意味着不会遇到很多障碍，并能够顺利进入研究场地。而当规划师们从事与其专业工作有关的应用研究时，尤其如此。

有时候，规划专业的学生发现获取某种形式的定性数据并不容易。当他们试图采访公职人员，或想进入地方政府或其他非公共部门组织的区域时，碰壁是常有的事。在这种情况下，重要的是让学生与他们想要研究的机构和组织的"门卫"交朋友。如何获取研究地点访问权限的策略，在洛弗兰德（Lofland）等人（2005）以及伯格和伦（Berg and Lune）（2012）的定性研究的文章中有广泛的讨论。这两篇文章以及其他相关文献可提供额外的信息。

本章所述每个主题都关乎一个定性研究与混合方法研究的大框架，学生和规划师们可以从中自由选取。例如，这些核心领域所使用的技巧，适用于学生和规划师们与公众的交流，特别是在社区会议、专家研讨会以及其他旨在加强公众参与和公众投入的规划过程中。定性研究方法主要用来收集数据，以进行公共政策的制定、实施分析和评价，特别在使用参与式行为研究和形成性评估技术的时候。

定性研究的优点之一，是令广泛的个人和社会群体更容易获取数据分析的结果。这样一来，定性研究被认为是一种民主的、赋权式的数据收集和分析的方法。同时，定性研究能捕捉到公共生活和城市开发进程的细节，这是其他研究方法所缺乏的。这令那些专注于可持续规划的研究和政策建议更有质感、更加真实，更能创造出符合居民价值的社区环境。

定性分析也非常具有优势，因为它能够将一套普遍适用的分析技术应用在各类研究数据的收集中。这些分析技术很容易上手，具有不同研究水平和研究经验的个人都能学习，还能够适用于广泛的研究场景中，并且在其他研究中加以复制。

本章的第二部分讨论了定性数据分析的技术，第三部分详细介绍了几个定性研究的具体方法。

定性数据分析

定性分析的数据来自对物理环境的观察，以及人们对物理环境的体验。同时，定性分析也可以基于现有的文档、公共记录和档案资料展开。这些数据包括物理环境中的可见元素，人们留在环境中的他们活动记录印迹，对人们在环境中行为的观察，以及人们对于环境观点的记录。通过使用大量工具，这些数据得以在定性研究中收集获得。研究人员在现场做笔记，通过各种采访访谈收集记录信息，从机构组织和研究参与者那里收集书面文件。目前研究人员也越来越多使用从互联网收集到的照片、视频和其他数据（Ball and Smith，1992；Best and Krueger，2004；Banks，2007；Gaber and Gaber，2007）。

无论是定性研究中使用的数据，还是研究人员倾向于用什么工具分析它，数据分析取决于两个密切相关的原则。首先，定性分析是一个在研究过程中持续进行的活动。它是一个迭代的过程，包括数据的检查和复审。这种数据分析方法使得研究能够不断试探，并最终适应探索过程中的意外情况。它需要从开始数据收集，到一个研究项目的完成，持续不断地进行数据分析。这些特点使得定性研究非常适合专业规划师的工作，因为规划需要根据各类居民的反馈、规划过程中环境因素的改变而进行修改与调整。

除了将定性分析看成一项持续进行的活动之外，定性研究还存在第二个指导原则。定性数据分析是一个系统工程，它包括很多技术的尝试、测试，用以进行数据的记录、组织和分析。这些技术包括：
- 问题框架化；
- 心态正常化和焦虑管理；
- 数据编码；
- 写备忘录；

- 图示化；
- 弹性思维。

1. 问题框架化

与定性分析的其他所有方面一样，问题框架化也是一个迭代的过程。它包括一整套用来组织分析的议题的确认。这些议题包括：用来描述或解释研究问题的现有概念，在研究中遇到的、为了描述问题各个方面的本土名词或术语，以及在研究中出现的新概念。用于组织定性研究的一系列议题在研究中会发生变化，因为随着数据的收集与理解，最初的假设可能不足以容纳研究问题的所有方面，包括偶发事件。

2. 心态正常化和焦虑管理

由于一般定性研究及问题框架化不断迭代发展的本质，定性研究人员需要能够充分接受研究中的灵活性和不确定性。就其本质而言，定性研究是一种开明的、开放的研究。这种研究方法本质上打开了一个主题的信息阀门，并尝试用一种有目的的方式对信息进行组织。对新手来说，巨大的数据量以及定性研究的相对开放性可能成为研究者的焦虑来源。为了应付焦虑，研究人员应充分掌握这种方法论，并把它当作一段旨在发现新知识的旅程。从本质上说，他们应该集中精力将焦虑转化成一种探险精神。

有一句美国海军陆战队的非官方格言——"即兴发挥、即刻适应、即时克服"。在很多方面，这个格言也适用于定性研究人员在研究过程中处理焦虑。除了使自己内心更加顽强，研究人员可以通过坚持一些日常性的工作来减少焦虑。首先，他们应该努力地分析数据。在研究过程的早期，数据应该经常被分析。持续的数据分析应该与用以回应新发现的定期研究调整相结合。然后，研究人员在使用数据分析技术的时候应该保持一贯性和系统性。在研究过程中，应该保持记录使用方法和技术的习惯，应与合作研究者或可信赖的同事一起协商进行研究设计的调整。

3. 数据编码

数据分析的一个核心活动就是编码。它涉及将数据分门别类，以做进一步的分析。定性分析中有两种主要的编码类型。第一种叫开放式编码，即逐字逐句地阅读现场笔记、录音记录和其他文件，并对数据进行互不关联的摘录并分配代码。第二种定性分析编码类型叫核心式编码，即将开放式编码的结果、综合信息的结果以及为数据构建的广泛的、包罗万象的类别结果进行比较。编码是发生在整个研究过程中的。因此，它常常被称作持续比较法，因为研究人员需要不断重新审视他或她的编码方案，并不断完善。表 3.2.1 给出了一个案例，是我在密歇根州底特律市对社区开发公司进行的研究，对访谈记录数据分别进行开放式编码和核心式编码（Silverman，2005）。

对密歇根州底特律市一个社区开发公司首席执行官的访谈的编码示例　　表 3.2.1

开放式编码	采访记录	核心式编码
- 新进入的地区 - 可见性 - 合作关系 - 公众参与 - 信息共享 - 慈善事业 - 信贷咨询 - 贷款项目 - 邻里关注 - 投诉流程 - 可见性 - 安全 - 手段	问：居民如何参与到社区发展过程中？ 答：比方说我们即将进入一个新的社区，那里的人们并不了解我们。在确保我们的财产安全并挂出招牌的同时，我们也积极地在那个街区工作，认识邻居。鼓励他们关照我们的共同利益，让他们互相关照，同时也让他们关照我们的财产。 　　在节假日的时候，我们也举行一些筹款活动，或者分发一些礼物、鼓励邻居参加活动。我们可能会让他们提交贫困家庭的名字。在感恩节或圣诞节的时候，我们会邀请居民一起分发礼品篮。例如，如果我们要翻新一座房子，而他们知道有谁想买房子却又负担不起的，我们会要到他们的名字。我们组织过车库销售、筹款活动、抽奖出售和其他一些活动，以协助人们获得首付。如果他们有信用问题，我们会提供咨询。我们寻找不同的贷款人，有一些项目能够帮助他们，我们就在邻里间散播这些项目的信息。 　　我们还试着找出长期居民和老人家，他们一般对走私和其他活动感到不满。我们建议他们应该如何举报违法行为，如果有些问题市政府没有管，我们也鼓励他们向相应的政府部门举报，像垃圾收集或其他事情。或者，如果有人非法倾倒垃圾，他们也需要举报。我们有一个员工专门与社区组织一起工作，我们如果要向某个特定区域进军的话，很鼓励这种行为。我们通过这个员工参与董事会，就能占有一席之地。人们将我们的公司与他联系起来，就能为我们提供很多很好的信息。 　　例如，我们正在修缮一座房子，在那里人们经常会擅自闯入。他们会跳过围墙，在私有土地上穿过。邻居告诉了我们这个问题，由此我们向市政府申请建设更高的围墙。相比于一般 4 英尺高的围墙，我们能够立起 6 英尺高的围墙，来解决擅闯私宅的问题并改善邻里环境。它同时也有助于消除城市破坏行为。	- 建立合作 - 基层招募 - 正式程序执行 - 赋能 - 建立信誉 - 程序改善

　　尽管表 3.2.1 中的例子来自一次采访记录，开放式编码和核心式编码技术也可以与其他定性数据一起使用。表 3.2.2 介绍了一个开放式编码和核心式编码应用于现场笔记数据的案例，来自我与另一个合作者在底特律郊区共同进行的关于业主协会建立的研究（Silverman and Patterson，2004）。

　　编码是一个相对简单和直观的过程。它只需要在现场笔记、记录、图像和其他定性数据文件的边缘上书写代码。传统方法是代码被写到数据文件的硬拷贝上。而随着文字处理程序、定性分析软件和其他新技术的出现，编码也可以通过电子方式来完成。一旦数据被编码，研究人员将对它进行排序，并开发出归档系统。在过去，这是通过生成多个编码数据的硬拷贝，并手动将它们存档到按主题和专题分类的多个文件夹中来完成的。而今天，这项工作的大部分都是通过使用电子文件和文件夹、结合定性分析的文字处理程序或专业软件来完成的。

　　如上所述，对定性数据进行编码是一个迭代过程。为后续分析准备的一部分数据组织过程则需要对数据收集和分析做一个时间线记录。这涉及按主题和按时间顺序来存储数据。所有现场笔记、记录、编码回合数和归档系统的记录，都应该按照日期来组织。这可以帮助数据分析，并记录概念形成的过程。

底特律郊区一个业主协会建立的现场笔记的编码示例　　　　　　　　　表 3.2.2

开放式编码	现场笔记摘录	核心式编码
- 邀请 - 认识与问候 - 烧烤会	地方开发商邀请所有的居民参加一个烧烤会。每个居民都收到一个带有开发商信笺的请柬。请柬被放在每个房主的前门，上面写着邻里的每个人都被邀请在周日下午去该楼盘一个样板房的入口处参加烧烤会。根据该请柬，这次烧烤会的目的是"认识你的新邻居"，并且活动将提供"热狗、汉堡包和饮料"。	
- 家庭 - 开发商及员工 - 夏日野餐 - 休闲 - 放松 - 非正式 - 闲聊 - 食物和饮料 - 协会条款、条件和限制	我们大约下午 12：45 抵达烧烤会，在那里待了大约一个小时。在我们停留期间，大概有六个家庭参加。他们包括成人和儿童。开发商和三个销售人员以及为其工作的建筑监理人也一同加入。这是一个夏日，烧烤会就在样品房前面的草坪上进行。作为一个非正式的场合，人们都穿着短裤和 T 恤。 　　大部分时间人们都很放松随意。我们讨论了邻里关系和美化环境计划以及其他家庭问题。食物跟请柬里描述的一样，有热狗、汉堡包、炸土豆条，饮料则包括汽水、啤酒和葡萄酒。	- 利用价值 - 邻里关系和社区建设
- 业主协会 - 惊讶 - 聚会结束	然而，开发商给每个参加者都发了一个包裹。这很让人震惊。包裹里有一份协会的"条款、条件和限制"草案（CC&Rs），提议在该地区建立一个业主协会。当开发商递给我们包裹的时候，他让我们阅读并在接下来的一周内返回一个签名副本，以便他能与镇政府一起归档。这让我们非常惊讶，因为我们买房子的时候压根没有提到业主协会这回事。得知这件事后，聚会就很扫兴。我们很快就离开了。	- 交换价值 - 私有化 - 规划和开发工具
- 邻居生气 - 是生意而非家庭聚会 - 上当 - 喝酒 - "骗子" - 离开，聚会结束	那天晚上，我们在车库前与一位邻居聊天。他们也参加了烧烤会，并且在我们之后大约半小时离开。他们对开发商的所作所为非常生气，他们觉得烧烤会本该是一个家庭聚会，结果被他们搞成了商业圈套。同时他们很恼火开发商的工作人员都在喝酒，而且当他说在他们买房子时并没有被告知将有业主协会的时候，开发商助理称他们其中一个为"骗子"。他们尤其生气的是，开发商助理当时好像喝醉了，当着孩子的面质疑他们的诚信。在这种不愉快之后，他们将 CC&Rs 还给了开发商助理就离开了烧烤会	- 利用冲突和交换价值 - 不专业 - 偷梁换柱

　　许多定性分析的研究者还用文字处理软件进行数据编码和分析。而且，越来越多的研究者使用专门的软件和其他新技术来强化定性分析。Atlas.ti（www.atlasti.com）和 NVivo（www.qsrinternational.com）是两个最著名的进行定性研究的商业软件。也有越来越多的定性研究软件工具可供在线使用，它们允许研究者上传数据、远程进行访谈和小组座谈、并且合作式地分析数据。这些资源包括 dedoose（www.dedoose.com）和 VisionsLive（www.visionslive.com）。除了商业产品，定性分析的开源软件也越来越多。例如一个叫 EZ-Text 的免费定性软件包可以从疾病控制中心网站获得（www.cdc.gov/hiv/topics/surveillance/resources/software/ez-text/index.htm）。

4. 写备忘录

　　除了数据收集和编码，研究者也将他们的研究经验记录下来形成内部备忘录。备忘录是一个研究人员想法的内部记录，这些想法包括编码的类别以及它们之间的相互联系，新兴理论和理论概念，原野调查经验，以及方法论的选择。备忘录一般来自现场笔记和记录誊本。写备忘录的技巧将在本章第三部分的"现场笔记和实地观察"进行介绍。

5. 图示化

除了制定编码方案和写备忘录，研究者还需要创建图示，可以将研究中确定的各类关系直观地表示出来。图 3.2.1 提供了一个案例，展示了我在底特律做的一个对社区开发公司的研究中核心式编码的图示化的过程。

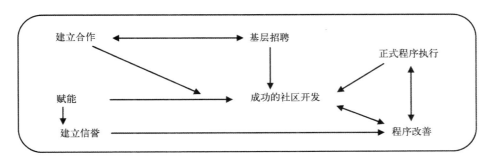

图 3.2.1 密歇根州底特律市采访一个社区开发公司首席执行官的编码图示

6. 弹性思维

最后一个用来记录、组织和分析数据的技巧是弹性思维。这意味着运用动态方法来进行数据分析。在某种程度上，弹性思维需要定性研究人员不断地重新审查他们的数据。研究者应该为同样的数据使用多个编码方案，并根据突发主题对数据重新编码。编码和图示都应该用多种方式来组织，以分辨出数据的细微差别和各个方面。研究人员还应该避免过于沉浸在微观分析中，定期脱离数据将注意力转移到研究问题的整体框架。另一个需要避免的陷阱是避免过早将研究框在一个固定的理论分析框架中。研究人员，尤其是那些在扎根理论框架下工作的人，应该在研究早期阶段充分掌握发现新知识，并让定性研究的旅程引领他们在研究过程收集数据并得出结论，而不是让宏大的理论先入为主。此外，定性研究人员应该保持谨慎的态度，避免将新技术的应用与分析性思维混淆。软件可以协助对数据进行存储和组织以便分析，但实际的分析则涉及研究人员的批判性思维技巧。最后，通过与研究合作者、研究参与者和利益相关者分享初步发现，弹性思维也能得以促进。来自他人的反馈可以帮助发现需要调查的新领域以及分析未发现的方面。

一些核心的定性研究方法

1. 现场笔记和实地观察

做现场笔记和进行实地观察是定性研究中经常采用的最基本的数据收集方法。埃默森、弗雷茨和肖（Emerson, Fretz and Shaw, 2011）为定性研究中使用的现场笔记方法进行了全面介绍。这两种方法有时候可以独立使用，但它们常常与半结构式访谈以及小组座谈这样的数据收集方法结合起来使用。尽管使用现场笔记和实地观察能够为其他定性研究方法增光添彩，实际上有时候这两种重要的方法足以撑起一个独立的研究。例如，我和合作者一起在密歇根州底特律市做了一个关于业主协会和邻里规划的研究，就是完全依靠现场笔记和实地观察完成的（Silverman and Patterson，2004）。我参与的一个研究小组也同样采用现场笔记的数据来分析城市规划实践中的行为角色（Silverman，Taylor，and Crawford，2008）。

现场笔记也就是对实地观察进行书面记录。在一个研究场地中将观察到的各种事实以及重大事件按照时间顺序记录下来。现场笔记往往以对普通事实的描述开始。这些事实提供了对一个实地环境中观察要素的背景描述，例如：实地观察发生的时间和日期，物理环境的布局，该环境中的人物特征，建筑和街景，以及研究现场能够提供背景信息的其他方面等。将普通事实描述完成后，定性研究人员将在他们的现场笔记中描述一些重大事件。这些事件包括社会进程，关键的交流互动，研究人员观察到的与研究问题相关的信息及其对此的分析性见解。

在很多方面，现场笔记这个称呼实际上并不准确，因为现场笔记是分别在研究过程中两个独立的、各不相同的阶段完成的。在第一阶段中，研究人员一边做现场观察一边会做一些简略的笔记。而在第二个阶段，研究人员离开研究场地后，再详细记录形成一个完整的现场笔记。

当研究人员进入研究现场时，就应该开始现场笔记。当进入现场后，研究人员作为一个积极的观察员，尝试从多个角度识别众多事物。在开始写笔记之前，研究人员应该先在心里做一个笔记，并把它们转化成一些简短提示或助记词，能够在随后的研究过程中激发他或她对现场的记忆。这些提示将被写成简短的笔记，在定性研究中这些笔记常被称为随笔。当在一个研究现场做笔记时，研究者应该将这些线索或提示按照被认定的先后顺序随笔记下。随笔也包括普通事实和重大事件。在研究人员离开研究现场之后，这些简短随笔就为之后详细的现场笔记提供了一个大纲。

做现场笔记工作量很大。在现场调查的初始阶段，研究人员会将大量信息都写成随笔。由于在研究的早期阶段数据收集量非常大，研究人员应该每隔很短时间就做一次现场笔记。在实地待了半小时到一小时之后，研究人员就应该离开现场，写下完整的现场笔记并进行初步分析。这种分析将协助研究人员识别研究环境的各个方面，以便在下一次现场考察中能够收集到其他数据。收集什么样的数据取决于初步研究问题和研究过程中不断出现的主题。

随着实地研究目标变得越来越明确，在研究场地中所花费的时间将成倍增长。在对研究现场多次访问后，收集到的新信息量将开始减少，同时观察也变得有些重复。在这个阶段，数据的饱和点已经达到，也意味着实地考察接近尾声。在不同的研究中，数据收集结束的时间点是不同的。通常，决定何时结束数据收集，一方面考虑数据饱和点是否达到，另外也需要考虑项目的资源和时间限制等现实因素（如学期结束时，合同规定的最后一天或者其他外部强加的最后期限）。

在离开现场之后，需要开始书写完整的现场笔记。这个过程包括两步。第一步，根据随笔和其他简短的现场笔记，完成对现场考察的详细描述。一旦一套详细的现场笔记完成，研究人员将继续添加一些分析和方法论的笔记。第二步称为写备忘录。在此步骤中，研究人员会在整套详细的现场笔记中用括号插入一些简要的分析说明。有时候，现场笔记的文本中会加入备忘录以澄清或添加研究背景。有时候，在关于一个重大事件的描述后会加一个长备忘录。这些长备忘录会包括一些初步分析，或者为下一步分析阶段的开放式编码和核心式编码提供线索。现场笔记的最后也会有一些长备忘录，记录一些在实地考察时闪现的关于方法论和研究设计的片段。

很重要的是，扩展现场笔记就意味着进行筛选。事件在经过筛选后，以书面记录的形式被记录下来。通过将数据记录转化为书面笔记，研究人员能够决定在分析过程中要包含哪些信息、排除哪些信息。从本质上说，在定性研究中，研究人员本身才是主要的数据采集仪器和数据处理装置。因此，研究人员必须警惕自己的偏见，并在写备忘录的过程中考虑到这点。在定性分析中，这被称为自反性。

在实地工作期间，一个研究人员的潜在偏见是需要被关注的要素。定性研究人员在收集数据的时候也应该考虑运筹协调的问题。例如，研究人员应该控制好实地调研的时间，并尽快开始书写完整的现场笔记。这样做为了确保能够更准确地记录事件的详细信息。研究人员还应该确保留有足够的时间来完成详细完整的现场笔记。分析是一个持续的过程，一些笔记可能要到研究项目的很晚阶段才会被完全解读，所以对细节的关注是必不可少的。研究人员还应该使用文字处理程序来输入现场笔记，以便于其后的编码和其他分析。最后，研究人员应该按照事件发生的前后顺序来书写完整的现场笔记。这个技巧可以防止研究人员漏掉那些一开始看似并不重要、后来却成为关键的事件。

现场笔记被用在大量的研究和社会科学学科中，但当它们被应用于规划研究时，它们便拥有了特殊的价值。除了使用传统的现场笔记来做观察记录，规划师也将这个数据收集的方法应用到日常各种工作中。例如，规划师会定期进行雨刷式调查以及其他调研现场的评估。这些数据收集活动意味着需要像串门或逛公园一样访问现场，记录它的物理特征，并形成规划师自己观察和印象的书面记录。形成系统的现场笔记是雨刷式调查和现场评估的核心组成部分。

除了在实地考察中使用的传统的纸笔进行记录，规划师也使用其他数据收集工具。最经常用来为随笔和其他笔记进行补充的工具就是摄影。研究人员将图像数据纳入他们的实地研究，然后根据在现场拍摄的照片去写大量的现场笔记，这种现象越来越普遍。数码摄影和录像技术的不断创新令这种笔记越来越方便。智能手机和平板电脑的出现也令笔记不断发展。例如，现在可以使用便携式电子设备来记录随笔。有时候，无处不在的手机和短信在实地调研中比传统的做笔记更加低调。

2. 半结构式访谈

除了做现场笔记和实地观察，半结构式访谈是定性研究的一个重要工具。温格扎夫（2011）详述了在定性研究中会使用到的不同访谈技巧。正如他和其他文献所述，半结构式访谈是定性研究中多种访谈技巧之一。例如研究环境的一些非正式的访谈或者和人们的即兴聊天。在城市规划和其他专业学科里，通过非正式的访谈来收集数据非常自然。通过这种交流方式获得的数据已经成为实地考察数据收集的重要部分。约根森（1989）和洛夫兰等人（2005）的文章中都有谈及这类访谈获取数据的角色及使用。

与非正式访谈相反，半结构式访谈是为了详尽而专注地了解被访者如何回应话题的。对规划师们来说，它能深入了解利益相关者对一件事如何体察和理解。这些利益相关者包括社区居民、开发商、政策制定者以及负责规划设计和实施的公共管理人员。我发现在我对于社区基层组织和公共参与的研究中，半结构式访谈是不可或缺的（Silverman，2001，2002，2003a，2003b，2005，2009）。在规划研究中有很多这种方法的其他应用。

进行半结构式访谈涉及对主题性问题的管理执行。虽然半结构式访谈是在一组预先设定的问题的指导下进行的，但它实际是由受访者的反应驱动的一组自然对话。目的是为了通过相对自然的对话来发现新的主题。半结构式访谈的设计是为了确保访谈过程的连续性，但以一种更为灵活的方式来执行。半结构式访谈主要由开放式问题组成。一般针对开放性问题开始讨论，那些集中表现受访者传记学和人口学特征的数据，会以这些相对松散的问题为基础收集起来。

在半结构式访谈中，研究人员的角色就是用一个不偏不倚的态度来介绍谈话的主题。这些主题都围绕着一组特定的问题，而这些问题是一个研究项目的重点。当受访者回答了研究人员的问题之后，研究人员还会不断询问以保持谈话持续下去，从而令讨论的事宜更加丰富。访谈指南是研究人员为了保持在半结构式访谈中，谈话能继续下去而使用的主要工具。访谈指南由三个核心要素组成。

第一个要素是知情同意书。在大多数情况下，知情同意书都是以书面形式出现，然后由受访者口头执行或阅读并签字。研究本身涉及的风险程度以及机构审查委员会的要求，决定了知情同意书的严格执行程度。知情同意书的一般目的是为了保护受访者的个人隐私，并将这个研究的目的解释给他／她听。除了让受访者了解参与这项研究的风险和收益，知情同意书也可以作为开始访谈、与受访者建立融洽关系的一个重要方法。从本质上说，知情同意书界定了访谈的界限，制订了游戏规则，并让受访者对整个研究过程有个大概了解。

访谈指南的第二个要素是一系列概括性问题，每个都有一些追问。这个要素构成了访谈指南的主要内容。概括性问题要求回答者针对一个主要相关主题提供一个概述。追问则是一些更具体的跟进式的提问，令概括性问题中相关主题的细节更加充实。本质上，概括性问题和追问都是开放式的。在访谈指南中概括性问题和追问都是按照逻辑顺序组织起来的，但是根据访谈的走向，研究人员可以对这些问题顺序进行调整。根据受访者的应对，访谈中问题的顺序可能会改变，甚至访谈指南中所有问题都不使用也是可能的。大多数情况下，研究人员会用一个使气氛活跃的问题作为开始，将受访者慢慢引入讨论，逐步建立融洽的关系。这个问题之后会有一些更具体的问题，逐步涉及访谈后部分较为敏感的、不可预测的话题。

在半结构式访谈的指南中，概括性问题与追问的措辞与风格应有所不同。一些问题会让受访者描述研究人员想要了解的事件和情况。这些问题的开头通常是："请告诉我关于……"、"请描述一下……时候的情景"、"……是什么类型的"以及"如何……"。其他问题则会让受访者对研究人员想要了解的事件和情况"举例"。研究人员有时也让受访者回忆他们的经历。这些问题会要求受访者："请告诉我有一次你……"或"你在……的经历是怎样的"。当受访者使用一些行话时，研究人员常常追问这些行话的定义。他们会问，"你是如何定义……的"或"你说的……是什么意思"。研究人员还会要求受访者在访谈过程中对事物进行类比和对比。例如研究人员可能会问受访者，"在哪些方面 X 与 Y 不同？"或"为什么说 A 和 B 是类似的？"最后，受访者会被要求在当前语境下对问题进行评价。例如，研究人员可能会问："以前 X 完成得如何？"，"那现在 Y 做得怎么样？"，或"将来 Z 会表现如何？"

访谈指南的最后一个要素包括一些人口统计方面的问题，以及一段总结陈词。这些问题是为了收集受访者那些难以察觉的人口学特征，同时了解受访者对研究环境知道的一些相关信息。这些问题可能包括受访者的教育背景，或者在一个社区中居住的时间，或者受访者所实施项目的特点，或其居住的邻里街坊的情况。访谈指南应该包含一个结束问题，询问受访者是否还有其他他或她想要讨论或详细说明的问题。结束问题有时候会带来与研究相关的关键信息。最后，访谈指南会以简要陈词作为结尾。在陈词中研究人员会感谢受访者对研究的参与，请他们留下联系方式，并告知受访者这个研究的结果将如何发布。

一旦访谈指南构建起来并经过预测试，就可以开始访谈了。在研究过程的这个阶段，有四个问题需要考虑。首先，研究人员需要决定如何接触到受访者并动员他们参与研究。通常情况下需要使用先遣信，信里描述研究项目的目的并邀请受访者参与研究。先遣信之后就可以直接联系个人、进行访谈时间的安排。访谈通常被安排在一个中立的、私密的地方，研究人员和受访者可以坐下来进行讨论。在研究的开始阶段，研究人员会根据其对研究主题的熟悉程度以及是否能够联系上来选定受访者。一旦研究启动，研究人员就会使用滚雪球抽样、立意抽样或理论抽样等方法来收集更多的研究参与者。格拉泽和斯特劳斯（Glaser and Straus，1967）、洛弗兰德等人（2005）以及伯格和伦（2012）等作者的文章中，都有对定性研究中抽样方法的讨论。

在进行访谈之前应该考虑的第二个问题是数据收集的材料准备。研究人员应该带上一份访谈指南、一支钢笔或铅笔，以及做笔记的纸。此外，研究人员还应该携带录音设备。在开始访谈之前，研究人员应该对录音设备进行测试、熟悉操作和存储空间。对访谈进行录音最终会转化成详尽的录音记录。除了录音之外，在访谈期间做的笔记也可以用来对录音记录或任何相关的分析材料进行补充。

在开始访谈之前应该考虑的第三个问题是自己的行为举止。研究人员与受访者之间建立良好的关系是至关重要的。这意味着需要保持眼神交流，同时做一个积极的听众。眼神、面部表情和其他非语言提示都会对谈话起到促进和引导的作用。要紧的是要在访谈期间做现场笔记和随笔，这样可以让受访者感觉到他们讨论的主题以及他或她的回答是很重要的。访谈期间做的现场笔记也可以作为录音的补充。万一录音听不清或设备发生故障时，访谈期间的笔记就成为访谈重构的重要依据。

最后需要考虑的问题就是访谈后紧接着要做什么。应该立刻安排何时将访谈录音转成记录和笔记。访谈结束后，第一件事就是要确认录音设备确实将访谈全部记录下来。如果录音正常，研究人员紧接着可以做一些关于访谈过程的初步笔记。然后应该将访谈录音转化成书面的录音记录。一旦录音记录完成，研究人员可以往里面添加现场笔记和备忘录。如果录音出现问题，研究人员需要立即根据访谈中做的现场笔记和随笔，尽可能多地将访谈的讨论重现。当访谈记录、相关笔记以及备忘录都准备就绪，研究人员就可以开始编码和数据分析。

传统的半结构式访谈都是面对面进行的。虽然能够开展面对面访谈是定性研究的最佳工具，但有时它可能并不现实。尤其在规划师从事的一些应用研究中如此。在某些情况下，潜在受访者由于空间或时间限制不便进行当面访谈。如果出现这样的问题，有时也可以运用新技术进行替代。萨蒙斯（Salmons，2010）讨论了很多替代选项。例如利用互联网、智能手机、Skype 网络电话、视频聊天、电子邮件或电话采访等等。尽管每种技术都存在自身的局限性，它们还是提供了很多定性数据收集的新途径。

3. 小组座谈

半结构式访谈是一对一的交流互动，但有时候进行成组成群的访谈更有利。定性研究人员将这种数据收集类型称为焦点小组座谈。关于如何开展小组座谈，很多文献都有提及（Barbour，2007；Gaber and Gaber，2007；Krueger and Casey，2009）。小组座谈是在主持人指导下开展的小组访谈。这种方式的优势是可以让研究人员在相对短的时间内从多个个体处收集数据，而且成本较低。小组座谈的形式令参与者容易熟悉和理解，一般基于一个话题会组成一个小组。这种形式非常便于针对规划问题的讨论，尤其当问题存在多个视角，而数据收集本身存在人力物力及时间限制的时候非常实用。当探索一个新的题目，需要为后续分析确定研究界限时，小组访谈也很有用。我经常在自己的研究中使用小组座谈的方法。例如在纽约布法罗市，我和同事做了一个关于管理者和政策制定者如何感知公平的公共住房政策的研究，小组座谈就是其中的核心部分（Patterson and Silverman，2011）。

尽管小组座谈研究有很多优点，这种方法同样存在很多挑战。第一个挑战就是小组座谈的主持人如何让讨论始终集中在研究题目本身上。多个参与者的存在就意味着小组座谈的讨论会更有可能逐渐偏离其预定的题目。因此就需要小组座谈的主持人在组织和控制讨论时非常有技巧。由多个参与者参加的小组座谈会带来其他挑战，群体互动增加了数据分析的复杂程度。在分析数据时，研究人员必须考虑社会因素对小组互动所带来的影响。小组座谈还需要更好的组织安排协调，多个参与者必须聚在一起，而主持人必须协调好与研究团队其他成员之间的安排。

通常情况下，一个小组座谈会包括6—10个参与者。理想的小组成员人数应该不多不少，既让每个参与者都有机会分享他或她的见解，又能包含多样的个人意见。一次小组座谈的讨论平均持续约1—2个小时。通常针对一个题目会组织多个小组座谈。每个小组座谈的参与者应具有类似的特征。例如，关于邻里振兴的研究可能会组织多个小组座谈：居民一组，开发商一组，租客、业主、青年人和其他利益相关者各一组。大多数情况下，在一项探索性研究中一般会组织3—5个小组座谈。在对小组座谈的数据进行分析时，研究人员会进行组内和组间的对比。

与半结构式访谈一样，小组座谈使用开放式问题来识别参与者的个人观点。重点是要识别个人观点和小组看法。小组座谈的讨论并不是为了达成共识、解决问题或形成一个大家都支持的行动计划。小组座谈的讨论有可能会产生这些结果，但它们并不是目的。小组座谈的目的是为了生成可用数据，以充分把握讨论主题的广度和深度。当讨论问题提出，各参与者的反应和他们之间的互动也应该作为数据被记录下来。语言数据和非语言数据都会被记录。一般也会使用录音设备和现场笔记进行记录，有时也使用摄像记录。这些数据会被组织成现场笔记和记录，以作进一步的分析。

　　主持人在小组座谈中扮演的角色至关重要，他或她要给小组讨论定调。主持人向小组提出问题、追问细节、并保证讨论不跑题。通过鼓励那些沉默寡言的人发言，防止专横跋扈的人过分影响谈话，主持人得确保小组每个成员都能相对均等地参与到讨论中来。与半结构式访谈中的采访者一样，小组主持人也会使用相似的技巧来鼓励对话。这些技巧包括：做一个积极的听众，做笔记并保持态度中立。但是，如果能有其他研究团队成员出席、专门做现场笔记或操作录制设备，这样会让小组座谈主持人的工作更加顺利。

　　与半结构式访谈中的访谈指南一样，提问路线指导了小组座谈的进行。提问路线包括五个要素。第一个要素是前言，包括对这项研究的概述、小组座谈参与者会在研究中扮演什么样的角色，以及对研究团队成员和其他参与者的介绍。前言还包括讨论保密性和知情同意的过程。小组座谈需要以小组的形式进行，因此很难保证完全的保密性。但我们通常要求每个成员不要将讨论的内容和个人评论外泄。

　　提问路线的第二个要素是关于讨论规则的介绍。主持人会要求有序讨论、文明讨论，这样每个人都能踊跃参加。同时应该提醒参与者，小组座谈的目的是为了了解关于议题全方位的意见，参与者们不需要互相同意。主持人还应该将他或她的角色界定为中立的调解人。

　　提问路线的第三个要素包括了可供讨论的问题。与半结构式访谈中的访谈指南一样，提问包括一系列宽泛问题和追问。提问环节通常以一个活跃气氛的问题开始，然后再跟进一些更具体的问题。最后通常是征求补充想法。在讨论之后，一些小组会给个人分发资料表格去填写，包括基本的人口统计信息。

　　提问路线的第四个要素是一些特别活动，用来拓宽数据的维度。并不是所有小组座谈都包含这个要素。小组座谈的特别活动一般包括：绘画练习，绘图，对照片和视频的解读，模型搭建，角色扮演及其他集体活动。在规划研究中，这些活动通常被应用在工作坊或研讨会中。小组座谈的参与者可能被要求对初步规划、建筑外表或城市设计元素等进行评价，抑或对政策提议进行讨论。在这些活动中小组座谈参与者们形成的材料也会为后续分析提供一部分数据。

　　提问路线的最后一个要素涉及应对敏感话题的准则。一些小组座谈需要处理敏感性的话题，例如吸毒、犯罪、性别歧视、种族隔离、越轨行为或者其他潜在的易变话题。在小组场合下最好不要针对个人询问敏感性问题。相反，问题应该以一种能够使参与者在一定程度上置身事外的方式提出，而不是迫使他们直接将这些敏感性话题代入自身。例如可以提问"你认为种族隔离对社区有什么影响？"而不是"请告诉我种族隔离对你有什么影响"，这样能让参与者先以比较抽象的角度来考虑敏感性话题，然后再主动提出更具体的、更私人的相关体验。通过在宽泛问题后面不断追问，技巧娴熟的主持人可以将敏感性话题的小组讨论从一般的感知引导到具体的案例上。

应用规划研究中经常采用小组座谈的方法。也有其他的收集数据的方法借鉴或对小组座谈研究形成补充。例如电子市政厅会议，媒体小组座谈，专家研讨会和社区工作坊等。新技术越来越多地被运用在小组座谈中，例如远程电话会议、网络电话和在线讨论板等。这些方法在萨诺夫（Sanoff，2000），克鲁格和卡西（Krueger and Casey，2009）以及萨蒙斯（2010）的文章中都有涉及。

结论

最后，定性研究方法提升了规划学者和专业规划师的研究能力。当利益相关者的观点多面且存在千丝万缕的差别时，定性研究方法尤其有效。尽管定性研究可以应用于所有规划专业的分支学科中，但当规划过程中出现公平性问题时，定性方法是最经常被使用到的。所以一般涉及个人与社区发展的关系研究时，研究者一般习惯运用定性研究方法。

本章中讨论的每一个方法都是对规划研究中使用定性数据的有益补充。例如，人口普查和其他人口统计数据常常会与定性数据结合起来为规划制定作支撑。其他这类混合方法则被用于环境规划、交通规划、减灾防灾规划、经济发展和市场分析等领域中。

其他大量运用定性研究方法的更有前景的领域之一是越来越多的参与性行动研究。随着越来越多的规划师试图通过研究来给社区居民和其他利益相关者赋能，参与性行动研究变得越来越普遍。公平性规划和行动研究的融合为改造规划研究和社会等级制度的转型提供了可能性。研究者们已经开始大量工作来促进这个研究方向的方法论的发展上。斯特林格（Stringer，2007）和斯托科（2005）为参与性研究的提供了一个研究框架设计。我和同事也对参与性行动研究可以应用于城市规划的程度进行了批判性研究（Silverman，Taylor，and Crawford，2008）。尽管存在批判，学者和规划师们仍旧在发展更具包容性的规划研究方法上进展显著。

参考文献

Ball, M.S., and Smith, G.W.H. (1992). *Analyzing Visual Data*. Thousand Oaks: SAGE.

Banks, M. (2007). *Using Visual Data in Qualitative Research*. Thousand Oaks: SAGE.

Barbour, R. (2007). *Doing Focus Groups*. Thousand Oaks: SAGE.

Berg, B., and Lune, H. (2012). *Qualitative Research Methods for the Social Sciences*. New York: Pearson.

Best, S. J., and Krueger, B.S. (2004). *Internet Data Collection*. Thousand Oaks: SAGE.

Brewer, J. D. (2000). *Ethnography*. Philadelphia: Open University Press.

Davidoff, P. (1965). Advocacy and Pluralism in Planning. *Journal of the American Institute of Planners* 31(4): 331–338.

Emerson, R. M., Fretz, R. I., and Shaw, L.L. (2011). *Writing Ethnographic Fieldnotes*. 2nd edition. Chicago: University of Chicago Press.

Gaber, J., and Gaber, S. (2007). *Qualitative Analysis for Planning and Policy: Beyond the Numbers*. Chicago: American Planning Association.

Glaser, B. G., and Strauss, A. L. (1967). *The Discovery of Grounded Theory: Strategies for Qualitative Research.*

New York: Aldine De Gruyter.

Jorgensen, D. L. (1989). *Participant Observation: A Methodology for Human Studies*. Thousand Oaks: SAGE.

Krueger, R. A., and Casey, M. A. (2009). *Focus Groups: A Practical Guide for Applied Research*. 4th ed. Thousand Oaks: SAGE.

Krumholz, N., and Forester J. (1990). *Making Equity Planning Work: Leadership in the Public Sector*. Philadelphia: Temple University Press.

Lofland, J., Snow, D.A., Anderson, L., and Lofland, L. H. (2005). *Analyzing Social Settings: A Guide to Qualitative Observation and Analysis*. New York: Wadsworth.

Patterson, K. L., and Silverman, R. M. (2011). How Local Public Administrators, Nonprofit Providers and Elected Officials Perceive Impediments to Fair Housing in the Suburbs: An Analysis of Erie County, New York. *Housing Policy Debate* 21(1): 165–188.

Saldana, J. (2011). *Fundamentals of Qualitative Research*. New York: Oxford University Press.

Salmons, J. (2010). *Online Interviewing in Real Time*. Thousand Oaks: SAGE.

Sanoff, H. (2000). *Community Participation Methods in Design and Planning*. New York: John Wiley & Sons.

Silverman, R. M. (2001). CDCs and Charitable Organizations in the Urban South: Mobilizing
Social Capital Based on Race and Religion for Neighborhood Revitalization. *Journal of Contemporary Ethnography* 30(2): 240–268.

Silverman, R. M. (2002). Vying for the Urban Poor: Charitable Organizations, Faith-Based
Social Capital, and Racial Reconciliation in a Deep South City. *Sociological Inquiry* 72(1): 151–165.

Silverman, R. M. (2003a). Citizens' District Councils in Detroit: The Promise and Limits of Using Planning Advisory Boards to Promote Citizen Participation. *National Civic Review* 92(4): 3–13.

Silverman, R. M. (2003b). Progressive Reform, Gender, and Institutional Structure: A Critical Analysis of Citizen Participation in Detroit's Community Development Corporations (CDCs). *Urban Studies* 40(13): 2731–2750.

Silverman, R. M. (2005). Caught in the Middle: Community Development Corporations (CDCs) and the Conflict between Grassroots and Instrumental forms of Citizen Participation. *Community Development: Journal of the Community Development Society* 36(2): 35–51.

Silverman, R. M. (2009). Sandwiched between Patronage and Bureaucracy: The Plight of Citizen Participation in Community-Based Housing Organizations (CBHOs). *Urban Studies* 46(1): 3–25.

Silverman, R. M., and Patterson, K. L. (2004). Paradise Lost: Social Capital and the Emergence of a Homeowners Association in a Suburban Detroit Neighborhood. In *Community-Based Organizations: The Intersection of Social Capital and Local Context in Contemporary Urban Society*, edited by Robert Mark Silverman. Detroit: Wayne State University Press, 67–84.

Silverman, R. M., Taylor, Jr., H. L., and Crawford, C. G. (2008). The Role of Citizen Participation and Action Research Principles in Main Street Revitalization: An Analysis of a Local Planning Project. *Action Research* 6(1): 69–93.

Stoecker, R.R. (2005). *Research Methods for Community Change: A Project-Based Approach*. Thousand Oaks: SAGE.

Stringer, E. T. (2007). *Action Research*. 3rd edition. Thousand Oaks: SAGE.

Wengraf, T. (2001). *Qualitative Research Interviewing: Biographic Narrative and Semi-structured Methods*. Thousand Oaks: SAGE.

赵银涛 李 昕 译，邓昭华 校

3.3
1997年后中国香港的社区参与研究——协作还是操控?

伍美琴

引言:"寻找真相"

许多年前当我还在读研究生的时候,我的导师约翰·弗里德曼教授曾经问过我,"你想讲一个什么样的故事?"在亚洲的传统观念中,我们学者不应该仅仅是一个讲故事的人,我们必须告诉大家"真相"!很多年之后我才意识到,在我各式各样寻找真相的尝试中,讲故事本身是一件宝贵且有趣的事情。下面就是这样一个故事。

1997年香港回归,不久就受到亚洲金融危机的重创,由此引发的经济衰退导致社会极化、收入不公平等问题;除此之外,禽流感、赤潮还有2003年的"非典"等健康威胁也接踵而来。在矛盾重重的那几年,香港政府试图出台"国家安全法案",使这个自由主义城市的言论自由岌岌可危。结果在2003年7月1日庆祝香港回归当日,50万市民涌上街头抗议示威,反对这部法律的出台。这次示威游行最终导致香港特区第一任行政长官的下台,随之离开的还有当时的卫生局和保安局的长官。香港的公民社会由此受到极大鼓舞,变得更加积极勇于出声,尤其与规划相关的公共事务上。在如此严重的"政府合法性危机"下,香港政府做出了许多大胆尝试,积极推动公共事务的社会参与,例如城市更新、西九龙文化区的规划,以及填海项目的规划等。然而,如果我们从法律及制度框架下审视,就会发现原本自上而下的规划体系并未改变,市民参与的空间仍旧有限。在香港回归后,由政府推动的公共参与项目中,我对其自下而上的程度充满疑问:这真的是一种协作规划的尝试吗?或者只不过是一种操控行为,意图为不受民众支持的政府开脱,令其更加"合法化"以及"合理化"?这成为我关注2003年及其往后事件的出发点。

需要一个合适的研究框架

为了寻求香港公众参与热潮的"真实"含义,我申请了一小笔研究经费,项目实施期为2005—2007年。我们的首要任务是构建一个好的研究框架、设计合理的研究策略、采取合适的方法论。这对于在亚洲语境下讨论问题尤其重要,因为大多城市研究理论都出自西方语境,迥异的研究背景会对研究本身产生深远影响。在大多数情况下,初步研究框架就好像一块有效的

"滤镜"，帮助我们更加透彻地理解那些看起来零散出现且毫不相关的事件。但是，由于我们研究的对象是一些多变的现象，相关的概念也可能非常有限，这个理论框架必须是灵活的，能够随着研究的进展、反馈不断进行修正的。

一个支持率不高、自上而下靠行政驱动的政府，忽然在城市规划领域大规模推动公众参与，如何解释这个有趣的现象呢？我开始关注规划界早期热议的公众参与议题，虽然这些议题现在已逐渐淡去，例如"协作规划"的概念，"操控行为"、"合法化"、"合理化"（Arnstein，1969；Long，1975）等名词的含义，城市规划师的角色定位（Friedmann，1987；Gunder，2003；Smith and Blanc，1997）以及透明的、开放的规划过程的重要性（McClendon，1993；Webler，Tuler and Krueger，2001）。对于这个问题我并不是白手起家，城市规划中的"交往转变"我非常了解，西方语境中"协作规划实施"的缘起和发展我也很熟悉，这是我的优势。随后的问题就是需要检视"协作规划"在香港这样一个后殖民地的、非民主的"自由主义"市场经济体中的起源和发展。政府是真心实意想实现"协作规划"吗？抑或仅仅是一种功利的打算？要回答这个问题，需要对公众参与的过程与结果构建一个评价体系。

构建一个研究框架

在 2010 年 AESOP 大会上，帕齐·希利教授解释了协作规划的缘起，她认为协同规划看似合理，并且确实是现在我们所谓的"新自由主义"手段的有益补充。由此，单纯依赖市场力量、甚至放权等方式来解决城市问题不是唯一选择（Healey，2003，p. 102）。她还强调，虽然协作规划的概念产生于英国特定的背景下，但漂洋过海在世界其他地方也开始推广。对于那些"寻求真相的人"或"讲故事的人"来说，这个注释非常重要，因为我们必须在时间和空间中寻找一个概念的起源、出现和演变，这种研究方法和科尔施（Korsch，1938）强调的"历史说明"原则以及福柯（1977）的系谱研究方法非常类似。在回答初始研究问题之前，我们必须搞清楚香港"协作规划"的起源是非常不同的。这也会让我们认识到香港"协作规划"的试验有多么可贵，从而更加准确地描述这种行为所产生的影响。

为了辨别这些协作规划试验的真伪，我们需要建立一个评价体系去衡量他们的形式、内容以及结果（Flyvbjerg，1998，2001；Innes and Booher，1999；Healey，1997，2000；McGuirk，2001；Yiftachel and Huxley，2000）。在这个过程中我们发现一件非常有趣的事，相关文献中有相当部分是在争论协作规划是否真能实现，特别是在现存权力框架已然不平衡的情况下，这恰恰是香港的问题所在。这些争论还指出，理解协作规划的过程和结果固然重要，更重要的是要对协作规划的权力关系背景给予敏锐的关注。

这些热烈的争论看似势不两立，但却为我们的研究指明了方向，我们又回到了之前提到的两点：协作规划的起源，以及这些试验行为的形式、内容和性质。

1. 协作规划行为的起源

在英国，协作规划在某种程度上是一群学者对抗 20 世纪 80 年代中期兴起的"高撒切尔主义"（新自由主义）和种种放宽规划管制行为而采取的对策，以此"拯救"长期建立起来的城市规划体系（Healey，2003，p. 102）。它试图将城市规划重新定义为一种达到地方管制集体转型的策略。但香港的故事却截然不同。香港的"协作规划"源自社会激进组织的大力推动，最终却被走投无路的香港政府拿来"拯救"自己于严重的"合法性危机"中（Ng，2008，2011）。但无论如何，这对于香港城市规划都是一场大胆的试验，虽然当时的香港在很多方面都陷入严重危机，特区政府也遭遇到日渐成熟的公民社会的顽强抵抗，但协作规划的实施的确为城市规划本身营造出一个独特的时空。在此之前香港政府一向奉行市场优先、政府主导，这场试验则鼓励社会不同阶层人士都参与进来，运用集体智慧制定城市规划。

也就是说，英国的"协作规划"是针对政府放权行为的一种系统转型；而香港则是当政府力量比较弱、自上而下的排他开发规划体系已不能应对经济危机和社会危机时，协作规划由公民社会发起，目的是为了建立一个更加开放的规划体系。

2. 协作规划真的可行吗？

"协作规划"的概念其实很理想化（Weber，1949）。希利（1992）在她 1992 年发表的这篇文章中为规划理论和实践中的"交往转变"提出了 10 个属性，还为调查协作规划过程提出了四个方面的问题（表 3.3.1）。随后其他学者的争论为我的研究问题提供了有趣的参考。一方面，批评者们认为规划语境中充满了各种"矛盾的解释"，这形成并保证了特定权力组织的运行（Flyvbjerg，1998；Watson，2003），而交往型规划实践实际上忽略了这种语境和权力关系，这是相当不成熟的、理想化的甚至是根本不可能实现的（Flyvbjerg，1998；Yiftachel and Huxley，2000）。但另一方面，交往型规划和协作规划的簇拥者反复声明，通过交往型分析能够揭示现有的主导权力关系，他们还指出了实施协作规划可能存在的关键障碍——也就是说，将交往型规划的实施作为一个批判性回顾的平台，让不同部门、不同层级的权力代表聚在一起、摸索相互妥协调和的方式，最终达成一个共同的目标——可持续发展的未来（Healey，1997，2003）。这两个互相矛盾的学派观点为构建评估协作式规划实践的框架提供了宝贵资源。

调查协作学习过程	表 3.3.1

利益相关者与场景："探索到底谁是一个事件的'利益相关者'，他们在什么场景进行讨论。关于政治、行政以及法律体系的场景，创造了一个能让政策原则获得行政管理或者法律立法通过的正式渠道。"

讨论的程序与形式："这些话题对于不同人群意味着什么，也包括'展开'话题……如何通过文化因素、经济因素还是政治因素界定不同利益相关者……是什么在困扰人们，什么造成这种困扰，以及如何对待这种困扰，并将这些问题建立联系链条。"

发起政策辩论："发起一个新的政策辩论…关于事件走向的一个众所周知的共识，随后开展具有固定步骤的政策辩论，探索其政策含义。"

维持共识："一个战略性政策辩论需要经过持续的反馈和检讨……经常性的回顾，包括正式的专业人士的检讨回顾，也包括对于这种检讨本身表现好坏的质疑。"

资料来源：Healey，1997，pp.268—283。

为了证实上述对于"真相"的追求，我们必须提出研究问题、设计研究方法，在此之前还需要确定一些可度量的，或是可研究的要素。费吕夫布耶格（1998，p. 227–234）认为权力决定了现实、理性还有信息，因此面对早已不平衡的权力关系，他对现有规划和政策的变革权力提出质疑。也就是说，当希利不断在整个协作过程中找寻另一种具有变革权力的实践的同时，费吕夫布耶格则对这种权力游戏时刻保持警惕，他认为权力本身可能会成为阻碍。事实上，这种张力的存在对我们确定研究框架非常有益。而英尼斯和布赫（Innes and Booher，1999，p. 429）这一对建立共识的支持者提出了一个评价框架，对"协作规划"试验的过程和结果进行评价。这种评价对于确定规划过程到底是一种协作的结果还是被操控的结果事关重要。表 3.3.2 中，本文作者试图用英尼斯和布赫的评价框架帮助将希利的"调查问题"转化成一套具有操作性的研究问题。

提出一系列研究问题

上述的研究方向为确定后面的一系列研究问题奠定了基础，目标是为了揭示"公众参与"的试验热潮是受人操控的行为，还是与公众协作行动的结果。

希利的前两个"调查问题"是关于"利益相关者与场景"以及"讨论的程序与形式"（表 3.3.2）。提出这两个关于语境的特定问题，是为了分析自香港回归中国主权后，不同利益相关者对于政府、各类私人部门、法律制定者、专家以及公民社会团体等不同组织，在规划开发过程中的角色认知；去检测他们认为香港城市规划体系的实施在多大程度上能够带来正面效果。我认为，在现有政治、行政以及法律体系的评价体系中，需充分理解各利益相关者对事物的不同看法。同时，就像希利提出的，我试图在"人们的困扰、造成困扰的原因以及能够采取的措施之间建立联系"（1997，p. 270）。这些对于规划过程的审查，帮助我和我的受访者们对各种时兴的规划实践或政策辩论更有判断力。

协作学习过程的跟踪与度量　　　　　　　　　　　　　　　　　　　　　表 3.3.2

利益相关者与场景	语境 • 谁是目前规划过程的关键"利益相关者" • 目前政治、行政以及法律体系的场景是什么？ 协同规划试验 • 协作规划是否包括了所有不同相关利益的代表们？ • 协作规划是否由目标驱动？且它的真实性与可操作性受到利益群体认可？
讨论的程序与形式	讨论语境 • 不同利益相关者如何评价规划背景和体系？ 协作规划试验 • 是否能够保证大家都能理解各类高质量的信息，并对其含义达成共识？ • 协作规划的过程是否是自发组织起来的？是否允许参与者决定如下要素：基本规则，目标，任务，参与主体以及讨论题目？ • 各参与者是否能够始终对协同规划过程积极参与、保持兴趣并通过各种方式进行学习？

发起政策辩论	• 是否鼓励协作规划对现状进行挑战？是否鼓励创新思维和学习行为？
维持共识	• 最终是否陷入僵局？ • 讨论是否很全面？是否针对方方面面的问题都提出了解决办法？ • 是否达成高度一致的共识？ • 是否创造了社会、政治资本？ • 参与者的态度、行为及行动是否有改变？是否形成了其他衍生的合作关系？是否形成其他新的实践或制度？ • 协作规划试验是否最终形成灵活的、相互联系的制度和实践，并允许公众对各种变化和冲突能够采取不同于以往的反馈？

资料来源：基于 Healey，1997，p. 268—283 和 Innes and booher，1999，p. 419 两篇文章上修改而成。

下面我提出了一系列研究问题，为了探讨与英尼斯和布赫所提框架的特征一致的"协作实践"，能否"发起新的政策辩论"：

• 哪些参与者参与了"协作规划"试验？

• 协作规划试验在如下方面具有哪些特点：共享信息的质量，公众参与的形式，参与者在决定规划目标和规划日程方面的自主权？

• 是否有措施保障利益相关者进行深度的探讨和辩论？

• 整个过程中是否出现了新的"政策辩论"？参与者们能否对"他们的需求、愿望和头等大事"畅所欲言？参与者们是否挑战了现有体系？

• 参与者们如何评价规划试验的结果？在这个参与过程中他们的角色是否发生改变？他们是否同意规划取得了"很好的成果"？

• 不同利益相关者如何评价整个规划试验的成本和收益？

确定研究方法

确定战略研究资料（SRM）非常重要，默顿（Merton，1987，p. 10—11）将 SRM 定义为：

针对之前难以处理的问题、战略性研究场所以及（临时）战略性研究事件，经过调查能够获得的、能够将一个现象充分诠释的经验资料。

换句话说，SRM 能够有效揭示研究现象的组织构架和运行方式。为了对后殖民地时代香港的"协作规划"试验进行评价，我确定了四个主要案例作为 SRM 来研究。之所以选这几个案例，是因为他们能充分代表有争议性的城市开发和城市规划事务（Ng，2013）。这四个案例都是由政府主导，但是遭到了公民社会的强烈反对，最后政府被迫将计划搁置。其中两个案例主要表现政府尝试推行"协作规划"，另外两个则涵盖了更多社区自主努力：

• 启德旧机场的重建；
• "喜帖街"（利东街）重建项目（图 3.3.1）；
• 西九龙文化区的开发；
• 填海项目。

　　我们制定了一个三步走的研究计划。第一步是案头研究，收集整理在香港社会经济和政治发生剧烈变动的大背景下，这些项目的缘起与发展的相关资料。这一阶段文献研究的成果会与后面访谈研究的成果相结合，尤其是关于研究背景的部分。深入的文献研究不仅仅能够揭示每个项目的发展走向，也能够在研究中确认哪些是利益相关者以待随后访谈的开展。这样每个项目都会列出一些潜在的访谈对象，由此发出访谈邀请。

　　研究的第二阶段包括针对不同利益者的25个系统访谈，例如政府、专家（学者）、非政府组织、社会活动家等等，综合比较他们在以下方面的观点与经验：例如他们对1997后香港协作规划试验的看法，他们在公众参与活动中的亲身经验，以及他们认为整个过程是协作还是被操控被利用。这些半结构性访谈，不仅能为基于文献综述提出的研究问题给以系统回答，同时也有助于理解类似社区激进主义和公众参与这样快速发展的社会趋势。

图 3.3.1　喜帖街

图片来源：作者。

　　本研究的第三阶段是对研究发现的核实，通过积极参与上述四个案例相关的公众参与活动来实现。部分活动由政府组织，其余则由不同的非政府组织网络组织。除了亲身参与到这些公众参与活动中，我还依靠信息通信技术（ICT）加入了很多团体的虚拟网络，这样又为设计好的研究问题提供了另一个资料来源。另外特别幸运的是，作为共建维港委员会（由政府、私人部门和非政府组织构成的三方组织）的委员之一，我能够目睹几个填海项目中的公众参与活动：有些人是带着协作规划的理想来的，而有些人则从一开始就受政府操控（图3.3.2）。这些机会让我更加理解推动协作规划的复杂性与挑战性，尤其当整个制度基础本身就"有利于"高阶位政府官员的操控行为。如果没有人质疑，一个政府主导的规划过程很容易被政府完全操控。我们至少有两次成功地将政府提出的填海计划推翻，打消了政府修筑道路的目标，并吸引不同利益相关者讨论他们对海滨规划的喜好、如何看待通过填海获得城市干道。整个过程在某种程度上改变了人们对于海港的观点，不再仅仅将其看成通过填海获得土地储备，而是"一个需要通过法律保护的、独特的自然遗产"（Ng，2011）。这些经历导致我对学者的批评者角色有了更深入的反思，特别是在非民主的政治环境中（Ng，2011）。

图 3.3.2　填海项目：公众参与工作坊

图片来源：作者。

通过这三个阶段的定性研究，我更深入了解到，作为知识的"持有者"或政府内外的"工作人员"，建成环境研究领域的学者们职责重大，而在整个大的具有操控性的、竞争的权力关系中，普通民众有可能成为规划过程的"权力持有者"。他们对于事物的认知和评价，特别是在已知的不平衡的权力关系中，他们的积极参与、对之后变革行为的选择，甚至到抵抗（Healey，2003），都会对事件发展的结果产生巨大影响。

一般性研究结果

本研究开始于香港回归中国的第一个十年，当时正值香港遭遇亚洲金融危机带来的严重经济衰退。除了经济低迷，香港还遇到了空气污染、赤潮、禽流感、"非典"等严重的环境问题和公共卫生危机。受访者们分享了他们作为普通民众的所思所想，特别是年轻一代也表达了他们对城市开发过程的观点。经济衰退和由此带来的相对慢一点的生活节奏，使专业人士和普通民众有更多的时间和资源参与到城市规划过程中。为了在公共事宜上发声，他们采取了多种形式，例如申请土地用途的改变，发动示威游行，组织社区公共听证会、展览、论坛等等。由于政府逐渐失去了他的合法性，而民众对于一系列规划相关的事宜多有不满，香港政府在许多容易引起争议的城市开发项目中积极尝试开展"协作规划"。

尽管在协作规划上香港已略有经验，但是四个案例对公众参与的开放程度还是各有不同（Ng，2013，2011，2008；Ng，Tang，Lee and Leung，2010；Tang，Lee，Ng，2011）。研究表明，由地方社区组织的公众参与活动最具开放性，而那些由政府组织的活动则开放性各异，这取决于项目本身是否紧急，或者公众对于这个项目是否存在成见。所以，有些公众参与活动充满活力，不断培育出挑战现状的创新想法，发展出一种"新的政策辩论"，而有些活动则看起来计划很模糊不清。除了那些由地方社区组织的参与活动外，其他公众参与都是由行政导向的香港政府控制的。然而，这并不是说人们不能表达他们的需求、愿望和头等大事。在城市更新项目中，参与者们抱怨真正的对话并不存在。但是在启德机场重新规划项目中，受访者们普遍反映各种商议讨论非常充分。[1]一般规律是，反响最好的公众参与活动都是由非政府组织来组织的。即使是那些被高度控制和"操控"的参与活动，参与者们也认为是不错的，至少是一个"好的出气筒"。事实上，有一个参与者还赞许了这种公众参与，他说如果在过去，只有很少数人会被"咨询"。通过公众参与的过程，人们充分表达了自己的观点。即使那些一开始只想着一己私利的参与者们，也逐渐认识到广泛公共视角的重要性，例如保育工作如何开展，地方经济发展的重要性等等。

但是，几乎所有受访者都对获得信息的质量表示不满，也抱怨讨论的时间根本不够。他们希望在公众参与开始前，组织者最好能够提供关于规划方案的详细资料，例如方案对项目属地的理解，对当地居民和其他利益相关者观点的考量等等。这样他们就可以更好地提问，以获得更多信息。大多数受访者感觉政府缺乏诚意，他们认为政府应该提供不同方案以供讨论，或者至少应该解释不考虑其他方案的原因。这些公众参与的试验允许参与者们在集体决策时按照大多数人原则，或让证据、事实说话。但是只有那些不甚紧急或者争议不大的项目会采取这样的方式。由于公众努力的目标往往很高，一般参与者对最终方案都不甚满意，特别是当公众参与试验并不是已有制度建制的一部分甚至不是很小一部分的时候，公众参与对最终实施方案所产生的影响就会非常有限。同样，大多数受访者都认为各项目中最终达成的方案实际并不理想。但是他们都承认通过公众参与，规划过程确实发生一些好的转变，例如更看重公共利益、更多考虑广大社区的意见；他们可以见证整个公共参与的过程；有时候，他们也能获得较高质量的信息。

虽然大多数受访者都指出，协作规划在不同程度上受到政府的干涉和控制，但出人意料的是，他们仍倾向于对整个试验给出正面评价。即使所有人都认为让公众参与到规划过程会增加成本，而这个过程很大程度是为了加强政府行为的合法性，这也让他们感到非常沮丧，但他们还是毫不犹豫地认为这样的试验对社区组织来说是很好的训练，让他们学会如何容忍和尊重别人的观点，学会如何利用跨界网络来为自己的需求抗争。无论多么受到操控，这些公众协商还是帮助参与者们了解到规划过程的复杂性，认识到这不仅关乎土地利用规划，启发他们通过更多更好的质疑来获得高质量的信息，也由此加强他们作为好公民的能力。通过协作规划的试验，社区组织在结成联盟方面变得更有经验，也会更熟练地利用大众传媒去扩大影响、传播自己在规划和决策过程中的需求。

回到我最初提出的研究问题上，我的受访者们认为协作规划试验在很大程度上存在政府操控的现象，基本是为政府行为合法化。但超出预期的是，这样的试验结果还是会有利于强化这个城市的政治生态的改善。这样的答案很有趣。当然如果一开始不存在社会经济政治各方面的改变，政府也不会进行协作规划的试验。改变一旦发生，结果就取决于个人如何抓住机会、如何最大程度利用这个机会为公共利益服务。

反思

香港正在经历一个有趣的时代。一个行政化的、没有政党的、后殖民化的城市，其非民主的政治体系相比较其公民的民主意识严重滞后。政府行为缺乏合法性，又面临持续不断的社会及公共卫生危机，最终，香港政府选择进行协作规划的试验。现在看来，对于一个不受欢迎的、绝望的政府，为了达到保持控制权、赢得合法性的目的，除了采取发展的方式，也就是分散权力、从社区中寻找更具创造力、更具创新性的办法，运用协作规划变成是必然的结果。事实上，舆论也批评公众参与活动，说它们实际都是烟雾弹，并批评参与者们因天真而受到功利的政府官员的利用。这种观点促成了我们这个研究，而这种"控诉"大部分也被证明是正确的，但还有其他超乎预期的结果！在协作规划的过程中，权力不再紧握在那些操控者的手中，而有可能被任何人掌握。参与者们不得不非常警惕识别主要的权力关系，观察有可能出现的障碍。事实上，也不是所有项目政府都选择"操控"，有些规划师和政府官员真心鼓励公众参与进来，最后规划成果也很成功，特别是在那些时间没有那么紧迫的项目中。通过政府和公众参与的活动，当地社区中的很多居民被赋权，成为更好的市民！

这些扎实的案例研究，为评价香港在不平衡权力关系背景下，所做的协作规划理论讨论建立了基础，让我们能更栩栩如生地进一步观察协作规划的"黑白"两面。要知道，制度内外的每个人都会运用他们的知识和专业去支持或挑战现状，公众参与的过程，无论被操控与否，都始终需要直面这个事实（Ng，2011）；通过公众参与，参与者们体验并意识到土地利用规划、社会经济考量之间的复杂关系，也了解到公共利益、社会正义和环境可持续这些抽象的概念。然而令人沮丧的是，制度岿然不动，而当项目获得正式通过后，政府又像"以前"一样操作（Ng，2013）。所以还需要有更多的研究来探讨强化的公民能力与地方管治转型机会之间的关系，这样不可避免会涉及关于发展权、城市权力等议题的讨论（Ng，2012）。

本研究还揭示了现有方法论的优点和局限。现有方法包括文献研究、对利益相关者的访问，以及实际加入公众参与活动和政府支持的协会等三个阶段，通过这个方法得到的研究成果不仅为作者提供了协作规划试验的一手经验，同时也揭示了评价协作规划过程需要关注的不同因素。因为大多数关于协作规划的理论起源于西方研究的语境，也就是实施代议民主制的国家中，而本研究令非民主政体内实施协作规划的优劣之处获得更好的理解。虽然不具开创性，但当亚洲背景下的城市研究需要运用西方概念时，本研究为亚洲学者提供了一个如何表达需要表达东西的范本。当然这种方法论也有局限性。例如，所有利益相关者并未一一受访，研究考虑的因素也注定不够全面，由此研究结论需要为不同利益相关者尽可能进行公有领域的审查。

本研究对于调查规划过程的参与者们也非常重要。案例研究表明，是否能够选择利用我们的专业知识会对最终规划成果产生巨大影响。在非民主社会中，最重要的是有专家能够胜任他们作为"公共知识分子"的角色，与一般民众一起，建立以地域特色的知识体系，为积极转型努力，为帮助人类更可持续的繁荣指明方向（Friedmann，2000；Ng，2011，2012）！希望我们的研究让那些身处相同境况的人们有所启发。

鸣谢

本章描述的研究工作分别由香港研究资助局的两个研究基金资助（项目编号 CUHK749309，CUHK750610）。

注释

1. 启德旧机场重新规划中的协作规划试验，"与社区一起规划—启德：真人，实地，真结果"，获得香港规划师协会优秀研究奖。获奖信息可于以下网页查看 www.hkip.org.hk/admin/ewebeditor3.7/uploadfile/20071105162025306.pdf（于 2014 年 8 月 5 日查看过）。

参考文献

Antonio, R.J., and Sica, A. (1949), "Introduction to the transaction edition," in *Methodology of Social Sciences: Max Weber*, translated and edited by Shils, E. A., and Finch, H. A., New York: Free Press.

Arnstein, S.R. (1969), "A ladder of citizen participation," *Journal of American Institute of Planners*, 35(4), pp. 216–224.

Flyvbjerg, B. (2001), *Making Social Science Matter*, translated by Steven Sampson, Cambridge: Cambridge University Press.

Flyvbjerg, B. (1998), *Rationality and Power: Democracy in Practice*, translated by Steven Sampson, Chicago: University of Chicago Press.

Foucault, M. (1977), "Nietzche, geneology, history," in *Language, Counter-Memory, Practice: Selected Essays and Interviews*, Ithaca, NY: Cornell University Press, pp. 139–164.

Friedmann, J. (2000), "The good city: in defense of utopian thinking," *International Journal of Urban and Regional Research*, 24(2), pp. 460–472.

Friedmann, J. (1987), *Planning in the Public Domain: From Knowledge to Action*, Princeton, NJ: Princeton University Press.

Gunder, M. (2003), "Passionate planning for the others' desire: an agonistic response to the dark side of planning," *Progress in Planning*, 60, pp. 235–319.

Healey, P. (2003), "Collaborative planning in perspective," *Planning Theory*, 2(2), pp. 101–123.

Healey, P. (2000), "Planning theory and urban and regional dynamics: a comment on Yiftachel and Huxley," *International Journal of Urban and Regional Research*, 24(4), pp. 917–921.

Healey, P. (1997), *Collaborative Planning: Shaping Places in Fragmented Societies*, Vancouver: University of British Columbia Press.

Healey, P. (1992), "Planning through debate: the communicative turn in planning theory," *Town Planning Review*, 63(2), pp. 143–162.

Innes, J. E., and Booher, D. E. (1999), "Consensus building and complex adaptive systems: a framework for evaluating collaborative planning," *American Planning Association Journal*, 65(4), pp. 412–423.

Korsch, K. (1938/1963), "The principle of historical specification," in *Karl Marx*, London: Chapman and Hall. Reprint, New York: Russell & Russell, pp. 24–37.

Long, A. R. (1975), "Participation and the community," *Progress in Planning*, 5(2), pp. 61–134.

McClendon, B. W. (1993), "The paradigm of empowerment," *Journal of the American Planning Association*, 59(2), pp. 145–147.

McGuirk, P. M. (2001), "Situating communicative planning theory: context, power and knowledge," *Environment and Planning A*, 33, pp. 195–217.

Merton, R. K. (1987), "Three fragments from a sociologist's notebooks," *Annual Review of Sociology*, 13, pp. 1–28.

Ng, M. K. (2013), "'Who got the controversial urban planning jobs done?': an institutional perspective," in *Has He Got the Job Done? – An Evaluation of Donald Tsang Administration*, Hong Kong: City University Press, pp. 347–373.

Ng, M. K. (2012), "Planning law and the right to city planning: a case study of 'walled buildings' in Hong Kong," paper presented at the Association of European Schools of Planning 2012, Ankara, Turkey, 11–14 July.

Ng, M. K. (2011), "Power and rationality: the politics of harbor reclamation in Hong Kong", *Environment and Planning C*, 29, pp. 677–692.

Ng, M. K. (2008), "From government to governance? Politics of planning in the first decade of the Hong Kong Special Administrative Region," *Planning Theory and Practice*, 9(2), pp. 165–185.

Ng, M. K., Tang, W. S., Lee, J. W. Y., and Leung, D. (2010), "Spatial practice, conceived space and lived space: Hong Kong's 'piers saga' through the Lefebvrian lens", *Planning Perspectives*, 25(4), pp. 411–431.

Smith, D. M., and Blanc, M. (1997) "Grassroots democracy and participation: a new analytical and practical approach," *Environment and Planning D: Society and Space*, 15, pp. 281–303.

Tang, W-S., Lee, J., and Ng, M. K. (2011), "Public engagement as a tool of hegemony: the case of designing New Central Harbour Front in Hong Kong", *Critical Sociology*, 38(1), pp. 89–106.

Watson, V. (2003), "Conflicting rationalities: implications for theory and ethics," *Planning Theory & Practice*, 4(4), pp. 395-407.

Weber, M. (1949), *The Methodology of the Social Sciences*, edited by E. Shils, Glencoe, IL: Free Press.

Webler, T., Tuler, S., and Krueger, R. (2001), "What is a good public participation process? Five perspectives from the public," *Environmental Management*, 27(3), pp. 435–450.

Yiftachel, O., and M. Huxley (2000), "Debating dominance and relevance: notes on the 'communicative turn' in planning theory," *International Journal of Urban and Regional Research*, 24(4), pp. 907–913.

李　昕　贺璟寰　译，邓昭华　校

3.4

为地方规划：民族志研究及规划实践

桑德拉·李·皮内尔

无论是发展趋势预测、现状问题分析，还是方案可行性分析、规划实施的社会影响评估，社会和空间研究对于城市规划实践来说都至关重要。20 世纪 80 年代，为了进入社会科学的范畴，城市规划开始采取实证主义方法论，也就是通过控制变量进行概率分析、选择最普遍的解决问题渠道的方式（Madsen，1983：113—116）。作为在公共领域实施的一种知识应用（Friedmann，1987），城市规划试图预见到或预测出事件的发生，以便进行干预，但是未来是不可预见的，会受到各种全球性、地方性驱动因素的影响，例如制度、参与者和技术等等（Hopkins and Zapata，2007）。

近期有一个关于规划理论如何运用实证研究方法的后设分析，研究结果发现，在规划研究中，归纳和演绎这样的实证主义研究方法有多样化的发展（Mickey and Wagner，2006）。采用实证主义研究方法的前提，是假设总体规划都是理性的，比如确实存在单一的公共利益、现代化的发展轨迹也都一致（Friedmann，1987）。然而我们不能想当然地认为，那些日趋多元化的民众还能够对生活质量和公共利益这样最基本的概念还保持多年不变的理解（Dandekar，1986；Fainstein，2000）。简·雅各布斯在对非正式城市支撑系统的细微观察中，生动刻画了联邦城市更新计划（1961）对城市带来的各种突发性、破坏性的影响，以此告诫规划师们要重视对人类价值观、感知、制度以及社会机制的理解，这对于为特定地区制订可接受、可行且有益的规划至关重要（Contant and Forkenbrock，1986）。规划师们需要借助社会科学去理解美学和建成环境之间的各种联系，从而解释为什么会在不同推荐规划方案中选择不同互动模式、进行不同决策（Dandekar 1986，2005）。越来越多有影响力的学术研究都采取了基于理论基础的案例研究方法（Innes and Booher，2010；Margerum，2011）。然而，城市规划实践仍旧在走从一个地方照搬模式到另一个地方的老路，对研究背景在规划结果中的角色始终缺乏足够关注。一项针对规划项目的问卷调查结果显示，规划师们在定性研究方法上的训练虽然有所增加，但仍不够重视。这里的定性研究方法指的是一套复杂的研究套路，包括研究设计，数据收集技术，案例研究、比较研究以及制度分析这样的非概率数据分析方法，进行访谈需要遵循的原则，以及其他方法中的观察技巧等（Goldstein，2012）。

与希利（2006：323）的看法一致，本章内容认为，空间规划实践的成功与否，取决于特定情形下的社会联系和机会组织。要想了解经济、社会、文化、环境和政治/行政之间的互动机制如何影响空间规划的结果，就需要开展以场所为基础的社会科学研究（Yaro，2007：104–105）。希利提供了一个研究切入点和研究架构，介绍了民族志和文化制图等研究方法，如何且为何能被应用在典型的本土规划和区域规划问题中。民族志研究方法中最关键的部分是参与者观察以及田野调查，这些都包括采访关键知情人。其他方法还包括自由列表、特定场所的行为研究（交往距离和肢体语言）、视觉图像和文件的使用等等（Bernard and Ryan，2010）。研究者必须尽量接近研究地点，同时他们自己要进行对假设的质疑，这才有助于研究分析。民族志的案例研究可以解释为什么一个过程在某一地方能够取得成功，但却在另一种文化环境下根本无法开展（Abott，1999；Hou and Kinoshita，2007）。

本章首先对民族志研究方法可解决的城市规划问题进行了简短回顾，然后介绍了三个源于文化人类学和人类地理学的最成熟的民族志研究方法：参与者观察，半结构式访谈和参与式制图。笔者采用自身曾经规划和研究的两个美国西部的案例，来说明民族志方法如何被运用到三个城市规划问题的解决中：（1）寻找和记录利益相关者的价值观与关注点；（2）对备选行动方案的可行性和合适性进行评估；（3）通过理解不同的文化背景以促进协作空间规划的开展。文章先对这三个问题进行了介绍，并对一些文化和研究认识论中的关键概念进行了简短讨论。在提出研究方法和案例后，本章对数据分析、研究有效性回顾和学术道德等一些必须注意的关键点进行了简要说明。本研究的前提是，一个有益且可行的城市规划必须处理好价值观和社会背景的问题。本章还介绍了快速民族志和参与式行动等研究方法。通过对本章的阅读，读者应该能够认识到从人类学、人文地理学中运用民族志研究方法的实用性和重要性，并做进一步的阅读和训练。

民族志研究方法所能解决的规划问题

1. 问题一：公众参与，确定利益相关者的价值观、认识和利益取向

城市规划理论与实践高度依赖公众参与，以确保规划的公正性与合法性，并确保本土知识能被规划应用。但是，在规划公共咨询会中利用出席率和代表性议题这样的规则，实际存在严重的缺陷和偏见。皮蒂（Peattie，1983）运用了人类学研究方法对拉丁美洲的城市规划项目进行了评估或重新设计，发现社区发展中的公民组织和参与者们会对城市规划的结果产生极其重要的影响。而陶克斯（Tauxe，1995）则运用了参与者观察及语言选择分析等方法，演示了一个本土公众参与项目是如何将农村白种居民边缘化的过程。由于研究操作人员更喜欢对教育程度高的新来居民进行调查，而且他们会在评论问题时使用大量"专业"词汇，从而隔离了受教育程度低的本土白种居民。约翰·福雷斯特则在与规划师的访谈基础上建立了规划理论（Forester，1989）。

民族志方法可以用来确定谁是利益相关者，了解他们的价值观和利益取向，发现本土知识，衡量所提出的方案能够受到多少支持。针对转型社会的、后结构主义的、后现代化的、批判性的、

社会性的议题及规划理论的研究方法，一般会被运用在性别研究、结构改变研究及用故事叙述的研究过程中（Sandercock，1998，2004）。而民族志研究方法则用来记录那些被淹没的声音。

2. 问题二：规划的方案比选，在特定社会机制和背景下的规划与管治途径、地理尺度的比选

詹姆斯·C·斯科特（James C. Scott，1988）回顾了一系列现代化项目的发展历史，他们都是基于普适性知识和国家批准的关于社会进程的统一指标建设起来的。这个令人震撼的案例研究，说明了在缺乏对文化、社会进程及社会头等大事的足够认识下，规划实施是如何变得不公正或不切实际。例如，土耳其灾民为什么不搬进给他们提供的住房（Ganapati and Ganapati，2009），发展机构应当提供怎样的过渡性住房服务？规划师若不理解斯科特所提到的 metis，即当地智慧，规划将产生意外的甚至破坏性的后果。

希利认为协作规划可以创造出共享价值以外的附加价值。对于区域协作空间规划，问题之一是建立导向集体政治行动的区域认同。对于民众有价值共识的公共景观，区域管治被证明是可持续的，如普吉特海湾、科德角或太浩湖等地（Foster，2001）。人类学和人类地理学在以下研究已产生交集：如场地对意义的物质性表达，又如理解对权力、资源、民众身份以及真实性的有争议的控制等（Appadurai，1988；Low and Lawrence-Zuniga，2003：18）。民族志研究善于处理家庭构成与经济活动、政治制度、子女教育、资源利用、商务贸易等活动之间的机制关系，在这点上它与注重全面、相互联系的公共规划尤其相匹配。可以在访谈中运用一些基本的参与式制图方法，来辨别人和与其相联系的不同尺度的区域，也可以找到群体间的矛盾冲突。

3. 问题三：确定规划事件和规划背景之间的权利关系和动态过程

人类学家斯科特（1998）、埃斯科瓦尔（Escobar，1992）和众多规划师们，例如耶夫塔克（Yiftachel，1999），都指出不考虑历史、文化、经济背景以及权力关系的现代化城市规划，会对社会和文化制度造成破坏性的影响。民族志研究方法为决策过程提供了细致入微的指导，特别是案例研究，例如公民如何运用波特兰规划组织土地利用变更的案例研究（Abott and Margheim，2008）。民族志研究可使空间规划更具参与性、文化适应性、社会可行性，并且有利于社区或区域内的不同人群，这对于其他方法而言是一个有益补充。同样，参与式行动研究能够赋予"受益人"了解空间机制的权利，以扩大他们在自身社区中的影响力。除此之外，规划师还可以在规划实践中使用参与者观察的方法，但需要经过训练并注意学术道德问题，特别是在快速民族志研究或参与式研究中。

民族志途径、方法和应用

民族志式调查是对所研究的人群及活动进行近距离观察，因为他们正是研究背景，并会对这些观察产生影响（Emerson，Fretz，and Shaw，1995；Fetterman，2010）。"不断接近，至少达到物理位置上和社会交往上的接近……身处关键场所和场景中，以便观察和理解他们"，深

入了解人们各种各样的经历，并赋予这些事件以意义（Emerson et al.，1995：2）。人类学家和地理学家们最先采用民族志研究方法，将独特的文化描述为有边界的且不变的信仰与习惯（Fetterman，2010；Cloke et al.，2004）；民族志研究还将文化描述为人们通过符号象征、社会习俗和自身组织机构等渠道，解决变化带来影响的方式（Geertz，1983）。

快速民族志研究与快速农村评估一样（Chambers，2008），能够大大缩短田野工作的时间。研究问题和研究方法也相对集中，因而只需对访谈和观察的结果进行比较。一小组研究人员就能了解受规划或事件影响的人群，他们的共同及不同的相关经历、对其产生的意义，以及差异产生的原因（Handwerker，2001：5）。因为参与者观察数据的不足，有可能导致研究精确性受质疑。但这可以通过多个研究员的观察结果和多种观察方法的结果对比解决。访谈通常会关注与研究项目相关的3—4个变量。这样做针对性强、成本低、即时性好，研究成果可以立即被运用在方案设计、监控或评估中。而研究的缺陷可通过调查者交叉检查和结果测试来解决，对此后文会做深入说明，引用的文献也可以做延展阅读。

在研究问题确认和数据收集中，通过将研究"对象"或规划需要干预的对象融入研究过程中，参与式研究就能把信息与行为结合起来（Argyris，Putnam，Smith，1993）。参与式行动研究由多个领域的参与者构成，研究者、规划师和参与者一同工作，共同探讨问题，利用研究结果希望进行改善（Kindon，Pain，and Keby，2007）。相比其他研究方法，参与式行动研究可以说更进了一步，关注社区如何被赋予权力并最终引向革命性的行动。社区成员以合作研究员的身份参与进来，通过多轮的研究和结果反馈，最终的研究成果为社区赋予了权力。这种研究方法是由人类学家索尔·塔克斯（Sol Tax，University of Chicago Chronicle，1995）提出并运用在民族志研究中，之后被应用于多个领域。作为合作研究员的社区和公民组织机构，针对项目推进可能存在的障碍，发现问题、分析地图并进行访谈，从而巩固社区行动议程，强化其在社区发展规划中的地位。结合参与式制图和其他数据收集方法，参与式行动研究可以在更宏观的区域背景和发展动力下，为协商当地问题的政治实践提出深刻见解。研究设计中必须涉及研究的有效性、学术道德和写作方法，一般采用以下部分方法或全部方法。

1. 参与者观察

参与者观察包括对多种类型数据（定量或定性）的收集，并在自然状态下对研究过程做笔记记录。研究者一边出现在人们的日常活动中，并与之建立伙伴关系，一边反思这些日常活动的机制和意义。比如，比尔德（Beard，2003）揭示了在一个专制国家里，印尼居民如何间接学会了激进规划的过程。这种方法有时并不构成一个正式的研究，但可以作为规划实践的一部分。参与者观察的方法提供了一种对权力和影响力的理解，这可以帮助认清研究中的关键利益相关者和沉默群体，或是他们的观点。例如，在对广场和国家公园的重新设计时就采用了参与者观察，了解不同人群在一天内的不同时刻如何穿过广场的行为（Taplin，Sheld and Low，2002；Low and Lawrence-Zuniga，2003）。

20世纪80年代，联邦政策鼓励所有的美国印第安部落政府大力开发商业，以达到部落经济自给的目标。笔者作为部落政府的规划师和项目经理,就在当时的工作中采用了参与者观察的方法(Pinel,2007)。该项目是由五个小型印第安人村庄社区联合委托,为他们规划经济发展战略。但这种战略并非常规,因为村庄规划委员会拒绝接受那种大型企业的资本主义价值观式发展,他们认为这会与他们的礼节和平均主义的文化核心发生冲突。基于此我们进行发展战略的研究。显然历史和文化背景因素会影响到发展战略的决策,而这些只能通过长时间的观察才能了解。

再如,爱达荷州中北部地区长达 25 年来一直存在公共土地管理的矛盾,涉及用地保护、采伐、娱乐、捕捞以及捕猎等不同产业的利益分割。为了解决这个问题,克利尔沃特协作组织建立起来(www.clearwaterbasincollaborative.org)。研究者参与观察了该协会自 2009 年以来的历次月度小组会议,观察显示这些会议充分展示了在该地区景观修复规划中,无论采伐、捕捞、捕猎或县政府的代表,每个成员是否尊重他人对于荒地使用的意见。同时也观察到,人们对荒地设计方案的谈判陷入僵局。与会人员的用词体现了深刻的价值差异。在表示在什么条件下他们会支持荒地的使用时,伐木工人代表一直使用诸如"保证"和"有所回报"的措辞,而环境保护的代表则反复强调"信任"和"诚信",以及努力做到县整体发展的承诺(Pinel,2013)。通过不断观察发现,价值冲突不仅仅体现在保护还是发展上,大家对达成交易和协议的过程中能够承担的时间成本和风险也各不相同。当笔者将观察结果向协会的共同主席们展示后,他们都认为这种类比和分析的结果是准确的;在下次会议中他们使用了这个分析结果,隔年协会成员们就对荒地的设计方案达成了一致。

2. 采访关键知情人

按照随机抽样原则进行有效统计分析,可以估计出具有某种态度或特性的人的比例或规模。然而,如果要想知道人们思考或行为的原因,需要对文化专家进行采访。[1]关键知情人就是这样一类人,他们了解信息又愿意分享他们的知识,由此可帮助研究者对研究结果进行诠释和测试。他们是自身文化或组织的敏锐观察者,而不是简单的统计学上被选择作为某部分人口的代表。选择关键知情人的方法不断在发展变化。关键知情人不在多,而需要选出的人对某类话题或问题具备丰富的认知(Bernard,2006:186—209)。民族志研究方法揭示了哪部分人愿意参加公共事宜,并且最年长的、知识渊博的人是否愿意参加(Elwood,2006:170–178)。如果关键知情人的文化知识水平涉及面足够广、能够涵盖不同时代的人、不同种族或熟知整个聚落或移民的发展历史,几个关键知情人就足够提供深入的信息。对于关键知情人的访问可以是非结构式的、内容丰富的对话形式,或者是结构化的问卷调查。这里讨论的半结构化访谈,是基于一个对宽泛话题和问题的访谈引导下展开的,知情人可围绕一个话题自由发散,例如有关流域的问题,然后再进行细节的探讨追问。

知情人采访的方法对解决第二类规划问题特别有效,即多种规划方案的可行性评估或影响预估,正如前文提到的印第安人村庄经济发展的案例。作为五个村庄的规划委员会成员,我们发起了一个部落农产品营销合作社,专门针对特有的蓝玉米,在家庭耕作体系的基础上强化传统农作物的生产。我们组织了一次合作社的试运行，包办了收割和销售，但参与的家庭拒绝出售玉米。我们采访了这些参与家庭中的妇女，了解他们如何使用玉米。尽管我们试图通过确保销路来激励生产，但玉米的生产却没有"剩余"。良好的公民意识令他们将多出的玉米与其他家庭和礼仪首领分享，出售这些玉米会对他们的社会名声受损。但是这个项目还是有其他非收入性的收获。其中一个村庄接手了这个项目以及玉米烘干设备，发展出了自己的蓝玉米生意。

采用关键知情人采访的方法，也加深了对之前提到的克利尔沃特流域协作遇到僵局的理解，发现了为什么之前从全国角度出发对森林进行协作规划却遭到强烈的反对，也发现了不同的谈判底线及相关的历史原因 (Pinel，2013)。知情人采访和小组座谈的笔记应当被转录、编码、解读，着重揭示人们自身理念和活动描述，解释各类不同甚至相互冲突的反应和行为，而不是将这些笔记简单合并起来 (Olson，2011)。现在有很多手动方法或软件可对采访内容、图像、文本文件进行编码 (Saldana，2009)。对于采访本身来说，主要的技能包括追问、积极倾听、注意观察细节、了解人们使用语言的方式以及良好的记忆力，以便对磁带或笔记进行补充。在民族志研究中随机采样的方法既不现实也不具备优势，一般推荐使用混合方法。[2] 参与式制图则可以强化在空间规划中对采访结果的分析使用。

3. 参与式制图

参与式制图和认知地图的方法已经被广泛运用在人文地理学、景观建筑学、人类学和规划研究中，用以识别地点、土地利用、关系以及不同人群对地点赋予的意义，这些都有可能受到规划的影响。参与式制图通常被运用在文化遗产规划中 (Valencia-Sandoval，Flanders，and Kozak，2010；Shipley and Feick，2009)，结合地理空间技术，让土地利用规划同样考虑人的因素。社会科学家们很早就开始通过采访和其他方法获得手绘地图以丰富对空间关系的理解，比如土地利用情况、人们如何去学校或人们如何察觉疾病的扩散（图 3.4.1）(Chambers，2008)。

参与式制图是从对发展与保护实践的快速农村评价中发展而来的，发展出以下三类地图：(1) 概念地图，主要表现了事件与地点如何通过意义及联系相互关联起来；(2) 物理地图，试图在地图上重现地点、边界、土地用途、路径及矛盾冲突等地方知识；(3) "计量地图"，以记录被国家声明认可的本土及其他土地权益。参与式制图和边界划定同时也是一种表达冲突与权利的政治行为 (Duncan and Ley，1993；Fortmann，2003；Walker and Peters，2001)。参与式制图可以揭示在充满冲突的地区中，不同的群体如何划定各自的边界以及边界的含义，也就是这些地区之间如何共享知识，或者如何将知识保留在人群内部。而景观的价值也许就承载在某个关于地方或者地标的故事中代代传递 (Basso，1996)。联合式文化景观和民族志文化景观可能并不存在实质性的证据。地方性景观则在人们日常生活中、在社会一致性这样的服务功能中逐步发展出来 (Evans，Roberts，and Nelson，2001；Jackson，1984)。想了解文化与地方相互关联的多个方面，请参考 Low and Lawrence-Zuniga (2003)。

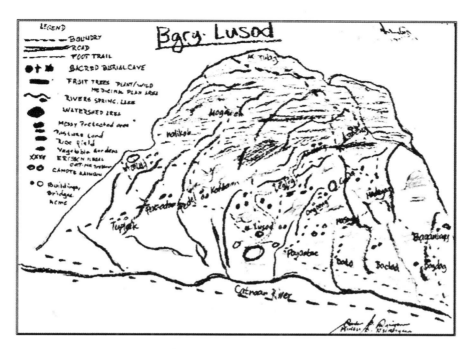

图 3.4.1　Lusod，菲律宾本土景观，一个知情人于 2005 年绘制

资料来源：已经作者许可采用。

如果在小组座谈中采用参与式制图方法，首先需要一张人们可以辨认的底图（例如路网图，地形图，航拍照片），一张白纸，一些标记或标志物，能够将一种用途放置在地图的一个区域内，随后对现有土地用途的频率或其感知重要性进行排序（Chambers，2008）。最后一步操作是进行土地利用规划的关键，能够将土地现状用途和需求状况纳入规划（Gavin，Wali，and Vasquez，2007）。例如，爱达荷大学规划专业的学生首先与国家公园和当地历史学会一起，辨认不同时期的居住地范围，历史上这个地区分别由矿工、农民和重视户外娱乐的退休人员占据，收集到历史地图及很多故事。随后，根据流域地形和一项计划中的行山径规划，他们制作了底图。在访谈指南的引导下，他们访问了来自不同历史遗留群体的知情人，让他们在地图上标出他们及家人最熟悉或认为最重要的地点，并讲述一个关于那个地方的故事。除此之外，他们还访问了前文提到的克利尔沃特流域协作的所有成员，询问他们这些地方发生的变化以及他们对这些变化的看法。这个方法揭示了被访者深刻的价值差异以及他们对局部地区或区域的情感联系（图3.4.2）。

手持全球定位设备（GPS）和地理信息系统（GIS）等新兴技术，可被用于将手绘地图转化为可供政府规划和政策制定过程使用的资料信息（Rambaldi，Kwatu-Kyem，and McCall，2006；Rambaldi and Callosa-Tarr，2002）。当规划师熟练使用地理信息系统后，他们邀请市民在来描绘空间关系，以表达"场所感"、社会网络或邻里边界（Hopkins and Zapata，2007；Geertman，2002；Talen，2000）。内容不仅仅包括重要的地点和现有的空间关系，比如可步行性、邻里间的距离，还包括居民们如何将邻里或社区边界概念化（Talen，2000；Stephenson，

2008）。然而，规划支持系统的技术应表达出地方性地点概念的代表性，以及平等表达的问题（详情见 Slotterback，2011 或 Lebeaux，2003 对 GIS 技术的回顾）。前文所述的民族志研究方法也可以用底图、蜡笔和贴纸来辅助访问及规划会议的进行。

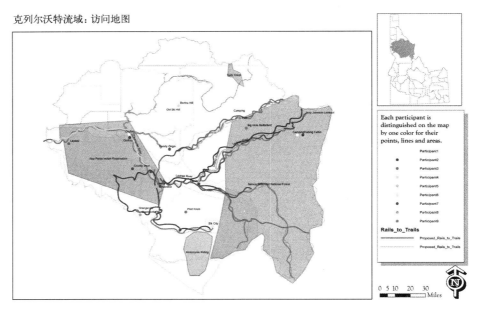

图 3.4.2　克列尔沃特流域景观价值，基于访谈汇编

资料来源：由 Brian Sanders，Elvis Herrera，James Holt，and Daniel Callister 在 2010 年一起绘制。

　　参与式制图与协作空间规划和可行性区域规划尺度的识别关系密切。据希利（1999；2006）描述，这类规划在建立常规景观价值的同时，应当尊重景观的多样化文化联系。通过社会学习构建起的一个新的价值图层，有助于培养起一个自发区域规划的区域标识。

学术严谨、学术道德和学术写作

　　在所有的社会研究中，分析过程都是由研究目的和研究问题的本质决定，是由关于知识和真理的某种性质的认识论假设引导进行的（Bernard，2006：1–108）。对实证数据或问卷调查进行统计分析，可以解答关于频率、方向或相关度的问题，但不能解答为什么和如何的问题，例如人们为什么会对规划有一种特定的反应、为什么会有这样的反应等。民族志研究可以对社会、文化意义进行探索和描述，对人类行为、决策和社会机制予以解释。民族志研究与统计分析和概率分析相比，衡量其研究可靠性（相同方法或测量能够产生一致的结果）和研究有效性（对结果的正确解读）的标准大不相同（Baxter and Eyles，1997）。学术严谨完全依赖于完善的研究设计来达成，无论研究项目是完全的案例研究，或是规划师进行的特定评价，或是受委托的快速人类学评估。参与式研究设计需要注意偏差和交互作用的影响，而案例研究设计则需谨慎地选择可以代表规划理论的案例进行研究（Yin 2002；Feagin，Orum，and Sjoberg，1991）。

在研究中，需要不断对不同知情人的访谈、不同研究者的视角、不同观察及文本提供的信息进行交叉检查、两两比较甚至三者比较，直到旧故事开始重复，也就是信息达到"饱和"（Bernard，2006：210–250）。历史上的民族志研究专著一般需要一年的田野工作来不断完善研究者对地区背景和文化含义的理解。而在实际的应用工作中，快速民族志评估和农村评价，通过将研究问题更集中、利用已知变量以及对多种方法和研究人员的结果进行三角（比较），可以弥补因缩短时间带来的研究不足（Bernard，2006：343–412；Handwerker，2001）。

在民族志研究写作中，研究者通常会通过知情人的原话来创造或展示一个有效且可靠的故事。民族志研究分析会注重严格区分"局内人"与"局外人"的不同含义和立场，参与者作为局内人有自己的观点和概念，而规划师、研究者作为局外人，会对信息进行分类，例如利用路径或数据分析和社会理论等分类原则，他们又有不同的视角。写作中应当揭示重要的概念、起作用的运作机制，而不是仅仅找出那些最重要、最普遍的变量。民族志分析还需要毫无偏见地解释受访者的行为与笔记中透露的价值观之间的矛盾。很多文章都对描写这些发现提出了建议（Emerson et al.，1995；Handwerker，2001；Sanjek，2000）。

研究道德要求，在作为规划师收集公众意见，以及作为研究者将资料用作社会研究时，要将这二者之间作出明确区分。在社区或组织机构工作了一定时间的规划师，已经成了参与观察人员，但是当需要在研究中使用观察结果时，他们仍旧必须遵循道德程序，公开自己的立场和偏见。参与式规划和社会科学研究之间最关键的区别在于信息的可靠性、分析的有效性以及使用公众信息的学术道德。因而在研究中必须签订知情同意书以保护知情人的隐私，告知他们有可能存在的任何有损个人或名誉的危险，确保他们了解自己的评价会被使用在研究中。因为知情人可能熟悉彼此的沟通风格，而研究者并不能在道德上确保一致。另外，对引用知情者的原话、使用声音记录、照片或绘画的使用都需得到允许。人文类学科研究除了需要经过正式的高校研究委员会的审查，本地社区和不同国家也可能有他们自己的审查程序，并需在审查中声明对产出知识的使用权。参与式行动研究设计需要在研究者、社区合作者和其他贡献知识和规划的人间签订一份合作协议。总的来说，公共利益和规划研究道德都是有规范可遵循的，但同时也可视情况而定（Campbell，2006）。遵循学术道德的民族志研究，可以通过更好地理解社会变革、理解规划师及其客户、雇主引发的集体行为，从而制定更可行、更有益且可持续的规划。

参与式制图、参与式采访以及参与者观察一般都可以针对规划问题展开，其达到的效果如下：（1）获得更有意义的公共投入；（2）发展可行且合适的替代方案；（3）评估社会影响；（4）理解区域空间规划和协作空间规划中景观的空间关系。在典型的规划过程中，通过研究，目标和愿景将会提升为更多样化的本地价值，以及有争议的观点或有争议的景观。因此，其他替代规划方案需要带有明确的本土知识特征，并解释一项行动的内部关系对社区生活产生更深层次影响的原因。同时，民族志研究可以成为规划分析的一部分，或者在案例研究中起到评估或理论建树的作用。民族志研究可以产生多种类型的知识：对地区中人们住房、交通和其他活动之间相互联系的综合描述；对表情和言语的解读；对人们对规划和活动的回应行为的解释。

结论

城市规划常常涉及公共政策、城市设计、生态和社会科学等多个领域，被称为是在公共领域从知识到行动的实践（Friedmann，1987）。在过去的三十年中，社会科学和研究经历了快速的转变，从试图通过有限的可变因素预测未来变化，转变为理解多种形式的知识（Sandercock，1998），其角色也转变为空间管治的机构和文化（Healey，1999，2006）。人们是这些系统中的参与者，受到价值观、文化习俗和制度的影响。由此，与定量研究方法一样，城市规划学院对定性研究的教学日益增加（Goldstein，2012；Dandekar，2005；Kelly，Mahayni，and Sanchez，1999）。

虽然在很长一段时间里，定性研究和民族志研究的方法都只是被用在城市规划和社会影响评估中（Pinel，1994），也用来对规划实践进行反思，而对于那些对在不同背景下规划假设的有效性进行严格测试的研究，这些方法的反思作用越来越重要。本文对参与者调查、知情人采访和参与式制图三种方法都进行了简要说明，并配以作者自己的或文献中的研究经历为例。这些方法可以单独使用，也可以用来强化调查的有效性，或解释其他研究发现，或被运用到区域规划、协作空间规划的实际应用中。参与式研究和快速民族志研究都可以运用在应用工作中。

为了使规划能够"在具有众多参与者和多种价值观的世界中更有效地运作"，规划必须借鉴使用多种多样的方法（Hopkins and Zapata，2007：1—17）。规划同样具有反思作用（Friedmann，2008；Campbell，2006），对于规划和政策对地方可能产生的社会、经济和文化上的有限但显著的影响，需要通过研究来提升规划师们的预测和应对能力。除了一般的社会分析方法，人类学和民族志的社会科学理念及方法是规划师的重要补充工具，能够用来使规划方案更可接受、可行且有益。

注释

1. 需更全面地了解民族志方法、人类学中的社会科学和非概率抽样方法，请参考 Bernard（2006）。
2. 程序包括：选择最包容的场所和可识别的地标，准备交互式地图和绘画工具，选择一个辅助人员来指导参与者对空间推理的概念使用一致，比如可达性或连通性。要打破观点不认同重要的地方都是有边界的"场所"，在地图中表现更大尺度的景观、通道，或有细微差别的意义、有指向性的意义等也同样重要（Talen，2000）。

参考文献

Abott, J. (1999). *Beyond tools and methods: reviewing developments in participatory learning and action*. London: SAGE.

Abbot, Margheim. (2008). Imagining Portland's Urban Growth Boundary: planning regulation as cultural icon. *Journal of the American Planning Association* 74 (2): 196–208.

Appadurai, A. (1988). Introduction: place and voice in anthropological theory. *Cultural Anthropology* 3(1): 16–20.

Argyris, C., Putnam, R., and Smith, D. M. (1993). *Knowledge for action: A guide to overcoming barriers to organizational change*. San Francisco: Jossey-Bass.

Basso, K. (1996). Wisdom sits in places. In Feld, S., and Basso, K. (eds.), *Senses of place*. Santa Fe: School of American Research, pp. 53–90.

Baxter, J. and Eyles, J. (1997). Evaluating qualitative research in social geography: establishing rigour in interview analysis. *Transactions of the Institute of British Geographers* 22: 505–525.

Beard, V. (2003). Learning radical planning: the power of collective action. *Planning Theory* 2 (1): 13–35.

Bernard, H. R. (2006). *Research methods in anthropology: qualitative and quantitative approaches*. 4th edition. Lanham: Altamira Press.

Bernard, H. R. and Ryan, G. W. (2010). *Analyzing qualitative data: Systematic approaches*. Thousand Oaks, CA: Sage, pp. 163–190.

Campbell, H. (2006). Just planning: the art of situated ethical judgment. *Journal of Planning Education and Research* 26: 92–106.

Chambers, R. (2008). *Revolutions in development inquiry*. London: Earthscan Press.

Cloke, P., Cook, I., Crang, P., Goodwin, M., Painter, J., and Philo, C. (2004). *Practicing human geography*. London: SAGE.

Contant, C. K., and Forkenbrock, D. J. (1986). Planning methods: an analysis of supply and demand. *Journal of Planning Education and Research* 6 (1): 10–21.

Dandekar, H. C. (1986). Uses and potentials of qualitative methods in planning. *Journal of Planning Education and Research* 6 (1): 42–49.

Dandekar, H. C. (2005). Qualitative methods in planning research and practice. *Journal of Architectural and Planning Research* 22 (2):129.

Duncan, J. S., and Ley, D. (1993). *Culture and representation*. London: Routledge.

Elwood, S. (2006). Beyond cooptation or resistance: urban spatial politics, community organizations, and GIS-based spatial narratives. *Annals of the Association of American Geographers* 96 (2): 323–341.

Emerson, R. M., Fretz, R. I., and Shaw, L. L. (1995). *Writing ethnographic field notes*. 2nd edition. Chicago: University of Chicago Press.

Escobar, A. (1992). Planning. In Wolfgang Sachs (eds.), *The development dictionary: a guide to knowledge as power*. London: Zed Books, pp. 134–145.

Evans, M. J., Roberts, A., and Nelson, P. (2001). *Ethnographic landscapes: cultural resource management*. Washington, DC: National Park Service.

Fainstein, S. (2000). New directions in planning theory. *Urban Affairs Review* 35 (4): 451–478.

Feagin, J. R., Orum, A. M., and Sjoberg, G. (1991). *A case for the case study*. Chapel Hill: University of North Carolina Press.

Fetterman, D. M. (2010). *Ethnography: step by step*. 3rd edition. Los Angeles: SAGE.

Forester, J. 1989. *Planning in the face of power*. Berkeley: University of California Press.

Fortmann, L. (2003). Whose landscape: a political ecology of the exurban sierra. *Cultural Geographies* 10: 469–491.

Foster, K. (2001). *Regionalism on purpose*. Cambridge, MA: Lincoln Institute of Land Studies.

Friedmann, J. (1987). *Planning in the public domain*. Princeton: Princeton University Press.

Friedmann, J. (2008). The uses of planning theory: a bibliographic essay. *Journal of Planning Education and Research* 28 (2): 247–257.

Ganapati, N. E., and Ganapati, S. (2009). Enabling participatory planning after disasters. *Journal of the American Planning Association* 75 (1): 41–59.

Gavin, M. C., Wali, A., and Vasquez, M. (2007). Parks, people, and participation: towards collaborative and community-based natural resource management. In S. L. Kindon, R. Pain, and M. Kesby (eds.), *Connecting people, participation, and place: participatory action research approaches and methods*. London: Routledge, pp. 60–70

Geertman, S. (2002). Participatory planning and GIS: a PSS to bridge the gap. *Environment and Planning B: Planning and Design* 29: 21–35.

Geertz, C. (1983). *Local knowledge: further essays in interpretive anthropology*. New York: Basic Books.

Goldstein, H. (2012) The quality of planning scholarship and doctoral education. Journal of Planning Education and Research 32 (4): 493–496.

Handwerker, W. P. (2001). *Quick ethnography*. Lanham: Altimira Press.

Healey, P. (1999). Institutional analysis, communication planning, and shaping places. *Journal of Planning Education and Research* 19: 111–121.

Healey, P. (2006). *Collaborative planning: shaping places in fragmented societies*, 2nd edition. New York: Palgrave.

Hopkins, L., and Zapata, M. A. (eds.). (2007). *Engaging the future: forecasts, scenarios, plans, and projects*. Cambridge, MA: Lincoln Institute of Land Studies.

Hou, J., and Kinoshita, I. (2007). Bridging community differences through informal processes. *Journal of Planning Education and Research* 26: 301–314.

Innes, J. E., and Booher, D. E. (2010). *Planning with complexity: An introduction to collaborative rationality for public policy*. New York: Routledge.

Jackson, J. B. (1984). *Discovering the vernacular landscape*. New Haven: Yale University Press.

Jacobs, J. (1961). *The death and life of great American cities*. New York: Random House.

Kelly, E. D., Mahayni, R. G., and Sanchez, T. W. (1999). Applications of spreadsheet optimization capabilities in teaching planning methods: facility location and spatial interaction. *Journal of Planning Teaching Planning Methods* 18 (4): 353–360.

Kindon, S., Pain, R., and Keby, M. (2007). *Participatory action research approaches and methods: connecting people, participation, and place*. London: Routledge.

Lebeaux, P. M. (2003). Technology: GIS for group decision making: towards a participatory geographic information science. *APA Journal* 69 (2): 211–212.

Low, S. M., and Lawrence-Zuniga, D. (2003). Introduction: locating culture. In S. M. Low and D. Lawrence-Zuniga (eds.), *The anthropology of place and space: locating culture*. Malden: MA: Blackwell, pp. 1–48.

Madsen, R. J. (1983). Use of evaluation research methods in planning and policy contexts. *Journal of Planning Education and Research* 2: 113–121.

Margerum, R. D. (2011). *Beyond consensus: Improving collaborative planning and management*. Cambridge, MA: MIT Press.

Mickey, L., and Wagner, J. (2006). What can we learn from empirical studies of planning theory? A comparative case analysis of extant literature. *Journal of Planning Education and Research* 25 (4): 364–381.

Olson, K. (2011). *Essentials of qualitative interviewing*. Walnut Creek, CA: West Coast Press.

Peattie, L. (1981). Marginal settlements in developing-countries-research, advocacy of policy, and evolution of programs. *Annual Review of Sociology* 7: 157–175.

Peattie, L. (1983). Realistic planning and qualitative research. *Habitat International* 7 (5): 227.

Pinel, S. L. (1994). Social impact assessment sensitizes planning. In *Planning and community equity*. Chicago: American Planning Association, pp. 77–104.

Pinel, S. L. (2013). Giving and reciprocity in natural resource management and consensus building: application of economic anthropology to understanding the case of the Clearwater Basin Collaborative. *Human Organization* 72(2): 164–174.

Pinel, S. L. (2007). Culture and cash – how two New Mexico Indian pueblos combined culture and development. *Alternatives: Local, Global, Political* 32: 9–39.

Rambaldi, G., and Callosa-Tarr, J. (2002). *Participatory 3-dimensional modeling: guiding principles and applications*. Los Banos, Philippines: ASEAN Regional Center for Biodiversity Conservation (ARCBC).

Rambaldi, G., Kwaku Kyem, P., and McCall, M. (2006). Participatory spatial management and communication in developing countries. *Electronic Journal of Information Systems in Developing Countries* 25 (1): 1–9.

Saldana, G. W. (2009). *The coding manual for qualitative researchers*. London: SAGE.

Sandercock, L. (1998). *Towards cosmopolis: planning for multicultural cities*. New York: J. Wiley.

Sandercock, L. (2004). Towards a planning imagination for the 21st century. *Journal of the American Planning Association* 70 (2): 133–141.

Sanjek, R. (1990). *Fieldnotes: the makings of anthropology*. Ithaca: Cornell University Press.

Scott, J. C. (1998). *Seeing like a state: how certain schemes to improve the human condition have failed*. New Haven: Yale University Press.

Shipley, R., and Feick, R. (2009). Practical approach for evaluating cultural heritage landscapes: lessons from rural Ontario. *Planning, Practice & Research* 24 (4): 455–469.

Slotterback, C. S. (2011). Planners' perspectives on using technology in participatory processes. *Environment and Planning B: Planning and Design* 38 (3): 468–485.

Stephenson, J. (2008). The cultural values model: an integrated approach to values in landscapes. *Landscape and Urban Planning* 84: 127–139.

Talen, E. (2000). Bottom-up GIS: a new tool for individual and group expression in participatory planning. *Journal of the American Planning Association* 66 (3): 279–294.

Talen, E. (2001). After the plans: methods to evaluate the implementation success in the achievement of planning goals. *Journal of Planning Education and Research* 16 (2): 79–91.

Taplin, D. H., Scheld, S., and Low, S. M. (2002). Rapid ethnographic assessment in urban parks: A case study of Independence National Historical Park. *Human Organization* 61(1): 80–93.

Tauxe, C. S. (1995). Marginalizing public participation in local planning: an ethnographic account. *Journal of the American Planning Association* 61(4): 471–481.

University of Chicago Chronicle (1995). Obituary: Sox Tax: anthropology. *University of Chicago Chronicle* 14 (10).

Valencia-Sandoval, C., Flanders, D. N., and Kozak, R. A. (2010). Participatory landscape planning and sustainable community development: methodological observations from a case study in rural Mexico. *Landscape and Urban Planning* 94 (1): 63–70.

Walker, P. and Peters, P. (2001). Maps, metaphors and meanings: boundary struggles and village forest use on private and state land in Malawi. *Society and Natural Resources* 14: 411–424.

Yaro, R. D., and Ronderos, L. N. (2007). Review: Urban complexity and spatial strategies: toward a relational planning for our times, by P. Healey. *Journal of Planning Education and Research* 27: 103–105.

Yiftachel, O. (1999). Planning theory at a crossroad. *Journal of Planning Education and Research* 18: 267–270.

Yin, R. (2002). *Case study research: design and methods*. 3rd edition. Applied social research methods no. 5. Thousand Oaks: SAGE.

吴梦笛 李 昕 译，邓昭华 校

3.5
实践中的专业视角研究——教育学-民族志方法

玛丽亚·哈坎森

引言

本章概述教育学-民族志方法，并通过实际案例来讨论该方法怎样和为什么在规划研究，尤其是在研究专业中是有用的。[1]

教育学-民族志方法为理解规划实践提供了深刻见解和结论，而并非线性地或单向地解释因果关系。这种方法是比较适合规划研究，因其把实践和绩效放在中心位置（Flyvbjerg，1998；Forester，1989；Healey，1992，1997）。该方法注重从日常视角对社会状况和文化结构进行描述。它关注独立的或交互的语义形成的方式，并最终帮助理解日常实践的发展和维持。更甚，该方法关注被观察的人，并把他们当成合作研究者。从这个角度来说，该方法是教育学的。

规划的本质是跨学科的，复杂的和有政治性的。那么对规划实践的研究总体上来说，必须关注到参与制定规划的人，这包括规划师、专家、政治家，也包括市民、相关组织机构、商业团体和其他私人参与者。研究的广度和深度，以及研究的对象都因研究目的的不同而有所差异。即便我们更关注"结果"而非"过程"，我们的研究也不能忽视参与规划过程中的人。所以我们需要一套合适的方法，把人当成我们的研究对象。他们在实践中的经验和知识，对于研究人员对问题的理解是重要的。在这里，我从专业人士在规划中的角色和他们不同专业观点的寓意的角度，来展示该研究方法如何用，及能产生什么结论。这些实践案例都是基于瑞典的可持续发展如何嫁接于规划实践展开的（H & Kansson，2005，2006；Doclén & Håkansson，2002；Håkansson & Asplund，2003）。

专业角色和规划实践的研究

我的研究问题是，各专业基于各自的专业文化，在可持续发展的规划实践中，分别扮演何种角色以及如何互动。在该项目中，文化被当成描述专业人群的比喻。该人群的个体由一系列的共同理念和经历，形成了他们的共同专业文化。当文化被提上台面时，它就能为专业人士提供角色和假设的反思机会，这在平时的专业意识中不常出现。通过自我反省，可能改变或维持专业角色，从而影响实践。可视化日常实践，为术语建立了定义的基础，使专业讨论成为可能

（Schön，1983；Forester，1999）。同时，一切事物，如它们和文脉的关系、他人的角色、不同看法和理解的互动等，都可以拿来讨论和反思。这种阐释、这种语义的生成都是有益的，也是促使改变的动因。这和旨在定义原则和展现不同现象的教育学-民族志方法保持高度的一致。[2]

教育学 – 民族志方法

教育学-民族志方法最初是在教育学的背景下诞生的（Qvarsell，1996）。它旨在研究学习的过程和这个过程在社会中的变化，而并不是在传统的教育学的背景下的探讨。这个方法的关注点在于权力、实践和不同群体互动形式的类型。所以该方法跟许多规划研究的目的相似，并为这类型的调查提供了框架。

该方法的知识基础可以追溯到符号学[3]、实用主义[4]、民族志[5]和社会人类学[6]。它包括行动交流方面，并视人类是进行有意图的、有主见的、有价值的互动交流的。这是一个批判实践、进行反思的视角，为文脉、行动以及实践本质提供了研究的可能性。

该方法框架下的研究，并非从假设好或设定好的理论框架出发，而是直接从现象出发的。在规划研究中，例如，可以质疑规划为何以特定的形式展开，也可质疑规划师如何设定他们的行为空间（Grange，2013）。该方法的核心构成要素包括：挖掘研究者意想不到的或者惊人的发现，衍生出新的知识，和持续挑战理所当然的认知。该方法的出发点，包含研究者的参照系（即其在该领域的经验和知识），和在该情境下目标的建构。当意想不到的情形发生时，便需要重塑原始概念和重构理论框架，以更好地理解现象。[7]同时，概念也得到了发展。原始的概念得到进一步的重塑，新的概念也产生了。可以说，我们创造了描述事物的标签。这是一个归拢的过程，常被认作是设证推理。它使日常思考更精确，以让世界可以被读懂。设证推理可被视为在实证数据和理论发展之外的选择，就像研究中的波浪。

教育学-民族志方法可以同时是描述性和解释性的。对于解释的那部分，它不是因果性说明，而是回顾式阐释。它的研究结果并不用来讨论在相似的情境下会发生什么，而是解答事情为什么会发生，并为这种现状创造语义，并为全面的理解而解释相关条件与事件（Qvarsell，1996）。目的旨在理解、发现和解释。

研究结果是对被研究的现象的桥接，它通过现象间的关系设定、品质捕捉（或品质创造）来实现（Löfberg，1994）。研究人员不是为了寻求完整的规律，而是为了在实证材料中定义一些基本原则、抽象概念或者基于经验主义的逻辑关系。他们被用作解释新的现象，而不是用来解释连接单独要素的系统。这样既创造了品质，也解释了现象；同时在研究和实践[8]的相互关系中，人为的标准、价值观、文件记录也被创造。这时，可直接运用的知识、用来定义关系的普适性的知识也同时产生。这种研究基于揭示事物和现象的内涵，而并非单纯的真相。

尽管研究是在特定地方上发生的，并涉及了一群具体的人，但它还是有普适性的——被研究的实体是和普遍存在有联系的。这与费吕夫布耶格（2001）以及其他人提到的，"研究是通过案例来促进理解"很相似。人类对事物的理解,总是通过对其他事物的理解进行类比而得到的。

总而言之，运用教育学-民族志方法的研究都是归拢性质的。他们都是从比较开放的角度开始研究，然后关注核心类别，同时建立概念和理论。它的出发点是关于一个现象或领域的有趣的想法，然后通过尽可能没有偏见的方式收集资料，来推进研究。分类和模式从这些材料中派生出来，并形成了理论发展和后续数据收集的基础。理论发展和数据收集之间也是有互动的。在理想状态下，数据收集、处理、分析和理论建构是同时进行的。随着研究的进行，其重点在一定范围内是可变的。在研究的初期弄清楚兴趣所在，并决定发展的方向和视角是至关重要的。研究的过程和结果包括解释性的理解：创造语义，旨在更深刻理解个人的经历。本章将对如何准备、执行和处理此研究作解释。接下来的章节则重点阐述研究策略和方法、研究者的角色、研究与实践的互动。

实证工作的多种策略和方法

研究方法是帮助研究者解答抛出的问题，并将其和数据、结果捆绑的一种策略。研究问题往往由好奇和对实用价值的欣赏而产生，它们也直接决定研究策略和方法。在不同的视角之间徘徊，方法和技巧帮助提升研究结果的质量，也因此提供了更深刻的见解。

教育学-民族志方法，像其他的方法一样，可因研究问题采用或合并多种收集数据的方法。尤其是可以用定性研究的方法。由于定性研究更关注社会文化脉络的现象，所以其方法需要帮助我们掌握人们的看法、故事、经历和价值观；也同样需要掌握人们的行为和互动。做研究或者规划实践时比较合适的方法包括访谈、小组讨论和观察。文字分析作为话语分析的一部分，同样很有用处，但在本章不做更多讨论。[9]

1. 准备

作为准备工作，对不同文件的文案分析很有用处——比如，作为了解当地文脉、主要议题、组织结构和参与人群的方法。这对当地环境有提前了解的作用，它可帮助我们在研究和分析阶段进行计划，并在访谈及与人互动时有一个大概的精神准备。但受到扎根理论[10]的影响，一个相反的策略，即"赤脚上阵"同样适用：不做任何深入准备，直接通过访谈和观察采集数据。在这种情况下，文案分析在稍后的阶段才被用来补充和说明。但无论如何，准备阶段（从哪开始、从谁开始访谈，以及基本的研究兴趣）是必不可少的。而且我们必须注意，我们对世界的理解总是先入为主。这两种中的任意一套策略都有它的好处，该用哪个取决于研究的具体情况和研究问题。

2. 访谈

当我们想了解更多的专业人员的看法、工作经验和人们的假设时，访谈是一个比较核心的研究方法。访谈的目的是多样的，既可以是为收集基础数据作准备，也可以是获得全面深刻的描述。访谈的时间可长可短，从半个小时到几个小时不等。有时候访谈可以是围绕着同一个人在不同时间展开的。

访谈可以被视为两个人或者多个人高度互动的谈话过程。在访谈的过程中，语义既被创造也同时被质疑。就此，柯费尔（Kvale，1996）将其称为定性的研究访谈最为准确。访谈可以是完全开放的，或者是半结构化的。之所以没有完全设定好访谈问题，是因为要给一些新的没有预设到的话题（由受访者个人经历决定）留有空间。这也是在采访过程中，采访者通过重复受访者所谈及观点的确认过程。总的来说，我们会遵循一些采访的指南，准备好一些我们感兴趣和想知道的主题和范围，提出一些开场问题。采访给了我们几次回到主题继续提问的机会，这可帮助我们确认采访记录材料的准确性（Kvale，1996）。尽管如此，在采访过程中提出新的话题也是很有意义的。所以在采访时，积极地倾听和保持对受访者及其故事的好奇，也相当重要。另外一个前提是，在对话的过程中建立相互信任的关系，比如挑选受访者能感觉轻松的采访地点就至关重要。

案例

有一个针对三种传统环境专业人士的子研究，这些专业人士对地方规划实践的经验和兴趣，都有很好的文案记录。采访的目的是掌握他们职业生涯的经历和观点。他们的故事清晰地反映他们的生命周期、与他人的互动，同时也反映他们的社会遭遇及行动的选择。在这个特定案例中，采访在不同人的工作地点展开，基本问题只有一个，即"你是如何结束这个工作职位的？"根据各人的故事情节，对他们的选择及规划经历进行提问，同时根据前述的故事追问，以确认采访者真正理解受访者的观点。访谈主要的内容包括他们变换工作的动机，从各自职业角度对规划师的见解，及对规划作为活动、目标、结果的预设想法等。

当采访的文字整理出来后，会邀请受访者人们阅读，并对如何使用他们的故事发表意见。通过研究者基于研究问题的解释、受访者对资料使用及阐释的评论，研究材料得以验证，这也符合学术道德的要求。

3. 小组讨论

小组讨论是成组的访谈，其互动过程由于人的相互作用而更加有影响力。换句话说，受访者不但可以表达自己的观点和看法，同时也可以反映他人的意见，然后在交互过程中发展各自的理解和观点。总之，研究问题或许缺失，但激发了受访者的共同主题。这些共同主题包括共同的项目、角色或者与受访者相关的问题。小组讨论可邀请有相似经历或角色，或背景不同但有共同任务的人参加。小组讨论的优势在于不同的看法和经历能被公开讨论，并被充分思考，意味也随之产生。研究者在讨论过程中起主导作用，赋予参与讨论的人平等的话语权，也营造出信任和开放的气氛。讨论过程可以录音或录像。有几本书可为如何来筹划不同目的的小组讨论提供参考，如 Barbour and Kitzinger（1999）。

案例

两种类型的小组讨论常被用到。第一个案例是对于四个城市的研究。在同一个城市做总体规划的人聚在一起，讨论他们如何在规划中应对环境问题。内容集中在他们的实际工作，并讨论如何能更好地把环境的考量融入规划过程。这半天的活动，讨论内容包括：交流的重要性、对各自职业能力的认识，以及对规划价值的不同判断等。第二个案例是对来自不同城市的规划师、环境专业人员和政治家，每次进行一类人群的小组讨论。这里最首要的议题是规划的可持续发展和他们在这项工作中的角色。讨论内容包括组织架构和地理条件的差异。同时，讨论也包括在与其他专业的对比中，反思各自的职业角色和定义各自的技术范围。在这两个案例中，调研获得了不同群体对规划的理解，同时也论及规划能否成为可持续发展的最佳舞台。结果显示，规划师对规划固有的理解，是有别于其他专业人士的。在小组讨论中，通过提问和让参与者对会议记录和结论评议，进一步确认分析结果。在后续的研究中（Asplund et al，2010），同样进行了反馈式小组讨论。第一阶段进行分专业小组讨论，人员包括区域发展专家，和在同一区域进行环境和社会工作的官员。接下来是整合小组讨论，内容是对上一轮的讨论结果进行再讨论。其目的是三方面的：验证材料，在分析中提升实证材料的层级，提供一个给对现有机构和工作内容的反思与讨论的平台。

4. 观察法

观察可以通过多种形式开展，可以是对特定场景的观察，也可以是对单一现象进行一段时间的带背景观察。参与观察，从参与一些会议到长时间地深入跟踪一个过程，能帮助近距离的追踪行动和互动。这里的文脉和预设条件可以被观察并与行动和选择联系起来。克扎尔尼阿乌斯卡（Czarniawska，2007）用"尾随"这个词来强调当今的田野调查。这是因为社会生活的流动性和地理以及社会的碎片化，需要"在运动中"开展。因为研究者在调研现场，它可能导致参与者的调整，但一般来说这不是问题。尽管如此，关于观察法的文献有很多，不仅仅局限于行动研究的框架。韦斯特兰德（Westlander，2006）就提供了一个与教育学-民族志相关的例子。

5. 数据处理

分析是和实证研究同步进行的。它通常包括对搜集材料进行主题排序，无论其是文字的、抄录的访谈或者是拍摄的会议。通过重复阅读和聆听材料，并与发生的情况记录结合，就能清楚地辨识主题并进一步处理。在分析中，意想不到的或重复的主题是值得捕捉的。研究的兴趣能引导阅读和专题工作。能纳入更多的人参与材料的整理是有益的。对于所见和其含义的解释，会因个人经历和预期的不同而各不一样。当有更多的人参与材料的整理，和当解释清楚所做过的选择及备选的各种可能的时候，主体间性[11]就会增加（Gustavsson，1996）。诠释工作的目的，是从材料中提炼出最有理由和最少矛盾的解释。并没有正确的解释，但这并不意味着所有的解释都说得过去。诠释在理解争论中的现象时，可好可坏。在诠释工作中，研究者对研究对象做可能的解释，解释的数量也受到问题形成（研究主题）等因素的制约，比方说，物质条件。

研究者的角色

研究者需要有意愿和能力去批判地再现事实，并敢于发现现实的其他方面。这需要有一个开放的态度，去面对意想不到的，而不仅仅是所期待的事实。不断切换观察的视角很重要，同时需要从更高的层级关注研究者的工作角度和工作理解（Qvarsell，1996）。批判性的反省也很重要，这包括开放和灵活的态度，以及创造性地从不同方向看待研究现象和文脉。对所研究的过程和情况保持中立和局外者的态度，有利于为今后的反思而创造空间。

研究者也必须有愿意和能力去倾听，包括说到的和没说到的内容。研究者直觉上是跟他／她研究的题目紧密相连的。因为他／她参与到整个过程当中，所以研究结果跟研究者是无法分割的。

研究者自身的经历也构成了解读现象的框架。没有其自身的经历，要真的解读某种现象也不太可能；而这种解读也直接引导研究者走向研究问题的提出和研究结果的概括。或者说研究者自身的经历使其读懂观察对象成为可能（Gustavsson，1996）。所以对于研究者而言，对于该现象有个人的经历是优势，因为它能帮助其读懂这些情况。这意味着能懂得参与事件和过程的语言也是极有好处的，它能帮助理解发生的情况，也同时能建立信任。但比较危险的是，当研究者和被研究对象执相同假设时，他们就很可能忽视一些也许具有其他经历的人能看到的现象。但总体而言，对一个领域的熟悉所带来的好处远多于缺陷。

所以在汇报研究结果的时候，能非常清晰地表达研究者自身的视角和知识兴趣点，能够帮助阐明研究是如何展开的。在研究的过程中，时刻反思那些有可能造成曲解的自省和假设同样重要。阿斯普伦德（Asplund，1983）提出一种方法，即研究者在遇到一种现象时先问问自己"为什么会这样？"，以挑战那些理所当然的想法。这样一来，研究者的视角可能在研究中完全变化或者发展，并反映在研究结果中。

研究和实践之间的互动

这种方法并不把研究人群当成被观察和图示的对象。他们常被当成研究主题或者合作研究者（Skantze & Asplund，1999）。这跟人类在行动以及与他人互动时，是有意图的并从中创造语义的假设是一脉相承的。在此，通过为实践提供反思的基础，研究过程本身就给实践带来了价值，如对日常规律、价值观、目标等等的反思。采访和讨论小组等方法在这过程中非常关键，因为它们为实践者和研究者通过互动而产生意义和共识。研究者在研究过程中提供的诠释和翻译，为实践者提供了从局外人的角度重新审视自己行动的机会。

当然，研究并没有给实践者如何行动、如何改变等问题提供直接指导。但是一个促成实践者和研究者对话的媒介空间是需要的。研究的作用在于提供另一种对实践描述和解读的可能。当有人呈现出另一种看待事物的途径时，至少当这个人提供的观点值得信赖时，他就有了自我观察的能力。当决定什么行动应该被付诸实践时，需要以其背景、条件和手头的专家意见为参照。

简单说来，实践者是该领域的专家也因而成为真正的行动者。研究人员则为实践提供反思的机会并创造一个互动学习、改进的过程。

从教育学－民族志方法中规划实践可以学到什么

教育学－民族志方法在以下情景中非常适用，包括掌握经验，了解规划过程中参与者如何解读他们面临的境遇，理解他们在这个过程中的角色，以及问题是如何形成的等。换句话说，教育学－民族志方法能帮助理解参与者在规划过程中所起的作用。我们也可以通过此方法讨论组织架构、文化、传统、权力关系等问题的背景和前提条件。

当研究者问及工作生活，然后以此引起更多专业实践讨论时（这通常是实践者无暇顾及的），研究者在规划实践中的角色被视为"治疗师"。[12] 他们的存在只是合法地反映了规划实践者的工作情况、路线、方法、视角和价值观。

这种方法虽不能提供直接的诠释，为将来的事件或者某种因果关系提供预测。但它能使我们更深入地理解文脉背景和实践本身。这其实能让我们对已有的规划实践作进一步反思和领悟。

注释

1. 本文基于 Håkansson（2005）的论文基础；并以 Håkansson（2006）的论文用英语概述出来。
2. 现象是用来描述被研究的事件的，可包括事实、事件、经历等等。
3. 符号学，是"关于符号的研究"。所谓符号，包涵物质的和社会的，包括比如语言、艺术、神话和具体的人造物体（如建筑）。它可以追溯到几个学科领域，比如文化研究（Roland Barthes）、语言学（Ferdinand de Saussure）、人类学（Glaude-Levi Strauss）和精神分析学（Jacques Lacan）。
4. 实用主义处理实践与理论之间的联系。它可以追溯到 19 世纪 70 年代的美国，如查尔斯·皮尔斯（Charles Peirce）、威廉·詹姆斯（William James）、约翰·杜威和乔治·赫伯特·米德（George Herbert Mead）等作家。比如福雷斯特（1999）和希利（1997）皆讨论了规划理论与实用主义的关系。
5. 民族志包含了通过和研究对象长时间生活在一起，展开田野调查的人类社会学。该领域的先锋人物是 20 世纪 20 年代的玛格丽特·米德（Margaret Mead）。
6. 社会人类学是对社会行为、社会组织结构和社会生活全方位的研究。它通常包含田野调查。它和民族志有同样的背景和许多共同的特征。这两门学科的共同先锋人物是 Bronislaw Malinowski。其他的核心人物包括 Glaude-Levi Strauss 和 Clifford Geertz。
7. 这不是该方法或社会现象研究独有的。它与在欧洲原子核研究委员会实验室对大型的物理实验的描述是一致的。大多数时间都用在观察各种活动、找到意想不到的情况。当矛盾被发现的时候，就要开始计算它是否在现有理论框架之内或者是否需要调整现有框架。
8. 这里的实践仅指被研究的实践活动—比方说规划—但研究本身就是一种实践。
9. 话语分析的书出现在不同学科领域和不同目的和研究方法的研究分析中。与规划相关的，MacCallum（2009）给出了话语分析的简介以及如何将其运用到参与式规划当中。
10. 由 Glaser 和 Strauss（1967）引入。这个方法包括通过观察生成知识，而不是通过现有的理论模型或者文献。
11. 主体间性在此指不同人对于某材料的理解达成共识，它能提高研究结果的质量。
12. 在此可以理解为研究者在规划中介入并使参与者反思其行动。Gunder 和 Hillier（2007）把规划本身视作一种疗法。

参考文献

Asplund, J. (1983) *Om undran inför samhället*. Lund: Argos.

Asplund, E., Hilding-Rydevik, T., Håkansson, M., & Skantze, A. (2010) *Vårt uppdrag är utveckling*. Uppsala: SLU.

Barbour, R. S., & Kitzinger, J. (eds) (1999) *Developing focus group research: politics, theory and practice*. London: SAGE.

Czarniawska, B. (2007) *Shadowing and other techniques for doing fieldwork in modern societies*. Malmö: Liber AB.

Dovlén, S., & Håkansson, M. (2002) The role of professions in environmental planning. In Snickars, F., Olerup, B., and Persson, L. O. (eds), *Reshaping regional planning*. Aldershot: Ashgate.

Flyvbjerg, B. (1998) Rationality and power: democracy in practice. Chicago: University of Chicago Press.

Flyvbjerg, B. (2001) *Making social science matter: why social inquiry fails and how it can succeed again*. Cambridge: Cambridge University Press.

Forester, J. (1989) *Planning in the face of power*. Berkeley: University of California Press.

Forester, J. (1999) *The deliberative practitioner: encouraging participatory planning processes*. Cambridge, MA: MIT Press.

Glaser, B. G., & Strauss, A. L. (1967) *The discovery of grounded theory: strategies for qualitative research*. Chicago: Aldine.

Grange, K. (2013) Shaping acting space: in search of a new political awareness among local authority planners. *Planning Theory*, 12(3) pp. 225–243.

Gunder, M., & Hillier, J. (2007) Planning as urban therapeutics. *Environment and Planning*, 39 (2), pp. 467–486.

Gustavsson, A. (1996) *Att förstå människor*. Stockholm: Pedagogiska institutionen, Stockholms Universitet.

Healey, P. (1992) A planner's day. *Journal of the American Planning Association* 58: 1.

Healey, P. (1997) *Collaborative planning: shaping places in fragmented societies*. London: Macmillan.

Håkansson, M. (2005) *Kompetens för hållbar utveckling: professionella roller i kommunal planering*. Dissertation, KTH, Stockholm.

Håkansson, M. (2006) Competence for sustainable development: professional roles in local planning. In Frostell, B. (ed), *Science for sustainable development: starting points and critical reflections. Proceedings of the 1st VHU Conference on Science for Sustainable Development, Västerås, Sweden 14–16 April 2005*. Uppsala: VHU.

Håkansson, M., & Asplund, E. (2003) Planning for sustainability and the impact of professional cultures. In Rydin, Y., and Thornley, A. (eds), *Planning in a globalized world*. Aldershot: Ashgate.

Kvale, S. (1996) *InterViews: an introduction to qualitative research interviewing*. Thousand Oaks: SAGE.

Löfberg, A. (1994) Attaining quality: some scientific and methodological implications. In Qvarsell, B., & van der Linden, B. (eds), *The quest for quality: the evaluation of helping interventions*. Stockholm: Department of Education, Stockholm University and Amsterdam University.

MacCallum, D. (2009) *Discourse dynamics in participatory planning: opening the bureaucracy to strangers*. Farnham: Ashgate.

Qvarsell, B. (1996) *Pedagogisk etnografi för praktiken: en diskussion om förändringsfokuserad pedagogisk forskning*. Stockholm: Pedagogiska institutionen, Stockholms Universitet.

Schön, D. A. (1983) *The reflective practitioner: how professionals think in action*. New York: Basic Books.

Skantze, A., & Asplund, E. (1999) *Om relationen mellan forskning och praktik*. Stockholm: KTH.

Westlander, G. (1987) Context-orienterad ansats i organisationspsykologisk forskning. *Nordisk Psykologi* 39(2), pp 104–114.

Westlander, G. (2006) Researchers roles in action research. In Aagaard Nielsen, K., & Svensson, L. G. (eds), *Action and interactive research: beyond practice and theory*. Maastricht: Shaker Publishing B.V.

贺璟寰　赵银涛　译，邓昭华　校

3.6
空间规划中的图示表达分析

斯蒂芬妮·杜尔

引言

空间规划图示是规划制定过程的讨论工具；作为决策依据，它也是现有及规划土地利用可视化的重要工具。但除了交流的潜力外，制图表达在空间规划研究中受到的重视程度远不如辅助规划交流的政策及行动。因此，规划研究人员并未对规划图纸的设计、内容和含义，以及图纸的应用做出充足的准备。尽管如此，地图和制图表达的分析，应该是规划研究者在分析及制定政策时必备的技能和必须掌握的工具。对空间政策的图示化表达，可为我们提供一个和政策文本提出的土地使用设想不一样的、有时候是互补的视角。毕竟，规划图示被概括为"规划师的思想结晶和具象形式"（Söderström，1996：252）。对于有意阐明规划过程的权力结构和规划结果之关系的空间规划学者而言，对空间政策的制图表达应具备敏锐的分析嗅觉。尤其对于对比研究的规划学者而言，分析不同的空间规划传统中的空间意象风格（包括其中的缘由），是帮助理解空间规划系统功能及绩效的有效途径。

本章将展示政策图示的设计及其内容表达的定性研究方法。作为结构性探索的骨架，空间规划图示的分析框架，是基于制图法和空间规划的理论视角的，并把规划图看作是一种社会结构。这种观点实际上告知我们，规划图示是在特定的社会-政治语境下完成的，当我们分析他们的时候也应该结合其背景去分析和解构。以杜尔的研究为例，这个分析框架主要用于空间战略规划的对比研究（德国、荷兰、英国），以分析空间政策可视化的不同规划传统（Dühr，2005，2007）。在此社会建构理论的认识基础上，一个能反应规划实践基础的定性分析方法显得尤为适当。尽管如此，该解读方式在案例分析中仍然面临着方法论的质疑，比如怎样避免解读规划图示和文字过程的主观性。

空间规划和制图表达的分析框架

规划过程中，图示通过多种途径来行使权力。图示的内容及其表达方式，为形成话语权、赋予部分公众或地区以权力，以及边缘化其他群体提供了多种可能。图示可用来作平衡地块上不同参与者的利益，也可帮助其在外部环境中定位。但是它们亦可以被用来操纵其他的参与者

（Dühr，2005，2007）。

但规划学者如何分析图示呢？俗话说一张照片包含了千言，而一幅图示则概括了万语。这显示了图示如果应用得当，在复杂的规划过程中能蕴含丰富信息量并具有交流的可能性。同样，这句话也意味着不同人会因为个人背景的不同和文化差异，在阅读相同图示的过程中提炼出完全不同的信息。如符号学所强调的，图示上每一个符号都有着多重含义。源于文化背景的差异，符号可引发多种感受或情绪。比方说，颜色就经常反映某种文化内涵。在英国的帝国时代，浅红色在传统上就显示力量和活力（Vujakovic，2002）。所以在制定多重语义的图示时，在主观读图和应用图示时，特别是在系统分析和比较空间政策的图示过程中，需要仔细的理论和方法论分析。

本章以欧洲传统的空间政策图示分析方法，说明该理论和方法论的具体应用。本章所引用的研究始于一个观察——欧盟 15 国的规划部门在共同制定欧洲空间发展展望的地图时，产生了极大的争议，这可能源于各自对规划图示的传统理解差异。该研究旨在探讨规划传统是否存在于空间政策可视化的过程中。如果存在，是什么影响了这种传统，或者说有没有其他因素影响该图示的表达。

空间规划概念的使用、基于规划传统的空间政策可视化，都是根植于历史的，也同样深受更为广泛的地理、社会-经济和政治背景的影响。那么当代的空间规划出现的新现象和思潮，其实综合了规划的文化传统、规划及其工具的新理解。那么在分析规划制图时，规划制定时的背景、规划传统的角色，以及对规划本身的理解等显得尤为重要。

经典制图文献的历史地图分析中，J·B·哈利（J·B·Harley，1989）的"地图解构"研究，在分析社会规则和价值对制图的影响有启发作用。借鉴了哈利的研究，皮克尔斯（Pickles，1992）提出将图示视为两个相互联系的结构：一个是图形，另一个是语言。制图的图形结构、符号与图形的有效应用已在过去几十年中被广泛研究（Dühr，2005，2007）。相反，图示的产生背景、该背景对设计与内容的影响（即语言结构）则非常复杂。尽管如此，据皮克尔斯（1992）的推论，图示中的图形和语言结构是不可分割的，因为语言要素往往通过图示表达。基于该分析，制图表达要跟社会及政治背景同步。因此，该种社会建构主义式的地图理解，如以少量语言提供强大的语汇（Crampton，2001：238），提供了类似政策分析的地图解读。

空间规划过程中会使用不同类型的图示。莫尔（Moll，1991，1992）至少区别了三种主要类型的图示，以不同程度应用于空间规划的制定上。这三种类型的图示包括：（1）最富信息含量的基础地图，用于专题分析或自然地形分析（比如人口发展和交通设施）；（2）以参与为目的的制图表达，即具有浓厚交流特征的政策选择的图示；（3）落实规划远景和致力于再生产的制图表达。图示并非完全价值中立，描述空间发展愿景的政策图也大多是政治利益的表述。尽管如此，这些政治利益很难定义。因为除了比较容易定义的主流政策外，还有许多微妙的利益表述和权力表现，都一一体现在规划图示里。除了用普遍接受的语言来传递规划政策与行动外，规划制图表达还展现了一种强大的说服力，以赢得公众赞同，并协调使用者和利益群体的行动（Söderström，1996）。借助如 20 世纪 20 年代后的区划等手段，某些利益群体会获益，同时规划图示的力量也会突显。如索德斯特罗姆（Söderström，1996：266）所解释的：

"对图形处理的抵触将退居幕后，区划的普遍运用依赖于规划的可视化。这并不表示规划只局限于处理看得见的城市形态，它意味着城市规划涉及更多能可视化的问题。那么对于制图表达的研究，就成为城市规划师实践的必经之路。"

建立基于社会建构视角的图示分析框架，图示语言的标准主要来源于哈利（1989）、皮克尔斯（1992）和索德斯特罗姆（1996）的著作。但无论是哈利还是皮克尔斯，都未能提供一份与图形结构有关的图示要素。于是分析规划图示设计的标准，都建立在制图相关的文献上（Dühr，2005，2007）。这些分析标准都列于表 3.6.1 和表 3.6.2 中，并附带解释。

根据皮尔克斯（1992）所总结的图示图形结构，战略规划的图示表达可以分为三种类型：抽象程度，复杂程度和让人联想的颜色和符号在图示中的运用。

• "抽象程度"反映了规划政策的深层可靠性和约束效力（Dühr，2007），以详细的方法体现了规划的确定性，并减少与规划内容的偏离。另一方面，应用更多的，是为低层级的规划留有更多的空间，以产出更细致的方案，并把该规划理解为一个原则性的指引纲领。总而言之，图示表达的抽象程度有不同的标准（表 3.6.1）。

• "复杂程度"指符号的数量和图层的数目。按类别而言，比方说，主题是交通网络，那么公路和铁路设施则被纳入其中；自然保护基地则纳入栖息地和自然保护区。一般来说，一种类别里的重复要素有限。因此，无论一种类别中的要素有多少，只要类别少，政策图示还是比较易懂的。总而言之，图示表达中的类别和要素（符号）越多，图示的复杂程度越高。这也暗示了图示工具的作用及其受众，非常复杂的图示难被非专业人士理解。

• 在规划传统中，相关性和传统更有利于传达信息（就好像规划符号的统一）。然而在不同的文化背景下，对于相关性和传统的理解又各有不同。这种不同的理解将导致跨国交流出现问题。所以相关的和传统的颜色和符号的标准制定，也需要包含在分析框架中。

战略空间规划中图示表达的"制图结构"分析标准（Pickles，1992）　　　　表 3.6.1

设计和布局：制图结构

抽象程度："科学的" / 精细的与"艺术的" / 抽象的表达
• 土地轮廓
　- 细致的
　- 概括的
　- "45°"（高度概括的）
• 逻辑分化（Junius，1991）
　- 具体场地 = 地形要素或者土地利用范围相对清晰的方向
　- 图示化 = 地形要素或者土地利用范围相对粗略的方向
　- 图解 = 地形要素或者土地利用范围未做说明，模糊空间
• 地区符号的绘图差异（Junius，1991）
　- 严格 = 以线要素描绘地区轮廓
　- 中等严格 = 不同颜色的色块区分不同地区
　- 模糊 = 渐变表示
• 点和线的绘图差异（Junius，1991）
　- 领土的精确度 = 物体大致的位置
　- 位置精确度 = 物体具体位置

续表

设计和布局：制图结构
• 颜色的运用 　- 强烈／具体（表示确定性） 　- 柔和／灰度的／哑的（表示建议） 复杂性 • 图例中主要要素的数量 • 图例中主要类别的数量 相关性与传统 • 颜色的运用 • 图示符号

　资料来源：Dühr，2007：80。

　　战略空间规划的图示表达中，"语言结构"的分析应与规划文本的重点、规划图示最重要的表达要素，以及规划范围基于周边地区的定位有着密切的关系。这三类可以如下操作：

　　• 材料中文字和图示表达的权重帮助我们评估不同规划传统的地图的重要性。对于"文字"和"图示"的关系分析（表3.6.2），我们一般从几个方面出发：通过深度的内容分析，探讨规划文本的主题和政策选择之间的关系，和他们在政策图示上的表达。该方法允许对政策选择的空间属性、图示表达的复杂性有深刻洞察，同时也帮助我们发现那类损害他人利益的主题。

　　• 视觉层次标准，或者用哈利（1989）的话说是"社会秩序规则"，与空间政策的图示表达中最具视觉统治力的要素相关。它通过定义政策图示中最突出的，以及最吸引读者眼球的要素来阅读图示。该方法具有一定的主观性。这些要素可以被认为是空间政策方案通过图示表达的核心。

　　• 最后一类政策图示的语言结构与规划区域的空间定位及其与周边的联系有关。它关注对该规划地区的地理环境的描述。它同样讨论该规划区域的连通性，即空间网络和深层功能的相互依存关系（Healey，2007）。这显然与要求规划师思考规划范围之外的相关空间关系的协作式规划过程有关。

战略空间规划中图示表达的"语言结构"分析要素　　　　表 3.6.2

设计和布局：语言结构
文字和图示表达在文件中的关系 • 在规划文件中的页数 • 规划文件中图示表达的数量（除了照片和非图示的图表） • 规划文件中政策选择的数量（文字） • 政策选择在政策图示中表达的数量 • 内容分析：在文字中讨论的主题和政策选择 • 内容分析：在政策图示中体现的主题和政策选择 **视觉层次／"社会秩序规则"**（Harley，1989） • 空间政策的图示表达中最抢眼的要素 **空间定位／"连通性"** • 规划语境的表述（相邻区域，区域、国家以及欧洲的背景） • 与周边地区的联系／功能相互依存关系／隐含的空间概念（几何的或者相对的）

　资料来源：Dühr，2007：82。

空间政策图示分析的方法论思考

如果系统的应用，上文所提到的理论框架，可为战略空间规划的图示设计和内容提供有用的对比分析工具。然而，选择本体论和认识论的解释学范式，不仅是一个理论的选择，对研究方法也有重要借鉴意义。对图示分析与阅读运用"解构主义"的方法，需要对规划背景和图示有更深刻认识的定性研究方法。对于背景与现象紧密相连的对比分析而言，将该方法运用在案例分析中是非常有保证的。当然，这种定性的实证方法不可避免地会遇到一些主观性的风险——尤其是研究者往往背着"民族中心主义"的包袱，即研究人员总是用自己原本的视角去看待和理解别人的系统和文化（de Jong，2004）。一个可靠的分析框架，当然是保障空间政策图示分析系统化、透明化的有力保证。然而，即便有一个合适的理论框架作支撑，这种推理演绎方法，主观性仍不能避免。在每一个研究项目中，应避免主观意愿的支配，并尽量减少该理论框架在实际项目中的调整。定性的图示分析应尊重科学的方法，这在跨规划文化的对比中尤为重要。这种框架已在上文表 3.6.1 和表 3.6.2 中阐明，旨在为欧洲不同国家的规划图示对比分析提供基础。但是这个定性的方法要求其在运用过程中的透明性，以及数据的录入和分析过程有一个详细的阐述。这方法可为理解规划的图示表达所传递的信息提供一个有趣的视角。

研究人员在制定研究的方法论时的每一个决定，都应追求能解决研究问题的最佳答案，其选择实例或案例的方法也不例外。本章所依据的研究，其目的是分析基于规划传统的战略空间规划的可视化空间政策。案例国家的选择也基于这种考量，例如该案例应具有成熟的规划体系，包括具有战略意义（区域及其上层次）的规划工具和体制。除了这些结构性的考量，许多实际操作层面也有待考虑，包括：是否所有需要的信息都是可以获得的（比如规划文件是否容易获得，研究人员是否懂这些文件的语言，以及访谈是如何进行的）。

这种实证型社会研究的质量，基本可以通过四个标准来保证：即，结构效度，内部效度，外部效度和可靠度（Yin，1999）。结构效度值与被研究概念的充分可行的对策相关。为了达到结构效度，研究人员需要（1）选择特定类型的变化来研究（需与初始的研究目的匹配）和（2）说明这些变化的对策确实反映已选定的特定类型的变化。Yin（1999）提出了提高结构效度的三种方法：（1）用多重方式、资源进行资料搜集；（2）建立一条数据收集的证据链；（3）做出案例报告并让资料提供人校验。对于这章所讨论的研究方法，对于规划背景的伏案研究和对于政策图示的解析，皆是通过其他数据（比如对规划师和制图者的定性采访）补充的。初步的调查结果需与研究地区、国家的专家讨论，以验证其是否合理地解释了相应的文化背景。至于内部有效性，研究者必须确保其阐释和判断是精确的和合理的。建立一套反馈机制，以允许受访者和专家在初始结论的基础上反馈和讨论，这能帮助提高内部有效性。这也是该研究设计的一项透明步骤。对规划系统和国内语境的可靠认知，不但能避免对分析结果和观察现象的错误解读，也同时帮助提高结构和内部有效性。那么帮助，理解其他国家规划系统的最佳方法，自然是在那个国家生活一段时间并懂得该国的语言，以避免误解规划术语和行动，同时也可正确理解其制度框架内的现象（Masser，1986）。

外部有效性与结论是否有普适性以及其普适程度相关。这对于任何一个定性社会研究，尤其是对于案例的选择，有很高的要求，特别是对分析规划文化和传统的研究而言是一个挑战。更重要的是，它要求研究者对规划背景有相当的了解，以帮助其决定案例是否在其规划背景下符合要求。在本文所述的研究中，案例的选择最好是能反映相同的规划传统与背景下的不同战略空间规划。第四个标准，可靠度的目的是让研究中的错误和偏见减至最小（Yin，1999）。理想的情况下，不同研究者只需要遵循相同的清晰的研究方法，总可以达到相同的研究结果。至于社会科学，因其受难以控制的外部因素影响巨大，这种精确的重复很难实现。所有研究人员必须尽可能的使其研究计划的解释透明化，包括研究计划的建构及其各种选择的正当理由。在本章中讨论的个案研究，是期待在不同的规划语境中找出迥异的类型，而不是将同国的案例分析普及到规划传统本身。

数据分析和数据陈述：结论

该框架被运用在德国、英国和荷兰的跨国空间规划对比研究中（Dühr，2005，2007，2009）。对此感兴趣的读者可以查阅这些资料。这章的重点是在比较视野中，定性探讨规划图示分析的特殊性。语言和术语是一个重要的考量因素。不同规划系统中常用到的"地方规划"和"结构规划"，可能意味着非常不同的工具含义。所以在做比较研究时，研究人员应尽可能地用原始语言进行解释（而不是直接翻译），以避免误解。

通过该分析框架，根据表3.6.1和表3.6.2的指标，可把战略空间规划图示的比较布局和内容收录在一表格中。基于这些原始数据，可方便在图表中整理研究结论。该方法辅助研究人员理解定性数据分析的自然流程，而不受边界的限制（图3.6.1）。

在不同的欧洲国家，对规划的理解也不尽相同。这种差异也影响了空间政策图示的内容和设计。该规划在规划系统中的地位及其深层的规划理念，直接决定了规划中的什么内容应该被可视化，和如何可视化这些内容。这章借助规划理论和制图理论的要素，解开图示中隐含的寓意，建立了一套分析框架，并在此框架上整理出一套分析空间规划图示的方法。

在许多传统规划中，对特定制图风格的深刻认同似乎十分普遍（Dühr，2007），这种风格被认为是"科学的"、具有交流可靠性，而且对更低层次的规划和公众是可信赖的。可喜的是，现实对规划政策和沟通方面有更多的关注，这——我们可以放心地设想——也在像规划图这样重要的沟通工具上留下了印记。然而每个图示的准备过程都经历了众多的选择和模式化的程序。这个准备的过程，为主导利益群体的发声留有重组的空间，并忽略了其他方面；能决定决策的因素，皆取决于空间数据的可用性而非综合的考量。总而言之，图示能在总体保持理性和科学的观点是更为令人吃惊的。

在这个变化的规划过程中，空间发展的管辖权往往是模糊的，政策也从约束性变为引导性。在这个背景下，对于某种制图风格的信赖，往往会导致在不同的规划文化中的误解。打破这种基本假定，制图表达是现实的一贯选择和阐释，政策图示也代表了政治决策和偏好。它并非基于近年众多的欧洲规划系统的改革。因为这些改革仅仅引进了新的规划工具程序，而没有同时反映在规划图示中的根深蒂固的权力分配以及交流模式。对于规划研究人员而言，分析图示在不同层级的规划过程中的角色和地位，有利于其理解规划文化的核心；有利于观察对于未来空间的决策是如何制定的，以及权利是如何在规划过程中平衡的；有利于掌握规划系统变革，以及欧洲的社会-经济与政治新风向背景下的规划新动态。

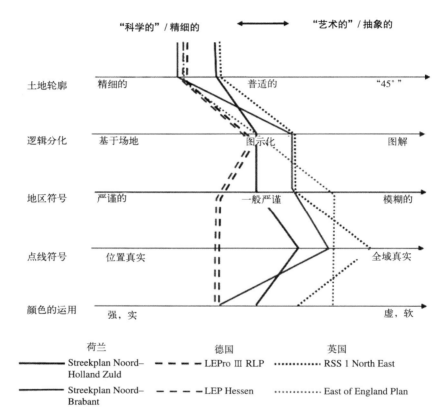

图 3.6.1　不同国家的规划过程中的规划概念及其表达

参考文献

Crampton, J. W. (2001) Maps as social constructions: power, communication and visualization. *Progress in Human Geography*, Vol. 25, No. 2, pp. 235–252.

CSD Committee on Spatial Development (1999) *European Spatial Development Perspective*. Office for the Official Publications of the European Community, Luxembourg.

De Jong, M (2004) The pitfalls of family resemblance: why transferring planning institutions between 'similar countries' is delicate business. *European Planning Studies*, Vol. 12, No. 7, pp. 1055–1068.

Dühr, S. (2005) *Exploring cartographic representations for spatial planning in Europe*. Thesis submitted in partial fulfilment of the requirements of the University of the West of England, Faculty of the Built Environment for the degree of Doctor of Philosophy (unpublished), University of the West of England, Bristol.

Dühr, S. (2007) *The visual language of spatial planning: exploring cartographic representations for spatial planning in Europe*. London: Routledge.

Dühr, S. (2009) Visualising spatial policy in Europe. In Knieling, J., and Othengrafen, F. (eds.), *Planning cul-*

tures in Europe: decoding cultural phenomena in urban and regional planning. Aldershot: Ashgate, pp. 113–136.

Harley, J.B. (1989) Deconstructing the map. *Cartographica,* Vol. 26, No. 2, pp. 1–20.

Healey, P. (2007) *Urban complexity and spatial strategies: towards a relational planning for our times.* London: Routledge.

Junius, H. (1991) Zur Gestaltung der planerischen Aussage von Festlegungskarten. *Aufgabe und Gestaltung von Planungskarten.* Forschungs- und Sitzungsberichte 185. ARL Akademie für Raumforschung und Landesplanung (ed), ARL: Hannover, pp. 147–154.

Masser, I. (1986) The study of planning in other cultures: introduction. In Masser, I., and Williams, R. (eds.), *Learning from other countries: the cross-national dimension in urban policy-making.* Norwich: GeoBooks, pp. 55–57.

Moll, P. (1991) Funktionen der Karte. *Aufgabe und Gestaltung von Planungskarten. Forschungs- und Sitzungsberichte 185.* ARL Akademie für Raumforschung und Landesplanung (ed), ARL: Hannover, pp 2–15.

Moll, P. (1992) Einsatz thematischer Karten in der öffentlichen Verwaltung: Werbung, Information und Binding. *Festschrift für Günter Hake zum 70. Geburtstag.* Wissenschaftliche Arbeiten der Universität Hannover Vol. 180 Universität Hannover, Fachrichtung Vermessungswesen (ed.), Universität Hannover: Hannover, pp. 77–92.

Pickles, J. (1992) Text, Hermeneutics and Propaganda Maps. *Writing Worlds. Discourse, text & metaphor in the representation of landscape,* Barnes, T. J., Duncan, J. S. (eds.), Routledge: London, New York, pp. 193–230.

Söderström, O. (1996) Paper cities: visual thinking in urban planning. *Ecumene,* Vol. 3, No. 3, pp. 249–281.

Vujakovic, P. (2002) Whatever happened to the 'New Cartography'?: the world map and development miseducation. *Journal of Geography in Higher Education,* Vol. 26, No. 3, pp. 369–380.

Yin, R. K. (1999) *Case study research: design and methods.* 2nd edition. Thousand Oaks: SAGE.

贺璟寰　莫　策　译，王世福　校

3.7

城市形态与文化表达：认知委内瑞拉加拉加斯自建区城市动态的定性研究方法[1]

加布里埃拉·昆塔纳·比希奥拉

引言：本研究是关于什么的？

本章介绍了面向宗教过程的研究方法论，探讨天主教在自建区城市空间的活动。[2]针对先前的观点，本研究的目标是探究在宗教活动过程中，城市形态与城市居民之间的关系；并探索场所感在这种城市的社会心理实践中建立的机制，尤其是这种场所感在活动中的相互渗透关系，以及城市所展现出的特定形态。宗教活动以运动的形式作为对神圣的表达，它是人类最有意义的活动之一。为了尝试去认知这种活动，本研究在一个特定的地区中进行，以理解城市空间的复杂性与该特殊用途所起的作用。

为了理解上述的关系，需指出的是，不管是城市空间还是盛行的天主教，都是对文化的表达。这是由于它们不仅被家族世代延续，而且是人们的生活方式、认知世界和与世界相互作用的方式。在研究中使用定性方法论尤为重要，这是为了全面地认知处理场所感以及城市空间与人的互动作用，我们将在下文对此进行讨论。

作为前文观点讨论的结果，我们考虑从三个方面来入手：自建区的形态；作为文化实践的活动过程；以及在此城市心理社会实践中构建的场所感。

众所周知，在世界范围内，几乎一半的人口居住在城市当中（Negron，2004；联合国人居署，2005）。在委内瑞拉，城市生活更加集中，有几乎88%的居民居住在城市。在这些人口中，尤其是在我们的研究区域加拉斯加，有50%的城市人口居住在被委内瑞拉人称为"贫民区"的自建区当中。[3]在加拉斯加，"贫民区"占据了城市面积的几近50%（Cilento，2002）。

然而，与城市空间本身同等重要的，是通过行动、活动、生活方式与对场所的利用让城市永葆生机的居民。人们使城市成为一个生机勃勃而纷繁复杂的实体。在对居民的深入探究当中，我们不得不承认，那些市民都拥有观点、作息与习惯、感知、风俗与个人信仰。在前面所提到的，我们可以发现宗教虔诚，这是人类生活中不可缺少的一部分。根据安大略省宗教宽容咨询公司（2009）的调研，世界中88%的人口拥有着某些种类宗教信仰，其中32%的人们信奉基督教。在委内瑞拉，96%的居民是天主教教徒（Pollak-Eltz，1992）。

对这些构成了城市中大部分人口的宗教信徒来说，神圣是有不同的表现形式，且对宗教虔诚有着其他的表达方式。在这些形式以及表达当中，包含路径的表达，尤其是宗教游行。这些游行是在不同的环境、不同的地点以及不同的城市空间中举行的。

为了对上述研究主题进行更深入的探讨，我们对于前面所提到的三个着眼点，确定了与之相关的三个目标：

1. 在宗教游行举行时，对发生在"贫民区"（有形的）的城市空间内的不同进程进行分析。

2. 重构"贫民区"中城市空间的复杂性，以及在其中举行的不同活动，强调宗教游行是这些空间的利用方式之一。

3. 通过宗教游行，对神圣化的空间中的当地居民所感知的场所感进行阐释。

研究背景：本研究是在哪里展开？

案例的选择是根植于方法论中的。当我们选取一个区域去分析研究时，要确保这个区域切合研究目标，并能回应研究所采取的范例视角。建立明确的标准，对于评估与进行案例调查必不可少。

本研究的区域是 Petare[5] 地区的 Arciprestazgo[4] 区域的教会教区群，它位于加拉加斯教区的东部田园地带。

Petare 地区的 Arciprestazgo 区域，由九个教会教区构成，占地约 140 平方公里。一半区域中居住着近 150 万居民，被低层高密度住宅所占领，非常拥挤。

选取这一区域，与以下城市形态和个人因素息息相关：

– 形态因素：Arciprestazgo 区域的"贫民区"集群，位于环绕加拉斯加的山上，山坡影响了形态。城市外形由连绵的城市边界与天际线、小型紧凑的街坊以及轮廓分明的通道（车辆和行人的道路）组成，完全契合了地形走势。总的来说，它代表了加拉斯加"贫民区"的外部形态（图 3.7.1）。

图 3.7.1　Petare 的全景图

图片来源：Gabriela Quintana Vigiola。

– 个人因素：为了在"贫民区"中进行调研工作，通过团体成员来接近居民点是不可或缺的。这是由于长久以来，"贫民区"的居民间产生了强烈的场所氛围与领土意识。此外，"贫民区"通常包含低收入人口，使得贫穷与匮乏在这些区域集中，犯罪事件频发。由于作者与 Petare 中一个"贫民区"中的牧师有联系，案例区域才被选定下来。这位牧师扮演着与不同教区的牧师、团体领导者以及与其他参与游行的居民进行主要联系的角色。

除此之外，其他筛选特定的研究案例的标准是人口与圣周[6]期间游行队伍的数量。根据上述提及的标准，在 Petare 地区的 Arciprestazgo 区域中，我们选取了三个教区来进行调查：(1) St. Francis de Sales in La Dolorita；(2) Our Lady of Fatima in El Nazareno；还 有 (3) the Evangelization Centre of Julian Blanco（图 3.7.2）。

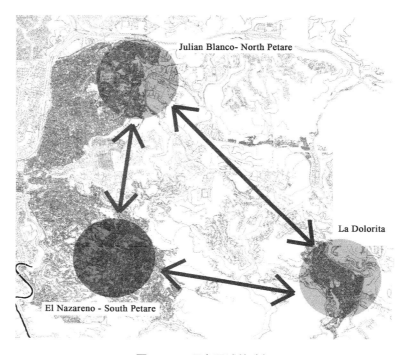

图 3.7.2　研究区域的选择

方法论：我们如何实现既定目标？

为了完成上述目标，以及解决研究场所感、城市文化生活所相关联的不同方面，我们充分地考虑了所采用的方法论。本章节讨论的是与本研究相关联的方法论的其他方面。

1. 范例与方法论

进行高质量研究之始，首先要理解我们所想要研究事物的本质，以便选取一个范例的研究方法。后者与研究人员所采用的研究视角相关。

本研究所采用的范例研究方法是构成主义，也被称为初始范式。它是由于对实证主义的关注以及对不同现象的"理解"方法而产生的（详见本书的第一部分）。在宏观视角下，我们信奉社会建构主义。它表明，现实通过社会的相互作用而构建。同时，领会社会建构的唯一方法，是将参与者和研究区域同等对待。

基于上述观点，我们采用了定性方法论，意图是"随着我们在一个预定义的社会系统中，对参与者进行观察，以此来重构社会现实"（Hernández，Fernández-Collado and Baptista，2006，p.9，作者译）。目的是为了清楚了解其多样性的现状。此外，这也为了通过案例研究来深入探讨特定的主题。

我们采用这套方法论，以理解城市形态与人的关系。这个目标有深刻的意义，而并非一个单纯的统计问题。同时这种研究方法表现为一套基本原则，用于通过对人们的文化表达，尤其是天主教宗教游行的研究中，来了解委内瑞拉"贫民区"至关重要的一部分。

2. 调查设计

开展调查之时，调查设计必须与所研究的行为以及场所匹配协调。由于规划往往源于一个经年累月的逻辑性背景（实证主义），因此它造就了一种长期以来使我们先入为主地看待现象的趋势，限制了我们对城市空间的复杂性以及动态的理解。然而，当我们与这些拥有价值观、信仰、习俗以及生活方式的宗教团体共事的时候，极其重要的一点是，我们站在居民的角度，保持思维开放，才能真正理解他们所关注的议题。只有在我们理解了他们的社会动力及首要事项后，研究中需要处理之事才会一一浮现。

基于上述观点，一个恰当的策略是制定一个初始的设计，这是因为我们陷入了一个陌生的环境之中（有形的、文化上的、团体上的）。因此，摒弃先入为主的想法尤为必要。这种设计要求调查人员随着研究结论的出现，动态地详细制定并开展计划。此外，我们之所以采用这个初始设计，是因为我们的理论是由数据创建而来，而并非对已有理论的验证（Hernández et al.，2006）。

3. 参与者

对于参与者，需要强调的一点是，在定性研究当中，他们是被有意识地选取的，以便探究他们对研究现象的看法。考虑到这一点，在调查过程中，对不同性别与年龄的参与者应一视同仁。同时，研究应涉及参与游行活动的人、在选定区域的现有居民或曾经居住在此的居民。对日常化的空间意义以及游行中被构建的场所氛围进行比较，我们可找到用于理解神圣化空间的关键要素。被调查者的数量并没有事先确定。除此之外，事先确立研究饱和度的概念也同样至关重要，在"当新的采访与观察不能被进行更深入、更广泛理解"（Vieytes，2009，p.73，作者译）的情况下，这种信息的饱和度就会出现。不过，我们明确了，在各个环境下均选取三人为最少的采访人数，倘若饱和点尚未出现，则能调查更多人数。

4. 收集数据

根据范例、方法论以及三个上文提及的研究着眼点，我们选择了以下数据收集的途径：外部空间、心理社会以及作为一项活动的宗教游行。就此而言，我们挑选了不同的调查方法、成熟的行动计划与工具，同时进行了试点调研及进行了若干调查阶段。

1）调查方法

所选取的调查方法需要与研究目标紧密联系。每种类型的现象都需与特定的符合范例视角的调查方法相对应，这与选择恰当的案例研究同等重要。在这种特定的情况之下，当我们着手处理地点、人们与这两者关系的时候，扩展规划师用到的地图（规划图）、图表与方案来认知外部环境的视角，也是尤为必要的。

我们之所以选取以下的调查方式，是因为它们的分析与解释，有助于我们从一个综合的视角理解城市空间的复杂性。

参与观察。这种来源于民族志的调查方式，鼓励调查者融入研究对象的文化中，以缩短与研究对象的距离。调研"贫民区"的天主教游行，在调查初期便面临着考验。我们需要了解这个区域以便与当地居民建立起密切的交往关系；并需要被允许介入他们的宗教习俗与日常生活中。一旦成功介入，我们不仅能观察宗教仪式以及在城市空间的活动，也能成为他们的一分子。因此，建立与参与者良好的联系，能使我们理解他们的场所感。在对参与者观察期间，调查人员会对相关的元素、具体的细节、与活动/空间/人所相联系的特征、我们所要打听的各方面进行现场记录。[7]而且，在调查中，我们开发了一个数据收集工具，包含一份需要填写参与者、城市空间与宗教游行相关信息的表格。

访谈与非正式交流。人与人的理解过程中，声音的传情达意，以及声音对城市空间的有效传达，扮演着意义重大的角色。而访谈的目的在于，通过对一些与它们有关的主题和事件的有限引导，让参与者用声音表达自身所想、所信、所知。通过这个方法，我们能够扩展在他们日常生活与不同阶段的宗教游行中所观察到的信息。由此，我们进行了深入而开放的访谈，它由一些与我们研究中的三个着眼点相关，且与文化表达中关键要素相连的主题组成。[8]其次，在访谈中，参与者的表达、文化表达的含义以及场所的意味的回顾过程，也是值得重视的。再次，在访谈过程中我们要求调查人员对比、比较现场笔记与观察信息，以此作为调查分析的一部分，以达到对"贫民区"的形态与生活状态的理解。

在游行活动中与参与者的非正式交流，也同样有深刻意味。这对我们对场所感的解释起到了莫大的帮助。

视听/摄影调查。除了前文所述的调查方式之外，我们利用了视听记录与摄影，对我们通过参与观察以及访谈所获的信息进行补充。此外，通过对视听数据的收集，对于特定活动发生的那一时刻，我们或许能够观察获得人们与空间的真正互动信息。它也有助于我们认识到，在城市空间中正在发生的并不仅仅是活动，同时让我们见证了建成环境是一个动态的、持续变化的实体。

借助摄影技术，我们能在不同时候对空间进行对比，并且能仔细辨认那些涉及各个活动所发生的变化。我们不仅能够仔细观察人们的表情，也可以观察到人们与场所之间的互动。

文献回顾。这个方法是为了获得参与者所提到的日期与地点的官方数据，以及研究背景下的城市化进程中所涉及的历史事件详情。

2）试点

在定性方法论中，试点调研可验证初始的研究设计，并可验证行动计划与工具的可行性。

一方面，试点涉及与宗教社团接触的首要方式，它让我们明白什么对于社团来讲才是最为重要的，最终将定义我们的调查路径以及调查焦点。据以往的经验，我们在研究伊始便认定研究区域中发生的所有游行都是有意义的。对此我们参与了两个小规模的游行，并对组织者进行了访谈，得知我们并不需要关注所有的游行活动，只需要在某些区域对某些游行进行研究。我们意识到，并非所有的行都有同样意义，因此我们只需要聚焦于圣周所进行的宗教游行。

另一方面，试点是为了测试数据收集方式以及计划实施的阶段是否可行。对访谈行动计划进行评估、让宗教团体进行绘图（未采用）以及验证现场数据收集工具，有助于厘清哪些是与研究无关的问题与事实，同时提醒了我们哪些是至关重要却被忽略的信息。试点调查，修正提升了我们的调查手段与工具。

3）调研阶段

一旦完成了试点调查以及明确了调研焦点，有必要确定调研时间及方式。圣周是若干日子[9]的汇集，且一年只举行一次，这使得我们需要在三个不同的区域同时参与游行。考虑到调查的时间范围、有限的资源以及圣周的情况，我们确定了数据收集的时间为 2009 年、2010 年与 2011 年，因此主要的调查人员需要在每个地点参与每组游行至少一次。

此外，围绕着所研究的宗教游行，社会文化现象的信息收集是通过以下三个阶段来建立的：（1）游行之前；（2）游行进行时；（3）游行之后。其中，第一阶段对应的是事件的准备时期（即宗教游行的前三个月到举行的前一天）；第二阶段对应的是事件发生的当天——包括当天的游行前的准备、游行过程本身以及游行的尾声；第三阶段对应的则是游行结束后的时期。然而最后我们增加了第四个调研阶段，它是在整个调研过程中持续进行的，包括对上述阶段中所得数据的持续的整合及分析。表 3.7.1 呈现了各个阶段需要完成的特定的行动的概要。

信息收集与分析的概要			表 3.7.1
第一阶段	第二阶段	第三阶段	第四阶段
• 与游行中的关键人物交谈（牧师、组织者、团体成员）	• 参与观察	• 与游行组织中的关键参与者进行访谈	• 对所收集数据进行综合和分析
	• 与游行的参与者进行非正式交流		
• 对城市空间进行摄影调查	• 现场记录		
	• 对城市空间以及游行进行摄影与视听调查		

5. 数据分析

另一个调查方法的焦点就是数据分析。根据费特曼（Fetterman，2008）的理论，它始于研究问题被挑选之时，终于研究报告最后一词。定性分析被应用在基于访谈、现场记录、与参与者的非正式交流与视听调查所构建的信息处理当中，它令调查人员在思量调查中所呈现的各种关系以及他们的解释的时候，同时进入一个语义意识层次与意动层次中（Vieytes，2009）。为达到上述目的，我们利用了 Nvivo 软件使得上述数据收集方式联系在一起。

定性分析聚焦于充分领会场所感的概念之上，其结构的基础是对那些人们述说与反复提及的重要信息的关键要素进行分类整理。除此之外，那些在谈论主题中反复强调的要素、在访谈中评论得知的体会、从游行视听记录中获得的人们之间的相互交流互动，都提供了一个理解所研究活动的意义以及活动所发生场所的途径。

此外，为了认知在宗教游行中构建的场所感与"贫民区"的形态之间的联系，我们进行了与人们认为有意义的场所相关的一系列城市分析，比如对详细的街区、公共空间系统、城市肌理、土地利用、路径及其他的分析。

6. 结果整合

数据分析之后的结果整合，是研究中最为重要的一环。这一阶段中，调查结果、文献回顾、理论背景的综合分析，是与调查人员的学识融为一体的。

在这个特定的研究当中，了解"贫民区"的形态、宗教虔诚的概念与意义，对于深入研究以及对调查结果的总结整合是必不可少的。在"贫民区"内，开放的公共空间是自建房之间的剩余空间，由此要找到一个广场或者公园是相当困难的。通常来说，这些开放的公共空间是狭窄的街道、运动场地，还有居民点中的公交车掉头的地方。

关于"贫民区"内的公共空间，埃尔南德斯·博尼利亚（Hernández Bonilla，2005）强调了公共空间的缺失，并指出街道为仅有的公共空间。考虑至此，在这些充当公共空间的街道中，各种活动（比如宗教活动）在此发生，给这些场所赋予丰富的含义。对于在该时间与空间下的宗教活动，我们可以认为，城市空间处于一个持续神圣化的过程，因此，它成了有活力的、被神圣化的公共空间。

在调查中我们发现，在教区居民和其他参与者的行动与评论中，传递出"贫民区"城市空间在宗教游行中的挪用及意义。与之相关的一个例子，就是对犯罪集团使用空间的挪用。这无疑强调了天主教在公共空间中所产生的影响。这是一个位于"贫民区"Julian Blanco 的案例，全年都被犯罪团伙霸占。从一些非正式交谈（在参与观察调查过程中）和居民的访谈中，他们多次强调了从这个万分危险的地方简单经过时油然而生的恐惧感。不过，在一年当中有那么一天，即耶稣受难日，这块场地被宗教团体所使用。在这一天，由于该区域作为传统游行结束的地点，因此宗教团体要求行使利用这块场地的权利。也许你会说，这个空间在那一刻神圣化了，正因为在那个城市空间中的特定活动的参与者赋予了它场所的意义。

从上述方面不难看出研究方法论的重要性。而我们所选择的定性研究方法，是理解空间与文化意味的提纲挈领。这些与源于游行参与者相一致的信息，任何统计学方法与问卷调查都无法提供。

调查过程中还反映了另一个成果，尤其是举行宗教游行的外部空间、街道以及它们的形态，对这些宗教活动发挥着支配性的影响作用。在耶稣受难日的宗教游行期间，在与一位关键的参与者的非正式交谈中，当被问到挑选游行的驻足地点的理由时，他的回答很简单，"难道你没看到这个空间更宽敞一些吗？这里能容纳更多人啊。"从这个层面上看，"贫民区"的形态，以它自身狭窄的街道，定义了这种宗教—文化体验。这再一次体现了所选方法论研究方法的重要性。

结论：场所感，形态学以及方法论

在城市设计与规划中，除了要处理形态之外，一般来说也需要解决场所感的问题。尽管场所感是与建筑环境学科紧密相连，但它也稍稍受着学者与实践者的影响，总体来说，它能够通过营造"更优"的空间与施行"更佳"规划来被创造与被升华。

维森费尔德（Wiesenfeld，2001）定义了"意义"，这是场所感的最基本的概念。它作为一种社会建构，通过在特定的环境下人们的经验与互动作用取得了发展。与之相关的，埃尔南德斯·博尼利亚（2005）表明，"公共空间的场所感是由人们的使用形式来呈现的，在表达的过程中，各种各样的日常活动、个体与集体的兴趣、社团的互动作用都是至关重要的要素"（p.195）。同时，作者表明，这种空间使用过程只能依靠空间与人们经验之间的维系所产生，而这一切都受居民的文化协调解决。

因此，在规划与城市设计中对场所感的研究，扩展了学者与实践者对于城市的知识面，从而出现了更多合适且高质城市的建议与解决方案。重要的是，我们要意识到，真正深入这个概念，不仅让我们与所相处（工作）的团体发展更为紧密的联系，同时也让我们从其他角度，并非专家的视角去了解场所。

认识到公共空间改变了其中的活动这一点极其重要。尽管这些活动偶尔塑造了空间并对其加以改造，不过空间也同样塑造了人们的行为活动。在"贫民区"这个缺乏大量多样的休闲娱乐空间甚至缺失公共空间的地方，街道成了集市、游园以及与文化交织的朝圣地。

与之相关的，针对前文讨论的方法论研究方法，重要的是我们要理解研究对象的现象本质。在这个案例当中，对于理解空间与文化的含义，使用定性的案例研究方法和民族志研究方法是最为正确的选择。因为任何统计方法与问卷调查都难以提供这些富有意义的信息。

宗教游行期间，"贫民区"城市空间的利用与意义，通过教区居民和参与者的话语及行为呈现出来。其中，一个对罪犯集中场所再利用的例子，突出了天主教在公共空间的影响力。

除此之外，当调查人员融入团体中，与参与者和关键人物发展建立起密切的交往关系时，同时伴随着对方法论担忧的加深。这种密切交往方式对于调查来说是一把双刃剑。其中优势在于，建立这种互相尊重信任之后，我们或许能从参与者身上得到一些更有见地的反馈；而劣势在于，由于这个范式方法论中的客观性并不存在，部分的研究现象会被调查人员忽略。

社会建构主义范例表明，我们对自己经历与信仰的解释，也是参与到整个调查过程中的。因此，与本研究尤其相关的是，基于调查团队开发的数据收集工具，我们经历了不止吉登斯（Giddens，1987）所描述的两重解释学的内容。在调查研究中，考虑到我们的背景和主观意识，都如文化以及城市的开放空间一样被卷入对宗教性意义的重构之中，对此我们对现象的进行了三重甚至四重的解释。

最后，宗教游行与城市空间的主题，揭示了与人类息息相关的方方面面，尤其是针对"贫民区"中的居民。如今，鉴于委内瑞拉的城市中，存在着不同形态类型的不同区域，我们必须以一种相同的方式来理解这些城市空间，那就是文化表现在不同区域之间，一定皆有所差别。在"贫民区"中，对场所的研究并不如其他城市区域多，它的空间构型即为社会发展、结构整合、非受控形成的剩余空间的产物，所以发生在其中的宗教游行也是如此的独特。

正是因为我们是为城市以及人们而服务的，因此在城市规划以及城市设计背景下，研究场所感是极其重要的。这为形成新的知识以及给学者与实践者提供了指引。此外，利用恰当的方法论去认知场所感，对于我们更好地去理解城市的复杂性，并为居民提出更高效高质的城市方案，有着举足轻重的作用。

注释

1. 加布里埃拉·昆塔纳·比希奥拉，城市规划讲师，建筑环境学院，建筑设计系，悉尼科技大学。邮箱：gabriela.quintana@uts.edu.au /gquintanav@yahoo.com。
2. 自建区，是指被作为新居民非正式定居点的，源于对未开发土地的入侵的地区。这个术语与贫民窟对比之下出现，由于经历一段时间之后，房屋材料与环境都有所发展提升。
3. 从这个角度上，我们把自建区称为"贫民区"。
4. Arciprestazgo 是一个中级领土，受一个主牧师支配，位于大教主管区与教区之间。
5. Petare 地区位于委内瑞拉加拉加斯的东部，主要由低收入人口组成。形态上十分多样化，从殖民地城市肌理延伸至自建区肌理。
6. 在委内瑞拉，圣周是最为重要的宗教事件，从圣枝主日持续到复活节。上述这两个就是圣周最重要的日子，此外它还包括圣周礼拜三、濯足节以及耶稣受难日。
7. 现场记录可以是笔记或者录音；详见本书的第 3.2 章，作者为西尔弗曼。
8. 特定的问题会在手稿上列出，以便让访谈进行以及集中参与者的注意力。关于问题的进一步信息，请联系作者。
9. 本调查主要关注圣枝主日、圣周礼拜三与耶稣受难日，这些是唯一涉及宗教游行的日子。

参考文献

Cilento, A. (2002). Sobre la vulnerabilidad urbana de Caracas. [Electronic Version]. *Revista Venezolana de Economía y Ciencias Sociales, 8*, 3 (103–118). Retrieved 15 May 2008 from: http://bibliotecavirtual.

clacso.org.ar/ar/libros/venezuela/rvecs/3.2002/sarli.doc

Fetterman, D. (2008). Ethnography. *The SAGE encyclopedia of qualitative research methods*. Retrieved 6 May 2010 from: www.sage-ereference.com/research/Article_n150.html

Giddens, A. (1987). Social theory and modern sociology. Stanford, CA: Stanford University Press.

Hernández Bonilla, M. (2005). Mejoramiento del espacio público en la colonias populares de México: Caso de estudio de Xapala-Veracruz. [Electronic Version]. *Revista INVI, 20,* 53 (181–199). Retrieved 8 April 2008 from: http://redalyc.uaemex.mx/redalyc/pdf/258/25805309.pdf

Hernández, R., Fernández-Collado, C., and Baptista, P. (2006). *Metodología de la investigación* (4th edition). Mexico City: McGraw-Hill.

Negron, M. (2004). *Los retos de las nuevas dinámicas de urbanización: el caso de la megaciudad del Norte de Venezuela*. Retrieved 8 January 2008 from: www.ucab.edu.ve/eventos/IIencuentropoblacion/plenarias//Negron.pdf

Ontario Consultants on Religious Tolerance. (2009). *Religions of the world: numbers of adherents; names of houses of worship; names of leaders rates of growth*. Retrieved 15 September 2009 from: www.religioustolerance.org/worldrel.htm

Pollak-Eltz, A. (1992). La religiosidad popular en Venezuela. [Electronic Version]. *Sociedad y Religión, 9* (19–32). Retrieved September 2008 from: www.ceil-piette.gov.ar/docpub/revistas/sociedadyreligion/sr09/sr09pollak.pdf

Reese, L., Kroesen, K., and Gallimore, R. (2002). Cualitativos y cuantitativos, no cualitativos vs. cuantitativos. In Mejía, R., and Sandoval, S. (ed.) (2nd edition), *Tras las vetas de la investigación cualitativa: perspectivas y acercamientos desde la práctica*. Tlaquepaque, Mexico: ITESO.

United Nations Human Settlements Programme. (2005) *Urban statistics and indicators*. Retrieved 10 May 2008 from: www.unhabitat.org/categories.asp?catid=315

Vieytes, R. (2009). Campos de aplicación y decisiones de diseño en la investigación cualitativa. In A. Merlino (ed.), *Investigación cualitativa en ciencias sociales: temas, problemas y aplicaciones*. Buenos Aires, Argentina: Cengage Learning.

Wiesenfeld, E. (2001). *La autoconstrucción: un estudio psicosocial del significad de la vivienda*. Caracas: Comisión de Estudios de Postgrado. Facultad de Humanidades y Educación, Universidad Central de Venezuela.

吴凯晴　黄俊浩　译，王世福　校

3.8

价值导向下的城市和区域规划话语分析方法

W·W·布恩克和 L·M·C·范德魏德

引言

空间规划曾被定义为一种为物质环境作出明智决策的工具（Friedman，1987）。这些所谓"明智"的决定，当然是对各种提案精心准备和考量的结果，它们都是在遵循功能和技术工具理性基础上的具有逻辑辩论性的偏好（Nozick，1993）。尽管如此，规划实践近年有了显著的变化。现在的规划是一系列强调过程的分析和设计的手段和方法；其通常融入了利益相关者的参与、协商的方法和共同决策的过程（Healey，1997，2003；de Roo & Silva，2010）。在围绕城市与区域发展的政策领域，相互依存的参与者，往往需要通过共同的努力，来界定亟待解决的空间发展问题和敲定首选解决办法（Buunk，2003：126−133）。这意味着现存的规划政策将为一个新的特定工作方式让位，并且后者最终需要一个新的基础或者政策决策作为基础。

在规划过程中，无论规划方法或者专业技术如何变化，最终，根本决策还是建立在对研究对问题普遍认为的最佳解决方案上的。而这些根本的决策就是基本价值观的表达。这些价值观常（起码是部分地）通过一些规范性和政治问题的喜好得到体现，而非专业规划方法和经过深思熟虑的政策（Flyvbjerg，1998）。即便在广泛的参与过程后，最后的决策仍有可能与之前所期待的理性和逻辑的过程结果、规划实践者准备的以及参与者所预期的颇有不同。从技术工具理性的视角来看，这些决策可能因为充斥着情境的和感性的论据而显得不合逻辑或者漏洞百出。本章将从价值导向理性的角度更好地理解城市和区域发展的决策过程。

追随价值导向理性，意味着将规划视为就空间发展问题做出道德和伦理方面的选择。虽然这个观点在相邻领域也被采用（van Wee，2011），但该观点在规划学界仍非常罕见。该文将在第一部分通过两个研究项目解析此规划方法。第二部分将建立一套理论框架，以区别三种形式的理性以及定义价值观及其如何与规划产生相关性。第三部分探讨如何将话语分析作为一种方法，探寻价值观对规划实践过程和政策制定产生影响。第四部分将逐一呈现两种研究策略的结果。第五部分则进一步映射基础价值观与规划实践的相关性以及找到未来的研究挑战。

理性、价值和多元性

规划实践和规划理论长期被技术工具理性主导。政治哲学家罗伯特·诺齐克（Robert

Nozick）甚至说工具理性的理论应该是"缺省理论，即所有讨论者都应将其视为理所当然"（Nozick，1993：133）。工具理性的逻辑，是所有的参与者被视作会尽其所能地、理性地选择最能达成设定目标的手段和措施。弗里德里希·冯·哈耶克和一系列的理论批判，对于理性规划的概念以及变化中的规划实践都提出了挑战。随后规划的技术工具理性方法，被交往理性的方法纠正（Fisher & Forester，1993；Forester，1999）。规划被视为帮助我们理解并最优化解决空间发展议题的过程；而这个过程蕴藏在一些丰富而多层次的政策情节中。

当实际空间发展议题得到了随性或者奇怪的决定时，即这些决定使致力于制定适当理性和符合逻辑的决策的规划者感到震惊时，工具理性或者交往理性的概念都不足以独立解释其现象。以上两种视角（工具理性和交往理性）都是从逻辑的推理和论证中寻求答案；因而也阻碍了他们对规划过程的基本理解。当今的规划实践，关于空间发展议题的政策制定，其实是对价值观的考量。为了充分理解它，一种不同类型的理性应该被挖掘。诺齐克试图用"实质理性"的概念来定义推理方式，这种推理方式是有别于工具理性的另一种形式的逻辑："一种有别于简单的工具理性，而更关注其象征意义的方式。［……］象征意义超越一般因果关系，它对于我们决策和行动有着重要的意义"（Nozick，1993：139）。

抛开价值取向的理性判断，长期以来被认为是不可能的，因其需要科学家保持中立、客观并摒弃价值取向。对规划理论产生深远影响的三位现代哲学家，韦伯，顺彼特（Schumpeter）和曼海姆（Mannheim），他们同时将价值观至于理性之外（Blokland，2001）。他们主张最好不要在科学政治思考中谈价值观，因为人们不可能抛开自己已有的价值系统去评判价值观。这看上去是个保险的论证，但其因拒绝了解价值观的重要性而一再被批判。费吕夫布耶格（2001：53）反思了这种立场："社会学思想家例如韦伯、米歇尔·福柯和尤尔根·哈贝马斯指出，价值理性让位尤工具理性长达两个世纪。［……］当今，亚里士多德式的对平衡价值理性和工具理性的质疑又被提到台面上。"在此，象征性意义的逻辑就被界定为价值取向的理性（Buunk，2010）。这就带出了将规划和决策制定视为一种规范性努力和价值观的体现的研究方法。

1. 道德准则

对于许多规划师而言，对道德价值观的研究似乎牵强附会。但许多空间发展议题不言而喻地涉及伦理和道德的层面。比方说，一个"什么是公平的住房项目"的问题，很快揭示出城市改造项目可能隐含的进退两难的矛盾。当然，规划师并不习惯对这些问题进行清晰的讨论。长期的政策目标（比如社会住宅占新开发住宅中30%的均衡分配方式）受到广泛关注。当该政策目标受到挑战时，它变成了现实当中由于价值观不同（比如对公证和团结的理解所对应的住房政策目标）而对社会住宅有不同需求的参与者之间的数字游戏。所以住宅需求方面的相关数据并不能解决这种不一致。

价值观的学习属于道德哲学的范畴，它与政治哲学仅有很少的联系，更不用说政治科学和规划理论。近来，对于价值观在社会、政治和政策制定中的科学关注逐渐增长。阿利斯代尔·麦金泰尔是检验价值作为的先驱，他提出："任何行动都表达了负载了理论的信仰和概念；任何理论的创建和信仰的传达都是一项政治和道德的行为"（MacIntyre，2007：61）。规划师需要努力理解道德理念。麦金太尔认为价值观因其在社会参与者的决策过程中起到了一定的作用，因而是必要的。价值观也往往在"他/她的推理、动机、意愿以及行动中得到体现；这样一来这些概念至少能在现实世界中反映出来"（MacIntyre，2007：23）。价值观因而有结构性的特性。价值观对于组织社会交互的能力，与吉登斯在结构化过程中定义的规则和资源的概念非常相似（Giddens，1984）。他的理论特别强调参与者的动机、推理和道德动机的作用。顺承吉登斯的结构化过程二元性的看法，价值观决定了交互的模式也因此塑造以及重塑这种交互。

当代道德哲学经常因其过分强调保守道德而被批判。道德心理学家比如乔纳森·海特（Jonathan Haidt），尖锐地批判到："这一现象的确如此，但社会科学家普遍对自由道德有一种特殊的偏好"（Haidt & Graham，2007；Haidt，2012）。从美国的视角而言，这种自由道德都关乎于阻止对人体的伤害行为、社会公正和保护个人权益。那么关于社会两难处境的道德研究，常常是基于这种特定价值观而鲜少以社区自豪感、崇拜权威或者崇敬宗教信仰的价值观作为参考。而后者，在美国社会是被比较保守的群体所接受的（除了公正和关心他人的价值观之外）。当从价值导向的视角观察规划的时候，即便在美国的背景之外，这也是一个相关的警示。

一个特定的道德偏见，若妨碍社会科学者对多种价值观进行全面的观察，则可能危如累卵。为了解决社会公正的问题，海特和格雷姆（Graham）提出"小派系、权威和纯正性作为道德的考量因素，对于科学的精确性和社会公正研究甚至在学术领域之外的应用，都是举足轻重的，即便他们不是你所关注的"（Haidt & Graham，2007：111）。在人的行动和选择中对道德维度的充分考量，意味着对价值取向的研究，需要注重价值观的多样性在空间规划过程中起到的作用。

2. 伦理多元化

一个适当的以价值导向的研究方法，需要在空间发展、设计和城市土地利用的决策过程尽可能周全地考虑所有相关的价值观。这需要我们更注重评判决策制定过程的质量，而非对决策结果的评判。这和以赛亚·柏林（Isaiah Berlin，1969，引用于 Hardy，2002）的伦理多元论的原则在规范角度相去甚远。另外，偏好于某一种规范角度的一元论方法，将视野局限在非常有限的价值观中。这一角度不利于产生较好的决策判断。

柏林在其研究中证明，经常有好几种价值观是值得追求的，但他们往往又不互相兼容，这就意味着我们需要有所取舍（Blokland，1997：169）。柏林认为这是我们日常经历中悲剧的局面，但是我们仍需要为更好的生活而解决这些矛盾。一个多元化的方法告诉我们，多样的价值观将影响空间发展议题的要素，这种多样性甚至作用到空间规划和政策制定中。

深层价值观的挖掘

研究价值取向的挑战，是重建那些影响着城市土地使用、优先发展和设计的规划及决策过程间互动和交流的那些不言而喻或者是隐含的价值观。价值观其实是对于空间发展和土地利用与设计的某种根深蒂固的信念、目的、动机、欲望和理想的表达。如果价值观只是规划或者政策文件中的一纸空文，那么它们无论对于实践者或者科学家来说都毫无意义。只有当它作为参与者在其行动判断时，作为内在动机而在社会互动中被认知，价值观才具有了真正的含义。与政治学者关于权利的概念和社会学者对于价值的概念类似，价值观只有在社会互动中被运用才能体现出其真正的意义。

价值观是参与者在论证中口头或者书面表达所指的特定词汇。像"公正"、"傲慢"和"城市密度"这样的词，在特定的语境中表达深刻信仰、大致喜好和实际判断时，可以被认为是某种价值观。而话语分析是能帮助在其社会脉络中解析这些特定词汇的一种合适的研究方法。在空间规划越来越注重交流之际，规划研究已经继承了哲学家们如利奥塔（Lyotard）和福柯采用的语言学分析方法（Hajer，1997；Torfing，1999）。话语分析为参与者建立世界观和理解空间发展问题的框架和故事情节提供更深刻的见解。对文字和演讲的话语分析，旨在寻找经常被用到的特殊词汇和其所指的特定含义。寻找信息词汇和语义，能帮助发掘参与者的喜好和他们就关键问题做出的反应及其缘由。

对价值取向的研究，话语分析还需要进一步的拓展。挖掘深层的价值观，需要对这些信号词进行分析，并找出其在建立论证以及选择背后的喜好及判断动机所起的作用。价值观因此可以被视为，在描述主要故事情节背后的深层信仰、动机、目的、愿望和理想时，所寻找的特定的语汇和句式。

1. 社会研究的实践智慧

尽管重构文字的深层价值观看起来非常艰难，它仍旧没有研究者从文字中挑选出占主导话语权的段落难。到最后，重构文字的深层价值观变成了对社会和政治过程中分类、判断和参与者喜好更深刻的理解："价值观、实际考量和行动策略都是该方法的前提或者说是一部分；它们并没有和理解性导向的项目相矛盾"（Flyvbjerg，2001：126）。继承了亚里士多德将知识技术的科学知识、技能和对知识、技术的谨慎使用区别开来的逻辑，费吕夫布耶格称之为实践智慧方法。作为社会科学的价值取向的研究方法，"实践智慧由此关注对价值观的分析—'对人类是好还是坏的事物'—作为行动的出发点……。它关注哪些是不能被放之四海而皆准的可变因素。实践智慧则需要所谓普遍和具体之间的互动；也需要考量、判断和选择"（Flyvbjerg，2001：57）。

就社会科学的实践智慧而言，费吕夫布耶格没有进一步定义价值观，亦未找出实践过程中引导主观努力的价值观。价值取向研究在此的目的，主要是关注这些空间发展议题的过程及决策机制中价值观的体现。那么分析工作的核心，就在于选择包含特殊语义的并能被认定为价值观的话语要素、文章章节甚至单个词语。研究者需能通过文字选择以理解能表达"什么是好的"深刻意愿的章节，而这些就是价值观的体现。换句话说，挑战在于通过一切学术知识、技术和实践经验对话语分析结果进行解释。

2. 抽象和具体的价值观

为了认识、选择和解释故事情节中的话语要素来寻找深层的价值观，区分价值观并将其分类就很有必要。抽象的价值观，比如勇气和节俭，总是可以和美德联系起来。当关注空间发展议题时，抽象的价值观如公正（土地的公平分配）和美学（乡村的美学质量）就起到了作用。价值观同样可以根据所指对象的不同以具象的形式出现。荷兰政府政策学科委员会（WRR）通过价值观在社会中所起作用的简明研究表明，任何事物都可以成为评估对象：事物、文化遗产、个人、人与人之间的自然关系（比如信任）和社会原则（如自由）（WRR，2003：46）。

具象的价值观直接通过土地价值的方式在空间规划实践中起着突出的作用。具象的价值观间接地通过对重要生态资源的科学定义，并在欧盟和国家法律体系内，指明哪些自然生态环境和物种是值得保护的（Buunk，2002）。另外，不同种类间的价值观的区别，在于宗教信仰和政党价值观。一些人认为价值观是个人的事情，另外的人则认为价值观是一个社群中所保留的共同的文化根源。价值观可能代表事物的本质，也可能更多地代表一些过程性的东西，比如正式的法定规划体系的指导纲领。

价值观可以通过多种形式呈现，同时也需要被认定为表达理想状态下什么是"好的社会"和"好的生活"的话语要素。在规划现实和关于空间发展议题的决定中，人们会将具象的价值观和抽象的价值观混为一体。高密度因为可以创造出好的和生动的城市，总是和富有创造性和现代主义的高层建筑，功能混合的居住、商业和小规模的创意产业的具体概念紧密结合。密度也可以是一个具象的准则，比如附上每公顷的住宅数量和指示性的设计依据。在实际的决策制定时，参与者可能希望关注与全球气候变化和社会融合等相关的价值观。

定义价值观的层级关系，其实是不现实的，也不能提供新的见解。所以抽象的价值观和具象价值观之间的区别，仅限于研究分析的层面。一些实质上相似的价值观，可以组合成一套类似的价值体系，并在空间发展议题的基本决策过程中起到作用。

价值导向的两种研究策略

下文将通过两个项目，以不同的研究策略展示空间规划过程中隐含的价值观。价值导向方法的第一个策略是实证，它被应用于荷兰的一条流域再开发案例，包含有复杂的参与式决策过程。文案分析和对重要参与者的开放式访谈用以描述主要的故事脉络。对于研究者而言，该方法的挑战是定义出这些故事脉络所蕴含的深层的价值内涵。规划过程的实践经验和在政策领域（如自然保护、娱乐休闲、乡村发展方面）的研究，证明选择可行的文本要素对于定义价值观是必要的。

在第二种价值导向的研究策略中，在研究的早期阶段就将规范性态度分成五大类，是为了将荷兰的政党政治价值观在空间发展议题和空间规划的问题上分门别类。这并不是理论引导的研究策略，这个理论框架是随着实证分析一步一步发展而来的。总之，本文将呈现这两种价值取向的研究策略结构，并关注其价值观是如何被定义的。

1. 费赫特河河谷地区的四个故事和六套价值体系

1993 年和 1995 年的洪水问题及其大规模的疏散，使得荷兰政府迅速启动了全面的沿鲁尔河和默兹河地区的河域扩大项目。为应对气候变化和多雨季节水平面上涨的现象，改变河势不失为有别于传统的建高堤的另一种选择。相似的策略被推绍到荷兰东北地区一条较小的费赫特河流域。经过中央政府和区域的水管理委员会（水委）多年的研究和规划，该项目的协调合作被下放到省级机构（省政府）。省政府启动了一个广泛的互动规划过程，试图让两个区域的水委与四个地方政府、几个大的私人开发商、两个旅游和农业方面的（半）公共的自然保护机构和代表展开合作。这种联系也包含了当地社区和当地的自然保护组织。他们在这个过程中各自提出了自身偏好和问题，并在 2009 年最终达成了一个名曰"费赫特河空间规划"的总体规划，和一系列的实施计划和项目。这个策略就包括河域扩大和应对区域社会、经济挑战的省级自然政策。

通过对这个区域政策制定的交互过程进行的话语分析，我们发现河势改变所带来的需要社会、经济机遇的四个主要故事脉络。我们尽可能贴近于现实地描述并解释每一个故事脉络，以建立深层次的价值观体系（表 3.8.1）。其中一个故事脉络认为作为"半自然河"的费赫特河自 1997 年就具有影响力了。这条线索包含了一系列的议题、丰富的话语要素和争论，因此与其余三套深刻的价值体系紧密相连。它们与安全、自然和生动有关。其他三条故事脉络与深层价值观相联系的故事线索，则可分别整理出一套价值体系。

每个故事脉络下隐含的价值观都由一个研究团队演绎。在每个故事脉络中，那些对该区域传递清晰的动机偏好的信息词汇被定义出来。研究团队的目的，是找出一个词（或者一两个的组合）简明扼要地概括部分故事脉络中的语义和动机。那么对这些价值观的演绎则重在体现动机的多样性，并使其多样性在故事脉络中清晰可辨。

这条半自然的河流的故事脉络说明，河势需要变化。它强调气候变迁的影响，并普遍呼吁整个社会关注并谨慎对待其在全球化的过程中起到作用。它魔术般地描绘出一幅如何把水渠般的河流打开成为一个宽广、蜿蜒并注入艾瑟尔湖的大河流的景象。它展示了一幅充满活力的河流饱受侵蚀和泥沙沉积等自然现象的画面，虽然这些自然力量被小心地控制在可控范围内。就这点而论，这是荷兰河流管理中保守谨慎的民间土木工程传统的经典案例。河流治理的紧缩，安全第一的原则，似乎成了真正的潜在信息。这个故事脉络的演绎被归纳到第一套价值体系——审慎：对环境变迁带来影响的深刻责任感（在此定义为忏悔和内疚），和对水平面上涨的恐惧以及允许河流自由发展的严厉态度。

正式的规划理念从未对半天然的河流的比喻做过精确定义。然而将其运用于旅游并能被非专业人士读懂的附图应运而生。这个半天然河流的概念和正式的国家和省级的自然保护政策有着一定联系。这些政策划出了 1100 公顷的自然保护区——专为保护三角洲湿地的重要生态资源。这方面的基础价值观，就是对保护全球生态和水生物多样性的责任感，当然也与尊重当地的景观和生态多样性紧密相关。

费赫特河河谷策略的基础价值观   表 3.8.1

价值观体系	主要价值观及其在费赫特河河谷策略中的体现	故事脉络
安全性	谨慎：充足的河域是必要的 歉疚：气候变迁是人为负担，社会需要去适应。 对自然河流机制的洪水限制可能性的畏惧 限制河流的自然状态	费赫特河河谷——一条半天然的河流
自然	责任：对全球物种多样性（尤其是稀有物种和聚落） 爱：地方的自然与自然景观的多样性	费赫特河河谷——一条半天然的河流
生机勃勃的河流	一条生机勃勃的河流有较高的水生物多样性 河流的自然动态美需在景观中可视 河流的自然之美和休闲体验的和谐性 河谷地区的商业潜力的运用	费赫特河河谷——一条半天然的河流
自主权	农民的经济自主权（土地分配改革的必要性） 尊重物权的公正性与促使河势与周边地区改变的决定性公共利益	费赫特河河谷——朝气蓬勃的河谷
景观	费赫特河河谷地区奇艺风景的骄傲 个体居民和社区需要加强对区域身份的认知 费赫特河河谷地区的农业、军事、休闲和精神历史和传统值得被重新发现	重新发现费赫特河河谷的自我认知
合作	合作对所有人都是有用的	费赫特河康乃馨、当地的花种用来建立合作的标志

这个丰富的关于半天然河域的故事脉络，还可以跟另外一套完全不同的价值体系产生联系。鼓励河流自然动态的概念，推动了河流的休闲功能的发展，也同时与它的生态目标相协调。其他的三条故事脉络相对来说没有那么复杂也比较容易解读。关于这些景观的美和身份的价值观体系是被其封建的、军事和文化历史的底蕴支撑着的。这似乎表露出一种区域自豪感和自我意识。这本生动的全彩页书很快一售而空。

通过这样的演绎，研究团队区分了识别多种动机的价值观。可能的价值观的随机列表——或者一些被用来暗示价值观的词汇——被用来帮助我们认识每个故事脉络中话语要素背后的价值观。那些相似或一致的动机往往被集合在一起形成一套价值体系，大多与某一个主题（如自然）相关。这些被研究人员保留解释、但也被主要参与者互相引用的价值体系，常参与到政策过程中，以保证能被其他人用到。这种方法整理出 16 种不同的价值观，并将其分成 6 套价值体系。

2. 荷兰空间规划的五套政党政治价值观

通过一个更加结构清晰的研究策略，一个围绕空间发展和规划议题展开的关于荷兰政治形态的图示慢慢显现出来。该策略通过将政治价值观适当分类，以帮助分析包括 80 多份政治文件和三个专家会议的实证材料。在最初的分析中，政治阵营被分成了四到五个（Buunk，2010：34）。但是这似乎对于掌握有九个荷兰议会政党[1]在分散领域的多样性的政治见解的归纳还不够。

这种反映当代社会人们的价值判断多样性的分类是必要的。根据道德哲学家迈克尔·桑德尔（Michael Sandel）的观点，道德评判最根本还是关注行动过程的公正性。而一系列行动过程把公正视为当代社会的核心价值[2]（Sandel，2011）。其他像荷兰哲学家安德烈亚斯·凯恩金（Andreas Kinneging），则指出底层群众必须对公证的概念达成一致。这是当代社会立法的正式原则，也同时和其他道德观念（如荣誉和尊重）共同指导日常生活（Kinneging，2005：100-104）。道德心理学家乔纳森·海特建立的框架，能很好地适应对于空间发展多样化论据、动机及偏好的分析，规划则验证了其所定义的道德准则。[3] 海特和他的同事们区分出五种通常人们会做道德判断前提的不同道德观，并揭示出它们之间的联系，以及它们与社会互动和社会之间的关系。

通过第一阶段对政党政策文件和相关的规划文件的定性分析，着眼于荷兰的政治形势，并围绕空间发展和规划的议题，这五种道德基础被重塑。他们建立起对实证材料的结构分析和解释的框架。这些实证材料包括两个专家会议结果，其披露出实际的政治经验和专家知识。在最初的定性分析的基础上，对政治观点多样性的回顾被运用到两个专家会议的案例中。心智图法软件帮助跟踪那些暗示深层政治价值观的辩论和定义信息词汇。

经过十多轮的交互影响、专家会议的筹备、结果汇报以及对整个实证材料分析，研究小组开始着手解释基础价值观。这五个道德基础所建立起的理论框架（在乔纳森·海特的研究基础上）启发性地对实践材料进行阐述和说明。在一系列的交互中，研究小组设定了一个目标，即用一个词来表达一种价值观。对于每一个代表一种政治价值观的词汇而言，必须对实证材料有高辨识度的阐释。这些阐释随后又被提炼为一到两句为从业者理解的话。

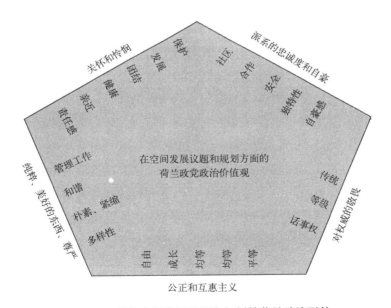

图 3.8.1　围绕空间发展议题和规划的荷兰政治形势

该结果是对 23 种政治价值观的回顾综述，研究者认为它们能够代表荷兰的政党政治价值观的多样性（图 3.8.1）。[4] 这 23 种价值观反映了荷兰政治价值观的多样性，却并未将其肢解得过于分散。这个综述草案又通过第三个专家会议验证。该专家会议涵盖了荷兰规划部门的高层次政府官员，比如立法的，决定财政支配的和在议会上为首相辩论的人。其中只有少量需要调整，如为了避免误解的一些小调整以及对图示所做的使用说明。[5]

这个综述不便在此展开说明，但是从方法论和实践的角度而言，它都提供了一些非凡的观点。关怀和怜悯的道德基础反映在团结和关怀他人的政治价值观上。政府建设社会住宅和关心弱势群体以及建立高融合度社区的综合规划，都是非常有辨识度的。公正和互惠主义的道德基础，则反映在公平的土地利用调控机制和住房分配上。相应的，旨在促进经济发展和个人土地利用自由的空间发展机会，也同样可以和道德定位相关联。

以上两种道德基础，似乎在规划专业的道德框架中占领了主导地位。然而作为忠诚度和自豪感的道德基础，往往在规划专业中被忽略。除了市长在规划文件中的前言中会提到的城市之美外，像自豪感和忠诚度这种价值观都鲜少在规划的社区、邻里、乡镇和区域的层面发挥作用。它已经是能帮助我们安全感知当下政治利益风向和担心个人生活环境变化等问题的道德基石。

价值体系、规范信念和明智的决策制定

这里介绍的价值导向的研究策略，科学的思维和归于规划实践及其政治的洞察的互相碰撞是不可避免的。这种结构性的互相碰撞，就需要选择合适的表达，以帮助定义影响空间发展决策的、深层次的、专业性的、社会文化和政治性的价值观。这个价值导向的研究，是一种反思性的社会科学尝试。费吕夫布耶格说："社会科学并不是要发展新的理论，而是在基于多种价值和利益体系的基础上，通过解释我们正处在什么情境、我们朝什么方向走，以及我们的愿景来实现社会实践的理性"（Flyvbjerg，2001：167）。他所谓的"实践性的社会科学"旨在将主流的、所谓恰当的科学分析和融入个体参与的实践知识联系起来。

费吕夫布耶格关于将科学知识谨慎应用在实际问题的呼吁，也是对荷兰政治形势分析的结果。一张清晰的图示为规划师和政策专家在阐述和理解规划项目所处的政治领域提供了有力工具。那23种价值观中的每一个都能通过政治演讲和辩论用一句话阐明。相应的，每一句话也都能清晰地表达出特定的一类价值观。实践中，用于表达基础价值观的这些词汇，也会因其受众的背景和境遇的不同有不同的含义。从业人员面临的挑战是解释所说的或写的，因为每一种意愿、动机、欲望或理想都会有一个特定的词或句子表达其价值观。有些时候否定的表达却明显暗示着基本价值观的肯定和喜好；有时候那些没有被说出来或者记录下来的东西，则也值得注解和推敲。

政治学者抛弃了价值导向的研究，因为他们认为这种方法是不现实的。这对于像规划这样的社会学科和受不确定的政治和规范要素影响的规划实践来说，无疑是一大损失。哈耶克警示我们，规划专家制定的规划本身，也不能保持在道德和规范约束上的中立（Hayek，1944：61-62）。在空间发展议题上的决策，所包含的基本价值观问题需要我们进一步探索。规划专家、市民和开发商有各自的利益，也同时有不同的个人或者是专业上的标准信念、理想和根深蒂固的偏好。这些都是指导他们行动的基本价值观。那么我们关于空间发展议题的适当讨论和明智的决策，都需要对基本价值观有深刻理解。

注释

1. 进一步尝试包括基于一个荷兰研究机构（Motivaction）（Gijsbers & van der Lelij，2010）和德国研究机构（Sociovision）（de Vries，2006）的市民风格差异。
2. 施瓦茨（Schwartz）的基本人类价值体系也被考虑了（Schwartz，2006）。他对个人道德的九大分类把焦点集中在个人，即其政治思想主要关注个人在整体社会背景或者社区中的位置。
3. 海特和他的同事们通过心理学、哲学和进化生物学的心理学试验，获得社会行为中的个人驱动力。他随后又增加了价值观（如个人自由）的第六个道德基础："自由／压迫"。这个道德基础并不能与实证材料中发现的价值观清晰联系起来。
4. 这个研究团队由发起人组成，其中一个是规划研究人员兼兼职政客，另外一个是政治学者，还有 De Argumentenfabriek，一家专职于思维导图工具和概括复杂信息和研究结果的科研机构。
5. 这张"价值观图示"的精细版本只有荷兰语版，它叫作 Waardenkaart Ruimtelijke Ordening（荷兰语），可以通过 www.windesheim.nl/lectoraatareadevelopment 下载。

参考文献

Bardi, A., & Schwartz, Sh. H. 2003. Values and behaviour: strength and structure of relations. *Personality and Social Psychology Bulletin* 29: 1207–1220.

Blokland, H. 1997. Isaiah Berlin: tussen liberalisme en communisme. *Liberaal Reveil* 38 (4): 164–171.

Blokland, H. 2001. *De modernisering en haar politieke gevolgen: Weber, Mannheim, Schumpeter, Een rehabilitatie van de politiek* 1. Amsterdam: Boom.

Buunk, W. W. 2002. Subsidiariteit in natuurbeleid: Een verkenning van ruimtelijke afwegingen over natuurwaarden onder invloed van decentralisatie en internationalisering. In W. Kuindersma (ed.), *Bestuurlijke trends en het natuurbeleid*, Natuurplanbureaustudies 3. Wageningen: Natuurplanbureau-Vestiging Wageningen, pp. 67–95.

Buunk, W. W. 2003. *Discovering the locus of European integration*. Delft: Eburon

Buunk, W. W. 2010. Spontane orde of een Nieuw Jeruzalem, *Windesheimreeks Kennis en Onderzoek* 26. Zwolle: Hogeschool Windesheim.

Cohen, M. D., J. G. March & J. P. Olsen. 1972. A garbage can model of organizational choice. *Administrative Science Quarterly* 17 (1): 1–25.

Fisher, F., & J. Forester. 1993. *The argumentative turn in policy analysis and planning*. Durham, NC: Duke University Press.

Flyvbjerg, B. 1998. *Rationality and power: democracy in action*. Chicago: University of Chicago Press.

Flyvbjerg, B. 2001. *Making social science matter: why social inquiry fails and how it can succeed again*. Cambridge, UK: Cambridge University Press.

Forester, John. 1999. *The deliberative practitioner: encouraging participatory planning processes*. Cambridge, MA: MIT Press.

Friedmann, J. 1987. *Planning in the public domain: from knowledge to action*. Princeton, NJ: Princeton University Press.

Giddens, A. 1984. *The constitution of society: outline of the theory of structuration*. Cambridge, UK: Polity Press.

Gijsbers, L., & B. van der Lelij. 2010. *Burgerschapsstijlen in Overijssel*. Amsterdam: Motivaction.

Haidt, J. 2012. *The righteous mind: why good people are divided by politics and religion*. New York: Pantheon Books.

Haidt, J., & J. Graham. 2007. When morality opposes justice. *Social Justice Research* 20 (1) 98–116.

Haidt, J., & S. Kesebir. 2010. Morality. In S. Fiske, D. Gilbert & G. Lindzey (eds.), *Handbook of social psychology*, 5th edition. Hoboken, NJ: Wiley, pp. 797–832.

Hajer, M. 1997. *The politics of environmental discourse*. Oxford: Clarendon Press.

Hardy, H. (ed.). 2002. *Isaiah Berlin: Liberty*, edited by H. Hardy. Oxford: Oxford University Press.

Hayek, F. A. 1944. *The road to serfdom*. Chicago: University of Chicago Press.

Healey, P. 1997. *Collaborative planning: shaping places in fragmented societies*. London: MacMillan Press.

Healey, P. 2003. Collaborative planning in perspective. *Planning Theory* 2 (2): 101–123.

Kinneging, A. 2005. *Geografie van goed en kwaad: filosofische essays*. Utrecht: Spectrum.

Lindblom, Charles E. 1959. The science of "muddling through." *Public Administration Review* 19 (2): 79–88.

Lindblom, Charles E. 1961. Decision-making in taxation and expenditures. In Universities-National Bureau *Public finances: needs, sources, and utilization*. Chicago: NBER: 295–336.

MacIntyre, A., 2007. *After virtue*. 3rd edition. Notre Dame, IN: University of Notre Dame Press.

Nozick, R. 1993. *The nature of rationality*. Princeton, NJ: Princeton University Press.

Roo, G. de, & E. A. Silva. 2010. *A planners' encounter with complexity*. Farnham-Surrey, UK: Ashgate.

Sandel, M. J. 2011. *Rechtvaardigheid: wat is de juiste keuze?* Kampen: Ten Have. Translation of *Justice: what is the right thing to do?* New York: Farrar, Strauss and Giroux.

Schwartz, Sh. H. 2006. Basic human values: an overview. Paper based on Sh. H. Schwartz, 2006, Les valeurs de base de la personne: théorie, mesures et applications. *Revue française de sociologie* 42: 249–288.

Torfing, J. 1999. *New theories of discourse: Laclau, Mouffe and & Zizek*. Oxford: Blackwell.

Vries, J. de 2006 *Wiens Europa wint? Drie scenario's van de Europese samenleving*. Amsterdam: Business Contact

Wee, B. van. 2011. *Transport and ethics: ethics and the evaluation of transport policies and projects*. Cheltenham: Edward Elgar.

WRR. 2003. *Waarden, normen en de last van het gedrag*. Amsterdam: Amsterdam University Press.

贺璟寰　吴梦笛　译，王世福　校

3.9
想象——认识可能的城市未来的方法

黛安娜·戴维斯，塔利·白田

用想象进行批判性思维

在规划和建筑实践中，乌托邦主义理想不失为一种主流方法。事实上，为城市设想各种不同的未来也曾经是规划理论实践的一个基本要素。从柏拉图和亚里士多德的理想共和国，到近代前沿西方建筑规划领域出现的众多乌托邦想象，例如罗伯特·欧文（Robert Owen）、查尔斯·傅立叶（Charles Fourier）、埃比尼泽·霍华德（Ebenezer Howard）、弗兰克·劳埃德·赖特（Frank Lloyd Wright）、刘易斯·芒福德（Lewis Mumford）、勒·柯布西耶（Le Corbusier）、保罗·古德曼（Paul Goodman）等对理想城市的新奇形态或各种细节的想象和探索从未停歇。因为能够改善个人和社会的福利，这些关于未来城市的充满创造力的愿景想象，已然影响到现代城市的形式和特点。霍华德的《田园城市》和勒·柯布西耶的《光辉城市》，这两个明显是乌托邦式的项目[1]正是乌托邦理论的经典案例。尽管在 20 世纪 50 年代晚期他们不再受人推崇，但他们对 20 世纪的建筑学和城市学有着重要的影响。[2]

尽管这些项目都具有决定性的影响，但仍旧存在质疑，例如对其过度独裁的指责，或者成为"自上而下的规划"与"自下而上的规划"之间对抗的焦点，这些都令规划逐渐不再进行乌托邦式的创造性探索，开始寻找其他出路（Davidoff，1965；Forester，1989；Healey，1997；Innes，1998）。近年来，公众参与、交往型规划、采取与利益相关者谈判的策略等方法，重视规划流程中社会团体和无政府组织的重要性，都成为城市规划方法论的主要内容。

如今的规划师们，常常利用这一系列就地取材的方法，去获得城市生活中的"本地化知识"，这是形成社会各阶层普遍支持的城市政策的重要基础。由此途径形成的本地化知识，一方面会促进规划的有效实施，同时也会产生反作用，尤其是社会与空间上的不平等造成城市政策存在僵化分割时，反而对规划的实施形成限制。更严峻的是，规划将实实在在的市民日常生活经验作为决策的最重要基础，许多有想象力的规划方法都不再被采纳，取而代之的是一些结果导向型的技术，专门为市民提供最可靠的、解决他们燃眉之急的政策。

我们的目标就是为了将创造性思维重新引入规划方法体系内。基于穆斯塔法维（Mostafavi）和克里斯滕森（Christenser）在 2012 年强调建设创意重要性的宣言，我们认为未来式思维可成为规划师和设计师采用的一种"方法"，由此获得关于城市的信息，也可以对有效规划手段的可能性与不足进行评价。第一步，我们建立一个分析框架去探索想象的角色，例如市民对时间、空间以及变化的概念性表述是否会促使他们进行其他的想象。在这里，想象并不是乌托邦式思维的一种幼稚的重复，也不是未来主义的徒劳无功的实践。它更多的是作为一个方法论的工具，去发掘那些市民们对城市的期望与爱好，那些想法的萌芽。这样做最好的结果是，这种想象训练能够有助于批判性地理解现实制度上、政治经济上的各种制约，同时促使人们相信未来不会一成不变。而最坏的结果则是会发现市民和其他利益相关者们对城市规划的误读，不妥协，以及偏见。尽管这些令规划不容易达到共识、让规划实施阻碍重重的行为，也是规划过程的重要组成部分（Aalbers，2011）。想象练习的前提，是规划师不要让市民们仅着眼解决现状的不满，而应该给予市民更多的机会，去展望更美好、更不一样的未来。这样产生的新点子，一方面可以帮助城市政策的实施，另一方面也可运用到研究上，为城市未来的社会、政治、空间等不同的安排奠定基础。正如勒菲弗（Lefebvre，1996，14）的文章所述，任何强调运用"确实存在"的人文地理学或是现代城市学的实践，都可能会产生对想象的局限，抑制那些通过信息告知、象征提取、预言表述以及实践来进行的创造性活动的需求。我们非常同意这个观点。

创造想象法能在不同场景下，为规划师提供许多有价值的知识，特别是在那些充斥着社会排他或者不公正的城市地区中特别有效。在这种环境中，市民们通常被僵化的社会现实以及眼前的权力结构所限，主要因为社会中的相互憎恶、敌对和缺乏信任的气氛令人们不再信任政府，不再相信与身边邻居们一起努力也能够建立起一个人人向往的城市。在这些城市里面，共识导向的规划手段是最难派上用场的，因为在常规规划实践的表面下，深层次的社会分裂与对抗会令社会共识根本难以企及（Davis and Hatuka，2011）。基于这些现实的限制，在高度对抗的城市中，想象成为少数可用的方法，去揭示长期被隐藏的各种关于其他城市未来的观点，去发掘其中最有效的可能性，并孕育多样性的社会公义（Massey，2005）。一旦通过想象训练获得批判性思考的能力、获知更多的未来发展可能后，规划师就可以更好地确定规划目标，这在共识导向的规划实践中可能需要一段时间，事实上当严重的社会分化已然存在时，利用想象的方法能够跨越这些令规划脱轨的冲突分歧，达成共同的规划目标。

为了讨论想象的角色，我们设计了一个试验性项目来获取数据，名为"公正的耶路撒冷设计竞赛"，鼓励选手用想象的办法激发非传统的城市规划策略。[3] 之所以选择耶路撒冷，是因为这样一个充满分裂和强烈对抗的城市，急需超越现实中的党派限制，为突破无休无止的棘手冲突寻找一个出口，然后大家一起展望未来。这个实验通过国际竞赛的形式收集"想法"，邀请普通市民而不是政治人物来提供城市未来的发展策略，希望在2050年建设一个公正、和平、可持续发展的耶路撒冷。[4] 这个竞赛开始于2007年1月，参与者们有一年时间去设计、发展方案，并通过麻省理工学院的一个公开网站提交成果，2008年初竞赛结束，三个月后评审团公布了竞赛结果。[5]

在本章的后面部分，我们基于公正的耶路撒冷这个项目的结果创建了一个框架，用以追踪市民的想法，促使这些新奇的、有创造力的想法能够在新形式的规划研究与实践中得以有效展现。第一步，我们先讨论一系列基本原则，用以激发对矛盾重重的城市和其他地方的想象，并加以研究。然后我们提供了一种方法来识别和分析研究发现。在本章的最后部分，我们讨论了在规划方法中想象的重要性，想象能够带给人们希望，为达到更好的城市未来提供了大批有建设性的行动。

如何激发想象

对现实不满的市民往往寻求改变，然而他们无论怎么做、使用什么方法，都不可避免地被现实的社会和政治因素局限。在矛盾重重的城市中，年年增长的期望和强烈的愿望让他们付出了代价，逐渐磨灭了进一步的激进行为甚至是些微努力。在这种情况下，未来城市的更优发展计划的提出，必以对城市的公开讨论作为开端，这包括一些可能会被重新表述为"不专业"或"不本土"的关于城市的其他选择的想象。当人们在明确表达自己对城市的希望和梦想时，非常关键的是让他们思考如下问题：在场地塑造的过程中他们是否看到实验行为的存在；他们如何处理城市中的时间、空间和变化；如果他们能够自如处理，他们愿意如何描述自己现在的生活环境以及对城市未来的希冀？要收集到这些问题的答案，规划师必须运用不同的方法（如访谈，发问卷等）以及利用文化象征手段（如规划想法、总体规划、传媒节目或报纸等）来激发大众的想象，以此产生一系列关于可能的城市未来的数据和比喻，并能够转化为可实施的规划想法。从某种程度来讲，最有用的框架问题一定要针对具体地点。在耶路撒冷的案例中，这些方法的运用征集到了各类想象与观点，例如关于边界与边缘的陈述，管治框架，还有城市与国家之间的关系等。所有的城市都有重要的历史节点——无论是社会的、空间的、政治的、还是经济上的——他们都存在于市民的想象中，必须在愿景式想象的过程中被充分利用。尽管如此，仍有几个分析原则可作为想象训练的导则，在矛盾众多的城市或其他地区，无论普通市民还是专业规划师，必须让他们每个人去重点关注想象训练的尺度和边界，以及时效性。

原则一：解构城市认知。 城市是社会的反映吗？还是管治的对象？抑或是一些迥异的邻里需求的集合？城市里一些最棘手且持久不断的争端都是围绕社会、空间上的不平等问题，例如对资源、设施以及服务的分配问题（Bollens，2000；Beall，Crankshaw，and Parnell，2002）。由于公众参与式规划方法会激发一系列各自为政的空间边界的需求，即使民主式的规划过程能够满足某一个社区的呼声，但在城市层面上反倒会更加强化社会与空间差别——准确地说，因为一个社区有所得也就意味着另外一个社区有所失（Hillier，2003；Mouffe，1999）。解决这个问题的途径很简单，不要只征求少数人的意见，而应该鼓励市民和规划师突破地域狭隘一起畅想，什么样的规划能够令所有城市居民的利益最大化。对很多城市来说，日益严峻的环境问题使得城市的功能与资源消耗都受到挑战，所有城市居民利益最大化就成为一个关键问题。同样，如果说城市能够完全体现社会现状，那么通过愿景式想象引发的关于一个好的城市的想法，我们去倒推什么样的空间形式与土地利用安排能够实现这样的未来城市，由此为社会或城市提供一个愿景，一个最大程度上反映城市所有居民的需求与希冀的规划（Amin，2006；Friedman，2000，Fainstein，2010）。当然，这样想象未来的挑战在于，需要对城市居民与正式建制之间的关系、居民与生存空间之间的关系进行人文主义的、完全不排他的思考。

原则二：**询问利益相关者的性质和角色。**市民把自己看成是大集体的一部分？还是与区域脱离的单独个体？在亨利·勒菲弗与约翰·罗尔斯（John Rawls）的著作中，可以看到他们对公民普遍权利的深切关注，由此发展出的概念就是推动想象训练的原动力（Lefebvre，1996；Rawls，1993，1999）。为了实现人们在思想和行动上的普遍权利，为了能够更大可能想象出一个完全包容的、实现社会公正的未来城市，在特定城市中，想象训练应针对所有对此有兴趣的人。具体来说，就是从城市的最小社会单元到最大单元都应该进行想象，想象一个不同的城市未来，然后将这些基于不同地域的人的不同见解综合起来，就能获得关于城市更好未来的普遍看法，才更有可能制定出一个好的规划。这也意味着想象训练应在有可能的情况下，在国家尺度甚至是国际尺度的公民社会中展开，而不仅仅针对特定城市（或者社区）的现有居民。这种方法的主要问题集中在认识论方面，就是其智力合理性：为什么要将潜在的"规划"对象放大到超出社区甚至超出城市的尺度？这么做的基本原理，一部分因为认识到在如今这个全球化社会中，城市及公民身份的性质在不断变化，无论是本土的还是跨国界的市民都挣扎于寻求认同、权利和身份。近年来全球性的想象已经成为一个事实，政策制定者、建筑师和规划师们在全球范围内以不同方式协同工作，利用全世界各个城市的模型和经验设计与开发。事实上，全球性想象的逻辑也依赖于对矛盾突出城市的更深层次的理解。通过向更大尺度的公民社会开放想象过程，而不是仅仅针对一个城市自身，这样有助于缓解城市居民只考虑自己所带来的僵局。除了能够减少由于受到城市中特定地点、特定权力结构或特定制度所带来的偏见或自我约束，向全球公民社会开放对话还能够为全世界的市民提供一个宝贵机会，让他们拓展并加深对其他城市的社会、政治及经济状况的了解。

原则三：**批判性看待规划实施的范围尺度。**城市边界的存在会给创造一个平等且社会公正的城市氛围带来什么样的障碍呢？针对这个问题法学家杰拉尔德·弗拉格（Gerald Frug，2001）进行了深入的探讨，结果发现，与那些由国家主宰的城市中人们被禁止"集会"一样，城市边界也会给民主制度与社会公正带来挑战，正如勒菲弗所说，正是地点的多样性以及社会集体塑造起一个公民社会。弗拉格提倡权力下放，提倡在比正常城市更大的尺度上实施自治，这与其他理论家对城市民主的解读不同，尤其是与那些坚信托克维利式民主、将"偏见的"或排他的小团体看成是民主基石的观点不同（无论在邻里单位、社区或其他小尺度的单元中）。尤其是他认为，探索真正的平等主义和民主，就需要针对比城市或邻里单位大、但又比国家或者次国家尺度小的新领土范围上，进行更好的理解。实际上，弗拉格的研究已经非常深入，他提出了一个法律框架，就好像"机动车普及后，人们并没有聚在一起、不同人群反倒相互分割分离，人们并没有相互交往反倒退出了公共生活，步行街和公园这样的公共空间并没有出现反倒是私人空间成倍出现"一样（2001：8-9），过度本土化的权力构架反倒会使城市难以完成其民主化和公民社会的建设。这种令人担忧的现象在矛盾重重的城市尤为显著，在这些城市中，相互冲突的团体身处城市的不同角落被地点分割，或者领地边界本身就是矛盾冲突的源头之一。耶路撒冷这座城市最著名的也许就是这样的问题，城市的矛盾冲突都来源于人们在城市政策制定过程中，不断争执什么是最合理的空间（或地域）边界，或者这些边界是否与政治边界或统治边界相重合，甚至是否能够体现城市的象征意义或文化意义以及城市的管治范围（例如，哪一种宗教、文化或者法律应该是城市主流？何时、何地、以什么方式成为主流？）。尽管更多城市面临的问题是如何给政策制定的行为划定界限，这是普遍的问题也是局限的地方，例如会在红线划定上和政治重新分区中产生争议，类似的问题很多。谁决定了在城市活动行政或空间界限的划定，以及以什么目的划定，这两个问题长期影响着公众参与式规划方法的实际运用，主要由于这样做会对尺度和地点产生强化作用，由此只施惠于一些人而不是全部。由此，批判性地看待传统规划行为中的地域观点，是创造性的愿景式想象的关键组成部分。

原则四：确定整体与局部之间的轻重缓急。城市中各种争端无处不在，不仅抢夺符号、基础设施和资源，就业、住房、交通、水资源和其他建成环境的必需品，都会引发争端冲突。同样，关于城市管治以及实施管治的城市政府的问题，一般也会关注政治立场、公民身份以及建成环境中的优先权问题，由此去指导城市政策的制订、获得更有利的结果（Miraftab，2004；Roy，2006）。由于城市空间由各种类型的活动所塑造，那些城市发展未来的想象者们必须进行优先权的认真思考，也就是这些不同活动中哪个所对应的领域会成为政策行为的目标，在想象过程中，他们需要运用充分的想象力去创造一种灵活性，使得判断哪种活动会对城市的发展有益或有害不再非黑即白。传统城市规划师一般会先确定需解决的问题——也许因为规划师的行动目标已然被既定的政府结构、行政过程和资源情况所限制，例如经济适用房债券或交通基础设施这样的目标等——但是，这对于不同城市未来的想象训练则不是一个好的着手点。鉴于城市中承载了多种活动、服务、基础设施以及制度，他们以一种复杂的、有时甚至是与目标截然相反的方式，对城市的宜居程度起到或促进或限制的作用，所以追踪城市中各种不同活动所发生的时间与地点是十分重要的。这样做的原因不仅仅因为思考城市"整体"与"部分"非常重要，而且因为他们之间也许存在一种颇具建设性的关系。同时，还有一点也很重要，我们需要超越传统规划实践的做法，不再在寻找问题解决方案的时候，从一个社会部门或是其他任何社会部门的视角看问题。城市总体规划或详细规划基本都涉及整个城市，通过设计出一个系统的、但相对抽象的社会组织关系或空间关系来整合所有城市活动，这样规划的结果就是，因为城市的各个"部门"始终在移动在变化，管理变得异常复杂，私人交通工具、社区或是住房专家最后成为解决问题的出路。而想象训练则应该对这些变化中的部门之间的关系进行反思，需要将城市看成一个整体，思考如何在不同部门或其行动对应的领土空间之间建立联系。

模式绘图：数据分析的方法

充分理解了上述原则，在城市规划过程中运用想象的方法会得到什么结果呢？首先，会产生大量关于空间和变化的想法及方法，这些都可以为未来关于城市本身以及市民眼中理想城市的研究奠定基础。此外，这些想法可作为知识绘图的基础，这些知识对规划师们而言至关重要，规划师们必须将各种愿望转化成可操作的政策，满足最大利益相关群体的要求。

通过分析论述，规划师们可以使用两种方法去绘制和评估城市可能未来的数据。一种方法是通过（1）认知并分析想象的范围或其程度，我们可称之为"取向模式"，即用取向量表对一个提议进行评测，量表一端是传统的、可预测的，另一端则是非传统的、富有想象力的，看其在这二者间所处位置。第二种方式是通过（2）检验和理解是否存在依据空间和时间形成的某些变革性的主题或关于城市的新想法，然后指明其中的逻辑并阐明其与地点时间之间的联系（图3.9.1）。

- 对城市的看法
- 利益相关者的角色
- 领土的定义
- 整体与局部的关系

- **绘制想象范围**：量表一端是传统，另一端则是提供了具有想象力的想法，确定其在量表上的位置。
- **绘制变化、空间、时间三者间的关系**：是运用新路径行为的方法，同时也加强了信息为基础的民主对话，使得不同意见能够自由交流。

- 开发另一个城市未来
- 以信息为基础的民主对话
- 在渴望达到的目标与可能实现的现实之间平衡

图 3.9.1   生成关于城市可能未来的知识的框架

关于取向模式，我们建议在最务实的和最乌托邦的想法之间建立一个连续量表，将不同想法按照不同"取向模式"分类，并将那些超越了务实-乌托邦这样划分的想法甄别出来，关于城市的想象也许产生于这第三种想法中。如下规范可用来对想法进行分类，哪种想法属于哪个类别（表3.9.1）：

1. 对于城市社会制度结构的立场。提议的想象对当前现实是持接受、避免或重构的态度？换句话说，进行想象的人接受当前的社会政治构架吗？她是基于当前权力与制度的传统逻辑进行想象的吗？或者她并不接受当前的社会政治构架，但不愿意进行任何改变，担心由此导致权力运转的中断，或者完全挑战传统逻辑希望对现有社会政治构架进行重构？这些想象更关注切实的活动、可实施的过程或看得见的结果吗？还是只是一些比较抽象的想法？

2. 对待领土空间的态度。这些想法对待领土空间的态度是否显示其愿意考虑多种非常规的空间尺度、多种干预地点，以及更灵活地对待领土？如何确定空间的切入点？是从已有的边界入手还是从未确定的点入手？

3. 关于过去、现在、未来的概念以及目前对改变的立场。重要的是分辨出想象者是否希望力推即刻的改变，或者对待改变的态度更加趋于理论化、只是以未来为导向？提议的想法是不是希望恢复过去、强化现在、给新的未来以活力？

在这点上，"公正的耶路撒冷竞赛"也许很失败，虽然该项目的既定目标是希望能生成创新想法以跨越务实-乌托邦这种划分，或者将二者联系起来，但是大多数竞赛参与者都没能成功。

事实上，参赛作品相对平均地分布在这三种取向模式中。三分之一稍多的参赛作品遵循着更为传统务实的规划方法（45 个实用模式），这是最大的作品类别。剩余三分之二的参赛者则采取了一种更富想象力的方法，尽管更多的参赛作品青睐与现实基本无关的乌托邦概念（40 个乌托邦模式），较少人做到了将切实行动与具想象力的想法联系起来（36 个幻想模式）。这个结果令人惊讶，尽管通过这样的数据分析，我们还是能获得一些关于这个城市的新知识，例如规划可能遇到的意识形态方面的障碍和其他细枝末节的困难。

绘制地点相关的取向模式　　　　　　　　　　　　　　　　　　　表 3.9.1

	接受	避免	重构
提议的行动框架	本地的，自下而上的，主张一个特定的行动地点	静态的，自上而下的，逃避现实的，避免冲突／矛盾的	多尺度的，多时代的，矛盾的
空间的概念	本地的，亲密的，熟悉的	抽象的，虚拟的，霸权的	未确定的，相关联的
时间的概念	以现在为导向的，短期的；强调那些能够立刻引起变化的想法	以未来为导向但比较抽象的；与当下关于时间的概念或者可想象的现实几乎没有联系	以未来为指向，但具体的行为可明确导向一个不一样的未来

除了绘制取向模式外，模式绘图还有助于记录所有在分析新想法、新论述、或由想象规划产生的新现实过程中，出现的包罗万象的主题。由于这些宏大的主题的意义并不只一点，也可视为是一种呼吁，呼吁在面对不平等的时候能够挑战现有的城市机制，并且促使有关部门在设立他们的政策目标时更为大胆更具变革性，从更广泛的意义上说，它们生动描绘了市民对城市和规划过程的看法。在公正的耶路撒冷这个案例中，竞赛展现了几个关于城市本质特征和主要困境的"宏大"主题及叙事，无论承认与否，这些主题和叙事都必须被未来的规划师纳入考虑。具体说来，大多数参赛者通过三个不同镜头之一观察耶路撒冷：或者将耶路撒冷视为或连接或破碎的一个城市，或者将其视为一个命运取决于共享的过去和共享的未来的城市，又或者将其视为一座存在于象征意义和真正性格之间的伟大城市（Davis and Hatuka，2011）。并不是所有愿景都能恰好准确无误得被归纳在某个分类中（例如有些人认为将共享的过去转变为共享的未来很重要），许多愿景在一个宏大叙事中采用了对空间、时间以及意义的组合方式。然而，这些愿景能够在更大框架下提供许多切实的信息，揭示那些最关心耶路撒冷的人们对这座城市的观点。

在想象中提取其宏大叙事和绘制取向程度的价值，不仅在于能够为进一步讨论城市未来有所贡献，而且在于能提供一组浑然天成的想法，这些想法有助于增进民主对话、获得更公正的结果，并帮助他们实现规划过程本身的主要目标。正如大卫·哈维提出的，城市的权利"不仅仅是有权进入房地产投机者或国家规划师们圈定的地方，而是能够让城市变得不同的自主权利，跟从我们心中所愿去塑造城市，由此在一个不同想象中重塑自我"（Harvey，2000，939）。因为传统的务实规划方法通常不会轻易实现如此宏大的人文主义目标，让市民的想象推动关于城市的讨论，是保障这个目标能够实现的最佳选择之一。正如勒菲弗提出的问题，"为什么想象只能徘徊于现实之外，而不能滋养现实？当想象中的想法丢失了，想象就会被人操控。想象也同样是一种社会现实"（Lefebvre，1996，167）。既"真实存在"又富有想象力的社会现实，塑造了或冲突重重或平静祥和的城市景观，因此他们能够成为也应该成为规划行动开展的基石。建立在感知人们对城市渴望之上的愿景想象，同样也是一种"社会现实"，尽管是一些不可能通过传统规划方法和寻求共识方法能达到的社会现实。当然对规划师而言，关键不仅仅是去认识事实，更重要的是去改变事实。这么一来，想象以及基于想象愿景的实际行动都会必不可少。通过描绘非凡的愿景及包罗万象的细节，我们能够提取和识别一座城市的根本性的宏大叙事，这些相互冲突的宏大叙事往往会躲过传统规划方法的法眼，或不被提及或不被承认，而现在这些叙事则会帮助规划师们去实现市民们最高尚的渴望。

结论：在地想象的潜在用途

开展想象并记录下来，到底能如何为城市开启另一个未来呢？其一，想象的意义并不唯一，由此可以将想象理解为一种呼吁，对对抗的呼吁，对挑战城市现有代表的呼吁，对直面不公正的呼吁，对于能够无论自愿或是以其他方式、直言在审查制度下不能说的话的呼吁。另外，将想象的轨迹绘制下来，一方面促进规划师们自己在实践中更具创新精神，由此也很有可能创造出新机会去充分理解市民的真实需求。诚然，规划师和市民离现实越远，他们的想象便会更自由，但是也可能他们将会越来越没有那么务实。当规划师了解了市民的创新想法，同时配备了自身对规划约束的专业知识后，通过规划一种更开放的城市为基础，他们就能更好地将"在地想象"这个概念赋予活生生的政策以付诸实施。这样一种方法并不是为了为城市寻找一个协商而来的"解决方案"，而是尝试去激发富有想象力的想法，由此为讨论和最终制订城市政策开拓非常规的、创新的途径。与此同时，作为传统规划实践的对立面，这种方法是自由的且具建设性的，特别是在冲突集中的城市环境中，协商和构建共识这样的"常规"规划方法往往对于城市的改变微乎其微，因为协商或构建共识的基础是认可指定机构的权威，或者完全承认政府管理安排带来的领土限制的合法性。的确在这样的环境下，协商和构建共识这样的标准规划实践，有时甚至会带来与建设性想象相反的结果，由于必须寻找到能够达成共识的解决方案，在找到这个唯一的经过协商的方法过程中，许多参与者真实的渴望和创新的想象都会被放弃——甚至尝试设置相同的城市优先权都会在一开始就引起市民的不满。

简单来说，通过征求和鼓励想象，规划师可以充分了解城市的基本情况，看看城市居民是否受到限制——无论他们身居何地、是何身份——都能够追求相同的事业发展。当在签订协商条款时、地方政府比规划师更为强势时，当市民在城市优先权上有着明显的争端时，想象就成为构建共同协商平台的唯一有效的方法。此外，建设性想象能够为城市规划构建一个概念性的框架，这会让我们离高度社会包容的城市更进一步（Fainstein，2010；Soja，2010），对更好城市的想象也能够在真正意义上成为所有人共同的憧憬。建设性想象如何没有了对象则失去了意义，但在城市规划过程中能够被记录下来、被共享，并融入整个规划过程的建设性想象会对市民和规划师一样充满启发。因此我们必须鼓励想象，确切地说，想象就好像一封希望之信，告诉大家只要尝试、未来的确会不同。就像所有的消息一样，消息的交流越公开，其中包含的想法越有吸引力、越有争议、越有卖点，这样的消息也就越具备持久的影响力。归根结底，想象，以及与新奇想法沟通的能力，不仅仅是规划师们的工具，也是一个构建世界观、理解并重构我们的城市以及城市所属的社会的重要武器。

注释

1. 想了解更多关于霍华德、赖特和柯布西耶的乌托邦城市项目，请参阅罗伯特·菲什曼的《20 世纪城市乌托邦》（Robert Fishman，*Urban utopias in the twentieth century*）。

2. 如果想更多了解西方建筑与规划中的乌托邦想象，请参阅纳撒尼尔·科尔曼的《乌托邦与建筑》（Nathaniel Coleman，*Utopias and architecture*），以及罗伯特·菲什曼的《20 世纪城市乌托邦》。关于建筑与规划中对乌托邦想象的批判，请参阅曼弗雷多·塔夫里的《建筑与乌托邦》（Manfredo Tafuri，*Architecture and utopia*），以及柯林·罗和弗瑞德·科特的《拼贴城市》（Colin Rowe and Fred Koetter，*Collase city*）。

3. 当在一般规划实践中运用想象训练时，首先建筑师和规划师基于他们所偏好的城市未来自创模型，然后自上而下地向市民介绍，这个模型通常围绕一个看得见摸得着的可实施的项目，随后轮到市民行使权力做出反馈，或给出建议或进行批评。这个过程如果不是无果的话，结果通常会便于管理，但是有可能非常缺乏想象力，失去了想象训练的基本特性，也不会带来根本性的社会变革。这样的过程通常会基于现实的考虑、承诺获得增长，这两种出发点都有可能会进一步导致权力的不均衡，导致那些城市中掌握权力去制订规划的人与那些只能对规划接受、批评最多提出修改意见的人之间差距更大。

4. 这个国际竞赛是一个始于 2004 年的名为"耶路撒冷 2050 年：和平之地的想象"的长期项目的最终部分，由麻省理工城市研究与规划部与国际研究中心共同组织。笔者直接参与了这个项目整个过程，随后又成为管理委员会下属的竞赛设计与分析小组的一部分。

5. 大部分信息已登载至耶路撒冷 2050 官方网站（http://web.mit.edu/cis/jerusalem2050/ 和 http://video.mit/channel/jerusalem-2050/）（开通于 2014 年 8 月 5 日）。可访问网站来获取关于项目、评委、竞赛规程的详细信息，也可以对竞赛入围方案进行进一步评价（已在本章最后部分详细论述）。

参考文献

Aalbers, M. (2011), The Revanchist Renewal of Yesterday's City of Tomorrow, *Antipode* 43(5), 1696–1724.

Amin, A. (2006). The Good City, *Urban Studies* 43(5–6), 1009–1023.

Beall, J., Crankshaw, O., and Parnell, S. (2002). *Uniting a Divided City: Governance and Social Exclusion in Johannesburg*, London: Earthscan.

Bollens, S. A. (2000). *On Narrow Ground: Urban Policy and Ethnic Conflict in Jerusalem and Belfast*, Albany: State University of New York Press.

Bond, S. (2011). Negotiating a "Democratic Ethos": Moving beyond the Agonistic – Communicative Divide, *Planning Theory* 10(2), 161–186.

Davidoff, P. (1965). Advocacy and Pluralism in Planning, *JAIP* 31(4), 331–337.

Davis, D., and Hatuka, T. (2011). The Right to Vision: A New Planning Praxis for Conflict Cities, *Journal of Planning Education*, published online before print, April 20, 2011, doi: 10.1177/0739456X11404240.

Fainstein, S. S. (2010). *The Just City*, Ithaca, Cornell University Press.

Forester, J. (1989). *Planning in the Face of Power*, Berkeley: University of California Press.

Friedman, J. (2000). The Good City: In Defense of Utopian Thinking, *International Journal of Urban and Regional Research* 24(2), 460–472.

Frug, G. (2001). *City Making: Building Communities without Building Walls*, Princeton, NJ: Princeton University Press.

Harvey, D. (2000). *Spaces of Hope*, Berkeley: University of California Press.

Healey, P. (1997). *Collaborative Planning: Shaping Places in Fragmented Societies*, London: Macmillan.

———— (2009), The Pragmatic Tradition in Planning Thought, *Journal of Planning Education and Research* 28, 277–292.

Hillier, J. (2003). Agonizing over Consensus: Why Habermasian Ideals Cannot Be "Real", *Planning Theory* 2(1), 37–59.

Innes, J. E. (1998). Information in Communicative Planning, *Journal of the American Planning Association* 64(1), 52–63.

Lefebvre, H. (1996). The Right to the City, in E. Kofman and E. Lebas (eds.), *Writings on Cities*, Oxford: Blackwell.

Massey, D. (2005). *For Space*, London: SAGE.

Miraftab, F. (2004). Public-Private Partnerships: The Trojan Horse of Neoliberal Development? *Journal of Planning Education and Research* 24(1), 89–101.

Mitchell, D. (2003). *The Right to the City: Social Justice and the Fight for Public Space*, New York: Guilford Press.

Mostafavi, M., and Christensen, P. (2012). *Instigations: Engaging Architecture, Landscape, and the City*, Baden, Switzerland: Lars Muller.

Mouffe, C. (1999). Deliberative Democracy or Agonistic Pluralism, *Social Research* 66(3), 745–758.

Rawls, J. (1993). *Political Liberalism*, New York: Columbia University Press.

———— (1999). *A Theory of Justice*, Cambridge, MA: Belknap Press of Harvard University Press.

Roy, A. (2006). Praxis in the Time of Empire, *Planning Theory* 5(1), 7–29.

Soja, E. W. (2010). *Seeking Spatial Justice*, Minneapolis: University of Minnesota Press.

莫　策　李　昕　译，王世福　校

3.10

从恶劣的问题到难以捉摸的规划：

对迪拜发展谜题的探索

玛赫亚·阿列菲

引言

大约在四十年前，里特尔（Rittel）和韦伯就把规划问题描述为"恶劣的"，称它们不仅本身复杂，而且还非常棘手，并难以约束；并且当这些问题独立存在时，它们可以用不同的方法去解释。从他们的角度来看，解决规划问题并不会涉及像讨论是与非、对与错乃至好与坏之间那么多的选择，因此，进行规划研究需要有相关的数据以及良好的判断力。经验丰富的研究者能够明确表达模棱两可的问题，并根据他们对问题最初的理解采取有效的方法。

本章探索迪拜快速发展遇到的问题，及它们在集体认同上的混合影响：作为一个全球性的城市形象与象征阿拉伯及伊斯兰身份的城市。一方面迪拜与波斯湾地区的阿拉伯国家及伊朗的南部地区共享其深厚的文化底蕴，其旧城 Al-Bastakiya 的核心设计的灵感来自伊朗的乡土建筑，狭小的巷子与有机组织的小开放空间一起形成良好的通风廊道，构成了一个内向的、可持续的及具有环保意识的城市设计。

另一方面，多亏了载入吉尼斯世界纪录的最高建筑、最大商场和最新最长的无人驾驶交通系统，迪拜中众多雄心勃勃的大型项目，为许多城市如约旦的安曼、利比亚的特利波利斯及苏丹的喀土穆提供了一种可选择的发展模式。但是"迪拜式的发展"（Elsheshtawy，2004a；Alraouf，2005），对一些人来说，把阿联酋变成一个近似"没有灵魂的国家"（Walters，Kadragic，and Walters，2006：86），这也让其付出了很大的代价。

迪拜的快速发展和现代化，很大程度上是由于大笔的石油收入（Melamid，1989；Bagaeen，2007；Davidson，2012），这是一把双刃剑，也涉及重要的权衡和牺牲。无数与迪拜支离破碎的城市形态有关的行为、活动和实践，反映了它日渐被削弱的地方认同感（或者说是地方灵魂），但却增强了其作为全球城市的地位。这些混合的开发效果，确实让我们想起早在 30 年前巴内特（Barnett，1986）所说的"不确定性"。发展的不确定性，意味着事情不一定如他们所见，其优势在于产生了对迪拜双重发展的差异看法。

这些矛盾性发展的信号，为这个名声大于其所处国家的城市增添了诱惑力。加上由恶劣气候、性别差异和收入分配所带来的压力，从服装到建筑，从宗教到娱乐，迪拜的惊人增长重新定义、重塑了城市中的私人及公共领域。

为探究这种双重状态，促使产生了两个互补的研究方法：假设演绎法和基于实地调查和观察的归纳法。用演绎法可推理迪拜当今的发展质量。但库哈斯对迪拜发展所产生的"垃圾空间"的批评（2002），与德勒兹（Deleuze）的"任何空间"理论，是对同一现象的两个对立的假设。"垃圾空间"理论，批评迪拜在过去三十年的无休止发展。然而"任何空间"理论则对此提出挑战，并通过在混乱与秩序、现代与传统、分裂与统一的二元性之中，创造过渡空间，对修正这种无尽发展的可能性进行概念建构。人们不禁要问，那么一个"任何空间"式的发展（或过渡空间）中，能否使迪拜的迅猛增长更符合其原有阿拉伯及伊斯兰的空间格局。虽然多数人认同迪拜前所未有的发展是迈向全球化的一个前提，并庆祝由此所带来的派生品：便利、消费与世界主义。但仍有人抗拒这些诱惑，并慨叹地方认同感的丧失。该小组将"垃圾空间"与迪拜的很多发展效益联系起来。这个"不确定性"的概念，在迪拜有争议的发展趋势中，表达出了两种极端的看法。

然而，假设与概括方法并没有基于迪拜双重发展的现实。归纳方法是采用相关的案例研究（Yin，1993）去获得一个基本理论。这种方法结合了数据收集与观察和案例研究分析。从各方面的力量来看，全球化（Larergne，2006）、城镇化（Ouf，2007）、现代化与移民浪潮（Ali，2010），已共同影响迪拜的快速发展，这也就是使用归纳方法的优势。《小型城市空间的社会生活》（Whyte，1980），《观察城市》（Jacobs，1985）和《外面世界中的魔法》（Stilgoe，1998）等文献，向我们说明了观察和分析的归纳方法在辨别规划问题上的强大作用。

下文概述了迪拜的复杂发展历史，并阐明了需要进行研究的数据类型。从渔村崛起成为一个新兴的全球城市（Elsheshtawy，2004b），迪拜（图3.10.1）已经在短时间内走了很长一段路。得益于过去三十年的惊人增长，如今迪拜这个品牌已被人熟知，迪拜真正摆脱了过去的落后与默默无名，而作为一个"繁华不落之城"被世人称道。除了它的阿拉伯之根，迪拜已经进入全球经济网络，并在中东"主要的贸易和出口中心"中扮演着领导者的角色。

图 3.10.1　迪拜卓越的城市发展

图片来源：Wisam Allami。

研究设计，概念框架与数据收集

本研究通过关注"垃圾空间"与"任何空间"的激进解释，为解释"不确定性"的概念收集数据。不确定性的概念整合了迪拜实体与非实体的发展成果。为了捕捉这双重属性，该研究专注于迪拜新与旧的商业地域：集市和商场，这里为"不确定性"提供了多重的解析。商场与集市在迪拜的土地使用上占有相当大的部分，展现了全球化与地方传统（或者说是垃圾空间与任何空间）之间的张力。

商场作为全球性城市的一种标志随处可见，也正是商场的出现使传统集市逐渐没落，并断绝其与地方间的关系。一个粗略的观察证明，这种现象不仅仅只在迪拜存在。集市和商场在地方与全球的网络中，拥有自己的生态位并在其中运作。而一个有用的概念框架，应能指出该种网络的类型及规模。前者旨在探求商场与集市类型的多样性及普遍性，而后者则集中展现其从微观（地方）到宏观的（全球）规模。

这样的框架应该是体量小的，但又能全面捕捉"错综复杂的相互关系"和"迪拜发展中混乱现象"的信息的。巴内特（1986）阐明了两个不确定性的关键属性。它们既不复杂（即商场和集市与它们当地环境及全球网络相联系的方法），也不会令人感到混乱（即如何理解新和旧的发展），评估迪拜的发展也不会一直存在争议。因此，迪拜商场和集市的不确定性超越了物质/空间的属性，包含着社会经济和文化之间的关系、行为及活动。对这些复杂的关系，并不需要一开始就对"不确定性"进行逻辑清晰的定义。从对同一现象的多重观察来看，它们涉及"小逻辑"（Strauss and Corbin，1990）（即：以观赏假古建来展现历史怀旧情怀，抑或是集市主要迎合的是旅客而不是本地人），这些观察中包含了少量在前文中关于"垃圾空间"与"任何空间"的讨论。从对这些小逻辑的观察中，产生了广泛的理论结构，也帮助产生新的意义和规划知识。排序、聚类和编码等方法组成了研究过程，这些方法从观察小逻辑到厘清"不确定性"皆可使用。

数据在2010年收集，由沙迦大学四年级建筑工程项目提供，其数据作为城市设计课程的一部分。由24位学生组成的8个团队，每组分别负责一个集市和一个商场的实地考察（图3.10.2）。对商场和集市做出的对比分析（Glaser，1978）为今后提供了一种方法，该方法能从相同现象的多重表现中（传统与现代、地方与全球这种双重力量所带来的张力）来决定收集数据的类型，并指引下一个目的地。因此，通过比较集市和商场，能够掌握迪拜发展经历的二元性。

实地调查包括多层次的观察、比较和测量（Bosselmann，2008）。在观察阶段，学生对商场和集市主要关注以下几个方面：

- 什么类型的活动塑造了该集市和商场？
- 它们有什么独特的模式？（即：营业时间、店主和顾客的行为、规模、购物体验、进入模式）
- 形式、功能和流（建筑设计、提供的服务类型、人群流动和信息）之间是如何在这些设施里产生关联的？
- 商场比集市更有活力吗？

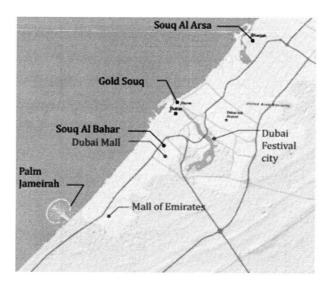

图 3.10.2　案例研究的区位

　　学生们通过调研来测度商场和集市的活力。集市挤满老顾客的现象令人费解，这恰恰与初设的期望相反，它们并没有因商场而失去支持抑或停业。看到当地人逛商场的比逛象征着阿拉伯身份的集市的还要多时，这现象似乎也同样难以理解。为了解释这种现象，学生对店主和顾客的行为活动、服务、提供的商品甚至种族都做了调研。同时他们也关注研究范围内及附近的人的步行模式和对安全的看法。观察商场和集市在或不在当前的情况下的运作方式，这对建构"不确定性"概念和更好地理解顾客的期望、志趣和看法起到了关键作用。

分析

　　分析工作包括对收集到的数据进行排序、整合以及编码。学生们报告他们收集到的经验，说明他们的观察是否指向更大模式的行为、功能和事件。为了做出连贯而又精确的可视化的案例对比图纸，学生们使用 500 米 ×500 米的网格。使用相似的网格模式能够帮助学生对商场、集市及它们周边环境的规模做出被比较（也就是作为支离破碎或连续一贯的城市肌理的一部分）。

　　最后的课堂成果展示包括了学生的反馈和自我发现，还包括那些他们观察了多个星期的商场和集市中的，使他们受冲击的、非正统的、非寻常的和超出他们预想内容。有的想法模式远超出这个学期的学习，这种处理对新手研究员来说太复杂，需要一定的经验和远见。

　　"类型"和"尺度"代表在集市与商场所观察所得不确定性的小逻辑的二维性。"类型"显示出"不确定性"的多样性和细微的差别，而"尺度"则强调在多层次观察中的广泛性，该观察包括了空间、社会和体验（图 3.10.3）。

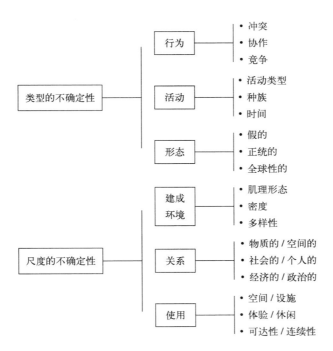

图 3.10.3　不确定性的概念框架

1. 不确定性的类型

商场越来越成为全球消费文化传播的载体。而集市则作为当地市场以及重要的社会和文化交互的场所。迪拜坐拥部分全球最大和异国情调的商场，这些商场成为"垃圾空间"和几种本土集市的典型代表。在中东城市的空间结构中，集市、清真寺和居民区间互相配合巩固，形成一个紧密的整体网络，而商场则像大脚印般从它们最直接的环境中分离出来。

（1）行为

受到大量关于设计如何影响社会行为的文献的影响，学生们基于社会行为对商场和集市作出比较。在 1950 年代和 1960 年代的美国城市更新项目的社会工程政策规划失败之后，规划师面临着严厉的批评。不管建成环境对社会行为的塑造程度如何——常被称为物理决定论（Gans，1991）——迪拜的商场和集市强调三种不确定性的行为。

相互矛盾的现象导致学生对人或商家的行为误解。学生们在商场和集市中均观察到一些不和谐的行为。集市作为充满活力的市场和公共空间为当地人服务，集市的出现早于作为长时间活动聚集点的商场。然而随着商场的出现及其强烈的存在感，集市并没有完全消失并且相当活跃——特别是在巴基斯坦、印度和伊朗，即使集市已经在当地阿拉伯人中不再那么受欢迎了。观察中发现，亚洲低收入劳动者与观光客保持着集市的生机，尽管集市相比于便捷舒适的商场而言有较差的环境与条件以及可达性与安全性，以及它所提供服务与商品的种类与吸引力都是不确定的。

另一个意想不到的观察结果是关于商场和集市间的合作。如果集市提供一种特定的商品

（即：草药和香料）或者对特定的人群供应商品，那么商场和集市就以合作而不是竞争的方式创造出自己的生态位。然而，商场还是加速了集市的消亡——类似于美国的"大卖场零售"，迫使小型的、家庭经营的当地商场脱离商业活动。

虽然乍一看，集市的交易量相比于全球性运营的商场似乎微不足道，但是两者间的一些竞争仍然存在。集市会采用不同的方法去吸引顾客。其中值得注意的是，通过创建集市般的环境（见图3.10.4，迪拜购物中心的黄金市场），商场能吸引那些不追求品牌的人，而集市则通过出售没有商标的商品，去吸引某类特定的顾客（即：有有限预算的印度人和巴基斯坦人）。

图3.10.4　传统的黄金市场和迪拜购物中心中闪闪发光的黄金市场

图片来源：课堂汇报。

（2）活动

检验在商场和集市里开展的活动是他们比较中的第二个属性。几个世纪以来，集市在中东的城市中象征着强大的商业空间和公共空间。集市开始时作为非正式的聚集空间，贸易活动发生在室外，后来渐渐演变成半封闭甚至是独立的市场空间。正如开罗、伊斯法罕、巴格达、大马士革的伟大市场成了经济及文化上的充满活力的地方。联系着其他公共节点，包括清真寺、驿站和小巷，使得这些集市热闹非凡。有这个丰富的历史，人们仍然希望在迪拜看到集市和当地环境之间有很强的联系。

然而，尽管商场和集市各自创立自己的生态位，集市也不得不屈服于商场提供的大范围商业活动。迪拜的商场同时反映出垃圾空间的双重标志性和强大的室内室外公共空间。商场的"垃圾空间"比主题公园多，能提供娱乐、贸易和休闲的社会交往。例如，除了数以百计的熟悉品牌，迪拜商场同样因众多的非商业活动而闻名，也是女性和儿童专属项目的所在地（即：时尚），拥有一个独特的室内滑雪胜地和世界上最高的室外舞蹈喷泉。因此，集市很难与这些独特的场景进行竞争。然而，集市仍然相当活跃，即使在一些时候可能有些清闲。

种族说明了另一个在商场和集市对比中的不确定性的方面。然而商场的购物者包含从当地人到旅游者及移民，集市的购物者则局限在巴基斯坦人、印度人和伊朗人。总的来说，当地人在集市中购物的次数，并没有像他们游览商店以寻求娱乐和文化、休闲活动的次数一样多。

一天中的时间说明了在迪拜商业地域发生的第三个不确定性的活动。同时，由于恶劣的气候和集市的开放结构，可预想到集市白天不活跃，但 Bur 迪拜集市证明并非如此。图 3.10.5 显示这个集市在周五下午挤满了人，而大约在同一时间，空调开放的迪拜商场却相当空闲。

图 3.10.5　拥挤的 Bur 迪拜集市和空荡的迪拜商场

图片来源：Planetizen.com 和课堂汇报。

（3）形态

比较商场和集市的建筑设计和视觉构成，似乎对建筑系的学生有特别的意义。他们熟悉乡土建筑元素，如集风口。然而，迪拜高档购物中心和主题公园却是与其直接环境脱离开的、被取代的、去领土化的、分离的飞地，并提醒外来用户，这是想象设置的地方，而不是显示当地文化与商业兼容的实践。

学生们特别注意真实的、虚假的、全球城市的和建筑的形式对迪拜城市景观的点缀。带有前现代设计的集市体现复杂、有机的建筑元素，提供特定的功能、视觉和物质目的。集市不仅保持着与清真寺、住宅小区和周围公共空间的强有力的联系，而且它们的设计通过直接的通风和遮阳措施，有助于控制高温（Kheirabadi，2000）。

一些迪拜的集市（图 3.10.6）不采用集风口（阿拉伯语中的"barjeels"）作自然通风，却装上空调。这些集市有着暴露的结构，其作为一个文化消费品与审美的复制品而存在，并非出于功能性的原因。这些集市的内部空间模仿旧传统的集市摊位，为参观游客提供异国情调的地方。它们也缺乏与周边环境的联系，取而代之的仅是周边的停车位。

作为一个线性的商业通道，在中东，集市创造出强烈的地方感与围合感，其历史上的扩展与城市其他地方同步，并代表着创新的设计思维。然而，迪拜的空间结构缺乏通过与周边环境的连续性与连通性所形成的这种整体感，反而成为碎片化空间的缩影，加强了垃圾空间的形成。

通过封闭出建筑的内部，垃圾空间提供具有便捷性、灵活性和流动性的设计，并且给予了更多的自由去探索新的建筑形式、全球城市形式及建筑技术。通过加强而不是模糊城市中各部分的空间边界，碎片化空间打破整体性并趋向加剧垃圾空间的形成。这打破了任何空间的理论。

图 3.10.6　带顶覆盖的沙迦 Al Arsa 集市和派生出的迪拜商场的建筑元素

图片来源：课堂汇报。

　　由全球化的建筑公司设计的大多数大型购物中心，都展现出视觉上和物质上的独特性、尺度与规模上的凸显性、组建的构成性以及施工细节和质量的关注度。在大部分情况下，令人印象深刻的无可挑剔的建筑，远远胜于传统同行。

　　商场的全球形式与集市的本土形式产生了两个不确定性的概念：第一，前者构成要素中，不连贯的碎片化空间关系与后者谦逊而有结合力的物理形式形成对比；第二，众多干扰，包括细节、每平方英里的人口数量和拥挤度、颜色、规模等，导致两个地方的不同体验：行走同一直线距离，在集市中相比在商场中需要更长的时间。这是一个重要的观察，并得到多位学生的验证。集市里没有多余装饰、无过多服务并且谦逊地展示商品，使购物体验更令人兴奋，而在商场中也许会更冒险。比较实际与想象的购物时间，是一个很好的用于评估在商场和集市中购物体验的指标。

2. 不确定的尺度

　　除了商场和集市的类型，尺度表现了迪拜其他不确定的方面。不确定的尺度涉及建筑肌理、密度和多样性，伴随着空间、社会经济、政治关系和空间使用。

（1）建成环境

　　学生们被要求对商场和集市的周边环境作比较。集市在历史上作为城市整体的一部分而运营，与许多当地机构或政府、非政府机关（即清真寺、驿站、花园、广场、公共浴场、学校等）存在共生关系。在集市和其周边环境之间具有向心性、可步行性、渗透性和可达性，保持其尺度以使其他邻近元素得到良好的连接，小但具有可行走性。这些原则赋予前现代的中东城市一个特殊的有机图底关系，这与基于汽车可达和严格分区所形成的现代城市空间大不相同。

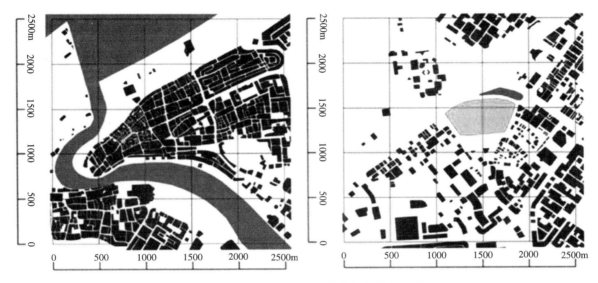

图 3.10.7　黄金集市和阿联酋商场的图底关系

资料来源：课堂汇报。

这两种图底类型（图 3.10.7）表现出迪拜某些不确定的发展模式。一些集市已经逐渐与周边环境失去联系，并像商场一样在周边留有大片的开放空间。然而，新建的集市就像集市和商场的杂交物一样。细长的线性形式类似于集市，并使用当地建筑材料、建筑语言。这些集市被停车场包围，使其从它们所在的环境中分离出来。有些难以捉摸的是，虽然集市不像商场，其依赖于当地并且尺度更小，也许更加适合人们步行，但它们仍然活跃在巴基斯坦人和印度人中。巴基斯坦和印度人不会走路或开车到集市，而使用如巴士或者传统的木船。密度是建造形式的第二方面。集市历史上蓬勃发展在有机空间格局的密集地区。通常位于城市结构中有公共开放空间和大街坊的地方，或是有宽广的道路，抑或是有一个区域而不仅是一个地方的竞争优势的地方，这种地方通常让位给商场。虽然，集市日益减弱及被切断与本土的联系，但它们仍然保持活力并吸引着除了周边街区人群外的特定顾客。

第三个观察关注商场和集市的多样的形式、功能、商品及提供的服务。尽管集市一般规模较小并流行线性形式以迎合其未来的扩张，迪拜的集市形式是相当多样的，有各种与周边环境连接的类型（或缺乏），提供多种商品品种和销售。黄金集市因专门从事黄金买卖闻名，而迪拜的香料集市则以充满异国情调的香料而著名。相比之下，商场有更多变化多样的建筑形式，更大的规模，并能为一个更大的客户群提供更多的商品和服务。

（2）关系

学生对商场和集市的尺度进行比较与辨别。这些对比显示出某些值得关注的关系。第一，物质上和空间上，集市已经逐渐采用措施与商场产生关系。例如，与大多数传统集市不一样，Al-Arsa 集市（图 3.10.8）与其周边有机的空间格局联系薄弱，装有空调，并且主要通过 abras 到达。

第二，集市在历史上蓬勃发展于小的、人口密集的居住区。首先具有讽刺意味的是，商场不断增长的影响，和规划中的稀疏邻里，正侵蚀着使他们变得特殊的物质和社会关系。其次，虽然集市在迪拜中的社会角色被削弱是可预言的，但在某些情况下，无男性陪同的女性在黄金市场中购物活跃。

图 3.10.8　沙迦 Al Arsa 集市和阿联酋航空购物中心的图底关系

资料来源：课堂汇报。

这一观察与人们普遍认为集市不安全（相对于带有私人保安和监控摄像头的商场）的认知形成对比，特别是对于女性。再次，集市和商场代表两个不同的金融和政治经济机构。而有组织的有计划的集市会依赖当地的金融关系，一般的商场设计则象征全球金融实践。

（3）使用

第三，学生被要求对比商场和集市的使用方式。虽然全球购物中心共享相似的特征并区别于集市（即：大小，提供一系列广泛的产品、服务和品牌），也许是特殊情况使迪拜购物中心变得独特和有些难以捉摸。迪拜购物中心已经成为受人欢迎的旅游目的地，无疑是除了购物目的之外还提供其他服务。

比起单纯的购物中心，"主题化"使迪拜商场与典型的美国、欧洲的商场不同。命名自 14 世纪著名的阿拉伯环球旅行者，拥有超过 50 家餐厅和 21 家电影院，伊本·白图泰购物中心是世界上最大的"主题"购物中心。其带有特色建筑设计的六部分，分别代表伊本·白图泰（Ibn

Battuta）在有生之年前往的六个主要目的地（突尼斯、埃及、安达卢西亚、波斯、印度和中国）。

世界上最大的购物中心，迪拜购物中心则是另外一个例子，它拥有一个独特的滑雪胜地和著名的水族馆，更不用提其他专属设施，包括提供国际美食的餐厅、异国情调的精品店以及户内外的休闲娱乐设施（即世界上最高的跳舞喷泉）。在如此极端的气候条件下维护这些设施需要极好的管理。迪拜购物中心里这些设施带来的高品质独特体验，让人感知并产生想象，这些去领土化的景观等同甚至优于那些在巴黎、纽约、东京和伦敦的景观。

那么，是什么方式引起在迪拜的商场和集市中所产生的不同购物体验呢？在迪拜购物中心，那些无处不在的游客、当地购物者还有商标品牌（即：阿玛尼、古奇、法拉利世界等诸如此类）似乎并不让人感到丝毫惊讶。然而，外国消费者和游客的存在，而不是当地的消费者，也不是像香料和黄金那样的专门异域商品的存在，使迪拜的集市变得似乎不太确定。

最后一个不确定性的方面，则是关于集市和商场在迪拜空间结构中的可达性和连通性。基础设施使迪拜成为一个"后全球性城市"，而不是"非全球性城市"。可达性和连通性在迪拜商场的当前位置发挥着重要作用。商场一般位于极为靠近主要交通要道（高速公路和地铁）的节点上。然而，集市代表着最初的有机空间格局的保留，该空间格局具有适宜步行和高密度的特性，并也像商场一样似乎与干道网、水系及公共交通有着良好的联系。所以，认为集市是孤立的且与交通网络不连接的观点是不准确的和有点难以确定的。

结论

一个扎根于阿拉伯与伊斯兰文化遗产中的城市，却被称为"世界上最前卫的城市"（前卫的城市，2005），其规划的优劣成为一个不确定性的规划案例。案例研究归纳的逻辑，补充了演绎法中假设检验的逻辑。这类型的研究需要远见和经验。沙迦大学建筑学专业的高年级学生，将两个突出的、难以确定的属性付与实践，即它那混乱的并存性和复杂的相互关系。例如，他们观察到本地人大批涌进商场而不是集市，或是用非原生要素来装饰朱美拉现代商业建筑的屋顶。最后，他们想知道这些消费文化和想象下"在别处"的虚假景观（Baldauf，2008：224），是否为旅游者和临时旅客而生，而不是为本土伊斯兰人而建造。这些问题证实了迪拜的混乱的并存性。与当地联系的集市和联结全球的商场，成为物理和社会经济上错综复杂关系的集中体现。虽然学生们可能还没能找到迪拜规划中的不道德和不确定性的各个方面的答案，但他们学会将复杂的研究问题分解成易管理的部分。更广泛地说，不确定性的问题呈现出快速规划中的复杂性，规划者需要知道如何辨别其结果：事情是怎样的，与它们看起来是怎样的。不确定性的问题说明商场和集市是如何被认为是不一样的，而同时在某些方面又很相似，或者被认为是相似的却又大不一样。

这些异同在多大程度上是必然的还是偶然的？尽管不是很直接，但这种研究为以观察、分析和预测为工作的规划者提供了一些答案。事后看来，如果说迪拜的快速发展愿景是抛弃了与其相连的过去与标志（即：集市），实际情况却不一样。集市不仅没有消失，却创造出属于自己的生态位，并在协同环境中繁荣。集市拥有一些地方上的联系（尽管没有之前那样紧密），对比众所周知的商场"垃圾空间",集市预示着"任何空间"的城市景观。正如这项研究显示,对迪拜的部分认同感,仍然来自集市,就像来自商场一样。但集市和商场对迪拜的认同感有多大程度的影响,需要作进一步的研究。这与哪个集市和商场在"之前"或"往后"对迪拜经济的贡献程度有关(Hirschman,1958),也与其日常的都市生活水平有关。

参考文献

Ali, Syed. 2010. *Dubai: Gilded Cage.* New Haven, Yale University Press.

Alraouf, Ali. 2005. Dubaization vs. Glocalization: Arab Cities Transformed. Paper presented at the Gulf First Urban Planning and Development Conference, Kuwait, December.

Bagaeen, Samer. 2007. Brand Dubai: The Instant City; or the Instantly Recognizable City. *International Planning Studies*, 12 (2): 173–197.

Baldauf, Anette. 2008. "They Come, and They Are Happy": A Gender Topography of Consumer Space in Dubai. In D. T. Cook (ed.), *Lived Experiences of Public Consumption: Encounters with Value in Marketplaces on Five Continents*, pp. 221–240. New York, Palgrave Macmillan.

Barnett, Jonathan. 1986. *The Elusive City: Five Centuries of Design, Ambition and Miscalculation.* New York, Harper & Row.

Bosselmann, Peter. 2008. *Urban Transformation: Understanding City Design and Form.* Washington, Island Press.

Davidson, Christopher. 2012. The Dubai Model: Diversification and Slowdown, in M. Kamrava (ed.), *The Political Economy of the Persian Gulf*, pp. 195–221. New York, Columbia University Press.

Deleuze, Gilles. 1988. *Cinema 2: The Time-Image.* Minneapolis, University of Minnesota Press.

Elsheshtawy, Yasser. 2004a. Dubaization.com/dubaization (accessed 5 August 2014).

Elsheshtawy, Yasser. 2004b. Redrawing Boundaries: Dubai, an Emerging Global City. In Elsheshtawi (Ed.), *Planning Middle Eastern Cities: An Urban Kaleidoscope in a Globalizing World.* London, Routledge.

Gans, Herbert J. 1991. *People, Plans, and Policies: Essays on Poverty, Racism and Other National Urban Problems.* New York, Columbia University Press.

Glaser, Barney. 1978. *Theoretical Sensitivity: Advances in the Methodology of Grounded Theory.* Mill Valley, University of California San Francisco.

The Hippest City in the World. 2005. Fox News. October 26. www.foxnews.com/story/0,2933,173452,00.html.

Hirschman, Albert. 1958. *The Strategy of Economic Development.* New Haven, CT: Yale University Press.

Jacobs, Allan. 1985. Looking at Cities. Cambridge, Harvard University Press.

Kheirabadi, Masoud. 2000. *Iranian Cities: Formation and Development.* New York, Syracuse University Press.

Koolhaas, Rem. 2002. Junkspace. *October, 100*: 175–190. MIT Press.

Lavergne, Marc. 2006. Global City, Tribal Citizenship: Dubai's Paradox. In Drieskens, Mermier and Wimmen (eds.), *Cities of the South: Citizenship and Exclusion in the 21st Century.* London, Saqi Books.

Melamid, Alexander. 1989. Dubai City. *Geographical Review*, 79 (3): 345–347.

Ouf, Ahmed Salah. 2007. Non-comprehensive Planning Approaches for Rapidly Urbanizing Communities. *Planning Theory and Practice*, 8 (1): 51–67.

Rittel, Horst, and Melvin Webber. 1973. Dilemmas in a General Theory of Planning. *Policy Sciences*, 4: 155–169.

Stilgoe, John. 1998. *Outside Lies Magic: Regaining History and Awareness in Everyday Places.* New York, Walker.

Strauss, Anselm, and Juliet Corbin. 1990. *Basics of Qualitative Research: Grounded Theory Procedures and Techniques.* Newbury Park, SAGE.

Walters, Timothy, Alma Kadragic, and Lynne Walters. 2006. Miracle or Mirage: Is Development Sustainable in tne United Arab Emirates? *Middle East Review of International Affairs*, 10 (3).

Whyte, William H. 1980. *The Social Life of Small Urban Spaces.* Washington D.C., Conservation Foundation.

Yin, Robert. 1993. *Applications of Case Study Research.* Newbury Park, SAGE.

黄俊浩　吴凯晴　译，王世福　校

第四部分

定量研究

4.1

定量分析方法在欧洲和世界各地的发展差异

伊丽莎白·A·席尔瓦

定量研究方法（Quantitaive Research Method，QRM）对于社会发展的重要作用毋庸置疑。算术、方程、几何和代数技能是推动大部分人类活动进步的基础。现代的定量方法应用没有局限于统计和公式，它拓展到了对空间要素和行为要素的认识上，这些因素不但可以影响数据采集的结果，还有助于提高对问题的理解和分析（例如，从结果质量看，设计好的问卷与选用恰当的统计分析方法是同等重要的）。

规划是关注"场所"（Place）和"空间"（Space）的研究（它们也是 RTPI 和 AESOP[1] 的核心概念，另见本书导言），在场所和空间规划中，QRM 和地理 / 空间信息发挥了重要作用。然而，传统的和现在的 QRM 有很大的区别。过去那些依据理性规划方法建立的，以密度、容量和邻近度等指标来构建的决定性模型的方法已经过时。如今，QRM 仅仅被视为是研究人员和规划实践者所持有的一系列工具中的一种。

曾经，人们相信地理信息和计算机会带来了巨大的发展机遇，而现在大家普遍认识到数字空间数据和计算机模型本身不能解决本质问题。李（Lee，1973）[2] 有关城市大模型隐患的论文清晰地指出了这一点。我们的研究环境已经从数据匮乏转变为数据过剩，并在通过清晰的问题界定和深入的数据挖掘来将研究问题聚焦到可以解决的尺度（Silva，2011；Silva and Wu，2012）[3]。通过综合性规划和大尺度模型来提供"普适"解决方案和唯一正确结果的时代已经过去，我们已经认识到当前的环境中不确定性，解决方案的合理性和适宜性取决于选取什么样的方法和工具。从这点看，定量和定性方法已经相互结合，共同迈向寻求合理答案的目标。我们如今生活在充满各种可能性的世界里，可能性取决于相关行动者在不同的参与方式和情景下的权衡，而这些权衡是研究设计中定性和混合方法控制下的动态行为模型模拟的结果。

然而，尽管 QRM 和地理信息的确发挥了重要作用，不同的研究传统和社会经济条件，在过去百年间，仍然显著地影响了其在教学和实践中的发展。例如，正如本书西尔弗曼的章节讲到的，在美国，多数规划院校和相关院校很强调定量研究的方法，他们亟须扩大对定性研究方法的教学和研究；在亚洲，他们更看重发展因素。在欧洲相反，过去三十年规划院校的重点发展了定性研究方法。

纳菲尔德基金会（Nuffield Foundation）[4]，高等教育学院（Higher Education Academy）[5]，以及 ESRC 和 HEFCE[6] 的研究指出，英国缺乏掌握定量方法的社会科学家，以至于在各领域（学术界、政府、慈善机构和企业），能够运用定量方法进行数据评价和数据分析的人员十分短缺。而就业市场本身也没有能成功地将学生和教师导向社会科学定量方法的学习。

在高中和大学阶段传授和研究定量方法的水平正在降低，在信息技术和地理信息领域尤其严重。有三个原因：（1）由于进入大学时很少或几乎没有具备必要数学和统计知识，本科生缺乏学习这些课程的意向；（2）为了讲授这些学科知识而必须投入资金（硬件和软件费用）建立的实验室；（3）缺乏能够讲授和研究这类方法的人员。

然而，实践领域和学术界趋势并不相同，这些领域反而有很多的就业机会和投资：英国贸易投资总署指出，软件和 IT 服务业每年有 580 亿的市场价值（www.ukti.gov.uk/investintheuk/sectoropportunities/ict.html）。根据地理信息协会（AGI）[7]，仅看 GIS 市场，英国的地理信息产业规模估计大约在 6.5 亿到 9 亿英镑。

面对这么大的技术需求和这么广泛的硬件、软件及应用需要，我们是否提供了正确的专业知识呢？我们是否在为新的计算机应用和分析方法的发展进行创新性研究呢？我们是否能培养足够多合格的专业人员来满足日益增加的劳动力需求呢？我们如何克服着些障碍呢？

第一步，我们需要编订一个集合定量和定性方法的教学教材（耗时三十年才编订出这样的一本书）。第二步与教学和研究相关，所有规划者都先需要简要地了解所有可选用的研究方法，在获得综合认识之后，进一步选择深入研究的方向。第三步，必须认识到解决规划问题需要同时运用定性和定量的工具和方法。

如本书导言中所说，尽管本书很"传统"地将研究方法分为定性和定量两个部分，但我们不认为规划师在现实工作中应当恪守这种区分。这两种方法类型都是他们需要了解、涉及，并在实践中运用的。在如今多学科参与的团队工作中，规划设计和研究人员也许不需要掌握每种研究方法所有的技术细节，但他们必须具备全面探索各种研究方法和技术潜力的能力。他们需要在研究调查中，对现有不同方法的应用潜力具有的敏锐洞察力和探索欲。只有这样，规划才能在研究和实践工作中奠定一个可靠的、包容的并有活力的知识基础。

基于这一认识，我们鼓励读者通过以下十一章，探索了解传统定量方法在规划领域的相关应用。显然，经过一段时间后，他们会选出自己最喜欢的方法，他们会重新思考某些作者的见解和建议。因此，好的研究方法课程应当涵盖本书所有四个部分的章节内容，只是在数量和细节方面，根据学生的知识水平和教学方法进行调整（从基本模型到高级模型，本科生课程 VS 研究生课程，先通识知识后专业知识）。

在本部分中，罗伯特·海宁（剑桥大学，英国）提出规划需要空间和统计思维，黄燕玲（曼彻斯特大学，英国）提出规划者要了解去定量描述什么？可以用什么指标？它们的用途是什么？以及在什么情景下使用？我和约瑟·雷斯的文章提到了一些现有的计量指标。如果你刚进入规划领域，可以告诉你那些是必须掌握的知识，包晓辉（剑桥大学，英国）将介绍回归分析（QRM中最常用的方法之一），并延伸到更深的应用（如何通过价格特征模型来理解如何评价非物质价值）。佩德罗·马拖斯（北卡罗来纳大学，美国）的章节指出，在经济学中也有空间计量经济学（本章和包晓辉以及海宁的章节，给对统计、指标及空间统计分析方法有兴趣的读者奠定基础）。

但是，在数字时代，规划工作也将追随数字世界的主流发展趋势，形成了一整套支持规划决策的方法和技术。规划支持系统（Planning Support System，PSS）对于定性和定量方法的贡献已经超出了我们的想象（最坚定的定性研究人员也会在无意识中使用 PSS，它就像手机一样普遍）。斯坦·吉尔特曼(乌得勒支大学,荷兰)清晰地描述了 PSS 作为研究手段的重要性和潜力。豪尔赫·席尔瓦和蒂亚戈·马里诺（联邦大学，里约热内卢，巴西）的章节让我们多了解了地理数据处理（Geoprocessing），以及地理信息（系统）。并且，也让读者了解应用新技术最重要优势之一：可视化（Visualisation），一种生成信息并且向专家和非专业人员传递信息的能力（克劳迪娅·亚穆和安德烈亚斯·福格特——奥地利维也纳科技大学，和皮埃尔·弗兰克豪泽——法国弗朗什孔泰大学编写的章节有详细阐述）。

但是，虽然有收集和处理海量信息的技术，在当前数据丰富的世界中，数据仍然是一切的核心。不管是否意识到，我们都生活在数字世界。马西莫·克拉利亚（Massimo Craglia，联合研究中心 [JRC] 欧盟委员会 [EC]，伊斯普拉，意大利）指出了空间数据基础设施对于空间规划的重要性。本部分的最后用了一个很好的例子，来证明整合不同方法多么重要，并回答了一个一直困扰研究者的问题：“如何定义一个区域？”在顾朝林（清华大学，中国）的章节中运用了大多数前述章节中介绍的方法，这说明即使是旧问题也需要新的解决方案，取决于要解决的问题类型，以及掌握的数据类型。

最后，回到规划学界在研究、教学和实践上所面临的主要挑战上。我们对于研究方法没有给予足够的重视，世界各地的研究方法使用和教学水平也严重不均衡。我们需要关注在规划领域中实际使用的研究方法与新研究方法的潜力应用之间的差距。希望这本书的章节能将不同规划方法真正地整合起来，形成一个“规划研究方法的联合国”。本书中的选题及作者都来自不同地域，这对于推广新的研究方法以及提升研究方法的多样性和差异性都很重要。

注释

1. Royal Town Planning Institute (RTPI), www.rtpi.org.uk, and Association of European Schools of Planning (AESOP), www.aesop-planning.eu (accessed 5 August 2014).

2. Lee, (1973) Requiem for Large-Scale Models, Journal of American Institute of Planners, 39 (3): 163–173.

3. Silva, E. and Wu Ning (2012) Surveying Models in Urban Land Studies. Journal of Planning Literature. 27: 139–152; Silva, E. 2011 Cellular Automata Models and Agent Base Models for urban studies: from pixels, to cells, to Hexa-Dpi's. In: Urban Remote Sensing: Monitoring, Synthesis and Modelling in the Urban Environment. Edited by: Dr Xiaojun Yang. WileyBlackwell. pp. 323–345.

4. Nuffield Foundation, www.nuffieldfoundation.org (accessed 5 August 2014).

5. The Higher Education Academy, www.heacademy.ac.uk (accessed 5 August 2014).

6. Economic and Social Research Council (ESRC), www.esrc.ac.uk/; Higher Education Funding Council for England (HEFCE) w, ww.hefce.ac.uk (accessed 5 August 2014).

7. Association for Geographic Information (AGI), www.agi.org.uk/ (accessed 5 August 2014).

冉旭东　译，周　恺　校

4.2

空间思维和统计思维

罗伯特·海宁

"空间思维"（Spatial Thinking）在不同的学科中有不同概念内涵。物体或事件的地理位置常常被用来组织和呈现数据，也常用来检索大型数据库。在艺术、人文和社会科学领域，或多或少的都在通过研究某一地点的特定属性（邻里、城区、区域）来理解其历史、经济、社会和政治上的某个发展面貌。在自然和环境科学中，也能发现类似的将地理位置和其环境和空间特点相结合的研究视角。研究特定的地区，也就是理解不同地理尺度下各种作用过程在塑造地方特性中的角色，以及地方特性如何影响或改变大范围环境的作用过程。关于大范围作用过程的知识有助于我们理解在特定位置上观察到的现象，但相同的多个地点及其空间关系决定了作用过程在空间上和时间上的发展方式。空间思维就是指在空间上认真思考事物的位置，事件发生的原因、地点，以及事物在不同地点随时间演变方向的差异（可能是对常见刺激的反应，如国家经济萎缩、区域犯罪浪潮或健康威胁）。对政策制定和政策评估来说，这意味着思考政策（如国家政策）在不同的区域之间的作用差别，并思考如何使宽泛的政策建议在实施过程中具有更好的空间目的性和针对性（例如锁定特定健康和犯罪区域）。

针对地方的科学研究不是试验性的科学，研究者不能够通过比较变量组和控制组之间的差别来分析影响水平。并且，研究通常只能部分重复检验（可能还会有没有意识到的不同变量结合方式），并且每一个重复检验也只可能有一个案例，因此很难评估由人为和仪器因素导致的观测误差（实际值与测量值之间的差别）。当在评价政策影响的空间差异时，很难引入随机控制变量（由于学术道德问题），因此政策评价结果有可能包涵位置偏见。针对场所的科学研究，特别是社会科学研究，都以自然或者准实验研究为基础，自变量不受社会科学家控制，因此无法评定测量误差或者测量变异。在可操作性和研究伦理的约束下，为了获取知识，社会科学家只能观察被研究的现实世界，或在实施之后评价政策效果。在此类情况下，可能存在其他的复杂性问题：没有被观测到的复杂变量可能会影响结果；被观察的自变量间存在高度相关性；有时部分自变量的变化非常微弱，难以确定它们对结果的影响程度。

针对观察性研究中的问题，社会科学提出了有很多解决方法，但本章将主要关注处理较长时间中收集的大量空间数据的方法，这些数据来源于：统计普查（如全国人口普查）；公共和私人机构的日常数据记录（如犯罪记录、公共健康、交通流量或交易数据）；问卷调查和其他野外工作。空间和时空数据的总量在过去二十年里快速增长。在科学研究中，理论和假设只有在可被证伪的情况下才具有科学意义（观察是理论假设的仲裁者），模型在这一过程中扮演重要的角色。因为模型是将理论翻译为实验形式，它使得主观的理论能够接受实证检验。在社会科学中，以及很多其他科学领域中，统计模型就是特别重要的模型子类型。

为什么数据模型如此重要？第一，多元统计模型使研究者能用统计控制组来替代实验控制组，从而进行比较检验，观察研究由此获得实验研究的部分严谨度。第二，统计模型将因变量与一组随机自变量进行关联，从而将观测研究中的不确定性融合到数据建模的过程中。贝叶斯分层统计模型中，概率模型被指定为一系列关联条件模型，这构建了一个模拟复杂系统的方法，它不仅量化和充分考虑了数据和模型中的不确定性，也涵盖了模型参数的不确定性。

本章将介绍一些与"空间思维"紧密相关的想法和假设。方便起见，同时也是基于既有的框架，下一节将分别介绍"作为空间位置组合的地理学"和"作为空间关系组合的地理学"（Haining，2003）。在随后的章节中，我们将介绍这样的假设区分给统计模型带来的影响——把数据属性和数据描述与理论预测进行对比。考虑到空间数据的本质，这意在体现"统计思维"在属性差异和时空分布差异理论中的意义和价值。

空间思维

1. 场所的地理学

假使在有一组单独并彼此不同的城市地区中，我们想研究暴露于不同水平的大气污染物（例如，颗粒物、硫氧化物或氮氧化物）与慢性呼吸疾病发病率之间的影响关系。选择城市地区，是因为该地区提供了不同水平的大气污染物的样本（Docker et al.，1993）。每个城市都构成一个自然实验，也就是说，人群被给予不同剂量的污染物。因此，我们建立了一个空间流行病学中常见的剂量-反应分析模型。为了评估暴露在不同的剂量污染下造成的生态影响，还需将城区人口年龄构成等其他复杂因素纳入考量，例如贫困、衰落水平和吸烟率，因为这些也都是影响呼吸系统疾病发病率的变量。在缺乏详细的个人污染承受数据的情况下研究环境暴露和污染水平的关系，生态分析提供了一个合理并且成本-效益较好的方式。本例也体现了自然实验的局限性：对污染计量的分配缺少控制；暴露人口流动的影响（通勤模式以及城市居住时间差异）；污染水平与一个或多个混杂因素之间存在相关性，如物质衰落。

再假设一个不同尺度上的不同问题：在大城市分区中的一组街区中，我们想研究一段时间内（12个月），暴力犯罪水平在城市中各街区之间的变化差异。什么变量有助于在统计学上解释这种变化差异？假使已经掌握街区的暴力犯罪总数，以及街区属性数据，如社会、经济和人口变量，还有土地使用数据。同样，这是生态分析中的第一步，其中每个街区都可以被认为是自然实验或准实验中一个单独的重复检验。我们可以用回归分析去验证解释暴力犯罪水平的街区差异理论。但是，假使同时也掌握了详细的个人数据和家庭数据。研究也可以利用不同层次数据将个体从家庭、邻里中分离出来，用多级或分层模型解释暴力犯罪（Sampson，

Raudenbush and Earls，1997）。

这些例子还说明了空间差异研究中的另一些问题。地方之间的差异（如健康水平或犯罪率）可能体现出地方居住人口构成的差异。其他条件相同情况下，老年人占比大的地区发病率要高于老年人占比小的地区。差异可能反映出与人口相关的生态或群体效应的影响，即不同的社会组织水平对犯罪率的影响（Bursik and Grasmick，1993）。差异也能反映出环境的特征中"地方影响"，这可能是长期效应，甚至是地质时代规模和时间（例如，氡气体的排放）或者短期影响（例如，空气污染与经济活动和技术水平的关系）。但地方性的差异也可能是因为受地区之外的因素影响。失业率在小空间尺度下的短时间空间差异将受到近期经济活动终止带来的通勤范围变化影响。接下来，主要讨论这一类空间思维。

2. 场所及其空间关系

场所并不是孤立存在的，而是存在于空间环境之中。假想有两个地区，它们对窃贼的吸引力和犯罪成功概率（即成功地闯入并并安全地离开的可能性）完全相同。也就是说，两个地区提供给有动机的盗贼相同的风险和回报。但是，基于最小努力原则，如果一个地区离有动机的罪犯居住的地方近，它可能比另一个地区承担更高的盗窃率（Bernasco and Luykx，2003）。结果（即盗窃率）不止取决于地区间或地区的特点差异，也与其相对位置相关（即盗贼的居住地）。在影响反社会行为风险方面，两个地区可能有相同的地区特征。但如果其中一个更靠近娱乐场所（如酒吧群和夜店）、城市中心或者交通枢纽。在这些情况下，与相关的距离（Distance）或者临近（Proximity）程度要素，都成为自然实验必须考虑的影响因素。

与区域相关的其他相关属性可能相互关联。两个街区可能在健康问题上完全相同（类似贫困水平，街区内商店内缺少新鲜食物，缺少绿色空间），但是其中一个街区可能与一个或多个设施优良的街区比邻或接近。两个城市可能会拥有相同比例的贫困人口，但一个在集中在城市贫民窟里，另一个中分散居住。可以预料到，这些鲜明的差异会产生不同的社会和经济后果。空间梯度（Gradient）（即属性值在邻近地区中的规模差异）和空间配置（Configuratin）（即宏观属性在地区内的空间分布）可能影响到自然实验的结果（Block，1979；Gatrell，1998）。

以上案例的主要问题是对研究区域的假设，它们被人工地假定为影响自然实验结果的因子的"容器"。当在更大的地理范围，用大地理单元收集数据时，一些环境影响要素被抹平了，因此失去了相关的研究对象——例如，单个街区特征在街区合并过程中埋没。空间中的一个过程占用着空间，空间也可能是一个过程发展演化的组成部分。"空间"过程有几个基本类型：传播过程（Diffusion Process），如传染病通过固定的人口进行地理扩散，或者流言和新想法的传播；疏散过程（Dispersal Process），如在短时间或长时间尺度下的人口迁移；交换和传递过程（Exchange and Transfer Processes），如在城市区域之间的贸易流和收入流；互动过程（Interaction Processes），如公司之间在零售网络和市场上的竞争（Haining，2003）。

有些相关和背景属性不仅与事件发生的位置有关，也与发生的时间有关。发生过入室盗窃的地方可能会增加近邻地区再次发生盗窃的可能性（Farrell，Phillips and Pease，1995）。发生感染性疾病的地方可能会增加同一地区更多的病例出现的可能。事件在空间中发生的背景属性是二维的，在时间中的背景属性被定义为过去发生了什么。时间背景有多重要，取决于研究的时间尺度。在盗窃的案例中，重复受害可能在 12 个月甚至 3 个月的数据分析中被淡化，而在每周的数据分析中体现出来。

本节给出了几个基于场所的空间思维案例，空间关系和空间过程是空间思维中不可分割的部分。并且，时间也是必需的维度，当没有时间上的位置，事件不可能在空间上发生。下一节将给出如何将这些思维应用于验证假设，这样的思维方式会产生什么样的影响——以统计模型为工具，将提出的地理分布理论进行到实证检验。

统计思考

本节包括"探索性空间数据分析"（Exploratory Spatial Data Analysis，ESDA）和"证实性空间数据分析"（Confirmatory Spatial Data Analysis，CSDA）两大部分。ESDA 用数值、图形和制图工具描述抽样数据，总结其分布模式，寻找数据的特点和可能的错误，并从抽样数据中形成理论假设（Good，1983）。我们也将简略地提到"空间数据挖掘"（Spatial Data Mining，SDM），和 ESDA 一样，SDM 也在总结数据模式和寻找数据关系。但不同的是，SDM 是特别针对大型（和巨型）的空间数据库，关注开发快速、高率和自动化的方法。而 CSDA 常紧接着 ESDA 进行，通过统计模型模拟分布模式，并检验理论假设，通过比较数据与理论来解释地理分布特征。对 ESDA 和 CSDA 感兴趣的读者，可以使用 GeoDa 软件进行实验，它包括了许多有用的工具，并且提供免费下载（www.geodacenter.asu.edu）。但分析之前，我们必须回顾空间数据的属性，这对 ESDA，SDM 和 CSDA 实验至关重要。

1. 空间数据的属性

"空间数据矩阵"（Spatial Data Matrix）是将空间数据进行概念化和抽象化转换后的最后成果，该数据结构或框架中，数据行表示位置信息（如人口统计单元），数据列表示该位置上的属性（Haining，2009，p. 6–7）。通过概念化和抽象化，现实世界的无限复杂性被压缩进有限的数据结构中（n 行 k 列的数据矩阵）。矩阵里的每一个数据格都填上观察和测量数据，即在 n 个位置上收集的 k 个的属性数据。数据矩阵中的空白部分（数据值缺失）可能用插值的方法进行补充（Haining，2003，p.154–164）；当将用于不同用途的数据源进行整合时，需要解决不同数据结构之间的相容性问题。有些数据是基于不规则多边形区域收集的（如人口普查数据），有些是基于规则网格区域收集的（如遥感数据），有些数据是基于空间上的样本点收集的（如大气污染数据），参考 Best et al.（2001）。此外，n 个位置数据以及空间位置关系的数据（如点之间的距离和面之间的邻接关系）都需选定地理参照系。当研究移动对象时，给其指定唯一的位置标识（如住宅地址）就很困难。

基本属性是那些分布在地球表面的现象所固有的自然属性。连续性是观察数据的基本属性，即空间上的连续，也包括时间上的连续。相邻位置的属性趋于同似，随着距离的扩大，属性差异变大。该连续性如果不存在，世界将变得非常不一样。地理信息科学（GISc）文献经常引用其作为托布勒地理学第一定律。地理学家和其他学者通过空间自相关统计分析将这种属性关系定量化，用到 MoranI 系数，Geary 的 c 系数和 Join-Count 系数等统计指标（Cliff and Ord，1973，1981），而地理统计学家常常用经验半变异函数（Haining et al.，2010）。在统计学上值得注意的是，除非数据点相离足够远，否则它们在统计抽样上是不独立的，而独立性是"经典"统计学中的基本前提假设。基本属性在抽样数据中体现的程度也与抽象化的方法有关系（前文提到的第二个转换过程），例如，数据收集所用的区域大小和样本点的密度。

出于保密的考虑（特别在社会科学研究中），数据通常分区域统计，并确保提供数据中个人、家庭和商业信息被隐匿。这导致，数据的属性、特点和分析结果都受到了数据收集阶段界定的统计单元大小的影响（如人口统计单元）。如果在一组区域（如贫困区或社会区）中计算生态属性，计算的结果受到区域划分方法影响。选择不同的区域划分方法（看似合理的划分方法很多），数据结果可能会不一样。这被地理学家称为"可变面积单元问题"（the Modifiable Areal Unit Problem，MAUP）（Wong，2009）。MAUP 是生态推断中的一个主要问题，其他问题还包括：如何将在不同的和不兼容的区域划分下收集的数据连接起来（Gotway and Young，2002）和如何在将生态层面引申到个人层面时，避免生态谬误（Tranmer and Steel，1998）。

将数据在某区域单元内集中统计，可能会丢失内部数据差异。大统计区域（数据量大的区域）内部片区间的异质性可能在数据库中丢失。例如，在大统计区域中计算的家庭收入的平均值，其可能掩盖了区域内收入与平均值的巨大差别。小统计区域情况下，这样的问题会小一些。但是，小统计区域也有自己的问题。数据错误或小波动（如疾病案例数或盗窃案例数）可能对速率或比率的计算影响较大。结果造成抽样误差变大（受样本规模的影响）。这是因为，极端的速率或比率值往往在数量较少的统计抽样下出现，这可能使得区域之间的差异在统计学上不显著（也就是说，差异被认为是由抽样误差造成的）。只有基于大统计区域的速率和比率数据的结果差异才具有统计学上的显著性。在寻找具有统计显著性的犯罪和疾病发生热点时，这一基本属性就变得十分重要。更复杂的情况是，如果划分的统计区域内的数据总量不一致，这意味着每一个案例都取自不同的抽样方法，每一个统计区域都有不同的抽样方差，抽样样本之间不具有直接可比性。这就区域间的异方差性问题（方差不一致问题）。这带来了两个问题：第一，根据统计区属性数据绘制的专题地图可能包含人为的误导因素。第二，根据传统统计学理论，抽样数据彼此之间不独立，并且来自不同的概率分布。区域数据总体上既不独立也不来自同一统计分布。

本部分是关于空间数据重要属性的简要概述，特别是区域统计数据。它们对进行空间数据统计分析有重要意义。更多的讨论可见海宁（2009）。其他属性将在接下来两个部分的具体问题中进一步展现。

2. 探索性空间数据分析和空间数据挖掘

计算机的进步使人们能用新的方式来探索和查询空间数据。将空间数据可视化图像和地图联合（例如，双变量散点图、Moran 散点图，添加变量图、箱线图），这有利于研究者发现地理数据的分布规律。诸如"告诉我地图上属性值高于前四分数的所有地区"或"回归分析中，告诉我地图上所有正残差的区域"等问题已经容易回答。数据刷（Brushing），指分析师将一部分案例挑拣出来，并在其他图表中突出显示出来。动态数据刷（Dynamic Brushing），是指使用移动搜索窗口动态选择案例数据，并在图表或地图上动态显示数据分析结果（Monmonier，1989）。例如，已指出的一些问题，即便控制人口规模差异，区域统计数据也可能不具有直接可比性。并且，空间大小与人口规模也不一定一致。在由城市区域和农村区域组成的英国地图上，有些我们最感兴趣的普查区域，人口规模很大但很难看到，因为它们的空间规模小。整体视觉印象更被大范围的农村区域影响。地理学家尝试用统计图来解决这个问题。如 www.worldmapper.org 和 www.sasi.group.shef.ac.uk/maps 上有很多有意思的统计图案例。

ESDA 的另一个重要应用是集群检测，即某个区域中观察到的案例数量（疾病、犯罪、失业）高于随机概率预期。集群的出现表明了"地方差异性"——地区的风险水平高于其他位置。Kulldorff 检测技术常用于确定点和面数据在地图上的集群现象（Kulldorff，1997）。如果在某爆发源（如污染源）附近判断出了集群现象，那么就可以使用"聚焦"（Focused）检测（例如，Besag and Newell，1991；Stone，1988）。数据异质性是大范围空间分析中常常遇到的问题。例如，可以通过因变量和一组自变量的关系来解释了空间变化。在这种情况下，回归参数不是常数，而随着位置变化而变化。相同属性的房屋（如花园或地下室的配备和大小一样）可能由于位置不同而产生价格差异，这反映了不同地区住房市场中的消费者喜好。这样的讨论是回归模型的一个类型：空间扩展方法（Spatial Expansion Method）（Jones and Casetti，1992），地理加权回归（Geographically Weighted Regression）（Fotheringham，Brunsdon and Charlton，2000）空间变化系数建模（Spatially Varying Coefficients Modelling）（Lloyd，2011，p. 109–143）。

SDM 在将处理工具植入快速、高效的空间数据库检索算法时，也需要面对认知空间关系和理解空间数据属性的问题。在分析过程中常需要用到"邻近关系"来进行检索，而"邻近"在检索过程中有很多不同的理解角度。古德柴尔德（Goodchild）及 海宁（2004）认为 SDM 和地理信息系统（GISs）的关系起源于 20 世纪 60 年代，GIS 和空间数据分析之间的"刺激和扩散"作用过程："没有计算机设备，很难分析大量现有的（空间）数据……并验证新的理论假说；而这些设备的出现，又将刺激新理论、模型和数据的出现（p. 382）。"想了解有关 SDM 的理论和案例，可以参考 Miller 和 Han（2009）。

3. 验证空间数据分析

科学研究从建立理论开始，并将理论在观察试验中进行验证。理论是对研究现象抽象的描述，模型是将抽象描述转换成可以操作的形式。因此，建立模型是科学过程中试图通过经验观察来证伪理论的关键部分。统计模型是一种数学表达，其中至少一种变量是符合概率分布的随机变量。统计模型在科学研究中的价值在于，如果它与研究对象关系足够密切——也就是说，符合对目前现象的理论认识，我们就可以利用统计模型来验证想法（检验假设、估计参数）。回归模型是统计模型的特别重要的一类，本部分将介绍它为什么在处理地理数据分布空间假设时如此有用。这里将介绍全局模型，而非空间变化、局部、回归模型（见本章 2.2 章），还将介绍一些频率论模型和一个贝叶斯分层模型。

1）频率空间回归模型

我们从常用的回归模型开始：

$$Y(i) = b_0 + b_1 X_1(i) + \cdots\cdots + b_k X_k(i) + e(i) \qquad i=1, \cdots\cdots, n \qquad (1)$$

Y 是因变量；b_0 是截距系数；b_1，$\cdots\cdots$，b_k 是自变量 X_1，$\cdots\cdots$，X_k 的回归系数；$\{e(i)\}$ 是独立的、分布一致的（i.i.d）且不可观测的随机误差，服从正态分布，其均值为零和方差为常数 σ^2（$N(0, \sigma^2)$）；n 是收集数据的区域数量。基于此，因变量（Y）是期望被解释的变化，服从独立正态分布，均值为：

$$E[Y(i)] = b_0 + b_1 X_1(i) + \cdots\cdots + b_k X_k(i) \qquad i=1, \cdots\cdots, n \qquad (2)$$

和方差为常量 σ^2。如果读者不熟悉这些符号，本书包晓辉的文章（第 4.5 章）中详细介绍了模型术语并解释了一些拟合数据的方法（请注意规范符号的使用差别，例如，这里用 e 表示模型误差；而包晓辉用 ε）。

但是，如本章 2.1 节指出的，分析空间数据时可能不满足误差独立性和方差一致（同方差）两个前提。克利夫和奥德（Cliff and Ord, 1981）详细讨论了一个或两个前提未满足的后果。对两个前提的检验都基于对模型误差的估计——称为回归残差：$\{\hat{e}(1)\}$。同方差检验包括 Breusch-Pagan 检验和 Koenker-Basset 检验。空间自相关的检验经常使用 Moran I 检验。

如果残差是空间自相关的，这可能是由于模型假设错误——例如，遗漏了一个空间自相关的显著自变量。也就是说，被遗漏自变量中的空间自相关特性被残差继承了。如果遗漏的变量可以被识别出来并加入到模型中，就可以解决回归残差自相关问题。但是，这个情况很少见，通常必须承认残差中的空间自相关关系存在，并通过拟合空间误差模型，保证模型的推理有效——即将回归模型中误差的空间自相关定义为：

$$Y(i) = b_0 + b_1 X_1(i) + \cdots\cdots + b_k X_k(i) + u(i)$$
$$u(i) = \theta \sum_{j=1}^{n} w(i, j) u(j) + e(i) \qquad \sum_{j=1}^{n} w(i, j) = 1 \qquad i=1, \cdots\cdots, n \qquad (3)$$

式（3）中第一行公式符号定义与式（1）相同，但式（3）中 $\{u(i)\}$ 是空间自相关的，和式（1）一样，这里的误差也是不可观测的。参数 θ 有时被称为空间相互作用参数，影响式（3）中第二行中定义的 $\{u(i)\}$ 的加权平均值。对于任何给定的地点 i，采用在 i 附近的地点的值加权平均，但不包括地点 i（$N(i)$）。j 是地点 i（$N(i)$）的邻近数，$w(i,j)$ 大于 0。对于所有 i，$w(i,i)=0$，地点不与自身相邻。[1] 式（3）中的 $\{e(1)\}$ 与式（1）中的定义相同。这样的空间模型使得接近 i 的邻近地点的影响更大 [如果 j 比 k 更接近 i，$w(i,j)$ 大于 $w(i,k)$]；这已经成为社会科学中的主要自相关模型。通常"相邻"指其拥有共同的边界。如想更多了解 $W[=\{w(i,j)\}_{i=1,\cdots\cdots,n,j=1,\cdots\cdots,n}]$ 或称权重矩阵，以及如何生成它们，请参考杜宾（Dubin, 2009）和马托斯的文章（本书第 4.6 章）。

但是，如本章 1.2 节讨论的，场所存在于空间环境之中，但空间过程可能会波及地理单元边界以外，或者涵盖位置之间的相互作用。因此，其他类型的空间回归模型也可能能更好地描述理论理解。特别值得注意的有两类。

在扩散、互动或竞争过程中，可在模型最后引入因变量的滞后因素：

$$Y(i)=b_0+b_1X_1(i)+\cdots\cdots+b_kX_k(i)+\rho\sum_{j=1}^{n}w(i,j)\,Y(j)+e(i)$$
$$\sum_{j=1}^{n}w(i,j)=1;\ i=1,\cdots\cdots,n \tag{4}$$

表达中的符号定义与式（1）相同，但参数 ρ 是自变量的空间作用参数，代表着在相邻位置的因变量（$Y(i)$）的加权平均。[2] 权重矩阵的选择 $\{w(i,j)\}$ 取决于我们对相互作用的方式的理解，例如，竞争过程（对所有 i，$w(i,i)=0$）。该模型常被称为空间滞后模型（Spatial Lag Model），或者加入了空间滞后因变量的回归模型。模型中假设，因变量的变化不只是因为不同位置的自变量差异，也因为位置数值对其他相邻位置的值产生影响的结果。对 ρ 的检验，体现出该因子对因变量 Y 变化的影响程度。

滞后模型也可以指定一个或多个独立滞后变量，如模型：

$$Y(i)=b_0+b_1X_1(i)+\cdots\cdots+b_kX_k(i)+b_{r,\,lag}\sum_{j=1}^{n}c(i,j)\,X_r(j)+e(i)$$
$$\sum_{j=1}^{n}c(i,j)=1;\ i=1,\cdots\cdots,n \tag{5}$$

表达中的符号定义与式（1）相同，自变量 X_r 作为于 $Y(i)$ 相关的因子，不仅与 X_r 在 i 的值有关，也与邻近位置的价值有关[3] [因此式（5）中用符号 $c(i,j)$，而不是 $w(i,j)$，区别于式（3）和式（4）的空间平均值]。

至此，读者大概了解了此类模型，相关应用在本书马托斯（Matos）的文章中有进一步讨论。现有的大量书籍和其他资料都可以让感兴趣的读者了解更多相关信息，包括 Anselin（1988, 2010），Cressie（1991）和 Haining（1990, 2003）。读者应该注意，如马托斯提到的，空间回归模型式（3）和式（4）不能用普通最小二乘法（OLS）来拟合，如本书包晓辉文章中提到的。对于该方法的初学者，作者推荐 GeoDa 软件，它能进行极大似然估计（ML）拟合，也可以进行评价拟合效果的相关诊断。软件也允许分析者再拟合残差中测试各种空间自相关关系（1）——这是在使用模型（3）或模型（4）之前必要的测试——现有的标准统计软件还做不到这一点（例如，SPSS 和 Minitab）。

2）贝叶斯分层回归模型

在上述模型中，空间相关作用通过数据模型来处理，一些离散随机分布值阻碍了正空间自相关关系，并在所有情况下使得似然模型变得复杂，导致极大似然估计（ML）拟合困难（Besag，1974）。而贝叶斯分层模型，空间相关作用可以通过分层模型的先验概率处理。在一系列相关条件的模型中指定概率模型成为给复杂系统建模的手段（Cressie et al.，2009）。

空间影响通过在空间的构造随机效应来处理，如下例所示。假设有一个关于小区域盗窃案数量模型的研究，$y(i)$ 是观察到的区域 i 的盗窃案例数。数据模型（第一层面）指定 $y(i)$ 作为泊松随机分布变量（$Y(i)$）、密度参数和期望值 $E[Y(i)]$ 的函数。期望值等于 $\lambda(i)=E(i)$ $\phi(i)$，这里的 $E(i)$ 是在区域 i 案件数量的期望值，它等于危险人群规模（家庭数）乘以大区域的平均风险率，$\phi(i)$ 是和区域 i 相关的相对风险。分层模型体现了过程模型和参数中的不确定性和变化性。不确定性可能是由测量误差或取样误差导致的，也可能是过程本身导致的。在第二层面上，定义出反映我们对区域风险相关要素的理解。例如：

$$Log[\lambda(i)]=Log[E(i)]+b_0+b_1X_1(i)+\cdots\cdots+b_kX_k(i)+e(i)+s(i) \qquad i=1,\cdots\cdots,n \quad (6)$$

$X_1,\cdots\cdots X_k$ 定义一组 k 区域的协变量，参数 b_1 到 b_k 解释相对风险的差异。根据犯罪理性理论，犯罪动机（特指针对住家的犯罪）来源于区域的三个基本属性：可能的收获、可能的风险和邻近程度，它们常通过普查数据或其他数据度量。$\{e(i)\}$ 和 $\{s(i)\}$ 都是随机因素。$\{e(i)\}$ 是正态分布的随机作用，$\{s(i)\}$ 是给出的一个内部条件性的空间自回归（Intrinsic Conditional Spatial Autoregressive，ICAR）属性（Besag，York and Mollie，1991）。这两个概念使得模型涵盖了过程模型中的不确定性，也涵盖了空间差异中的空间非均衡性以及空间自相关性（Haining，Law and Griffith，2009）。在第三个层面上，进行完整的贝叶斯分析，第二层面上的参数被视为随机变量和符合随机概率分布。同样，需要专业软件进行该类型的模型计算，WinBUGS 是当前常用的马尔可夫和蒙特卡罗模拟软件（www. winbugs-development. org. uk）。

想了解更多关于贝叶斯空间模型应用在地理和区域科学的案例（本章 2.3.1 节中有部分贝叶斯模型），可以参考 Law and Haining（2004）；Haining，Law and Griffith（2009）；Haining，Kerry and Oliver（2010）；Le Sage（2000）；Lu et al.（2007）；Le Sage and Parent（2007）。Lawson 和 Banerjee 的论文也是了解贝叶斯统计模型很好材料。

最后的思考

统计学理论给科学研究者提供了发展和检验理论假设的方法和工具。统计学也给通过观察进行研究的学者提供了谨慎处理不确定性的手段，从一定程度上借用实验研究者对变量的控制方法，来模拟复杂的系统。在研究与空间过程和空间数据相关的科学问题时会面临一些独特的挑战，其中一些已经在本章中讨论。

我们在这里提出的方法和模型仅针对空间数据，但很多变化过程不仅具有空间性，也具有时间性。随着更多具有时间、空间属性的数据被收集起来，"时空思维"成为很重要的问题，统计学不仅仅是验证有关此时此地的理论假设，也应当拓展到更宽泛的领域（Cressie and Wikle, 2011）。关于如何处理空间数据，研究人员在许多领域多年来的知识积累，将有助于未来的发展。

注释

1. 也就是说，地区 i（$u(i)$）的误差是其他所有地区误差的加权平均值，权重 $w(i, j)$ 由研究者根据一些特定规则选定。通常，距离 i 比较近的地区权重值为非零（正数）。"加权平均"意思是所有其他地区相对 i 的权重总和为 1。这样的权重矩阵有时候被称为"原始标准化的"或"原始正态化的"矩阵。因为邻近的误差有相似的邻近区域，误差在空间上也是自相关的。但是，即使只有直接比邻地区之间的权重非零，误差的空间自相关影响也会突破比邻关系（影响到邻居的邻居），读者可以自己验证。空间自相关关系随距离增长而变弱，这可以作为 Tobler 地理学第一定律的数学解释。

2. 读者可以将注释 1 中的论述和应用到因变量 Y。读者会发现如果分析符合回归模型——式（1），并且式（4）成立，那么式（1）的残差继承了遗漏因子的空间自相关特性。

3. 和注释 1 和注释 2 中的论述相似。读者会发现如果分析符合回归模型——式（1），并且式（5）成立，那么式（1）的残差将继承遗漏的 X_r 的空间结构，这也是 Y 差异变化的因子之一。

参考文献

Anselin L (1988) Spatial econometrics: methods and models. Kluwer, Dordrecht.

Anselin L (2010) Thirty years of spatial econometrics. Papers in Regional Science 89: 3–25.

Bernasco W, Luykx F (2003) Effects of attractiveness, opportunity and accessibility to burglars on residential burglary rates of urban neighbourhoods. Criminology 41: 981–1002.

Besag J (1974) Spatial interaction and the statistical analysis of lattice systems. J Royal Statistical Society, B 36: 192–225.

Besag J, Newell J (1991) The detection of clusters in rare diseases. J Royal Statistical Society, A 154: 143–155.

Besag J, York J, Mollie A (1991) Bayesian image restoration with two applications in spatial statistics. Annals Institute of Statistical Mathematics 43: 1–21.

Best N, Cockings S, Bennett J, Wakefield J, Elliott P (2001) Ecological regression analysis of environmental benzene exposure and childhood leukaemia: sensitivity to data inaccuracies, geographical scale and ecological bias. J Royal Statistical Society, A 164: 155–174.

Block R (1979). Community, environment and violent crime. Criminology 17: 46–57.

Bursik RJ, Grasmick HG (1993) Neighbourhoods and crime. Lexington, New York.

Cliff AD, Ord JK (1973) Spatial autocorrelation. Pion, London.

Cliff AD, Ord JK (1981) Spatial processes: models and applications. Pion, London.

Cressie N (1991) Statistics for spatial data. Wiley, New York.

Cressie N, Calder CA, Clark TS, Ver Hoef JM, Wikle CK (2009) Accounting for uncertainty in ecological analysis: the strengths and limitations of hierarchical modelling. Ecological Applications 19: 553–570.

Cressie N, Wikle C (2011) Statistics for spatio-temporal data. Wiley, New York.

Dockery DW, Pope CA, Xu X, Spengler JD, Ware JH, Fay ME, Ferris, BG Jr., Speizer FE (1993) An association between air pollution and mortality in six U.S. cities. New England Journal of Medicine 329: 1753–1759.

Dubin R (2009) Spatial weights. In Fotheringham AS, Rogerson PA (eds), The SAGE handbook of spatial analysis, SAGE, Los Angeles, pp. 125–157.

Farrell G, Phillips C, Pease K (1995) Like taking candy: why does repeat victimization occur? British Journal of Criminology 35: 384–399.

Fotheringham S, Brunsdon C, Charlton M (2000) Quantitative geography: perspectives on spatial data analysis. SAGE, London.

Gatrell AC (1998). Structures of geographical and social space and their consequences for human health. Geografiska Annaler 79: 141–154.

Good IJ (1983) The philosophy of exploratory spatial data analysis. Philosophy of Science 50: 283–295.

Goodchild MG, Haining RP (2004) GIS and spatial data analysis: converging perspectives. Papers in Regional Science 83: 363–385.

Gotway, CA, Young, LJ (2002) Combining incompatible spatial data. Journal of the American Statistical Association 97: 632–648.

Haining RP (1990) Spatial data analysis in the social and environmental sciences. Cambridge University Press, Cambridge.

Haining RP (2003) Spatial data analysis: theory and practice. Cambridge University Press, Cambridge.

Haining RP (2009) The special nature of spatial data. In Fotheringham AS, Rogerson PA (eds), The SAGE handbook of spatial analysis, SAGE, Los Angeles, pp. 5–24.

Haining RP, Kerry R, Oliver M (2010) Geography, spatial data analysis and geostatistics: an overview. Geographical Analysis 42: 7–31.

Haining RP, Law J, Griffith DA (2009) Modelling small area counts in the presence of overdispersion and spatial autocorrelation. Computational Statistics and Data Analysis 53: 2923–2937.

Haining RP, Li G, Maheswaran R, Blangiardo M, Law J, Best N, Richardson S (2010) Inference from ecological models: estimating the relative risk of stroke from air pollution exposure using small area data. Spatial and Spatio-Temporal Epidemiology 1: 123–131.

Jones III JP, Casetti E (1992) Applications of the expansion method. Routledge, London.

Kulldorff M (1997) A spatial scan statistic. Communications in Statistics: Theory and Methods 26: 1481–1496.

Law J, Haining RP (2004) A Bayesian approach to modelling binary data: the case of high intensity crime data. Geographical Analysis 36: 197–216.

Lawson AB, Banerjee S (2009) Bayesian spatial analysis. In Fotheringham AS, Rogerson PA (eds), The SAGE handbook of spatial analysis, SAGE, Los Angeles, pp. 321–342.

Le Sage J (2000) Bayesian estimation of limited dependent variable spatial autoregressive models. Geographical Analysis 32: 19–35.

Le Sage J, Parent O (2007) Bayesian model averaging for spatial econometric models. Geographical Analysis 39: 241–267.

Lloyd CD (2011) Local models for spatial analysis. CRC Press, Boca Raton.

Lu H, Reilly CS, Banerjee S, Carlin B (2007) Bayesian areal wombling via adjacency modelling. Environmental and Ecological Statistics 14: 433–452.

Maheswaran R, Haining RP, Brindley P, Law J, Pearson T, Best N (2006) Outdoor NOx and stroke mortality – adjusting for small area level smoking prevalence using a Bayesian approach. Statistical Methods in Medical Research 15: 499–516.

Miller H, Han J (2009) Geographic data mining and knowledge discovery. CRC Press, Boca Raton.

Monmonier M (1989) Geographic brushing: enhancing exploratory analysis of the scatterplot matrix. Geographical Analysis 21: 81–84.

Sampson, RJ, Raudenbush, SW, Earls F (1997). Neighborhoods and violent crime: a multilevel study of collective efficacy. Science 277: 918–924.

Stone RA (1988) Investigations of excess environmental risks around putative sources: statistical problems and a proposed test. Statistics in Medicine 7: 649–660.

Tranmer M, Steel DG (1998) Using census data to investigate the causes of the ecological fallacy. Environment and Planning A 30: 817–831.

Wong D (2009) The modifiable areal unit problem (MAUP). In Fotheringham AS, Rogerson PA (eds), The SAGE handbook of spatial analysis, SAGE, Los Angeles, pp. 105–123.

吴怡慧　译，周　恺　校

4.3

指标与空间规划：方法与应用

黄燕玲

"像过去两个世纪的大多数社会改革运动一样，规划也将其政治合法性定义为掌握特殊的知识类型——科学知识，并期望通过其提升公共意见的质量。"

(Weaver，Jessop and Das，1985：145)

作为空间的协调者、整合者和中介人，规划在不断寻求基于知识的方法来评估政策措施的实施成效。二十年前，韦弗（Weaver）、杰索普（Jessop）和达斯（Das）提出的有关科学知识重要性的论述，至今仍然适用于当前跨国际的思考。2000 年，欧洲委员会（European Commission）（2000）推出的 New Programming 项目中，特别指出"指标"（Indicator）在项目监控和评价过程中的重要作用。进行定量监控在北美也应用广泛。在英国 2004 年的空间规划改革中（HM Government，2004），中央政府特别强调，在公共部门的效率管理中必须以丰富的指标为依据（Audit Commission，2000）。本章将介绍有关指标的最新设计方法，并列举其在复杂的规划决策过程中的应用。

指标：定义，性质与方法步骤

"指标"可被定义为对某些抽象概念的操作性定义（Carlisle，1972），它为特定问题的出现与变化提供指导性的展示（Miles，1985）。与其他定量分析方法一样，指标也是经验主义和实证主义传统的一部分。鲍尔（Bauer 1966：1）把指标作为衡量过程与目标的标尺，这给其增加规范性维度。通过强调创造价值观和设定目标（作为特定常识的前提），并将其与定量数据对比检验，指标让规划的认识论基础更接近理性主义。美国健康、教育、福利部（1969：97）将指标定义为："以规范行为为目的的统计数据……将被进一步解读"，这表明在判断政策效果的好或坏时，存在价值判断。这引起了相对主义者的争论，强调了主观沟通和意义解释在其中的重要作用。

指标的本质是技术理性与规范理性的结合。这体现出其作为一种政策工具，承受着潜在压力。它作为一种政策工具，可能被政治化解读，它度量阶段的指标设计、数据源选择和收集方法确定可能被人为影响。指标非常善于解决容易通过数字来监控的问题（Wong，Baker and

Kidd，2006a)，但在面对无形的问题时效率很低。当政策没有达到预期效果时，指标可以很好传达出警惕信号，但它自身需根据不断变化的现实条件进行修正 (Innes and Booher，2000)。

掌握这些基本认识后，指标作为知识的一种形式，其价值取决于指标设计的过程，即如何将抽象的概念转化为能体现政策智慧的具体数据。库姆斯（Coombes）和 黄燕玲提出了四步设计方法（概念提炼、分析构建、指标识别和索引创建）。黄燕玲（2006）又将最后一个步骤修正为：指标价值合成，以体现合成指标价值与统计方法和定性方法具有同样的地位。同样，察普夫（Zapf，1979）提出了六步设计方法。这些不同的方法仅仅是将各步骤进行拆分和合并，并没有加入实质性新环节。指标体系的基础包括：政策背景、理论和分析视角和技术方法问题。

指标本身是呆板的信息，很难为政策制定提供任何有意义的支持。只有通过将指标与大环境下的政策背景和目标进行对比分析，才能将信息转化为知识。大部分指标设计方法首先都要明确分析将要使用的基本概念，并将政策理念和选用的指标进行比较。规划政策的话语体系中涉及的概念往往有多种解读方式，如可持续发展、生活质量和社会包容等。因此有必要在进行后续分析之前清晰地界定这些概念，避免将来在没有任何理论基础的情况下随意地选取统计数据。

指标的设计需建立在坚实的分析体系之上，先要明确所面对问题的结构和实际需要，才能着手设计评价指标。该分析体系可被视为工作蓝图或操作计划，给未来统计数据的综合运用提供一个平台。很多分析原则需要在分析体系中确定，例如：分析追踪进展与变化，发展目标达成与对比，使用软指标和定性数据，探索协同变化和互动效应，一致性与可比性，及多空间单元的分析等 (Wong et al.，2004)。

在建立了理论和分析框架的之后，需要在一系列潜在指标中搜寻恰当的指标，来评价分析体系中确定的问题。通过广泛研读相关政策实践和学术文献，列出"理想的指标清单"。大多数情况下，针对一个关键问题会列出很多的潜在指标。考虑到现实的数据资源，可用的指标就变少了。因此，需要全面搜寻公共数据库、商业数据库和已发布的数据资料。数据搜索过程将包括对数据库和数据库之间的衔接问题进行评价。由于许多政策概念的多重解读，通常无法找到能完全体现某一问题的唯一完美指标。并且，可用的数据通常是由第三方间接收集。因此，需要制定一套完整的数据分析措施战略。

指标设计的最后一步是指标的集成。常见的做法是，考虑指标的重要程度，将多个指标集成为一个综合指数（Composite Index），以其做为政策目标是否达成评价标准。然而，这种方法在操作过程中（即数据验证、标准化和转换及不同统计与非统计加权计算方法）往往要么太过主观，要么太过复杂而缺乏透明性 (Wong，2006)。将整个数据库压缩成单一的综合指数，很有可能忽略数据中更多的有价值信息。因此，目前更趋向于运用其他分析和可视化方法来简化指标结构，例如运用关键指标（Headline Indicators）(DETR，1998)、分层指标结构（例如，Innes and Booher，2000），将指标捆绑成为分析包（例如，Rae and Wong，2012；Wong et al.，2006），综合评分系统（例如，Copus and Crabtree，1996），或多维度的演示方法（例如，Westfall and de Villa，2001)。

监控空间规划效果的挑战

规划提供了一个用于管理和解决空间发展冲突的政策框架，并鼓励用创造性的解决方案实现可持续发展。可持续发展目标是一个综合的、长期的概念，它过于整体、模糊而缺乏可操作性（Campbell，1996）。空间规划在英国被看作是一个塑造空间的协调机制（英国皇家城市规划协会，2007）。戴维（Davy，2008）认为空间规划要灵活的处理边界问题，需要面对"多元理性"，并需要认识到空间是由各种实践者和参与者构成社会所产生的。因此，空间规划的发展，提出了利用分析工具（例如指标）进行交流、协调和统筹的需求（Alexander，2000）。

由于空间规划的目标和影响是广泛的、多样的、复杂的，实现它需要依赖各种行动者和机构在各自独立的政策领域发挥作用。因此，关于规划的本质、范围和目的，不同的实践者有不同的理解。并且，水平上的相互作用与不同层级政府的垂直分割交织在一起。导致最终政策目标的执行，不仅高度依赖于中央政府的协调作用，而且也依赖于地方政府对上级政策导向的不同解读。现实情况是，政策之间有着复杂的关系，即使是高层级的政策文件之间也可能存在矛盾。由于空间规划的运行不孤立于其他公共政策，即使我们把重点仅放在规划政策的直接结果上，也无法分离单一政策的影响，也无法与不实施政策的假设情况进行比较研究（Morrison and Pearce，2000）。

大多数指标模型是基于决策过程中不同类型指标的因果链而发展起来的（Carley，1980），这些模型往往在政策干预和影响结果之间假设了一个直接的、线性的关系，这种关系可以运用于不同层次的行政区域。但是，规划问题的本质是"诡异问题"（Wicked Problem）（Rittel and Webber，1973），它往往是由一系列不断变化的问题组成，并且不能用传统的线性分析方法来解决。每一次尝试实施解决方案可能会产生另外一系列更复杂的问题。诡异问题往往是嵌入在一个动态的社会环境之中的，这使得每个问题都是独一无二的。亚历山大（Alexander，2011）认为，因为必须在特定情境下确定规划目标，规划评估也必须积极地视条件而定。由于各种利益相关者都期望参与到解决问题的过程中，因此价值和偏好的不同，以及信念的冲突等问题都会出现（Simon，1979）。因此，制定政策框架和设定目标很重要，并且寻求能够提高解读问题和政策分析水平的替代方案也很重要。做政策评估研究的学者们将这些想法融入了变化路径理论（the Theory of Change Approach）（Connell et al.，1995；Fulbright-Anderson，Kubisch and Connell，1998），该理论关注利益群体在理解政策作用的方式和过程时，形成的一些对外部条件和内部因素的理解。法卢迪（2000）也主张用交流和学习的方法来灵活的解决问题。

因此，为了使得指标体系能够给空间规划目标的形成和评价工作提供合作式、学习式的工具平台，指标设计的方法需要进一步改善。由于空间力量相互作用的方式非常复杂，任何单个政策的干预不可能纠正无效率的空间结构。这就需要了解空间结构中的复杂性，这种复杂性要求政策制定者和利益相关者重新思考和讨论空间组织和活动中的基本原则。为了克服这些困难，指标的分析必须用反映"空间性"——也就是说，需要认识到，指标之间的相互关联必须反映空间场所之间的空间作用关系和联络关系，基于此才能使得制定政策的过程有据可依，才能形成综合性的空间规划政策。

指标类型与规划编制的不同阶段

不同监控体系采用了略微不同的术语来描述在决策过程中不同类型指标的功能与作用。因此，有必要明确界定用于监控空间规划战略的指标的概念定义。

广泛运用于监控可持续发展的一系列指标的定义都是基于"压力–状态–响应模型"（Pressurc-State-Response，PSR）。可持续指标的目的包括：简单地描述当前的发展状态（状态指标）；诊断和评估影响可持续发展状态的过程（压力、过程或控制指标）；评估政策变化产生的影响（目标、响应或性能指标）。欧洲经贸组织（OECD）和联合国的可持续发展指标都是基于 PSR 模型建立的。PSR 模型提供了简明而有逻辑的方式来抽象表达人类活动在环境变化中的连锁反应，以及面对这些环境压力如何制定政策应对。虽然理论上很清晰，但在模型的操作上却并不简单。在给英国的可持续发展报告准备指标时（DoE，1996），工作小组没有采用这个复杂的模型（Cannell Palutikof and Sparks，1999）。但是，有一部分人又觉得 PSR 模型中体现的线性关系过于简单，无法体现现实生活中的复杂性（Briggs et al.，1995；Dunn et al.，1998）。

为了评估结构性基金实施效果，欧盟委员会提出了一个运行监控体系（2000：8，11）。它包含了一个能很好反映政策制定周期的分类方案，包括：

- 背景指标：定量化描述当前本区域内分布、差距和发展潜力的相关信息。
- 基准：考虑其环境或影响而测量出的初始值，随后将对其持续进行测量监控。
- 输入指标：方式或资源（如财务、人力、技术或组织）。
- 输出指标：一系列物质输出（如公路建造的公里数），表明了实施计划措施所取得的进展。
- 结果指标：行为对直接受益者的影响（如减少旅途时间，运输成本）。
- 影响指标：实现项目的全局性或局部性目标。

英国政府为编制《英国政府年度监控报告》（ODPM，2005 b）而制定了监控空间规划战略的指标体系框架。通过加强主要目标、政策、目标和输出的联系（ODPM，2004a：para. 1.7），它包含了先前的"内容–目标–指标"方法（ODPM，2002）。过程指标和目标指标被用来衡量规划政策的实施效果。此外，背景指标被用来测量实施结果，并帮助理解规划战略执行过程中的大背景变化。然而，这个框架缺乏对结果形式明确的指导，也缺乏衡量结果的方法表述。过度关注度量输出效果的政策措施（如改善废弃的土地的公顷量、新房建设的数量）一直受到批评（Burton and Boddy，1995；国家审计署，1990）。对政策的输入、输出和结果／影响（不同群体和不同地区的影响）之间关系的理解缺失也引起了关注。因此，在工党政府的监控政策中，更加注重了对远期的、广泛的结果及影响的测量（HM Government，2006，2007）。

黄燕玲等人（2008）在综述各类政策和学术文献后提出，一个监控空间规划政策的综合指标体系应该包括以下内容：背景问题；输入因素的效力；效率、参与、监督、计划制定和实施能力等过程问题；政策输出；规划政策的直接影响；对实现长期可持续发展结果的影响。尽管大多数指标模型认为在决策过程中的不同类型的指标间存在因果联系，不同社会经济问题之间的外在复杂性和内在关联性，使得在实践中很难完全区分输入、输出和结果（Wong，2011）。

指标与空间规划监控

英国规划系统中的监控和评价往往更关注输入和过程，而不是结果和效率（Jackson and Watkins，2007）；规划系统的评价通常基于行政效率、数值收益和成本影响（Pieda，1995）。自1992年以来，地方规划部门被要求编制部门绩效指标，但其往往以处理规划申请的速度来评估。这折射出英国的某种审计文化（Kemp，1979）。它过于关注输入、输出和财务信息（Burton and Boddy，1995），但很少关注政策效绩的有效性和公平性（Pollitt，1990），已经受到了很多人的批评。

工党政府在2004年秋对英国规划体系进行了全面改革，它标志着规划进入了一个发展"空间"而不是纯粹规划"土地利用"的新时代。新系统旨在建立一个空间体系，该体系可以整合开发和土地利用政策与其他影响地区使用功能的政策（ODPM，2004b）。有趣的是，与此同时，基于证据（Evidence-based）的规划决策和进行政策监控也被提到很高的高度（ODPM 2004b：para.1.3）。政府发布的政策指引大大地提高了运用和解读不同类型证据的重要性，地方的日常工作也已被使用量化指标监控政策进展所主导（ODPM，2005b）。

通过1999年5月建立的"欧洲空间规划观察网络项目"（ESPON）（van Gestel and Faludi，2005），信息化的、基于知识的空间规划方法已经在欧洲大部分地区实施。ESPON旨在拉近量化数据的和空间数据的差距，给委员会的空间政策提供研究和信息服务。地方指标和分类设计帮助欧洲在均衡发展和多中心发展的大远景下确定优先发展目标，并给部门政策的空间协调提供了一些工具（用于进行地方影响分析和系统空间分析的数据库、指标和方法），来改善区域政策的空间协调性。如范·格斯特（van Gestel）和法卢迪（2005）所说，它已经从最开始的现象观察演变成一个动态的研究网络，虽然仍存在是否该在决策中借用技术理性的争论，也存在选择性使用数据来证实已有决策的现象。这发展强调了一个事实，欧洲委员会希望利用科学的证据来支持资金分配和政策决定，但同时也想保留一定控制权。

过去十年中，北美在利用指标来监控地方和区域规划实践应用也备受瞩目（Hoernig and Seasons，2004；Swain and Hollar，2003）。1992年，里约热内卢地球峰会（Rio Earth Summit）制定的《21世纪议程》（Agengda 21）中明确表明（UNCED，1992），呼吁利用恰当的可持续指标为各级决策提供一个坚实的基础。1996年，伊斯坦布尔人居会议II（Habitat II）进一步强调了社区指标项目对指导、追踪和实现可持续发展的重要性。这些新环境议程不仅带来了用指标来评估环境影响关键机制和能力的需要，也刺激了地方行动，并引起了对更广泛的社区问题的关注。此后，指标开始在各种旗帜下进行发展，如"可持续指标"、"生活质量指标"和"性能指标"（Innes and Booher，2000；Swain and Hollar，2003）。广为人知的社会指标项目包括：可持续的西雅图（Sustainable Seattle）和美国杰克逊维尔社区指标项目（Jacksonville Community Indicator Projects）。

对于大部分规划师来说，新出现的基于证据的规划制定方法并不陌生。吉登斯主义者（Geddesian）主张的"先规划再调查"原则在土地利用规划中有悠久的应用传统（Mercer，

1997；Muller，1992）。然而，由于资源的限制及对其在战略层面的应用价值缺乏认识，指标仅用于土地利用监控，并只在规划部门进行零碎的监控（Batty，1989）。以前的经验还表明，监控常被视为一种纠错机制，通过解决负面反馈，使土地利用规划回归正轨。由于概念和方法上的困难，利用指标来监控空间规划政策比用其评估地方政策更具挑战：

- 缺乏全面一致的相关信息；
- 多重影响的复杂性：由于空间规划的实施依赖在不同政策领域参与者和机构的合作，很难纯粹的分离出某种影响；
- 确定间接影响的困难：规划政策可以间接影响不同参与者的态度和行为，但很难量化这种间接影响（不能设想预期进行对比研究的情景）；
- 选择合适的时间尺度：政策在规划体系的不同方面需要不同的引入时间。例如，程序方面的改变应该先于实际政策的结果。

运用指标来监控和评估空间规划政策时，"空间"维度往往被忽视。在空间规划方面，指标的意义与分析的地理尺度密切相关。行政区域大小和衡量特定现象的最适合功能空间尺度常常是不匹配的，这是一个永远存在的问题。这意味着某些边界的选择的可能产生扭曲的和误导性的分析结论（Rae and Wong，2012）。更重要的是，某些功能空间本身，可能随着空间规划的影响而发生改变。例如，如果空间规划的目的是影响未来住房供给的位置，这将反过来影响住房市场的形状和规模。同样需要指出，采用多尺度方法将忽视特定的空间尺度下的问题，如"城市"、"次区域"和"区域"规划，这些都包含在空间规划之中。

测量空间规划的结果：一个综合的方法

测量空间规划的有效性和结果一直被视为一项艰巨的任务。英国皇家城市规划学院（Royal Town Planning Institute）和社区地方政府部（Department for Communities and Local Government）委托了一项研究（Wong et al.，2008），给英国提供统一的、综合的指标，来衡量空间规划结果。研究提出了设计空间规划成果（Spatial Planning Outcome，SPO）指标系统的六大关键原则：

1. 以提出的指标为平台，支持利益相关者开发自己的指标体系；
2. 体系应该在英国范围内适用，并能够作为交流基础，与区域其他部门的政策监控进行连接；
3. 分析不能集中于单一的指标，应该灵活地结合各种指标，以提供有指导意义的政策情报；
4. 分析应包括"空间性"，强调功能区、空间管理和空间联系的重要性；
5. 指标应该有助于规划者和利益相关者质疑政策行为的价值取向、假设前提和核心战略。这样才可能通过修正政策和行动，来解决任何新发现的问题；
6. 指标体系应有助于提供交流和双向学习的监控方法，并将监控植入核心决策过程。

空间规划与各个地方的变化有关，在征询多数利益相关者意见之后，各方面人士都认为，只有针对规划设计的指标，才能有效地测量和解释空间规划政策的结果。结果应当被视为在规划系统和其他影响力的综合作用下，形成的某区域社会经济和环境特征的综合。指标通常通过广泛而复杂的概念来度量，我们很少能找到能完全捕捉现象本质的完美的单一指标。

选择指标常常使用定义领域的方法，即将一个领域视为衡量一个特定的概念的关键单元。《规划政策说明 I》（Planning Policy Statement I）（ODPM，2005）中的空间规划目标常被用作选择指标的领域，以此来保证结果指标涵盖了规划的关键内容。尽管如此，这些领域没有规定后期应该如何分析这些指标。这五个领域包括：（1）提供恰当的土地供给，并保证其被高效利用；（2）可持续经济发展；（3）保护和优化自然和历史环境；（4）高质量的开发和有效利用资源；（5）包容和宜居的社区。

鉴于空间规划的关联性，我们建议的度量体系不是一个传统的基于指标的方法。相反，它在单个领域引入一组相关指标，来涵盖空间规划成果相互关联的复杂性。这种"指标集"的方法不仅包括结果指标本身，也包括很多输入和输出指标，以及其他相关的背景信息。潜在结果指标的选择将遵从一些重要的原则：

1. 结果指标必须是"规划导向的"和"目标导向的"。

2. 把握对成果的实现影响巨大输入（例如容量）和过程（例如能力）。

3. 结果必须放在更广泛的背景环境中去解读。

4. 反映空间规划对整合不同区域部门政策的贡献。

5. 不同的指标最好能在最相关的空间尺度、功能性区域和有针对性的 / 关键领域的区域中度量，才能反映不同空间和区域政策结果的复杂契合。

6. 使用态度评估调查确定"无形的"和"软"的结果。

7. 在相当一段时间和大空间范围内，当输出已被植入为结果时，输出可作为结果的替代指标。

8. 选择恰当的时间尺度来评估空间规划政策的长期效果。

9. 利用一组更精炼的结果指标形成"指标集"，用来反映空间规划目标的多面性。

这些指导原则共同控制了指标的质量，涉及相关概念（原则 1—2）、政策一体化（原则 3—5）与技术可行性（原则 6—8），最后一条原则涵盖以上所有三个方面。最后的原则形成体系的主干；通过把多个指标捆绑成指标集，可以梳理出关键问题，将复杂空间规划的结果清晰表达。个别指标不能用于评价结果，而是需要把所有指标看成一个综合体系、一个整体，而不是单独的个体。同样，该体系认为个别地区是更广泛空间范围的一部分，而不是孤立的区域。

虽然，使用指标来进行空间规划监控与英国的政府和管治的政策环境密切相关，但其提出的综合测量方法应该能很容易移植到其他的决策环境中去。这种方法要求地方和区域规划部门与该地区其他利益相关者共同设计和开发自己的空间规划结果监控体系，这体现出这个体系的灵活性，适用在不同的规划背景下解决亚历山大（2011）提出的"积极应对"的问题。在其他的国家开发空间监控体系，可能会面临数据缺乏问题，尤其是具有地理参照数据的缺乏。作为一种重视学习和反馈过程的方法，度量数据的空间性和整体性水平可以逐步发展，通过利益相关者的投入，逐渐提高建设监控规划共同愿景的能力。

结论

本章阐明了指标研究的性质、目的和概念，及证实分析使用指标评价空间规划成效和结果中的挑战。本文也回答了一个棘手的问题：我们可否开发一个强大而可靠的方法，用一组指标评估空间规划的成效？其中的核心前提在于，将机械的、线性的政策评价模型（典型地体现在政府规定的具体性能指标中）转变为更多分析和协作的框架，该框架允许关键利益相关者来表达他们在政策制定过程中的愿景，以及提供一个能够推动政策问题形成的反馈路径。

在研究方面，该方法仍有待进一步发展和完善。很多需要在不同空间层次监控的问题当前受制于使用行政边界作为数据和分析的单元。行政边界不一定是反映社会、经济和环境联系的理想功能区。特别是在跨境联系的情况下，如果当地方政府和其他关键合作伙伴能够一起收集信息和开发、共享证据基础，将会有额外的好处。不同空间尺度上建立组织、分析和显示数据的监控技术十分需要。同样，如何通过收集态度调查数据来制定"定性"指标，用来衡量规划中无形的问题也非常重要。这类数据的可靠性高度依赖于研究设计和采用的抽样方法。只有努力通过设计稳妥的抽样方法并明确研究问题，并不断提高研究质量和空间覆盖度的前提下，这样研究数据才可能是有效的。

参考文献

Alexander, E. (2000) Rationality revisited: planning paradigms in a post-postmodernist perspective, Journal of Planning Education and Research, 19: 242–56.

Alexander, E. (2011) Evaluating planning: what is successful planning and (how) can we measure it? In A. Hull, E. Alexander, A. Khakee, and J. Woltjer (eds), Evaluation for Participating and Sustainability in Planning, London: Routledge, 32–46.

Audit Commission (2000) On target: the practice of performance indicators, London: Audit Commission for Local Authorities and the National Health Service in England and Wales.

Batty, M. (1989) Urban modelling and planning: reflections, retrodictions and prescriptions. In B. MacMillan (ed), Remodelling geography, Oxford: Basil Blackwell, 147–169.

Bauer, R. A. (1966) Social Indicators, Cambridge, MA.: MIT Press.

Briggs, D., Kerrell, E., Stansfield, M., and Tantrum, D. (1995) State of the countryside environment indicators, a final report to the Countryside Commission, Northampton: Nene Centre for Research.

Burton, P., and Boddy, M. (1995) The changing context for British urban policy. In R. Hambleton and H. Thomas (eds), Urban policy evaluation: challenge and change, London: Paul Chapman, 23–36.

Campbell, S. (1996) Green cities, growing cities, just cities? Urban planning and the contradictions of sustainable development, Journal of the American Planning Association, 62 (3): 296–312.

Cannell, M. G. R., Palutikof, J. P., and Sparks, T. H. (1999) Indicators of climate change in the UK, London: Department of the Environment, Transport and the Regions.

Carley, M. (1980) Rational techniques in policy analysis, London: Heinemann Educational Books.

Carlisle, E. (1972) The conceptual structure of social indicators. In A. Shonfield and S. Shaw (eds), Social indicators and social policy, London: Heinemann Educational, 23–32.

Connell, J. P., Kubisch, A. C., Schorr, L. B., and Weiss, C. H. (1995) New approaches to evaluating community initiatives, Vol. 1, Concepts, methods and contexts, Washington DC: Aspen Institute.

Coombes, M., and Wong, C. (1994) Methodological steps in the development of multi-variate indexes for urban and regional policy analysis, Environment and Planning A, 26: 1297–1316.

Copus, A. K., and Crabtree, J. R. (1996) Indicators of socio-economic sustainability: an application to remote rural Scotland. Journal of Rural Studies. 12 (1): 41–54.

Davy, B. (2008) 'Plan it without a condom!' Planning Theory, 7 (3): 301–317.

DETR (1998) Sustainability counts, London: Department of the Environment, Transport and the Regions.

DoE (1996) Indicators of sustainable development for the United Kingdom, London: HMSO.

Dunn, J., Hodge, I., Monk, S., and Kiddle, C. (1998) Developing indicators of rural disadvantage, a final report to the Rural Development Commission, Cambridge, UK: Department of Land Economy, University of Cambridge.

European Commission (2000) Indicators for monitoring and evaluation: an indicative methodology, The New Programming Period 2000–2006, Methodological Working Papers 3, European Commission, Brussels.

Faludi, A. (2000) The performance of spatial planning, Planning Practice and Research, 15 (4): 299–318.

Fulbright-Anderson, K., Kubisch, A., and Connell, J. (eds) (1998) New approaches to evaluating community initiatives, Vol. 2, Theory, measurement, and analysis, Washington DC: Aspen Institute.

HM Government (2004) Planning and Compulsory Purchase Act 2004, HMSO, May, London.

HM Government (2006) Strong and prosperous communities – the local government white paper, HMSO, Norwich.

HM Government (2007) Planning for a sustainable future white paper, HMSO, Norwich.

Hoernig, H., and Seasons, M. (2004) Monitoring of indicators in local and regional planning practice: concepts and issues, Planning Practice and Research, 19 (1): 81–99.

Innes, J. E., and Booher, D. E. (2000) Indicators for sustainable communities: a strategy for building on complexity theory and distributed intelligence, Planning Theory and Practice, 1 (2): 173–186.

Jackson, C., and Watkins, C. (2007) Supply-side policies and retail property market performance, Environment and Planning A, 39: 1134–1146.

Kemp, P. (1979) Planning and development statistics 1978/79, District Councils Review 8: 62–64.

Mercer, C. (1997) Geographics for the present: Patrick Geddes, urban planning and the human sciences, Economy and Society, 26 (2): 211–232.

Miles, I. (1985) Social indicators for human development, London: Frances Pinter.

Morrison, N., and Pearce, B. (2000) Developing indicators for evaluating the effectiveness of the UK land use planning system, Town Planning Review, 71 (2): 191–211.

Muller, J. (1992) From survey to strategy: twentieth century developments in western planning method, Planning Perspectives, 7 (2): 125–155.

National Audit Office (1990) Regenerating the inner cities, HC 169, HMSO, London.

ODPM (2004a) Consultation paper on Planning Policy Statement 1: creating sustainable communities, London: ODPM.

ODPM (2004b) Planning Policy Statement 12: local development frameworks, London: ODPM.

ODPM (2005a) Local development framework monitoring: a good practice guide, London: ODPM.

ODPM (2005b) Planning Policy Statement 1: delivering sustainable development, London: ODPM.

Office of the Deputy Prime Minister [ODPM] (2002) Monitoring regional planning guidance: good practice guidance on targets and indicators, London: ODPM.

Pieda (1995) Local economic audits: a practical guide, Sheffield: Employment Department.

Pollitt, C. (1990) Performance indicators, roots and branch. In M. Cave, M. Kogan, and R. Smith (eds), Output and performance measurement in government: the state of the arts, London: Jessica Kingsley, 39–58.

Rae, A., and Wong, C. (2012) Monitoring spatial planning policies: towards an analytical, adaptive and spatial approach to a 'wicked problem', Environment and Planning B: Planning and Design, 39: 880–896.

Rittel, H., and Webber, M. (1973) Dilemmas in a general theory of planning, Policy Sciences, 4: 155–169.

Royal Town Planning Institute [RTPI] (2007) Planning together: local strategic partnerships and spatial planning: a practical guide, London: RTPI.

Simon, H. A. (1979) Rational decision making in business organizations, American Economic Review, 69 (4): 493–513.

Swain, D., and Hollar, D. (2003) Measuring progress: community indicators and their quality of life, International Journal of Public Administration, 26 (7): 789–814.

UNCED [United Nations Commission on Environment and Development] (1992) Agenda 21, Conches, Switzerland: UNCED.

U.S. Department of Health, Education and Welfare (1969) Toward a social report, Washington DC: U.S. Government Printing Office.

van Gestel, T., and Faludi, A. (2005) Towards a European territorial cohesion assessment network: a bright future for ESPON? Town Planning Review, 76 (1): 81–92.

Weaver, C., Jessop, J., and Das, V. (1985). Rationality in the public interest: notes toward a new synthesis. In M. Breheny and A. Hopper (eds), Rationality in planning: critical essays on the role of rationality in urban & regional planning, London: Pion, 145–165.

Westfall, M. S., and de Villa, V. A. (2001) Urban indicators for managing cities: cities data book, Manila: Asian Development Bank.

Wong, C. (2006) Quantitative indicators for urban and regional planning: the interplay of policy and methods, Royal Town Planning Institute Library Book Series, London: Routledge.

Wong, C. (2011) Decision-making and problem-solving: turning indicators into a double-loop evaluation framework. In A. Hull, E. R. Alexander, A. Khakee, and J. Woltjer (eds), Evaluation for Participation and Sustainability in Planning, London: Routledge, 14–31.

Wong, C., Baker, M., and Kidd, S. (2006a) Monitoring of spatial strategies: the case of local development documents in England, Environment and Planning C: Government and Policy, 24 (4): 533–552.

Wong, C., Jeffrey, P., Green, A., Owen, D., Coombes, M., and Raybould, S. (2004) Developing a town and city indicators database, final report to the Office of the Deputy Prime Minister, Liverpool: University of Liverpool.

Wong, C., Rae, A., Baker, M., Hincks, S., Kingston, R., Watkins, C., and Ferrari, E. (2008) Measuring the outcomes of spatial planning in England, London: RTPI.

Wong, C., Rae, A., and Schulze Bäing, A. (2006b) Uniting Britain – the evidence base: spatial structure and key drivers, London: Royal Town Planning Institute.

Zapf, W. (1979) Applied social reporting: a social indicators system for West German society, Social Indicators Research, 6(4): 397–419.

陈楚璋　译，周　恺　校

4.4
测量空间：城市增长和收缩空间测度研究综述

约瑟·P·雷斯，伊丽莎贝特·A·席尔瓦和保罗·皮尼奥

引言

聚落是多种多样的，对它们的描述和理解也各不相同。

(Kropf，2009；p.105)

伴随着对可持续发展的日益重视，以及城市演变轨迹的改变和分异，一个关注城市物质形态研究的新领域正在孕育而生（Beauregard，2009；Dieleman and Wegener，2004；Huang et al.，2007；Kabisch and Haase，2011）。城市的演进和形态产生了城市的差异性和复杂性，并且出现了城市的增长与收缩共存的发展现状（Banzhafet al.，2006；Oswaltand Rieniets，2006；Pallagst，2005）。

理解城市是如何发展的，包括影响城市土地利用变化的主导因素以及空间形态，已经成为城市规划主要的研究领域之一。城市规划理论和工具都应当针对解决上述问题进行发展。然而，城市的变化是如此复杂，目前对什么是增长和收缩的理解仍然缺乏深入的认识。

然而，城市增长一直都是城市规划领域的热门话题之一。城市蔓延（Urban Sprawl）是目前被研究得最多的城市增长模式，也是过去十年间最具争议的话题（Ewing，1997；Gordon and Richardson，1997；Torrens，2008），提出的相关概念包括：紧凑型城市（Compact City）、城市增长边界（Urban Growth Boundaries）、分散式增长（Scattered Growth）等。城市收缩在城市历史的进程一直都有体现（大部分都城市人口减少有关）（Rink and Kabisch，2009；Sousa，2010）；但对它的研究往往被研究者和实践者所忽视，尤其是关于其空间形态的研究更加少见。因此，现有的理论、政策、实践和方法大多都是在"促进增长"（Pro-growth）的大背景下进行的。

本章节将会讨论城市形态的定量分析方法，综述用于体现城市形态的一系列空间计量方法。大部分计量方法不仅仅是一个描述工具。城市计量分析结果经常被用于支持政策的形成，帮助将城市建设资金进行合理分配，协助当地政府进行开发控制，以及辅助详细规划和总体规划的编制。因此，清晰地说明使用什么计量方法来描述特定的城市形态是非常重要的。本章节试图提供一个完整定量指标方法目录，学生和研究者可以根据自己的研究问题、城市过程及空间度

量目标进行选择。

本章仅仅关注于描述城市增长和收缩的物质空间表现（城市形态分析）的度量方法。基于这一目的，我们回顾了过去十五年中的学术期刊论文，从中发掘研究和实践中使用的最多的空间计量方法。这里只考虑了已经在实证应用中使用过的计量方法，并且，尽管统计时涵盖的空间尺度很宽泛（区域的、城市的或邻里的），但建筑尺度的计量方法不在本章范围之中。

本方法统计基于雷斯，席尔瓦和皮尼奥（2012，2013；即将出版）的文献，对其研究进行了扩充，涵盖了更多的增长和收缩计量方法。我们将会讨论一些方法的应用案例，包括特定计量方法的优缺点。

空间计量方法

为了尽可能涵盖更多的计量方法，本章根据主题类型和使用方法对文献进行综述，因而，使用的是广义的空间计量方法概念。在本文中，将空间计量方法定义为：用于评估城市聚落和结构空间特征的定量方法。

鉴于发现的计量方法数量众多、种类丰富，我们根据其所涉及的知识领域及其度量城市形态的方法（计量方法的开发过程），将它们分为四个类别（计量方法类别）：

1. 景观指标；

2. 地理空间指标；

3. 空间统计指标；

4. 可达性指标。

请注意，这四个类别不能涵盖所有分类，也不能将其称为计量方法的类型学。它们的主要作用是帮助我们根据不同的学科背景和度量方法来分析、总结现有的指标。此外，某些来自不同类别的测度方法是基于相似的原则，它们的研究对象有时候是重叠的，并且，某些计量方法甚至是基于其他类别中的方法（或受其影响）发展起来的。

前文提到，这项研究关注的是城市变化的空间形态，特别是在城市增长和收缩过程中的空间形态。但是，我们也将研究中并非明确关注增长或收缩的度量方法纳入其中。因为，某些度量方法所评价的城市和区域空间特征也是这两个过程的特征。因此，它们可能对目前的研究有所帮助。

在这篇综述中，共有126个实证研究中使用了多达160种指标（110个用于城市增长的实证研究，而仅有16个用于城市收缩研究）。总的来说，这160种指标包括了40个景观指标，99个地理空间指标，11个空间统计指标以及10个可达性指标。接下来的部分将会罗列出每个类别的所有的指标方法，并且探讨它们的特征和城市形态研究中的特定用法，并给出了一些有趣的案例。本章仅对综述发现的计量方法进行总结；关于这些测度方法的更详细的描述，包括它们的计算方法和实证应用，可以参考雷斯等（即将出版）的文献。

1.景观指标

20 世纪 80 年代以后，为了量化度量地表植被形态和格局，景观生态领域开发和应用了很多景观指标（Rink and Kabisch，2009；Sousa，2010）。景观生态学家主要关注环境保护和资源保护，以及未开发的自然区域及在这些景观中生态过程的空间意义。因此，一直以来，景观指标长期被用于量化景观结构及构成的各个方面，其主要关注土地覆盖物的类型而不是土地使用的类型。

然而，景观指标也被越来越多地应用于城市形态研究。一方面，由于人们相信将城市规划和土地保护相结合的方法是维持人类聚落与自然之间可持续作用的基本要求（Forman，2008）。另一方面，一些专家的研究体现出了景观生态学空间指标的杰出作用，包括描述城市空间特征（Aguilera et al.，2011；Herold et al.，2005；Schneider and Woodcock，2008；Schwarz，2010），关联经济过程与土地利用形态（Parker et al.，2001，cited in Herold et al.，2005），以及结合城市增长模型。

根据克利夫顿等（Clifton et al，2008）的观点，源自景观生态学的空间指标不同于其他城市形态指标，体现在两个方面：它们通常依赖于航空摄影与卫星遥感数据，并且用"斑块"（Patch）（即使用特性均匀的多边形表示特定的景观属性）作为分析的基本单元。

综述发现的 40 个景观指标中，39 个被用于城市增长实证研究，3 个被用于城市收缩研究（2 个指标同时用于两者）。它们涵盖了多种的计量方法，包括几何度量（如总面积、片区面积），周长面积比率（如分形维数、形状指数），或统计指标 [如香农（Shannon）的多样性指数和均匀度指数]。

这些指标也被用于分析城市景观的各种形态学特征。鉴于上述的目标以及其他几位学者所做的分类（Aguilera et al.，2011；Frenkel and Ashkenazi，2008；Huang et al.，2007；McGarigal and Marks，1995；Schneider and Woodcock，2008；Seto and Fragkias，2005），可以将这类计量方法分为以下四类：不规则形状型、破碎型、多样型及其他类型（表 4.4.1）。

不规则形状型，包括了判断聚落物质形态是常规形状还是具有破碎边缘的复杂形状的计量方法。它们可以用来用于单一斑块（例如，分形维数[1] 或形状指数）或是一个复杂的景观（例如，景观形态指数，边缘密度或面积加权平均斑块分形维数）。通常用于分析形态不规则性的方法有面积加权平均斑块 [Area-weighted Mean Patch（AWMP）Fractal Dimension]、分形维数、边缘密度（edge density）、面积权重平均形态指数 [Area-weighted Mean（AWM）Shape Index] 以及景观形状指数（Landscape Shape Index）。

破碎型计量方法用来度量城市聚落（或居住斑块）相互靠近（聚合）或分散（破碎）的程度。这些方法常在大景观尺度下应用。破碎的景观通常意味着由数量众多的、平均尺寸更小的斑块组成，并且相互之间距离较远。常用的破碎型计量方法包括：平均斑块大小（Mean Patch Size）、斑块数量（Number of Patches）、斑块密度（Patch Density）和聚集度指数（Contagion Index）。考虑到与现有城市斑块和新城市斑块的相对位置，景观扩散指数（Landscape Expansion Index）（以及它的平均值和加权平均值）特别适合用于时空分析。

景观指数的类别（括号中的值对应使用该测度方法的实证文献的数量）　　　　表 4.4.1

类型	含义	指标
不规则形状型 常规　　　复杂	衡量一个城市聚落是否是规则的形状，或是包含参差不齐的边缘的复杂形状	AWMP 分形维数（10） 边缘密度（8） AWM 形状指数（4） 景观形状指数（5） 分形维数（4） 大斑块指数（3） 形状指数（1） 平均形状指数（1） 方形像素（1） 平均周长（1） 平均回转半径（1） 边缘内部比（1）
破碎型 聚合的　　破碎的	破碎型指标度量城市聚落（或斑块）相互靠近（聚合）或分散（破碎）的程度。这些方法应用于大景观尺度	平均斑块大小（12） 斑块数量（9） 斑块密度（7） 聚集度指标（7） 平均邻近距离（4） 景观扩散指数（1） 平均景观扩散指数（1） AWM 景观扩散指数（1） 近邻距离标准标准差（1）
多样型 平均的　　多样的	测量各种城市特征的相对分布，（如土地利用），更关注城市景观构成部分	香农多样性指数（4） 香农均匀性指数（3） 斑块大小标准差（3） 斑块大小变异系数（2） 相对斑块丰富度（1） 斑块丰富度（1） 对比边缘率指数（1） 对比边缘比率（1） 平均分散度（1） 多样性指数（1） 辛普森（Simpson）多样性指数（1） 叶面积指数（1）
其他类型	同时测量复杂性和破碎度 相对重要性大的斑块 测量一个斑块类型的物理连接度 面积指标	紧密度指数（3） 最大斑块指数（5） 斑块聚集度指数（1） 总面积 斑块区域

　　上述这两类测度方法主要用于城市蔓延的研究。尽管蔓延和紧凑的定义还不是十分清晰与一致，但各方已基本认识到，城市蔓延以破碎的、不规则的城市形态为特征，而紧凑城市的形态要更规则和集中。鉴于关于"紧凑 vs 蔓延"城市发展的热烈讨论还在不断出现，这两类方法不仅数量最多而且使用的次数也最多。同时，其中紧凑指数（Compact Index）（Huang et al.，2007；Li and Yeh，2004；Schwarz，2010）特别值得注意，它同时基于破碎化和复杂性来度量城市景观的紧凑性。因此，它被归纳在"其他类型"之中。

　　多样性指标关注的是城市景观的构成，而非形态。最常使用的度量方法是香农多样性指数

（Shannon's Diversity）和均匀度指数（Evenness Indexes），它们用于度量整个城市地区不同斑块类型的分布（如土地使用类型）。斑块大小标准偏差（Patch Size Standard Deviation）用来反映整个城市地区的斑块大小的差异。尽管它关注的是空间结构，但它也用于密度度量。

其他测度方法包括最大斑块指数（Largest Patch Index），用于度量最大斑块的相对重要性（也许对如城市中心的重要性研究是有用的），还有紧凑度指数（Compactness Index），它使用了基于破碎化和不规则形态的紧凑性概念。

2. 地理空间度量

这一类别包括了城市规划师和地理学者最常用的空间计量方法，它们通常被用来度量城市空间形态。从复杂性（从基础统计到复杂的指标）和其度量的城市建成环境特征看，这些计量方法是非常多样的。它们与景观生态计量方法之间最重要的不同点在于，后者包含了大量的已由不同专家在不同案例研究中运用和检验过的计量方法，而前者的指标通常在特定案例研究中发展和运用的。

在实证研究中发现了 99 种不同的计量方法（65 种被用于城市增长研究，13 种被用于城市收缩研究，31 种方法不属于这两种研究类型）。鉴于它们度量城市形态的特征的角度，表 4.4.2 将地理空间指标划分为八个类别。

这些计量方法中的大部分已经被用于城市蔓延研究（Crawford，2007；Frenkel and Ashkenazi，2008；Galster et al.，2001；Hasse and Lathrop，2003；Knaap et al.，2007；Song and Knaap，2004；Torrens，2008），因此，大部分都是为了度量蔓延的物质形态而设计的。出于这样的原因，破碎化（Fragmentation）、密度（Density）、土地利用多样性（Land Use Diversity）、中心性（Centrality）和联系性（Connectivity）（与可达性相关）指标的出现就不足为奇了。其他的类别还包括多中心（Policentricity）、空间网络分析（Spatial Network Analysis）及其他。

破碎化指标用于评价区域内城市聚落的连续性、紧凑度或分散度。它们考虑了城市地区不同的特点，例如建成区和空置区的比率［例如，开放空间的比率（Ratio of Open Space）、跳跃指数（Gross Leapfrog Index）］，或是新建地区与已建地区的相对地理位置关系［例如，跳跃性（Leapfrog）、连续性（Continuity）、聚集性（Clustering）］。

基于类别的地理空间指标（括号中的值对应使用该方法的实证文献的数量）　　　表 4.4.2

	含义	指标	
破碎度	考虑到已建成聚落和街区与开放区域的联系。度量城市聚落范围是连续集中的或是分散的（破碎的）	分形维数（6） 开放空间比例（2） 跳越指数（2） 总值跳跃指数（1） 净跳越指数 土地消费指数（I）（1） 变异系数（1） Delta 指数（1）	连续性（1） 聚集性（1） H 指数（1） Hrel 指数（1） 地区指数（1） 聚集指数（1） 形状指数（R）（1） 紧凑度（1）

续表

	含义	指标	
密度	度量已建成区的密度或者是城市区域单元特别土地利用的强度	地块大小（1） 单亲家庭住宅密度（1） 城市密度指数（1）	居住密度（1） 克拉克的密度梯度（1） 楼板面积（1）
土地利用的多样性	度量不同土地利用的相对分布联系	土地使用分离（2） 土地使用多样性（1） 土地消费指数（II）（1） 商业步道可达性（1） 土地使用多样性指数（1）	混合行为（1） 混合区划（1） 商业距离（1） 公园距离（1） 混合使用（1）
中心性/接近性	度量聚落的相对位置与整个城市的联系	中心性指数（2） 偏远指数（1） 空间孤立指数（1） 集中化指数（1） 接近度（LU类型一样）（1） 接近度（LU类型不同）（1）	与CBD的距离（1） 与CBD的距离（II） 加权平均距离（1） 社区节点不可达性（1）
连接性	度量城市地区不同地方之间的联系	内部连接度（2） 外部连接度（2） 街区周长（1）	街区（1） 尽端路长度（1）
多中心	度量城市区域是被单中心主导的还是多中心主导	多中心性中位数（1） 平均数（1）	多中心性（1） 峰比率（1）
空间网络分析 — 空间句法	通过空间句法方法或其他的相关方法来度量	集成度（10） 连接度（9） 平均深度（6） 综合度（3） 可理解性（5） 平均轴线长度（4） 轴线的数量（4）	控制点（3） 网格轴线性（2） 轴线（2） 实际相对不对称值（1） 选择（1）
空间网络分析 — 不同的对偶图方法	使用对偶图（街道是节点，交叉口是边缘），但是用不同的方法建立轴线模型	节点的数量（1） 平均度（1） 特征路径长度（1）	聚集系数（1） 效率（1）
空间网络分析 — 多重中心评估	使用原始图（街道是边缘，交叉口是节点），在空间网络分析中很常见	中心邻近度（4） 中间中心度（4） 直接中心度（4） 信息中心度（3）	
空间网络分析 — 其他	量化城市地区的特性的指标。区别另一个类别	聚集指标（3） 高速公路带指数（2） 道路网密度（1） 不可渗透表面分形（1） 指数（看不清楚）（1） 指数（1）	公交步行可达性（1） 公交车距离（1） 核性（1） 导向性指数（1） B-比率（1） A-比率（1）

  这一类别也包含了分形维数（Fraction Dimension），它与建筑物的物质形态及其填充城市空间的方式有关。这一杰出的形态学方法基于一个观点：虽然建筑物形成了越来越复杂与不规则形态，但是这一形态会在不同的等级层次和空间尺度上不断重复出现，类似于不规则分数的整合。虽然分形结构非常混乱，但它遵循一个可以被量化的、定义清晰的空间组织原则（Batty and Longley，1994；Frankhauser，1998）。顾朝林撰写的文章中讨论了这种分形维数，并为进一

步说明提供了案例。

分形维数用于度量建成区填充二维空间的形式，取值介于 1（二维空间在只有长度没有宽度的欧式直线维数）和 2（既有长度又有宽度的平面维度）之间。由于城市形态不是完美的分形，这些分形维数通常是用估算方法计算出来的，假如一个形态被观察出可能遵循分形逻辑，就可以用这一方法进行验证（想了解更多的计算方法，请参阅如 Batty 和 Longley，1994；De Keersmaeckeret al.，2003）。

密度指标（Density Metrics）通常用人口比率、活动数量或每个开发分区的居住单元数量来度量建成区开发强度或者城市地区（或特定区域）的土地利用强度。

土地利用多样性指标（Land Use Diversity Metrics）通常用来度量现有城市聚落是单功能还是混合功能，它计算不同土地利用（例如，混合行为、混合区划、土地利用分离、土地利用多样性）的数量，或关注不同的土地利用的空间分布及它们的可达性（例如，商业距离、公园距离）。但是，也有的利用不同的更复杂的方法来进行度量，如土地利用多样性指标，它基于熵的概念来评估土地利用分布的均衡性（Knaap et al.，2007）。

向心性/邻近性（Centrality/Proximity）类别包括了十种计量方法。一些度量方法基于城市开发离中心商务区的邻近程度计算，假定城市结构为单中心（例如，离 CBD 距离、离 CBD 的距离（II）、中心性指数）；其他的指标方法关注城市地区的土地用地（LU）之间的距离（例如，[相同土地利用类型]间距离、[不同土地利用类型]间距离及加权平均的距离）。

连通性（Connectivity）指标基于的观点是，蔓延模式通常形成曲折的街道、尽端路和大街区，它们减少了城市社区中不同地区之间的联系（Song and Knaap，2004）。该类别中发现了 5 种计量方法，它们关注邻里单元内街区的数量和规模（例如，街区周长），道路交叉口的数量（内部连通性）和死胡同（尽端路的长度）数量。

多中心（Policentricity）指标用于评估城市结构是由单中心主导（单中心）还是由多中心主导（多中心）。本文发现了 3 种多中心计量方法，尽管对多中心的概念有多种解释，但它们都与城市增长的特定形态有关，因此，这些计量方法是不能被忽视的。

空间网络分析（Spatial Network Analysis）类别 [海宁在本书的文章第 4.2 章以及顾朝林在本书的文章（第 4.11 章）也提及了这一主题] 包括了三个不同的子类，对应于不同的方法：空间句法（Space Syntax）（Hillier et al.，1976），多中心评估法（Multiple Centrality Assessment）（Porta et al.，2006b）以及其他对偶图方法（Dual Graph approaches）。20 世纪 60 年代以来，随着针对城市问题的大量研究的出现，网络分析已经在地理学中运用了相当长的时间（Volchenkov and Blanchard，2008）。它将城市看作网络，其中相关的城市要素被看成平面上的节点（例如，居民点、场所、交叉点），将节点间的连接看成线段（例如，道路、交通线）。在创建好平面图之后，就可以用多种工具和图形分析方法对其进行研究。

为了量化系统中每一个空间的相关可达性，很多指标可以从地图中计算出来（主要是拓扑中心性度量方法）。本综述在实证研究中发现了有 21 种空间网络分析指标。最常用的方法是连通度（Connectivity）、集中度（Integration）、可理解度（Intelligibility）及综合度（Synergy），它们都属于空间句法的范畴，这些方法也非常受到规划者与城市设计者的欢迎。有关空间网络分析方法更详细的介绍可以参考 Volchenkov and Blanchard（2008），Porta et al.（2006a，2006b）或 Hillier（1996），或者是其他作者的文献。

"其他类别"包括了不能被划入前四种类别的计量方法。因此，这些类别包含非常多样的指标，从可达性度量（Accessibility）（公交距离，人行通道）到主要道路（高速公路地带）沿线的城市开发比例的度量，或者是评价城市地区（核心性）单中心 / 多中心（Monocentricity/ Policentricity）的度量方法。

3. 空间统计方法

空间统计（Spatial Statistics）是基于空间数据的特性来描述空间结构的数学和统计学方法，(Getis et al.，2004)。换句话说，空间统计是一种基于统计工具的计量方法，用来评价活动或事件的空间分布。这些计量方法通常结合回归分析和空间计量经济模型一起使用，有时也用来体现城市聚落的某种特别的空间形态，如多样性和破碎性。本综述在实证研究中发现了 11 种空间统计方法（其中，6 种被用于城市增长研究，其余 5 种与城市增长和城市收缩研究均无关），可以将其分成了四类（表 4.4.3）。

回归指标对应于密集梯度（Density Gradients），它用来描述土地利用的变化的空间特征，并且通常利用普通最小二乘法（OLS）来将离城市中心距离（Distance from the City Center）与开发密度（Density）进行回归分析（Torrens，2008）。

空间统计指标的类别（括号里的值对应使用该方法的实证文献的数量） 表 4.4.3

类型	含义	指标
回归指标	基于回归方法	基于 OLS 的密度梯度
空间自相关	度量某些属性是均匀的（随机的）分布在城市区域终，或者形成了聚群	回归（1） Moran's I（4） 局部 Moran（Ii）（2） Geary 系数（1） Getis-OrdGi（1） Getis-OrdGi（1）
均匀度的分布	度量属性分布的不平等性	基尼系数（1） 地区基尼系数（1） 区位熵（1）
空间破碎度和聚合度	属性在不同分布位置的分布破碎度	碎片的数量（1） 空间指标（1）

空间自相关性（Spatial Autocorrelation）或空间依赖性（Spatial Dependence）的概念基于以下观点：临近位置的数据比远距离数据更有可能相似（Haining et al.，2010；O'Sullivan and Unwin，2010）[在本书中，马托斯（第 4.6 章）、包晓辉（第 4.5 章）及海宁（第 4.2 章）介绍了空间的相关性，在不同的案例中都有具体说明]。空间自相关指标是非常有用的度量工具，

并已经被用于城市蔓延的研究中，例如，度量城市分权模式，即考察城市某些地区的特征类型（例如，密度、土地利用类型、活动）是平均（或随机）的分布的还是聚集的分布（Torrens，2008；Tsai，2005）。在目前的综述中，Moran 系数（I）和局部 Moran 系数（Ii）最常用的两种自相关方法。后者是度量数据同质化和多样性的局部统计指标（即与因地而异的数据相关的描述统计量），当高值或低值属性的分布彼此临近时，表示为正值，当低值和高值混合时，表示为负值（Anselin，1995；O'Sullivan and Unwin，2010）。

均匀分布（Eveness of Distribution）指标用来度量大都市区各空间单元属性分布的不平等性（例如，人口或就业）。例如，基尼系数的值过高（即接近 1），说明极高的人口密度或就业密度在小部分地区分布；假如其值接近于 0，则说明这些特性在整个城市地区是均匀分布的。但是，与空间自相关的度量方法相比，该方法没有考虑这些属性的空间位置。

此外，还发现了用来度量不同位置属性（例如，活动类型）破碎程度的两种方法——碎片数量（Number of Fragments）及空间指数（Spatial Index）。值得注意的是，在有关空间统计与计量经济的文献中，还可以发现了其他计量指标及空间数据分析方法（可以参阅 Getis et al.，2004；Haining et al.，2010；O'Sullivan and Unwin，2010）。但显然，这些方法超越了这篇综述的研究范围。

4. 可达性度量方法

可达性（Accessibility）仍然是一个非常模糊的概念，很多不同的领域都使用过这一名词，并赋予了它许多不同的含义。因此，操作可达性分析的方法也有很多种，并且，在过去十年中，基于不同的视角和方法，已经开发了一系列不同的可达性分析方法（Amante et al.，2012；Cerda，2009；Curtis and Scheurer，2010；Geurs and Van Eck，2003）。

我们在实证研究中发现了 10 种不同的可达性指标，它们都与城市空间形态有关。有意思的是，这些在研究都不直接与增长或收缩相关。根据几位专家所做工作，空间可达性指标可被为了两类：基于基础设施的度量方法与基于活动和位置的度量方法。其他可达性度量方法可归纳为第三类（表 4.4.4）。

在其他城市模式研究中使用的可达性度量的类别   表 4.4.4

类型	含义	指标
基于基础设施的度量	度量起点和终点之间的通行阻力	欧几里得距离（5） 网络距离（3） 重力模型（10） 累积机会模型（7）
基于活动的度量 基于位置的度量	度量在某一个位置到空间上分布的各种活动的可达性	位置序列度量（3） 竞争度量（1） 反平衡因素（1）
其他		可达性指标（1） 设施可达性（1） 综合可达性，得分（1）

基于基础设施（或空间分离）的度量方法可用于评估起点到终点的通行阻力，考虑基础设施和交通系统的条件。它包含了以两点之间直线距离来计算的简单的指标方法，也包括以实际交通路网上的网络距离来计算的复杂指标方法。

基于活动的度量方法描述到空间上各活动点的可达水平。最常使用的是重力度量（Gravity Measure）与累积机会度量（Cumulative Opportunities Measure）。后者（也被称为等值线度量或等时线度量）计算在给定的通行时间和距离范围内，可获得的机会数量。重力度量（或称为潜能可达性度量，由 Geurs 和 Van Eck 在 2003 年定义）在目的地功能效用权重和距离起点的临近距离远近之间寻求平衡（Cerda，2009；Curtis and Scheurer，2010；Geurs and Van Eck，2003）。

值得一提的是，因为可以用许多不同的方法对以上可达性指标进行计算，所以可以认为这两类度量方法是"指标的类型"而不是指标本身（与之前提及的分形维数的例子相似）。

其他类别包括了这两类之外的可达性指标方法，它们着重强调了可达性的特定方面，通常与特定的案例研究相关。诸如柯蒂斯（Curtis）和舒伊勒（Scheurer）（2010）等使用的其他类型可达性指标类型，称之为"网络分析度量"（Network Measures）。这一类别还包括了在之前的章节中提到过的一些空间网络分析方法，特别是多中心评估（Multiple Centrality Assessment）方法中定义的那些方法（Porta et al.，2006b）

之前也强调过，这篇综述的目的不是对可达性指标进行全面的评价。在其他专业的文献中（包括通行行为或计量经济特征的研究，他们的研究也与城市形态或城市规划有关）可以找到更多其他可达性方法和指标。关于该问题的综合研究可以在 Curtis and Scheurer（2010）、Cerda（2009）或 Bhat et al.（2002）的文献中找到，这里还只是列举了一部分。

结论

本章的主要目的是给出一个跨学科的空间计量方法综述，这些方法都被用于定量地分析城市形态。我们将空间计量方法分为四种类型：景观指标，它最初由景观生态学家提出但逐渐运用于城市分析领域；地理空间指标，一系列专门为城市研究开发的度量方法；空间统计指标，大多数由统计学家和地理学家提出，用于空间数据分析，但也用于城市增长的研究；最后，可达性指标，大量地被规划者和交通工程师所使用。

景观指标在研究中的应用已经比较为成熟，大量成熟的研究成果运用了这些方法去量化城市形态，尤其是增长形态或城市化形态。该方法已经在不同情况下进行了运用及检验，并且被推广到全球许多城市的研究中去（Aguilera et al.，2011；Herold et al.，2005；Huang et al.，2007；Schneider and Woodcock，2008；Schwarz，2010；Wu et al.，2011）。这些研究结果已经被广泛地讨论，并且它们的方法已经相当标准化，这给实证研究和不同案例间的比较研究创造了条件。

地理空间指标目前是四个类别中运用最广、数量最多的空间计量方法，尽管其大部分本身并非十分完善，也没有得到广泛的验证。这些指标方法由许多不同的专家提出，有些方法仅针对特定的研究案例而设计。它们通常只被应用于一个或两个案例研究中，这给进行不同城市及不同背景下的应用比较增加了难度。但是，某些计量方法展示了十分有意思的形态度量视角，在城市研究中特别有用。特别是有两种地理空间指标方法的运用极为广泛，它们是空间句法方法（Space Syntax）与分形几何方法（Fractal Geometry）。

空间统计指标主要由地理学者和计量经济学家发展，它指导了大量的空间数据分析（Getis et al.，2004），但本文并未对空间统计方法进行全面的综述。我们列举了一部分在城市模型中运用的方法（主要是城市增长模型）。这些方法在很多研究中被证明非常有效，包括体现特定属性分布的均衡性／不公平性，及研究城市地区特定属性的空间聚集或破碎化形态。同时，值得指出的是，空间统计与分形几何的另一个贡献在于，它促进了其他被规划者和地理学者广泛运用的景观和地理空间计量方法的发展，并给它们提供理论基础。

最后，可达性指标起源于很宽广研究的领域，这一领域涵盖了不同的研究问题，从与规划有关的城市机动性、交通及基础设施的可达性问题，到与交通与基础设施相关的问题。同样，本文也并未对可达性方法进行全面的综述，而只是评价一些具有空间属性的可达性方法。本文所提及的一些方法，特别是基于活动的方法，对体现城市形态的模式十分用，它可用于评价城市空间不同活动与机会的空间分布。

总体来说，本章城市增长和收缩的研究视角，全面概述了可运用于城市变化研究的空间计量方法。这些可用的计量方法，还有待于在各种情境下进行更加深入的研究与验证，在不同尺度（从大都市区到邻里街区）、不同目标（从分析和诊断到规划与城市管理）的实例研究中对其进行分析。

感谢

感谢葡萄牙基础科学与技术基金会对本项研究的支持（SFRH/BD/71970/2010），也感谢POPH 计划欧洲社会科学基金的资金支持。

注释

1. 景观生态学的分形维数不同于分形几何中度量方法（下一章中将会提到）。尽管这些分形维数是建立在分形几何的原则之上的，计算方法却截然不同。

参考文献

Aguilera F, Valenzuela L M, Botequilha-Leitao A, 2011, "Landscape metrics in the analysis of urban land use patterns: A case study in a Spanish metropolitan area" *Landscape and Urban Planning* 99(3–4) 226–238.

Amante A, Silva C, Pinho P, 2012, "A conceptual framework on accessibility issues", in *NECTAR Cluster 6 Meeting on Accessibility* (Coimbra).

Anselin L, 1995, "Local indicators of spatial association – LISA" *Geographical Analysis* 27(2) 93–115.

Banzhaf E, Kindler A, Haase D, 2006, "Monitoring and modelling indicators for urban shrinkage – the city of Leipzig, Germany", in *2nd Workshop of the EARSeL SIG on Land Use and Land Cover*, Bonn, Germany.

Batty M, Longley P, 1994, *Fractal cities: a geometry of form and function* (Academic Press, London).

Beauregard R A, 2009, "Urban population loss in historical perspective: United States, 1820–2000" *Environment and Planning A* 41(3) 514–528.

Bhat C, Handy S, Kockelman K, Mahmassani H, Gopal A, Srour I, Weston L, 2002, "Development of an urban accessibility index: formulations, aggregation, and application" (Center for Transportauon Research, Bureau of Engineering Research, University of Texas at Austin, Austin).

Cerda A, 2009, "Accessibility: a performance measure for land-use and transportation planning in the Montréal Metropolitan Region," Master Diss. School of Urban Planning, McGill University.

Clifton K, Ewing R, Knaap G-J, Song Y, 2008, "Quantitative analysis of urban form: a multidisciplinary review" *Journal of Urbanism: International Research on Placemaking and Urban Sustainability* 1(1) 17–45.

Crawford T W, 2007, "Where does the coast sprawl the most? Trajectories of residential development and sprawl in coastal North Carolina, 1971–2000" *Landscape and Urban Planning* 83(4) 294–307.

Curtis C, Scheurer J, 2010, "Planning for sustainable accessibility: Developing tools to aid discussion and decision-making" *Progress in Planning* 74(2) 53–106.

De Keersmaecker M-L, Frankhauser P, Thomas I, 2003, "Using fractal dimensions for characterizing intra-urban diversity: the example of Brussels" *Analysis* 35(4) 310–328.

Dieleman F M, Wegener M, 2004, "Compact city and urban sprawl" *Built Environment* 30(4) 308–323.

Ewing R, 1997, "Is Los Angeles-style sprawl desirable?" *Journal of the American Planning Association* 63(1).

Forman R, 2008, "The urban region: natural systems in our place, our nourishment, our home range, our future" *Landscape Ecology* 23(3) 251–253.

Frankhauser P, 1998, "The fractal approach: a new tool for the spatial analysis of urban agglomerations" *Population* 10(1) 205–240.

Frenkel A, Ashkenazi M, 2008, "Measuring urban sprawl: how can we deal with it?" *Environment and Planning B-Planning & Design* 35(1) 56–79.

Galster G, Hanson R, Ratcliffe M R, Wolman H, Coleman S, Freihage J, 2001, "Wrestling sprawl to the ground: defining and measuring an elusive concept" *Housing Policy Debate* 12(4) 681–717.

Getis A, Mur J, Zoller H G, 2004, *Spatial econometrics and spatial statistics* (Palgrave Macmillan, Basingstoke).

Geurs K T, Van Eck J R R, 2003, "Evaluation of accessibility impacts of land-use scenarios: the implications of job competition, land-use, and infrastructure developments for the Netherlands" *Environment and Planning B: Planning and Design* 30(1) 69–87.

Gordon P, Richardson H W, 1997, "Are compact cities a desirable planning goal?" *Journal of the American Planning Association* 63(1) 95–106.

Haining R P, Kerry R, Oliver M A, 2010, "Geography, spatial data analysis, and geostatistics: an overview" *Geographical Analysis* 42(1) 7–31.

Hasse J, Lathrop R G, 2003, "A housing-unit-level approach to characterizing residential sprawl" *Photogrammetric Engineering and Remote Sensing* 69(9) 1021–1030.

Herold M, Couclelis H, Clarke K C, 2005, "The role of spatial metrics in the analysis and modeling of urban land use change" *Computers, Environment and Urban Systems* 29(4) 369–399.

Herold M, Goldstein N C, Clarke K C, 2003, "The spatiotemporal form of urban growth: measurement, analysis and modeling" *Remote Sensing of Environment* 86(3) 286–302.

Hillier B, 1996 *Space is the machine* (Cambridge University Press, Cambridge).

Hillier B, Leaman A, Stansall P, Bedford M, 1976, "Space syntax" *Environment and Planning B: Planning and Design* 3(147–185).

Huang J, Lu X, Sellers J, 2007, "A global comparative analysis of urban form: applying spatial metrics and remote sensing" *Landscape and Urban Planning* 82(4) 184–197.

Kabisch N, Haase D, 2011, "Diversifying European agglomerations: evidence of urban population trends for the 21st century" *Population Space and Place* 17(3) 236–253.

Knaap G-J, Song Y, Nedovic-Budic Z, 2007, "Measuring patterns of urban development: new intelligence for the war on sprawl" *Local Environment: The International Journal of Justice and Sustainability* 12(3) 239–257.

Kropf K, 2009, "Aspects of urban form" *Urban Morphology* 13(2) 105–120.

Li X, Yeh A G O, 2004, "Analyzing spatial restructuring of land use patterns in a fast growing region using remote sensing and GIS" *Landscape and Urban Planning* 69(4) 335–354.

McGarigal K, Marks B, 1995, "FRAGSTATS: spatial pattern analysis program for quantifying landscape structure" (United States Department of Agriculture).

O'Sullivan D, Unwin D, 2010 *Geographic information analysis* (John Wiley & Sons, Hoboken, NJ).

Oswalt P, Rieniets T, 2006, "Introduction", in *Atlas of shrinking cities*, Ed P Oswalt (Hatje Cantz, Ostfildern).

Pallagst K, 2005, "The end of the growth machine – new requirements for regional governance in an era of shrinking cities", in *Association of Collegiate Schools of Planning's 46th Annual Conference* (Kansas City, KS).

Porta S, Crucitti P, Latora V, 2006a, "The network analysis of urban streets: a dual approach" *Physica A: Statistical Mechanics and Its Applications* 369(2) 853–866.

Porta S, Crucitti P, Latora V, 2006b, "The network analysis of urban streets: a primal approach" *Environment and Planning B: Planning and Design* 33(5) 705–725.

Reis J P, Silva E A, Pinho P, 2012, "The usefulness of spatial metrics to study urban form in growing and shrinking cities", in *AESOP 26th Annual Congress* (Ankara, Turkey).

Reis J P, Silva E A, Pinho P, 2013, "Studying urban form with quantitative methods: the use of metrics", in *The study of urban form in Portugal (forthcoming)*, Eds V Oliveira, T Marat-Mendes, P Pinho (U.Porto Editorial, Porto).

Reis J P, Silva E A, Pinho P, (forthcoming), "Spatial metrics to study urban patterns in growing and shrinking cities" Submitted for publication.

Rink D, Kabisch S, 2009, "Introduction: the ecology of shrinkage" *Nature + Culture* 4(3) 223–230.

Schneider A, Woodcock C E, 2008, "Compact, dispersed, fragmented, extensive? A comparison of urban growth in twenty-five global cities using remotely sensed data, pattern metrics and census information" *Urban Studies* 45(3) 659–692.

Schwarz N, 2010, "Urban form revisited: selecting indicators for characterising European cities" *Landscape and Urban Planning* 96(1) 29–47.

Seto K C, Fragkias M, 2005, "Quantifying spatiotemporal patterns of urban land-use change in four cities of China with time series landscape metrics" *Landscape Ecology* 20(7) 871–888.

Song Y, Knaap G J, 2004, "Measuring urban form – is Portland winning the war on sprawl?" *Journal of the American Planning Association* 70(2) 210–225.

Sousa S, 2010 "Planning for shrinking cities in Portugal" PhD diss., Faculty of Civil Engineering, University of Porto, Porto.

Torrens P, 2008, "A toolkit for measuring sprawl" *Applied Spatial Analysis and Policy* 1(1) 5–36.

Tsai Y H, 2005, "Quantifying urban form: compactness versus 'sprawl'" *Urban Studies* 42(1) 141–161.

Volchenkov D, Blanchard P, 2008, "Scaling and universality in city space syntax: between Zipf and Matthew" *Physica a-Statistical Mechanics and Its Applications* 387(10) 2353–2364.

Wu J G, Jenerette G D, Buyantuyev A, Redman C L, 2011, "Quantifying spatiotemporal patterns of urbanization: the case of the two fastest growing metropolitan regions in the United States" *Ecological Complexity* 8(1) 1–8.

韩　菁　译，周　恺　校

4.5
规划研究中的回归分析

包晓辉

引言

回归（Regression）技术用于模拟结果变量与一个或多个决定因素之间的因果关系。运用到规划研究中，它可以成为分析许多问题的行之有效的工具。从近期主要规划杂志出版的内容可以看出，回归模型已经被用于很多研究领域，例如规划政策的效用研究（Chellman & Ellen，2011；Delang & Lung，2010；Greasley et al.，2011；Stagoll et al.，2010）、城市增长模型（Deng et al.，2009；Joseph & Wang，2010）、住房选择行为（Gao & Asami，2011；Hoshino，2011；Kahn & Morris，2009）、城市设计发展趋势（Dumbaugh & Li，2010；Ryan & Weber，2007）和环境问题（Drummond，2010；Lubell，etal.，2009；Schweitzer & Zhou，2010）等。

一旦各因素之间的关系被合理地确定（不管是基于理论还是实证证据），并且有数量较多、质量较好的数据，回归技术就能很好地解决这些问题。从实践角度来看，研究人员可以借助对这一问题所做的深入的实证文献研究，或是基于对现有理论框架的认识，来准确地确定应当使用的回归模型。在其他条件不变的情况下，大型数据集往往能使研究者更准确地模拟规划问题。本章附录列出了2010—2011年间使用了回归技术的规划文献。一个值得注意的共性是，大多数的研究在最后的模型中都包含有大量的观测和变量，不管是在哪个国家或是研究哪个规划问题。

在规划研究中，基于回归模型模拟的基本相关关系可以用方程（1）来描述。

$$规划结果 = f（规划因素，可控变量）\tag{1}$$

具体来说，方程（1）中的规划结果是关于规划因素和控制变量的函数（即规划结果同时由规划因素和控制变量决定）。例如，研究当地政府对一所小学补贴项目的效用时，学校的绩效评分可以作为规划结果变量。相关学校是否接受补助可能成为规划因素变量。控制变量包括学校绩效的其他决定性因素（如师生比）。回归方法可以用来评估方程（1），并以此判定在其他控制变量不变的情况下，规划因素能否影响及如何影响规划结果。如果使用得当，它将是一个用来剥离规划政策净效应的强大工具。

回归方法之所以能够获得广泛应用，是由于其坚实的理论基础以及灵活的运用手段。但是，使用者仍然需深入理解回归方法的技术背景，了解回归分析的程序，以及规划研究者面临的实际问题。本章的目的是介绍回归分析的关键技术细节，并指导如何将回归技术应用到规划研究中去。更确切地说，本章仅聚焦于对线性回归分析的阐述。其他类型的回归方法，比如非线性回归、逻辑斯蒂回归、面板回归都是标准线性回归技术的延伸和拓展。当线性回归技术不足以或是不适用于所做的分析时，研究者可以去研究和探索上述的这些回归方法。

本章的剩余部分是这样安排的。第二节介绍了线性回归的概念，及如何用普通最小二乘法（the Ordinary Least Squares，OSL）估计线性回归模型。第三节主要介绍了有关线性回归方法在规划研究中遇到的实际问题。第四节是全章的总结。

线性回归模型与普通最小二乘法（OLS）

1. 普通最小二乘法释义

线性回归模型揭示了因变量（Y）与自变量（X）之间的因果关系。因变量是结果，位于回归模型的左侧。自变量是原因，位于模型的右侧。在线性回归模型中，因变量 Y 的变化速率与自变量 X 保持一致（即两者构成线性关系）。例如，研究者想要研究规划政策效用与当地政府财政能力的关系，就可以建立如下的线性回归模型。

$$PEI=20+0.04HI \tag{2}$$

其中，*PEI* 代表从 1 到 100 数值的政策效用指数，*HI* 代表以英镑为单位的家庭平均月收入（间接衡量当地财政能力）。在这个例子中，*PEI* 是因变量，*HI* 是自变量。

在这个模型中，家庭月收入每增加 1 英镑，政策效用指数就会提高 0.04。更具体地说，HI 从 1000 英镑增加到 1001 英镑或者从 1 英镑增加到 2 英镑，PEI 的变化是一致的。二者关系如图 4.5.1 所示。值得注意的是，二者之间的关系近似一条直线（即线性关系）。

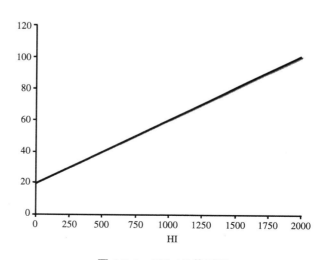

图 4.5.1　PEI-HI 关系图

但是，如果研究者认为，对于更高的家庭月收入而言，PEI 对 HI 的变化不敏感，那么方程（2）就不适用了。因此，建立线性回归模型的前提问题是"这两个变量之间线性相关吗？"假如回答是否定的，就应采取其他方法替代（如非线性回归），或是对变量进行转换。非线性回归超出了本章的内容。变量转换的相关内容详见本章第 2.4 节。

回归过程通过将预期值与观测值 Y 之间的平均差异降到最小，从而找到符合要求的线性回归模型。假如我们想根据两个自变量 X_1 和 X_2 估算关于 Y 的回归模型，则可以列出如下的未知回归模型形式：

$$Y = \beta_0 + \beta_1 X_1 + \beta_2 X_2 + \varepsilon \tag{3}$$

上式中，当所有自变量等于 0 时，β_0 即为 Y 的值，β_1、β_2 为相关系数，ε 表示不能由 Xs 和 Y 之间的线性关系解释的 Y 中的变化量。

如果 X 与 Y 之间确实存在相关关系，方程（3）可以用来揭示 Y 和两个解释变量之间的关系，并且可以通过给定的 X_1、X_2 的值预测 Y 的值。在其他自变量的影响被控制之后，β_i 就决定了 Y 与 X_i 之间的关系（在此例中，$i=1$ 或 2），例如，假设 $\beta_1=0$，X_1 与 Y 之间不存在线性关系，因为 Y 不随 X_1 的改变而变化。$\beta_1>0$（<0），X_1 与 Y 成正相关或负相关关系，因为两个变量在相同（或相反）方向上发生改变，变量 X_2 的情况也一样。换言之，β_1 捕捉了 X_1 和 Y 之间的"净"效应，因为 X_2 的影响已经由 β_2 反映。假设方程（3）中忽略了 X_2，那么 β_1 的估算值可能有误差，因为它可能包含了 X_1 和 X_2 的综合影响。

基于上述讨论，为了能准确确定每一个自变量因子的影响，在线性回归模型中必须罗列出所有因变量 Y 的影响因子。选择正确的变量是一项极具挑战性的任务，因此有必要借助选择算法的帮助。这一点将会在本章后文中的"变量选择"中加以阐述。

为了确定和预测 Y 与影响因子之间的关系，我们需要估算 β_0、β_1、β_2 的值。估算模型为

$$\hat{Y} = b_0 + b_1 X_1 + b_2 X_2$$

并通过以下方程测算出最小残差平方和（Sum Squared Residuals，SSR）

$$SSR = \sum_{i=1}^{n} (Y_i - \hat{Y}_i)^2 = \sum_{i=1}^{n} (Y_i - b_0 - b_1 X_{1i} - b_2 X_{2i})^2$$

b_0，b_1，b_2 的值可以通过最小化 SSR 得出。这种方法叫做普通最小二乘法（OLS）。所有的统计软件都有估算 OLS 的程序。其计算结果都有相似的标准格式。Student t 检验（简称 t 检验）是用来检测因变量 Y 和每一个自变量 X 之间线性关系的统计工具。t 检验的零假设[1]为"自变量与因变量 Y 不构成线性相关关系"。在统计检验中，零假设是既可以被接受也可以被否定的"默认状态"。如果 t 检验的 p 值小于选定的显著性水平，则否定零假设，而相关变量则保存在模型[2]中。t 检验的方法步骤详见图 4.5.2。

接下来的例子演示了用 Excel 进行标准回归输出结果，以及解释估计相关系数的步骤。

为了估计建筑物能源性能的无形价值，以下的回归模型将房屋价格（PRICE）作为因变量，

能源性能等级（EP）作为自变量进行回归分析。在这个例子中，EP 从 0 到 100 进行取值，100 代表最高能源性能等级。估算模型如方程（4）所示。

$$PRICE = \beta_0 + \beta_1 EP + \varepsilon \tag{4}$$

步骤 1	设置非线性关系的零假设。对应的非零假设即为"Y 与 X 之间存在线性关系"
步骤 2	研究者选定显著性水平（用 α 表示）作为检验的临界值。常用的选用的数值为 1%，5% 和 10%
步骤 3	用 Excel 或 SPSS 等软件来计算 p 值
步骤 4	将 p 值与选定的显著性水平 α 相比较。假如计算得到的 p 值小于显著性水平 α，则可认为相关变量"通过"了 t 检验，相关变量 X 是 Y 的决定因素。相反，假如 p 值大于或是等于 α，相关系数 β 几乎为零（即 X 和 Y 之间没有线性关系）

图 4.5.2　Student t 检验的步骤

方程（4）的 Excel 输出结果　　　　　　　　表 4.5.1

回归统计				
相关系数 R（Multiple R）	0.21			
R 平方（R Square）	0.05			
校正后的 R 平方（Adjusted R Square）	0.04			
标准误差（Standard Error）	277934.42			
观测值（Observations）	219.00			

方差分析（ANONA）

	自由度（df）	离均差平方和（SS）	均方（MS）	F	显著性 F（Significance F）
回归（Regression）	1.00	802698659607.90	802698659607.90	10.39	<0.01
残差（Residual）	217.00	16762716754206.70	77247542646.11		
总计（Total）	218.00	17565415413814.60			

	相关系数（Coefficients）	标准误差（Standard Error）	t 统计量（t Stat）	p 值（p-value）
截距（Intercept）	−760044.83	353877.75	−2.15	0.03
能源性能等级（EP）	12223.27	3791.87	3.22	<0.01

用 Excel 中的数据分析插件（Regression）可以预测回归模型，输出结果如表 4.5.1 所示。β_0，β_1 的值分别为 –760044.83、12223.27（见上表中的"相关系数"一栏）。EP 的 t 检验的 p 值小于 0.01。在 0.05 的显著性水平，变量通过了 t 检验。因此，可以确定 PRICE 和 EP 之间存在显著的线性关系。当能源效率等级每增加一个百分点，房屋价格平均上涨 12223.27 磅。注意，假如在这个例子中，p 值大于或等于 0.05，结论即为 EP 对房屋价格没有影响，换言之，买房者不愿意为拥有更高能源等级的房屋花费额外的费用。

2. 模型评价

在使用回归模型之前，应该对回归模型进行评价。错误的估计模型可能会给决策者提供错误的信息。模型评价的第一步是要全面检查模型拟合效果（即该模型是否提供了合理的估计和预测）。以下工具通常用于此项工作。

1）R 平方系数

估计回归模型中的 R 平方系数（R Square）可以用于衡量 X 影响 Y 变化的程度。它的值介于 0 到 1 之间，1 代表完美模型，0 代表无效模型。R 平方系数的可接受范围在不同领域中不一样。研究者应该查阅这一领域的相关文献和 / 或专家以便获得合适的参照范围。

2）校正后的 R 平方系数

R 平方系数有一个固有的缺陷：一旦回归模型中有新的变量，R 平方系数就会增加，即使那些变量未对估计模型产生任何改善。因此，假如 R 平方系数用于比较具有多个不同自变量的模型，往往倾向选择拥有更多变量的模型。但是，这样的模型往往不是最佳模型。为了解决这一问题，我们引入校正后的 R 平方系数（Adjusted R Square）这一概念，它考虑了自变量的数量。只有当增加后的变量对估计模型产生较大的影响时，校正后的 R 平方系数才会增加。用校正后的 R 平方系数来比较多个回归模型的优劣是非常有用的手段。

3）F 检验

F 检验的零假设为：所有的系数估计值等于零（即任一自变量与 Y 都不存在线性关系）。F 检验用于回答前提问题"此模型是完全无用的吗？"。它相当于"R 平方系数为零"的检验。当这一检验的 P 值小于选定的显著性水平时，上述的零假设可以被否定，这一模型即为有用。

假如一个模型通过了它的 F 检验，就意味着至少有一个自变量与 Y 存在线性关系。但是 F 检验不能分辨哪一个变量与 Y 存在线性关系。我们需要运用 t 检验来确定 Y 的决定因素。但事实往往是，并不是所有数据集中的变量都能显著地决定 Y 的值。这些"无用"变量可能会引起问题，因此应该从模型中移除。因此，在回归分析中，选择正确的自变量是关键。

3. 变量选择

研究者处理具体实践问题时，常会有多个变量可供选择，需要采用恰当的统计工具和算法来选择正确的自变量进入模型。不重要的变量出现或关键变量缺失都可能影响相关系数的估计。以下的例子说明了上述的问题。

再次以能源绩效评价的经济价格为例，研究者用获得的额外变量来建立了两个回归模型。三个回归模型的方程如下所示。

模型 1：$PRICE = \beta_0 + \beta_1 EP + \varepsilon$

模型 2：$PRICE = \beta_0 + \beta_1 EP + \beta_2 SIZE + \varepsilon$

模型 3：$PRICE = \beta_0 + \beta_1 EP + \beta_2 SIZE + \beta_3 NEW + \beta_4 FAST + \beta_5 DIST + \varepsilon$

其中，$SIZE$ 表示以平方米为单位的房屋楼层面积，NEW 表示房屋是否为新置产权，$FAST$ 表示房屋是否靠近快速列车沿线，$DIST$ 表示与最近小学之间的距离（以米为单位）。

回归结果列于表 4.5.2 中。在模型 1 中，R 平方系数仅为 0.05，表示数据拟合效果非常不好。EP 仅解释了 PRICE 变量中的 5%。用该模型预测房价或者估计建筑物能源性能的边际价格的结果不可信。一旦回归模型中加入了 $SIZE$ 这一变量，回归结果就会发生显著的变化。首先，R 平方系数至少提高了 85%。这并不奇怪，因为房屋大小是房屋价格的重要决定因素。$SIZE$ 能够解释 $PRICE$ 变量的约 85% 是合理的。其次，此时，EP 变量在 5% 的显著性水平（即 P 值 =5%）下显得不那么重要了。由于遗漏了 $SIZE$ 变量，模型 1 的构建是不准确的，同时相关系数的估计也是不准确的。虽然，模型 1 表明 EP 是决定 $PRICE$ 值的重要变量，但在更加可靠的模型 2 中（其 R 平方系数更高），EP 和 $PRICE$ 之间的线性关系还是不能建立。在模型 3 中，研究者增加了三个自变量。然而，没有一个变量在 5% 的显著性水平下通过了 t 检验。假如我们比较模型 2 和模型 3 的 R 平方系数，我们会选择模型 3，因为模型 3 的 R 平方系数更大，而它校正后的 R 平方系数更小。这是因为这个模型中存在一些无用变量。变量 NEW、FAST、DIST 不能通过他们的 t 检验，因此不应该被纳入这一回归模型中。这是体现在回归模型中包含无用变量问题的一个极好例子。

	模型 1		模型 2		模型 3	
以 PRICE 为因变量的回归						表 4.5.2
	系数	P 值	系数	P 值	系数	P 值
截距	−760044.80	0.03	−259704.70	0.02	−186727.30	0.12
EP	12223.27	<0.01	2375.48	0.05	1492.33	0.25
SIZE	—	—	4762.12	<0.01	4746.35	<0.01
NEW	—	—	—	—	26545.81	0.20
FAST	—	—	—	—	4088.92	0.73
DIST	—	—	—	—	5.72	0.60
R 平方系数	0.05		0.91		0.92	
校正后的 R 平方系数	0.04		0.90		0.89	
F 检验统计	10.39		1038.22		464.12	
F 检验 P 值	<0.01		<0.01		<0.01	

当然，我们不应该立即移除所有无关紧要的变量（例如，一步移除 EP、NEW、FAST 和 DIST）。这是因为 p 值的计算使用的是回归模型中所有的变量信息。假如有一个变量被移除，剩余变量的 p 值的值将会受到影响，并且其中一些变量可能变得至关重要。但是通过每次检验一个变量的方法找到最优模型是一件相当繁琐的事情，特别是在模型中包含了大量的自变量的时候。大部分统计软件有自动完成此项任务的程序。遗憾的是，Excel 到目前为止还没有此项功能。图 4.5.3 总结了三种最常用的变量选择算法。后向消除法从完整模型（即模型包含所有自变量）开始，然后每一次移除一个无关紧要的变量。正向选择法则采取相反的工作原理。两者都采用"单向"方法，意味着一旦一个变量被移除（或加入），它再也不会被加入（或是移除）此模型中。因此，这些算法得出的最后的模型可能包含无关紧要的变量(用正向选择算得的结果)或者忽视了一些重要的因素（用后向消除算得的结果）。而逐步回归法通过允许变量在选择过程中的任一阶段再次进入或退出模型来消除了这一缺陷。因此，它是三者中最常用的方法。

后向消除法	正向选择法	逐步回归法
• 始于包含所有变量的方程 • 检验变量的重要性并且确定最不重要的变量（即 P 值最大的变量） • 假如这一变量没有达到最小显著性水平，则移除这一变量 • 建立一个新的回归然后重复上述步骤直到剩下的所有变量都是至关重要的 • 被移除的变量将不能再被置入这一模型即使这一变量后来被证明是至关重要的	• 首先，与 Y 最相关的变量 X 被置入 • 任一阶段，都不是在既存的方程中观察变量 X，并且检测假如这些变量被置入其中，它们是否变得重要 • 重复上述步骤直到剩下的所有变量都至关重要 • 被移除的变量将不能再被置入这一模型即使这一变量后来被证明是至关重要的	• 逐步回归法修正了后向消除和正向选择法的缺陷。一个变量进入后可以离开。一个变量消除后又可以退回 • 它与正向选择法是相同的开始步骤。但是，每一步都检查移除或包含变量的统计重要性，然后模型被逐渐修正

图 4.5.3　线性回归分析中的变量选择算法

4. 数据转换

本章第一节提到，线性回归分析的前提假设是 Y 与决定因素之间存在线性相关关系。这一假设并不影响线性回归方法在非线性关系中的运用。通过转换原始变量，也可以模拟非线性关系。这是因为线性回归方法只需要"线性参数"，而不需要"线性变量"。[3] 例如，在方程（5）中，Y 和 X 不是线性变量（即它们并非线性相关）。但是 In（Y）和 X 形成线性相关关系，并且相应的参数可以通过线性回归方程来估算。因此，Y 和 X 成线性参数关系。

$$\text{In}\ (Y) = \beta_1 + \beta_1 X + \varepsilon \tag{5}$$

检验 Y 与每个自变量之间的散点图对于决定是否需要转换变量可能有帮助。图 4.5.4 给出了一些变量转换中有用的函数形式以及相关散点图案例。值得注意的是，除了第一张散点图，其他所有的图形都显示了 Y 与 X 之间的非线性关系。但是，这六个案例的模型全部以线性关系呈现，并且可以用最小二乘法来估算。只要运用得当，线性回归模型可用于模拟更多的非线性关系。图 4.5.4 仅给出了所有可能情况中的一部分。

值得注意的是,当相关系数不一样时,图 4.5.4 种的图形可能会呈现出截然不同的形状。而且,当 Y 受到多个自变量的影响时,Y 与一个自变量之间的散点图是不详实的。在实际工作中,决定是否需要变量转换是一个经验问题。研究者须尝试多种转换函数,并选择最适合该数据的形式。

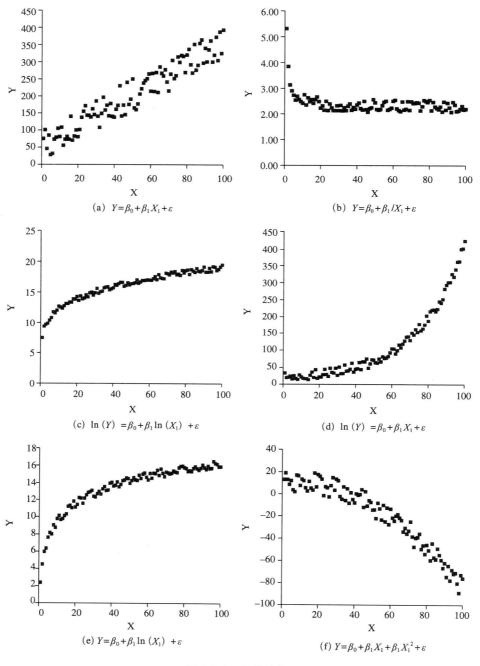

$$\text{(a)} \quad Y = \beta_0 + \beta_1 X_1 + \varepsilon$$

$$\text{(b)} \quad Y = \beta_0 + \beta_1 / X_1 + \varepsilon$$

$$\text{(c)} \quad \ln (Y) = \beta_0 + \beta_1 \ln (X_1) + \varepsilon$$

$$\text{(d)} \quad \ln (Y) = \beta_0 + \beta_1 X_1 + \varepsilon$$

$$\text{(e)} \quad Y = \beta_0 + \beta_1 \ln (X_1) + \varepsilon$$

$$\text{(f)} \quad Y = \beta_0 + \beta_1 X_1 + \beta_1 X_1^2 + \varepsilon$$

图 4.5.4　有效转化

在规划研究中，运用最广泛的是自然对数变换与二次变换。例如，Chellman 等（2011），对学校招生变量的处理即为对数变换。一旦运用了自然对数变量，转换变量（因变量或自变量）即被视为对原始变量的变化率的测量。对其的解释也发生相应的改变。表 4.5.3 给出了不同类型的自然对数变换的相关系数解释。

回归模型中自然对数变换的相关系数解释 表 4.5.3

函数形式	释义	举例
$\ln(Y) = \beta_0 + \beta_1 X_1 + \varepsilon$	当 X 变化一个单位，Y 变化 $100 \times \beta_1\%$	• $\ln(Y) = 10.21 + 0.007X$ • 当 X 增加一个单位，Y 增减 0.7%
$Y = \beta_0 + \beta_1 \ln(X_1) + \varepsilon$	当 X 变化 1% 时，Y 变化 1/100 个单位	• $Y = 54.7 + 712\ln(X)$ • 当 X 增加 1% 时，Y 增加 7.12 个单位
$\ln(Y) = \beta_0 + \beta_1 \ln(X_1) + \varepsilon$	当 X 变化 1%，Y 变化 $\beta_1\%$	• $\ln(Y) = 56.71 + 3.34\ln(X)$ • 当 X 增加 1%，Y 增加 3.34%

当 Y 的变化随着 X 值的增加而变大时，进行自然对数变换是必要的。当变量在分布中右侧出现肥胖的尾巴（例如有一些异常值），自然对数转换也是有用的。因此，通过构建 Y 与任意一个自变量之间的散点图或直方图，研究者就能决定是否需要进行自然对数转换。在 Excel 中，通过使用函数 LN（X）进行自然对数转换。注意，我们仅在线性回归分析中使用自然对数转换。在其他情况下使用对数转换，表 4.5.3 中对相关系数解释就不适用了。

二次变换是变量二次项（即平方值）的产物。这种类型的转换方式通常用于模拟非线性关系，或者为观察数据长远趋势进行趋势分析。一般的二次模型为

$$Y = \beta_0 + \beta_1 X + \beta_2 X^2 + \varepsilon \tag{6}$$

当 X 为时间指数时（如第一阶段中 $X=1$，以此类推），方程（6）就是一个趋势模型。通过变化 β_1、β_2 的值，就会演化出不同类型的趋势模型，如表 4.5.4 所示。这就意味着使用线性回归模型可以模拟更多的非线性图形。

再次以能源性能为例来说明自然对数转换与二次转换的运用。

图 4.5.5 是 PRICE 与 EP 这两个变量的散点图与直方图。在散点图中，PRICE 先随着 EP 的提高而增加，但当 EP 超过 94 之后，PRICE 反而下降。这类似于表 4.5.4 中的(e)。在这个例子中，对 EP 进行二次转换十分有效。PRICE 的直方图表明，当出现一些异常值时，进行自然对数转换也许有所帮助。基于对这些图表的分析，我们可以对 PRICE 进行自然对数转换，对 EP 进行二次转换。

为了便于比较，我们预测的两个回归模型如下：

模型 4：$LNPRICE = \beta_0 + \beta_1 EP + \beta_2 SIZE + \beta_3 NEW + \beta_4 FAST + \beta_5 DIST + \varepsilon$

模型 5：$LNPRICE = \beta_0 + \beta_1 EP + \beta_2 EP^2 + \beta_3 SIZE + \beta_4 NEW + \beta_5 FAST + \beta_6 DIST + \varepsilon$

趋势模型的类型   表 4.5.4

类型	β_1	β_2	趋势
a	0	0	无
b	+	0	直线型持续增长
c	−	0	直线型持续下降
d	+	+	非线性，增长越来越快
e	+	−	非线性，增长越来越慢
f	−	+	非线性，减少越来越慢
g	−	−	非线性，减少越来越快

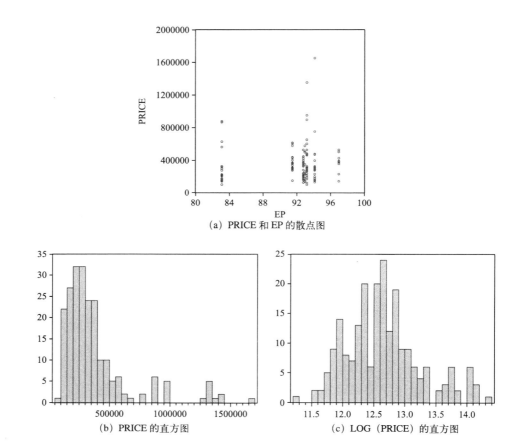

(a) PRICE 和 EP 的散点图

(b) PRICE 的直方图

(c) LOG（PRICE）的直方图

图 4.5.5　PRICE 和 EP 的散点图与直方图

　　模型 4 的 R 平方系数为 83.55%。这是一个不错的拟合结果。但是，比较模型 3 与模型 4 的 R 平方系数是不太恰当的。这是因为这两个模型中的因变量不同。因此，不能说模型 3 比模型 4 优秀 9 个百分点（即 92%—83%）。[4]

以 LN（PRICE）为因变量的回归　　　　　　　　　　　表 4.5.5

	模型 4		模型 5	
	相关系数	P 值	相关系数	P 值
截距	11.5710	0.0000	−0.3975	0.9317
EP	0.0021	0.5579	0.2652	0.0097
EP2	−	−	−0.0014	0.0103
SIZE	0.0096	<0.0001	0.0096	<0.0001
NEW	−0.0529	0.3616	−0.0042	0.9444
FAST	0.0643	0.0567	0.0647	0.0520
DIST	0.000028	0.3631	0.000038	0.2088
R 平方系数	0.8355		0.8406	
修正的 R 平方系数	0.8316		0.8360	
F 检验数据	216.38		186.27	
F 检验 P 值	<0.001		<0.001	

　　模型 4 中的相关系数估计是不同的。这是因为 PRICE 的自然对数转换改变了这些系数的含义。例如，此时 SIZE 的相关系数估计为 0.0096。这表示面积每增加一平方米，房屋价格就平均上涨 0.95%。PRICE 和 SIZE 之间是非线性关系，因为 PRICE 变化相同的百分比与 PRICE 的范围值不同。具体来说，对于面积更大的房屋，平均每增加一平方米，将会导致房屋价格的绝对值增加更多（尽管是以相同的百分比增加）。这种类型的关系详见图 4.5.4 中的（d）。

　　在模型 5 中，假定 PRICE 的百分比变化将随着能源绩效得分的增加而增加，但是其增加的速率逐渐减缓。详见表 4.5.5 中的最后两栏。

　　模型 5 对模型 4 进行了改进，因为它显著提高了 EP 二阶项的 R 平方系数和显著性 t 检验结果。得到的结果也证实了我们的假设。房屋价格随着 EP 的增加而提高（即 EP 的系数估计为正），但是提高速率会减缓（即 EP 平方的系数估计为负）。

5. 诊断检验

　　最小二乘法（OLS）操作简单，但也会带来一些问题。在 OLS 估算中，对误差项 ε 有较严格的假设。假如违背任意这些假设，就会产生错误的 OLS 结果。解决方法就是对模型进行一系列的检验来确定这些假设是否成立。同时，这也是对模型是否受到“模型误设”（Mis-specification）问题（例如非线性关系未得到说明）和“多重共线性”（Multicollinearity）（例如，自变量高度相关）问题影响的检验。OLS 模型常用的诊断检验详见表 4.5.6。大部分的统计软件能够进行这些检验。对数据特性的检验而言，伍尔德里奇（Wooldridge，2009）的书是一本很好的参考材料。格里斯利（Greasley，2011）列举了诸多这些检验方法运用的实例。

诊断检验 表 4.5.6

假设 / 问题	相关统计检验或统计量
误差项非序列相关	DW 检验，LM 检验
误差项有恒定方差	White 异方差[*] 检验，Breusch-Pagan-Godfrey 检验
误差项呈正态分布	正太概率图，Jarque-Bera 检验
模型误设	Ramsey RESET 检验，Chow's 断点检验
多重共线性	方差膨胀因子统计（VIFs）

* 异方差指误差项不具有恒定方差。

实践应用问题

规划结果可以被直接或间接地度量。例如，为了减缓市中心的交通拥堵和空气污染，当地政府在城市的部分区域采取了收取拥堵费用的措施。此项措施的效果可以通过观测这些区域的交通拥挤状况和环境质量变化来直接度量，或者通过检测限制措施实施后，市中心房价是否上涨来间接度量其实施效果。后者所做的假设是，当其他条件不变时，远离市中心的房屋将会打折出售，以此来弥补驾车前往市中心所产生的拥堵费用。

在直接度量规划结果时，回归技术通常用于确定政策的净影响。继续以拥堵收费为例，政策实施以后，研究者可以获取空气质量变化的信息。但是，在取样期间，其他影响空气质量的因素不可能保持不变。假如它们的值也在发生变化的话，观测到的空气质量的变化就不是仅受到了政策实施的影响。通过基于政策因素（如受拥堵收费政策影响的区域为 1，其他区域为 0）和其他控制变量（如风速和温度）进行规划结果变量（即空气质量变化）的回归分析，就可以准确地估算拥堵收费所产生的影响。

当直接度量不太可能时，常用房产或土地价格的变化作为替代变量来度量规划结果。以房产或土地价格作为因变量的回归分析也被称为"价格特征模型"（Hedonic Price Modelling，HPM）。罗泽（Roser，1974）最早构建了价格特征模型的理论基础，提出耐用品价格与个人属性的经济特征相关。规划研究中有大量的文献资料都使用了 HPM。例如，巴塞洛缪和尤因（Bartholomew and Ewing，2011）谨慎地评估了行人导向型和公交导向型设计开发的价格特征研究；梅钦（Machin，2011）综述了好学校的价格特征。

规划研究者面临着许多与 HPM 有关的问题。

1. 遗漏变量偏见

房屋是复杂的商品，它的价值由多种属性决定。假如价格特征模型中缺失了任一种价格决定因素，规划政策效用评价将会出现偏见。这就是所谓的遗漏变量偏见。遗漏变量偏见的大小和方向取决于模型中遗漏的变量与规划因素之间的协方差和遗漏变量的相关系数。因此，估计或是调整遗漏变量偏见不是那么直接和简单。

一旦怀疑存在遗漏变量偏见，就很有必要通过文献查阅来确认模型中是否缺失重要变量。只要遗漏变量与规划因素不存在显著的相关关系，即使一个重要变量的信息无法度量，规划因素的相关系数估计仍然可能是无偏差的。例如，假如模型 5 中遗漏 SIZE，只要 SIZE 和 EP 之间不相关，环境绩效评价指标的估计相关系数就不会受到影响。但是，假如有证据显示越大的房子，环境绩效评价指标越小，那么 EP 和 EP2 的相关系数估计就可能会产生偏见，并且应该谨慎地进行解释。研究者要么补充收集遗漏变量的数据，要么使用其他变量替代它。如果没有新的信息可用，就应该告知读者回归结果可能存在错误。

2. 模型误设

线性关系仅仅是规划结果与其决定因素之间多种可能关系中的一种。例如，房价与房屋大小、建造年数成非线性相关关系。惯用做法是以这些变量的二阶项形式来转换非线性模型。但是，其他因素的关系就不是这么好构建了。一旦变量以错误的函数形式构建模型（例如二次项缺失），就会出现模型误设偏见。HPM 就会产生不可靠的相关系数估计和检验结果。

通常使用 Ramsey RESET 检验[5] 来检测模型误设问题。假如检验结果是显著的，意味着模型需要被修正。这常常是一个经验问题。规划研究者需要进行多种合理的数据转换，才能最后确定最佳的函数形式。

3. 多重共线性

住房的属性往往是相关的。例如，房屋大小很大程度上决定了卧室和浴室的数量。当自变量之间的相关关系显著时（如足够大），相关系数估计和假设检验结果都会受到不良影响。具体来说，回归技术无法隔离相关联的变量之间的相互影响，因此，相关系数估计的标准误差都会被夸大。在一些极端的案例中，模型可能出现显著的 F 检验结果，这意味着至少有一个自变量是有用的，但是对于全部的自变量来说，t 检验的结果都是不显著。出现这一矛盾的结果是多重共线性的典型体现。当多重共线性问题严重时，一些相关系数估计可能出现与理论或实证文献相反的迹象。这将会造成结果解释中的困难和矛盾。

为了检测多重共线性的问题，通常会对每一个自变量进行"方差膨胀变量"（Variance Inflation Factors，VIFs）计算。VIF 是对一个自变量与其他所有回归变量之间多重相关性关系的度量。经验显示，假如变量的 VIF 大于 5，就可能存在有害的多重共线性问题。

假如一个变量与其他自变量高度相关，就需用其他较低相关性的回归变量来替代该变量（如相同房屋属性的不同测量方法）。假如这样的变量不可获得，通常简单的解决方法是从模型中剔除存在问题的变量。

总结

多元线性回归方法是确定一个变量与影响其值的一组因素之间相关关系的有用工具。在本章中，我们介绍了在规划研究中的线性回归 OLS 方法及其运用。我们也讨论了一些规划中相关特征价格模型的实际问题，包括标准的线性回归分析步骤（详见图 4.5.6）。

最后，需要对关于时间数列的分析进行一些说明。值得注意的是，OLS 方法适用于跨类别的数据分析。但是，当运用于时间数列数据时，一些 OLS 假设常常不成立，例如零数列自相关性。时间数列数据往往是不固定的（即均值、方差、协方差随时间变化）。这将导致在使用 OLS 时，产生伪回归结果。通常的经验是，假如模型的 R 平方系数大于 DW 检测统计，就可能存在伪回归问题。可以运用一些标准工具，如单位根检验（Unit Root Test）来检测数据的稳定性。假如时间序列是稳定的或一致的，就可以使用 OLS 方法。规划研究者应该意识到，在时间序列分析中线性回归技术是有局限性的。平稳性检测及时间序列分析技术已超过了本章范围。关于这个问题，感兴趣的读者可以在 Wooldridge（2009）中找到一些数学方面的参考。

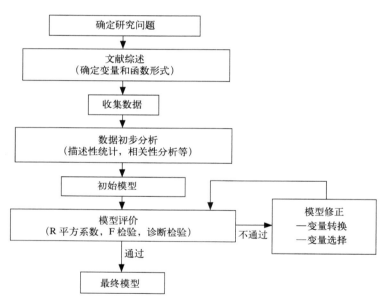

图 4.5.6　回归分析的步骤

附录

<table>
<tr><td colspan="6" align="center">使用回归技术的规划研究出版物节选</td><td align="right">表 4.5.A1</td></tr>
<tr><th>论文</th><th>期刊</th><th>国家或地区</th><th>样本数量</th><th>最终模型中的自变量数</th><th>研究的规划问题</th></tr>
<tr><td>Chellman et al.（2011）</td><td>Journal of the American Planning Association</td><td>美国</td><td>5592</td><td>16</td><td>廉租房</td></tr>
<tr><td>Delang & Lung（2010）</td><td>Urban studies</td><td>中国香港</td><td>174</td><td>12</td><td>公共住宅政策</td></tr>
</table>

续表

论文	期刊	国家或地区	样本数量	最终模型中的自变量数	研究的规划问题
Dumbaugh & Li（2010）	Journal of the American Planning Association	美国	938	10	城市设计—安全
Gao & Asami（2010）	Habitat International	中国	264	12	城市设计—优先权
Greasley et al.（2010）	Urban Studies	英国	53	9	城市结果与当地政府
Hoshino（2010）	Urban Studies	日本	341	6	城市设计—优先权
Joseph & Wang（2010）	Cities	海地	670	8	城市结构—人口密度模型
Lewis & Baldassare（2010）	Journal of the American Planning Association	美国	3023	21	城市设计—密度
Stagoll et al.（2010）	Landscape and Urban Planning	澳大利亚	80	6	城市设计—保护区
Yusof & Shafiei（2011）	Housing studies	马来西亚	118	4	城市设计—创新

注释

1. 统计检验总是存在两种假设—零假设和非零假设。这两种假设都是穷尽的且互相排斥。例如，一个检验的零假设为 $\beta = 5$，非零假设即为 $\beta \neq 5$。这两个假设虽然没有任何共同点（相互排斥），但是包含了所有可能的 β 值（穷尽性）。这就确保了在检验中可以得出一个结论（即 β 是否等于5）。因此，为了能够通过最后的假设检验解决所要研究的问题，确定研究者想要检验的其中一个假设是十分重要的。
2. p 值的确定和计算需要一些统计背景。建议感兴趣的同学阅读统计教材中相关章节。简而言之，p 值的计算基于零假设是正确的假设。假如 p 值太小，就可以认为假设是无效的，并且可以拒绝所设定的零假设。
3. 线性变量表示原始变量（未作任何形式的转换）之间线性相关，线性参数表示转换变量之间线性相关。
4. R 平方系数用于衡量在回归模型中由全部自变量影响的 Y 的变化量。如果在两个模型中因变量不同，它们的方差（即变化）也会不同。这就使得 R 平方系数的比较是基于"不同的平台"。
5. 这一检验用于确认模型中缺失的任一非线性关系（例如，缺失的二阶项）。之所有用 RESET 检验零假设是因为这一模型已被正确地构建。假如零假设被否定，就应当检查模型中是否遗漏了高阶项或交叉项（即两个变量的乘积）。

参考文献

Bartholomew, K., and R. Ewing (2011). "Hedonic Price Effects of Pedestrian- and Transit-Oriented Development." *Journal of Planning Literature* 26 (1): 18–34.

Chellman, C. C., I. G. Ellen, *et al.* (2011). "Does City-Subsidized Owner-Occupied Housing Improve EP Quality?" *Journal of the American Planning Association* 77 (2): 127–141.

Delang, C. O., and H. C. Lung (2010). "Public Housing and Poverty Concentration in Urban Neighbour-hoods: The Case of Hong Kong in the 1990s." *Urban Studies* 47 (7): 1391–1413.

Deng, X. Z., J. K. Huang, *et al.* (2009). "Economic Growth and the Expansion of Urban Land in China." *Urban Studies* 47 (4): 813–843.

Drummond, W. J. (2010). "Statehouse versus Greenhouse." *Journal of the American Planning Association* 76 (4): 413–433.

Dumbaugh, E., and W. H. Li (2010). "Designing for the Safety of Pedestrians, Cyclists, and Motorists in Urban Environments." *Journal of the American Planning Association* 77 (1): 69–88.

Gao, X. L., and Y. Asami (2011). "Preferential Size of Housing in Beijing." *Habitat International* 35 (2): 206–213.

Greasley, S., P. John, et al. (2011). "Does Government Performance Matter? The Effects of Local Government on Urban Outcomes in England." *Urban Studies* 48 (9): 1835–1851.

Hoshino, T. (2011). "Estimation and Analysis of Preference Heterogeneity in Residential Choice Behaviour." *Urban Studies* 48 (2): 363–382.

Joseph, M., and F. H. Wang (2010). "Population Density Patterns in Port-au-Prince, Haiti: A Model of Latin American City?" *Cities* 27 (3): 127–136.

Kahn, M. E., and E. A. Morris (2009). "Walking the Walk: The Association between Community Environmentalism and Green Travel Behavior." *Journal of the American Planning Association* 75 (4): 389–405.

Lubell, M., R. Feiock, et al. (2009). "City Adoption of Environmentally Sustainable Policies in California's Central Valley." *Journal of the American Planning Association* 75 (3): 293–308.

Machin, S. (2011). "Houses and Schools: Valuation of School Quality through the Housing Market." *Labour Economics* 18 (6): 723–729.

Rosen, S. (1974). "Hedonic Prices and Implicit Markets – Product Differentiation in Pure Competition." *Journal of Political Economy* 82 (1): 34–55.

Ryan, B. D., and R. Weber (2007). "Valuing New Development in Distressed Urban Neighborhoods – Does Design Matter?" *Journal of the American Planning Association* 73 (1): 100–111.

Schweitzer, L., and J. P. Zhou (2010). "Neighborhood Air Quality, Respiratory Health, and Vulnerable Populations in Compact and Sprawled Regions." *Journal of the American Planning Association* (3): 363–371.

Stagoll, K., A. D. Manning, et al. (2010). "Using Bird-Habitat Relationships to Inform Urban Planning." *Landscape and Urban Planning* 98 (1): 13–25.

Wooldridge, J. M. (2009). *Introductory Econometrics: A Modern Approach*. Mason, OH, South-Western Cengage Learning.

钱芳芳 译，周 恺 校

4.6

空间计量经济学实践

佩德罗·皮雷斯·德·马托斯

计量经济学中的空间

空间是规划的基本维度。规划师的大部分工作对象都有一定地理界定，或者体现出不同程度的空间相互作用特点，大到国家、区域等宏观单位，小到公司、家庭以及个人等微观单位。同样，这些对象也都有一定时间界定，都位于时间轴划定的过去、现在以及将来的某处。而经济增长、劳动经济学和金融学等领域的研究者，早已将序列相关（或自相关，即在特定的时间间隔到观察数据与其自身相关）的影响作用纳入其理论和实证模型的研究范围。[1]这是因为，过去的事件和行为往往会影响当前和未来的行为，这是一种合乎逻辑的假设。一些推动序列相关的机制包括持续性、循环模式和路径依赖（即当前决策被过去的决策或"历史问题"所制约）。总之，很多行为代理人都有记忆属性，所以过去的行为有助于了解他们当前的行动和未来可能的决定。

在一定程度上，空间计量经济学（Spatial Econometrics）是用"空间"替换"时间序列"的计量经济学。它关注的是，空间之间模拟的互动关系和时间之间模拟互动关系具有很高的相似性。它关注跨空间地点之间的相互作用模型，就像时间序列关注跨时间节点之间的相互作用关系一样。它包括了一系列用于认识代理人空间相关作用因果关系的模型。[2]时间序列研究中开发有一系列工具，用来处理因序列相关而违反观测独立性的模型假设。由于空间格局（Spatial Pattern）的存在，空间计量经济学也同样需要对其违反观测独立性假设的模型进行处理。空间格局可以分解成空间结构（Spatial structure，即空间异质性 Spatial heterogeneity，空间单元由于具备相同特性而分组）和空间依赖性（Spatial dependence，即空间自相关 Spatial autocorrelation，空间单元之间的关联强弱是其相对位置的函数）。[3]空间单元很少在整个空间均匀分布。首先，也是最重要的一点，区位与景观和资源等非均衡分布的空间属性密切相关。这种分布不规则性会导致特定的空间占据模式的出现，因而产生空间上的增长极、通道，或其他体现主体间不同作用强度的区位现象。并且，尽管全球化日益加强，克服距离的阻碍仍非易事，距离仍然在许多社会经济现象中发挥重要作用。通勤就是体现地区间空间互动关系的绝佳案例。这种动态关系是由可接受的日常出行距离、时间和成本所界定的。最后，即使假设空间是规则的，且不考虑距离的影响，不同的个体特质仍然会导致不同的关联模式，进而体现为空间依赖性模式。例如，生产联系就是将各区位相结合的关系网络。因此可以说,事物在空间上的相对区位关系是很重要的。

从理论上看,清晰地模拟这些空间相互作用是合乎逻辑需求的。毕竟,邻居们的身份可能会影响到我的身份,邻居们的行为可能影响到我的行为。代理主体模型(Agent-based Model,即评估自治主体行为对复杂系统构成的影响的模型)和价格特征模型(Hedonic Price Modelling,即偏好揭示模型,商品或服务的特点如何决定其价值或需求)都较好地反映了这样的现象,即某一位置的现象可能与其他位置的现象相互影响(例如,一个地区的房价会被周边地区的高房价所抬升,这是因为高收入家庭迁往"既定"区域的意愿造成该地区需求的溢出)。从实证的角度来看,在因果关系模型上应当加入空间上的互动关系,以减少偏见,并提高有效性。

如果忽略空间动态关系,模型中将出现两个主要偏见。第一个偏见来源于模型包含的(即观测的)变量或遗漏的变量之间存在空间相关性。外部性(Externalities,即商品及服务的生产消费中出现的没有被支付适当补偿的第三方效应)就是典型的具有空间相关性的遗漏变量。实际上,技术外部性(例如知识溢出)因其相对的非物质特性,很难被准确观察。低于成本的理念传播源于企业间人员流动、面对面会议或其他社会交往,其中可以收集到的数据是受限的,甚至完全没有。因此,传统的有关代理人行为经济增长模型或微观经济模型中都没有包括它。但是,不可否认的是,它是技术增长极、科技园、商务区或其他城市产业簇群的显著特征,也应该成为土地利用规划的一个组成部分。第二个偏见来源于空间单元的观察本身存在测量误差。这在有关区域和其他次国家级(地方级)地区的实证研究中尤为普遍。这一尺度下的数据收集,通常基于行政或统计边界,不能反映基本的功能区特点或生物物理上的空间特点(如空气和噪音污染)。这些空间单元将更大尺度的空间对象碎片化,整体特征在这样的数据结构中遗失了。同时,区域规划也因为关键数据层的缺失而受到阻碍。

空间模式通常利用空间权重矩阵(Spatial Weighted Matrices,W)来模拟。这些加权方案确定了空间平面上观测单元的相对位置,就像时间轴有助于确定单元在时间序列中的位置一样。空间平面中,相对位置不一定等效于在二维空间中的地理距离。贸易流量或通勤等强度指标也可以用来决定空间关联的强弱。它仅仅是用来描述一个事实,空间上的关联强弱不是在所有方向都一致。因此,与序列相关不同,在同样的相对距离上,每个单元可以有两个以上的相邻单元,每对单元之间的关联是双向的。这创造出一个更丰富的复杂的相互作用的关系场景。也正是这种复杂性将空间计量经济学区别于时间序列计量经济学。空间相互作用所隐含的同时性和反馈作用通常会导致内生性和复杂的非球形误差结构(Nonspherical Error Structures),估算它们都需要特别的策略。

空间计量经济学研究

当对具有空间界定关系或空间网络联系的单元进行研究时,研究人员面临的第一个问题就是模型是否需要考虑空间相关关系。一般来说,当研究对象具有固定的相对位置关系,考虑空间相关性通常是理所应当的，或可以使得实证研究模型受益。例如，处理诸如国家、地区或地产属性等具有固定地理位置单元的研究。甚至如企业和家庭这种微观层面的数据，如果可以在空间中定位（例如，通过地址、邮政编码或人口普查），或者置入空间关系网络中（例如，基于如家庭规模大小或公司的总年产量的特征，将相邻关系定义为类属关系），也应该考虑空间相关关系。当没有预先期望或理论依据时，可以通过一系列检验，比较非空间模型和空间模型之间差异，以便做出选择。相关可选工具包括：拉格朗日乘子（Lagrange multiplier），瓦尔德和似然比检验（Wald and Likelihood Ratio tests）（Anselin et al.，1996；Anselin，1988a，1988b，1990；Burridge，1980）。目前最好的检验工具是莫兰 I 检验（Moran I test）（Cliff and Ord，1972；Moran，1950）。它的逻辑在于，如果对估计残差进行检验时的零假设成立（大多数情况下是通过简单的最小二乘法即 OLS 计算得到的），那么模型就应当考虑空间相关关系。[4]

为了检验空间不相关性或者使用空间计量经济工具的估算项，研究者需要对单元空间之间的空间相关模式作出理论假设。简而言之，研究者需要选择一个或一组用于体现空间相关性的 W 矩阵。从两个方面来说，这都不是一个轻松的任务。首先，选择的 W 矩阵需要是完全外生的。如果用于评估关联强弱的变量与模型内部其他变量有关，会造成唯一性问题。例如，当贸易或通勤流量被用来描绘区域间的相互关联关系时，这些变量的影响很可能已经在模型本身的其他变量中体现了。幸运的是，地理距离是合适的备选项，它可以反映或体现空间模式，它也是外生的，数据也很容易收集。然而，这引入了第二个难题：W 的选择问题。存在许多通用的备选项，主要有两个类别：邻接性（contiguity）和反距离（inverse distances）。前者根据空间单元是否共有边界，即：

$$W=\begin{cases} W_{ij}=0 & \text{当 } i=j \\ W_{ij}=1 & \text{当 } i=j \text{ 有共同边界} \\ W_{ij}=0 & \text{当 } i=j \text{ 没有共同边界} \end{cases} \tag{1}$$

根据上式选择定义单元间邻接关系的一个稀疏矩阵（Sparse matrices），体现最邻近单元的情况。后者根据引力模型，邻近性（Proximity）和质量（Mass）（如人口和 GDP）会影响两个单元之间的吸引力（类似于牛顿重力定律）。基于距离的衰减函数，这些模型赋予邻近单元不同的权重，其公式为：

$$W=\begin{cases} W_{ij}=0 & \text{当 } i=j \\ W_{ij}=f(d_{ij}) & \text{当 } d_{ij} \leq D \\ W_{ij}=0 & \text{当 } d_{ij} > D \end{cases} \tag{2}$$

两个单元 i 和 j（如单元的质心）作为关联点，d_{ij} 代表他们之间的距离，D 代表截止距离，$f(X)$ 是距离的衰减函数。常用的衰减函数是距离平方的倒数或是负指数，即远离原点的单元权重减少的更明显。这将得出一个准稀疏矩阵（Quasi-sparse matrices），其中空间相互作用在超过一定阈值以后可以忽略不计。选择 W 至关重要的，因为检验和模型的结果取决于特定空间排列模式。

矩阵选择，或者更确切地说矩阵的任意选择，是空间计量经济学受到的主要批评之一。[5]

如果（根据检验结果）期望或需要将空间动态关系纳入模型，空间计量经济学为研究者提供一系列体现空间相对位置影响的模型。[6]在确定方法(或其组合)时，研究者再次面临两个选择。一种情况下，空间相关性可能是需要模拟的实质性外部现象。这将体现在某个位置因变量被其他位置的因变量所影响的情况下。例如，不完全竞争市场下，供应商的价格变动引发邻近供应商的反应，或者，在政治决策中，某些代理人的行为引发附近地区类似的反应。

在另一种情况下，空间相关性可能是模型中多余的影响参数，为了提高模型预测的有效性，研究人员希望将其纳入到模型中。例如，在价格特征模型中，噪音和空气污染等生物物理特性数据在资产或地方统计层面上并未被完整或完全地收集。同样，区域增长模型常常与难以捕捉的空间结构化溢出效应交叉在一起。将空间模式信息传送到模型中，有利于提高其他观察参数的拟合效果。

如果研究者处于第一种情况，希望将空间相关性作为实质性参数进行明确模拟。最常采用的工具是空间滞后模型（Spatial Lag Model，SLM），也被称为空间混合自回归模型（Mixed Regressive Spatial Autoregressive Model）（Upton and Fingleton，1985；Cliff and Ord，1981）。该模型包括了一系列右侧（Right-hand Side，RHS）自变量之间因变量的空间滞后，其矢量形式表示为

$$\gamma = \alpha l_N + X\beta + \rho W\gamma + \varepsilon \tag{3}$$

其中，α 是截距参数，l_N 是第 N 维中的单位矢量（即常数项），X 为回归因子 k 的矩阵，β 是对应参数 k 的矢量，ε 是"表现良好"（即球形）的误差项 i.i.d. $(0，\sigma_\varepsilon)$。在这个公式中，$W\gamma$ 是一个空间加权因变量，ρ 是空间相关系数。因变量的空间滞后是因变量邻近单元的加权平均值。因此，相关系数 ρ 的统计显著估算值反映了空间簇群的因变量联动关系。

目前采用这种模型的主要有两个相关应用领域。第一个应用领域是，需要调整预测模型来处理由误差项和因变量空间滞后之间的相互关系产生的内生性。第二个应用领域是，解释 RHS 变量的相关系数估计。不同于时间动态，空间动态是双向的，并往往是"即时的"。这意味着会产生同期反馈：通过影响周边的单元，单元也受到自身行为的间接影响（即他自身也是其邻里的邻里），这一切在同一观测时间内同步发生。一些在 SLM 模式下的简单操作，在非零对角线的高阶矩阵 W 中会产生无限滑动平均值序列。这导致更高阶的空间相关效应的产生，一种影响反复作用于空间单元之间的情形，即一个单元对相邻单元的初始影响会产生一系列强度逐渐减少的单元间的交互影响。在这种情况下，执行一个典型的 OLS 模拟会引起偏见和不一致性。

有两种主要的模拟方法可以处理 SLM 中的内生性。最广泛使用的工具是极大似然模拟（Maximum Likelihood，ML）（Anselin，1988b；Cliff and Ord，1981；Ord，1975）。这个模拟方法要求具备强大的数据并且满足一些基本假设。它要求误差呈正态分布。此外，模拟取决于以下三点：参数空间中对数似然函数（Log-likelihood Function）的存在，真邻域参数空间中的连续可导性的存在，以及在正则条件下的二项分布（如协方差矩阵的非奇异性）的存在。而且，当 N 趋于无穷（即矩阵是空间定态的），W 矩阵的行列和的绝对值必须是一致有界的。具备连

续因变量和稀疏的标准化矩阵 W^7 的因果关系模型通常满足这些条件。另一种工具是包含空间滞后的两步最小二乘模拟（Two-stage Least Squares，2SLS）（Anselin，1980）。所用的工具是剩余的外生回归因子的空间滞后，因为往往很难发现其他能满足辅助变量主要条件（即与内生变量高度相关，并不与误差相关）的合适的工具。

SLM 的第二个应用领域是，对剩余自变量相关系数估算的解释不够直观。考虑到空间相关性，一个给定单元回归因子的边际变动可能通过空间滞后效应影响相邻单元。这意味着相关系数决定了传统的直接影响，并进一步决定他们的相邻部分间接影响和其反馈效应（LeSage and Pace，2009；Kelejianet al.，2006）。

如果研究者选用第二种方法，并希望利用对空间关联的可用信息来调整误差项，传统的工具是空间误差模型（Spatial Error Model，SEM），也被称为空间自回归模型（Spatial Autoregressive Model）（Cliff and Ord，1973）。在 SEM 中，未观测到的空间相关性是通过空间自相关误差模型进行模拟，所以误差矢量（ε）以矢量形式表示为：

$$\varepsilon = \lambda W \varepsilon + \upsilon \tag{4}$$

W 是前面提到的 N×N 矩阵的空间权重，描述单元之间的关联强度，λ 是空间自回归相关系数，υ 是改进的常向量 i.i.d.（0，$\sigma\upsilon^2$）。该误差结构在跨空间激波传播（Shock Propagation）的空间互动模式模拟方面有显著应用。应注意，空间自回归过程也可以表示为：

$$\varepsilon = (I_N - \lambda W)^{-1} \upsilon \tag{5}$$

与时间序列的自回归过程相似，公式（5）可以写成一个类似无限移动的空间平均值的形式：

$$\varepsilon = I_N \upsilon + \lambda W \upsilon + \lambda^2 W^2 \upsilon + \cdots\cdots = \sum_{i=0}^{\infty} \lambda^i W^i \upsilon \tag{6}$$

当 $W^0 = I_N$ 时，空间矩阵 W 的元素小于 1，且 $|\lambda| < 1$，是标准型 W 应遵循的两条规则。与 SLM 中观测到的同期性和反馈效应相似，对任一单元的冲击会影响所有其他单元及自身。这就是所谓的空间乘数效应（Spatial Multiplier Effect）或全局效应（Global Effect）（Anselin，2003）。参照与 ε 相关联的方差－协方差矩阵（完整的矩阵），可以更精确地定义它，以便突出该组内每个单元与所有单元（包括自己）之间某种程度的关联。[8] 对于处理由空间自回归误差过程所施加的全局冲击，另一种方法是空间移动的平均过程（Spatial Moving Average Process）（Fingleton，2008c；Anselin and Bera，1998）。这种结构被定义为：

$$\varepsilon = (I_N - \lambda W) \upsilon \tag{7}$$

这意味着冲击是局部而非全局的，并且被 W 矩阵中特定数值安排所界定（即它的非零元素）。

在 SEM 下，虽然 OLS 无偏见，但它不再有效。为了利用错误结构中的附加信息，主要有两种用于 SEM 方法的可替代估算器。最广泛使用的又是一个 ML 模拟。这是基于空间自回归参数 λ 的对数似然函数和典型的广义最小二乘科克伦-奥克特变换（Cochrane-Orcutt

Transformation）之间移动的迭代过程。Kelejian 和 Prucha（1998，1999）提出了另一种最新方法，它不需要 ML 中对分布特性的严格假设。在相关参数（即 β）估计之前需要一个科克伦-奥克特型变换，从这个意义上看，这是一个可行的广义最小二乘估计。在这种情况下，SEM 中误差项的方差-协方差矩阵的结构取决于需要估计的未知空间参数 λ。λ 的估算，为模拟方法指定其广义矩（Generalised Moments Designation，GM）。空间自回归参数的 GM 估计基于对比误差模拟期望值与样本实测值的三阶矩方程。

SLM 的一个替代模型是空间杜宾模型（Spatial Durbin Model，SDM）（Burridge，1981）。伴随因变量的空间滞后，这种模式在 RHS 组中增加了某些或所有自变量的空间滞后。这是一个慷慨的模型，因为它的性能比其 SEM 和 SLM 更好，它的知名度越来越大（McMillen，2003；Fingleton and López-Bazo，2006；Pace and LeSage，2008；LeSage and Pace，2009）。上述模型都是针对特殊情况，更普遍的模型应该同时包括所有部分的空间依赖性（即因变量、自变量和残差）。

应用

过去十年中，空间计量经济学理论都有显著发展（Anselin，2010）。研究领域向新问题扩展，应用范围也扩大到了社会科学内外的各种学科，并且开发出了很多新的用于实证研究的工具。数据条件的不断提高，是推动这三个方面发展的持续动力。伴随着更复杂的空间模式和时空互动的出现，模型需要同时处理不同程度的空间依赖性、异质性和异方差性。在一些例子中，模型包括了空间异方差-自相关一致性模拟（Heteroskedasticity and Autocorrelation Consistent，HAC）（Fingleton and Le Gallo，2008；Kelejian and Prucha，2007a）和误差分量的广义矩估计（Kelejian and Prucha，2010；Fingleton，2008c；Kapooret al.，2007）。[9] 同样地，已经开发了嵌套和非嵌套检验（Nested and Non-nested tests）来分析在加入的数据维数中产生的一些限制和其他规则（López et al.，2011；Burridge and Fingleton，2010；Kelejian，2008；Baltagi，Songet al.，2007）。空间相关性的平稳性也已经在新的平面单元根检验（Panel Unit Root Tests）下进行了研究（Baltagi，Bressonet al.，2007）。此外，面板数据（Panel Data）的出现预示了空间的相关性（例如参见 Baltagi and Li，2006）。研究显示，当真实的底层数据生成机制包括了某种程度的空间关联时，空间面板预测产生最小均方根预测误差（Baltagi et al.，2010；Kelejian and Prucha，2007b）。其他发展包括贝叶斯估计（Bayesian Estimation）（LeSage and Pace，2009；Berger et al.，2001；Best et al.，1999；LeSage，1997），非参数估计（Nonparametric Estimation）（McMillen，2010，2012），和在代表性单元具有关联性情况下的扩展限制因变量（Robertson et al.，2009；Fleming，2004）。

理论的发展一直伴随着应用工作在数量和种类上的增加。现在的实证工作跨越了社会科学内外大多数应用研究领域。经济增长和聚集研究是空间计量经济学开始最早及介入最深的领域。[10] 此外，例子还包括集聚和市场规模对生产率和工资的影响（Fingleton，2008a，2003），以及制造业生产规模增大的回报效应分析（Angeriz et al.，2011；Fingleton and López-Bazo，2003）。规划领域的应用包括土地利用和房地产开发动态方面的研究。Chakir and Parent（2009）使用空间多项概率的方法分析了推动土地分配的因素，王和科克尔曼（Wang and Kockelman，2009）使用空间有序概率模型来预测未来的土地开发模式。价格特征模型已扩展并涵盖空间溢出效应（Fingleton，2008b），如空气质量（Anselin and Lozano-Gracia，2008；Anselin and Le Gallo，2006）和噪声（Cohen and Coughlin，2008）。其他领域的研究包括交通运输网络（Paul Lesage and Polasek，2008）、犯罪发生率（Zhuet al.，2006）、知识传播（Autant-Bernard and LeSage，2011；Fischer and Griffith，2008）和植被建模（Milleret al.，2007）。

某种程度上，软件应用程序的增加是推动应用研究发展的动力。从广义上讲，空间计量经济学需要三类工具：制图工具、空间数据分析工具和计量经济工具。制图工具可用于收集和组织空间位置（或空间关系）信息，作为模型中计算空间模式的基础。空间数据分析包提供了一系列工具来识别空间模式。其中包括用于生成能整合到可估计方程的 W 矩阵。有一系列商业和免费的应用程序可以完成这两项工作。地理信息系统（GIS）是其中最主要的。ESRI®，ArcGIS® 商业软件是一个功能强大的软件包，它们拥有一个空间统计工具箱，允许研究者模拟空间关系，生成 W 矩阵，并执行一些基本的统计分析（如地理加权回归）。GeoDa 是一个独立的免费程序，它是专门用来执行探索性空间数据分析（ESDA）（Anselin et al.，2006）。该软件还提供了利用进行空间回归分析的一些工具。新版本的 SPSS®（20）和 STATA® 的用户开发工具包 spmap（Pisati，2004），提供了制图和可视化功能。

能够全面地、先进地进行模拟工作的软件仍然比较有限。在大多数情况下，比较流行的统计软件包仍然缺乏处理空间计量经济学问题的相关功能。当前，大多数可用的应用程序都是由开放源代码项目提供的，或者基于现有的商业和非商业编程语言，以功能和程序的形式提供。其中的一些综合的软件包，包括过时的 SpaceStat（Anselin，1992）和商业版 S + Spatialstats（Kaluznyet al.，1998）。然而，由用户提供的用于空间回归的程序最终形成了当前更高级的工具，其中包括，R 的 spdep 分析包（Bivand et al.，2008；Bivand，2006）和 spatstat（Baddeley and Turner，2006）分析包，STATA® 的 sppack（Drukker et al.，2011）和由勒萨热（LeSage，1999），佩斯（Pace，2003）和埃尔霍斯特（Elhorst，2010b）提供的各种 MATLAB 程序。[11]

有了这样一个丰富而全面的理论和应用工具，很容易理解为什么空间计量经济学已经从边缘学科成为计量经济学的主流。未来，它将成为一个标准而不是例外，即检验和调整某个模型来解释空间依赖性，就像过去研究人员检验和调整其他相关的经典模型假设违背，如异方差和序列相关。

注释

1. 有关时间序列的方法和应用，可以参照 Enders（2009）的文献。
2. 这是一种对从空间数据的大领域分离出空间计量经济学的狭义定义。Anselin（1988B，2006）提出了类似的也强调空间动态回归分析法作用的定义。

3. 空间计量经济学与空间相关性的联系更密切，需要特殊的模型和模拟同时性与反馈相互作用的工具。空间异质性其本身已经涉及使用"传统"面板数据的方法，例如固定的和随机效应模型。

4. 有关进一步检验和检验策略，可以参照 Elhorst（2010a）和 Baltagi，Song et al.（2007）的文献。

5. 有关 W 矩阵的进一步需求的讨论，可以参照例如 Corrado 和 Fingleton（2012），Harris et al.（2011）和 Anselin（1988b）。

6. 有关空间模型的分类方法，可以参照 Anselin 和 Bera（1998），Anselin et al.（2008）和 Elhorst（2010a）。

7. 在实证研究的正常化情况下通常需要进行标准化（即将每个观察数除以其各自的行总计）。在这种情况下，空间关联被表示为能与该单位有相互作用的几个相邻位置里的注册变量的加权和。

8. 有关不同空间随机过程特性的文献，请参照 Anselin（2006），Anselin 和 Bera（1998）。

9. 有关该概述，可以参照例如 Baltagi 与 Pirotte（2010）和 Lee 与 Yu（2010）。

10. 有关空间相关特性的经济增长模型的调查，可参照 Abreu 等人（2005）和 Rey 与 Janikas（2005）。

11. Rey 和 Anselin（2006）提供了一个有关空间数据和计量经济学软件方面上的最新发展（相对而言）的良好概述，并且网页 http://en.wikipedia.org/wiki/List_of_spatial_analysis_software 提供了一张空间分析软件的列表。

参考文献

Abreu, M., De Groot, H. L. F., Florax, R. J. G. M., 2005. Space and growth: A survey of empirical evidence and methods. Région et Développement 21, 13–44.

Angeriz, A., McCombie, J. S. L., Roberts, M., 2011. Increasing returns and the growth of industries in the EU regions: Paradoxes and conundrums. Spatial Economic Analysis 4 (2), 127–148.

Anselin, L., 1980. Estimation methods for spatial autoregressive structures. Regional science dissertation and monograph series, Cornell University, Ithaca, NY.

Anselin, L., 1988a. Lagrange multiplier test diagnostics for spatial dependence and spatial heterogeneity. Geographical Analysis 20, 1–17.

Anselin, L., 1988b. Spatial econometrics: methods and models. Kluwer Academic, Dordrecht.

Anselin, L., 1990. Some robust approaches to testing and estimation in spatial econometrics. Regional Science and Urban Economics 20, 141–163.

Anselin, L., 1992. Spacestat, a software program for analysis of spatial data. National Center for Geographic Information and Analysis (NCGIA), University of California, Santa Barbara, CA.

Anselin, L., 2003. Spatial externalities, spatial multipliers and spatial econometrics. International Regional Science Review 26, 153–166.

Anselin, L., 2006. Spatial econometrics. Mills, T., Patterson, K. (Eds.). Palgrave handbook of econometrics: volume 1, econometric theory. Palgrave Macmillan, Basingstoke.

Anselin, L., 2010. Thirty years of spatial econometrics. Papers in Regional Science 89 (1), 3–25.

Anselin, L., Bera, A. K., 1998. Spatial dependence in linear regression models with an introduction to spatial econometrics. Ullah, A., Giles, D. E. A. (Eds.). Handbook of applied economic statistics. Marcel Dekker, New York, pp. 237–289.

Anselin, L., Bera, A. K., Florax, R. J. G. M., Yoon, M. J., 1996. Simple diagnostic tests for spatial dependence. Regional Science and Urban Economics 26 (1), 77–104.

Anselin, L., Le Gallo, J., 2006. Interpolation of air quality measures in hedonic house price models: Spatial aspects. Spatial Economic Analysis 1 (1), 31–52.

Anselin, L., Le Gallo, J., Jayet, H., 2008. Spatial panel econometrics. Myung, J., Sevestre, P. (Eds.). The econometrics of panel data: fundamentals and recent developments in theory and practice. Springer-Verlag, Berlin, Ch. 19, pp. 625–660.

Anselin, L., Lozano-Gracia, N., 2008. Errors in variables and spatial effects in hedonic house price models of ambient air quality. Empirical Economics 34 (1), 5–34.

Anselin, L., Syabri, I., Kho, Y., 2006. Geoda: an introduction to spatial data analysis. Geographical Analysis 38 (1), 5–22.

Autant-Bernard, C., LeSage, J. P., 2011. Quantifying knowledge spillovers using spatial econometric models. Journal of Regional Science 51 (3), 471–496.

Baddeley, A., Turner, R., 2006. spatstat: an r package for analyzing spatial point patterns. Journal of Statistical Software 12 (6), 1–42.

Baltagi, B. H., Bresson, G., Pirotte, A., 2007. Panel unit root tests and spatial dependence. Journal of Applied Econometrics 22, 339–360.

Baltagi, B. H., Bresson, G., Pirotte, A., 2010. Forecasting with spatial panel data. Computational Statistics & Data Analysis 56 (11), 3381–3397.

Baltagi, B. H., Li, D., 2006. Prediction in the panel data model with spatial correlation: the case of liquor. Spatial Economic Analysis 1 (2), 175–185.

Baltagi, B. H., Pirotte, A., 2010. Panel data inference under spatial dependence. Economic Modelling 27 (6), 1368–1381.

Baltagi, B. H., Song, S. H., Jung, B.C., Koh, W., 2007. Testing for serial correlation, spatial autocorrelation and random effects using panel data. Journal of Econometrics 140 (1), 5–51.

Berger, J. O., Oliveira, V., Sansó, B., 2001. Objective Bayesian analysis of spatially correlated data. Journal of the American Statistical Association 96 (456), 1361–1374.

Best, N. G., Arnold, R. A., Thomas, A., 1999. Bayesian models for spatially correlated disease and exposure data. Bernardo, J. M., Berger, J. O., Dawid, A. P., Smith, A. F. M. (Eds.). Bayesian statistics 6. Oxford University Press, Oxford, pp. 131–156.

Bivand, R., 2006. Implementing spatial data analysis software tools in R. Geographical Analysis 38 (1), 23–40.

Bivand, R., Pebesma, E. J., Gómez-Rubio, V., 2008. Applied spatial data analysis with R. Springer, New York.

Burridge, P., 1980. On the Cliff-ord test for spatial correlation. Journal of the Royal Statistical Society. Series B (Methodological) 42 (1), 107–108.

Burridge, P., 1981. Testing for a common factor in a spatial autoregression model. Environment and Planning A 13, 795–800.

Burridge, P., Fingleton, B., 2010. Bootstrap inference in spatial econometrics: the j-test. Spatial Economic Analysis 5 (1), 93–119.

Chakir, R., Parent, O., 2009. Determinants of land use changes: a spatial multinomial probit approach. Papers in Regional Science 88 (2), 327–344.

Cliff, A. D., Ord, J. K., 1972. Testing for spatial autocorrelation among regression residuals. Geographical Analysis 4, 267–284.

Cliff, A. D., Ord, J. K., 1973. Spatial autocorrelation. Pion, London.

Cliff, A. D., Ord, J. K., 1981. Spatial processes: models and applications. Pion, London.

Cohen, J. P., Coughlin, C. C., 2008. Spatial hedonic models of airport noise, proximity, and housing prices. Journal of Regional Science 48 (5), 859–878.

Corrado, L., Fingleton, B., 2012. Where is the economics in spatial econometrics? Journal of Regional Science 52 (2), 210–239.

Drukker, D. M., Peng, H., Prucha, I. R., Raciborski, R., 2011. Sppack: stata module for cross-section spatial-autoregressive models. Statistical software components, Boston College Department of Economics. Revised 25 Jan 2012.

Elhorst, J. P., 2010a. Applied spatial econometrics: raising the bar. Spatial Economic Analysis 5 (1), 9–28.

Elhorst, J. P., 2010b. Spatial panel data models. Fischer, M. M. (Ed.). Handbook of applied spatial analysis. Springer, Berlin, pp. 377–407.

Enders, W., 2009. Applied econometric time series, 3rd edition. John Wiley & Sons, Hoboken, NJ.

Fingleton, B., 2003. Externalities, economic geography and spatial econometrics: conceptual and modelling developments. International Regional Science Review 26, 197–207.

Fingleton, B., 2008a. Competing models of global dynamics: evidence from panel models with spatially correlated error components. Economic Modelling 25 (3), 542–558.

Fingleton, B., 2008b. A generalized method of moments estimator for a spatial model with moving average errors, with application to real estate prices. Empirical Economics 34 (1), 35–57.

Fingleton, B., 2008c. A generalized method of moments estimator for a spatial panel model with an endogenous spatial lag and spatial moving average errors. Spatial Economic Analysis 3 (1), 27–44.

Fingleton, B., Le Gallo, J., 2008. Estimating spatial models with endogenous variables, a spatial lag and spatially dependent disturbances: finite sample properties. Papers in Regional Science 87 (3), 319–339.

Fingleton, B., López-Bazo, E., 2003. Explaining the distribution of manufacturing productivity in the EU regions. Fingleton, B. (Ed.). European regional growth, advances in spatial science. Springer, Berlin, Ch. 13, pp. 375–410.

Fingleton, B., López-Bazo, E., 2006. Empirical growth models with spatial effects. Papers in Regional Science 85 (2), 177–198.

Fischer, M. M., Griffith, D. A., 2008. Modeling spatial autocorrelation in spatial interaction data: an application to patent citation data in the European Union. Journal of Regional Science 48 (5), 969–989.

Fleming, M., 2004. Techniques for estimating spatially dependent discrete choice models. Anselin, L., Florax, R. J. G. M., Rey, S. (Eds.). Advances in spatial econometrics: methodology, tools and applications. Springer-Verlag, Berlin, Ch. 7, pp. 145–168.

Harris, R., Moffat, J., Kravtsova, V., 2011. In search of "W". Spatial Economic Analysis 6 (3), 249–270.

Kaluzny, S. P., Vega, S. C., Cardoso, T. P., Shelly, A. A., 1998. S+SpatialStats: user's manual for Windows and UNIX. Springer-Verlag, New York.

Kapoor, M., Kelejian, H. H., Prucha, I. R., 2007. Panel data models with spatially correlated error components. Journal of Econometrics 140 (1), 97–130.

Kelejian, H., 2008. A spatial j-test for model specification against a single or a set of non-nested alternatives. Letters in Spatial and Resource Sciences 1 (1), 3–11.

Kelejian, H., Prucha, I. R., 2010. Specification and estimation of spatial autoregressive models with autoregressive and heteroskedastic disturbances. Journal of Econometrics 157 (1), 53–67.

Kelejian, H. H., Prucha, I. R., 1998. A generalized spatial two-stage least squares procedure for estimating a spatial autoregressive model with autoregressive disturbances. Journal of Real Estate Finance and Economics 17 (1), 99–121.

Kelejian, H. H., Prucha, I. R., 1999. A generalized moments estimator for the autoregressive parameter in a spatial model. International Economic Review 40 (2), 509–533.

Kelejian, H. H., Prucha, I. R., 2007a. HAC estimation in a spatial framework. Journal of Econometrics 140 (1), 131–154.

Kelejian, H. H., Prucha, I. R., 2007b. The relative efficiencies of various predictors in spatial econometric models containing spatial lags. Regional Science and Urban Economics 37 (3), 363–374.

Kelejian, H. H., Tavlas, G. S., Hondroyiannis, G., 2006. A spatial modelling approach to contagion among emerging economies. Open Economies Review 17 (4–5), 423–441.

Lee, L.-f., Yu, J., 2010. Some recent developments in spatial panel data models. Regional Science and Urban Economics 40 (5), 255–271.

LeSage, J. P., 1997. Bayesian estimation of spatial autoregressive models. International Regional Science Review 20 (1–2), 113–129.

LeSage, J. P., 1999. Spatial econometrics: the web book of regional science, Regional Research Institute, West Virginia University, Morgantown, WV.

LeSage, J. P., Pace, R. K., 2009. Introduction to spatial econometrics. CRC Press, Boca Raton, FL.

López, F. A., Matilla-García, M., Mur, J., Marín, M. R., 2011. Four tests of independence in spatiotemporal data. Papers in Regional Science 90 (3), 663–685.

McMillen, D. P., 2003. Spatial autocorrelation or model misspecification. International Regional Science Review 26, 208–217.

McMillen, D. P., 2010. Issues in spatial data analysis. Journal of Regional Science 50 (1), 119–141.

McMillen, D. P., 2012. Perspectives on spatial econometrics: linear smoothing with structured models. Journal of Regional Science 52 (2): 192–200.

Miller, J., Franklin, J., Aspinall, R., 2007. Incorporating spatial dependence in predictive vegetation models. Ecological Modelling 202 (3–4), 225–242.

Moran, P. A. P., 1950. A test for the serial independence of residuals. Biometrika 37 (1–2), 178–181.

Ord, K., 1975. Estimation methods for models of spatial interaction. Journal of the American Statistical Association 70 (349), 120–126.

Pace, R. K., 2003. Spatial statistical toolbox 2.0. http://spatial-statistics.com/software/space_tool_box2/toolbox2_documentation2a.pdf (accessed 5 August 2014).

Pace, R. K., LeSage, J. P., 2008. Biases of OLS and spatial lags models in the presence of omitted variable and

Pace, R. K., LeSage, J. P., 2008. Biases of OLS and spatial lags models in the presence of omitted variable and spatially dependent variables. Páez, A., Le Gallo, J., Buliung, R., Dall'erba, S. (Eds.). Progress in spatial analysis: theory and methods, and thematic applications. Springer, Berlin.

Paul Lesage, J., Polasek, W., 2008. Incorporating transportation network structure in spatial econometric models of commodity flows. Spatial Economic Analysis 3 (2), 225–245.

Pisati, M., 2004. Simple thematic mapping. STATA Journal 4 (4), 361–378.

Rey, S., Anselin, L., 2006. Recent advances in software for spatial analysis in the social sciences. Geographical Analysis 38 (1), 1–4.

Rey, S. J., Janikas, M. V., 2005. Regional convergence, inequality, and space. Journal of Economic Geography 5, 155–176.

Robertson, R. D., Nelson, G. C., De Pinto, A., 2009. Investigating the predictive capabilities of discrete choice models in the presence of spatial effects. Papers in Regional Science 88 (2), 367–388.

Upton, G. J. G., Fingleton, B., 1985. Spatial data analysis by example. Vol. 1: Point pattern and quantitative data. John Wiley & Sons, Chichester.

Wang, X., Kockelman, K. M., 2009. Application of the dynamic spatial ordered probit model: patterns of land development change in Austin, Texas. Papers in Regional Science 88 (2), 345–365.

Zhu, L., Gorman, D. M., Horel, S., 2006. Hierarchical Bayesian spatial models for alcohol availability, drug "hot spots" and violent crime. International Journal of Health Geographics 5 (1), 54.

王艺铮　译，周　恺　校

4.7
规划研究工具——规划支持系统（PSS）

斯坦·吉尔特曼

引言

"规划支持系统"（Planning Support Systems，PSS）是以地理信息技术为基础的研究工具，旨在给从事特定规划工作的人员提供技术支持（Batty，1995；Klosterman，1997）。尽管给规划工作提供支持工具的工作很早就开始了，但 PSS 概念是在 20 世纪 80 年代中期被引入规划学界，我们要感谢它的提出者——布里顿·哈里斯（Britton Harris）。在某种程度上，人们认为 PSS 与地理信息系统（Geographic Information Systems，GIS）是类似的（到目前为止，大部分 PSS 都是基于 GIS 来开发）。然而，它们之间的不同点是，GIS 是一种普适性工具，能够用于解决许多不同类型的空间问题，而 PSS 开发的重点在于给具体的规划任务提供支持。也有人认为，PSS 与空间决策支持系统（Spatial Decision Support Systems，SDSS）是相关的，但这两种系统的差别在于，PSS 通常是对长期性和战略性的问题给予特别的关注，而 SDSS 常用于支持单个个体或企业组织的短期政策的制定（Clarke，1990）。换句话说，SDSS 旨在支持业务决策而不是战略性规划活动，而支持战略性活动是 PSS 的显著特点。基于此，一个典型的 PSS 能将规划相关的原理、数据、信息、知识、方法和工具在单个架构内融为一体，使其都能拥有一个统一的使用界面（Geertman & Stillwell，2003）。

直到最近，人们对于 PSS 的态度仍然呈现出一种消极状态。迪克·克罗斯特曼（Dick Klosterman，1998，p.35）抱怨道："规划支持的工具开发在近十年期间并没有明显的进展"，而且他对未来将新工具和新技术应用于规划实践的工作也不太乐观。布里顿·哈里斯（1999，p.7）意识到"规划师和设计师对以电脑为基础的支持模型的态度，仍然处于最信任状态，甚至是直接反对的状态"。随着 21 世纪的到来，人们对规划支持工具的态度似乎发生了显著的转变。现在，人们对规划支持和其技术工具有了更多的"正面的"关注。例如，大量的相关研究在进行，以该系统为主题的研讨会在召开，并且以 PSS 作为其主要课题的各类论文和书籍得到出版（例如，Brail & Klosterman，2001；Geertman and Stillwell，2003；Brail，2008；Geertman and Stillwell，2009；Geertman et al.，2011，2013）。许多主要的学术作者都将 PSS 视为一个有价值的支持工具，它能够使规划者更好地处理复杂的规划过程，进而做出更高质量的规划，并且节约规划时间和成本。

尽管有积极的态度和大量论文，但现实的 PSS 规划实践仍然远远落后于其理论发展。大量研究指出，利用 PSS 支持规划工作的理论期望和实际应用之间的差别越来越大（例如，Geertman，2006；Vonk，2006；Vonk et al.，2007a，2007b；Brommelstroet & Schrijnen，2010；Geertman，2013），考虑到当今的规划面临越来越复杂的对象，这一问题显得格外关键。本章的主要目的是为了让人们更清楚地了解这种理论和实践的差异，同时为 PSS 在研究上的（潜在）应用提出更多的建议。

本章的结构大概如下：第二节是关于空间规划和规划支持工具所面临的挑战；第三节介绍了 PSS 如何发展成为地理信息技术的一个特定类别，并且描述 PSS 是如何承担支持规划实践的功能。尽管经过了漫长的、困惑的发展历史，PSS 的在新世纪中的发展前景是充满希望的，也是非常脆弱的；第四节对近期 PSS 发展和实践应用做出了详细的阐述；第五节给出了对未来 PSS 研究的建议。

规划支持

"规划"与"规划支持"概念的意义到底是什么？规划，或者更精确地说是城市和区域规划、空间规划或土地利用规划（本章不做区分），关心的是城市物质和社会经济空间的设计和组织，及其对各种活动的引导作用，以达到解决现状问题或者预测未来挑战的目的（例如 Alexander，1987；Healey，2005）。虽然，该定义准确地描述了空间规划的工作领域，但它没有明确在现实情况下如何去实现它。随后，库克勒里斯（Couclelis）提出了一个更具实践性的定义（2006b）："土地利用规划是指控制他人所有土地的开发利用的行为，该行为基于某第三方尚未取得各方共识的价值判断，该行为针对尚未被完全理解认识的现实问题，该行为试图去引导一些在预期的时间、地点和情况下很有可能不会实现的事件和进程。"正是这里提到的意图与实践之间的差距，使得我们对"规划支持"问题背后的现实需求和复杂性需要进行进一步的理解。

根据当前的空间规划问题，规划意图和规划实践之间的差异性，可以被理解为至少四种不相同但又相互联系的复杂性问题：1）当前许多空间规划问题的多维度性；2）规划与人的行为之间的联系；3）各种各样的人和组织开始越来越多地参与规划；4）从现代主义规划到后现代主义规划的转变。本节将会简要提及各种复杂性；如果需要更加详尽地了解，请阅读参考文献。

首先，当今很多空间规划问题都有多维度性，必须认识到许多空间问题在不同层面上出现并且相互交叉的性质，这要求规划必须是能够协调当前社会、经济和环境问题的整体政策（Goedman & Zonneveld，2007）。"可持续性"以及其在规划目标中的转译（"精明增长"或者"生态城市"）是体现多维度性的生动例子。

第二，规划与人们的行为息息相关。人具有潜力、限制和欲望；因此，他们会按照标准、规则、趋势和相互间的（空间）行为做出行动，或做出相应的反应。就像索亚（Soja，1980，p.208）早已指出的，"在人们创造和改造的城市环境和人们受到其生活和工作的空间限制和影响之间，存在持续的双向的过程和社会空间辩证关系"（Lefebvre，1991，1996）。根据库克勒里斯的研究（2006a），后工业化社会的行为活动已经从"以地方为基础"（发生在确定的时间和地点）转变为"以人为基础"（发生在不确定的时间和地点）。结果导致，人们在空间中的行为变得更加灵活和可变，从而使针对性政策措施的可预见性更低了。

第三，拥有不同相关利益的各类人和组织参与到规划过程中，也增加了规划的复杂性，有时候这被认为是"协作的"（Collaborative planning）或者是"参与式"（Participative Planning）的规划（例如，Healey，2007）。"治理"（Governance）是一个相关的概念，意味着除了政府组织之外，还有一些相关的机构、利益相关人、更广泛的公众等参与者，希望能在空间政策制定中表达意见，并试图在关键时刻通过参与规划来影响决策。一方面不同的参与者有不同的、甚至相互矛盾的利益需求，另一方面，没有任何参与者有足够的能力来单方面主导整个决策过程。因此，规划缺乏一个集体行动的坚实基础，而这个基础需要在规划过程中进行持续不断的重建，这再一次增加了前文所提到的规划复杂性。

第四，从现代主义到后现代主义规划的转变增加了规划的复杂性。这一转换过程要求我们对规划行动和规划中知识的角色进行深入的再思考。简单地说，根据现代主义的观点，规划者作为专家应当通过其对现实的经验调查来寻找真相。而在后现代主义的观点中，知识已不再是由特定机构的专家所创造的客观实体，而是在物质社会中各种社会过程和积极参与中构建出来的，这样的知识并不一定在价值观上保持中立（例如，Alexander，2008；Rydin，2007，2008）。从这一视角出发，地方政策实践应当在地方关系中寻求有价值的知识，借此来将科学知识置于地方环境的大背景中。基于此，知识也被认为具有多个维度（例如：普通的、局部的、经验的、直觉的知识），形成多种描绘现实的方法和多种获得知识的途径（Rydin，2007）。

总的来说，这四个因素都增加了规划行动的复杂性。同样的，"规划支持"概念需要面临的挑战，就是在某种意义上提高规划在面对这些复杂性时的适应能力。这一问题在近几十年得到了相当多的关注。在下一部分我们进一步介绍实现这一规划支持作用的工具。

规划支持的工具

系统开发者，特别是大学和其他研究机构里的研究者，试图通过开发新的规划支持工具来帮助规划者处理规划的复杂性问题。这些规划支持工具的起源可以追溯到 1960 年代，其主要的创始人布里顿·哈里斯（1915—2005 年），早在五十年前便开始致力于将这些工具模型应用于空间规划，尽管当时它还存在着很多技术（硬件）、数据和计算（软件）方面的问题。他呼吁开发"替代实验来检验理论的模型，并且通过模型来认识真实的世界将会如何对外界条件和政策改变做出反应。"（Harris，1960，p.272）。他的呼吁与规划系统论方法在同一时间出现，事实上完成了一个从"规划作为设计"到"规划作为应用科学"的转变（Klosterman，1997）。当时，运筹学和区域科学等新兴学术领域都刚刚起步，并且，由于计算机时代逐渐出现，人们对科学技术具有普遍的信心。相反，20 世纪 70 年代基于电脑的规划方法的前景在逐步黯淡，对理性规划的批评却在逐渐增加。数学程序和大尺度城市模型并没有成功地为空间规划提供支持，道格拉斯·李（Douglas Lee）的文章很好地揭露（1973）其内在的原因，文章提到了大尺度模型的七种不当之处。李还特别指出：城市模型具有"黑盒子"特性，模型面对的问题具有很高的综合性，极度缺乏必要的数据资源，以及模型太过于复杂。

直到 80 和 90 年代，伴随着台式电脑和地理信息系统（GIS）工具的应用，规划者才重新开始寻求电脑的分析支持。80 年代初期，空间决策支持系统（SDSS）作为 70 年代出现的决策支持系统（DSS）的空间升级版，步入了人们的视野。基于电脑系统的 SDSS 包含了对地理数据的存储、查询和调用等 GIS 功能，它们利用决策模型和最优化算法为空间决策提供支持（例如 Densham，1991；Nyerges & Jankowski，2010；Sagumaran & DeGroote，2011）。80 年代末，哈里斯（1989）第一次在书面上提出规划支持系统（PSS）。正如之前提到过的，PSS 与 GIS 是不同的，它特别关注对战略性规划任务的支持，而 GIS 能广泛应用于各种空间问题。并且，PSS 也不同于 SDSS，它致力于长期性问题和战略性问题的研究，而 SDSS 通常支持的是由个人或者企业组织进行的短期政策制定。尽管这些基于电脑的系统（GIS、SDSS、PSS）在 80 年代就得到了应用，但其在空间规划中的支持作用在之后的很长一段时间内仍然有限。即使是 GIS 的应用也仅局限于日常操作，如数据管理和专题地图制作，几乎没有用于更高级和特殊的规划工作，如预测能力、空间分析、方案设计和方案评估。

1990 年代，大量的文献都提到了这些系统在应用过程中局限性。例如，哈里斯 和 巴蒂（Batty）（1993）指出 1990 年代 GIS 的发展，并没有提供规划所需要的分析和设计功能。克罗斯特曼（1998）提出规划支持工具并没有比十年前发展得更好，他对将来新工具和电脑在规划上的应用也并不乐观。同时，哈里斯（1999）也指出规划者对支持系统并不不信任，以及他们对于电脑模型辅助规划的反对态度。总之，当时只有非常少数的规划者认为规划支持工具对于他们的工作来说是必不可少的（如财务人员使用计算表格或者医师使用心电图仪）（Geertman and Stillwell，2003）。除了对系统的消极态度以及使用限制以外，还有以下几点原因：受那时科学技术发展的局限（价格昂贵且硬件和软件使用不便），可用的和可收集的数据有限，规划师们对于 GIS 知识缺乏必要的学习，以及规划和信息技术间相互关系的不断演变。总之，规划支持工具有限应用的根本原因在于，支持工具并未满足规划师相应的需求。现有的系统过于普适、复杂、机械，与大部分规划工作的"诡异"性质并不相容。而且，规划支持工具常常是技术导向的而不是问题导向的，过于注重其严谨的合理性，与非结构化的、非正式的规划需求并不相容（Couclelis，1989；Ottens，1990；Scholten & Stillwell，1990；Klosterman，1994，1997，1999，2001；Worrall，1994；Bishop，1998；Nedovic-Budic，1998；Geertman，1999）。

PSS 的研究应用

随着世纪的交替，人们对规划支持工具（尤其是规划支持系统 PSS）的兴趣似乎在逐渐增加。许多科学论文、论文集、特刊、博士论文等都涉及该领域。同时，世界范围内大量的规划支持工具开始出现。在新世纪一开始，很多专家普遍认为，业内缺乏一个有关 PSS 发展的全面的、综合的图景（Harris，1999；Stillwell et al.，1999a；1999b）。这导致了一系列 PSS 分类清单研究的出现（例如，Stillwell et al.，1999a；Brail & Klosterman，2001；Geertman & Stillwell，2003；Brail，2008；Geertman & Stillwell，2009；Geertman et al.，2011，2013）

从这些清单中，我们可以发现 PSS 研究方向的多样性（如果想更深入地了解，请查阅以上文献资料）。

首先，在纯粹的系统数量方面，PSS 的数量在全世界范围内还在不断增加，大部分的系统还并不成熟，尚处在实验和原型发展阶段。只有少数是真正成熟的并且能达到专业应用的水准。而且，这些系统在目的（从促进参与到处理建筑许可）、功能（从建模到设计）、内容（仅仅是工具或者同样也是数据和元信息）、结构（完全整合系统或者松散耦合工具箱）和技术基础（单机操作或者基于网络）等方面表现出多样性。这种系统和方法的多样化显示出各方面关于什么是 PSS 缺乏共识，PSS 概念就像一个把大伞，涵盖了多种不同的系统。并且，当前 PSS 的发展动态正在朝着各不相同的方向发展。在功能上，一些 PSS 致力于支持复杂的工作，如土地利用模型［例如，UrbanSim（www.urbansim.org/Main/WebHome[1]），Environment Explorer（www.lumos.info/environmentexplorer.php[2]）］，而其他的 PSS 则在努力迎合市场需求来开发简单的（但绝不是过于简化的）分析和模型［例如，Index（www.planningtoolexchange.org/tool/index）］。同样，PSS 的技术发展可区分出两种方向：一种是通用的、"既成的"系统，另外一种是定制的、不断发展演化的模型系统。第一个种类能在市场上买到，并且能在各种情况下运用（产品导向型）［例如：What-If（www.whatifinc.biz/[3]），Community Viz（http：//placeways.com/communityviz/）］，而另外一种 PSS 则要求定制，针对特殊时刻解决特殊问题，制作开发需要和系统的用户紧密合作（服务导向型）［例如，LEAM（www.leamgroup.com/technology/planning-decision-surpport-tools）］。另一个 PSS 在技术发展上的分异系统与开放性相关："开源代码"系统，如 UrbanSim（www.urbansim.org/Main/WebHome）与保密源代码系统，如 Urban Strategy（www.tno.nl/urbanstrategy）。

第二，关于应用研究，近年来 PPS 已经进行了广泛的、多样的应用。特别是在信息管理、情景化设计、建模和分析领域，PSS 的应用已经赢得了广泛的关注（例如，Hopkins & Zapata，2007；Nijs，2009；Geertman and Stillwell，2009；Geertman et al.，2011，2013）。然而，PSS 在规划实践中的真正的研究应用仍然非常有限。PSS 应用似乎都局限于实验性案例研究，如针对职业规划师训练项目或者是面向学生的教育会议。此外，PSS 的应用开始形成一些基本趋势，形式各样的参与的角色开始变得突出。（例如：Geertman，2002；Voss et al.，2004；Geertman and Stillwell，2009）。在这些情况中，PSS 被用于收集信息，并整合利益相关者或者公众的建议、选择、价值、态度等，用于土地利用规划的制定（例如，Chin，2009；Delden & Hagen-Zanker，2009；Bailey et al.，2011）。最近的研究表明，技术在规划参与中的角色应当是对传统的参与方式的补充，而不是取代（Slotterback，2011）。与此相关，如今大家对于"软"数据（定性的且基于居民经验与行为的数据类型）的认识在逐渐提高（例如：http//opus.tkk.fi/softgis/[4]），体现的是一种人类/社会和物质因素的明显混合的趋势。简单地说，在这些参与式的 PSS 应用中，支持交流过程以及呈现必要的信息，有时候空间分析，都被认为是非常重要的。

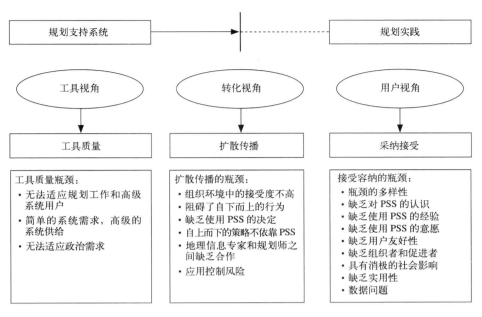

图 4.7.1 规划支持中的瓶颈

资料来源：基于 Vonk 等 2005，2007a，2007b。

第三，正如之前所阐述的，我们至今仍未实现利用有效的工具（如 PSS）来实现规划支持的目标（Batty，1979；Lee，1973，1994；Open-shaw，1979；Croswell，1991；Innes & Simpson，1993；Stillwell et al.，1999a）。根据最近的研究发现，三种类型的因素正在阻碍 PSS 在规划实践方面的广泛应用，它们是"系统"（system）、"用户"（user）和"机构转化"（organizational tranfer）（Vonk et al.，2005，2007a，2007b；Epp，2012）。

在"系统"层面，PSS 存在的主要问题是潜在用户的需求和系统开发者提供的技术工具之间的不一致现象。简单地说，规划实践者需要简单的 PSS 来进行探索性工作，例如给潜在开发地区的制作一个空间条件的清单，而大部分的 PSS 致力于提供很多的复杂分析功能，例如空间模型。结果显而易见，因此 PSS 应当提高自身的工具质量，尤其要更加针对用户的需求进行开发。此外，在"用户"层面，PSS 在规划实践中广泛的应用受到许多系统瓶颈的阻碍。最主要的瓶颈是人们缺乏对 PSS 的认识，缺乏对它们功能用途的认识；缺乏使用 PSS 的经验，导致用户并不清楚其潜在的作用和应用的情景；并且缺乏尝试使用 PSS 的兴趣。我们的建议是，应当鼓励潜在用户在规划实践中试验性的应用 PSS，希望一些成功经验能够更加广为人知。另外一个发展趋势是，呼吁在设计中更多的关注人的因素（例如，Moore，2008）。必要的 PSS 应用训练是非常必要的，在许多高等教育机构中，关于这方面的课程还远远不够（例如，Epp，2012）。此外，在"机构转化"层面，在规划机构中成功的 PSS 的传播很多是自下而上的，而非自上而下。PSS 技术专员比起管理层更加关注相关技术工具的迅速发展。尽管如此，机构中常缺乏创新机会，个人积极行为也可能难以在机构推广（机构中的技术能力有限），这意味着底层的技术专员不太可能将最新的技术发展介绍给上层的管理人员。基于此，我们建议设置一些中间人员/

机构,如顾问公司和"引入者"(gatekeeper),来解决"学习型组织"(learning organization)(例如,Senge,1990)和"知识型管理"(knowledge managment)(例如,Nonaka & Takeuchi,1995)在机构管理体制上的困境。

第四,除之前提到的清单类别以外,我们可以概括出 PSS 应用的三个主要类别:一些系统致力于"提供信息"(information provision)(例如:规划门户网站),另一些则可以支持"交流过程"(communication processes)(例如,基于地图的触摸工作台),其他的则主要实现各种"分析功能"(analysis functions),如土地利用模型(例如,代理主体模型)。提供信息的 PSS 是信息发布者和接收者之间的单向通信工具,关于空间规划和发展的很多信息网站就是很好的例子。另一些 PSS 关注双向的"交流过程",例如,公众参与 PSS(Geertman and Stillwell,2009,p. 295–448)。除了著名的基于地图的触摸工作台(例如,www.studiosophisti.nl/wordpress/en/maps-on-table/)之外,还有一些其他网站致力于支持公民和当地政府间的交流进程,这就是所谓的电子政务 PSS(例如,http://downloads2.esri.com/campus/uploads/library/pdfs/55425.pdf)。还有一些 PSS 主要支持分析操作,包括情景模拟(scenario-building)和土地利用建模(land-use modelling)[例如,Environment Explorer(www.lumos.info/environmentexplorer.php[5]),UrbanSim(www.urbansim.org/Main/WebHome)],尽管该类别在现实规划实践中的应用程度远远落后于其他前两类(Vonk et al.,2007b;Epp,2012)。最近,很多 PSS 开发将交流和分析工具相融合(例如,Johnson & Sieber,2011),利用前者来弥补后者存在的一些固有缺点。此外,瓦森等人的一个评价研究(Wassen et al.,2011)很值得一提,该研究论述了模型接纳程度(分析型 PSS)和参与方法(交流型 PSS)之间的正相关关系。

PSS 研究建议

基于先前的概述,这里可以给出许多加强 PSS 规划实践应用的建议。

首先,最根本和最重要的一点是要改变当前 PSS 研究的关注点。当前的 PSS 研究关注点还主要集中在工具及其开发和应用上(= 方式),而不是规划实践中的支持角色上(= 目标)。基于此,当前 PSS 的预期是将各种工具的支持功能组装在一起。这在技术创新领域可能是合理的,但在 PPS 成熟发展阶段,应当更加关注 PSS 在规划实践中在系统度量与监控方面的实际角色。"哪个 PSS 是最好的"的问题不再重要,重要的是"哪个 PSS 是最适合某种实际需求"。后一个问题是从实践需求的角度提出的,而不是从 PSS 技术供给的角度,之前讨论过的很多建议都与这一出发点变化有关(Geertman,2013)。

第二,考虑到大部分工具还处在原型设计状态,系统技术本身仍然需要进一步提高。特别是,目前的 PSS 工具发展必须和实践需求密切协作,从开发早期一直到到随后的应用阶段。这种需求又被称为"PSS 研究和实践的整合社区"(Integrated Communities of PSS Research and Practice)(after Wenger,1998),即 PSS 工具设计开发和实践应用过程是开发人员和潜在用户之间互动的、渐进的、双向过程(例如,Deal & Pallathucheril,2009)。咨询人员 / 专家的角色是中间人，保证供给方和需求方都以共同的"语言"清晰的交流（Brommelstroet et al., 2014）。

第三，PSS 的研究领域应当涵盖规划支持活动以外的更大的背景环境（Geertman，2006）。对背景环境的敏感性是非常重要的，因为它将会影响规划支持正确的方式及程度。这涉及一个从"案例研究"方法到"真实世界的规划"应用的转变。案例研究方法是通过对许多外部因素进行抽象处理，生成一个过度简化的现实（准现实），因此当将研究成果向真实世界转化时，它提供不了足够有效的指导。

第四，对于 PSS 如何才能"最好地"应用在实际的规划实践中这个问题，研究者需要寻求特定的方法进行进一步调查研究。这对于规划实践是极其重要的，因为 PSS 应用的方法将会影响到规划过程、工具的支持功能、结果的内容和成效。了解与 PSS 相关的研究方法的理论，请参考 Steinitz（2012）。然而，基于之前提出的背景环境敏感性问题，规划实践中不应该寻求一个简单的"最好"的 PSS 方法，而应该寻找针对着手的问题和相关背景环境下"合适"的 PSS 方法。有关影响 PSS 应用的适用性的环境关系因素，可以在 Geertman（2006）的文章中找到相关的论述。文章中提到 PSS 应用应当：明确与规划问题相关的应用特点；用户特征；规划和政策程序特征；政治背景；相关信息、知识、工具的特征；主流的规划方式和政策模型（图 4.7.2）。

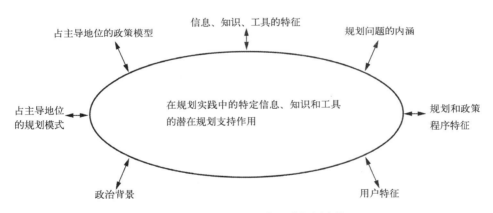

图 4.7.2　相关环境因素影响规划支持

资料来源：Geertman，2006。

例如，规划实践表明，特定类别的研究型规划师比设计型规划师更愿意采用 PSS 分析工具（例如，土地利用模型工具）并采纳分析结果（土地利用预测图）（Pelzer et al., 2014a）。然而，如何处理在不同实践中的不同的背景变量，仍然需要大量的 PSS 研究工作。这些研究反过来需要恰当的研究设计、策略（例如，现实世界的博弈）、研究方法和技巧（例如，对比分析）。换句话说，只有针对这些方法问题，提出更加系统的研究设计，才能证明 PSS 的支持可以在规划实践中提供的显著的附加值。

第五，关于方法的研究，目前有关规划支持概念的现成知识还很少。很多基础问题还很含糊，包括它是什么，如何开始或监控进展，在什么条件下它应当或可以采取什么形式，如何确保在正确的方向上发展，等等。之前在规划的复杂性中（见第 4.7.2 节）也提到过，一个与规划相关的研究问题就是从"管理"（government）到"管治"（governance）的转变是如何影响 PSS 工具的开发和应用的。该领域的最早的研究，请参考 Pelzer et al.（2014b）。其中提到，科学信息（作为 PSS 的应用成果）的功能是有限的，政策过程还受到传统、非专业人员的经验、权力关系等其他因素影响（例如，Lindblom & Cohen，1979；Forester，1989；Rydin，2007）。有关规划支持的跨领域的研究的需求十分急迫。"规划支持"概念本身也需要跨学科的交叉研究，需要使用共同的语言，需要熟悉不同学科的方法，需要能够理解任何利益权衡后的折中发展。

最后，应当讨论的是规划教育作用的问题，特别针对规划院校。如何更好利用市场上的 PSS 工具，规划支持研究需要向规划实践提供更多的导向和建议。规划学校在这方面有其自身的角色。它们能够也应当保证毕业生对 GIS 和 SDSS 等工具的理论和应用有基本了解，并熟悉掌握 PSS 的应用潜能（例如，Gö?men[*] & Ventura，2010）。这个时代，地理信息无处无时不在，空间规划师应当能够利用熟悉的方法、技术和手段，从所有的这些地理信息中提炼出有用的知识。此外，规划学校可以作为测试平台，有关 PSS 的开发、应用、方法等理论，可以在进入规划实践"野战"尝试之前，在学生的身上进行实验。并且，规划学生需要认识到当前面临的各种挑战并且保证 PSS 科学（我曾称之为 PS Science）（Geertman，2013）在正确的方向上行进。

总之，我们希望科学家、规划师、技术员、学生和教授接受一些提到的建议，并且开始着手发展规划支持的功能，将 PSS 作为研究工具来减轻现今规划工作的复杂性。

感谢

笔者要感谢本书的编辑对本章的早期版本提出的建设性的批评。

注释

1．www.urbansim.org/Main/WebHome.

2．www.lumos.info/environmentexplorer.php.

3．www.whatifinc.biz.

4．http：//opus.tkk.fi/softgis.

5．www.lumos.info/environmentexplorer.php.

参考文献

Alexander, E.R. 1987. Planning as development control: is that all urban planning is for? *Town Planning Review* 58: 453–467.

Alexander, E.R. 2008. The role of knowledge in planning. *Planning Theory* 7(2): 207–210.

Arts, G.J.M. 1991. *Kennis en ruimtelijk beleid: Naar kennismanagement in de ruimtelijke ordening*. Zeist: Kerkebosch.

* 原文如此。——编者注

Bailey, K., B. Blandford, T. Grossardt, and J. Ripy 2011. Planning, technology, and legitimacy: structured public involvement in integrated transportation and land-use planning in the United States. *Environment and Planning B: Planning and Design* 38: 447–467.

Batty, M. 1979. Progress, success, and failure in urban modeling. *Environment and Planning A* 2: 863–878.

Batty, M. 1995. Planning support systems and the new logic of computation. *Regional Development Dialogue* 16(1): 1–17.

Bishop, I. D. 1998. Planning support: hardware, software in search of a system. *Computers Environment and Urban Systems* 22(3): 189–202.

Brail, R., ed. 2008. *Planning support systems for cities and regions.* Cambridge, MA: Lincoln Institute of Land Policy.

Brail, R. K., and R. E. Klosterman, eds. 2001. *Planning support systems: integrating geographic information systems, models, and visualization tools.* Redlands: ESRI Press.

Brommelstroet, M. te, and P. M. Schrijnen. 2010. From planning support systems to mediated planning support: a structured dialogue to overcome the implementation gap. *Environment and Planning B: Planning and Design* 37(1): 3–20.

Brommelstroet, M., P. Pelzer, and S. Geertman. 2014. Forty years after Lee's Requiem: are we beyond the seven sins? *Environment and Planning B, Planning and Design,* 46(3), n.p.

Chin, R. 2009. The mainport planning suite: planning support software for studio-based planning. In: S. Geertman and J. Stillwell, eds., *Planning support systems: best practice and new methods.* Advances in Spatial Sciences. Berlin: Springer, 413–430.

Chorley, R. 1988. Some reflections on the handling of geographical information. *International Journal of Geographical Information Systems* 2: 3–9.

Clarke, M. 1990. Geographical information systems and model-based analysis: towards effective decision support systems. In: H. Scholten and J. Stillwell, eds., *Geographical information systems for urban and regional planning.* Dordrecht: Kluwer, 165–175.

Couclelis, H. 1989. Geographically informed planning: requirements for planning relevant GIS. Paper presented to the 36th North American Meeting of Regional Science Association, Santa Barbara, November.

Couclelis, H. 2006a. Cities and complexity: understanding cities with cellular automata, agent-based models, and fractals? *Papers in Regional Science* 85(3): 471–473.

Couclelis, H. 2006b. What agents for what planning? Building multi-agent system models for changing planning needs. Paper presented at the Workshop on interactive multi-actor spatial planning, Wageningen, the Netherlands, September.

Croswell, P. 1991. Obstacles to GIS implementation and guidelines to increase the opportunities for success. *URISA Journal* 3: 43–56.

Dammers, E., R. Kranendonk, P. Smeets, L. Adolfse, C. van Woerkum, M. Horrevoets, and L. Langerak. 1999. *Innovation and learning – knowledge management and rural innovation.* The Hague: National Council for Agricultural Research (NLRO).

Deal, B., and V. Pallathucheril. 2009. A use-driven approach to large-scale urban modelling and planning support. In: S. Geertman and J. Stillwell, eds., *Planning support systems: best practice and new methods.* Advances in Spatial Sciences. Berlin: Springer, 29–52.

Delden, H. Van, and A. Hagen-Zanker. 2009. New ways of supporting decision making: linking qualitative storylines with quantitative modelling. In: S. Geertman and J. Stillwell, eds., *Planning support systems: best practice and new methods.* Advances in Spatial Sciences. Berlin: Springer, 347–368.

Densham, P. J. 1991. Spatial decision support systems: geographical information systems. *Principles and Applications* 1(1): 403–412.

Epp, M. 2012. *Assessing incidence of and experiences with new information communications technologies in planning practice in Canada and United States.* New York: Pratt University.

Forester, J. 1989. *Planning in the face of power.* Berkeley: University of California Press.

Geertman, S. 1999. Geographical information technology and physical planning. In: J. Stillwell, S. Geertman, and S. Openshaw, eds., *Geographical information and planning.* Heidelberg: Springer Verlag, 69–86.

Geertman, S. 2002. Participatory planning and GIS: a PSS to bridge the gap. *Environment and Planning B: Planning and Design* 29: 21–35.

Geertman, S. 2006. Potentials for planning support: a planning-conceptual approach. *Environment and Plan-*

ning B: Planning and Design 33(6): 863–881.

Geertman, S., and J. Stillwell. 2000. *Geoinformation, geotechnology and geoplanning in the 1990s.* Working Paper 00/01. School of Geography, University of Leeds, Leeds.

Geertman, S., and J. Stillwell, eds. 2003. *Planning support systems in practice.* Advances in Spatial Sciences. Berlin: Springer Verlag.

Geertman, S., and J. Stillwell. 2004. Planning support systems: an inventory of current practice. *Computers, Environment and Urban Systems* 28: 291–310.

Geertman, S., and J. Stillwell, eds. 2009. *Planning support systems: new methods and best practice.* Advances in Spatial Science. New York: Springer.

Geertman, S., W. Reinhardt, and F. Toppen, eds. 2011. *Advancing geoinformation science for a changing world;* Lecture notes in geoinformation and cartography. New York: Springer Publishers.

Geertman, S. 2013a. Planning support: From systems to science. *International Journal of Urban Design and Planning.* 166(DP1), 50–59.

Geertman, S., F. Toppen, and J. Stillwell, eds. 2013b. *Planning support systems for sustainable urban development.* New York: Springer Publishers.

Gö?men, Z. A., and S. J. Ventura. 2010. Barriers to GIS use in planning. *Journal of the American Planning Association* 76(2): 172–183.

Goedman, J., and W. Zonneveld. 2007. In search for the sustainable urban region. Paper presented at the International Conference ENHR 2007, Rotterdam, the Netherlands, June.

Harris, B. 1960. Plan or projection: an examination of the use of models in planning. *Journal of the American Planning Association* 26(4): 265–277.

Harris, B. 1989. Geographic information systems: research issues for URISA. *Proceedings of the 1989 Annual Conference of the Urban and Regional Information Systems Association*, Boston: IV: 1–14.

Harris, B. 1999. Computing in planning: professional, institutional requirements. *Environment and Planning B: Planning and Design* 26: 321–333.

Harris, B., and M. Batty. 1993. Locational models, geographic information and planning support systems. *Journal of Planning Education and Research* 12: 184–198.

Healey, P. 2005. On the project of 'institutional transformation' in the planning field: commentary on the contributions. *Planning Theory* 4: 301–310.

Healey, P. 2007. *Urban complexity and spatial strategies: towards a relational planning for our times.* London: Routledge.

Hopkins, L. D., and M. A. Zapata, eds. 2007. *Engaging the future: forecasts, scenarios, plans, and projects.* Cambridge, MA: Lincoln Institute of Land Policy.

Innes, J., and D. Simpson. 1993. Implementing GIS for planning. *Journal of the American Planning Association* 59: 230–236.

In't Veld, R., ed. 2000. *Willingly and knowingly, the roles of knowledge on nature and environment in policy processes.* Utrecht: Lemma.

Johnson, P., and R. Sieber 2011. Negotiating constraints to the adoption of agent-based modeling in tourism planning. *Environment and Planning B: Planning and Design* 38: 307–321.

Klosterman, R. E. 1994. International support for computers in planning. *Environment and Planning B: Planning and Design* 2: 387–391.

Klosterman, R. E. 1997. Planning support systems: a new perspective on computer-aided planning. *Journal of Planning Education and Research* 17(1): 45–54.

Klosterman, R. E. 1998. Computer applications in planning. *Environment and Planning B: Planning and Design*, 25(9991): 32–36.

Klosterman, R. E. 1999. Guest editorial: new perspectives on planning support systems. *Environment and Planning B: Planning and Design* 26: 317–320.

Klosterman, R. E. 2001. Planning support systems: a new perspective on computer-aided planning. In: R. K. Brail and R. E. Klosterman, eds., *Planning support systems: integrating geographic information systems, models, and visualization tools.* Redlands: ESRI Press, 1–23.

Lee, D. B., Jr. 1973. Requiem for large-scale models. *Journal of the American Institute of Planners* 39(3): 163–178.

Lee, D. R. 1994. Retrospective on large-scale urban models. *Journal of the American Planning Association* 60(1): 35–40.

Lefebvre, H. 1991. *The production of space* (translated by Donald Nicholson-Smith). Oxford, UK: Blackwell.

Lefebvre, H. 1996. *Writings on cities* (translated by Eleonore Kofman and Elizabeth Lebas). Oxford, UK: Blackwell.

Lindblom, C. E., and D. K. Cohen. 1979. *Usable knowledge: social science and social problem solving.* New Haven: Yale University Press.

Moore, T. 2008. Planning support systems: what are practicing planners looking for? In: R. Brail, ed., *Planning support systems for cities and regions.* Cambridge, MA: Lincoln Institute of Land Policy, 231–256.

Nedovic-Budic, Z. 1998. The impact of GIS technology. *Environment and Planning B: Planning and Design* 25: 681–692.

Nijkamp, P., and H. Scholten. 1993. Spatial information systems: design, modeling, and use in planning. *International Journal of GIS* 7(1): 85–96.

Nijs, T. de. 2009. *Modelling land use change: Improving the prediction of future land use patterns.* Utrecht: Netherlands Geographical Studies 386.

Nonaka, I., and H. Takeuchi. 1995. *The knowledge-creating company: how Japanese companies create the dynamics of innovation.* Oxford: Oxford University Press.

Nyerges, T. L., and P. Jankowski. 2010. *Regional and urban GIS: A decision support approach.* New York: The Guilford Press.

Openshaw, S. 1979. A methodology for using models for planning purposes. *Environment and Planning A:* 879–896.

Ottens, H. 1990. The application of geographical information systems in urban and regional planning. In: H.J. Scholten and J. Stillwell, eds., *Geographical information systems for urban and regional planning.* Dordrecht: Kluwer, 15–22.

Pelzer, P., G. Arciniegas, S. Geertman, and S. Lenferink. 2014a. Planning Support Systems and user experiences of planning tasks: An empirical study. *Journal of Applied Spatial Analysis and Policy* (forthcoming).

Pelzer, P., S. Geertman, and R. van der Heijden. 2014b. Knowledge in communicative planning practice: A different perspective for Planning Support Systems. *Environment and Planning B: Planning and Design* (forthcoming).

Rydin, Y. 2007. Re-examining the role of knowledge within planning theory. *Planning Theory* 6(1): 52–68.

Rydin, Y. 2008. Response to E.R. Alexander's comment on 'The role of knowledge in planning'. *Planning Theory* 7(1): 211–212.

Scholten, H., and J. Stillwell, eds. 1990. *Geographical information systems for urban and regional planning.* Dordrecht: Kluwer.

Senge, P. 1990. *The fifth discipline: the art and practice of the learning organization.* New York: Currency Doubleday.

Slotterback, C. S. 2011. Planners' perspectives on using technology in participatory processes. *Environment and Planning B: Planning and Design* 38: 468–485.

Soja, E. W. 1980. The socio-spatial dialectic. *Annals, Association of American Geographers* 70(2): 207–225.

Steinitz, C. 2012. *A framework for geodesign: Changing geography by design.* Redlands: ESRI-press.

Stillwell, J. S., S. Geertman, and S. Openshaw, eds. 1999a. *Geographical information and planning: Advances in spatial science.* Berlin: Springer Verlag.

Stillwell, J., S., Geertman, and S. Openshaw. 1999b. Developments in geographical information and planning. In: H.J. Scholten and J. Stillwell, eds., *Geographical information systems for urban and regional planning.* Dordrecht: Kluwer, 3–22.

Sugumaran, R., and J. DeGroote, eds. 2011. *Spatial decision support systems: Principles and practices.* Boca Raton: CRC Press, Taylor & Francis Group.

Vonk, G. 2006. *Improving planning support: the use of planning support systems for spatial planning.* Utrecht: Netherlands Geographical Studies 340 KNAG.

Vonk, G., S. Geertman, and P. Schot. 2005. Bottlenecks blocking widespread usage of planning support systems. *Environment and Planning A* 37(5): 909–924.

Vonk, G., S. Geertman, and P. Schot. 2007a. New technologies stuck in old hierarchies: An analysis of diffusion of geo-information technologies in Dutch public organizations. *Public Administration Review* 67: 745–756.

Vonk, G., S. Geertman, and P. Schot. 2007b. A SWOT analysis of planning support systems. *Environment and Planning A* 39(7): 1699–1714.

Voss, A., I. Denisovich, P. Gatalsky, K. Gavouchidis, A. Klotz, S. Roeder, and H. Voss. 2004. Evolution of a participatory GIS. *Computers, Environment and Urban Systems* 28(6): 635–651.

Wassen, M., H. Runhaar, A. Barendregt, and T. Okruszko. 2011. Evaluating the role of participation in modeling studies for environmental planning. *Environment and Planning B: Planning and Design* 38: 338–358.

Wenger, E. 1998. *Communities of practice.* Cambridge, UK: Cambridge University Press.

Worrall, L. 1994. The role of GIS-based spatial analysis in strategic management in local government. *Computers, Environment and Urban Systems* 185: 323–332.

周　萌　译，周　恺　校

4.8

地理数据处理和空间规划：一些概念和应用

豪尔赫·泽维尔·达·席尔瓦，蒂亚戈·巴德尔·马里诺和
玛丽亚·希尔德·德·巴罗斯·格斯

引言

地理信息技术近期的进展促进了环境研究的发展。作为一种直接且同时处理空间与分类研究的整合过程，地理数据处理技术（Geoprocessing）在城乡规划与管理领域得到了越来越多的运用。它们促进了理论与实践的合理结合，不仅是在数据方法方面，还涉及对环境问题的认识方面。本章内容虽然基于地理数据处理及作者先前所做的工作为中心，但也会讨论其他研究领域中用来处理空间数据生成和分析的概念、方法和技术，例如数据制图（Digital Cartography）、全球定位系统（Global Positioning Systems，GPS）、遥感技术（Remote Sensing）以及空间规划。本章开头阐述了为什么环境研究对"地理"过程和问题产生了越来越浓厚的兴趣（Xavier-da-Silva and Marino，2010，2011）。在第二部分，我们对一些术语进行了阐述，比如地理多样性（Geodiversity）（Xavier-da-Silva et al.，2001，p. 304）（即对环境特征差异程度的描述）、地理拓扑（Geotopology）（Xavier-da-Silva and Zaidan，2007，p.20）（即考虑了邻近程度和分散分布的类型）；地缘包容（Geoinclusion）（Xavier-da-Silva and Marino，2011）（即如，将人口及其活动的数据插入其地理背景中——物理空间、生物和社会经济背景）。这些概念遍及了本章中所描述的案例运用的方法和技术中：（1）用于紧急火灾的水资源位置的调查与管理；（2）利用数字地图［空间管理树（spatial management tree），即根据积极与消极环境条件评价数据绘制地图］构建分析框架。

环境是地理数据处理的中心

寻找一个简单又有效的方法来解决环境问题，是万众期待的梦想。完成这一任务必须将概念、方法和技术恰当地整合起来，生成一个完整的、集成的、有用的数据集合，即一个有操作性的环境模型。地理数据处理是一种能够同时处理该问题的空间性和分类性的综合程序。它能促进理论与实践的合理结合，不仅是在数据方法方面，也包括对环境问题的认识方面。

环境研究对"地理"过程和问题产生了越来越浓厚的兴趣（Xavier-da-Silva and Marino，

2010，2011）。一些概念被创造出来，例如地理多样性（Xavier-da-Silva et al.，2001，p. 304），地理拓扑（Xavier-da-Silva and Zaidan，2007，p.20），以及地缘包容（Xavier-da-Silva and Marino，2011）。通过两个案例的运用，这些概念及其方法和技术将在下文中进行阐述和讨论。

概念说明

1. 指导范式

许多值得关注的环境问题起源于将环境的不良使用用数据来进行描述（或粉饰），因为数据的可能性和局限性，它们的特性总是被分析师人为地解读。实际上，人类所在地理环境（即地球表面）的存在性，是由一些伦理观念所主导的（即经济发展、生活质量与可持续范式）。这些主导人类生活的观点是有冲突性的。特别是使这三个观点同时稳定所产生的各种影响是非常难以调和的。至少在巴西，在多山地区的开发（不管是贫穷的住房还是美丽的度假庄园），如果缺乏适当的基础设施，如果没有对危险的地质斜坡结构或冲积平原给予应有的保护，如果没有考虑诸如暴雨之类的可能的气象灾害，那就是考虑不周，并且是对经济发展（由更低成本主导）与生活质量（对于所有贫穷和美丽地区的人们而言都有就业可达性）范式极为狭隘的理解。

2. 地理信息技术的概念

地理信息技术近期的进展促进了环境研究的发展，但不恰当地使用地理信息技术专业术语也产生了一些混乱。在此，有必要提出一些重要的声明：（1）获得数据并不一定意味着能获得所需信息；（2）一般来说，任何行为都基于一个参考物（概念在后文中进行阐述）。只有当相关数据在适当的参考物中得到整合，才能获取这些来自数据（记录正在发生的或想象的现象）的知识（或信息）。

很多研究领域在基于一定地理投影（如墨卡托投影）下的地球表面参考物上展开，规划也是这样。地理信息技术的概念包括四个不同的领域：（1）数字地图学，其中心目的是为参照物中物体和事件的空间分布找到最佳的数字表达形式；（2）全球定位系统，辨别物体和事件的地理位置；（3）遥感，通过它可以生成有关地球表面各种能源形式分布的间接图像；最后，（4）地理数据处理（Geoprocessing），是一种旨在直接将数据转换为信息的综合方法（Xavier-da-Silva，2009）。

3. 概念·方法·技术

技术的发展可以为科学的进步带来相关概念上、方法上和技术上的贡献，这是一个众所周知的事实（Levy，1995）。为了进一步阐述这一观点，可以提出一些利用地理数据处理简化环境研究的命题。现象可以被认为是在所观察和映射的现实世界中的可感知的变动。一旦选定了一个适当的参考系（逻辑或物理上的地理位置体系），现象及其观察属性就可以表现为两个基本要素——即物体与事件。本质上来说，它们都是可以根据其发生速度进行分类的能量形式。因此，物体是一个变化缓慢的现象，主要在空间上被察觉，然而事件是一个变化迅速的现象，主要通过现实世界汇总的时间参数来观察。

在此，应该提及一些其他的概念性命题，其中一部分是关于环境动力学的。这些为环境研究提供了背景，需要联合考虑（其至要避免追求或误导研究设计和发展）：

• 众所周知，人类的时间尺度是不足以且不适合用来考虑环境变化的，尤其是对行星层面的变化。

• 任何研究领域都可以被看成是理解可感知现实中某一部分的概念、方法和技术集合。

• 概念是一个逻辑框架，是对现实（精确）的多样表达，用来表征可感知的现象。

• 出于分析的目的，方法可以被理解为是一种识别和分类的特殊安排，将其应用于可感知的现象中，可以进行推理、建立联系和其他解释事物发生的逻辑过程（Xavier-da-Silva and Marino，2010）。

• 技术是通过恰当合理安排的实践程序。

• 事件改变物体，并被物体改变，在一个持续的、不断变化的相互作用过程。

在此，需要做一点重要的阐述，那就是我们对现实的感知必然是建立在将感知到的现象插入到包含时空参数的虚拟或现实结构中的基础上。这一前文提到过的结构，可以将其称作参考物，可以被定义为能够容纳系统性现实变化认识的物质或逻辑框架。这一理论框架可以被转换成环境研究中的使用方法吗？地理信息系统和地理数据处理的发展，在有意或无意间给这一问题以肯定答复。

你可以认为经典的统计方法已经对环境关系的本质和强度进行了研究（Krumbein and Graybill，1965；Snedecor and Cochran，1980；Davis，1986）。但是，GIS 技术为环境问题提供了一个更加全面的视角。它生成了一个直接对应于其真实地理位置并可展示环境现象的环境数字模型（Xavier-da-Silva，1982）。因此，它使得我们可以直接研究地理拓扑（Xavier-da-Silva and Zaidan，2007），可以将地理拓扑理解为特定物体和事件的位置、距离以及分布类型。此外，在任何一个 GIS 数据集中，都能自动地显示地理多样性，即环境的物理、生物及社会经济多样性，这使其更易被分析研究。大量的综合环境特征可以进行合理地研究，大量的成分、分析，及最后将结果进行组合及呈现。

这里列举了一些能体现地理数据处理的研究能力的案例：

1. 可复制的栅格分析过程可以将 GIS 数据库用于环境数据，特别是不同的距离类型、环境影响评估、弹性与空间互动指标。

2. 基于回归方法的复杂趋势表面可以作为环境信息的模拟层，并且可以叠加在正在研究中的地理区域，这就可以对地区情景进行自动创建，使其更易于与其他参数结合。

3. 相关分析（即经典的假设生成工具）可以得到充分应用，对特定环境特征的空间／时间共存性进行数据检索。

当前可以用于环境研究的数据数量，已经不同于以往数据处理能力的数量级。正如上文中所提及的，通过数据挖掘（数据搜索）和其他的地理信息技术研究过程（即卫星上新超光谱扫描仪和图像分类新算法，可以生成用于寻找铁、油等资源的详细地质地图），大数据集可以被全面检索（即搜索出现的单个或联合变量，以及可能出现因果相关关系）。

需要大量的数据是地理数据处理和GIS（地理信息系统）的重要方法特征。环境数据生成一直是（当今仍然如此，尽管有一定的显著的变化）密集的、多样化的和耗时的过程。但是，大量可用数据的分析正在经历激烈的变革，本书的其他章节对数据挖掘和数据处理进行了探讨（克拉利亚，第4.10章；海宁，第4.2章）。

虽然统计分析和数据挖掘技术是数据分析发展的关键，但是需要对另一个关键概念进行阐述：地缘包容，即，例如，将人口及其活动插入其发生的地理环境中（物质的、生物的和社会经济的）。这一概念提醒我们：为了进行更适当的综合环境研究，有必要将其"对象"人充分置入其社会经济和环境背景中。这通常会被地学研究者所忽视。因此，地缘包容的环境研究更有可能成为有用的系统性分析，可以用来调查在任何环境中都会照常发生的所有相关风险、威胁、潜力及机会。必须强调的是，与地缘包容明显相关的这一目标是在地理分析中体现包容性的方法，它需要将任何相关环境变化调整到它的局限性和可能性。

方法

地理数据处理可以被理解为是概念、方法与技术的集合体，旨在将环境数据转变为用于环境认知、规划和管理的相关信息。将它理解为一种方法论（环境研究中有效的和复杂的方法）也是合理的，因为它包含了特定的概念、方法和技术。但是，以环境认知为目的的环境研究不仅要求积累一些独立的事实性知识片段。任何尺度上的空间规划与管理都要求大量具体的综合知识。地理数据处理利用充足的、有组织的方式提供不同来源的数据，并可以根据各种规划目标进行重新组合。如今，任何使用互联网的人都可以获取环境数据。

在空间规划中应用地理数据处理时，可以认为提供有关支持信息对决策特别重要。包括以下几个例子：

• 环境监控（作为生成空间/时间序列的数据收集过程）为未来的环境状况评估创建必要的数据，并最终识别现象的行为及其演变的路径（详情请参见本书黄燕玲的第4.3章）。

• 识别单个和多个邻近度（包括邻接的和相关的空间连接，例如道路）允许对单个或多个因果关系进行估测（详情请参见本书包晓辉的第4.5章和海宁的第4.2章）。

• 多标准评价可以综合多种原因并预期结果近似值，这在环境研究中常常出现。

• 识别、对比以及归类的受人类不良使用影响的关键（即应当关注的）地理区域，例如，未考虑环境限制因素或没有认识未来优势潜力的土地利用行为。

• 好的或不好的人类土地利用行为的环境影响评估。这种环境综合性考量可以识别潜力或风险影响的地区。实施及度量地方发展远景可以避免与控制不良的环境影响。

- 创建分类数据结构，例如"地理多样性指标"（Xavier-da-Silva et al., 2001, p. 304），可以作为识别相关及相似的环境变量集合的工具。寻找地理多样性指标的相关案例有很多，例如，识别动植物物种可能的生态环境，绘制具有相似环境特征的大地区地图，并记录它们之间的细微差别和例外（Xavier-da-Silva et al., 2011）。

- 利用重力模型进行空间交互性调查，例如，基于空间分布的点数据，通过插值生成交互的面数据。

- 应急方案，旨在避免或将未来相关环境事件和物体导致的后果降到最小（即为环境灾难做好准备）。一个涉及 200 多万人的，与烟花庆祝活动有关的应急方案案例将在下文中提到（Xavier-da-Silva et al., 2011）。

- 环境区划是在一个可再生标准下创造的协调的空间分隔方式；例如，为了避免或将洪水的影响降到最小，要对用地地块划分进行优化，并且需要控制河流道。

- 空间管理决策支持树（Spatial Management Decision Support Trees），可以促进空间决策过程的渐进整合，进行成本收益分析。本章将会列举一个案例。

- 规划支持系统（在本书吉尔特曼所写的第 4.7 章中有详细的定义）。

地理数据处理，地理信息系统和环境数据获取与分析

用于特定环境条件下的空间管理规划是在各个空间尺度下（即当地、州、国家、国际）应用地理数据处理的优秀、普适的案例。当今遥感技术、全球定位系统、地理数据处理、电子数据处理及全球信息网络的发展，为环境研究带来了大量可获取的数据，以及处理大数据的能力，同时也带来了新的方法和概念，其中一些我们已在之前讨论过。

尽管可获取信息的数量可能本身就存在问题（例如，要从数以百计的信息文件中获取什么？它们的可靠性/误差范围是什么？），但如今，越来越多的可用作地理数据处理的、可获取环境信息，以及日益增长的可能性，保障了良好的应用前景。这还需要准确的研究进行指导，同时也需要有足够的智慧来将其结果置入适当的背景环境中（成为许多其他分析的一部分，并且需要在决定中包含"人"的因素）。只有这样，这种解决方案才可以真正地用于实践，并清晰地知道该应用在什么时候或什么地方。

在全世界范围内，与环境警戒、控制、规划和管理相关的市、州或联邦机构都在装备各种地理信息系统。在市级层面，至少在巴西，这些系统本可能带来的好处都受到了阻碍或根本未曾出现。这种情况出现的主要原因是市级行政部门缺乏技术吸纳能力（即缺乏人力资源、专业知识、硬件/软件的可用性和知识，缺少对可用方法论的理解）。因此，考虑到应用的多样性，技术程序的简单性以及高度的目的性成为这些系统应当具备的特征，并且，最好不应该要求昂贵且复杂的数据资源和设备。

应急物流和地理数据处理

在条件不确定及数据不断更新的情况下，突发环境事件的处理必须依赖决策信息支持。决策必须及时地制定并实施，聚集合格人员并选择正确设备和运输方式通常是在不能冷静的环境下完成。针对突发性灾难做出的回应程序可以被称为应急物流。这些特定的物流操作通常在人员和物质资源稀缺的情况下运行。通常来说，决策都是基于非常不完美的、不确定的信息做出的，至少在最关键的、多变的初期阶段。

总之，受到灾害影响的区域可能是包含混乱的、不确定的物体与事件的地理拼贴图，并且救灾团队常常面对互相矛盾的信息。必须逐渐将这种混乱的局面扭转为一个有序的信息系统，这一系统能够系统地收集和提供评估环境所需的信息，能够规划不久的未来并做出决策。

建立这样一个系统是光荣的并且是能够实现的目标，处理紧急情况（受伤的居民，徘徊着的饥渴的民众以及各种紧急搜索，如寻找幸存者）必须依靠在关键决策时刻寻找最佳的优先组合。反过来说，这些优先组合不仅取决于可用材料、援助方式、提出活动的特征，而且取决于它们的地理位置和转移难度，必须考虑地理距离及在有效时间内执行程序的可行性。由于 GIS 技术包含数字空间数据库，并可以基于这一数据库进行地理拓扑学分析和相关研究（即地理数据处理），同时也包含了众人皆知的与突发事件中物体及事件的特性与位置相关的前沿设备，因此，它能成为与应急物流相关的决策过程中的十分有用的工具。

环境灾难既可能是在特定地理区域依据精确的时间周期出现的现象（即导致人们可计划进行的活动），也可能是在地理区域中某种自然或人造的特定具体条件出现时发生的事件（即暴雨发生的可能性）。在第一种情况中，应该周密地准备应急计划，因为当时具体的环境条件是可以进行度量或预见的。事件中涉及的人员数量或可能使用的逃生路线就是这一类例子。在第二种情况中，为了将其管辖范围内未来可能发生的环境灾难后果降到最低，避免不正当处理行为出现，民防机构必须对应急计划进行持续的、充足的、不断更新的制定和修改。

关于第一个可能发生的灾害类型的地理数据处理的案例将会在下文中进行简要阐述。想了解详细信息，可以访问网站 www.viconsaga.com.br，它是一个为了展示名为 VICON/SAGA（警惕与控制）的地理数据处理程序应用而专门创建的网站。更多信息可以从地理数据处理实验室网站获得，网址为 www.lageop.ufrj.br。

A. 针对可能引起城市突发状况的计划事件的水资源监控

前文所提及的 VICON/SAGA 程序是在四年前新年前夕，由里约热内卢州消防部门所开发的。在六公里长的海滩边（科帕卡巴纳海滩，图 4.8.1）计划举行一系列由一万多名观众参与的大型烟火表演。在这些庆典活动中，里约热内卢的科帕卡巴纳区（Copacabana）所有可用水资源的控制信息是全部可获得的（消防栓、游泳池、蓄水池、有计划放置的水罐车、专门训练过的武装人员）。同时，也定位了一些可能使用的水源潜在位置或是重点关注点（医院、商场、学校）。对于科帕卡巴纳城市区域内的任何特定的街道和数字地址（可能需要拨打的电话号码的位置或是需要要求任何形式帮助的位置）而言，这些物体的位置是确定的、独立的或是作为特定半径内的物体组合。因此，里约热内卢州的消防部门要提供可以解决可能突发事件的重要且迅速的信息。

这一应急方案的编制确定了可能发生火灾事故附近的可用水资源以及易于出现恐慌事件源头的重点区域。对所有可用水资源的监控是分析的一个关键要素。这个基于 VICON/SAGA 的信息系统可以创建关于新年前夕活动监控的详细的、可比较的分析报告。必须指出，对这类节目的主要担忧之一就是观众的恐慌。这种关于一个区域和一种场合的有组织的知识（即地理数据处理系统本身）可以明确地确定可能或正在发生的事故的其他时间／空间序列，包括对可能出现的恐慌事件的相关估测，以及为避免、控制或减轻这些事件所做的分析和检测。作为一个能够接收和整合更多数据、信息和研究程序的信息结构，这些目标可以通过采用专门创建的环境数字模型来实现。这个结构的建立必须考虑与相关物体的位置（即本案例中，烟花、人、水库等的位置）有关的已经发生或预计发生的事件。因此，可以结合考虑空间定位的物体和事件的多样性（地理多样性），因为物体和事件在一个地理区域内都是不均衡分布的，并且需要调查的两者之间具有功能性的关系（地理拓扑学）。一旦实施适当的方法，就可以直接在地理数据处理系统中获取空间、时间和分类（所涉及的变量）的基本分析和综合维度。假如能适当地研究当地现存的地理多样性和地理拓扑学，那么就可以将现有的研究或管理问题视为一个包含了物质、生物和社会经济因素的框架（地缘包容）。这种效应存在于识别事件（警觉）、相应频率（控制）、制定未来程序（规划）和执行或修正既定计划（管理）等多种可能性中，这些地理信息系统可以执行基本的日常活动。

图 4.8.1　可利用水资源和关键点：2011 年巴西里约热内卢的科帕卡巴纳地区的新年庆典

B. 城市土地利用规划，成本效益分析，预算估计：空间管理系统

　　下方的示意图是一个叫做空间管理树的自上而下的评估结构（图 4.8.2）。它是一个旨在识别风险、潜力及与其相关的威胁和机遇的程序。在当前的案例中，它与城市地区贫民窟问题有关，这作为一个案例也可以运用到其他重要的环境状况中。通过特定的邻近度分析可以识别相关的威胁和机遇。通过模拟数据的变化，可以在相关假设的单个或多个变化中预测相应的主要财政支出。从空间管理树中获取的决定支持的具体信息是：（1）由于不可移除，哪些贫民窟地区应该进行就地城市化；（2）由于在当前位置上存在可疑和／或昂贵的风险控制，哪些贫民窟需要

进行人口迁移；(3) 通过模拟，什么类型的投资可能会带来人口生活质量的最大提升。通过假定支出，可以在不同的替代方案之间进行权衡。此外，这一地理数据处理结构也考虑了当地的物质、生物及社会经济的环境变化（地理多样性）及相关物体和事件的位置与属性（地理拓扑学）。可以进行一系列有效的分析及综合，进而比较单个或多个环境变化，实行广泛、详细的相关环境调查来体现其地缘包容性。

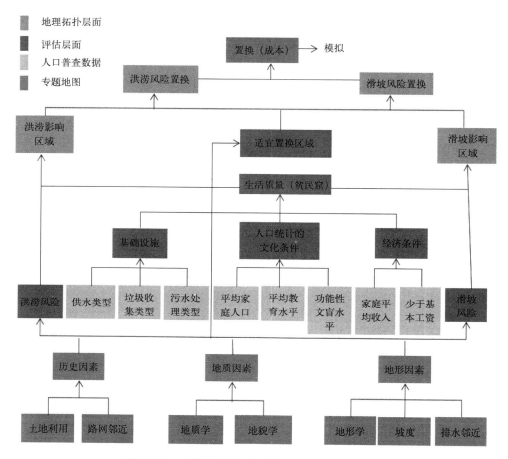

图 4.8.2　空间管理树：危险居民点的预防性安置

应该详细介绍上述空间管理树的相关特性：

• 地图是由矩形表示。从地图树的任意部分可以计算出任何地图类别的平面范围，以及一个任意绘制的多边形的面积。通常，可以将任何被计算的区域理解为所考虑地区的可能发生的随机事件，这一地区与总制图表面相关。

• 可以通过合并与研究区域相关的数据，例如地质、地形、居民社会条件、灾害（洪水、山体滑坡等）和潜力（城市扩张，旅游等）。事实上，SMT 结构可用于任何变化分类算法。这些程序中的运用的例子有布尔代数树和多标准评价（Avdagic et al.，2008）。

• 可以通过专业团队（地质学家、土木工程学家、医疗卫生和教育人员）进行地图集成程序与相应分析。可以通过使用多种类型的地图促进跨学科合作。多学科联合评估的目的是为了生成合成的地图，即"树"顶端的要素。

• 在地理拓扑学分析层面，接近性识别可能成为重要的决策支持信息。可以确定贫民窟与适宜接纳居民的地区之间的距离以及相应的成本花费。这种分析也可以基于相关费用成本确定，贫民窟应该进行人口搬迁或是进行环境改善（如风险消除）。

• 通过测试模拟一张地图（或一组地图）数值变化的中间或最终地图树的敏感性，可以改变树地图分类结果的空间分布。对比并不受空间管理树分类维度的限制。通过模拟地理参考数据库中不同地理区域的资金和/或物质变化（如道路），它们可以扩展到空间领域。

• 管理树最终地图是一种复杂的、合成的空间估测。可以利用它来估计模拟的现象类型和级别的重要性。

• 如前文所说，为了方便将来的对比或控制，可以计算与预留与每个最终地图空间估测的实施相关的货币成本（即当地环境的改善成本）。

• 一系列不同的管理树运用之间可以进行许多复杂的比较。

• 假如能够创建一个整体的未来环境场景，包括未来支出的计划，就可以进行高级别的对比，作为调和主导范式（经济发展、生活质量与可持续性）之间矛盾冲突的尝试。

• 最后一点，空间管理树的运用提供了一个有组织的评估程序。该系列包含并给出了支出建议及相应空间实施方案。在某些情况下，由于可以获得更好的替代方案或新选择，可以在真正实施与否定之前分析先前成本估计。

最后的思考

本文阐述的地理多样性、地理拓扑学以及地缘包容的概念不仅是环境分析涉及的领域，同时也是大部分空间规划涉及的领域。在这两个例子中，这些概念都是用来深化环境现实中的分类、评估及预测，并给出有效参数（即近似度量）。我们总是希望这样的尝试可以促进对自然限制的尊重，同时，指出环境威胁、风险、潜力及机遇的发生。

分析及综合过程必须考虑上文提到的具有指导性的概念，否则就会产生具有局限性的结论。假如在环境调查中能够有序地考虑地缘包容，那么出现非理想结果的可能性将会降到最小。使用这些具有指导性的概念可以获得和验证得到的结论，因此需要推荐。例如，可以根据它们作为相关环境干扰源头的重要性，来比较各替代方案。可以通过应用显示相应过程中环境干扰数量的指数来考虑地理多样性。考虑地理拓扑指标，比如可达性，可以作为选择方法所依据的参数。因此，可以用地理多样性、地理拓扑学以及地缘包容的概念来逐步证明结论的正确性，并且可以对可能方案进行交叉检验。基于这一程序的决策就会是一个确定的、可以再生的基础的决策。

在实践中，地理数据处理可以同时包含空间、时间和分类三个维度，它给环境研究带来了预测的可能，可以对上文中所说的任何维度作出预测。通过在相似环境条件下，对其他现象组合情景进行分析，可以得到相关的预测知识。尤其是如果采取检索程序（彻底的搜索），这种实证学习就可能演变为一项有目的性的任务，与空间调查中的主观选择形成了鲜明的对比。

地理数据处理近期有关不断被获取的环境数据的发展也十分引人注目，并且给大家提出了待解决的问题：巨额的预算都花费在了大型数据存储上。有关环境数据的系统必须是一个动态实体，并且需要能够不断地将储存的数据转化为具有社会用途的信息。最近出现的关于网络搜索机制、系统交互操作与数据结构（Chan and Zeng，2006）的发展都是这方面的好消息。

和环境研究有关的是一种新的符号结构的出现，其中有一些方面值得关注：

• 地图作为环境信息资源来说越来越短暂。在有效的时间内，可以对任何地理参照位置用数字化形式生产临时的地图。这是多么令人梦寐以求的宝贵财富（指示地图），它成了一个有序的、更有效的并且短暂的地理拓扑数据资源。

• 单独的分析结果，例如，一份根据山崩或洪涝危险区域进行分类的地图，往往有其使用的局限性。这些孤立的结果必须被概括、分析和呈现给世人，并被嵌入到真实、明确和有用的决策支持的分析结构中去。举例来说，空间管理树结构可以为人口移动及特定金融投资的决策制定提供支持。

• 将一种方法论成功地运用到科学研究领域的关键是找到核心的理论要点。举例来说，假如可以接受这样的论点：对于任意环境中科学研究，其出发点首先就是要选择空间参考（比如地球表面）并且确认与调查相关的物体及事件，那么许多变量之间的关系就可以通过创建一个位置参照数据集而揭示出来。在其他相关特性中，邻近性、优越性以及偶然性在探索及合成程序中是可以研究的，这些过程可能会在最后对新的、确定的对象（例如，风险区）与相关结构进行识别，允许感性的研究和预测。同样，这种结构类型的例子即是上文中提到的空间管理树。

• 目前，获取地理位置的数字信息的价值受到了越来越多的关注。而地缘包容，一个能够引起选择性搜索以及能够阐明环境条件的模糊问题（可能会导致未来产生很多的问题）的概念，却受到了较少的关注。环境调节的持续影响要求其考虑可能的威胁、机遇（可能被认为是估测事件）及预知危险与潜力的地方（实体），这要其具有细致的、先决的包容性。

• 我们呼吁对科学文献制作的关注。发表由专家审查过的严格可靠的阅读材料是很重要的，但是研究更需要克服技术术语的阻碍，能够生产广大读者可读懂的材料。

• 学习以前的与环境相关的物体与事件的组合，并且作为本地记忆逐步存储起来，将扩展地理数据处理的能力。如今，除了使用主观观点以外，还可以利用分析和详尽搜索程序来执行相关研究。那些有关环境中发生的事物的记录越来越多，这些根据空间组织的相关数据库可以成为一种有价值的知识遗产。

• 除了像常规地理科学那样，仅仅将地理数据处理作为识别和分类现象的方法，地理数据处理如今鼓励建立和验证理论假设，它主要（但并不仅仅）关注的是环境现象的空间分布。它还会包括相关的物体和事件的警惕和控制功能（即呈现的环境现实）。

希望通过前面的讨论，我们可以得出一个结论：地理数据处理（作为一个旨在将环境数据转化成文档信息的概念、方法和技术的集合体）能够增加空间规划和环境管理的运行效力，并成为可持续发展的一个重要元素。

参考文献

Avdagic, Z., Karabegovic, A., and Ponjavic, M., 2008. "Fuzzy Logic and Genetic Algorithm Application for Multi Criteria Land Valorization in Spatial Planning." *Artificial Intelligence Techniques for Computer Graphics*: 159: 175–198.

Boulos, M. N., 2005. "Web GIS in Practice III: Creating a Simple Interactive Map of England's Strategic Health Authorities Using Google Maps API, Google Earth KML, and MSN Virtual Earth Map Control." *International Journal of Health Geographics* 4:22. Available at: www.ij-healthgeographics.com/content/4/1/22 (accessed 5 August 2014).

Chan, L.M., and Zeng, M.L., 2006. "Metadata Interoperability and Standardization: A Study of Methodology." *D-LIB Magazine* 12 (6). Parts I + II. Available at: www.dlib.org/dlib/june06/chan/06chan.html.

Davis, J.C. 1986. Statistics and Data Analysis in Geology. John Wiley & Sons, New York.

Freire, P. 1970. Pedagogy of the Oppressed. Seabury Press, New York.

Krumbein, W.C., and Graybill, F.A., 1965. An Introduction to Statistical Models in Geology. New York: McGraw-Hill.

Levy, D.M., 1995. "Cataloging in the Digital Order", in *Proceedings of The Second Annual Conference on the Theory and Practice of Digital Libraries*, Texas, USA.

Marino, T.B., and Xavier-da-Silva, J.X., 2012. "Geoprocessing for Urban Planning Methodology for Decision Making in the Context of Social and Environmental Hazards in Urban Areas", in *Proceedings of The 3rd International Conference on Society and Information Technologies: ICSIT 2012*, Orlando, v. 1. pp. 25–30.

Snedecor, G.W., and Cochran, W.G., 1980. *Statistical Methods*. 7th ed. Ames: Iowa University Press.

Xavier-da-Silva, J., 1982. "A Digital Model of the Environment: An Effective Approach to Areal Analysis", in *Proceedings of Latin American Conference, International Geographic Union*. Rio de Janeiro: IGU, 1: 17–22.

Xavier-da-Silva, J., Person, V. G., Lorini, M. L., Bergamo, R. B. A., Ribeiro, M. F., Costa, A. J. S. T., Iervolino, P., and Abdo, O. E. 2001. "Índices de Geodiversidade: aplicações de SGI em estudos de Biodiversidade", in I. Garay, B. Dias, *Conservação da Biodiversidade em Ecossistemas Tropicais*. Petrópolis: Vozes, 229-316. Available at: www.viconsaga.com.br/lageop/utilidades/geodiversidade.pdf (accessed 5 August 2014).

Xavier-da-Silva, J., 2001. "Geoprocessamento para Análise Ambiental". Rio de Janeiro. Available at: www.viconsaga.com.br/lageop/utilidades/partelivro.zip (accessed 5 August 2014).

Xavier-da-Silva, J., and Zaidan, R.T. 2007. "Geoprocessamento para Análise Ambiental: Aplicações". 2nd edition. Rio de Janeiro: Bertrand Brasil.

Xavier-da-Silva, J., 2009. "O que é Geoprocessamento?". Rio de Janeiro: Revista do CREA-RJ 79:42–44.

Xavier-da-Silva, J., and Marino, T.B., 2010. "Is the "GEO" perspective really general?", in *Proceedings of the 1st International Conference and Exhibition on Computing for Geospatial Research & Application*, Washington D.C.

Xavier-da-Silva, J., and Marino, T.B., 2011. "Citizenship through data sharing in the Amazon Region", in *Proceedings of the 2nd International Conference and Exhibition on Computing for Geospatial Research & Application*, Washington D.C.

Xavier-da-Silva, J., Marino, T.B., and Goes, M.H.B. 2011. "Geoprocessing for Environmental Assessments: Citizenship in the Amazon Region and Emergencies in Rio de Janeiro." *Directions Magazine* 1: 1. Available at: www.directionsmag.com/articles/geoprocessing-for-environmental-assessments-citizenship-in-the-amazon-/195036 (accessed 5 August 2014).

Xavier-da-Silva, J., and Zaidan, R.T., 2011. "Geoprocessamento & Meio Ambiente". Rio de Janeiro: Bertrand Brasil.

王　晨　译，周　恺　校

4.9

空间模拟与真实世界：战略规划背景下的数字方法与技术

克劳迪娅·亚穆，安德烈亚斯·福格特和皮埃尔·弗兰克豪泽

摘要

空间建模与模拟将复杂的现实世界以简化的形式呈现，从而达到预先研究空间战略及其影响的目的。空间战略是引导未来发展的准绳，在未来很长时间内（通常会持续许多年），所有解决空间问题的方案实施，都必须以其为指导（Scholl，2005，p. 1122—1123）。

在本章中，我们将会探讨两个适用于数字化现实的主题：第一，战略规划思想；第二，为决策而建立的多维度、多重分形模型；两者之间相互联系，并且支撑可持续环境的发展。

基本理论方法

空间规划过程有其特定的思考起点，即影响现实世界的相关社会问题（Scholl，2005，p. 1122）。这些相关问题既包括已经解决了但需要时常更新并修正的，也包括尚未解决并等待寻求恰当解决方法的。目前，将规划任务分为两类，一类是已经迫在眉睫，亟待解决的；另一类是可预期的，有可能实现的或者至少从总体上看是可以想象并且能够展望未来的。这些问题通常是首先就应该避免，或者应该减轻其消极影响。在民主环境下，处理这两类问题需要获得政治上的合法性以及社会上广泛的接受与理解。在现实世界中，可用于设计规划过程的资源，以及进行"干预"[1]的机会都是受到限制的，正如规划过程的对象：空间和时间，因此，需要事先安排目标的优先顺序。每当处理这类问题时，常常会产生不同观点之间的冲突，既有来自政治方面的，也有来自部门方面的。因此，规划过程必须以"建立共识"开始，以指导参与过程的每个人的行为。"塑造居住环境"，即保证所有生物的居住条件，可以被视为规划中的一个普遍概念（Voigt，2012）。

基于"对形势的理解"[2]，任务是试图寻找可能的解决方法，基于合理的标准拟定措施，并且达成民主合法的决议促进行动的进一步开展。[3]由此产生的空间的概念和规划往往是基于现实世界而形成的，通常是在团队多轮的讨论中逐渐呈现的。规划过程的初步成果是对现实世界进行的干预措施，以及对特定问题采取的相关行动。干预介入的实现改变了世界，有些在中长期中得以体现，有些则是永久性的。因此，必须在实施之前仔细研究其空间影响。

未来空间发展的关键问题都是复杂的，例如，为我们的居住环境提供有保障的能源供应，

确保流动性,城市系统的填充式开发,解决人口变化和气候变化等。因此,正确处理其复杂性(De Roo and Silva,2010) 对于制定可行的潜在措施具有决定性的意义。通过建模的方法将复杂性降低到可接受的水平是空间模拟的必要基础,其目的是促进决策、帮助交流和获取知识(Markelin and Fahle,1979,p.19–20)。

现实世界是规划和建筑的活的"实验室"。空间建模与模拟使复杂的现实世界得以以简化的形式呈现,从而达到预先研究空间战略及其影响的目的。空间模型和空间模拟需具有代表性、精确、清晰、生动、有吸引力且易于理解(Sheppard,1989)。快速发展的数字建模和模拟技术推动了数字空间模拟实验室的建立,它可以在不同的时空背景下提出解决空间问题的方案并进行空间实验。因此,下列质量标准可用于数字"空间模拟实验室":支持规划过程中的所有阶段(Schönwandt,2008,p. 36),尤其是团队做出的决定;优化空间信息的清晰度和可理解度(Sheppard,1989);结合不同质量的信息并将其概要性地呈现(定量的与定性的,基于图像的信息与基于文字的信息)。

为了遵守这些标准,福格特,沃斯纳等人(Voigt,Wossner et al,2009) 建议空间模拟实验室遵循以下框架:多功能虚拟现实模拟(VR)环境中的系统开发,将实验室作为一个工作环境和表现环境,交互式实时模拟高度复杂的地理参照下的和图形化的数据。

维也纳技术大学(Vienna University of Technology) 的空间模拟实验室是基于上述标准建立起来的。[4] 这就意味着,维也纳技术大学空间模拟实验室(简写为 SimLab)的研究领域符合规划过程的要求 [解决或是避免复杂的空间问题(Schönwandt et al.,2013;Voigt,2012)],特别关注时事问题的战略规划(Scholl,2005),例如,为了我们的居住环境而保障能源的供应,内城发展,大都市地区的可持续性等。空间模拟实验室致力于在使用和效益之间取得积极的良性关系(图4.9.1)。

让我们回想一下,复杂空间问题的解决方案要求的是"战略性的态度"和程序,考虑到所选择的空间、社会、经济和生态参数以多尺度、多维度的形式进行相互交织而形成的相互依赖性,那么即使是简单的数字世界(2D,3D,4D)也是非常复杂的。

图 4.9.1　空间模拟实验室（VR 环境），维也纳技术大学：团队导向的规划过程

通过举例的方法，首先阐明战略规划（侧重于规划过程）的基本概念，其次是对一个研究领域的详细的探讨：规划的多尺度，多重分形模型（CzerkauerYamu，2012；Czerkauer-Yamu and Frankhauser，2010，2011，2013）。这两个领域都支持了实验室可持续性和可持续建筑环境的总体目标。

解决构建可持续建筑环境复杂空间问题的战略规划 [5]

空间战略规划已在文献中获得了广泛地探讨（Bryson and Roering，1988；Bryson，1995；Healey，1997，2004，2013；Mintzberg，1994，2002；Mastop and Faludi，1997；Kunzmann，2000；Kreukels，2000；Albrechts，2004；Albrechts et al.，2003；and Friedmann 的综述，2004），这些研究使我们意识到尚无被普遍接受的唯一定义（Albrecht，2006），因为这一主题可以从多个角度切入。最近，希利等人将战略规划定义为："是一个通过集合来自不同机构以及地位的人来共同制定规划过程以及为管理空间变化提供内容和策略的社会过程 [……]"（Healey et al.，1997，p. 5）。战略规划包含对现实世界中行为的见证、体验以及观察的方面，并以其作为激发和形成新思想的有效方法。对人们的行为以及结合了城市和区域布局的市场力量（社会经济相互作用）进行细致地观察可以拓宽研究视野，发现之前未出现过的更多的机会（Fulton Suri，2005）。对于任何规划和设计策略来说，我们都需要以空间使用和布局为出发点的考虑。其基本理念是处理不同层面的建筑环境，比如交通、人口、商业、产品、服务、旅游、卫生部门、居住、休闲等等。我们必须承认不同尺度下（从全球到地方，或从地方到全球）的建筑环境受到以复杂方式相互交织的多种力量的影响。因此，战略规划是一个包含了多学科及跨学科元素的整体方法。

基于战略规划的背景与要求，概念、模型与模拟（2D，3D，4D）能为战略规划增加价值，因为它们都有利于空间思想的形成与交流。这些可视化和模型化的想法强调空间的使用者以及强化社会过程（团队导向的）从而获得进一步的深入理解，以达到下一阶段更多、更具体的可实现的理解（认识提升的过程）。因此，我们与布赖森（Bryson，1988）的思想一致，认为空间模型与模拟可以支持以下想法：明确未来的发展方向，为制定决策建立一致的、防御性的基础，在地区监督的条件下实现最大程度的自主权利，并且建立专家体系。在战略规划的框架范围内，模拟和建模是在战略规划中使用植入信息的平行交互过程。在观察区域中，空间问题、规划先决条件以及地区的复杂性决定了建模和模拟方法、技术手段（而不是由技术决定前者）及参数（空间的，社会的，经济的，生态的）。

一般而言，建模类型主要有决策模拟、决策支持系统、规划支持系统以及用于参与和合作过程的可视化技术。一旦类型得到确定，并且能够实现理想的交互式的情景开发及检测过程，那么专家意见和建议就会反馈到战略规划过程中，这些意见和建议往往包含有关战略问题的信息，如体现冲突。对规划和设计项目实施后评价，不仅有助于提升未来的设计过程，而且可以推进当前模拟和建模技术及工具的不断发展。

在规划中（包括战略规划）使用多尺度模拟模型有助于解决建造环境的复杂性问题。在关于城市变化的讨论中，多尺度观点被视为是一种非线性、等级化的方法。这一等级体系也是复杂系统的一部分（比如分形、幂定律）。

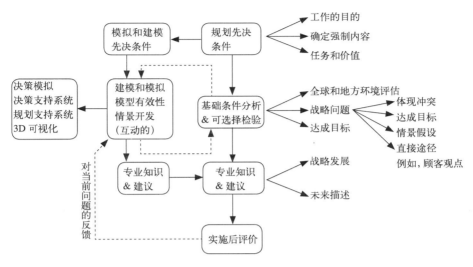

图 4.9.2　包含模拟和建模的战略规划过程

决策模拟、决策支持系统、规划支持系统可以支持战略规划。我们的数字实验室是由多种部分和模块组成的（如可视化软件、GIS 软件、硬件）。因此，空间模拟实验室通过可视化复杂数据（图形和数字）来支持规划过程，并希望其在任意尺度下（放大/缩小）保持一致。为了能够最优化使用数字实验室，就要对规划支持系统进行重点研究，因为规划支持系统是连接"数字实验室"框架和"数字化"规划过程的桥梁，在"数字化"规划中测试和评价未来空间发展的情景。上述研究着眼于包含了多尺度/多维度/多重分形特征的决策模拟。这些特性保证了可持续性质量标准的效率，我们将在后文中详细地对其进行解释。

多尺度、多重分形的规划模拟模型 [6]

城市形态学分析表明，工业革命之后貌似无组织的城市形态发展大部分遵循了分形结构原理（Fractal Structural Principle）（Frankhauser，1994，2008；Batty and Longley，1994；Batty and Xie，1996，1999；Benguigui et al.，2000；Shen，2002；Salingaros，2005；Tannier and Pumain，2005；Thomas et al.，2010）。

城市增长似乎是被复杂的动态过程主导，因而造就了形态学上的宏观结构。这让人联想到其他的进化系统，例如云、树木、树叶或人的血管系统。但是，这样的等级原则正因交通量的日益增多而改变，并且由于日益增加的偏远郊区开发，城市聚集形态正变得越来越均匀（Frankhauser，2008）。因此，在城市规划中使用分形几何意味着，分形即为潜在的最优标准，就像在自然结构中一样。

的确，对于内部子系统之间有较高关联性的空间系统来说，分形表面似乎是一个最佳的选择。并且,等级结构也是十分高效的。这一结构适用于许多自然结构,例如肺脏系统和血管系统。在城市规划中,城市街道网络就是一个很好的例子。在巴黎,包括 19 世纪奥斯曼(Haussmann)的道路布局在内的街道系统实际上也遵循了分形尺度(Frankhauser,1994)。由于任何建筑必须有道路可达,交通网络通常在城市增长中扮演着重要的角色。因此,在火车-有轨电车时代,公共交通网络促进了轴向增长。例如,现在的柏林仍然是这样,郊区铁路网构成了城市空间主要结构框架。铁路网络通常是分等级组织的,并且不像当今街道网络那样均匀地覆盖空间。这就解释了,为什么一旦公共交通得到发展以后,新型的城市形态就会显示出显著的分形特点。在柏林,这种增长方式随后成为制定规划战略的基础,即优先开发郊区铁路发展轴周边的地区。这在哥本哈根的手指规划方案(Copenhagen's Finger Plan)中表现得更加明显。将交通轴线作为优先发展轴是分形规划概念的一个重要方面。

另一个众所周知的城市系统的特性就是按照位序-规模原则(Rank size distribution)划分的中心地等级,该结构也是分形等级体系的体现。这一规划模型的概念体现了大都市区的等级组织结构。以地区之间(比如村庄)社会和经济相互作用及相互依存度为基础而建立的等级结构,已经被城市地理学学者长期研究。这些研究结果奠定了克里斯塔勒(Christaller,1933)的中心地理论(Central Place Theory)的基础,该理论是基于不同等级设施的服务范围以及服务设施使用频率构建的。这就是为什么日常生活的服务设施(如超市)会靠近居住区,而每周或每月需要的服务设施要求有更大的服务范围。克里斯塔勒的理论局限在于,仅仅考虑功能等级,而不考虑空间结构(拓扑)。这就为什么克里斯塔勒理论中设施常常均匀地分布在空间的平面上。这种分布可达性存在诸多不利因素。首先,在理论上必须配备均质的交通基础设施;另一方面,所有剩余的自由空间的规模大致是相同的。克里斯塔勒的理论正在被不断修正,它与 Hillerbrecht 的区域城镇(Regionalstadt)理想城市结构大不相同。克里斯塔勒的观点深化了对短距离城市的可持续理念研究,促进了功能可持续、管理可持续规划理念的形成。

规划通过引入不均衡分布的居住地来对克里斯塔勒的理论进行修正,即城市化地区集中靠近公共交通轴线布局(Frankhauser,2008)。等级结构交通网络中的节点是地区服务和商业空间的优势区位。类似于分散集中的概念,或者如考尔索普(Calthorpe et al.,2001)的区域城镇,它也能保证轴线间空间的跨区域供应。

这些观念保留了等级组织下的绿地系统。因此,保留下了不同规模的自然保护区,给众多动植物提供了栖息地。

但是,在此我们清晰地展示了一个多尺度模拟模型,分形成为了在不同空间尺度(从大都市尺度到地方尺度、邻里尺度)间进行连续规划安排的基础(Czerkauer-Yamu,2012)。因此,大都市区成为一个有机整体,在整体中,各个组团的不同部分间彼此关联。

如何应用规划概念

当克里斯塔勒在德国南部出版他的中心地理论的时候,他就清晰地表明为多数人口提供重要服务的功能将趋向布局在城市的中心。商业和服务业大多接近市场布局,并成为欧洲城市的核心。鉴于最重要的基础设施趋向于分布在最中心的位置，克里斯塔勒贴切地称之为"中心功能"。而且，克里斯塔勒认识到"中心地"之间存在严格的等级关系（Borsdorf，2004）。博尔斯多夫（Borsodorf）强调，在这一体系中，中心城市周边的村庄绝不可能获得更高的中心性地位，因为克里斯塔勒的理论将吸引力和交通成本（即距离）作为基本原则（Borsdorf，2004）。假如将克里斯塔勒的理论置于周围没有建筑环境的、严格的、缺少灵活性的系统中看，那么博尔斯多夫对克里斯塔勒的看法就是正确的。

但是，假如将克里斯塔勒理论视为模块化系统，改变它的空间尺度，并且在聚集组团（工作、居住、游憩）中增加新的等级和联系，我们就会惊喜地发现将其应用在不同空间背景的新视角和新可能。希勒布里茨（Hillebrecht）的区域城镇认为中心位置应该包括商业、服务业和工作区。在当今可持续发展的探索下，规划者需要抛弃区域空间等级与功能等级相关联的观念。众所周知，欧洲重要城市的中心通常是经济、政治、文化力量的结晶。当用中心地理论的理念制定新规划战略时，区分上述二者十分重要的。

绿地和游憩地是克里斯塔勒没有考虑到的空间系统，但其对阐述该概念十分重要。许多研究者已经强调过绿地和开放空间对于高品质居住环境的重要性（Gueymard，2006；Bonaiuto et al.，2003），绿化植被对于城市空间也一样重要（Botkin and Beveridge，1997）。同样，也有作者指出了游憩地可达性的重要（Guo and Bhat，2002；Barbosa et al.，2007）。

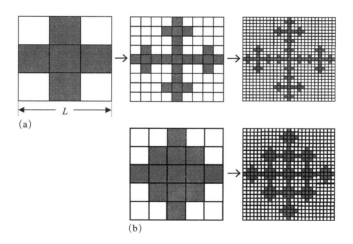

图 4.9.3 （a）产生单一分形的 Sierpinski 面的前三个迭代步骤，每一次迭代使网格的宽度减少到原来的 1/3。该模型是后续研究的参考模型；（b）前两个不同单一分形的 Sierpinski 面的迭代步骤形成了孤立的内部空隙

规划概念（Frankhauser，2007，2011）与弗朗什孔泰大学（Université de Franche-Comté）（Tannier et al.，2012；Frankhauser et al.，2011）的 ThéMA 的交互式规划工具（MUP-City）[7] 是第一次提出规划分形概念和开发实现分形发展情景工具。本项研究中所使用的方法借助于覆盖研究区域的网格。根据分形网格分析的逻辑，通过不断修正格网大小，涵盖不同尺度下的"土地占用"（参见土地占用指标）。因此，这一网格成为空间参照系。

图4.9.3a说明了迭代过程的作用机理。在图中，网格每一次缩小到原来的1/3。在图4.9.3（a）、（b）中，每一次迭代所形成的图形由黑、白两种颜色的方格网构成，其中黑色对应于建成地，白色对应于未开发地（包括交通网络）。在每一步中，所有方格网的尺寸都是相同的。这就有可能形成黑色方格网的聚集，但是，在迭代过程中，迭代的逻辑会将它们分隔开来，并且在城市化地区产生大小不等的白色孤岛，这样的结果与我们的目标相矛盾（图4.9.3b）。需要强调的是，分形迭代并不需要网格的存在。该逻辑简化了多尺度规划工具，并且便于确认网格中是否含有建筑物。实验表明，这一程序非常适合解决郊区村庄及邻里空间层面上的城市发展情况。

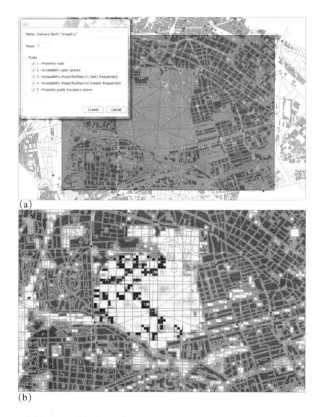

图4.9.4 （a）用MUP–City为柏林–滕佩尔霍夫（Berlin–Tempelhof）机场旧址设立的分形场景（Czerkauer-Yamu等，2011）;（b）对柏林–滕佩尔霍夫所作的情景评价（适用性地图逻辑）（Czerkauer-Yamu等，2011）

在实际操作中，每一步我们都要确定方格网中是否包含建筑物——前文中我们称之为"分形分解"(Factal decomposition)。规划工具通过制定一些基于分形几何和拓扑性质的形态学规则，获得不同的发展情景（图4.9.4a）。这些规则决定着每一个阶段（尺度）中，各个方格网是否可以进行城市发展。根据内在分形逻辑，在所给的分形步骤中，假如方格位于之前的分解步骤中已经确定为未来潜在城市化地区的更大的方格之中，那么这些方格才可能用于下一步的城市化。基于这样的逻辑，发展避开了破碎的已建成空间以及开放的景观空间，而游憩空间的可达性则可以得到保证（Frankhauser et al.，2007;Frankhauser，2012）。此外，不同类型的服务和购物中心的可达性也可以被评估出来（图4.9.4b）（参见Tannier et al.，2012）。

然而，这种方法在区域尺度下的大都市区中就不那么有效了。事实上，根据早前所说的克里斯塔勒的逻辑，从一开始就将各种大小的居住地纳入分析是很重要的。这在之前项目中使用的单一分形参考模型中是不太可能的，这一模型直接对应于所谓的网格状逻辑的标准Sierpinski面。

因此，我们在此提出了一个包含不同折减系数（reduction foctors）的多重分形参考模型（图4.9.5）（Feder，1988）。正如前文所说，参考模型仅仅用于描述规划概念的基本原则以及确定在真实城市中运用的步骤。本研究中所用的参考模型是图4.9.2中的Sierpinski面的多重分形版本（Czerkauer-Yamu and Frankhauser，2011；Frankhauser，2012）。

我们仍然使用方块状元素，但是现在在每一次迭代步骤中，我们得到了面积大小不等的元素。因此，该逻辑不能再用网格状支撑物现实。图4.9.5展示了所谓的定义迭代过程的生成器。一个正方形的基本长度L随着折减系数$r_1=0.5,r_2=0.25$而减少。将$0.5×L$大小的正方形置于中心，四个$0.25×L$大小的小正方形分布在大正方形的周围。接着，再将这一步骤应用于每一个生成的正方形中。因此，在迭代的过程中结合了这两个系数，第n次迭代即为下列的设定值r_1^n，$r_1^{n-1}r_2$，$r_1^{n-2}r_2^2$，……，$r_1r_2^n$。图4.9.5展示了前三步迭代步骤。

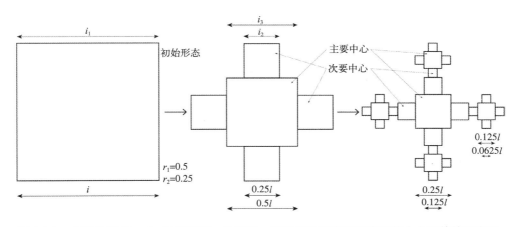

图4.9.5 多重分形Sierpinski面的第一次迭代，迭代产生了有层级次序的大小不等的正方形。这种分形为区域和城市尺度上的分形城市规划提供了一个可能的参考模型

我们将长度为L的正方形当做是含有两条主要轴线的大都市区，假设这两条轴线相交于主要组团的中心，这些组团相当于图中大的黑色正方形且被四个较小的次中心所环绕。与之前的项目不同，我们将这些黑色方块看做是不同供应水平中心地的汇集区，假设其适合进一步发展。位于这些区域之外的居民点被当做是"乡村腹地"，它们远离任何一个中心并且不适合进一步开发。这就体现出规划的基本原则，即为了避免大规模的交通流，致力于靠近现有中心的城市地区集中发展［公共交通为导向的开发模式［transit oriented development（TOD）］。经过不断的迭代，通过在主要交通轴线交叉点生成额外次中心以及次级分支来优化模型。接着生成更多的小网络分支以及更小的地方聚集中心，这些聚集区都位于网络交叉点。由于每一步都会生成

空白区域，模型得到一个十分复杂的区域边界，边界区域都是可能进行城市开放的。

由于迭代计算，空间系统遵循严格的等级组织原则，它根据服务面积的不同定义出中心地的等级序列。潜在的同圆扩散逻辑（radio-concentric logic）能够确保服务和购物中心具有良好的可达性。与单一分形 *Sierpinski* 面相类似，该模型避免了建成区出现离散斑块（即蔓延地区），也避免了破碎的非城市化地区（即自然景观的破碎化）的出现。然而，通过延伸城市边界，分形的确实现了建成区与开放空间的多尺度衔接。这为城市化地区直接邻近的游憩空间和绿地空间提供了良好的可达性。

在实际运用中，一种名为"Fractalopolis"[8]的新的决策模拟软件被开发出来。因此，我们将会通过模拟维也纳-布拉迪斯拉发（Vienna-Bratislava）大都市区（图 4.9.6），来介绍具体操作步骤并且对它进行描述。

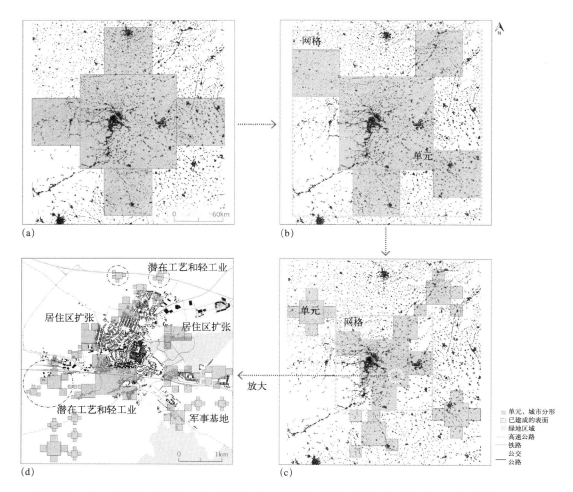

图 4.9.6 第一次多重分形 Sierpinski 面迭代，生成代表潜在城镇化地区的大小不等的等级化正方形

（a）在迭代步骤一中，开始进行理论上的多重分形 Sierpinski 面；

（b）在迭代步骤一中，制定一个规范的发展战略；

（c）在迭代步骤二中的规范的发展战略；

（d）在迭代步骤七中，表现各种各样的都市化战略

　　首先要划定我们想要研究的大都市区范围，对应于第一个正方形的基本边长 L。这个方块状的地区应该被置于主要组团的中心（重力中心）。接着，我们要确定生成器，通常它们不像参照模型那样对称。我们要设定主要组团汇集区 $r_1 \times L$ 的长度，并且确定 $r_2 \times L$ 的长度及指定第一次迭代出的次中心服务区的位置（图 4.9.5）。当规划认为次中心应该得到进一步开发时，服务区位置既可以通过现存的就业范围来确定，也可以通过规划判定来实现。这一步也被用来确定受折减系数 r_2 影响的元素数量。需要强调的是，服务区不一定相邻，可能被"空白区域"分隔。然而，在微观尺度下不停地对城市内部进行迭代后，出现"空白区域"的可能性很小。根据"同圆扩散"逻辑，代表次中心服务区的单元应以这些地方为中心。

　　下一步，软件使用者对每一个确定的潜在发展地区（网格，即在前一个步骤中的集中单元），重复这一步骤。在这些网格之外的区域不能用于开发，所以不受决策模拟系统影响。在每一个正方形中，再一次生成一个局部的整体大正方形及其周围的四个小正方形。因此，在任何一个步骤中，使用者可以通过选择正方形的位置来划定未来的发展空间。之前的研究还引入了附加的限制。附加的形态规则意在避免连续开放空间和建成区空间的破碎，保证绿地和城市化地区（Teragon 边界）间有良好的交通流（相互联系）。分形限制和附加的形态学规则之间不应该相互抵触（规则必须严谨）。

　　通过考虑现有的或可能的购物和服务中心的位置，可以计算出每个点的可达性。这就可以对不同点的开发适宜性进行评估。出于这个目的，使用 MUP-city 中的聚类方法来创建服务和购物设施的聚集（Tannier et al.，2012；Czerkauer-Yamu 进行了修改并应用，2012）。

　　MUP-city 中的值表示服务、购物和休闲设施的可达性水平。基于此，可以使用 MUP 城市逻辑来将各种设施的可达性和模糊集聚情况结合起来进行综合评价。由于元素的位置已不再受到网格的限制，这一分析逻辑将生成更精细尺度下的"适宜性地图"。同样，也可以计算相关游憩空间可达性的信息。但是，由于小块林地的功能无法等同于一片大森林，我们必须将可达的游憩地区的面积考虑在分析之内。

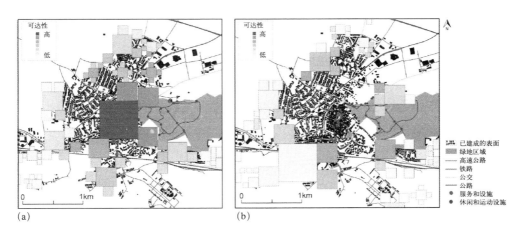

图 4.9.7　结合每日 / 周的购物、服务和休闲设施（包括绿地）的可达性评价；使用 Fractalopolis 6.0 软件计算两种不同情景下的路网

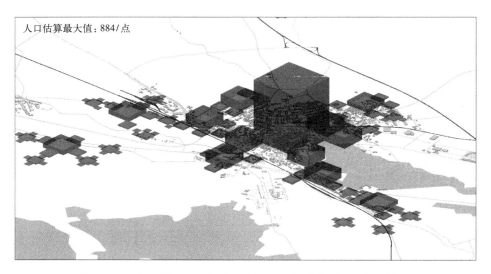

图 4.9.8　基于图 4.9.7（a）情景经验数据计算的 3D 人口模型

此外，该概念还引入了"密度指数"（Intensity index），对应潜在城市化地区每一个单元的人口（现存的和预计的）。为此，我们增加了另一种多重分形模型，针对生成器制定每一个单元的权重分配（Frankhauser，2012）。根据多重分形 Sierpinski 面的生成逻辑，接下来的迭代步骤结合了这些因素。我们将整个大都市区给定的人口总量 P 分配给生成器生成的不同的单元。利用图 4.9.5 中的模型，我们将权重 p_1 分配给中心组团，将权重 p_2 分配给四个次级中心，公式如下：

$$p_1 + 4p_2 = P，通常 \ p_1 > p_2$$

接着，将人口分配给这五个网格上的五个单元。因此，产生了 p_1^2, p_1p_2, p_2p_1, p_2^2 这些因子。考虑到随着离城市距离越远，土地利用的强度会越低，在中心区使用了更高的权重。这一原则在图 4.9.8 中进行了图示。通过指定因素，模拟可以实现 3D 可视化，可以给决策制定和战略规划提供信息支持。假如可以获取充分的建筑数据，就可以根据现实世界的情况输入不同的影响因素，以减少发展模拟与现实开发之间的偏差。

总结和展望

在本章把系统设计理念和空间模拟实验室建设联系起来，旨在加强由参与行为支持的认识提升过程。如前所述，空间战略是对未来发展的准绳，它给解决复杂的空间问题提供引导，并且这一措施的引导是长期的过程（通常要持续许多年）（Scholl，2005）。空间的数字认识需要空间模拟实验室。维也纳技术大学空间模拟实验室 [SimLab] 的质量标准和属性推动了复杂 3D/4D 模型、实时信息、元信息、清晰度、团队合作及复杂系统的发展（数字模拟接口）。

根据本文所讨论的问题，目前进行的研究包括先进的 4D 模型（时间轨迹）、空间模型，各个尺度上一致的和固定细节等级（LoD）的空间模型，以及复杂的交互模型（对于空间模拟和软件开发来说，它提升到了另个复杂性水平）。

对合适的实验室来说，建立（用以表达现实世界的）空间模型并模拟建筑物是十分必要的，它可以提供清晰的整体视角，以及对不同规模水平的洞察，并且能促进团队合作。模拟的结果应该很容易就能获得，理想的情况下各种选择是实时模拟出来的。数字模拟实验室以及相关的规划信息系统可以给空间问题的解决提供最先进的工具，并且保持"规划世界"（"planning world"，Schönwandt，2008）与"每日生活世界"（"life world"，Schönwandt，2008）充分对话。

注释

1. 关键词"干预"指的是在之前所指定的"指令"的基础上完成的所有行动（Schonwandt, 2008：39）。"指令"详细阐释了为了带来期望的效果而必须要做的全部事情。
2. 文中所说的"通过'对情况的理解'"指的是出于规划的需要而说明一个问题，而这个说明尽可能准确地代表规划师的任务（Schönwandt, 2008：37）。
3. 一旦一系列的"指令"得到阐述，理解谁会受到后面实施过程的影响是非常重要的（ibid.：39）。
4. 在 3D 或 4D 步行可达环境中，该系统提供了高度复杂的图形数据库的交互式实时可视化。通过 3D 放映可以实现视觉表达。COVISI（协同可视化与环境模拟）是由斯图加特高性能计算中心（www.hlrs.de）开发的研究软件，目前被广泛地用为虚拟现实软件（Voigt, Wössner & Kieferle, 2009：145）。
5. 参见 Czerkauer-Yamu 和 Voigt（2011）。
6. 参见 Czerkauer-Yamu 和 Frankhauser（2011）。
7. 理论和模型的建立。
8. 作者们十分感谢法国环境与可持续发展部、环境与能源管理署（ADEME）对本项目预测 4 研究框架提供的财政支持。

参考文献

Albrechts L (2004) 'Strategic (spatial) planning re-examined', *Environment and Planning B: Planning and Design*, 31, 743–758.

Albrechts L (2006) 'Shifts in strategic spatial planning? Some evidence from Europe and Australia', *Environment and Planning A*, 38, 1149–1170.

Albrechts L, Healey P, Kunzmann K (2003) 'Strategic spatial planning and regional governance in Europe', *Journal of the American Planning Association*, 69, 113–129.

Barbosa O, Tratalos J A, Armsworth P R, Davies R G *et al.* (2007) 'Who benefits from access to green space? A case study from Sheffield, UK,' *Landscape and Urban Planning*, 83, 187–195.

Batty M (2003) 'Preface', in *Planning support system in practice*, Geertman S, Stillwell J (eds.), Springer, Berlin Heidelberg, 2.

Batty M, Longley P (1994) *Fractal cities: a geometry of form and function*, Academy Press, London.

Batty M, Xie X (1996) 'Preliminary evidence for a theory of the fractal city', *Environment and Planning A*, 28, 1745–1762.

Batty M, Xie X (1999) 'Self-organized criticality and urban development', *Discrete Dynamics in Nature and Society*, 3, 109–124.

Benguigui L, Czamanski D, Marinov M, Portugali Y (2000) 'When and where is a city fractal?', *Environment and Planning B: Planning and Design,* 27(4), 507–519.

Bonaiuto M, Fornara F, Bonnes M (2003) 'Indexes of perceived residential environment quality and neighbourhood attachment in urban environments: a confirmation study on the city of Rome', *Landscape and Urban Planning*, 65, 41–52.

Borsdorf A (2004) 'On the way to post-suburbia? Changing structures in the outskirts of European cities', *COST Action C: European Cities. Insight on Outskirts, Vol. 'Structures'*, Cost-office, Urban Civil Engineering, Brussels, 7–30.

Botkin D B, Beveridge C E (1997) 'Cities as environments', *Urban Ecosystems*, 1, 3–19.

Breheny M (1997) 'Urban compaction: feasible and acceptable?', *Cities*, 14, 209–217.

Bryson J M (1988) 'A strategic planning process for public and non-profit organizations', *Long Range Planning*, 21(1), 73–81.

Bryson J M (1995) *Strategic planning for public and nonprofit organizations*, Jossey-Bass, San Francisco.

Bryson J M, & Roering W D (1988) 'Initiation of strategic planning by governments', *Public Administration Review*, 48, 995–1004.

Calthorpe P, Fulton W (2001) *The Regional City: Planning for the end of sprawl*, Island Press, Washington.

Christaller W (1933) '*Die zentralen Orte in Süddeutschland: Eine ökonomisch-geographische Untersuchung über die Gesetzmäßigkeit der Verbreitung und Entwicklung der Siedlungen mit städtischer Funktion*', Gustav Fischer, Jena.

Czerkauer-Yamu C (2012) 'Strategic Planning for the Development of Sustainable Metropolitan Areas using a Multi-Scale Decision Support System' – The Vienna Case – , PhD thesis, Université de Franche-Comté, France.

Czerkauer-Yamu C, Frankhauser P (2013) Development of Sustainable Areas Using a Multi-Scale Decision Support System. Fractalopolis Model – Accessibility, Evaluation and Morphological Rules, working paper, hal-00837515, 74p.

Czerkauer-Yamu C, Frankhauser P (2010) 'A Multi-Scale (Multifractal) Approach for a Systemic Planning Strategy from a Regional to an Architectural Scale', proceedings, in 15th International Conference on Urban Planning, Regional Development and Information Society, Schrenk M et al (eds); CORP 2010, 17–26.

Czerkauer-Yamu C, Frankhauser P (2011) 'A planning concept for a sustainable development of metropolitan areas based on a multifractal approach', proceedings, in ecQTG 2011 – European Colloquium on Quantitative and Theoretical Geography, Athens, 2–5 September, 107–114.

Czerkauer-Yamu C, Frankhauser P *et al.* (2011), 'MUP City: Multi-Skalare Planung als nachhaltiges Verflechtungsprinzip von bebauten Zonen und Freiraum', *ARCH Plus – Zeitschrift für Architektur und Städtebau*, 201/202, 28–31.

Czerkauer-Yamu C, Frankhauser P (2013) 'Development of Sustainable Metropolitan Areas Using a Multi-Scale Decision Support System. Fractalopolis Model – Accessibility, Evaluation and Morphological Rules, working paper, HAL: hal-00837493, version 1, 74p.

Czerkauer-Yamu C, Voigt A (2011) 'Strategic planning and design with space syntax', proceedings, in eCAADe, 29th Conference on Education in Computer Aided Architectural Design in Europe, Ljubljana, 125–133.

De Roo G, Silva, E (eds.) (2010) *A planner's meeting with complexity*, Ashgate, Farnham.

Feder J (1988) *Fractals*, Plenum Press, New York.

Frankhauser P (1994) *La fractalité des structures urbaines*, Anthropos, Paris.

Frankhauser P (2008) 'Fractal geometry for measuring and modelling urban patterns', in *The dynamics of complex urban systems – an interdisciplinary approach*, Albeverio S, Andrey D *et al.* (eds.), Physica (Springer), Heidelberg, 241–243.

Frankhauser P (2012) 'The Fractalopolis mode – a sustainable approach for a central place system', working paper, HALSHS, hal-00758864, 20p.

Frankhauser P, Tannier C (eds) (2007) 'Vers des déplacements péri-urbains plus durables: propositions de modèles fractals opérationnels d'urbanisation', Rapport de recherche projet PREDIT- Programme français de recherche et d'innovation dans les transports terrestres/Final report of the research project nr 05MT5020, PREDIT 3 program – Research, Experimentation and Innovation in Land Transport, French Ministry of Sustainable Development.

Frankhauser P, Tannier C, Vuidel G, & Houot H (2011) 'Une approche multi-échelle pour le développement résidentiel des nouveaux espaces urbains', in Modéliser la ville: forme urbaine et politiques de transport, Antoni J-P (ed.), *Series 'Méthodes et approches'*, Economica, Paris, 306–332.

Friedmann J (2004) 'Strategic planning and the longer range', *Planning Theory and Practice*, 5(1), pp. 49–67.

Fulton Suri J (2005) '*Thoughtless acts? Observations on intuitive design*', Chronicle Books, San Francisco.

Gueymard S (2006) 'Facteurs environnementaux de proximité et choix résidentiels, le rôle de l'ancrage communal, des représentations et des pratiques des espaces verts', *Développement Durable et Territoires Dossier 7: Proximité et environnement*, http://developpementdurable.revues.org/document2716.html, accessed 01/10/2013.

Guo J, Bhat C (2002) Residential location modeling: accommodating sociodemographic, school quality and accessibility effects, University of Texas, Austin.

Healey P (1997a) 'An institutionalist approach to spatial planning', in *Making strategic spatial plans: innovation in Europe*, Healey P, Khakee A, Motte A, Needham B (eds.), UCL Press, London, 21–36.

Healey P (2004) 'The treatment of space and place in new strategic spatial planning in Europe', *International Journal of Urban and Regional Research*, 28, 45–67.

Healey P (2013) 'Comments on Albrechts and Balducci Practicing Strategic Planning', *disP*, 194, 49, 48–50.

Kieferle J, Wössner U, Becker M (2007) 'Interactive simulation in virtual environments – a design tool for planners and architects', *International Journal of Architectural Computing*, 5(1), 116–126.

Klosterman R E (2008) 'A new tool for a new planning: the what if? Planning support system', Planning support systems for cities and regions, in *Planning Support Systems for Cities and Regions*, Brail R K (ed.), Lincoln Institute of Land Policy, Puritan Press, Cambridge MA, 85–99.

Kreukels A (2000) 'An institutional analysis of strategic spatial planning: the case of federal urban policies in Germany', in *The revival of strategic spatial planning*, Salet W, & Faludi A (eds.), Royal Netherlands Academy of Arts and Sciences, Amsterdam, 53–65.

Kuhn A (1974) *The logic of social systems*, Jossey-Bass, San Francisco.

Kuhn T (1970) *The structure of scientific revolutions*, University of Chicago Press, Chicago.

Kunzmann K (2000) 'An institutional analysis of strategic spatial planning: the case of federal urban policies in Germany', in *The revival of strategic spatial planning*, Salet W, & Faludi A (eds.), Royal Netherlands Academy of Arts and Sciences, Amsterdam, 259–265.

Markelin A, Fahle B (1979) 'Umweltsituation: Sensorische Simulation im Städtebau', *Vol. 11 der Schriftenreihe des Städtebaulichen Instituts der Universität Stuttgart*, Karl Krämer Verlag, Stuttgart.

Mastop H, Faludi A (1997) 'Evaluation of strategic plan: the performance principle', *Environment and Planning B: Planning and Design*, 24, 815–822.

Mintzberg H (1994) *The rise and fall of strategic planning*, Free Press, New York.

Mintzberg H (2002) 'Five Ps for strategy', in *The strategy process: concepts, contexts, cases*, Mintzberg H, Lampel J, Quinn J B et al. (eds.), Prentice-Hall, Englewood Cliffs, NJ, 3–9.

Newman P, Kenworthy J (1989) *Cities and automobile dependence: an international sourcebook*, Gower Publishing, Brookfield.

Salingaros N (2005) *Connecting the fractal city*, Techne Press, Amsterdam.

Scholl B (1995) *Aktionsplanung. Zur Behandlung komplexer Schwerpunktsaufgaben in der Raumplanung*, VDF-Verlag, Zurich.

Scholl B (2005) 'Strategische Planung', in *Handwörterbuch der Raumordnung, Akademie für Raumforschung und Landesplanung* (ed.), Verlag der ARL, Hanover, 1122–1129.

Schönwandt W (1999) 'Grundriß einer Planungstheorie der 'dritten Generation', *dISP*, 136/137, ETH Zürich, 25–35.

Schönwandt WL (2013) *Komplexe Probleme lösen: ein Handbuc /Solving Complex Problems*, Jovis, Berlin.

Schönwandt, W L (2008) Planning in crisis? Theoretical orientations for architecture and planning. Ashgate, Aldershot.

Schönwandt W L, Hemberger C, Grunau J, Voermanek K, Von der Weth R, Saifoulline R (2011) 'Die Kunst des Problemloesens – Entwicklung und Evaluation eines Trainings im Loesen komplexer Planungsprobleme', *dISP*, 185, ETH Zurich, 14–26.

Schönwandt W, Voigt A (2005) 'Planungsansätze', in *Handwörterbuch der Raumordnung, Akademie für Raumforschung und Landesplanung* (ed.), Verlag der ARL, Hanover, 769–776.

Schwanen T, Dijst M, Dieleman F M (2007) 'Policies for urban form and their impact on travel: the Netherlands experience', *Urban Studies*, 41(3), 579–603.

Sheng G (2002) 'Fractal dimension and fractal growth of urbanized areas', *International Journal of Geographical Information Science*, 16(5), 437–519.

Sheppard, S R J (1989) *Visual simulation: a user's guide for architects, engineers and planners*, Van Nostrand Reinhold, New York.

Tannier C, Pumain D (2005) 'Fractals in urban geography: a general outline and an empirical example', *Cybergeo*, 307, 22p, http://cybergeo.revues.org/3275, accessed 05/05/2014.

Tannier C, Vuidel G, Frankhauser P, Houot H (2010) 'Simulation fractale d'urbanisation – MUP-City, un modèle multi-échelle pour localiser de nouvelles implantations résidentielles', *Revue international de géomantique*, 20(3), 303–329.

Tannier C, Vuidel G, Houot H, Frankhauser P (2012) 'Spatial accessibility to amenities in fractal and non-fractal urban patterns', *Environment and Planning B: Planning and Design*, 39, 801–819.

Thomas I, Frankhauser P, Badariotti D (2010) 'Comparing the fractality of European urban neighbourhoods: do national contexts matter?', *Journal of Geographical Systems*, 14(2), 1–20, doi:10.1007/s10109–010–0142–4 Key: citeulike:8337387

Voigt A (2005) *Raumbezogene Simulation und Örtliche Raumplanung: Wege zu einem (stadt-) raumbezogenen Qualitätsmanagement*, Österreichischer Kunst- und Kulturverlag, Vienna.

Voigt A (2012) 'The planning world meets the life world', in International Doctoral College 'Spatial Research Lab' (ed.): Spatial Research Lab. The Logbook. JOVIS, pp. 120–127.

Voigt A, Wössner U, Kieferle J (2009) 'Urban-spatial experiments with digital city models in a multi-dimensional VR-simulation environment (Urban Experimental Lab), proceedings, SIGraDI 2009, 13th Congress of the Iberoamerican Society of Digital Graphics, Sao Paulo, Brazil, 16–18 November, 144–146.

Yeh A (2008) 'GIS as a planning support system for the planning of harmonious cities', UN Habitat Lecture Award Series 3, Nairobi, 27p.

胡瑜哲　译，周　恺　校

4.10
用于空间规划研究的空间数据基础设施

马克斯·克拉利亚

引言：欧洲环境立法和空间规划

空间规划这一术语流传 20 世纪 90 年代 —— 欧洲空间发展远景 (European Spatial Development Perspective，以下简称 ESDP) 的编制期间，它认为欧盟的发展对空间产生了越来越多的影响，从交通到能源再到区域发展，都必须在国家与次国家层面下进行考虑。ESDP 制定之后，欧洲出现了许多有关其如何影响欧洲规划和管治发展的学术研究论文。研究的问题包括，"欧洲化背景下的次国家治理"(John，2000)，"为谁构建欧洲空间发展远景？"(Williams，2000)，以及 "欧盟的权利转移？空间规划案例"(Eser and Konstadakopoulos，2000)，这些论文体现出学术界对欧洲在规划理论和实践中日益深远的影响的关注。

《欧洲规划研究》(European Planning Studies) 是一本与欧洲规划院校协会 (European Schools of Planning) 联合发行的期刊，因此，可以认为它是一本具有广泛代表性的读物，反映欧洲规划实践团体所感兴趣的问题。通过对该期刊过去 12 年 (2000—2012 年) 内容的回顾，发现那些关注并没有持续太久。尽管该期刊涵盖了欧洲各方面的消息，但它关注的焦点主要还是结构性基金 (Structural Funds) 的作用，而此时，绝大多数的研究文献则聚焦于如何处理日益严峻的经济和社会危机，如何寻找促进创新的方法，以及如何制定工业领域或文化领域的政策。空间规划的欧洲维度特征只是偶然出现，值得注意的是，在该期刊所有 29 个指定主题的特刊中，只有一个特刊以空间规划 (2005 年 2 月刊) 为主题，这使人感觉欧洲规划界关注的焦点已经有所转移。

与本章内容相关的另一个事实是，根据该期刊讨论的内容，欧洲规划团体同样忽视了环境政策对空间规划的影响。其过去 12 年的论文中，仅有一个空间专题关注了环境 (气候变化与可持续城市，2012 年 1 月刊)，仅有三篇文献关注《欧盟水框架指令》(Water Framework Directive) 的影响 (Howe and White，2002；Kaika，2003；Pares，2011)。

值得注意的是 (特别是非欧洲读者)，欧盟并不是像美国那样的联邦国家。它是由 27 个成员国组成的联盟，他们通过那些由国家首脑签订并由议会批准的条约来共同承担某项责任与义务。对于那些欧盟负有职责的政策领域 (如农业、地方政策、国内市场等)，欧盟提出的任何政策实施行动，都必须由代表成员国政府、欧盟议会及全体欧洲人民的欧盟委员会 (European

Commission）投票表决通过（或不通过）。欧盟在土地利用规划方面并不具有合法的管辖权力，该权利仍然归国家和地方所有。因此，ESDP 是由成员国而非欧盟委会发起的行为。然而，根据 1993 年《阿姆斯特丹条约》（Amsterdam Treaty），可持续发展是欧盟的主要目标之一，因此，欧盟有制定环境政策的权利。至今，欧洲环境立法体系中有超过四千条相关法律条例，其中四分之三以上都直接或间接地产生了空间影响，因为这些法律条例与污染及水、空气、噪声、化学物质、放射性废弃物的防治以及自然资源有关。

自 2000 年以来，环境条款变得越来越具有针对性和空间性。《水系统条例》（Water Framework Directive，2000/60/EC）是这一领域的里程碑，它要求所有的成员国改善地表水和地下水的环境状态，并通过"流域管理规划"（River Basins Management Plans）对其进行管控。这些规划必须设立如何在指定时间范围内实现流域管理的既定目标（生态情况、数量情况、化学环境情况和保护区域目标）。该规划必须包含流域特征的分析，人类行为对流域水环境影响的评价，实现既定目标面对的现有法律系统，评估其中潜在的"缺陷"，以及克服这些缺陷所应当采取的措施。此外，有必要对流域内水资源的使用情况进行经济分析。这是为了确保合理地考虑了各种可能采取的保护措施导致的成本效益影响。

由于欧洲 70% 的淡水资源是跨国界的，并且很多河流流域也跨越多个行政单位（如图 4.10.1），因此，这些管理计划的编制和实施将会对欧盟所有地方、区域及国家层面的空间规划产生深远的影响。在海洋领域，与 WFD（《水系统条例》）对应的政策条例是《海洋战略框架条例》（Marine Strategy Framework Directive，2008/56/EC），它要求成员国制定实现水资源"良好环境状态"的海洋战略。

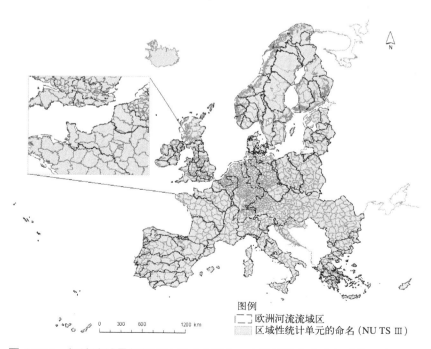

图 4.10.1　河流流域叠加行政边界（小图为一个流域流经多个行政单元的案例）

其他具有显著空间影响的条例还包括，例如，《环境噪声条例》(Environmental Noise Directive，2002/49/EC)，它要求在超过 10 万人口的居民点、主要道路、铁路和机场等地区绘制战略性噪声图 (strategic noise map)；《栖息地条例》与《鸟类条例》(Habitat Directives，92/43/EEC 和 Birds Directives，2009/147/EC)，它建立了保护区的"自然 2000 网络"(Natura 2000)。该网络覆盖了欧盟 18% 的领土面积以及 4% 的海洋面积。应当注意到，欧盟的陆地面积为四百万平方公里，而"自然 2000 网络"保护的总的陆地面积相当于德国、英国和保加利亚三个国家面积的总和！考虑到 1985 年以后，欧洲所有的大型项目都需要进行环境影响评价 (Environmental Impact Assessments，EIAs)，并且，2000 年以后土地利用规划需要进行战略环境评价 (Strategic Environmental Assessments，SEAs)，除此之外，两者都需要确认对保护地区的潜在影响，这样就很容易看到环境立法对规划和发展过程日益明显的空间影响。为了理解该影响的深度，应该注意到，科威公司 (COWI)(2009a，2009b) 预计，欧盟每年大约有 24000 个 EIA 和 SEA 项目，每年的项目价值总额超过 10 亿欧元 (Craglia，Pavanello，and Smith 2012)

长远来看，欧洲环境立法对规划人员的压力会日趋增强。"第七次环境行动计划"(The 7th Environmental Action Programme，2013—2020 年)(EC，2012) 指出，尽管已经取得了一些进步，但欧洲仍需要通过更多的努力来减少生物多样性的损失、减少空气和水的污染、提高废弃物收集的效率并促进资源再生、减少水土流失 (欧洲约有 25% 的土地遭受水土流失的影响)，以及清理严重影响人口健康的 50 万个污染场地。这一战略的多个行动计划都清晰地表明，土地利用规划在应对诸如减少水土流失和污染、减少交通量和拥挤等挑战以及有效实施 EIA 和 SEA 条例的过程中发挥着至关重要的作用。

鉴于环境立法对空间规划日益深刻的影响，规划实践人员及研究人员需要掌握大量来自社会和环境科学领域的多学科的数据和信息。接下来的部分将会介绍"空间数据基础设施"(Spatial Data Infrastructures) 的概念，该设施用于支持规划者和研究者的工作，以及处理社会和环境之间复杂的互动关系。

空间数据基础设施

20 世纪 80 至 90 年代期间，规划专家和研究人员逐渐认识了地理信息系统 (GIS)，这一系统能够让研究人员对基于地理位置的数据进行分析和整合。马瑟等 (1993) 完整地记录了 GIS 在欧洲政府中的扩散过程——从中央处理机到便携式计算机的转型，以及越来越丰富的数字化数据的出现。20 世纪 90 年代中期，随着互联网技术的快速传播，我们见证了两个主要趋势：(1) 鼓励私有部门对公共部门的信息进行再利用，以促进新服务和新应用的发展，并提升政府的透明度；(2) 数字化数据变得更容易获得，并且更容易利用互联网搜索、获取及使用由全球不同的组织公布的数据。空间数据基础设施 (SDI) 就是这些趋势的产物。可以说，它们是 GIS 向互联网时代的拓展。在"常规"的 GIS 应用中，用于分析的大部分数据来源于自己，或者是由我们所在的工作机构进行收集，而 SDI 这一基于互联网的平台使我们更易于搜索和查找与工作相关的数据，而这些数据通常是由其他的机构、组织或国家收集、存储或发布的。因此，SDI的关键组成部分包括：（1）利用元数据以结构化方式记录的可用数据资源的目录；（2）协议访问政策和标准；（3）一系列访问和下载 GIS 数据的服务。许多国家已经确认了一批在多方面具有普遍适用性的关键数据（如美国的"框架"数据）。因此，这些数据被优先收集起来，并且将开放地发布出去。

Masser（1999，2005），Williamson et al.（2003），Vandenbroucke et al.（2005–2011）以及 Crompvoets 和 Bregt（2003）的文献记录了 SDI 在全球发达国家和发展中国家中的传播。现在，SDI 成了一个真正的全球化现象，研究人员及政策分析师习惯性地运用 SDI 来收集有助于支持科学分析和政策的证据。欧洲正在引领空间数据基础设施发展，而这些努力的成果将会在下一部分进行阐述，它给整个大陆的规划专业人员带来诸多便利。

1. 欧洲空间信息基础设施（INSPIRE）

"欧洲空间信息基础设施"（the Infrastructure for Spatial Information in Europe，INSPIRE）是一种基于 SDI 的分散式、多语言的基础设施网络，它由 27 个欧盟成员国以及瑞士和挪威自愿参与建设和维护。INSPIRE 的目的在于给环境政策和其他影响环境的政策的制定提供支持，并且克服影响相关数据可用性和可访问性的各种主要障碍。这些障碍包括：

• 空间数据采集的不一致：空间数据经常遗漏、缺失，或相反，相同的数据被不同的组织重复采用；

• 可用空间数据的记录文件缺乏或不完整；

• 空间数据由于缺乏兼容性而不能与其他数据结合使用；

• 成员国 SDI 建设计划之间不相匹配，各自在彼此隔离的状况下运行；

• 由于文化、机构、财务和法律上的障碍，阻止或延迟了现有空间数据的共享。

需要认识到，欧洲在历史上经历了长期的冲突斗争，而地图测绘的发展很大程度上是用于军事领域。这就是为什么欧洲存在着众多的坐标参照系统、地图投影方法甚至高程参照系统，这些差异使得跨国（通常也有次国家层面的）数据难以整合。此外，还存在着许多不同的机构和法律体制、组织实践、文化特权等，也都造成了上述的障碍。

随着前文提到的《水系统条例》的采纳，跨越国境及行政边界的《流域分区》（River Basin Districts）得以划定，很明显需要在欧盟层面上采取措施来扫除这些障碍。经过几年的准备，《INSPIRE 条例》（INSPIRE Directives，2007/2/EC）于 2007 年被采纳，目前，完成了条例近 1/3 的实施计划，并且预计将于 2019 年至 2020 年全部完成。

《INSPIRE 条例》的关键要素有：

• 使用元数据来描述现有的信息资源，以便使用者可以更容易地发现及访问这些数据；

• 协调用于支持欧盟环境政策的关键空间数据类型；

• 达成网络服务和技术的协议，允许发现、查看和下载信息资源，并享受相关服务；

• 就共享和访问达成政策协议，包括许可授权及收费等方面；

• 协调和监控机制。

INSPIRE 锁定了 34 个核心空间数据类型，并将其划分为三个分组（或称附录、目录），它们对应于三个分期阶段（表 4.10.1）。这些数据类型被认定为是支持欧洲实施环境政策最密切相关的内容。表 4.10.1 很清楚地表明，这些跨欧洲数据的协调工作，绝大部分（甚至是全部）都对规划师具有非常重要的影响。

INSPIRE 处理的主要数据主题　　　　　　　　　　表 4.10.1

附录一	附录三
坐标参照系统	统计单元
地理网格系统	建筑物
地理名称	土壤
行政单位	土地利用
地址	人的健康与安全
地籍	公用事业和政府服务
交通网络	环境监控设施
水文	生产与工业设施
保护区	农业与水产养殖设施
	人口分布统计学
附录二	区域管理／控制／管制分区和及报告单位
海拔高度	自然风险区
土地覆盖类型	气候条件
正射影像	气象地理特征
地质	海洋地理特征
	海洋区域
	生物地理区域
	人居环境与生态环境
	物种分布
	能源资源
	矿产资源

对于这些"协调"工作，至少有两个方面需要重点强调：一方面，是关于技术和语义上的协调，这能够使跨境访问及数据整合成为可能，使它们具备相同的坐标和垂直参照系统，使它们具有了所有人都能分享和理解的数据变量的含义。这不是一件轻而易举的事情，但这对于那些分析数据的人来说意义重大，不仅限于分析跨境区域（20% 的欧洲人口生活在边界的 50km 范围内），分析国内数据也一样（因为一个国家之内也经常会因为收集和分析数据手段的不同而产

生巨大数据差异）。另一方面，INSPIRE 要求成员国保证以最低的成本实现公共部门之间无限制的数据免费共享，不对数据使用设置限制，并且基于互惠的原则，对欧洲所有的公共行政部门施行平等开放政策。任何一个做过公共行政部门数据共享工作的人都会知道这些要求是多么重要，按照常理，每一个公共行政部门都有自己的规则，在大多数情况下，"你认识谁"比你想知道什么更重要。

INSPIRE 的法律框架有两个主要层次。首先是《INSPIRE 条例》本身，它设定了需要完成的目标，并且要求各成员国通过建立各自的国家立法来建设 SDI。鉴于各成员国的制度特征及发展的历史，这样的机制加上各国的国家立法使得每一个成员国都能够决定各自实现目标的方式。例如，德国没有建立独立的 SDI，而是建立了一个 17 个 SDI 之间的协调机制，包括一个适用于每一个州（国家层面）的框架，和一个适用于联邦层面的框架（也就意味着实施 INSPIRE 需要通过 17 条不同的法律条例）。同样地，比利时有三个 SDI，每个区域（瓦隆和佛兰德）都有一个，布鲁塞尔有一个。《INSPIRE 条例》也要求建立一个整个欧盟的地理信息门户网站，该门户由欧洲委员会运作，并且将所有成员国的基础设施都连接起来（表 4.10.2）。

地理信息门户拥有（截至 2012 年）超过 250000 个用协调的元数据描述的数据集，使用者可以对其进行搜索并将它们翻译成其他任何的语言，对内容、主题、访问限制（如果有的话）进行解释。目前，正在给该门户网站添加数据查询和下载服务，基于统一规格对所有 34 个数据类型进行数据协调的工作正在展开。这些规格有上千页之多，是全欧洲上百位专家七年多的工作成果（见 http://inspire.jrc.ec.europa.eu/index.cfm/pageid/47）。一旦它们在未来几年中得以实施，就能为公共部门和私营部门的新应用提供重要数据基础，可以用来支持规划制定，开发活动，并且为居民和企业提供一般性服务。

INSPIRE 的附件一和附件二中大部分数据类型都是由国家或州 / 地区来组织收集的（表 4.10.1），而附件三中的数据类型大部分由地方级政府机构管辖。因此，在这些机构任职的空间规划师有记录它们的义务，并确保所有 INSPIRE 范围内的空间数据集都是可用的，INSPIRE 的创建就是为了给环境政策或影响环境的政策提供支持的。

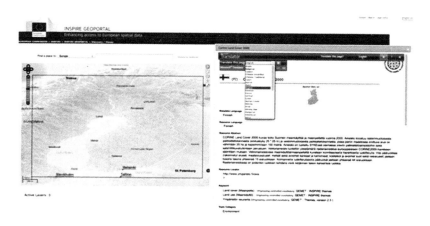

图 4.10.2　INSPIRE 地理信息门户（www.inspire-geoportal.eu）：以地表覆盖物数据为例

用于空间数据集与空间服务的 INSPIRE 元数据元素　　　　表 4.10.2

用于空间数据集的 INSPIRE 元数据	用于空间服务的 INSPIRE 元数据
资源名称	资源名称
资源摘要	资源摘要
资源类型	资源类型
资源定位	资源定位
唯一的资源标识符	相关资源
资源语言	空间数据服务类型
主题类别	关键词
关键词	地理边界范围
地理边界范围	时间参照
时间参照	空间分辨率
谱系	一致性
空间分辨率	访问和使用条件
一致性	公共访问限制
访问和使用条款	负责组织
公共访问限制	元数据的联络信息
负责组织	元数据日期
元数据的联络信息	元数据语言
元数据日期	
元数据语言	

空间数据以及相关网络服务（用于发现、查看、下载、转换或处理数据）必须以遵循 INSPIRE 标准要求（参见 http：//inspire.jrc.ec.europa.eu/index.cfm/pageid/101 的法律要求与技术指导）的元数据的形式进行记录。表 4.10.2 显示了用于描述数据集和服务所需最少的元素集合。

INSPIRE 是第一项准确指定如何以协调的方式记录信息资源的欧洲条例。对于那些需要创建的 INSPIRE 元数据，可以使用 INSPIRE 地理信息门户（www.inspire-geoportal.eu）主页上的多语言元数据编辑器。许多国家的 INSPIRE 基础设施节点已经使用了这个开放式的源代码编辑器，用来帮助公共管理部门记录他们的数据，并使其数据更容易被别人检索和使用。

2. 空间数据基础设施（SDI）的区域案例

对于许多在地方层级工作的规划者来说，欧洲 SDI 节点的概念似乎有些遥远。然而，需要重点注意的是，INSPIRE 是欧洲各成员国 SDI 发展的框架，并且很多时候这一框架渗透到了区域或地方层面。在上文中，我们举了意大利伦巴第（Lombardy）大区的 SDI 的例子，它非常有意思，因为它是由规划部门建立的，并由新的规划系统指导，这一系统要求所有新的城市规划都能基于通用规格的数字格式完成，以便采集到的信息可用来开发和维护当地的 SDI。

背景

伦巴第大区是意大利 20 个地区中最富裕的，拥有意大利全国六分之一的人口（9700 万），2008 年的 GDP 为 3240 亿欧元（ISTAT，2009），占意大利全国 GDP 的 21%。它位于意大利北部，占地面积大约为 23000 平方公里。其行政系统主要分为三个等级：一个行政区、11 个省份以及 1546 个自治市（或市镇）。

区域性 SDI 的建设是由许多不同信息系统进化而来的，其中就包括地理信息系统（GIS），它在区域办公中已经经历了很长一段时间的发展。GIS 与区域空间规划的密切联系是推动 SDI 向整个地区的公共管理及普通民众开放的关键因素。20 世纪 70 年代，空间规划的职责由国家层面下放到地方层面。因此，地区就开始建立自己的规划法律系统，并且制定了区域性的规划法规及计划，为空间发展建立普遍准则。在地方层级上，自治市负责制定土地利用总体规划，用以实施区域规划战略。

20 世纪 70 年代，负责绘制比例尺大于 1∶10000 的地形图的责任也下放给了区域和地方政府，导致区域地图成了不同地方特征地图的拼贴。这种区域间的差异一直持续到 20 世纪 80 年代地图向数字格式的转变。1996 年，中央、行政区、省和自治市之间达成了协议，差异才最终得以弥合，这项协议为国家地形数据库的发展和实施制定了普遍标准，而由于 INSPIRE 技术标准的出现，这一数据库正在进一步更新。

1986 年环境部的成立是另一个重要的相关发展，这是意大利环境政策的开端。和本文有关的两个重要的里程碑分别是：用《环境影响评估》（Environmental Impact Assessment）（EIA 条例 85/337/EEC，EIA 修改条例 97/11/EC）和《战略性环境评价》（Strategic EnvironmentalAssessment）（SEA，2001/42/EC）替代《欧盟条例》（EU Directives）。后者于 2004 年起在意大利施行。

在上文中我们提到，意大利每个地区通过一系列的修正和改进都已经建立并采用了其自己的规划法律系统。其中，伦巴第大区（RL）在 2005 年采用的《区域规划法案》（Regione Lombardia）中的第 12 条条款代表着将环境保护与空间规划进行整合的一次创新实践。这部法规旨在通过整合各地区、各省和各个地方的规划来促进社会经济的可持续发展，并要求每一个新的规划都要进行 SEA（战略性环境评价）。《区域规划法案》也认定区域 SDI 作为记录并更新区域现状以及规划事务的一个动态工具。因此，当地所有的新的规划都必须以伦巴第大区发布的详细技术标准为基准，叠合到新的测绘数据中去。伦巴第大区采用的这一方法是意大利的首创，因为，通过对更详细的当地数据进行收集，首次实现了区域地理测绘数据的自动更新，并且，能够一直紧密跟踪新的开发项目。

为了促进及加强这一进程，RL 为新的地方地形数据库建设提供了联合资助（50%），以此敦促当地公社联盟将现有资源整合起来。2006 年至 2008 年间，RL 提供了 1000 万欧元的资金，该地区其他的公共管理机构提供了 1400 万欧元的资金，实现了该地区约三分之二区域的地形数据获取。部分资金只有在当地数据库建立过程中遵守了 RL 指定的规范才能支付。在实施方面，地方规划必须提供数字格式，并且上传到区域数据库中，否则，就不会被批准。为了保证区域基础设施的相关性和实时更新，这一点是非常重要的。

RL 的规划局局长是领导区域 SDI 实施的负责人。区域 SDI 的公共性体现在地区地理信息门户（Geoportal），该门户为其他的公共行政部门、公众、企业和专业使用者提供了入口。地理信息门户（图 4.10.3）包含为元数据编辑和数据搜索、查看、下载提供服务。它也为区域网络中的全球定位系统提供访问入口，同时，为地理编码、地图绘制及坐标转换提供服务。该门户还提供支持多种功能的网页程序，例如地方规划、水文灾害预防以及环境影响评估。[1]

坎帕尼亚（Campagna）和克拉利亚（Craglia）（2012）在规划实践者人群中，对伦巴第大区 SDI 的社会经济影响进行了研究，特别关注了其使用 SDI 获取 EIA 和 SEA 所需的数据，而这些数据都是欧盟法律所要求的。

2006 年至 2008 年，伦巴第大区 SDI 建设及运行的直接花费为 410 万欧元，即每年大约有 140 万欧元被用于技术开发和维护。通过对 EIA/SEA 的报告及空间规划所做的两项调查数据显示，与投资对应的是，受益于区域 SDI 的开放数据和服务，工作人员在编制 EIA/SEA 的报告时，平均节省了 11%—12% 的成本及 17%—19% 的时间。由于区域内每年有超过 300 个 EIA 和大约 200 个 SEA 处于编制状态，节约的总价值超过 3000 万欧元，仅在特定申请这一项中，预计就能为规划从业者每年节省约 300 万欧元，这是地方对 SDI 投资金额的两倍多，这是物超所值的好例子。更重要的是，其无形的好处也许会对社会及环境系统产生更多的积极影响：以 EIA 为例，工作人员认为，由于可以使用通用地理知识基础，他们可以做出更加精确的影响分析并且改善与主管部门之间的沟通。

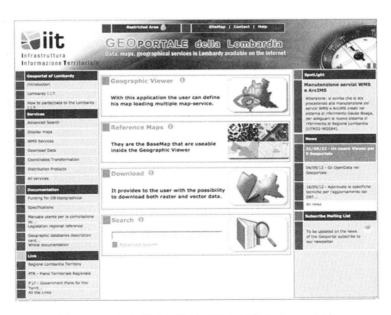

图 4.10.3　伦巴第大区的地理信息门户（Geoportal）

展望未来

在本章中我们讨论了欧洲环境立法对规划从业者的越来越重要的意义。几乎在工作的任何地方，都要与环境法的某些方面产生联系，不管是处理水、空气、土壤、保护区等问题，还是对这些问题产生影响。整个欧洲的大型发展项目和新的规划都要进行 EIA 和 SEA。在未来的十年中，促进资源效益、绿色环保、低碳经济事项的规划实践新要求还会渗透到从欧洲到地方的不同的体制层面中去。

我们同样也生活在一个数据日益丰富的社会，新的数据流每天会从新的传感器、微芯片和社交网络中产生。从你最喜欢的麦片品牌到你所在地区的政府或企业，似乎都有 Facebook 和 Twitter 的账号，这些账号产生了数以百万计的数据。

这些新的多样化的信息来源为规划行业提供了机遇，不仅作为新的实时信息资源（所谓的众包，或志愿者地理信息现象），同时也作为在规划过程中，与公众特别是年轻人进行沟通的一个桥梁。

SDI 正在全球发展起来，且发展迅速，特别是在 2007 年欧洲批准了《欧洲空间信息基础设施条例》（INSPIRE Directive）之后。INSPIRE（欧洲空间信息基础设施）成了一个建立在国家、地区以及当地节点上的分散型、分布式的数据基础设施，它与当地规划工作者和政府当局有着越来越多的联系。并且，对伦巴第大区进行的研究证据显示，通过获取较以前更快、更廉价、更简易的相关数据，个人实践行为也能够获得巨大的利益。由于监督管理部门是利用相同的数据做出决定的，通过与监督管理部门进行更好的沟通，这些数据既提供了有形的经济利益也提供了无形的经济利益。

开放数据[2]，开放政务[3]方面的创新，以及对电子研究基础设施的新投资，将会促进所有这些用于处理特定政策领域的基础设施的整合和连接。因此，规划实践者及研究者最好能够意识到这些机遇，并利用它们传递更多透明的、参与性的、明智的政策和措施。

注释

1. 参见 www.cartografia.regione.lombardia.it/geoportale/ptk （accessed 5 August 2014）。

2. www.cabinetoffice.gov.uk/content/open-data-white-paper-and-departmental-open-data-strategies 和 http：//ec.europa.eu/information_society/policy/psi/index_en.htm （accessed 5 August 2014）。

3. 参见，例如，www.opengovpartnership.org （accessed 5 August 2014）。

参考文献

Campagna M., and Craglia M. 2012. The socioeconomic impact of the spatial data infrastructure of Lombardy, *Environment and Planning B: Planning and Design*, 39, 6, 1069–1083.

COWI (2009a). *Study concerning the report on the application and effectiveness of the EIA Directive*. Kongens Lyngby, Denmark: COWI A/S.

COWI (2009b). *Study concerning the report on the application and effectiveness of the SEA Directive (2001/42/EC)*. Kongens Lyngby, Denmark: COWI A/S.

Craglia M., Pavanello L., and Smith R. 2012. "Are we there yet?" Assessing the contribution of INSPIRE to EIA and SEA studies. *Journal of Environmental Assessment Policy and Management*, 14(1), 1250005/1–22.

Crompvoets J., and A. Bregt. 2003. World status of national spatial data clearinghouses. *Urisa Journal* 15: 43–50.

Eser T., and Konstadakopoulos D. 2000. Power shifts in the European Union? The case of spatial planning. *European Planning Studies*, 8(6), 783–798.

European Commission. 2012. *Proposal for a decision of the European Parliament and the Council on a general union environment action programme 2020*. COM(2012)710 Final. Luxembourg: Publications Office.

Howe J., and White I. 2002. The potential implications of the European Union Water Framework Directive on Domestic Planning Systems: a UK case study. *European Planning Studies*, 10(8), 1027–1038.

Istituto di Statistica Nazionale (ISTAT). 2009. Conti Economici Regionali 1995–2008. Rome, Italy: author.

John P. 2000. The Europeanisation of sub-national governance. *Urban Studies*, 37(5–6), 877–894.

Kaika M. 2003. The Water Framework Directive: a new directive for a changing social, political, and economic European framework. *European Planning Studies*, 11(3), 299–316.

Masser I. 1999. All shapes and sizes: the first generation of national spatial data infrastructures. *International Journal of Geographical Information Science* 13: 67–84.

Masser I. 2005. *GIS worlds: creating spatial data infrastructures*. Redlands: ESRI Press.

Masser I., Campbell H, and Craglia M. 1993. *GIS diffusion: the adoption and use of geographical information systems in Europe*. London: Taylor & Francis.

Pares M. 2011. River basin management planning with participation in Europe: from the contested hydro-politics to governance-beyond-the-state. *European Planning Studies*, 19(3), 457–478.

Vandenbroucke D., *et al.* 2005–2011. Spatial data infrastructures in Europe: state of play. K.U. Leuven. http://inspire.jrc.ec.europa.eu/index.cfm/pageid/6/list/4 (accessed 5 August 2014).

Williams R. 2000. Constructing the European spatial development perspective: for whom? *European Planning Studies*, 8(3), 357–365.

Williamson I., Rajabifard A., and M.E F. Feeney (Eds.). 2003. *Developing spatial data infrastructures: from concept to reality*. Boca Raton, FL: CRC Press.

吴诗丽 译，周 恺 校

4.11

城市蔓延和区域划分

顾朝林

从某种意义上来说，城市规划是研究空间布局的科学之一，空间中的场所是其研究的焦点。场所是依附于区域的物质和精神空间存在。虽然区域是传统空间规划的核心主题，但规划师一直认为区域的划分非常模糊。在古代中国，很早就出现了关于城市和区域之间关系的研究。汉代（公元79—105年）编年史《汉书》就记录了城址选择时需要考虑的因素，翻译成现代汉语，就是：找出阴阳平衡，品尝春天的气息，审查土地的适宜性，并建立市州（班固，105）。地理学家的大量的案例研究一直在致力于改善医院（Godlund，1961）、学校（Yeates，1963）、社会管理区（Massam，1975）的区域结构，及其区域应用（Haggett，Cliff，and Frey，1977）以及地方政府边界。本章将尝试探索城市扩张条件下区域划分的定量方法，主要包括区域概念、区域组合、节点区域和图论方法应用，本章也以一个中国苏南地区的案例讨论基于区域规划的区域划分和分组中所使用的技术方法。

区域概念

区域通常是指一个特定的地理范围，大到整个地球，小到县、乡、村办工厂、学校甚至一个特定的空间或场所。也就是说，区域无处不在。

1. 区域的定义

地理学定义的区域是可叠置的且是无缝覆盖了整个地球表面的地理空间。经济学家定义区域是一个经济活动发生的经济复合体。社会学家定义区域是通过民族、语言和其他特征进行分类的社会单元，如少数民族区、中文区、英语区等等。政治家则将区域看成可测量、具有层次的行政单元。对于规划师来说，区域是被用于研究各种自然或人文现象的特定地区，是包含地方、核心、梯度和边缘的复合体。

正如哈维（1969）所说，区域"有时会被认为是一个'理论上的空间实体'，就像一个原子或中子一样，也许不能准确地被观察到，但从它的效果可以推断其存在的状态。由于人类空间组织导致地球表面的区域差异，可以'解释'这一理论现象"。雅各布斯（1961）也认识到，"有时人们观察到的区域，是一个面积大到我们无法从中找到任何解决问题方案的地区。"

2. 区域的类型

对规划师来说，通常涉及四种区域类型，即：规划区、行政区、均质区和节点区。

1）规划区

当一个城市准备编制规划时，通常首先划定城市规划区。所谓的城市规划区，可以被定义成为了满足行政或空间组织需要的连续或不连续的空间。规划区可能重叠，也可能不重叠，它们可能是为了规划进行整体研究的区域，也可能是整个区域的部分地区。在规划区划定时，必须将满足行政需要、"天然存在的"均质区和节点区最大化的要求进行叠加处理。

2）行政区

城市可以将其管辖范围划分成更小的行政单位，即：根据它们的政治、经济、民族、历史及其他方面的差异，划分成不同规模的行政区域，用以建立相应的行政机构进行社会管理。

3）均质区

均质区可以被看作在区域系统中为了某种目的而定义的相邻地域，其中的地点到地点的变化非常小。更正式地说，均质区通过差异分析来划定边界。从特征上看，均质区是不重叠的，并是完整可用的空间。均质区有时也被称为同质区或正式区。

4）节点区

节点区是通过一系列地点之间的联系定义区域。它不同于均质区，节点区可能重叠和穿越。节点区有时也被称为功能区。

3. 区域的尺度

尺度问题长期以来一直困扰规划师，不同尺度下的区域规划需要解决的问题和重点是不同的，但要严格将不同尺度的区域定义出来又存在困难。规划编制中使用的不同尺度的区域，可以依据行人的可达距离来划定（表4.11.1）。

规划常用的不同尺度		表4.11.1
米（对数尺度，lg）	城市-区域	规划
10^0		
10^1	房屋	城市设计
10^2	街区	
10^3	邻里	
10^4	城市	城市规划
10^5	区域	区域规划
10^6	国家	空间研究
10^7	洲	
10^8	全球	

4.分区和分组过程

我们可以继续按照以下两种方式进行区域分类，即：逻辑分区和分组分区。

1）区间区（跨区域）

逻辑分区或"自上而下分区"是根据某种特性/属性进行区域划分的方法。该分区方法必须首先对属性的关键信息建立指标体系。因此，这种方法有时也被称为演绎分区方法（图4.11.1）。

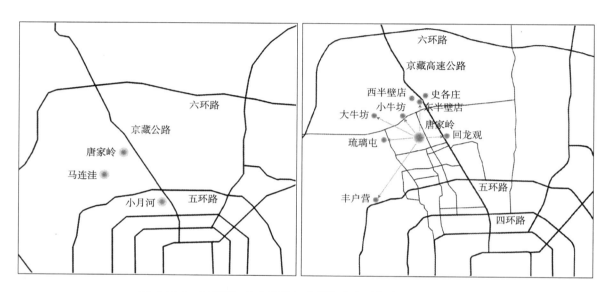

图 4.11.1　区间区：北京低收入大学毕业生群居空间及其扩散图

资料来源：Chaolin Gu，SHENG Mingjie，and Lingqian HU，Spatial and Social Characteristics of the "AntTribe" Urban Village in Beijing：Case Study of Tangjialing. Submitting.

图 4.11.1 给出了北京一些典型的低收入大学毕业生群居的城中村案例，比如唐家岭、小月河和马连洼，它们都分布在北京北五环路以外的海淀区内的农村村庄。唐家岭村在 2011 年被拆除后，昌平区的一些村庄，如邻近唐家岭的小牛坊、史各庄和六里屯，较远的或更为偏僻村庄，如西苑、丰户营、东半壁村、西半壁村和霍营，已成为新的低收入大学毕业生集聚村庄，但这些村庄都在北京的昌平区。然而，通过观察可以发现，可以把它们其中的一些分区统一归类成一个更大的北京低收入大学毕业生群居区，但这个区已经跨越了两个行政区，形成了区域间的区。

2）区内区（区域内）

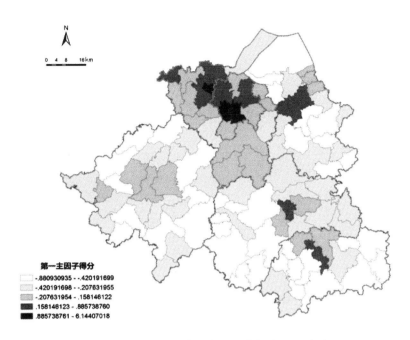

图 4.11.2　绍兴经济社会因子分析（2013 年）

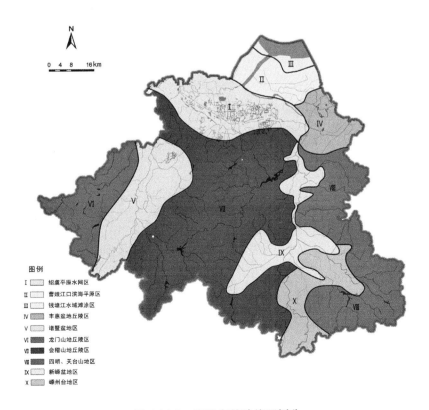

图 4.11.3　绍兴自然功能区划分

3）区域边界重叠

虽然区域可被明确的方式分区或分组，在实践中，相反的情况更容易出现。图 4.11.4 显示了各种不同的区域定义。图 4.11.4a 显示了它们的界线；区域的核心是阴影图（4.11.4b）。

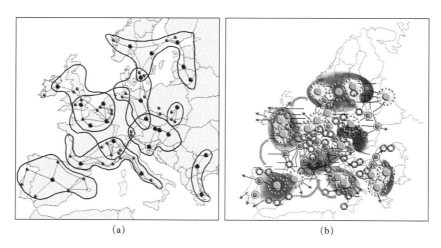

(a)　　　　　　　　　　　　　　(b)

图 4.11.4　欧盟地区的边界重叠

资料来源：European Commission. European Spatial Development Perspective. May 2003.
http：//en.wikipedia.org/wiki/European_Spatial_Development_Perspective（accessed 5 August 2014）.

区域组合分析

当少数区域要被分配到固定数目的分区中时，枚举所有可能的区域分区也是可行的，并且在进行分组时也是"最好"的划分方法。图 4.11.5a 示例了这样一个完整的枚举过程。

顾朝林等（2005）认为，该区域划分过程是基于时间和空间距离的加权组合，如北京城市马赛克，如图 4.11.5b。

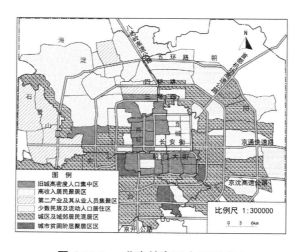

图 4.11.5a　北京社会区（1998 年）

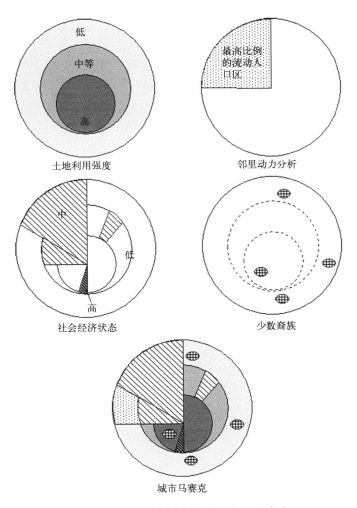

图 4.11.5b　北京城市马赛克（1998 年）

资料来源：Chaolin Gu，Fahui Wang，and Guili Liu. 2005. The structure of space in Beijing in 1998：A socialist city in transition. Urban Geography，26（2）：167–192.

节点区和图论方法

我们对区域划分方法的讨论，主要以均质区或正式区为例。在很大程度上，均质区的划分方法也可以扩展到节点区的划分。戈达德（Goddard，1970）利用出租车流动双值数据，采用主成分分析方法，划分了伦敦市中心区的节点区结构。贝里（Berry，1966，p. 189–237）的研究是最全面的二元主成分分析，他对印度 36 块贸易区的 63 种大宗商品进行了大量的研究。尽管这两种区域类型之间存在相似性，节点区的划分仍需要针对具体问题进行一定的技术开发。为了进行节点分区，需要输入每个县之间以及每个县与其他县之间的双向流或连接的二元数据，以供分析。一般情况下，用的是一些空间相互作用的数据，如通勤人数、移民人数、商品或电话呼叫数据。

1. 主链接分析

分析交通网络通常运用图论方法。尼斯图恩和达西（Nystuen and Dacey，1961）已经展示了如何将相同分析方法应用到"流"数据的区划研究中。一项有关城际电话的研究使他们认为"城市之间存在的各种关系中，大流量的网络将是整个区域内城市组织的骨架"（Nystuen and Dacey，1961，第7页）。

对节点之间流矩阵（假设数据） 表 4.11.2

起点\终点	a	b	c	d	e	f	g	h	i	j	k	l	类别
A	00	75	15	20	28	02	03	02	01	20	01	00	从属型
B	69	00	45	50	58	12	20	03	06	35	04	02	主导型
C	05	51	00	12	40	00	06	01	03	15	00	01	从属型
D	19	57	14	00	30	07	06	02	11	18	05	01	从属型
E	07	40	48	26	00	07	10	02	37	39	12	06	主导型
F	01	06	01	01	10	00	27	01	03	04	02	00	从属型
G	02	16	03	03	13	31	00	03	18	08	03	01	主导型
H	00	04	00	01	03	03	06	00	12	38	04	00	从属型
I	02	28	03	06	43	04	16	12	00	98	13	01	从属型
J	07	40	10	08	40	05	17	34	98	00	35	12	主导型
K	01	08	02	01	18	00	06	05	12	30	00	15	从属型
L	00	02	00	00	07	00	01	00	01	06	12	00	从属型
总和	113	337	141	128	290	071	118	065	202	311	091	039	
等级次序	8	1	5	6	3	10	7	11	4	2	9	12	

资料来源：Nystuen and Dacey，1961，p.35。

尼斯图恩和达西利用来自每个城市的主要流出量构建一个区域的等级体系，这种方法被称为主链接分析（Primary Linkage Analysis）。该方法的原理非常简单。作为一个例子，考虑表4.11.2 显示一组假设城市矩阵（a，b……）及其对应的流数据矩阵（如电话呼叫）。图4.11.6 显示了以图论表示的表4.11.2 的节点结构。

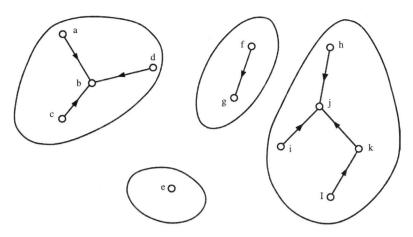

图 4.11.6　表 4.11.2 图论节点结构

资料来源：Nystuen and Dacey，1961，p. 35。

2. 多链接分析

尼斯图恩和达西提出，需要谨慎理解城市间主链接分析的结果。很明显，比方说，流出量占所有流量的 10%，可以被视为相对 90% 完全不重要。霍姆斯（Holmes，1973）发现，等级体系和交通分布之间存在很强的负相关关系。由单一主导链接提供的信息需要与其他次主导链接相结合。但是，如果我们想使用一个以上的链接，如镇或县，那么需要设定将"显著"的流与"不显著"的流分开的标准。这个链接方法被霍姆斯和哈格特（Haggett，1977）利用迁移流数据应用到区域分析中。许多类似的多链接分析方法纷纷出现，特别是交易流的分析（Transaction Flow Analysis）（Brams，1966；Soja，1968）和图形分层分析（Graph Hierarchization Analysis）（Rouget，1972）。

苏南区域划分案例研究 [1]

苏南区域划分案例采用了 1984、1991、2000 和 2005 年的卫星图像数据进行城市群蔓延分区研究。正如研究文献所述，分形维数计算（该概念前文已作论述）被用于城市聚类分析，但不作为城市内部分析（如文献所示），并与紧凑指数研究相结合，显示苏南地区是一个越来越同质和紧凑城市群区域。另一种方法是基于对城市扩张强度空间自相关分析，被用于城市蔓延的城市集群形式和热／冷点检测研究（请参考马托斯第 4.6 章和海宁第 4.2 章，均是采用这类方法的例子）。

1. 数据

地域覆盖和空间分布的度量都需要进行充分的城区形态描述（Schweitzer and Steinbrink，1998）。卫星图像提供了一段时间内人类活动的历史足迹，这也就形成可比较的研究数据源（图 4.11.7a）。

2. 研究方法

1) 分形维数

分形维数是一个进行全球城市形态比较研究的很好工具（Tannier and Pumain，2005）。因此，本节将进一步通过介绍分形维数方法来进一步解释分形维数，包括半径维数（Radius Dimension）、网格维数（Grid Dimension）、相关维数（Correlation Dimension）和边界维数（Boundary Dimension）。前三个维数属于计数方法，可以通过吉勒斯（Gilles Vuidel）开发的 Fractalyse 软件计算。第四个维数可以通过大多数统计软件中都包含的回归函数来计算。

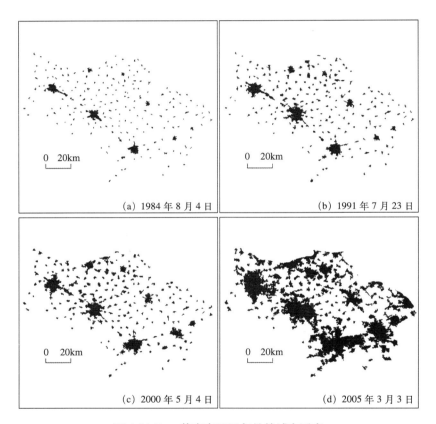

图 4.11.7a　苏南在不同年份的城市形态

a.网格法

理论上，网格维数（Dg）表示一定区域范围内城市分布的均匀度，理论上位于 0 到 2 之间。如果 Dg 等于 0，表明所有城镇集中于一点，即区域内仅有一个城镇，这通常是不现实的；如果 Dg 等于 1，它显示了城镇均匀地沿着一条线分布，如沿铁路、河流或海岸线分布；如果 Dg 等于 2，表明城镇的空间分布是完全均匀的。在一般情况下，Dg 范围为 1 至 2，随着 Dg 的值的不断增加，城镇的空间分布均质水平逐渐明显。在这项研究中，我们选择了统计中心数量，分别在重心(310，335)、常州（113，229）、无锡（253，322）和苏州（388，441）。

b.半径法

这种方法是指定一个点为计数中心，并给出围绕这个点展开的不同地点的分布规律。半径维数（D_r）表明整个区域内城镇从中心（计数中心）到外围的空间分布衰减特征。如果 D_r 小于 2，表明区域城镇的空间分布在密度上从中心向外围衰减；如果 D_r 等于 2，表明在半径方向上均匀；如果 D_r 大于 2，表明从中心到外围增加。为便于分析和比较，它像网格法一样使用统计中心数量。

c.相关维数

采用一个小方形窗口，图像的每个点可以描述其中的相对位置。通过每个窗口可以数出观测点的数目。由此，能够计算出每个窗口点的平均数目。相同的操作被用于不断增大的窗口。在原则上，可以选择任何形状的窗口，如圆形，六边形等。然而，由于像素是正方形状，选择正方形有助于避免舍入误差。与 D_g 一样，相关维数（D_c）也表明一定区域内城镇分布的均匀度，但 D_c 可以揭示比网格维数更多的细节。一般而言，D_c 位于 0 到 2 之间；如果接近 2，表明城镇分布较为均匀；如果接近但大于 0，表明区域内存在首位城市。

d.边界法（或面积-周长法）

如果城市是一个简单的几何形状，其边界维数为 1，表面维数为 2，面与线的比率约为 1.05（Tannier and Pumain，2005），这与欧几里得几何学相矛盾，但与分形几何学相一致。对每一个表示城镇的多边形而言，周长（P）和面积（A）之间存在如式（1）的基本分形关系（Johnson et al.，1995）：

$$P = kA^{D/2} \tag{1}$$

式中 D 是分形面积-周长维数（D_a）；k 是比例常数。上式（1）可以转换为：

$$\ln A = (2/D_a) = \ln P + c \tag{2}$$

式中 c 是线性回归截距。我们采用 ARCGIS9.0 分析周长（P）和面积（A）；统计软件 SPSS11.0 中的回归分析被用于分形面积-周长维数（D_a）的计算。同样地，估计的质量用相关系数进行量化。在一般情况下，分形面积-周长维数在 1 至 2 的范围内。

2）紧凑指数

借用景观生态学中的紧凑度，定量度量区域内城镇的整体空间集聚形态（景观指标的详细说明见本书第 4.4 章雷斯、席尔瓦和皮尼奥的文章）。紧凑度，不仅可以测量各斑块形状，也考虑了景观的分散程度。紧凑指数（CI）由 Li 和 Yeh（2004）定义。

$$CI = \frac{\sum_i P_i / p_i}{N} = \frac{\sum_i 2\sqrt{S_i/\pi}/p_i}{N} \tag{3}$$

式中：S_i 和 p_i 是第 i 个城市（包括城镇）的面积和周长；p_i 是第 i 个城市内接圆的周长；N 是城市的总个数。根据这个定义，圆形紧凑斑块将具有很高的值。为了最大限度地减少由众多小斑块而不是大的复合体引起的偏差，李和叶（Li and Yeh，2004）修改了紧凑度指数：

$$CI' = \frac{CI}{N} = \frac{\sum_i 2\sqrt{S_i/\pi}/p_i}{N^2} \tag{4}$$

3）蔓延强度

除了在某些特定的时间和动力分析中采用分形维数进行城市形态静态分析外，有必要选择一种动态指数更直接地表示城市和城市群生长。所以，我们采用了蔓延强度指数（*SII*）：

$$SII = \frac{A_s}{A_t \times \Delta t} \times 100 \tag{5}$$

式中：A_t（平方米）是城镇的镇域总面积；A_s（平方米/年）是城镇沿某个方向或 Δt（一年）期间的镇区扩展面积。在中国，城镇是最基本的行政边界，但有时会根据经济发展情况部分或全部的进行合并或分割。其结果是，处于不同的时间段的边界可能不同。在这里，我们采取1991年的行政界线作为基本计算和分析单位。

4）空间自相关

一些标准的全局性和新的局部空间的统计数据，包括 Moran I（Cliff and Ord，1981），G 系数（Getis and Ord，1992）和空间相关性的局部指标（LISA）（Anselin，1995），可用来探测城市群的蔓延模式（Ma et al.，2006）。城镇空间形态分析是从随机分布假设开始，也就是说，空间形态是从空间依赖性数据导出，而不是理论模式先入为主的分析。在这项研究中，全局和局部 Moran I 通过吕克·安瑟兰（Luc Anselin）的 GeoDa 0.9.5-i（测试版）获得；全局和局部 G 统计通过 ArcGIS 9.0 空间统计工具分析获得。

a. 全局 Moran I

$$I = \frac{n}{S_0} \frac{\sum_i^n \sum_{j\neq1}^n w_{ij}(x_i - \bar{x})(x_j - \bar{x})}{\sum_i^n (x_i - \bar{x})^2} \tag{6}$$

这里定义的全局 Moran I，n 是观测的数量；x_i 和 x_j 分别代表在位置 i 和 j 的观测值（本研究是扩张强度）；$\bar{x}$ 是 $\{x_i\}$ 在 n 位置的平均值；w_{ij} 是对称的二进制空间权重矩阵（$n \times n$），如果位置 i 是邻接位置 j 或位置 i 和 j 是在一定距离 d，权重定义为 1；否则，权重为 0；S_0 是来自 w_{ij} 所有元素的总和。

Moran I 检验的范围从 −1 到 1。当一定距离内的位置观察值，或它们的连续位置趋向相似时，Moran I 检验显著和正；当趋向不相似时，Moran I 检验为负；当观察值被设置成随机或独立空间时，Moran I 检验大致为零。

b. 全局 G 系数

$$G(d) = \frac{\sum \sum w_{ij}(d) x_i x_j}{\sum \sum x_i x_j} \tag{7}$$

全局 G 系数由其中具有相同含义的符号建立方程式（2）。为了便于解释，这里定义 $G(d)$ 的标准格式为：

$$Z(G) = \frac{G - E(G)}{\sqrt{Var(G)}} \tag{8}$$

$E(G)$，它是 G 和 $Var(G)$（即 G 的方差）。若 G 超过 $E(G)$ 且 $Z(G)$ 显著，观察值是由比较大的值群集；如果 G 小于 $E(G)$ 且 $Z(G)$ 显著，观察值则是由相对小的值群集；如果 G 是接近 $E(G)$ 中，观测点在空间上随机分布。

如果上述两个统计中的一个只给出一个值，则显示观察的是一个整体空间格局，因此，我们无法知道每个位置的空间变异情况。

• 局部 Moran I 检验

$$I_i = \sum w_{ij} Z_i Z_j \tag{9}$$

这里 i 被定义为对每个观测的局部 Moran I 检验，Z_i 和 Z_j 是标准化的形式（具有零均值和 1 的方差）。该空间权重 w_{ij} 是行标准化形式。所以，I_i 为 Z_i 和周围的位置观察的平均值。I_i 值，不同于全局 Moran I 检验，与观察紧密相关，其局域不限于 –1 和 1 的范围。

用显著水平（如 p 值小于 0.05），正 I_i 和正 Z_i 高观测值表明，位置 i 与其周围有相对高的关联，即高价值高集群（HH）；正 I_i 和负 Z_i 低观测值表明，位置 i 与其周围有相对低的关联，即低价值低集群（LL）；负 I_i 和正 Z_i 表示，位置 i 与其周围观测值更多，即高价值低集群（HL）；负 I_i 和负 Z_i 表明，位置 i 与其周围的位置的观测值要少得多，即低价值高集群（LH）。

c. 局部 G 系数

全局 G 系数可能不容易从空间集群中区分出负空间关联，往往只是通过高还是低的系数定义空间集群。全局 G 系数也不能进行广泛的评价，特别是用于低值集群。因此，根据全局 G 系数（Ord and Getis，2001）程度定义局部 G 系数来解释局部 G 系数显得至关重要的。局部 G（包括 G_i 和 G_i^*）用于从观测的平均值测试一个局部形态的偏差。空间统计量 $G_i(d)$ 和 $G_i^*(d)$ 可被定义为：

$$G_i(d) = \frac{\sum_{j,\, j \neq i}^{n} w_{ij}(d)\, x_j}{\sum_{j,\, j \neq i}^{n} x_j} \qquad\qquad G_i^*(d) = \frac{\sum_{j}^{n} w_{ij}(d)\, x_j}{\sum_{j}^{n} x_j} \tag{10}$$

这里符号与以前一样。为了便于解释，Ord 和 Getis（1994）定义 $G_i(d)$ 的标准格式，

$$Z(G_i) = \frac{G_i - E(G_i)}{\sqrt{Var(G_i)}} \qquad\qquad Z(G_i^*) = \frac{G_i^* - E(G_i^*)}{\sqrt{Var(G_i^*)}} \tag{11}$$

这里 $E(G_i)$ 是 G_i 的数学期望，$Var(G_i)$ 被定义为方差；$E(G_i^*)$ 为 G_i^* 的数学期望和 $Var(G_i^*)$ 为方差。

一个显著和正 $Z(G_i)$ 或 $Z(G_i^*)$ 表示位置 i 由相对大的值所包围，而一个显著和负 $Z(G_i)$ 或 $Z(G_i^*)$ 表示位置 i 被包围通过相对小的值。所以局部 G 统计量可以用于识别具有高值集群或低值集群的空间集群形态。

3. 分析结果

1）总体情况

在 1984—2000 年间，苏南地区的市区扩展呈线性增大，从 1984 年约 230 平方公里扩展到 2000 年的 750 平方公里，到 2005 年突然加速扩展至约 2800 平方公里，各种开发区（包括产业开发区和经济技术开发区）面积达到大约 900 平方公里。

1991 年苏南地区城市建成区面积在 1984 年的基础上扩大了 2.33 倍，2000 年是 1991 年的 1.57 倍和 1984 年的 3.64 倍，到 2005 年城市建成区面积是 2000 年的 3.41 倍、1991 年 5.34 倍和 1984 年的 12.42 倍。城市总面积和城镇总人口之间的关系呈正指数函数（图 4.11.7b），市区建成区面积增长快于城市人口增长，这也意味着土地拉动城市增长为主。该区城镇总面积和城镇总人口之间的线性关系非常显著；城镇建设用地的增长速度快于城镇人口的增长，表现出与人口增长并不协调的城镇圈地式增长模式。

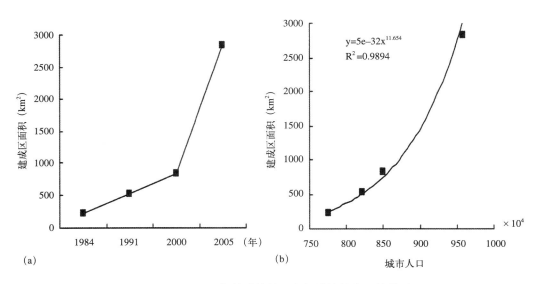

图 4.11.7b　不同年份城镇总面积与城镇总人口的关系

以区域质心 [310，335]、常州 [113，229]、无锡 [253，322] 和苏州 [388，441] 作为计数中心，分析半径维数、网格维数和相关维数，其中相关维数的计算选择方形计数窗口。以区域质心 [310，335] 为中心的全局分形半径维数（GFRD）的分析表明（图 4.11.8a）。整体上，全局分形半径维数值逐渐增大，区域内城镇的空间分布逐渐趋于均匀；仅 1991 年全局分形半径维数出现异常（小于 1），表明 1991 年及其前后城镇扩展的无序化程度加剧，区域内城镇的空间组织形态类似 Fournier 灰尘的形状。1984 年、1991 年和 2000 年的 SBC 曲线变化趋势相似（图

4.11.8），沿半径方向城镇的空间分布异质性较大，揭示了城市建成区的类似异构空间组织，在150—230个像素的半径范围内具有较强的稀释现象；就城市蔓延而言，2005年变化明显，区域内城镇在向着区域质心的方向扩展，空间分布的同质性增加，尤其在半径400像元（100km）内，具有更好的紧凑度。该全局分形半径维数中心在不同的城市也会随之出现相应的结果，由于篇幅限制的原因就不再本章累述了（图4.11.9）。

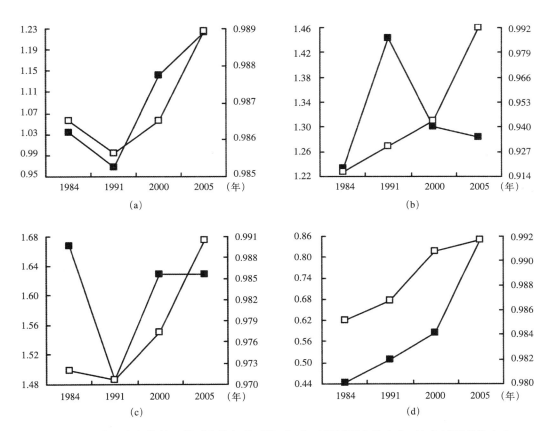

图4.11.8　全局半径维数及其对应的相关系数：（a）以区域质心为中心；（b）以苏州为中心；

（c）以无锡为中心；（d）以常州为中心；左y轴和实心黑色矩形是分维（无量纲），

右y轴和中空白色矩形为相关系数（量纲），x轴为时间（年）

1984年的全局相关维数（GFCD）约为1（图4.11.10a），局部相关维数（LFCD）随计数窗口的像元尺寸在0.55到1.43之间的变化（图4.11.10b），特别当计数窗口尺寸范围在23—58、58—69、69—86、118—130，以及130—154个像元内时，局部相关维数均小于1但大于0.999，区域内城镇空间组织的异质性特征更为明显，这与城镇空间上的相互分离相对应。1991年和2000年的全局相关维数（GFCD）大于1但小于1.3，半径分维的尺度变化曲线（SBC）的变化趋势基本相同，稍有差异的是1991年计数窗口尺寸在28—90以及112—126个像元范围内时局部相关维数（LFCD）小于1，而2005年均大于1.5，表明2000年城镇空间组织在上述标度范围内优于1991年。2005年的相关维数最高，表明2005年的城镇空间分布更为均质。

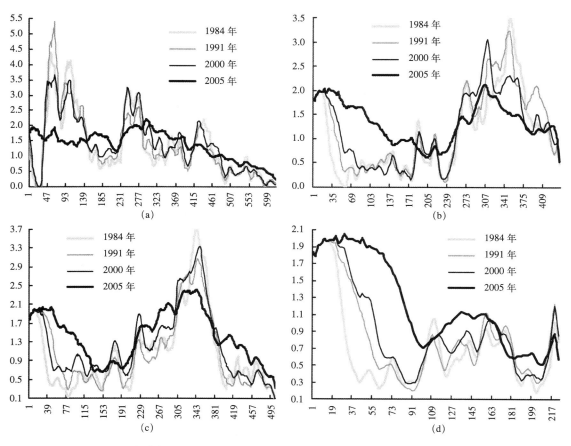

图 4.11.9 1984—2005 年半径分维的尺度变化曲线 SBC:（a）以区域质心为中心；（b）以苏州为中心；（c）以无锡为中心；（d）以常州为中心；y 轴为 α（无量纲），x 轴为 ε（像素）

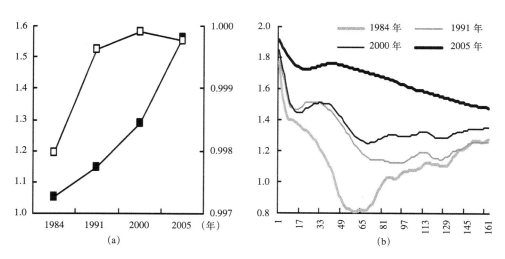

图 4.11.10 1984—2005 年区域城镇的相关维数及其尺度行为曲线（SBC）变化，（a）相关维数：左 y 轴和固体黑色矩形是分维数（量纲），右 y 轴和空心白色矩形为相关系数（无量纲），X 轴为时间（年）；（b）计数窗口尺寸 ε（像元），y 轴为形状因子 α（无量纲），x 轴为计数窗口尺寸 ε（像素）

从紧凑指数的分析图4.11.11a、b看，从1984年到2005年城镇空间分布越来越紧凑、连接越来越紧密，验证了分形分析的相关分析结果。与其不同的是，修正紧凑指数分析表明，市区面积变得越来越均匀致密，与分形边界维数相比较，显示出总体上城市化地区的轮廓是不稳定和不规则的。在1984—2005年间，城市增长在一定程度上溢出城市外部轮廓，可能是由于尽管在某些时期某些规划存在，但一个连续的城市规划失灵所形成。

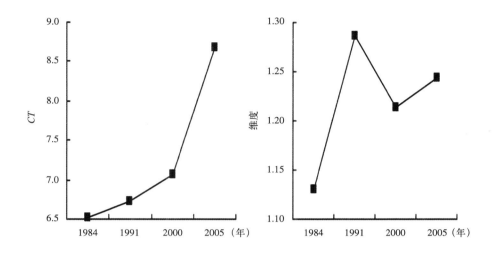

图 4.11.11a 修正后的紧凑指数

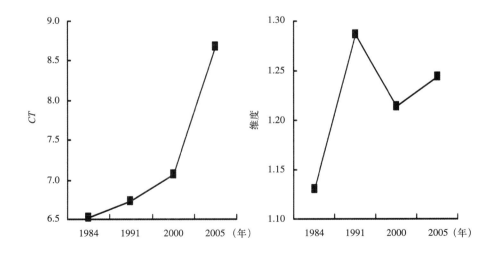

图 4.11.11b 边界分形维数

2）空间扩展模式

2000年以来，苏南沿江区城镇扩展的强度迅速增加，约是20世纪80年代中末期的6.8倍。

三个时段内（1984—1991 年、1991—2000 年、2000—2005 年）城镇扩展强度的平均值分别为 0.54、0.34 和 3.65。

当以拓扑邻接关系构建空间权重矩阵时，上述三个时段内蔓延强度指数 SII 的全局 Moran I 检验（GMI）分别为 0.427（1984—1991 年）、0.176（1991—2000 年）和 0.294（2000—2005 年）；当以 5km（最佳邻域距离为约 4910 米，由空间统计工具 ARCGIS 9.0 计算）和 10km 为相关距离构建空间权重矩阵时，三个时段的计算结果如表 4.11.3。就整体而言，在 1984 至 1991 年期间的聚集程度最高，其次是在 2000—2005 年，最低的 1991—2000 年，这表明：（1）1984—1991 年城镇的空间蔓延主要集中表现在少数城市；（2）1991—2000 年蔓延强度的聚集度明显下降，城镇蔓延表现出一定的离散性；（3）与 1991—2000 年相比，2000—2005 年蔓延强度的聚集度增加，空间分布的异质性有所增强，空间上有较大扩展的城镇的数量增加。

利用不同的邻域距离构建的空间邻接矩阵计算所得的空间扩展强度的全局 Moran I 检验　　表 4.11.3

	阈值距离 =5000m			阈值距离 =10000m		
	1984—1991 年	1991—2000 年	2000—2005 年	1984—1991 年	1991—2000 年	2000—2005 年
I（d）	1.620	0.200	0.456	0.707	0.167	0.222
E（d）	−0.005	−0.005	−0.005	−0.005	−0.005	−0.005
Z 得分	15.317	1.878	4.165	18.517	4.363	5.666

利用不同的邻域距离构建的空间邻接矩阵计算所得的空间扩展强度的全局 G 系数　　表 4.11.4

	阈值距离 =5000m			阈值距离 =10000m		
	1984—1991 年	1991—2000 年	2000—2005 年	1984—1991 年	1991—2000 年	2000—2005 年
G（d）（×10^{-6}）	9.234	2.165	1.517	19.57	7.300	5.689
E（d）（×10^{-6}）	1.034	1.034	1.034	4.454	4.454	4.454
Z 得分	17.053	3.475	2.441	19.084	5.229	3.668

然而，扩展强度的局部 Moran I 检验（LMI）的计算结果表明，区域内空间扩展的局部聚集模式存在较大差异（图 4.11.12）

1. 三个时段内，不同规模城镇呈现出明显的 HH、HL、LH 和 LL 集群类似的空间蔓延形态。区域城镇遭受常州、无锡、苏州 HH 集群逐渐蔓延增生，沿江一些城镇始终是在 HH 集群区域。此外，HH 集群地区从 1984—1991 年的城市核心向 2000—2005 年间郊区逐渐转变。

2. 1984—1991 年，HH 区为鲜明的中心地结构集中在常州、无锡、苏州市区周围，沿江城镇化地区存在明显的几个 HL 集聚区；其余大部分城镇位于 LL 集聚区。表明这一时段内，城市的快速增长主要集中在这三个大城市；

3. 在 1991—2000 年间，HH 区开始增多，沿江多个 HH 集聚核开始出现，特别是苏州的昆山成为新的 HH 集聚区，但在 1984—1991 年间它是 LL 集群。

4. 在 2000—2005 年间，HH 集聚带从无锡、苏州到昆山、太仓形成一个连续的带状区域；此外，1991—2000 年间在大城市郊区也分别形成 HH 集群。

5. 从城镇蔓延的整体上看，HH 集聚区演化成为研究区城市化进程的引领者。从初始的簇状发展阶段，逐渐转化成外围或放大成一个更大的簇状发展区域，与快速发展的经济相对应涌现更多的 HH 集群，其中一些被连接在一起成为一个带状城市化区域。

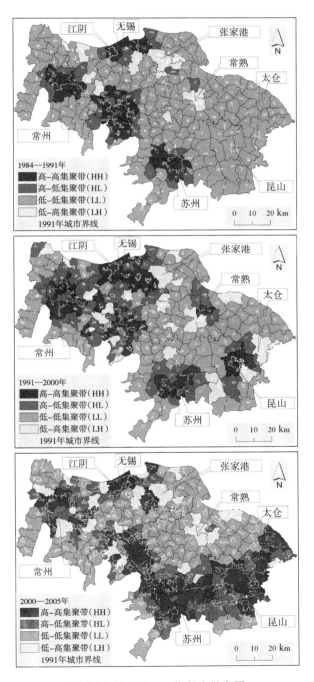

图 4.11.12 Moran 指数 I 散点图

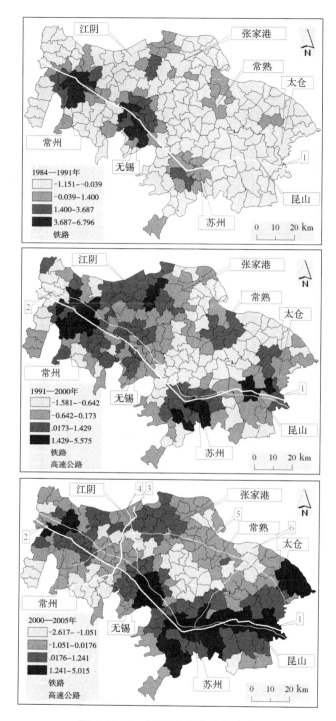

图 4.11.13　局部 G 系数空间分布

1. 沪宁铁路；2. 沪宁高速公路；3. 苏北铁路；4. 锡澄高速公路；5. 沿江高速公路；6. 苏嘉杭高速公路

为了更深入地揭示不同的城镇集群模式，热 / 冷点分析技术被用于计算全局 G 系数。全局 G 系数与 E 值和 Z 得分一起列入表 4.11.4，显示了由全局 Moran I 检验发现集群是高值集群，这在 1984—1991 年间比在其他两个时期更显著。因此，城市扩张的热点非常集中在 1984—1991 年间，然后逐渐分散。为了揭开热点的空间分布及其转化，也计算了局部 G 系数。

图 4.11.13 从城镇扩张强度显示：（1）在 1984—1991 年间，苏南地区存在四个热点，分别集中在常州、无锡、苏州、江阴四个城市，前三者是直接通过沪宁（南京至上海）铁路和沿江高速连接；（2）在 1991—2000 年间，热点还在常州、江阴，但分散到大的连接斑块；位于苏州的热点被扩大，并在昆山新成长起来一个热点区；位于无锡的热点区逐渐变弱；（3）在 2000—2005 年间，位于常州的热点依然存在但开始缩小，所以没有大的关联斑块；位于无锡热点区再次增强；值得注意的是，带状热点已经从无锡长大，经过苏州、昆山，沿沪宁铁路、沪宁高速公路扩展。此外，沿江的太仓也成为新的热点地区；（4）从总体看，城市扩张的热点起步阶段主要集中在主要大城市，城市扩张是自发的，彼此之间没有产生很强的影响；然后热点渐渐地被扩散到它们周围的城镇，或者他们与新加入的热点区构成一个更大斑块；随着经济和社会的发展，热点进一步传播，不断扩散，有的被加入到沿着重要的交通轴线带状区域中。

结论

区域划分是区位分析最常见和通常遇到的问题。本章在已有的区划方法基础上向前推进了一步。区域划分，一方面揭示连续空间的组成，另一方面更具相似性进行组合。在任何研究区，可能的区域划分或组合方案很多。因此，任何研究区通常都非常大。所以，在提出任何的分区方案时都不太可能是唯一的，通常会是一组，而类似的接近最佳峰值可能是最优的分区方案。本章还揭示了同质性和紧凑性分形维数方法，正如一些文献显示的实用性问题有待进一步研究。这个研究的不同在于，利用它进行城市群分析而不是应用在城市的内部结构分析。在分析的过程中，施加的尺度行为可帮助检测的变化的阈值范围。据此，可以认为，利用分形维数及其附带尺度行为进行均一性和紧凑性分析时会相得益彰。城市扩张强度在进行不同的城市绵延的比较分析时是一个很好的归一化指标，通过空间自相关分析以检测城市群集聚形态，通过的 Moran 散射图和热／冷场检测，可以很实用的且应用性强。

致谢

笔者特别鸣谢吉勒斯·开发的 Fractalyse 软件被用于分形模式分析，吕克·安瑟兰的 GeoDa 被用于空间自相关分析。

注释

1．见 Ronghua et al.（2008）。

参考文献

Anselin L. 1995. Local indicators of spatial association – LISA. Geographical Analysis, 27: 93–115.

Arshall J. R. 1991. A review of methods for the statistical analysis of spatial patterns of disease. Journal of the Royal Statistical Society (Series A), 154: 421–441.

Ban Gu. 105/2012. Chronicles of Han dynasty, Volume 28: Geography. Beijing: Zhonghua Books.

Bao S., and Henry M. S. 1996. Heterogeneity issues in local measurements of spatial association. Geographical Systems, 3: 1–13.

Batty M., and Kim S. K. 1992. Form follows function: reformulating urban population density functions. Urban Studies, 29: 1043–1070.

Batty M., and Longley P. 1994. Fractal cities: a geometry of form and function. London, Academic Press.

Berry B. J. L. 1966. Essays on commodity flow and the spatial structure of the Indian economy. Research Papers No. 111. Department of Geography, University of Chicago.

Brams S. J. 1966. Transaction and flows in the international system. American Political Science Review, 60: 880–898.

Carter H. 1981. The study of urban geography. Edward Arnold, Victoria, Australia.

Chakravorty S., and Pelfrey W. V. 2000. Exploratory data analysis of crime patterns: preliminary findings from the Bronx, in Analyzing crime patterns: frontiers of practice, edited by V. Goldsmith, P. G. Mcguire, J. H. Mollenkopf, et al. Beverly Hills, CA: SAGE, 65–76.

Cliff A. D., and Ord J. K. 1973. Spatial autocorrelation. London, Pion.

Cliff A. D., and Ord J. K. 1981. Spatial processes, models and applications. London, Pion.

Cliff A. D., and Ord J. K. 1975. The comparison of means when samples consist of spatially autocorrelated observation. Environment and Planning A, 7:725–734.

Cliff A. D., and Haggett P. 1970. On the efficiency of alternate aggregations in region-building problems. Environment and Planning, 2:285–294.

Cohen J., and Tita G. 1999. Diffusion in homicide: exploring a general method for detecting spatial diffusion processes. Journal of Quantitative Criminology, 15: 451–493.

Fishman R. 1990. America's new city: megalopolis unbound. Wilson Quarterly, 14: 25–45.

Frankhauser P. 2004. Comparing the morphology of urban patterns in Europe a fractal approach, in European cities insights on outskirts, Report COST Action 10 Urban Civil Engineering, Vol. 2, Structures, edited by A. Borsdorf and P. Zembri, Brussels: Blanchard Printing. 79–105.

Frankhauser P., and Pumain D. 2001. Fractales et géographie, in Sanders L. (ed.), Modèles en analyse spatiale, collection IGAT, Paris: Hermes-Lavoisier. 28

Getis A., and Ord J. K. 1992. The analysis of spatial association by the use of distance statistics. Geographical Analysis, 24: 189–206.

Gledits K. S., and Ward M. D. 2000. War and peace in space and time: the role of democratization. International Studies Quarterly, 44: 1–29.

Goddard J. 1970. Functional regions within the city centre: a study by factor analysis of taxi flows in central London. Institute of British Geographers Publications, 49:161–182.

Godlund S. 1961. Population, regional hospitals, transport facilities and regions: planning the location of regional hospitals in Sweden. Lund Studies in Geography, B: Human Geography, 21.

Gottmann J. 1961. Megalopolis: the urbanized northeastern seaboard of the United States. New York: The Twentieth Century Fund.

Gu C. 2003. Urbanization studies: an international approach. City Planning Review, 27: 19–24 [in Chinese].

Gu C., Fahui Wang, Guili Liu, 2005. The structure of space in Beijing in 1998: A socialist city in transition. Urban Geography. 26(2): 167–192.

Gu C., Yu T., and Kam Wing Chan. 2002. New characteristics of development of extended metropolitan regions in the time of globalization. Planner, 18: 16–20 [in Chinese].

Haggett P., Cliff A. D. and Frey A. -1977. Locational methods. London: Edward Arnold.

Hall P. 2002. Out of control? Urban development in the age of virtualization and globalization. Paper presented at the Europaishes Forum Alpbach, Communication and Networks Conference, August 15–31, Alpbach, Tyrol, Austria. www.alpbach.org/ deutsch/forum2002/vortraege/hall.pdf (accessed 5 August 2014).

Harvey D. W. 1969. Conceptual and measurement problems in the cognitive-behavioural approach to location theory. Northwestern University Studies in Geography, 17:35–67.

Holmes J. H. 1973. Population concentration and dispersion in Australian states. Australian Geographical

Studies,11:150–170.

Holmes, J. H. and Haggett, P. 1977. Graph theory interpretation of flow matrices: A note on maximization procedures for identifying significant links. Geographical Analysis, 9: 388–399.

Jacobs J. 1961. The death and life of great American cities. New York, Random House.

Johnson G. D., Tempelman A., and Patil G. P. 1995. Fractal based methods in ecology: a review for analysis at multiple spatial scales. Coenoses, 10: 123–131.

Kim K. S., Benguigui L., and Marinov M. 2003. The fractal structure of Seoul's public transportation system. Cities, 20: 31–39.

Kulldorff M., and Nagarwalla N. 1995. Spatial disease clusters: detection and inference. Statistics in Medicine, 14: 799–810.

Li X., and Yeh A. G. 2004. Analyzing spatial restructuring of land use patterns in a fast growing region using remote sensing and GIS. Landscape and Urban Planning, 69: 335–354.

Lin G. 2004. Comparing spatial clustering tests based rare to common spatial events. Computers, Environment and Urban Systems, 28: 691–699.

Longley P. A., and Mesev V. 2002. Measurement of density gradients and space-filling in urban systems. Papers in Regional Science, 81: 1–28.

Lu X., Huang J., and Sellers J. M. 2006. A global comparative analysis of urban form: Applying spatial metrics and remote sensing. Landscape and Urban Planning, 2007, 82: 184–197.

Ma R., Gu C., Pu Y., and Ma X. 2008. Mining the urban sprawl pattern: a case study on Sunan, China. Sensors, 8(10):6371–6395.

Ma R., Huang X., and Zhu C. 2002. Knowledge discovery with ESDA from GIS database. Journal of Remote Sensing, 6: 102–106 [in Chinese].

Ma R., Pu Y., and Ma X. 2006. Mining spatial association pattern from GIS database. Beijing: Science Press [in Chinese].

Mandelbrot B. 1977. The fractal geometry of nature. San Francisco, Freeman.

Massam B. H. 1975. Location and space in social administration. London: Edward Arnold.

Matisziw T. C., and Hipple J. D. 2001. Spatial clustering and state/county legislation: the case of hog production in Missouri. Regional Studies, 35: 719–730.

Nystuen J. D., and Dacey M. F. 1961. A graph theory interpretation of nodal region. Regional Science Association, Papers and Proceedings, 7:29–42.

Ord J. K., and Getis A. 1994. Distributional issues concerning distance statistics. Working paper, the Pennsylvania State University and San Diego State University.

Ord J. K., and Getis A. 1995. Local spatial autocorrelation statistics: distributional issue and an application. Geography Analysis, 27: 286–306.

Ord J. K., and Getis A. 2001. Testing for local spatial autocorrelation in the presence of global autocorrelation. Journal of Regional Science, 41: 411–432.

Portnov B. A., and Erell E. 2001. Urban clustering: the benefits and drawbacks of location. Aldershot, Ashgate.

Rey S. J., and Montouri B. D. 1999. US regional income convergence: a spatial econometric perspective. Regional Studies, 33: 143–156.

Rouget R. 1972. Graphy theory and hirarchization modes. Regional and Urban Economics, 2: 263–296.

Schweitzer F., and Steinbrink J. 1998. Estimation of megacity growth: simple rules versus complex phenomena. Applied Geography, 18: 69–81.

Soja E. W. 1968. Communications and territorial integration in East Africa: an introduction to transaction flow analysis. Ease Lakes Geographer, 4:39–57.

Talen E. 1997. The social equity of urban service distribution: an exploration of park access in Pueblo, Colorado, Macon, Georgia. Urban Geography, 18: 521–541.

Tannier C., and Pumain D. 2005. Fractals in urban geography: a general outline and an empirical example. Cybergeo, 307: 22.

Wong K., Shen J., Feng Z., and Gu C. 2003. An analysis of dual-track urbanization in the Pearl River Delta since 1980. Tijdschrift Voor Economische en Sociale Geografie, 94: 205–218.

Yeates M. H. 1963. Hinterland delimitation: a distance minimizing approach. Professional Geographer, 15(6):1–10.

Zhu C., Gu C., Ma R., Zhang W., and Zhen F. 2001. The influential factors and spatial distribution of floating population in China. ACTA Geographic Sinica, 56: 549–560 [in Chinese].

顾朝林　译，周　恺　校

第五部分

研究方法的应用

5.1

研究方法的应用：研究与实践的关系

尼尔·哈里斯

引言

每一个研究者，无论其所从事的研究或项目的本质是什么，都需要体现出其研究活动与实践的关系。对于那些"不切实际型"的研究者而言同样如此，他们与实践的关系通常是长期的、间接的以及发散性的；而合同型研究者则从事一些短期的、以客户需求为导向的研究，并且往往能够对现有政策或实践产生直接影响。

第1.1章简要介绍了一些研究和实践的关系，本部分的一些章节将对其进行进一步探讨。已有的一些文献致力于解释研究和实践的关系，并就其关系本质为读者提供多种思考模式。这其中不仅包括传统的研究指导实践的观念，也包括在研究创造知识成果这一活动中，对于利益相关者所起的作用有一个更加开放性、合作性的理解。还有一些文献探索了具体理论在实践中的应用，并对应用于实践的具体方法的本质进行了界定。贯穿本部分的一个主题是将研究视为一种协作性的实践运用，并将这一观点扩展至学术界之外，使许多具有不同观点与不同背景的利益相关者也参与其中。在本部分的一些案例中，通过思考研究该如何进行、研究者如何与不同的对象进行沟通等问题，将对这些具有不同背景的利益相关者有所介绍。而在其他一些案例中，尤其（但不完全）是在非西方案例的内容中，在谈及这些利益相关者的同时，将就如何理解研究，以及用哪种研究方法更加合适等根本性问题提出质疑。

理解研究和实践的关系

在由达武迪完成的第5.2章中，她对学术研究的实践意义这一重要问题进行了探讨，这其中就包括"不切实际型"的研究以及那些成果更加直接、更加实际的研究。她在第5.2章中指出，对于一些研究（尤其是公众资助的研究）的影响进行评估是非常合理的，然而对于这一评估的关注度不断增加，往往也会带来许多风险和挑战。达武迪提出一个非常重要的观点，那就是我们对于"研究与其影响的关系"以及"研究与实践的关系"的理解可以持一个辩证的态度。她曾主导过一场旨在促进研究者和实践者之间信息知识交流的活动，根据她的这一经历，她强调如果单一地来理解这种关系，将会削弱理论对实践的指导作用。同时第5.2章还指出了一点，即我们的研究成果和发现如何可以象征性地用来为一些论点及立场提供合适的依据，即使这些论点和立场在我们的研究活动中可能未曾有过预料。达武迪最后在结尾处为公众知识分子进行了辩护，她认为这个群体受到了威胁；但同时她强调应将研究视为一种有多种角色参与的发散性实践活动。

跨学科研究的特征是开放性、协作性和参与性。由莫拉尔特和卡西纳里共同完成的第5.3章转述了一个名叫"社会城邦"的研究项目。有着各类学科背景的利益相关者参与其中，他们人数众多，有着不同的知识、文化和习俗。对于达武迪的观点，即认为研究活动是一种不局限于学术研究团体参与的合作性实践活动，他们提出了类似的质疑。他们还对跨学科研究与其他更为常见的说法，如多学科研究或交叉学科研究进行了区分。他们认为，跨学科研究在解决具有不确定性和复杂性特点的问题时尤其具有价值，所以将其应用到空间规划问题上也具有潜在的价值。

在他们的描述中，他们尤其强调利益相关者在研究过程中所扮演的角色，但由于利益相关者是研究活动中的一个活跃因素，所以他们也强调了这些利益相关者参与以及与其交流所可能带来的各种挑战。作者提到，研究的概念和思路不断被利益相关者介入，而对于那些早在研究起步阶段就对概念作了定义的研究者而言，将会是不小的挑战。该章对于从事跨学科研究、并且那些持有不同意见（或者至少讲不同语言）的利益相关者有可能参与其中的项目研究者而言，具有非常重要的价值。

在实践环境中开展研究

本书在第五部分突出了学术研究与其他实践性研究的关键性区别。在皮尔和劳埃德编写的第5.4章中，通过对由政府委托以指导决策而从事的研究进行探讨，重点介绍了应用性研究或实践性研究中的某个领域。他们和其他人一样，认为研究环境的特点是由不同的研究目的以及利益相关者共同组成。他们还列举出了政府委托研究（具有高度政治化、直接和务实的研究环境）与传统的学术研究的环境的不同之处。该章为有意进行政府委托研究的学者提出了宝贵的见解。这类政府研究特点是，政府决定研究问题、引导研究过程的产出并影响其研究的传播和评估的方式。皮尔和劳埃德指出，学者可以在以客户为导向的研究中做出独特贡献，特别是在挑战现有理论、确保研究有着坚实的理论基础等方面，学者功不可没。

在多米尼编写的关于非洲的规划研究方法的第5.5章中，其核心内容就是学术研究和实践之间的关系。该章认为，应根据非洲国家的规划实践的具体需求来调整大学设立研究训练课程，并且这一调整是非常有必要的。将案例学习研究方法融入非洲规划院校的研究设计和方法训练中，在解决非洲定居点的随意性问题以及极具特色的非洲城市化问题上，能够有效满足规划师的需求。非洲规划院校传统的注重调查设计的方法因案例学习方法的引入而得到了完善，案例学习方法能够更好地解决非洲规划师在现实和实践中面临的问题。第5.5章旨在提醒大家，进行研究方法的训练不仅仅是为了完成论文或者是学术研究项目，同时还应具有实践意义。多米尼还有一个重要的观点，即研究方法训练应具有不同的价值，并且采用不同的实践方法。

在由张冠增和王宝宇等人共同完成的第 5.6 章中，尽管和多米尼所处的背景不同，但他们同样指出，中国传统的或已有的研究方法在新兴的发展模式出现后，也持续面临着压力。该章主要介绍了中国的城市规划，重点强调了几种传统的实际规划方法的重要性，并且这些方法具有中国哲学和伦理学的特色。张和王赞成用新的理论知识来解决日益复杂的社会、经济和环境问题。他们基于传统的实际规划以及 SWOT 分析方法（即对优势、劣势、机会和挑战的分析），提出一个核心观点，即许多规划都没有足够的科学依据，而且很多总体规划中的应用方法都有明显的缺陷。该章还描述了规划研究方法的发展需求，以帮助规划人员来处理中国城市和地区在规模与速度上发生的变化。

劳埃德和皮尔在第 5.4 章中强调，学者的特出贡献之一就是为实践性的研究项目提供坚实的理论支撑。在由腾齐维斯特完成的关于瑞典的工业区的更新研究的第 5.7 章中，他对这一理论的主要内容作了进一步阐述。规划师和其他人员关于如何处理具体的规划问题存在明显冲突，第 5.7 章介绍了如何通过不同的研究项目来更好地解释这种冲突。通过寻求规划师和小型工业企业之间共同接受的理念，可以使双方对工业区重建问题有更好的认识。这一章的关键观点是，研究可以成为一个平台，在此平台上不同的参与者之间可以进行建设性对话，互相达成理解甚至达成共识。实现这个目标的手段之一，就是通过研究来阐明不同的观点、列明不同的方法以理解问题的特点和本质。

利益相关者参与研究

萨格尔编写的第 5.8 章继续探讨了决策过程以及实际问题的解决这一主题，同时还介绍了成本效益分析方法（CBA）的作用及应用。成本效益分析法是一个成熟完善并且非常著名的一个研究方法，经常将其应用于投资项目的分析。它常成为验证大型基础设施工程可行性的不可缺少的一部分，与规划系统联系紧密。萨格尔关于成本效益分析的研究重点，是如何调整已有的方法和技术（如成本效益分析法），以使其应用于项目的决策过程。该章还列举了萨格尔几个重要观点，这对于任何采用实践中的方法和技术的人员都十分有用。其中的一个重要观点是，实践中采用的评价方法或其他类似方法，借助一定的伦理框架或立场得以确立，而这些框架立场能够公之于众并且接受质疑。接下来萨格尔还列举了几个关键问题，许多从事成本效益分析的外行参与者可能会在分析方法上有类似的困惑。萨格尔还得出一个结论，研究方法和技术的合理性体现在其对市民的价值观的反映。萨格尔通过实例说明了市民如何可以质疑以及调整规划实践中采用的方法，以及学者和研究人员如何以批判性观点来审视已有的技术。

第五部分最后两章阐明了一个共同的主题，即土地利用总体规划的政策制定、设计和实施过程中特定群体的参与。第 5.9 章的重点是专家研讨会，它是一种特殊形式的研究活动，利益相关者在这种形式下参与到政策的制定和决策过程。在这一章中，对专家研讨会的开展，科特瓦尔和穆林从设计到其应用与解释都提出了非常实用的建议。他们曾作为研究人员参加过各种不同背景下的专家研讨会，根据这项经历，他们总结出了一系列可运用于专家研讨会的工作原则。他们认为，专家研讨会作为一种研究方法，其中一个主要好处就是它能将专业知识和经验知识结合起来，以帮助政策的制定。厄特克（Uttke）、麦克赫默和科特瓦尔所著的第 5.10 章也介绍了专家研讨会，但它作为一种研究方法和技术，所包括的范围更加广泛，因为具有创造性和创新性的儿童和青少年也参与其中。该章就研究者应该如何向具体的对象解释其研究成果及政策目标，以及如何调整研究方法以满足特定对象的需求，给我们作了相关指导。厄特克和她的同事们的研究表明，我们需要对研究活动进行创造性的思考，同时也指出了研究活动所具有的教育功能。

结论

　　第五部分的这些章节都呼吁我们去仔细思考研究与实践的关系。也许我们正在努力寻求通过学术研究来实现多种形式的影响；努力寻求建立知识体系、探索跨学科领域的各种观点；希望给无序的实践带来坚实的理论；或者致力于发挥特定的利益相关者的作用，使他们创造知识、理解世界。在这些任务中，我们加深了研究与实践关系的理解；而我们的研究方法也将对研究的设计和研究活动的影响具有重要意义。

　　　　　　　　　　　　　　　　　黄亚平　王铂俊　译，赵丽元　校

5.2

研究的影响力：是否应当被限制？

西明·达武迪

引言

在休·怀特摩尔（Hugh Whitemore）的电影《解密》（Breaking the code，1986）中有这样一个场景：每一次学者们被要求对其研究的实际价值进行预测时，他们必然会对答如流。电影里有个关于工作面试的场景，公务员问一个青年学者有关他自己的学术研究，青年学者相当热情，尽管回答有些混乱，他回答道：

> "希尔伯特认为应该有一个简单明确的方法来判断数学命题是否能够被证明……
> 我想表明的是，不可能有一个适用于所有问题的方法。所以最后，我想到了机器。"

(33—34)

公务员十分困惑，就问他："于是你建了一台真正的机器？"青年学者回答："不，只是一台想象中的机器。"

面试官的下一个问题明显带有优越感，但同时也十分老旧，他问青年学者对于那些生活在象牙塔中，用公用资金来开展对任何人都没有用的"不切实际型"研究有何看法。他问道：

> "肯定有些数学命题是不能被证明的，那发明一个无法建成的机器去证明这点的
> 意义是什么？有任何实际价值吗？"

(34)

现在你可能已经猜到这个电影是基于一个真实的故事，这个青年学者就是阿兰·图灵（AlanTuring），这是他在面试布莱切利园（Bletchley Park）的密码专家这一职位时发生的故事。他之后破解了德国的恩尼格玛（Enigma）密码系统，从而影响了诺曼底登陆的日期，缩短了第二次世界大战，挽救了无数的生命。如果这还不足以证明"研究的影响力"，那么他在偶然的情况下发明了第一台电子计算机这个事实足以证明。

诸如此类的故事比比皆是，研究的非线性、不可预测性和偶然性都将会影响研究过程和结果。有句格言说到，即使没有明显的或直接的经济利益，但"研究者的奇思妙想可以得到回报"（Reisz，2008：37）。还能肯定一点的是，我们永远无法提前知晓研究的影响及其带来的好处，但我们坚持认为我们终将受益，因为对于研究影响的事前评估广受关注。渐渐地，越来越多的国内外资助机构在评估研究报告时不仅考虑其科学质量，而且同时要考虑其潜在的影响力。

研究的影响力现在是很多地区的机构在评审一项研究时必不可少的一部分，包括英国（详见 AHRC，2007；BBSRC，2005；Davies 等人，2005）和其他地区（详见 SSCUC，2005；Spaapen 等人，2007），以及欧盟的主要评审机构（详见 EC，2005；Georghiou，1995）和其他的国际基金组织（详见 Adamo，2003；Cunningham 等人，2001；World Bank，2004）。

越来越多的人对评估研究的影响力产生兴趣，这与日益增长的循证政策和循证规划［详见 Davoudi（2006）对后者的批判］有着紧密联系。一方面，人们都希望决策者和从业者在政策制定过程中能够更好地利用证据和研究。而另一方面，科研资助机构需要从对社会需求和政府政策的贡献，来确定研究的重点。这些压力已经不可避免地转移到研究者个人，他们需要证明他们研究的相关性和影响力。虽然对研究影响力的评估持续走热，但是对此仍存在一些争议，如：研究影响力到底是什么含义，它该如何界定和衡量，对于研究的影响力有哪些重要决定因素。本章将通过介绍文献综述、循证规划领域相关的前人研究、作为"知识经纪人"以及在英国乃至国际上担任研究申请书评审员的个人经验，来解决上述问题。本章的主要观点是，对于研究影响力的理解，大部分取决于如何解释研究和政策的联系以及研究和实践的联系。通过展示以及图解英国的规划实例，本章提出了三种模型来解释研究的影响力。

研究影响的评估

我们为自己正在从事的科学研究而洋洋得意，即使这些科学在任何情境下都毫无实际用途。人们说出这句话时越是坚定，他们就越有优越感。

(Snow，1959：16)

这种可能会给学术界带来恶名的说法，出自查尔斯·珀西·斯诺（Charles Percy Snow）在 1959 年的瑞德演讲（Rede Lecture），他是英国的一位科学家以及小说家，在其作品《两种文化》(The two cultures，1959) 中，他指出科学家和文学家之间存在着鸿沟，这引发了激烈的争论。这是一个体现当时"好科学"、"纯科学"[1]的定义之争的一个极端案例。如今科学家们很少有这样的论述，至少在公开场合不会谈及这个话题。相比之下，科学家们倾向于（或不得不）用很大篇幅来展示他们的科学研究是如何与社会相关并且又是具有何种影响力，因为人们除了对研究的潜在影响力进行事先预估，更多的是将注意力转向对于研究的影响力的回顾性评估。并且评估的重点是科研的非学术或是超学术的影响力。这种影响力与学术论文的引用次数（采用文献引用数来衡量）无关，而是在于研究给经济、社会、文化和环境带来了何种影响。简而言之，我们讨论的是科研的社会影响力。

通过最新的高校科研质量评估机制的改革，英国高等教育引入了针对科研的社会影响力的评估。从许多方面来看，这都是试图去纠正过去英国的研究评估考核（RAE）带来的恶劣影响。英国的研究评估考核每六年举行一次，它主要以一些关键因素为依据来评估个体单位（可能与大学部门的评估并不一定重叠）的科研质量。这些关键因素中尤其包括教职工出版物的质量、科研收入水平和完成博士学业的人数。研究评估考核的结果对于大学获得的中央政府研究经费的多少有着直接和间接的重要影响。研究评估考核的结果不仅被用于学校的排名，同时也成为学校宣传材料中浓墨重彩的一笔。考核的结果一旦公布，它会伴随着其不断增长的"表现力"而"产生一种自发的'公共影响'"（Burrows，2012：12）。同行评审期刊的出版物质量在很大程度上决定了研究评估考核的表现，而这一表现也成为学术生涯发展和晋升的唯一因素。

对于规划行业的学者而言，这意味着他们的重心将从参与规划实践转变为在学术期刊上发表文章。这种转变甚至得到了英国皇家城市规划学会的支持，该学会是英国规划学院的专业认证机构，它于1991年首次提出对于"一个成功的规划学院的质量的评估"应该包括其"出版物、科研经费、在英国研究评估考核中的科研排名，以及研究委员会认可的课程和研究型学生培养"（RTPI 1991：5）。这样导致了规划实践领域的教职工的减少和所谓的"职业型学术人员"的不断增加。想要保住学术职位，拥有一个博士学位比拥有规划实践经验更为重要。在过去的英国，规划学者是积极的实践开拓者，如托马斯·夏普（Thomas Sharp）和帕特里克·阿伯克龙比（Patrick Abercrombie），然而现在的规划学者除了以顾问身份参与实践之外很少亲身参与实践。欧洲其他国家也有这样的趋势，如瑞典、荷兰，并且意大利最近也有这一趋势。在这些国家中，基于学术出版物的研究评估已经逐渐成为衡量学术表现的一个特征。因此，尽管研究评估考核在英国乃至国际上都大大提升了规划研究的质量、增加了其关注度（Davoudi 和 Pendlebury，2010），但它在很大程度上导致了规划学术与规划实践之间的分歧。在后文中将会谈到的是，这种分歧在多大程度上能转化为研究与实践之间的意识形态上的分歧仍然有待确定。

为了纠正研究评估考核（RAE）的负面影响，当前出现了一个 RAE 新版本——卓越研究框架（REF），它的评估模型中多了一个评估标准——即"研究的影响力"。因此，除了评估研究产出的质量（主要侧重于学术人员的出版刊物），还将评估研究的社会影响。这是对公共资助的研究在学术领域之外的得到使用的程度及其影响进行回顾性评估。这种事后评估的目的评判研究的影响"范围和意义"[2]。与之不同的是，事前评估研究的目的是为了提高某项研究的未来潜在影响力。就两种评估在目的上的不同，也即意味着前者（REF）关注的是研究产出的影响，而后者（即研究的资助者）更多关注的是研究产生影响的过程与途径。

影响力的衡量

人们对于衡量研究的社会影响力越来越感兴趣，究其原因，是因为研究产出和社会需求之间存在着一种可感知的差距。如前诉述，研究评估考核（RAE）在一定程度上加剧了这种差距，对于规划学科而言尤其如此。因此，从业者们时常抱怨学者们只对"不切实际型"研究感兴趣，而这种研究却与政策或者实践没有任何直接联系。而另一方面学者们却对那些"影响甚微"（Weiss，1975）的研究颇有微词——指的是那些尽管与政策和实践直接相关却又被束之高阁的研究。尽管如此，研究和实践之间没有本质上的鸿沟。我们难以分辨"哪些是属于科学领域而哪些又是属于社会领域"，因为诚如拉图尔（Latour）所言"他们紧密相连，无法将互相区分开来"（Latour，1998：209）。事实上，知识来源于科学与社会之间的互相交流，所以几乎不可能分清是谁在生产知识，而又是谁在利用知识。拉图尔（1998）对于社会与科学之间的相互交织解释为"科学"向"研究"的一种转变，这种转变即是由以往独立的学术事业转变为科学、工业、社会和政治之间的互相交织的一个复杂网络。这种转变也体现在"实际问题"与"人们关心的问题"正在结合，后者是指事实和价值的融合（Latour，1993，2005；关于其对规划的启示也可参看 Davoudi，2012）。研究的重心、基金、宣传、评价以及利用组成了一个非常复杂的体系，而这恰恰能说明科学和社会互相交织、不可分离。尽管如此，"知识转移"这一过分简单的概念使得生产者和使用者之间可感知的差距得以延续。在饱受批评之后，现在"知识转移"一词在正式场合已被"知识交流"所取代，后者强调了研究人员、决策者和从业者之间的全方位的交流过程。在接下来讨论中会谈到，解释研究影响力的不同模型可以体现出这两个概念之间的差别。

解释研究影响力的模型

自引入研究影响力评估以来，已经有越来越多的文献试图找到它的衡量方法（详见 Lavis 等，2002；Hanney 等，2003；Molas-Gallart 等，2000；Elliot 和 Popay，2000；Nutley 等，2003；Molas-Gallart 与 Tang，2007；Wooding 等，2007；Davies 等，2005）。基于我早期开展的循证规划工作（Davoudi，2006）以及卡罗尔·韦斯（Carol Weiss，1979）的成果，可以将研究的影响力的多种分析方法划分为三大模型：工具模型、概念模型和象征模型。下文将简要介绍各个模型及其关于研究影响力的解释。

1. 工具模型

为了解释工具模型，我想从自己作为英国政府部门负责规划的"知识经纪人"这一经历说起。2003 年至 2007 年间，我受英国规划部委托成为一个规划研究网络团队的带头人。当时英国规划部被称为副首相办公室（ODPM），现更名为社区与地方政府部（DCLG）。该网络团队包括三十名来自高校、咨询公司和研究资助机构的高级规划研究人员。其目的是向政府就规划研究的重点提出建议，并且促进研究人员和政策决策者之间的知识交流。它是英国规划部建立的四个网络团体之一，用于应对当时工党政府所提倡的循证政策。我认为网络团队作为政策和研究社区的中间部门，恰好可以无缝地将政策问题转换为研究项目，同时将研究成果纳入决策过程。简而言之，我认为这样的网络团队就是研究影响力工具模型的一个典型案例。

这一模型认为研究是通过一个简单线性的过程来对政策和实践产生一定影响，在这一过程中，可能出现研究引导政策、专家处于顶端这一情况，也有可能出现政策引导研究、专家处于底端这一情况（Davoudi，2006）。韦斯（1979）将前者称为研究利用的"知识驱动模式"，而将后者称为"政策驱动（或问题解决）模式"（也可参考 Cave 和 Hanney，1996）。由于政策变化快而研究进展缓慢，在实践中，往往后者才是大家关注的焦点。因此，研究的速度与对规划证据的及时性、易理解性与有效性的需求就成了关键。工具模型对已有的用于评估研究影响的几种方法产生了深远影响。例如，人们常常引用由诺特（Knott）和威尔达夫斯基（1980）提出并由兰德里（Landry）等人（2001）进一步发展的方法，这一方法是基于研究效用的一个"阶梯式"理论，其中包括 7 个阶段：

- · 接收：研究结果传达给用户并被其接收；
- · 认知：研究成果被用户阅读和理解；
- · 参考：研究成果被用户参考；
- · 使用：用户尽量利用研究成果；
- · 采纳：研究成果影响用户决策；
- · 实现：研究成果在用户决策中得到实现；
- · 影响：用户的决策改变了其实践或者行为。

上述"阶梯式"理论太过线性化，它基于这样一个假设，即研究的利用是一个连续的过程，每一个阶段都同等重要且不能被省略。正如戴维斯（Davies）等人（2005）批判的那样，这一理论暗含一个假设，即每个阶段的实现都耗费同样的精力，并且只有实现最后一个阶段才能算是达到了研究的影响力。

2. 概念模型

在上文提及的规划研究网络建立之后，我们发现工具模型并不能反映现实世界中政策和研究之间的互相作用。实践不仅证实了"无论是学术还是政治都没有很好地理解对方的议程、实践和讨论"（Jasanoff，1996：394）这一观点，同时还证实了许多学者都持有的一个观点，即在混乱的决策过程中，研究仅仅只是一种投入因素，而且为了能够影响政策和实践，研究总是在这一方面与其他因素进行竞争，如经验、政治见解、意识形态判断、隐性知识和体制记忆。总之，基于工具模型的网络团队在解释研究人员和决策者之间的知识交流时，具有很大的局限性。然而，这并不意味着网络团队缺乏研究影响。事实上，如果从另外一种关于研究影响的概念模型角度来评判网络团队，那它就可能是一个成功的案例。这个概念模型认为研究的影响是间接的、非线性的，并且需更长的时间来实现。

概念模型认为，研究通过给决策提供一些启发（Davoudi，2006）以及"在政策审议过程中提供实证性概括和观点等背景知识"（Weiss，1980：381）来实现其影响。这种影响很难衡量，因为研究不像简单的工具仪器、方案或是计算机模型那样能够追根溯源。比如，研究的影响力包括将研究成果吸收和内化到专业隐性知识中，"因为它糅合了各方面的知识，包括经验、历史、智慧和常识等"（Davies 等人，2005：13）。

此外，关于研究影响的概念性模型还认为，研究的"用户"不仅是政策决策者或是企业家，同时还包括整个社会，有众多无名人士因研究而受益。因此，概念模型的认为，一项有价值并且公平的研究影响力的评估，不仅要关注政策的制定是否有研究作支撑，同时还要关注研究和学术累积的效应是否提高了社会整体的认知。研究的这种影响力没有具体的针对性，更多的是影响的普及性。

3. 象征模型

研究影响力的第三种模型是指研究象征性而非实质性的效用。它是指研究在政策与实践中的"政治性"以及"策略性"运用（Weiss，1979；Lavis 等人，2002）。在"政治性"运用中，研究是用来支持并证明一个早已确定的政策，以增强其公信力和公众接受度。在"策略性"运用中，研究被视为一个帮助解决复杂公共问题的可行方法。例如可以用研究来争取更多的时间以缓解决策的压力。在这两种情况下，研究通过支持决策或是延缓决策的途径来维护某一政治立场（Davies 等人，2005）。在这一模型中，研究不是为了解决具体问题或解释决策的背景，而是常常被当作一种抵制不利决策过程的武器。英国的规划体系成为研究"政治性"和"策略性"运用的良好平台，因为英国有很多反对规划执行的案例，不管是规划的支持者还是反对者都需要通过研究来支撑其立场。有时他们通过研究得到的证据互相矛盾，使得评判员（包括规划监督员）更加难以作出明智的决定。

像这样对研究的应用，更准确地说是滥用，会对研究影响的评估带来很多问题，例如：研究的所有影响都是有利的吗？对研究影响进行评估的目的是什么？评估的重点是如何提高研究影响力？还是评判研究影响的质量及水平？或者说到底是要使学术走向市场化并在学术奖金上实行"量化控制"？（Burrows，2012：2）

研究影响的制约因素

很多实践指南都在讨论如何提高研究的影响力，其中绝大多数对"影响甚微"的研究避而不谈，以至于造成了一种误解。因此，也就不难理解为什么这些指南只注重研究报告的表达，其中就包括要用"简单易懂"的语言、压缩报告的篇幅、为报告的标题选择最佳位置，以及设法提高封面的吸引力。例如，欧盟研究总理事会（EU Directorate General on Research）就发布了一本指南，指导人们如何表述"循证政策的研究"。它强调"一般来说，政策概要的长度不应超过 10 页。经验表明，大多数摘要可以控制在 8 页内，有些甚至只需 6 页"（EC，2010：16），因为决策者们不情愿或者没有时间阅读更长的内容。指南中也指出"研究项目的标题应该直接出现在宣传概要相对的左栏"（EC，2010：16）。该指南还在一篇题为"首页的力量"的文章中指出，"人们受第一印象影响，通常会通过封面来评判一个政策概要"（ibid.：17）。

诸如此类的指南可能会有些用处，但它们将研究当作一种商品，认为在竞争激烈的市场条件下，只有通过吸引人们的感官才能赢得潜在"用户"。它们往往忽略了研究影响力的其他制约因素，比如：研究的内容、实施（和交流）的过程以及这些过程发生的背景等等（Pettigrew，

1990）。研究的内容是指科学素养和研究的信度，而这两者又受研究投入（如资源、已有知识、过去的经验及专家意见等）的影响。这种研究投入不仅会体现在研究产出（如创新性的理论、观点、方法和工具）中，也会体现在能力培养上，如掌握新技能、科研训练、职业发展以及网络构建。研究的过程是指研究宣传和交流方式的性质、水平及有效性。这种相互交流可以是针对性的（如咨询工作及正式网络团队），也可以是发散性的（如通过研究宣传、出版物、媒体等渠道）。研究的环境是指需求环境（如研究的政策需要以及研究成果的时间安排）和受益人的知识接受能力。研究的环境对于理解研究的影响水平十分重要，尤其是当评估研究的目的是为了学习时更是如此。正如沃尔特（Walter）等人（2004）所说，研究影响是根据研究的环境而定。研究的目标受益者（可能是全社会）对于新知识的接受程度，在研究的生成、质量及影响等方面都有着重要作用。包括政府组织在内的研究资助机构是研究环境的重要因素，他们的决策决定了受资助研究的类型和范式。

结论

　　了解公共资助的研究的影响力是资助机构理应关注的一个问题。然而要想更深刻和更真实地理解研究的影响，就不能太过依赖占主导地位的评估影响的工具模型，这类模型热衷于对研究的影响进行量化和易于监控的测量。这些测量方法无法衡量非学术研究影响的多样性、广度、复杂性和偶然性。而且将这些方法应用到社会科学的研究时具有很大的局限性，因为社会科学研究对实践和政策的影响往往是间接的、不明显的，而有大量规划研究就属于这一类别。社会科学家的思想和理念影响到决策过程时，往往很难区分他们究竟是发起者还是使用者。尽管在社会科学和人文科学中很难对研究带来的无形的错综复杂的影响进行探究，但他们也不会放弃研究。事实上，许多科学发现都是一些世界各地的默默无名的研究者数十年的科研累积成果。研究没有明确的界限，但这并不代表研究不具有社会意义或是没有给人们的生活带来变化，也许只是意味着我们需要重新审视研究影响的定义和影响评估的目的。

　　如果对研究影响进行评估是为了使科学与社会之间的联系更直观、更富有成效，那么就需要超越工具模型，并在更广阔的层面上考虑如何让实践与研究互相渗透，因为研究的影响有时复杂到无法理解，更别说对其进行测量。否则，如果急于将影响的评估形式化、定量化和制度化，我们可能忽略或者低估科学和社会的联系。如果我们只是为了测量，那么我们将会改变测量的对象，最终使得思想孤立或者走向极端，大而言之甚至会危害社会。我们有可能会削弱知识分子的地位。

注释

1. 后来查尔斯·珀西·斯诺自己也承认这样的说法有偏见。
2. 影响的"范围"不特指地理尺度的范围，应该结合评估小组给出的研究的意义来理解其含义。

参考文献

Adamo, A. (2003) *Influencing public policy through IDRC-supported research: synthesis of document reviews*. Ottawa, International Development Centre, Evaluation Unit.

Arts and Humanities Research Council. (2007) *AHRC impact strategy*. Bristol: Arts and Humanities Research Council.

Biotechnology and Biological Sciences Research Council. (2005) *BBSRC strategy for evaluating research programmes*, SB 44/2005. Swindon: BBSRC.

Burrows, R. (2012) Living with the h-Index? Metric assemblages in the contemporary academy. Sociological Review, 60(2): 355–372. DOI: 10.1111/j.1467–954X.2012.02077.x

Cave, M., and Hanney, S. (1996) Assessment of research impact on non-academic audiences, report to the ESRC, Uxbridge: Faculty of Social Sciences

Cunningham. P., Boden, M., Glynn, S., and Hills, P. (2001) Measuring and ensuring excellence in government science and technology: international practices: France, Germany, *Sweden and the United Kingdom*. Manchester: University of Manchester PREST (Policy Research in Engineering, Science and Technology).

Davies, H., Nutley, S., and Walter, I. (2005) *Approaches to assessing the non-academic impact of social science research: report of the ESRC symposium on assessing the non-academic impact of research*. St Andrews: University of St Andrews, Research Unit for Research Utilisation.

Davoudi, S. (2006) Evidence-based planning: rhetoric and reality. *DISP*, 165(2): 14–25.

Davoudi, S. (2012) The legacy of positivism and the emergence of interpretive tradition in spatial planning. *Regional Studies*, 46(4): 429–441.

Davoudi, S., and Pendlebury, J. (2010) Evolution of planning as an academic discipline. *Town Planning Review* 81(6): 613–644.

EC (European Commission). (2005) *Assessing the impact of energy research*. EUR 21354. Luxembourg: Office for Official Publications of the European Communities.

EC (European Commission). (2010) Communicating research for evidence-based policymaking: a practical guide for researchers in socio-economic sciences and humanities. Brussels: DG Research.

Elliott, H., and Popay, J. (2000) How are policy makers using evidence? Models of research utilisation and local NHS policy making. *Journal of Epidemiology and Community Health* 54(6): 461–468.

Georghiou, L. (1995) Assessing the framework programmes: a meta evaluation. *Evaluation* 1(2): 171–188.

Hanney, S. R., Gonzalez-Block, M. A., Buxton, M. J., and Kogan, M. (2003) The utilisation of health research in policy-making: concepts, examples and methods of assessment. *Health Research Policy and Systems*, 1(2): 1–28.

Jasanoff, S. (1996) Beyond epistemology: relativism and engagement in the politics of science. *Social Studies of Science*, 26: 394–418.

Knott, J., and Wildavsky, A. (1980). If dissemination is the solution, what is the problem? *Knowledge: Creation, Diffusion, Utilization*, 1(4): 537–578.

Landry, R., Amara, N., and Lamari, M. (2001) Utilization of social science research knowledge in Canada. *Research Policy*, 30: 333–349.

Latour, B. (1993) *We have never been modern*. Trans. C. Porter. Cambridge, MA: Harvard University Press.

Latour, B. (1998) From the world of science to that of research. *Science,* 280(5361): 208–209.

Latour, B. (2005) From realpolitike to dingpolitik, or how to make things public. www.bruno-latour.fr/node/208 (accessed on 15 September 2010).

Lavis, J., Ross, S., McLeod, C., and Gildiner, A. (2002) Measuring the impact of health research. *Journal of Health Services Research & Policy*, 8: 165–170.

Molas-Gallart, J., and Tang, P. (2007) *Policy and practice impacts of ESRC funded research: case study of the ESRC Centre for Business Research*. Swindon: Economic and Social Research Council.

Molas-Gallart J., Tang, P., and Morrow, S. (2000) Assessing the non-academic impact of grant-funded socio-economic research: results from a pilot study. *Research Evaluation* 9(3): 171–182.

Nutley, S., Percy-Smith, J., and Solesbury, W. (2003) *Models of research impact: a cross sector review of literature and practice*. Building Effective Research 4. London: Learning and Skills Research Centre.

Pettigrew, A. (1990) Longitudinal field research on change, theory and practice. *Organization Science* 1(3): 267–292.

Reisz, M. (2008) Mission: improbable. *Times Higher Education*, 22 May, 37–39.

RTPI (The Royal Town Planning Institute). (1991) *The education of planners: policy statement and general guidance for academic institutions offering initial profession education in planning.* London: RTPI.

Spaapen, J., Dijstelbloem, H., and Wamelink, F. (2007) *Evaluating research in context: a method for comprehensive assessment.* The Hague: Consultative Committee of Sector Councils for Research and Development.

Snow, C. P. (1959) The two cultures. The Rede Lecture. Cambridge, UK: Cambridge University Press.

SSCUC (Social Sciences Council and Humanities Council). (2005) *Judging research on its merits.* Amsterdam: Royal Netherlands Academy of Arts and Sciences.

Walter, I., Nutley, S., Percy-Smith, J., McNeish, D., and Frost, S. (2004) *Improving the use of research in social care.* Knowledge Review 7, Social Care Institute for Excellence. London: Policy Press.

Weiss, C. B. (1975) Evaluation research in the political context, in E. S. Struening and M. Guttentag (eds.), *Handbook of evaluation research, vol. 1.* London: SAGE, pp. 13–25.

Weiss, C. B. (1979) The many meanings of research utilization. *Public Administration Review*, 39: 426–431.

Weiss, C. B. (1980). Knowledge creep and decision accretion. *Knowledge: Creation, Diffusion, Utilisation* 1(3): 381–404.

Whitemore, H. (1986) *Breaking the code.* London: Samuel French.

Wooding, S., Nason, E., Klautzer, L., Rubin, J., Hanney, S., and Grant, J. (2007) *Policy and practice impacts of research funded by the Economic and Social Research Council: A case study of the Future of Work programme, approach and analysis.* Cambridge, UK: RAND Europe.

World Bank. (2004) *Monitoring and evaluation: some tools, methods and approaches.* Washington, DC: World Bank.

黄亚平　王铂俊　译，赵丽元　校

5.3

社会凝聚力跨学科研究的实现：社会城邦的经验

达维德·卡西纳里，弗兰克·莫拉尔特

引言

跨越学科界限研究中的跨学科方法论采用的是一种统筹性方法，它的知识体系构建通常涉及研究者、从业者以及非学术领域的人们，他们积极地为解决社会问题做贡献（Max-Neef，2005）。本章探讨在欧洲环境下社会城邦中应用的跨学科方法论，社会城邦是城市研究者、政策决策者以及民间团体代表之间的具体合作经验的总结。它是一个由欧盟第七次研究框架计划筹资建立的社会平台[1]，目的是为了形成一项关于"城市和社会凝聚力"的欧洲研究议程。社会城邦平台已解决了大量关于城市中社会凝聚力的复杂性问题，涉及超过三百名拥有不同背景的利益相关者们。这些利益相关者被聚集到一起，与研究者、民间团体组织、欧盟和联合国代表、国家及地方政府代表、非政府组织、私人盈利组织、弱势公民及移民社区组织一起，开展了一个为期三年的多层次讨论会。这些代表都曾参与过众多地区的反对社会排挤问题的活动，遍及欧洲、南美洲、北美洲、非洲、亚洲和大洋洲的各个城市。因此，社会城邦就是一个大规模跨学科项目的典范。它阐明了如何构建一个平台以及如何协调众多参与其中的利益相关者。此外，社会城邦还讨论并解决了关于跨学科项目中经常产生的代表性问题。

本章首先简单介绍了跨学科研究及其所持有的观点。接下来，本章探讨了不同跨学科项目之间共同存在的实际性问题。本章内容主要包括社会城邦项目采用跨学科方法的原因、跨学科方法的应用以及社会平台如何处理应用过程中出现的各种问题与挑战。在最后结论部分，本章描述了跨学科研究的前景，并且指出了其未来可能会面临的机遇与挑战。

什么是跨学科研究？

在过去的二十年里，尤其在社会科学领域，人们对跨学科研究实践的兴趣越来越浓，但是跨学科研究仍然缺乏一个能够被广泛接受的定义（Jahn，2008）。本章将跨学科研究定义为一种介于多学科之间、多学科交叉或者跨越学科边界的研究方法。它总结出了不同学科知识体系之间的相似处（例如，社区发展、社会工作、社会规划），这些学科不仅涉及科学领域，同时也包括实践领域。跨学科研究的目的是通过将知识联结起来并对其进行整合，以对这个世界或其部分及其所面临的挑战一个有全面的认识（Nicolescu，2002）。换言之，研究者们会调整或改变其研究方法以适应他们研究的问题。科学家与学术界内外的从业者之间进行合作，对于跨学科研究而言尤其重要。通常在需要联合行动的领域开展这种合作，比如政策研究、空间规划和转型治理与管理。

自 20 世纪 70 年代起，关于什么是"正常"的实证主义科学的议论开始盛行。跨学科被解释为系统分析、批判现实主义以及后现代主义相关研究的一种创新模式（Hirsch Hadorn 等，2008）。戈德曼（Godemann，2006，p. 52）曾说："跨学科研究适用于科学世界以外的难题，这种难题只有科学家与拥有学术界外的实践经验的专家进行合作才能共同克服。"

跨学科研究补充了学科范围，甚至扩充了学科间研究的内容，这些学科涉及的领域具有复杂性与不确定性，并且社会、技术与经济发展与价值、文化等因素在其中相互作用。波尔（Pohl）和赫希·海登（Hirsch Hadorn）（2007，p. 20）曾说："当社会相关问题领域的知识变得不太确定，关于问题的具体性质有了争议，并且那些与问题相关或正在处理问题的大量人物与事物处境不妙时，这时候就需要跨学科研究"，如在贫困、健康、移民、文化转型、气候变化和新作物的生物工程等方面。跨学科方法论已被运用到各种领域，例如参与性规划（Antrop，Roggea，2006）、政策制定、设计、卫生保健、环境评估和技术评估（Thompson Klein 等，2001；Hirsch Hadorn 等，2008）。同时在科学压力下不同的利益相关者群体也对跨学科产生了兴趣。这些群体包括社会运动（和平、环境、女性运动等）、工会、国家福利与专业职业群体，他们参与了新学术教学项目的建设和新科学化专业知识领域（例如发展研究、和平与冲突研究以及社会工作研究）的工作。简而言之，跨学科研究旨在了解问题的复杂性，思考生命世界与科学认知的问题多样性，将抽象知识与特定案例相结合，并且开展那些能够实现参与者共同利益的学习与实践。

非学术人士的参与是跨学科研究的一个重要特征，例如从业者与外行人，尤其是特定方案或产品的终端用户等。从业者可能对研究重点的确定至关重要，因为这样能够保证研究既有科学相关性又有实践意义（Tress 等，2003）。对问题进行更深入的理解可能需要向从业者咨询，同时从业者也是联合研究中的一员。我们希望在跨学科领域，非学术型的终端用户不仅是信息的来源，他们在研究进程中也能产生一定影响。其他关于以不同方式结合不同领域的跨学科研究的概念，可以参照表格 5.3.1。

不同研究模式的定义　　　　　　　　　　　　　　　　　　　　　　　　　　　表 5.3.1

跨学科研究：从字面上可以理解为跨越、超越或者介于学科边界之间的研究。它总结了不同学科的知识体系之间的相似之处（例如，社区发展、社会工作、社会规划），这些学科不仅涉及科学领域，同时也包括实践领域。跨学科研究的目的是通过将知识联结起来并对其进行整合，以对现实情况有一个全面的认识（Nicolescu，2002）。研究者们调整或改变其研究方法以适应他们研究的问题。有时候会出现一门新"学科"，如政治生态学、文化地理学、复杂理论（物理学、哲学和控制学），目的是为了促进现有的不同学科之间的融合，以应对例如气候变化、社会凝聚力下降、民主缺失等特殊挑战。对跨学科研究来说，科学家与学术界内外的从业者之间的合作显得至关重要。

交叉学科研究：研究的领域处于自己学科范围以外，但是可以运用的方法是自己学科范围之内的，例如文化人类学家研究空间设计实践就属于这个类别。这类研究在学科之间不存在方法上的转换或是学科间的合作。

多学科研究：这类研究将彼此独立、非综合性的多种学科进行整合，其中各学科保留各自的方法与观点。研究者们进行合作而非互动（Augsburg，2005）。例如在医疗保健领域，来自保健、身体和精神各个专业的专家共同治疗病人。

复合学科研究：这类研究是将关注的研究话题在若干学科中同时进行研究。例如艺术历史学家、神学家、数学家、哲学家等人同时对一幅来自毕加索的立体派画作进行研究。

超学科研究：最初是指一种将若干学科的方法实现交互运用的研究。例如，一项工程检测出住房不合标准，其中就运用了建造、公共卫生、空间规划、政治学、地理学、社会学以及社区发展等学科的方法。如今的超学科研究主要指为解决一个问题而形成一个交叉学科的可共享的方法（Jessop 和 Sum，2003；Funtowicz 和 Ravetz，1991；Nicolescu，2002；Augsburg，2005）

1. 跨学科研究中的关键问题

跨学科研究方法的应用主要是关于以下几个实际问题：参与、合作团队的开发以及对多个部门和多个参与者的整合。重要的是要平等对待来自不同实践领域的利益相关者，以确保研究议程的联合制定与联合执行从一开始就是正确的，而研究的议程的制定与执行也与政策制定者、社会运动、非政府组织、企业家、政治家以及其他群体相关。跨学科的方法，如行为研究和理论 – 实践对话形式，需要将约定俗成、基于经验的知识与系统化的、基于实证的研究整合起来。为解决城市社会凝聚力问题（如社会城邦中出现的这一问题），学科之间必须有交流和结合，以促进城市内部和城市之间的学习，了解当地的权力机构和各组织各地区的能力，这样才能促进城市的发展。

应该考虑到社会凝聚力的复杂性与多维度性。这就需要一个系统的、相关的、全面的以及综合性的方法，这种方法还应具备路径敏感性和环境特定性（Miciukiewicz 等，2012）。环境敏感模型很有必要，因为它构建了关于社会凝聚力的多种问题，包含了非西方研究的多种认知和视角。例如，采用情感经济或者非正式社会化的手段，可以改变利益相关者的观点，同时在利益相关者主导的实践群体中，能够突出居民、运动及组织的领导者、街道摊贩等人的地位（Macharia 等，2013）。

构建一种跨尺度的研究方法也是城市社会凝聚力研究中很重要的一个方面。尺度敏感型研究将宏观与微观研究结合起来，以多样化的视角来分析复杂的问题。城市住房设施需要在不同尺度上体现出社会生态的凝聚力，同时又具有各自不同、有时甚至互相对抗的活力。建立这样的住房设施需要对多层次的政府的管理安排进行调查，还要研究不同规模的公共机构在建立地方参与者之间横向交流渠道上的关系和角色。

2. 跨学科研究中利益相关者和从业者的角色

跨学科研究中从业者和利益相关者的参与情况，取决于研究项目的重心及目的。他们的参与可以采用不同的方式，不同的人士在项目中起着不同的作用，他们的参与可以是实质性的，也可以是象征性的。从业者可能作为利益相关者参与跨学科项目，但同时他们也可以是科研核心团队或协调小组中的一员，例如在之后小节中将予以描述的社会城邦就是这样的情况。利益相关者从广义上来看，是指受到社会环境或者研究项目的作用影响的任何个人与机构，或者指那些在知识生产过程中有所贡献的群体。跨学科项目涉及的利益相关者不仅包括从业者、非政府组织人士、政策制定者、实干家和学者，广义上还包括与研究成果和项目方法相关的任何用户（包括潜在用户）。

3. 协调跨学科研究

管理跨学科研究需要特殊的技巧和方式。其中尤其重要的是要有跨越边界、创造综效、改进技术和应用必要的工具的能力（Hollaender 等，2008）。因此，相比放任自由的管理模式而言，积极协调的团队是跨学科项目顺利运行必不可少的一个因素。这种协作，既可以通过委派一个领导小组来实现，也可以通过在项目团队成员间分配责任来实现。但二者都有以下几点要求：

1. 对计划任务能够进行界定并清楚划分任务，对完成任务、公布结果以及宣传结果有合理的时间安排；

2. 对参与者之间的沟通的协调必须集中且连续，为达此目的，需要协调人员定期监察，同时还需积极克服其面临的困难和障碍；

3. 在参与人士的差异性与团队协作的效率之间能够有很好的把握，而在复杂的成员体系中这通常是难以克服的一个挑战。在这方面，协调团队有着特殊的任务，包括解决冲突、建立互相信任和承诺以及促进共同目标的实现。同时这个过程中还有一些关键因素，即要做到透明与自省。

4. 对知识（研究产出与政策方案）进行认知整合，以促进跨学科研究成果在现实社会情境中的应用。

跨学科研究的顺利进行需要一个精心设计的协调策略，这个协调策略随着项目的开展也在不断进行调整。因此通过不断接收反馈、及时进行评估以改进协调策略就显得尤为重要。协调团队通常由拥有大量长期的跨学科和超学科研究经验的研究者们组成，同样可能也包括有着参与研究实践经验的从业者们。

跨学科研究中的社会城邦经验

前面讨论了跨学科研究和跨学科项目的一些基本知识及一般特征，本节将介绍社会城邦平台的项目经验及其对于跨学科研究的一些启示。

1. 总体目标

社会城邦是一项关于城市研究、公共政策与集体行动的跨学科项目。它搭建的目的是为科学、政治团体与城市社会实践之间的交流对话提供一个开放性的社会平台，希望借此能够开发出一项研究议程，这个议程主要是关于城市在社会凝聚力中发挥的作用以及一些关键的政策性问题。这项研究议程由欧盟第七次研究框架计划提出并且被传达给了其他资助机构，它一方面是对迄今为止社会城邦研究者们在不同社会科学领域所进行的研究的一个批判性综述，另一方面是基于一个由多方利益者共同参与的信息收集、公开对话的合作式议程。[2]

这项研究议程的建立分为两步。第一步，就城市社会排斥与凝聚这项研究建立一项比较广泛的研究议程,其中的话题优先级别比较高。第二步,建立一项范围更加集中的研究议程,该项议程包括两项重要的社会挑战与五个特定话题。研究议程由拥有学术、城市社会和政策背景的个人及团体共同制定、讨论及修改,这些人在城市社会凝聚力方面具备丰富的知识。这个制定过程意味着社会平台的科研核心人员与利益相关者之间的差异可能会导致实施过程中的多次往复。研究议程的多次讨论与修改将依据从大型会议、科学家与实践领域参与者之间的网上互动以及利益相关者与科学家之间的保密会议上得到的反馈。一些实际参与核心研究的利益相关者,他们在最终版的研究议程的修改中起到核心作用。

2. 社会凝聚力的难题

问题的识别和重组是社会城邦合作过程里的两个关键步骤。在构建社会凝聚力时抓住内在矛盾,对合作性的学习过程而言具有里程碑式的意义。社会城邦的参与者们对社会凝聚力的界定并没有一锤定音,而是将社会凝聚力看作是一个多维度、多尺度并且仍在建设中的难题。社会凝聚力关注的问题非常多样,比如归属感、公民身份和社会融入,并且将这些问题从不同的空间层次进行考察,包括社区、城市和全社会三个不同层次。作为社会城邦在跨学科领域里竭力打造的首个主题,"社会凝聚力"一词被理解为"一般含义下指社会总体的凝聚力,而不单单指如贫困和排挤之类的问题"(Novy 等,2012,p.1873)。关于"社会凝聚力"这一概念在地区性、欧洲以及全球的利益相关者参与的讨论中成果颇丰,因为通过讨论,参与者意识到了在十二个特定的城市实践领域或是现有领域中,对"社会凝聚力"这一概念的解读存在很大差异。[3]这个方法"展现了社会凝聚力这个问题的复杂性和多维度性,它内容散乱,详述了在城市归属感和分化问题上有着明显相反意见的悖论"(Novy 等,2012,p.1873)。这一方法的结果是,社会凝聚力作为一个难题,避开了通常在传统政策领域采用的简单的解决问题策略,而是根据利益相关者与研究者之间协商达成的一致,对问题重新进行整理进而得出了问题的解决方案。

社会城邦对社会凝聚力的解释还有一个很重要的内容,那就是社会凝聚力具有多重城市维度。人们对城市从不同角度予以过解读,它可以是广场、市场、集体消费区、劳动分工的中心以及政治决策的公共场所。城市是个性化意愿与社会凝聚力的需求相互作用的地方。这就解释了为什么市民有必要以各种身份参与以实践为导向或以实践为基础的社会凝聚力研究以及与之有关的集体活动,因为城市是社会不平等体现得最为强烈、隔离机制最为集中的地方,也是参与者们提出的社会创新策略尚有用武之地的地方。

3. 利益相关者参与社会城邦带来的挑战

社会城邦由一个科研团体 [由十一个机构组成的科研核心团队(依据欧洲标准而定的带头人)和一个广大的研究者网络组成] 和广泛的实践团体与政策团体共同构建,其中包括两百多名的利益相关者。鉴于项目的规模、覆盖的领域及其使用的问题解决方法,利益相关者参与其中所带来的挑战是巨大的,跨学科研究文献上记录的许多问题可能会发生(或者已经发生了),

而这将会给项目造成很多障碍。

在社会城邦中，与欧洲委员会商讨的总体目标被转化为操作目标，而参与者则将其应用于各种实际工作中。对于以团队为基础的机构而言，在社会城邦这个平台上进行协作不仅能够为他们在社会凝聚力领域的项目筹集少量资金，还能够接触到致力于该领域的研究者。对于研究者而言，这也是一个跨越学科界限的难得机会，他们可以学习从业者的相关知识，尝试新的思考问题及参与项目的方法。在跨学科领域中将城市管理者们融入项目是更加困难的任务，因为他们已经习惯为了解决某个特定的且定义明确的问题而将应用研究外包出去。然而，由于参与者的多维视角以及利益的多样化，跨学科研究中问题的形成与提出有着不同的方式。实现这个过程不仅需要时间，还需要人们愿意去反思、去质疑那些或许在未来能够指导实践的假设（Miciukiewicz 等，2012）。

正如在社会城邦这一项目中体现出来的那样，与利益相关者合作时最重要的考虑因素有：参与者的多样性（即包括事业单位，非政府组织，研究机构等，他们采用的方法、目标和时间安排各不相同）；参与者之间的地理距离；研究话题的抽象性和广泛度（如果利益相关者没有从参与过程中获得实际效益，这个因素可能会成为一个障碍）；交流障碍；资源的分配不均等因素。这些问题如何产生而又是如何被解决，后续章节将就此进行探讨。

4. 社会城邦平台的总体结构与利益相关者参与的解释

社会凝聚力是一个全球性话题。因此，社会城邦的网络涵盖来自全球的参与者，他们中大部分来自欧洲。有文献强调，该网络在地理上的分布应该尽可能靠近它正在解决的现象的发生地，并且要跨越制度界限、结合各种空间尺度（Novy 等，2013）。

社会城邦平台组织始于"科学团体"，这个团体向其他团体（包括实践团体、政策团体等）展示自己的业务及其涉及的领域。实践和政策团体主要以四种结构形式参与社会城邦项目（社会城邦，2008）：

1. 第一种形式——利益相关者网络 1：科研核心团队与这群人通过合作研究、行动导向研究、政策分析、咨询等形式一直保持着合作伙伴关系。网络 1 中的利益相关者包括来自不同部门的成员，他们从事的专业范围甚广，并且在各种不同制度和管理框架内进行工作。他们因在以前的研究项目（享有特权的证人、政策制定者与评估者、政策委员会成员、基层代表）中有过高效合作而成为科研核心人员所知晓的用户。

2. 第二种形式——利益相关者网络 2：利益相关者拥有与利益相关者网络 1 类似的专业知识，但是在项目开始前，他们与科研核心团队的联系比较松散，他们通过与研究者团队和利益相关者网络 1 的间接联系而参与到项目中。

3. 第三种形式——利益相关者核心集团：来自多个部门的一组社会城邦利益相关者，他们拥有的技术能够作为科学、实践及政策团体的补充。

4. 第四种形式——社会城邦的实践及政策转包商：他们组织工作坊，传送文章、报告和教学资源，以及在社会城邦的授权下制作多媒体材料。

这个复杂的网络结构由前面已进行过定义的协调团队来协调。并非所有的合作都能够顺利进行。比如，项目开始之后加入的一些利益相关者，尤其是利益较小的相关者，并不是总能够赶上团队的进度。有时不得不调整社会城邦平台的结构，以此为新晋的利益相关者提供空间。平台的结构当初设计时只是作为最初的指导方针，在项目开展的过程中逐渐加入一些新的利益相关者，有时为了实现一个新想法而不得不对此进行灵活调整，例如让利益相关者担任参考书的作者和编者、博客或政策导向备忘录的设计者等新的职位。

为促进对城市社会凝聚力高度相关的动力机制的分析，同时为更好地匹配利益相关者的权益与他们在社会城邦中的贡献，大多数利益相关者都从属于十二个已有的领域其中的一个，而这些领域由社会城邦在城市生活中有过界定。十二个已有的领域根据社会凝聚力将巨大的城市领域划分开来，促进了每个主题下的工作小组的研究工作。此处的"领域"指各领域内部构成的关联（如住房体系中的各参与者之间的关系）以及各个领域之间的关联（如住房与城市生态）。

项目的第一阶段充当最初的头脑风暴，并且展示由不同实践团体和地理区域产生的各种研究需求，这就需要大规模的工作坊以及大量的类似广播模式的线上交流。

与之相反，第二阶段是与利益相关者进行交流沟通，这个阶段的重心曾被认为是对研究议程的关注和平台的制度化建设。实际上这一阶段包括针对利益相关者而举行的小规模工作坊、小团体会议、个人电子邮件交流以及在维也纳[4]举办的一场大型国际会议。通过维也纳会议，很多利益相关者的反馈得到了重视，但是一些未能抽空阅读背景材料的参与者，很难跟上会议进度，也很难将自己所思所想与研究议程相结合。对于这样的参与者，工作坊似乎才更适合他们来为议程做贡献。事实上，大多数利益相关者对研究议程的贡献和帮助都是通过工作坊，而并非电子邮件交流或者大规模集会来实现的。利益相关者在当地的工作坊可以改良研究议程，丰富他们对社会凝聚力的概念性讨论，并及时反映在现有的不同城市领域。这些工作坊同时加强了当地研究团队之间的联系，并有利于将当地的问题与更大范围的欧洲议题进行对接。然而我们应该能够注意到，利益相关者在确定研究主题以及制定优先次序这一环节中，他们的参与度比不上第一阶段中他们表达研究需求。换句话说，相比阐释和深入探讨研究主题，利益相关者更热衷于提出研究需求。

第三阶段的重点在于加强平台上的互相联系，并共同总结出项目的成果和议题。这些成果和议题之后将会提交给欧盟委员会，它们有可能作为欧盟第七次研究框架下后续工作的参考议题。共同写作这个环节由小型跨学科团队完成；这些团队负责记录在过程中遇到的关于城市社会凝聚力的挑战及议题[5]，并对在之前的第一阶段表达、在第二阶段被更大范围的利益相关者修改过的研究需求进行总结。第三阶段，利益相关者的主要负责人和相关议题的专家担任议题的具体编审工作，而同时在这个阶段也要加强平台的内部联系，建立跨部门团队以构建一个响应"城市与社会凝聚力"相关的研究需求的新团体。最后一项工作是将各项挑战与议题编入 FP7（欧盟第七次研究框架计划）和 SSH（社会经济科学与人文科学研究）的参考文本中。

5. 交流与沟通

跨学科的相关文献强调了针对研究目标进行清楚的交流与沟通的重要性，这是为了防止对利益相关者产生错误或是不确定的期望以免最终失望。在诸如社会城邦此类项目中，涉及利益之广泛，往往很难让所有参与方都清楚了解。为了避免产生不满情绪，项目研究的问题不仅要有理论上的趣味性，还应对政策和实践有指向性及相关性（Antrop 和 Roggea，2006）。

社会城邦中的实践团体对于他们与学术界和欧盟委员会的合作所带来的好处有时并不清楚。虽然利益相关者对社会城邦的观点、目标与期望的结果有着明确的认识，但是研究议程的最终目标与实际作用仍需要进一步对其说明。研究议程的建立过程有时被视为太过抽象，与当地关注的具体问题相隔甚远。

强大的组织激励机制（Stokols 等，2008）、不间断的研究中期成果汇报、针对关键性社会问题的解决和对当地问题的应用，这些因素都有利于团队的交流和沟通。这个团体对中期成果予以奖励，致力于对项目的目标、活动和意义同利益相关者进行说明及协商。资助那些由利益相关者组织的工作坊，或是委派从业者针对特定的主题来撰写短文，这些都将深获利益相关者的赞赏。工作坊给社会城邦项目提供一个面对面商讨的机会，它不仅是一个激励因素，同时也是帮助从业者更好理解复杂的研究议程、让利益相关者在与其相关的问题上（例如：特定城市关于凝聚力政策的当地培训会议）获得主动权的关键因素。

非正式集会的例行会议与其他场合（例如：聚餐）对于团队建设以及构建项目合作伙伴之间信任至关重要。其他有益的通信方式与工具有：建立互动式网络、内部网络、专供某地利益相关者阅读的小型当地出版物、具有实际相关性资料摘要的翻译，以及让利益相关者时刻了解研究动态的数据库。跨学科研究中的知识成果应能同时被研究者和从业者所应用。因此，宣传思路不能单一定向，应该采取相互学习的积累性循环法（Miciukiewicz，2012）。而这种方法在传统学科中通常难以实现。

简报和邮件列表被证明是宣传社会城邦最为有效的工具，同时对中期工作文件的宣传和出版也有很大帮助。许多利益相关者对简报这一形式都非常认可，因为他们通过简报可以不断地获取项目进展消息，也避免利益相关者对项目的进展和结果不清楚，从而感觉自己像局外人。实际上，如果多语言、跨专业的利益相关者团体中包含越多的个人、群体和组织，这个团体就会面临更庞大的沟通需求，从而实现定制化交流就更加困难。团队成员越多，标准化的信息的交流就越容易导致曲解以及不必要信息的流通。

例如，第一个社会城邦网站的设计初衷是作为一种集体讨论的新型工具，结果其作为讨论平台的作用完全没有发挥出来。或许这种方式是不切实际的，因为很难有一个网站或论坛，能带动大量人群每天在其中花费精力："活跃"的网站需要频繁更新信息，热点论坛通常需要专人每天运营以保持活力。远距离交流的参与者对网上论坛的形式并不青睐，他们更倾向于使用电子邮箱、skype 软件和邮件列表的方式进行交流沟通。社会城邦的经验证明，面对面交流以及当地会议是让更多从业者积极参与的有效途径。而信息与通信技术（ICT）在远距离合作中具有重要作用。远距离合作的初始形式是成员通过面对面联系，或者通过实体会议早已建立相互信赖关系。但 ICT 这种方式对于进一步合作仍有缺陷。

6. 时间、组织与财政上的限制

小型的非政府组织（NGOs）在严格的时间与财政限制下运作，必须有效利用资源以解决客户提出的迫切的问题。对于这样的小型非政府组织而言，他们参与欧洲研究议程上的讨论就显得没那么重要。需要明确指出的是，非学术界的利益相关者、特别是小型非政府组织收到的资金甚至不足以偿付平台合作过程中的差旅费。受社会城邦小额资助的利益相关者认识到资金不足，社会城邦为了解决这个问题，大幅度增加了最初的项目预算（包括工作坊、论文、多媒体材料、教学资料等多方面）。这些计划深获利益相关者赞赏，但是未来的跨学科研究需要寻找更加可靠的方式来为利益相关者分配稳定数额的报酬。给非政府组织提供合适的资助计划，能够鼓励具有远景的大型项目实现更多的中间产出以及更为具体的最终成果，这也是通过资助科学研究来关注利益相关者的实际需求这样一种跨学科精神的体现。这种方式增强了用户的影响，为项目"去中心化"的运作提供了机会。此外，这种解决方案在一定程度上平衡了自费参与研究项目的学术合作伙伴与有资助的非学术合作伙伴之间的经济不对称现象。

跨学科研究的前景

总的来说，城市现状越来越复杂、其未来也越来越不确定，而社会问题和挑战因其多维度性与不明确性也无法用单一的学科或专业来解决（Thompson Klein，2004）。因此这就为跨学科研究创造了需求和机会。社会凝聚力被列入政治议程的核心部分，而关于这一议题的一些言论也日益突显，这就需要将其视为城市和区域生活在环境、社会、经济多个维度下的一个跨学科问题。诸如贫困、发展不均衡、营养不良、人口老年化、环境非正义以及重建医疗保健体系之类的社会热点问题，只有通过社会、经济、自然、科学技术以及政策和各个层面实践群体实现广泛合作才能解决（Novy 等，2013）。

前几个章节中，我们陈述了关于跨学科和相关社会问题的理论以及基于实例的一些观点，汤普森·克莱因（Thompson Klein）基于这些观点提出的社会科学的"问题解决方案"是跨学科研究领域的一个重要观点。首先，我们注意到很多"问题"其实并不独立存在，而是在特定（意识形态下）的视角下才会被构建并显现出来。这并不代表这些被构建出的问题其重要性不及那些"自己显现"的问题，而是意味着如果要领会这些问题真正的价值，就需要追溯其（在社会中）形成的过程。这正和莫拉尔特和范戴克（Van Dyck）（2013）提出的知识方法的社会学中的理念一样。

其次，跨学科研究团体的包容性不应同产出无争议知识相混淆，并且跨学科研究应对价值体系从元伦理角度进行思考，还应对不同价值体系下可能存在的伦理问题给出富有创意的见解。

这使得人们可以将价值体系比作当时的社会及意识形态的一部分，同时了解这些价值体系到底会对公共策略和集体行动造成何种程度的影响。

第三，跨学科研究中，探求对社会问题富有创意的且具有社会包容性的解决方案，一方面需要想象未来的可能性（Hillier，2008），另一方面则需要平衡研究的近期、中期及远期的成果与所提倡的政策方向之间的关系。

第四，跨学科研究中关注社会问题的同时不应该减少对于跨学科方法论的反思，这些方法能够将不同部门的成员聚集在一起，为跨学科研究过程和结果提供所需知识。事实上，研究方法不仅是在跨学科中需要优先考虑，在对待社会问题时同样如此。方法上的进步对于在各类科学和实践群体之间开展成功的合作研究非常有帮助，这一点确实也是由我们的经验总结而来。

第五，在政策制定方面，跨学科研究需要一个清晰的策略。将跨学科研究成果转化为可见的政策，这些能够服务于实践群体和普通民众的政策则是跨学科研究成功所必须具备的先决条件。同时，成功的跨学科研究应用也能鼓励更多的科学家参与到跨学科研究中来。

第六，跨学科网络成功地吸引了资深政界人士的参与并提供了政策解决方案，随着时间推移这一网络可能转变为智囊团。当出现这种情况时，他们应确保能增强自我管理体系并检查其中最具实力成员的影响，以避免该网络演变成一个排他的、霸权的智囊团。

最后同样重要的一点是，由于资金来源有限，在面临拓展现有的跨学科团队以保持可持续发展和创建新的跨学科团队这两个选择时，常常陷入矛盾的局面。时间和足够的资源对于建立相互信任、促进团队的社会联系和协同效应至关重要。

注释

1. 社会平台是民间社会组织、机构和学术参与者的网络体系，以论坛的形式来为讨论、对话、参与、合作生产社会价值与社会产品以及其他有助于社会创新的重大贡献。
2. 参考杂志《城市研究》题为"社会凝聚力与城市"的 2012 年 7 月特刊。
3. 详见 Miciukiewicz 等人写于 2012 年的著作。
4. www.theworldcafe.com/twc.htm.
5. 挑战是一个广泛的研究议题，其经费预算多于一般的议题。

参考文献

Antrop M., and Roggea E. (2006), Evaluation of the process of integration in a transdisciplinary landscape study in the Pajottenland (Flanders, Belgium). *Landscape and Urban Planning*, Vol. 77, No. 4, pp. 382–392.

Augsburg T. (2005), *Becoming interdisciplinary*. Kendall Hunt, Dubuque.

Funtowicz S.O., and Ravetz J. R. (1991), A new scientific methodology for global environmental issues, in Costanza R. (Ed.), *Ecological economics: the science and management of sustainability*. Columbia University Press, New York, pp. 137–152.

Godemann J. (2006), Promotion of interdisciplinary competence as a challenge for higher education. *Jour-*

nal of Social Science Education, Vol. 5, No. 2, pp. 51–61.

Hillier J. (2008), Plan(e) speaking: a multiplanar theory of spatial planning. *Planning Theory*, Vol. 7, No. 1, pp. 24–50.

Hirsch Hadorn G., *et al.* (2008), The emergence of transdisciplinarity as a form of research, in Hirsch Hadorn G. et al. (Eds.), *Handbook of transdisciplinary research*. Springer, Houten, Netherlands. pp. 19–39.

Hollaender K., Loibl M. C., and Wilts A. (2008), Management, in Hirsch Hadorn G. et al. (Eds.), *Handbook of transdisciplinary research*. Springer, Houten, Netherlands. pp. 385–398

Jahn T. (2008), Transdisciplinarity in the practice of research, in Bergmann M. and Schramm E. (Eds.), *Transdisziplinare Forschung: Integrative Forschungsprozesseverstehen und bewerten*. Campus Verlag, Frankfurt.

Jessop B., and Sum N. L. (2003), On pre- and post-disciplinarity in (cultural) political economy. *Économieetsociété-Cahiers de l'ISMEA*, Vol. 39, No. 6, pp. 993–1015.

Macharia, M., Van den Broeck, P., and Moulaert, F. (forthcoming). Socio-spatial innovation in a context of informalisation: The case of commercial activities in Nairobi's Eastleigh neighbourhood.

Max-Neef, M. A. (2005), Foundations of transdisciplinarity. *Ecological Economics*, Vol. 53, No. 1, pp. 5–16.

Miciukiewicz K., Moulaert F., Novy A., Musterd S., and Hillier J. (2012), Introduction: problematising urban social cohesion: a transdisciplinary endeavour. *Urban Studies*, Vol. 49, No. 9: 1855–1872.

Moulaert F., MacCallum D., Mehmood A., and Hamdouch A. (Eds.) (2013), *International handbook on social innovation: collective action, social learning and transdisciplinary research*. Edward Elgar, London.

Moulaert F., and Van Dyck, B. (2013) Framing social innovation research: a sociology of knowledge perspective, in Moulaert *et al.* (Eds.), *International handbook on social innovation: collective action, social learning and transdisciplinary research*. Edward Elgar, London, pp. 466–480.

Nicolescu B. (2002), *Manifesto of transdisciplinarity*. Trans. K–C. Voss. SUNY Press, New York.

Novy A., Coimbra S. D., and Moulaert F. (2012), Social cohesion: a conceptual and political elucidation. *Urban Studies*, Vol. 49, No. 9: 1999–2016.

Novy A., Habersack S., and Bernstein B. (2013), Innovating our way of knowing and acting: transdisciplinarity and knowledge alliances, in Moulaert F. *et al.* (Eds.), *International handbook on social innovation: collective action, social learning and transdisciplinary research*. Edward Elgar, London.

Pohl C., and Hirsch Hadorn G. (2007), *Principles for designing transdisciplinary research: proposed by the Swiss Academies of Arts and Sciences*. OekomVerlag, Munich.

Social Polis (2011), Final report. www.socialpolis.eu (accessed 4 April 2012).

Social Polis (2008), Technical annex. www.socialpolis.eu (accessed 4 April 2012).

Stokols D., Misra S., Moser R. P., Hall K., and Taylor B. (2008), The ecology of team science: understanding contextual influences on transdisciplinary collaboration. *American Journal of Preventive Medicine*, Vol. 35, No. 2, pp. 96–115.

Thompson Klein J. (2004a), Interdisciplinarity and complexity: an evolving relationship. *ECO Special Double Issue*, Vol. 6, No. 1–2, pp. 2–10.

Thompson Klein J. (2004b), Prospects for transdisciplinarity. Futures, Vol. 36, No. 4, pp. 515–526.

Thompson Klein J., Grossenbacher-Mansuy W., Häberli R., Bill A., Scholz R.W., and Welti M. (Eds.) (2001), *Transdisciplinarity: joint problem solving among science, technology, and society: an effective way for managing complexity*. Birkhäuser, Basel.

Tress B., Tress G., Van der Valk A., and Fry G. (Eds.) (2003), *Interdisciplinary and transdisciplinary landscape studies: potential and limitations*, Delta Series 2. Wageningen, Netherlands.

黄亚平 陈 霈 译，赵丽元 校

5.4

政策相关性研究：政府资助研究的批判性反思

德博拉·皮尔，格雷格·劳埃德

引言

从事研究的能力不是简单地属于学术机构和个人学习范畴，同时也是公共政策设计与实施的基石。比如说，政府进行独立的应用研究，往往是为了完善政府的决策过程与政策的执行（Bridgman and Davis，2003）。将强大的学科研究纳入一个完整的政策周期，使得政府能够从多方面确定对政策的选择、评估干预措施预案可能取得的效益、监控和评价政策工具从头至尾的进展情况、公布实践过程中的最优政策、考察优先政策的适当性或者真正地使其合法化。这种实证主义观点表明，严谨的研究能力在政府管理中起着核心作用。例如，苏格兰政府曾对当地权威的从业者所参与的研究活动的范围进行过调查，调查表明在一些关键领域的研究活动中，从业者的研究技能有必要进行提升，这些领域包括：调查问卷和调查设计、综合研究方法、统计分析技术、对研究方法进行评价和定性研究（Lightowler，2007）。这一结果不仅强调了一系列研究方法在规划实践中的重要作用，也证实了规划和发展专业人员具备强大研究技能的重要性。

决策机制有意地向循证决策方向转变，使得对决策中具备高水平的研究技能的强调显得更加合理（Solesbury，2001）。这种转变也有助于"审查现有的证据，开展新的研究项目，试行新的举措和方案，评估新的政策以及邀请专家在专业领域提供建议"（Bullock 等人，2001）。然而，有一种强有力的观点与实证主义的研究传统相悖，这种观点认为规划研究是为某种社会"启蒙"服务，这种"启蒙"是指社会在对政策环境的变化、政策选择和可能采取的行动的讨论与决策过程中，通过研究来为其决策提供依据（Davoudi，2006）。因此对学科研究的批判性反思的一个重要观点是，研究活动以及对研究结果的解读和使用在政治上并不是中立的，并且二者都需要学习政策。卡内萨（Canessa 等人，2007）等人认为，这种观点意味着如果想让研究具有实践意义，就有必要将研究数据转化为政策智慧。然而，政策智慧必须谨慎且特意地去培养才能实现特定研究的潜在效益。杨等人（Young 等人，2002）指出，政策智慧也会引起对政策研究的方向和恰当性的质疑，从而对已有的研究关系构成挑战，但是就研究数据的解读和使用以及当时特定规划活动的循证决策而言，它为从业者在这些方面能力的提升提供了很好的机会。

在基于社会公众利益而共同开展的活动中，利益相关者的参与具有多样性，因此研究依据的权重以及具体规划决策中相关依据是被接受或是被否决，在规划和发展活动中就显得尤为重要。研究的结果不仅可以应用于战略性规划决策、个人发展决策，同时也可应用于政府研究议程的设计和执行。例如，支撑一个特定的研究计划和个人研究项目的动机和意图是什么？政府指定、委托和引导的研究项目通过什么途径来实现？研究管理安排如何制定？研究人员实际上以何种方式响应依据合同原则而构建科研环境？

本章以作者参与的一个政府资助研究项目作为研究案例，从而对政策导向性委托研究项目的经验进行一些思考。在合同条款中，此研究项目的设计初衷是为了考察模式化规划发展政策的使用前景，并就选定的模式化规划政策的最优方案向苏格兰政府提供建议。本章基于这一实际视角，概括了研究问题、目标和方法，并结合一个理论上已经熟知的概念，就政府资助研究项目中学术方法的应用提出一些批判性反思。客户资助性研究项目具有特定的制度、组织和政治特征，因此与独立的学术性的研究有所区别。比如在实践中研究成果的表达需要依据客户对语言、格式和风格等方面的要求，并提出具体的行动建议。又比如，对研究学科严谨性的重视也有助于期刊上的学术理论的进步。学术研究者既要为政府开展基于实践的研究项目，又要对一般规划理论做出经验总结，本章对于学者的这种双重角色也进行了讨论。

政府研究议程

英国政府的权利下放，为在苏格兰积极探索法定土地使用规划及其现代化改革提供了特定的政策支持。当时的苏格兰政府（1999 年）宣布启动规划的"现代化"改革，使规划的带动作用和监管职能不断增强。这一改革目标来源于公众的建议，并且其作为一项政治措施，清楚表明了最终目的是使规划体系能更好地发挥作用。规划机构和组织的改革是一个往复渐进的过程，大量涉及一系列私人机构和学术团体的研究、利益相关者与公众之间的协商、政府政策文件的审议和发布，以及相关的议会审查程序（Peel and Lloyd，2007b）。现代化的过程很显然包括战略性规划的综合研究计划，发展计划的规划、管理和实施，公众参与，经济发展和基础设施等多个方面内容。实际的研究议程是以对研究结果的严格审查和恰当的管理为基础，这一议程主要包括招标、研究金额分配、督导组成员的确定、个人项目的管理咨询、宣传策略、议会委员会的政治审查和研究方案的公布等。总之，公众协商和实质性的研究计划的共同参与，将有利于政治议程的合法化，为规划改革提供了方向和依据，更为重要的是它们将确保公众积极参与，从而推动文化改革(Peel and Lloyd，2006a)。换言之，此处可以将规划研究理解为规划体系和"做"规划的具体方式的转变过程中不可缺少的一部分。

在实践中，规划和开发工作涉及一系列不同的研究活动，包括数据的收集、二次数据的统计分析、监控执行、评估、检索、文献的检索和审查；发布信息（通过情况说明书或者公告等方式）、组织协商会议或是发表意见等。对于这些涉及规划实践各个方面的事务来说，研究可能是整个项目的核心，也可能只是一个无足轻重的活动，其职责范围小到提供临时支持，大到开发研究分析工具、管理知识或委托研究项目等（Lightowler，2007）。由此可见，即使不是一名研究人员，他也可以通过各种途径对研究做出贡献，比如成为一个受访者、调查对象或讨论组的参与者。因此，规划师既能够了解研究过程的机制，也能够了解政治和政策环境就显得尤其重要，因为研究重心的确定、委托、引导和宣传正是在政治政策环境中得以开展。

考虑政治现实因素和理解实际的科研环境同样至关重要（Davoudi，2006）。在本案例中，从表面价值上看，对苏格兰法定土地使用规划体系的全面审查基于两个原则性的目标，即确保高效率、高效益以及增加决策过程中的透明度和包容度（Scottish Executive，2001）。政府明确表明在苏格兰中央和地方政府关系中机构和组织流程中，规划体系的现代化是更为广泛的政治、文化改革的一部分。对于政府委托研究的性质的理解，必须与改革计划这个大环境相结合。

规划改革的一个明确目标是提高土地利用发展规划的计划及实施效率，尤其是使地区层面对于国家政策的融合与解读达到上下一致。实际上，重点加强当地规划政策的实施可以确保苏格兰境内的利益相关者们获得更多肯定与信心。审查"模式化"规划政策的前景是改革议程的关键部分，模式化政策的目的在于使通用文本说明能够应用于各个不同的地理位置。苏格兰政府期望通过大量实行模式化政策，能够为全苏格兰 32 个地区政府的规划体系的人员提供更多的确定性与一致性。这一意图的实现有两个基础：一是利用现有的"可行"规划政策的优势，二是协调国家政策的目标。同时，模式化政策作为加快发展规划编制的一种方法也得到了提倡，因为它提供了模式文本这种核心资源，使其能够被当地政府的决策者利用。改革希望通过减少政策制定中的重复劳动来提高效率，即避免做"无用功"，减少在公众协商中对个别政策的措辞进行法律论证和辩论的工作，缩短发展计划的期限并加强泛苏格兰范围内政策解读的一致性。其意图并不是为削弱当地规划部门偏离"规范"或者制定适合当地的政策的能力，而是为了在政府强有力的政策引导下，鼓励政策分享，或是解决苏格兰不同地方政府面临的共同问题。

研究委托

早期政府咨询文件（Scottish Executive，2001）的原始资料为此处讨论的政府概括研究的设计提供了依据，因为调查结果表明有很多"基础且常见的规划政策"正在被苏格兰当地议会"彻底改造"，同时也存在许多"同一政府管理的毗邻规划区域，其规划政策在同一议题中存在不同措辞"的情况（Scottish Executive，2001：9）。从政府的角度来说，必须要确保效率得到提升。此外，一个比较简单的反馈分析（表 5.4.1）清楚表明模式化政策的引入得到了各类人士的支持，总结该表可以得出这样一个观点，即"人们普遍认同模式化政策可以带来一系列潜在效益"，包括"全国范围内的政策将更多体现一致性，可以减少规划中的国家政策和战略政策之间的重复，节约规划编制、批准和公众咨询的时间，因为在这些过程中常常过多争论细节性的政策措辞"（Geoff Peart Consulting，2002a：22）。以上这些都是此项研究的背景。

在实践中，研究项目的招标书分发给了那些提交意向书希望为苏格兰政府承担研究任务的组织机构。苏格兰政府设计的研究问题非常实际：

1. 模式化规划政策在种类、数量与适用性上有何范围界定？

2. 是否能够为这项研究提出一些一般性案例以供讨论？

3. 用户和服务提供者实际关心的问题是什么？

4. 制定此类政策时有哪些方法能够展示最佳优势？

5. 一旦制定，模式化政策将如何应对全苏格兰社会环境的持续变化？

6. 是否有途径可以调整中央政府的指导意见或建议（如：关于政策的形式与内容）以使其对地方政府更为有用？

关于研究设计可以得出下列几个一般性观点。第一，研究参数很明显取决于为实现规划改革而制定的政府总体政治议程。第二，独立顾问参与了初期的政府咨询，他们对结果的解读能够对研究项目的细节设计产生重大影响。总而言之，研究的重心由政府官员基于他们对务实政治和实际目标的追求而提出的，通俗说来，就是"什么有用就用什么"。换句话说，这种研究的目的是为了推动实践而非理论发展。

利益相关者的回应意见汇总表   表 5.4.1

利益相关者类型	支持态度		反对态度		中立态度		回应总数	
	人数	百分比	人数	百分比	人数	百分比	人数	百分比
当地政府	25	29	4	36	5	31	34	30
公众机构	9	11	2	18	1	6	12	11
商业人士	15	18	1	9	1	6	17	15
专业 & 或学术机构	15	18	3	27	5	31	23	20
公众 & 志愿部门	21	25	2	9	4	25	27	24
总计	85	75	12	11	16	14	113	100

研究设计

在对规划服务的用户与规划者的实际关注点以及对一系列模式化规划政策在制定和维护中可能会出现的问题进行识别与梳理之后，作者的研究设计在涉及观点和经历方面时采用了定性—解释—陈述个人观点式的方法。投标文件中提出了一种用于收集所需证据、权衡具有争议的观点并为将来制定切实可行办法的研究方法（图 5.4.1）。它提倡归纳和演绎相结合的方法，并且它通过协商时的原始资料来对反馈结果进行权衡。这些原始资料来源于跨部门焦点小组中的用户、合伙人和规划人士面对面的交流会。

除了文献综述之外，案头研究也能够有助于政策的制定，案头研究包括：对政府文件与政策指导之间进行交互选择进行审查，并且根据政府已确认的议题来审视"现实世界"中发展规划政策在不同层次下的案例（Scottish Executive，2001）。最终由政府任命的督导组研究决定同意与否。总的来说，这些方法创造了一种特定的研究设计形式和研究文化形式，属于比较典型的政府委托研究这种环境。

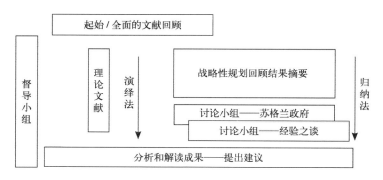

图 5.4.1　研究方法论

对于承担这种性质的研究已经形成了一些观点。由于这种研究以实践为导向，并且预设了研究问题的性质，所以其方法不可避免地具有个人主观决定的特点，主要重点是针对如何才能在当地发展规划中提高政策制定水平等问题征集相关意见。从这个视角看，它的研究方法是实用主义的，旨在以一种经济的方法来达到实际目的。尤其是焦点小组可以将分布在苏格兰有着不同规划背景的利益相关者集合在一起，分享各自的实践经验。但值得注意的是，利益相关者的参与都带有各自的意图。有人认为，这种方式给中央政府了解本地政府信息和实践提供了机会，可以为底端人群服务，并且通过让参与者加入对研究结果和建议的讨论，可能使得研究的成果更加合理。然而在对研究与分析框架（被研究者用于组织焦点小组、呈现与解读所收集的资料）进行理解时出现了一个更为根本性的问题。这个案例中用于检查和分析讨论结果的理论框架，借鉴了研究者对有关政策转变和公共政策周期的国际学术文献的批判性审查。对研究设计的批判性解读肯定了其重要性、确保了其包容性，这种批判性的解读说明了研究设计为以问题为导向的政府资助研究提供了学术支持。正如在后文中要讨论的那样，与更多的学术性研究相比，政府及其工作人员并不认为其研究需要走向理论化。

实践中的方法论

政府资助委员会往往需要遵守某些协议。苏格兰政府任命了一个负责监督这个项目的督导组，它由公共和私营部门、中央和地方政府组织机构的人员组成。成员有着法律、规划、地方政府、私人开发商和公务员等各自不同的背景。因此即使来自中央、地方、发展和调控机构的成员关注点各有不同，但很容易看出，他们的实际关注点仍是提高效率。这个小组一般在委托、开展和使用研究结果等各方面都具有一定研究经验，它的作用是指导、协助最终研究方法的建立和应用，特别是使实际目标和理想目标达到恰当的平衡，并提出一些政策议题。督导组和学术研究者定期举行会晤，特别是围绕模式化政策的概念、界定和构建，模式文本的根本性规范立场以及对研究成果的解读这些问题展开充分交流。在整个研究过程中，都采用了临时汇报与展示的方式，可以使客户了解到研究进展、初步成果以及最终成果的情况。这是一个循环往复的研究过程。

政府原始的咨询文件的综合汇编（Geoff Peart Consulting，2002b）提供了原始且丰富的二级数据库。这项研究在起始阶段就对模式化政策的原始咨询答复结果进行了详细的定性分析。表 5.4.1 介绍了几类特定的利益团体。表 5.4.2 通过更全面的汇编整理，重新审查了以往的咨询答复，总结提出了一个与之前相比更全面的利益相关者的分类和观点。这种更为详细的分析揭示了模式化政策（遍布不同规划和政策区域）的实际利益与实际需求的另一种分布格局，同时也强调对数据解读可以保留争议。事实上在进一步分析咨询结果之后，分析的结果表明，并非所有的调查对象都支持政策表述的一致性。尤其是人们指出了"一刀切"规划方法的局限性，以及在不同城市乡村背景下模式化政策的相关性、适用性和可移植性等方面的问题。某些利益团体提出了一个根本性问题，即由于在苏格兰范围内强制推行模式文本，地方层面决策中有可能会存在违反权力自主原则的情况。权力自主原则在规划领域作为一个重要观点被提出，是因为它肯定了地方保留自主性和自由裁量权的惯例。由于这种深度分析揭示了不同群体之间在观念与偏好上更加细微的差别，就使得中央政府制定大量具有共识性的模式化政策变得愈加困难。

通过对各种咨询回复的分析，能够确认以下几点：制定一系列的模式化规划政策意味着在不同地区做不同的事情，同时执行国家政策会减少当地政府在制定政策时拥有的权属感，从而潜在地削弱了他们在制定地方政策时的责任感。最为重要的是，有些咨询答复认为，模式化的方法可能会导致"惯例式的运用"或政策的"模仿"问题，从而减少了地方特色与政策相关性，或者会导致实行一种简简单单的"剪切 + 粘贴"的方法。真正令人担忧的是，模式化"方案"会限制地方的政策创新。尽管如此，在原始政府咨询文件提出一个相对中肯的模式化政策指导条款的同时，某些受访者确定了一些范围更广的可能性议题，包括：保障性住房、保护文物 / 历史遗迹、保护名录上的建筑 / 历史保护区、自然保护区、能源利用率 / 可再生能源、洪涝灾害、绿化带、风景保护区、可持续城市排水系统和通信系统等。尽管这些议题具体且实际，但也表示出对模式化政策的可能性议题的真实关注。由于要达成一些确定的规划利益的目标、解决地方的关注焦点，以上议题的出现也在情理之中。

个人咨询的结果与一些焦点小组讨论得出原始结果存在差异。每次会议的焦点都是对模式文本进行探讨、询问从业者们关于模式化政策的意见，并批判性探讨了模式化政策在实践中解决一些广泛关注问题的潜在效果。在这里，政策转化的基本原则为讨论提供了一个严谨的框架。摩根（Morgan，1996）认为，焦点小组的讨论重点从具体实践与态度转向了模式化政策的规划以及将模式文本融入当地计划的能力。焦点小组这一形式为探索实际利益以及解决问题提供了机会，而这些问题往往起源于对苏格兰整体模式化政策的解读与实施。依据他们对咨询文件的答复，焦点小组的各个参与者被有意进行了混合与挑选，此外，督导组对突出贡献者进行了提名。总共邀请了 73 个组织及个人，每个讨论组可多达 12 个成员。6 个分散在不同地区的会议和 1

个与苏格兰政府交流的专门会议，二者共同确保了城市和乡村在时间、位置、管理等方面达到相对均衡的状态。为确保各个焦点小组在研究方法上达成一致，小组都拥有相同的研究者、都须服从必要的研究管理，并且在展示研究成果时需遵守匿名和保密的道德准则。每次会议参加者不超过 8 人，从而给予他们充分的时间进行批判性的讨论。最后焦点小组收集了 30 个发展规划机构给出的结论。所有政策团体的观点都得到了反映，其中包括国家政府、地方政府、非政府社会组织、开发部门、专业机构、规划顾问和律师，以及志愿者组织和学术机构。

规划政策和研究方法论特征　　　　　　　　　　　　　　　　　　表 5.4.2

分类	意见
1. 地方政府	28 个（共 32 个）地方政府进行了答复。这并没有完全覆盖整个苏格兰。很明显，他们对模式化规划政策特别是它的实施推广持谨慎的支持态度。 其优点包括：清晰性，一致性，确定性，协助全国开发商和机构，减少法律争端、规划年限和编制时间，精简规划体系、高效使用稀缺的人力资源。 担忧包括：政策应该考虑当地现实状况，有明确的审查过程，当地规划部门应该保留放弃政策的权利，担忧当地丧失自主性
2. 非政府社会组织	9 个非政府社会组织（苏格兰西部和东部的反馈是完全一致的，三个水域保护社会组织的意见已进行合并）普遍欢迎模式化规划政策。 其优点包括：前瞻性的规划方式，更加连贯和快速的规划编制过程，更高的政策透明度，减少工作重复量，降低相关问题出现的可能性。 他们的咨询答复呈现了一种对模式化规划政策（即最好的实践，指导）的特殊理解，担忧主要体现在这些政策如何传播，应该如何修改这些模式化规划政策这些问题上
3. 其他社会组织	2 个"其他社会组织"对模式化规划政策持怀疑态度
4. 开发部门	6 个开发商（住房建造商）进行了答复。尽管提醒人们应该多方面看待他们，但他们所有人都支持模式化规划政策
5. 矿产开发商	2 个回答都表示强烈支持，因为他们都能感受到在地方层面应用国家政策时可能会遇困难
6. 其他商业人士	4 个中的 3 个人的答复是支持
7. 专业机构	9 个中的 2 个专业机构不太支持模式化规划政策的建议。 与表示支持的观点相比，他们认为模式化的政策并非是解决现有问题的好办法
8. 学术 / 研究机构	3 个机构的答复都表示支持。 他们认为模式化的政策具有争议性，是一个关乎国家利益的全局性问题。 主要的担忧：政策的"所有权"和它们的解释细则
9. 规划顾问和律师	9 个答复呈现出不一致的观点。分歧体现在：模式化政策中人们对特别事件是应该进行指导，还是应该制定规约性措施，特别是在国家的政策重心和环境这些问题上
10. 社区委员会	3 个社区委员会提出了一系列观点。 他们强调在一个不断变化的环境中，土地的使用规划应该发挥更大的作用，同时模式化政策应当与其他政策工具互相搭配发挥功效。 还有一种观点认为，模式化规划政策在保护主义中应该发挥更大的作用
11. 志愿者组织	通过对 14 个答复中大多数人认为对模式化规划政策进行详细解释将非常有益
12. 私人	5 个答复中的 4 个支持模式化的规划政策。支持和反对意见之间的差别很明显

这项研究的另一条主线是对苏格兰已公布的发展规划、国家政策中的政策文本进行详细的案头比较分析。分析的方法是从当时已有的发展规划中抽取政策样本，以确定政策相似度和进一步协调的可能性。这种抽样的样本仅限于能够从网上获取的发展规划，并且还需得到督导组的许可。这从另一个角度上反映了这项研究的实用主义性质。

这项研究揭示了在参与政府资助项目时可能会出现的一系列有关权利关系和利益诉求的问题。督导组的人员构成、其满足政府需要的这种责任、对研究设计和实施方面的支持以及对研究方向的影响，都是学术研究者们需要重点考虑的因素。尽管客户（即政府）在其规范的、以解决问题为导向的研究方法中体现出了实际需求，但是本文作者认为有必要对一些术语和概念进行适当界定、对研究方法的原理进行审查，并对模式化规划政策的潜在风险提出质疑。从本质上讲，要对政府资助的研究作出重要学术贡献，就是要确保一个中肯的批判性思维方式，以避免可能出现的意想不到的后果。此外，焦点小组还需在对潜在效益、风险或意外后果的讨论中能够起到促进作用。

结果分析

在对结果进行理论上熟知的批判性的视角分析之后，可以总结出 4 种观点。第一，有关模式化政策的各种出发点是不一致的，因此不同的利益群体存在各种潜在的利益选择。第二，模式文本的预期目的和使用范围无法界定，而这些都取决于政府和资助人的选择。第三，模式化政策预期的性质、形式和格式以及与其他政策工具的关系在实践中各不相同。第四，不同的使用群体对模式化政策的感受是不同的。基于这些观点，在展示研究结果时，要比最初倡导的模式化政策更加清楚地强调这些细微差异，这一点非常重要。

一方面，焦点小组的咨询结果清楚地表明，在一些政策领域，地方层面的自由决策权很大程度上受限于法定机关，特别是当政策的资助人是国际性机构（如欧盟）时。而另一方面，政策的制定者又承认有必要让政策与各地区政府相适应。这一观点与国际上关于规划案例进行广泛讨论所得结果是一致的，即在不同的环境下不能套用一个统一的政策（Lloyd and Peel，2007），这个观点还反映了一个问题，即简单化的政策制定方法可能无法适应不同的实际环境、找到问题根源、发挥作用或是适应变化的实际情况。基于焦点小组和咨询资料，我们构建了一个区分不同层次的模式化政策的分析模型，它指出了在何种情况下模式化政策可以实现通用（表5.4.3）。

表 5.4.3 表明国际性和全国性层次的环境可从模式化形式中受益。但如果解决地方性事务需要更加定制化、特定化的政策表达形式，那么这种模式化的表达形式就不太合适（Peel and Lloyd，2006b）。类型学作为一种筛选机制，政府可以利用它总结出模式化文本中应该设计的关键议题。

关于是否应该制定模式化政策的利益相关者分类 表 5.4.3

出处	国际	国内	地方
政府	立法 / 方针	立法 / 战略性政策	实践
资助人	国际组织 / 欧盟	苏格兰政府 / 政府专门机构	当地规划部门 / 社区
目标	保护主义	保护主义 / 发展主义	保护主义 / 发展主义
关注点	具体性的	战略性的 / 具体性的	战略性的 / 地方性的
是否泛苏格兰	是	是	否
专家团队组成	专家	全面型人才 / 专家	全面型人才 / 全面发展
内容	一般化	一般化 / 具体化	一般化 / 具体化 / 细节化 / 地方化
是否有权限范围	否	不一定	是
是否能采用通用化表达	是	是	否

资料来源：Lloydand Peel，2004b：16。

调查中的具体政策案例都以《拉姆萨尔公约》(Ramsar Convention) 名录下的湿地，以及洪涝、通信和可持续的城市排水为主题。这些主题揭示了未来全部或部分推行模式化文本的可能性，尽管它们与当地的相关性和适用性仍然有待检验，但它们可以指导下一步的调查工作 (Scottish Executive，2006)。这种范围界定研究最初时通过一个简短易读的研究简报，在苏格兰政府网站上进行传播 (Lloyd and Peel，2004a)，最终以全面总结报告的方式进行展示 (Lloyd and Peel，2004b)。两种方式都是依照标准的政府模板和格式，最终成果内容还由督导小组和苏格兰政府进行了审查和讨论。这些过程都涉及了语言、平衡和重点，也与结果分析中需要清晰地表达所采取的理论性和批判性立场这一学术研究热点密切相关。

根据对最初咨询活动的定量分析，模式化政策可能已经在全国得到开展。然而，这项范围界定研究涉及更多理论上已知的、细节性的、定性的和面对面的方法，对最初的结论提出了质疑，并强调需要采用一种更加谨慎的做法。一个吸收了国际规划政策经验的强大政策学科，能够采用一种推理性的评估方法去评估模式化政策的潜在效应，以弥补咨询活动中采用的归纳性方法的不足。在这里采用一种更加学术性的方法，能够拓宽政策制定和实践过程中的思路并完善整个国际规划理论。因此这项研究的意义已经不只是为某个特别项目提供支持，而是成为了现代化规划的重要组成部分，因为它能够针对规划改变的不同意见进行积极思考，实现更广泛的规划目标和功能。

承担政府资助性政策研究项目的批判性思考

本节指出，研究能力和信息素养是公共政策领域中的规划者应当具备的核心能力。他们参与的研究可能涉及一系列比较核心的、主导的，或者参与性的、促进性的活动。当前，人们越来越关注循证决策工作（虽然还具有争议性），大大拓展了研究领域的广度和多样性。因此，规划人员可以直接参与研究，例如通过进行调查或者作为顾问、受访者或者焦点小组成员以指导研究，或者也可以成为督导组的一员。但他们必须了解相关技术要求以及研究所处的政治环境和规范环境。基于作者开展政府资助项目的经验，本节探讨了研究结果的使用、政府研究项目中的动机和意图，以及政府指定、委托、引导和管理研究的实际方法等。最后思考了以下问题：研究者如何在应用研究中使用理论，以及他们如何适应基于合同的研究环境。

一般来说，政府资助研究往往会提出一个现实要求，其政治意图是最终以建议的形式对出现的问题提出解决方案。这种研究不同于学术研究，因为学术研究动力及成果都是理论上的。然而此处经验表明，政府资助研究除了需要严谨的研究方法，还需要一些合适的观念立场。由于数据收集、分析和解读的方式各不相同，在实践中对研究的分析或细致或粗略，这都取决于所获得的数据、资源和采用的理论思维。研究采用的方法可以"打开"或"关闭"不同的观点。分析方式将会对规划中不同观点的表达和阐释产生影响。这样最终公布的研究成果其完整性无法确定。

规划涉及不同的权力关系，这些权力关系来源于广大的相关利益者和他们的利益冲突。因为他们在观念和立场上差别很大，所以对这些关系进行分类和分组的方式将会产生广泛影响。辨别和理解这些关系是任何研究都不可或缺的一部分。在实际应用中，开放式的问题能够提供大量数据，但需要对这些数据进行简述和综合。做到这些需要对数据十分敏感才能避免忽视数据中重要的细微差别。督导组能够提供接触数据和调查对象的机会，也能督促遵守已制定的时间框架。然而，如果要实现项目预期并且能对项目提供建议，就需要一系列特殊的管理方式和权力关系。为便于对研究用语和概念进行界定、保证研究者的客观性并厘清知识产权，在这种委托项目的起始阶段设立一些研究规范就显得非常重要。而如果学术界希望利用研究的统计数据来完成学术论文，那设立研究规范就更为重要。

规划是一项政治活动，因而所处的环境非常重要。苏格兰规划的现代化正在进行中，在各地政府、市场群体和民众看来仍然充满争议。在这过程中要了解现代化的精髓与目标，研究活动都是必不可少的。模式化政策是苏格兰政府提高规划体系的现代化水平的一种尝试，从实用主义角度看，此项案例研究不仅审视了模式化政策的前景，而且也就公众参与、国家和地区之间关系的平衡等问题提出了质疑（Peel and Lloyd，2007a）。

承担政府资助政策研究项目需要符合大量基本条件。中央政府从事研究的动机是高度政治化的，这类特定的政策领域或项目通常是受到一系列外部和内部因素影响，同时要求在资金上予以优先支持。此项案例中，开展土地使用规划这个研究项目是因为人们对现行体系有一些争议，并且中央政府权力下放也有助于该问题的解决。这项政治议程表明了社会广泛承认的一个观点，即规划的现代化改革对于政府目标（提高有效性和效率性）的实现以及促进公众参与都非常必要。在实践层面，政治议程从类型、数量和适用性等实际方面确定了研究问题，即"是什么"和"怎么做"，而并非是"为什么"、"谁来做"和"为谁做"。按照达武迪（2006）的观点，这表明了一种对工具性政策研究进行影响和管理的趋势，响应了为实现政治目标而实施循证政策的要求。

在这项案例研究中，研究者最初的重心是在开始阶段就对模式化政策的概念进行界定，以便在督导组和研究团队中达成共识。这种概念的界定在一定程度上反映出人们的担忧，他们担心研究为了达到预设的政治、行政目标而在委托、管理和指导上采用过于直接和实用的方式。对于概念界定这一问题的解决，是通过对国际案例知识的借鉴，它有助于抵制这样一种过于简单化的观点，即认为通用政策在具体地区的实施具有相关性与可应用性，但却没有考虑政策制定的背景、相关性和可移植性（Wolman and Page，2001）。对研究基本原理的合理性的争议体现出了人们关于获得理想的（或者模式化的）政策环境方面的争议。换句话说，尽管研究的技术性要求可以通过一系列文本得到表达，但模式化政策在所有环境（高度差异化的环境）中的有效性这一原则性问题仍然没有得到解决。在对证据进行分析之后，作者在结论中强调，由于一个强大的、具有批判反思性的决策学科能够提供具有创造性、主动性和相关性的政策设计，而非仅是对现有和预定政策的简单制定和维护，因此它对决策者具有重要的支持作用（2004a）。这个关键性的贡献往往是学术研究方法所具有的特征。重要的是，地方政府担忧"一刀切式"的规划方式会抑制政策的适应性和有效性，担心它会带来意想不到的后果。作为一个审查性研究，这项研究针对模式化政策的预期效应强调了一系列重要标准。

在项目最后的招标和实施过程中，除了思考时间框架、资源、成本和项目管理这些实际问题之外，有必要明确有关研究的概念基础。政府研究项目往往受严格的时间和条款支配，这些条款包括了随后的规定格式以及针对实践提出可行性建议的流程。在此情况下，正是学者在是否需要对模式化规划政策的方法进行解释、定义以及证明这个问题上意见不一，才创造出了研究的批判性的主线。然而，提倡对政策进行一个有着成熟理论的分析，会对研究的思想和规范性基础构成挑战。总而言之，政治性／实用性的指标和批判性／概念性的关注点共同创造了一个客户与研究者特殊的互动过程。开展研究和交付研究中的合同化关系呈现出了一个研究悖论，即研究中暴露的潜在缺陷、意想不到的后果和警告可能会被客户认为是对双方共识的破坏。比如委托性研究的潜在实际效应可能因此受到质疑，从而双方出现一种潜在的不和谐的研究管理关系，但是还是会创造出丰富的研究成果、同时也为指导政策实践提供了更好的基础。

参考文献

Bridgman, P., and Davis, G. (2003) What Use Is a Policy Cycle? Plenty, if the Aim Is Clear, *Australian Journal of Public Administration*, 62(3), pp. 98–102.

Bullock, H., Mountford, J., and Stanley, R. (2001) *Better Policy Making*, London: Centre for Management and Policy Studies.

Canessa, R., Butler, M. Leblanc, C., Stewart, C., and Howes, D. (2007) Spatial Information Structure for Integrated Coastal and Ocean Management in Canada, *Coastal Management*, 35, pp. 105–142.

Davoudi, S. (2006) Evidence-Based Planning Rhetoric and Reality, *disP: The Planning Review*, 165(2), pp. 14–24.

Geoff Peart Consulting (2002a) *Review of Strategic Planning Consultation Paper: Analysis of Responses*, Edinburgh: Scottish Executive Central Research Unit.

Geoff Peart Consulting (2002b) *Review of Strategic Planning: Digest of Responses to Consultation*, Edinburgh: Scottish Executive Central Research Unit.

Lightowler, C. (2007) *Research and Information Activity in Scottish Local Authorities*, April, Edinburgh: Scottish Executive Improvement Service.

Lloyd, M.G., and Peel, D. (2004a) *Model Policies in Land Use Planning in Scotland: A Scoping Study*, Edinburgh: Scottish Executive.

Lloyd, M.G., and Peel, D. (2004b) *Model Policies in Land Use Planning in Scotland: A Scoping Study: Research Findings No. 182/2004*, Edinburgh: Scottish Executive.

Lloyd, M.G., and Peel, D. (2007) Shaping and Designing Model Policies for Land Use Planning, *Land Use Policy*, 24(1), pp. 154–164.

Morgan, D.L (1996) Focus Groups, *Annual Review of Sociology*, 22, pp. 129–152.

Peel, D., and Lloyd, M.G. (2006a) The Land Use Planning System in Scotland – but Not As We Know It!, *Scottish Affairs*, 57, pp. 90–111.

Peel, D., and Lloyd, M.G. (2006b) Model Policies for Land Use and the Environment: Towards a Critical Typology?, *European Environment*, 16(6), pp. 321–335.

Peel, D., and Lloyd, M.G. (2007a) Improving Policy Effectiveness: Land Use Planning in a Devolved Polity, *Australian Journal of Public Administration*, 66(2), pp. 175–185.

Peel, D., and Lloyd, M.G. (2007b) Neo-traditional Planning: Towards a New Ethos for Land Use Planning?, *Land Use Policy*, 24(2), pp. 396–403.

Scottish Executive (1999) *The Planning Bulletin Issue No. 18*, Edinburgh: Scottish Executive Development Department.

Scottish Executive (2001) *Review of Strategic Planning*, Edinburgh: Scottish Executive Development Department.

Scottish Executive (2006) *Pilot Model Policy Study: Conclusions & Next Steps*, Edinburgh: Scottish Executive Development Department.

Solesbury, W. (2001) *Evidence Based Policy: Whence It Came and Where It's Going, ESRC Centre for Evidence-Based Policy and Practice* (Working Paper 1), London: Queen Mary, University of London.

Wolman, H., and Page, E. (2001) Policy Transfer among Local Government: An Information-Theory Approach, *Governance: An International Journal of Policy, Administration, and Institutions*, 15(4), pp. 477–501.

Young, K., Ashby, D., Boaz, A., and Grayson, L. (2002) Social Science and the Evidence-Based Policy Movement, *Social Policy & Society*, 1(3), pp. 215–224.

黄亚平　王卓标　译，赵丽元　校

5.5

采用案例研究方法来揭示非洲的规划实践和研究

詹姆斯·多米尼

引言

本章描述了一个发展非洲规划教育的案例研究方法的项目，该项目旨在对母语为英语的非洲撒哈拉以南地区的规划实践形成一些影响。该项目于 2009 年至 2010 年由非洲规划院校协会（AAPS）启动，其初衷是为解决非洲规划中存在的问题，包括：规划中缺乏关于城市化的数据、规划系统过时（自殖民地立法时建立的规划系统基本上沿用至今）、对于采用可持续的先进方式来应对城市化问题缺乏政治上和专业上的意愿等问题。在此情况下，AAPS 将案例研究的方法视为一种促进规划实践转变的战略方针。

这种方针是基于这样一个假设：案例研究方法在规划教育中的推广与专业实践能力的发展之间至少存在三层联系。第一层联系是案例研究的结果可以为规划师提供一些资料和想法，帮助他们更详细地了解城市和社区的需求及变化。第二层联系是深入研究案例的过程或者说参与案例教学项目（特别是那些涉及现实社区发展问题的项目），这一过程可以培养技能和能力，而要在当代非洲城市环境中进行有效的、具有包容性的规划实践，这些技能必不可少。它们包括与各个地方人士协调合作的能力、分析和理解复杂的城市化的进程的能力，以及通过提高"实践常识"或"专业技术"—— 费吕夫布耶格（2001）称之为"实践智慧"，将理论知识应用于实践的能力。由此可见，将案例研究方法的训练作为大学课程的一部分，可以在规划师的日常活动中为他们带来持久的益处，尤其是当他们试图解决非常复杂的城市问题时。最后，对于非洲规划极为重要的是，将案例研究和教育项目与当地社区紧密联系在一起，能够对改变学生对城市弱势群体的认知和思维方式。由于规划实践具有包容性和环境相关性，作为未来的规划师，规划专业的学生具有与城市规划实践相适应的工作技能和认知是非常重要的。

本章分为两个主要部分。首先，描述了导致 AAPS 将案例学习研究作为一种转变非洲规划教学和研究的重要手段的背景和依据，并重点阐述了在非洲城市化日益复杂的环境下，这种方法将如何有益于解决问题并实现潜在规划效应。针对非洲的城市空间和社会这一问题，现在的看法都强调了其易变性、流动性和短暂性，通过定量和定性分析，案例学习研究能够为研究城市现象提供一个可靠的方法。其次，本章介绍了 AAPS 为促进案例学习研究而开展的一些实际项目，之后分析和讨论了这些项目的一些关键性成果，并揭示了这对于非洲撒哈拉以南地区的未来规划实践的潜在指导意义。

非洲为什么要转变规划教育和研究呢？

1. 非洲城市实践的发展趋势和面临的挑战

非洲城市转变的速度和结果是难以确定和预测的（详见 Potts，2012）。众所周知，非洲中小城市迅速成长（UN-HABITAT，2009），对非洲城市化难以充分认识的一个很大原因是缺乏城市化的速度、规模和轨迹等方面的数据（Pieterse，2010a）。大多数情况下，这些数据根本不存在。换句话说，国家调查机构无法针对各地发生的复杂的城市变化提供有用的或深入的信息（出处同上）。地方政府几乎无法获得某一具体城市的可靠数据。即使可以获得，也通常因缺乏一致性而不足以支持跨国家或跨区域的城市对比分析。

因此，关于非洲主要城市的人口增长和经济趋势的客观数据是一个急需开发的关键领域（出处同上。）但规划者、政策制定者和决策者还急需其他方面的大量详细信息，包括人们如何在城市中生活、认知自我和生存，以及定居点、土地管理、经济生产和提供服务的各种制度和实践彼此如何相互联系、相互影响。越来越多的学者呼吁在非洲城市研究和各种具体的合理性措施（这些措施影响了普通城市参与者的决策和行为）之间建立一种联系（如 Mbembe和 Nuttall，2004；Simone 2004；Pieterse，2008）。"理解和支持人们为谋求更好的生活而寻找对策"，这一诉求逐渐被认为是更为有效地思考及应对非洲城市变化的一个先决条件（Beall 等人，2010：198）。因此，即使可以轻而易举获得最新且可靠的人口普查信息，想要详细了解非洲城市化，定性的方法仍然是关键。

非洲规划者面临的诸多挑战之一就是，规划专业的毕业生大部分都必须留在城市中从事各种被称为"非正式"实践的工作。"非正式"一词源于 20 世纪 70 年代，常用于描述自发的、不受管制的、小规模的且通常是非法的城市就业形式，现在"非正式"更多地指各种活动，包括提供问题解决方案，自我创业、提供服务，以及政治性的集会组织。也许近年来最能体现这一变化过程的是各种非正式解决方案的不断增加以及正时兴的"常规解决方案的信息化"（Myers，2011：73），而这一变化也在日常的城市社会生活中通过"非正式社会网络在社会环境、生计策略、社会再生产、文化组织或政治动员中的重要性日益增显"得到了体现（出处同上）。当非洲城市致力解决他们的政治经济的边缘化问题和结构调整的遗留问题时，各种关系（包括国家和民间社会活动者之间的关系）都成了非正式的谈判和交流的基础（Beall 等人，2010）。

这些针对人们的生活方式和解决问题的模式的观点与新兴的非洲城市主义的政治主体思想有相似之处。西蒙内（AbdouMaliq Simone，2010）指出，结构边缘化和城市边缘化的各种经历和客观事实为"先行城市政治"提供了平台。此处表明他对城市如何成为各种"先行实践"的基地，或者说"对可能发生的事情先行一步，或准备好对策"非常感兴趣（Simone，2010：62）。比如说，当非洲的城市居民试图退出或加入移民浪潮时，保持城市的发展和流动可能成为创建"国际型"非洲城市的一个关键因素（Simone，2011）。

规划作为一项专业活动面临着解决复杂城市空间问题的严峻挑战，这涉及各种多变的未知因素。然而，在目前这样一个缺乏城市化相关数据以及接受、处理城市化现实的政治意愿的环境下，能否制定有效的制度和干预措施是无法确定的。非洲的政治领导人对城市化现实的"普遍否认"导致了政策惯性，从而产生了一个"政策真空"，使得城市化进程走向自由放任（Pieterse，2010b：8）。其中的一个负面影响是，在许多以英语为母语的非洲国家，城市规划依据的立法体系大都从早期的殖民地政府时期就已经确立，并且殖民时代的规划法具有很大弹性，因而很多非洲国家难以对其做出改变（详见 Watson，2011；Berrisford，2011）。非洲规划系统往往是以高度排他性方式运行，其变化无法在速度、规模和性质上与实际的城市化进程保持同步。

在这种政策和法律的影响下，非洲撒哈拉以南地区的规划教育将规划实践视为一项技术性的价值中立的活动（Diaw 等人，2002）。许多规划部门始终都没有受到后现代、女权主义和激进主义浪潮的影响，但这些思想却深刻影响了其他地区解释并执行规划目的和过程的方式。传统针对规划师调查方法的训练侧重于对调查数据的收集和分析，或是近年来采用的 GIS 工具分析（如果条件允许）。但在大多数情况下却很少提及定性研究方法（包括深度访谈、文献分析），也没有介绍口头或书面的沟通技巧。多数城市规划的研究人员和从业人员（当然也有一些例外）都广泛地依赖于调查方法和统计技术。

2. 案例研究在振兴非洲规划实践中的作用

在这种背景下，培养一批具备更强能力的规划毕业生以从事一些有效的、包容的非洲城市规划和区域规划实践，就成了一个非常迫切的需求。非洲的城市规划工作者需要特殊的技能和能力（尤其是那些关于与不同人士和机构共事以及解决他们之间利益纠葛的能力）以及一种对复杂城市问题进行定义、分析和解决的普遍批判性能力。能否有效地参与、理解和解决这些所谓的规划系统及人员的"非正式"问题，对于确保非洲大陆未来规划实践的相关性和有效性而言，仍然是一个重大的挑战。然而，要想让非洲的规划思想和实践逐步转变为一个受到拥护和支持的议程，就不仅仅是简单地在现有的规划课程中加入新内容的问题了。它需要非洲的规划从业者转变认知、价值观和技术：从一个不关心政治的专家型的规划者，转变为技术专业的、善于沟通和周旋于各种不同角色和机构间的规划从业者。

案例学习研究方法，作为一种思想、理论和方法的结合体，是一种通过研究和教育双重媒介来改变非洲规划实践课程的方法。[1] 这里给出的观点是受费吕夫布耶格观点的影响。他认为案例研究是调整规划使其更加务实（而不是规范式或空想式）、并且挑战多数规划院校所宣扬的固有的"理性主义"的一种方式。因而，他关于"实践智慧的规划研究"这一议程的观点，事实上是主张重新关注务实性意见、推动实践的价值理念和动力等问题（Flyvbjerg，2004）。在这一观点中，案例分析真正的实用价值就在于，它能够显示特定规划环境下的实际规划过程和结果。案例分析非常重视实践中的细节和过程，因而非常适用于分析复杂的因果关系、动力来源，以及那些影响现实世界规划结果的实践伦理与价值判断。费吕夫布耶格本人已经指明如何使用案例学习研究来作为规划实践和公共宣传的一部分，例如，用于大型基础设施项目的预算和管理的实践过程（Flyvbjerg，2009）。通常，精心挑选那些结构完善的案例研究有个最大的好处，就是它能够质疑或是否定一个被认为理所当然的原则，以及那些普遍被公众理解和认同的观念（Flyvbjerg，2001）。从学习的角度来看，一个好的案例研究可以促成"一个对现实的微妙认识"，使得知识与经验产生巧妙的融合，这也是一切专家实践活动的核心（Flyvbjerg，2011：303）。这些观点促成了由非洲规划院校协会（AAPS）开展的一系列的研究项目，旨在促进非洲规划学院的案例研究与教学。

非洲规划院校协会的案例研究和公开的项目

非洲规划院校协会（AAPS）成立于1999年，它与非洲高等教育机构同属一个网络，是一个对城市与地区规划师进行培训的志愿团体。在撰写本文时，它已经有50名成员，来自非洲19个不同的国家。作为一个知识网络团体，它主要通过数字通信和社交网络工具来促进非洲规划学校之间的信息交流。在2007年，AAPS获得洛克菲勒基金会的资助，开展了一个名为"振兴非洲规划教育"的项目。非洲的大学教授的技能、知识理论和价值观念与规划者实践中遇到的问题存在严重脱节，而该项目正是为了解决这一问题（Watson and Odendaal，2012）。该协会于2008年在南非开普敦组织召开了第一次规划学院会议，再次强调在知识教学和现实实践中存在的这种断层或鸿沟。在此基础上案例研究作为一种缩小这种差距的方法而被提出。[2]协会因此开始着手进行一个项目，旨在推进案例研究方法在教学和研究中的应用。自2009年协会再次获得洛克菲勒基金会的经济支持之后，为了适应非洲规划学校相关课程和教学内容的改革，这个项目就有了更多的目标（Odendaal，2012）。第一个主要的目标就是加强规划学者和未来的从业人员（包括学生）的研究技能和方法论知识。第二个目标是推动非洲城市规划研究出版物的发表与宣传。

总的来说，非洲规划院校协会认为案例研究至少在两个层次上起到贡献作用。第一个层次的贡献是案例分析所得出的各种知识及其与学习和实践相关问题的关系。案例分析通过对"为什么某些现象会存在"以及"这种现象如何形成？"等这类问题进行深入细致理解，从而形成了一些在实践中必备的具体情境知识。这类知识适合于反馈到教育教学课程中，用于开发一些能够分析复杂问题以及作出创造性决策的技能（Barnes等人，1987）。第二个层次的贡献是关于开展案例研究的过程，尤其是那种鼓励研究者去与不同人士（尤其是当地社区和城市低收入群体）打交道的研究过程。这就意味着，首先，为案例分析研究进行方法培训可以为规划毕业生提供一些工作所必需的主观技能（包括沟通交流的技巧）。其次，案例分析研究可以给规划者提供机会，让他们参与城市的日常现实问题，从而重新调整他们对非正式的城市实践的理解。

针对案例研究和教学方法，非洲规划院校协会组织了三个地区性工作坊（分别位于西非、东非和南非），每个工作坊的会议都持续了三天。[3]他们强调要促进定性研究方法的发展，同时要保证混合型研究方法在案例分析研究中的运用。还特别关注了一些针对深度采访、记述以及直接引用参与者的语录的一些技巧。主持者认为规划者有必要开展"让鞋子变脏"的深度实地研究，并且强调适当的身体力行对于研究的重要性。案例分析研究者撰写的成果中，费吕夫布耶格（1998）完成的丹麦奥尔堡案例，沃森（Watson，2002）完成的南非开普敦案例，莱日斯（Lerise，2005）完成的坦桑尼亚 Chekereni 案例和恩克亚（Nnkya，2008）完成的坦桑尼亚莫希镇案例被当作方法论的范本。四位研究者在解释规划改变和"失败"的复杂过程时都运用了叙事式的写作方法，尤其是还揭示了在当地纷乱不清的政治目标下思想、价值观念和权力关系所起的作用（这些作用往往容易被忽视）。此外，他们对案例分析研究的设计十分完善，使得他们对现实问题和各种参与者的描述，能够充分展现关于专业实践的规划、动力和价值观等方面概括性的理论思想。

非洲规划院校协会的项目成果

鉴于当前和未来的非洲规划师必须对有待他们解决的制度环境与城市环境的复杂性有敏锐的经验性理解，因此，非洲规划院校协会（AAPS）关于课程改革和案例研究出版的项目成果形式多种多样。[4] 有一组成果采取了网上的一种以"工具包"为主题的形式，以此来帮助规划学院调整课程，使之更加符合现代非洲城市化的现状，从而采取更合适的规划策略。每一个工具包都包含针对某个特定主题的一些关键概念的概述，还会推荐相关摘要和一系列案例分析，这可以运用到课程教学中，并以此来解释和主题相关的各种各样的争议和问题。比如说"参与者协作"这一工具包，就强调了北半球城市演化出来的规划方法和南半球城市纷繁复杂的现状之间不断加剧的脱轨现象，前者的规划方法很大程度上是基于实证主义和交际行为理论，而后者的复杂现状主要表现为纷争、贫困、不平等、不规范以及城市空间零碎等问题。工具包里包括三个教学案例分析。其中一个案例展示了非洲城市规划存在着极度复杂的问题和潜在的冲突，而同时国家也尝试着处理以及规范非洲城市存在的"非正式性"[基于乔·斯洛沃（Joe Slovo）用非正式方式处理开普敦问题这个实际案例]。另一个案例讨论了理性的、技术层面的且基于规章制度的规划可能会被用于国家镇压行动中，哈拉雷的"恢复秩序行动"（Operation Restore Order）就是一个实际案例。第三个案例则揭示了通过社区组织来升级不断增长的非正式处理机制的可能性，并用帕莫加信托基金（Pamoja Trust）的活动和内罗毕（肯尼亚首都）的胡鲁马贫民窟居民运动作为案例进行了分析。

非洲规划院校协会还制作了一个工具包，专门用来提升案例分析研究和教学的能力。这个工具包被视作为一种灵活的资源，其中包含了一系列模块，这些模块能够以不同方式进行组合，从而生产出不同的教学或培训产品。最初它是给城市规划领域那些对案例分析研究感兴趣的研究生和学术研究者使用的，但是对于那些热衷于通过开展短期工作坊来提升自己方法论技巧的从业者来说同样适用。这个工具包旨在从理论层面以及实践层面加强对案例分析研究方法的理解。它不仅包括了许多非洲规划院校协会工作坊推动者的深刻务实的见解，还包含了针对工作坊参与者提出的普遍存在的问题的多样化的解答。此工具包的副本在非洲规划院校协会的成员学校里得到广泛传播，同时其电子档也可以从非洲规划院校协会的官网上免费下载。迄今为止的数据表明，这个工具包在进行毕业论文研究设计的研究生中广受欢迎。

　　工作坊的参与者自己也有一系列优秀的案例分析，其中很多案例都在关注经济活动的"非正式"模式，不仅揭露了政府机构针对诸如街头商贩、骑行者等人所采取的严厉的惩罚性措施，同时也展示了非正式管理者怎样灵活地、策略性地斡旋于政府和市民之间。对于工作坊推动者而言，和这样的参与者一起合作可以改良自己的研究思路和写作技巧，而这对他们来说是一个学习的过程，能让他们更深刻地洞悉制度上的挑战和方式上的缺陷，而这些挑战与缺陷往往对非洲大陆的规划教育者们的研究目的造成一定影响。实地考察的研究、定性研究和叙述性的写作技巧这些技能都需要在实践中不断得到锻炼。然而在很多情况下，由于许多非洲规划院校对（研究者的）职业生涯有经济层面以及设备层面的限制，使得很多以研究本身为动机的研究（如非洲规划院校协会的项目）很难发挥作用。这些限制还包括员工薪资过低（这意味着研究人员经常需要开展咨询工作以补贴学术上的支出）、对典范性书籍和期刊的访问受限，另外还有一种情况也确实存在，即网络使用不便。研究和写作技巧并非简单地一蹴而就，或者仅从硕士或者博士层次的写作经验训练中就可获得。但是与资金充足的咨询项目和其他研究机会相比，写作技巧可能会被认为不那么重要而被弃之一旁。因此，一些非洲规划院校协会工作坊的推动者转型为编辑，致力于与作者进行文本上的合作，不断提出关于结构和写作风格的意见并进行修改，以使得案例分析研究与规划实践知识结合得更为紧密。

　　有些工作坊参与者通过案例分析教学来展示其经历，而没有选择进行实证性的案例分析。哈佛商学院已经证明了一点，即与人们通常说的"案例教学法"相比，"现场式"的案例分析或工作室经历是一种更为有效的教学方法（Barnes 等人，1987）。虽然哈佛商学院的这种方法在全球范围内都被视为一种有效的教学方法，然而事实上在很大程度上取决于案例的真实程度——通过课堂教师的提前准备，教室可以用来模拟真实的商业场景。然而，真正意义上的"现场案例"教学法应该鼓励学生参与到真实的实地规划问题中，同当地的社区以及居民一起开展规划分析并提出问题的解决方案。这样的课题能够让学校和老师进行深入的实地考察，从而提升他们的协商、协助以及解决冲突的技巧。这些无疑是在城市非正式化大背景下进行有效实践的必备技巧。

　　基于这样的一个初衷，即规划专业的学生应该通过案例分析研究参与到当地社区中去，非洲规划院校协会于 2010 年与名为"贫民窟／棚户居民国际协会（SDI）"的一个国际宣传组织签署了一份国际协议。在过去的两年中，通过不断的探索，这个协议促使 SDI 的成员国与非洲规划院校协会的学校建立了联合协作的关系。根据这份协议，规划专业的学生要依照课程的规定来与当地的 SDI 团体以及社区代表开展合作，进行社区人口普查并参与到当地的规划实践。目前，这些基于社区且带有合作性质的"升级版工作室"已经运营了近一个月，证明了共同制定当地规划战略这一方式比较有效，这是因为它们迎合了非正式团体所呼吁的需求和利益，同时也争取到了当地政府的支持。同时更为可喜的是，工作室项目为其学生和从业者提供了一个将其技巧和思维运用到实践的平台。例如，乌干达马凯雷雷大学开展的工作室项目，就让学生与乌干达全国贫民窟居民联合会(NSDFU)开展合作,完成一份关于非正式居民的人口统计报告。此报告是一个由乌干达土地、住房和城市发展部开展，由城市联盟资助的全国贫民窟升级项目的组成部分。随后，这个工作室项目促成了该大学和乌干达贫民窟居民联合会之间的正式合作，在未来也会有更多的项目合作。一个学生在回顾其学习经验时这样写道：

> 我慢慢地体会到，当前的教学课程对于解决当前大多数非洲国家的规划问题显得有些不切实际。也许正是当前的这些教学课程才导致了这些城市的贫民窟还在不断扩张，因为这些课程上的方法不能解决实际问题。比如，要解决贫民窟的某个特定问题，需要的是一个自下而上而不是自上而下的方法。[5]

该学生两年后将从马凯雷雷大学毕业，很可能会在乌干达当地或者国家政府就职。显然这次工作室的经验培养了学生们的一种能力，使得他们以后能够与受城市规划影响最深的人们（往往是城市中的贫困群体）有效地进行沟通和共事。另外，学生在与当地非正式团体打交道时，会对他们产生一种特殊的感情，从而会试图去理解、接受并满足这些非正式团体的需求和目的。规划师们在技巧和思维方式上产生的这种反思性变化，也正是非洲规划院校协会期望从其项目工作中达成的目标。

结论

本章描述了非洲规划院校协会试图通过在非洲大陆规划教育中推广案例研究方法来指导非洲的规划实践并对其重新定位。该项目从 2009 年运作至 2010 年，开展这一项目是因为意识到人们对非洲城市化进程知之甚少，而要应对非洲大陆发生了显著变化的挑战，第一步就是要求规划者对当代非洲城市的发展变化历程有着详细的同实际相关的知识。案例分析研究不仅可以为城市现象提供实质性的理论知识，还通过促使规划师学习实践知识、掌握与包容性和创新性规划实践相关的各种技能的方式，提升了他们解决复杂且不断变化的问题的能力。非洲规划院校协会也在探索将案例研究教学方法用于培训具有道德自省能力的规划从业人员，使其致力于通过包容性实践来实现城市可持续发展。

非洲规划院校协会项目的各种成果，涵盖了所有研究和教育议程。无论是案例研究工作的过程还是成果都是重整非洲大陆规划实践的关键，特别是针对当前的情况：非洲的规划实践往往保持着一种价值中立、非政治性、有时甚至是直接反城市的特点。该协会将案例研究方法视为一种工具，它能够解决非洲规划实践的观念不正确、获得支持不够以及知识方法缺乏等问题。尽管该项目面临着很多挑战，但它也证明了一点，即基于对现实世界问题的研究而进行的深度经验学习，能够对规划师的思维和实践技能产生了深刻的变革性的影响。本章希望对未来关于在非洲乃至南半球城市化过程的有效的实践所必备的关键技能的思考能够有更多启发。

注释

1. 这里我想将案例研究方法看作一个具体的方法论，具体出自罗伯特（Robert Yin）在 1994 年、本特·费吕夫布耶格在 2001 年和 2011 年开展的研究。案例研究方法以一种叙述性的方式来呈现研究，但我指的不是指一般意义上案例分析，因为一般意义上的案例分析采用的分析方法有限，并且因此大都是来自规划、发展研究和地理学等学科的硕士和博士生的研究。

2．案例分析研究得到推荐很大程度上归功于几个获得 AAPS 的创始成员，他们将案例分析广泛地应用于他们自己的研究并且反响不俗。所以当 AAPS 成员在早期对教育改革的探讨中，对案例研究的效果一致表示肯定。

3．促成第一个工作坊成功开展的成员有：本特·费吕夫布耶格（牛津大学）、约根·安德烈亚森（Jørgen Andreasen）（已退休，丹麦皇家美术学院）和弗雷德·莱日斯（坦桑尼亚艾德和大学）。第二个和第三个工作坊基于费吕夫布耶格准备的材料而开展，促成人员有安德烈亚森，莱日斯以及 AAPS 的工作人员。

4．这些资源可以免费在 AAPS 的官方网站上下载，www.africanplanningschools.org.za.

5．摘自萨姆·纽瓦吉拉（Sam Nuwagira）于 2012 年递交给 SDI 和 AAPS 秘书的一个报告。

参考文献

Barnes, LB, Christensen, CR, and Hansen, AJ (1987) *Teaching and the case method: text, cases and readings.* 3rd edition. Boston: Harvard Business School Press.

Beall, J, Guha-Khasnobis, B, and Kanbur, R (2010) Introduction: African development in an urban world: beyond the tipping point. *Urban Forum* 21: 187–204.

Berrisford, S (2011) Revising spatial planning legislation in Zambia: a case study. *Urban Forum* 22(3): 229–245.

Diaw, K, Nnkya, T, and Watson, V (2002) Planning education in Africa: responding to the demands of a changing context. *Planning Practice and Research* 17(3): 337–348.

Flyvbjerg, B (1998) *Rationality and power: democracy in practice.* Chicago: University of Chicago Press.

Flyvbjerg, B (2001) *Making social science matter: why social inquiry fails and how it can succeed again.* Cambridge: Cambridge University Press.

Flyvbjerg, B (2004) Phronetic planning research: theoretical and methodological reflections. *Planning Theory and Research* 5(3): 283–306.

Flyvbjerg, B (2009) Survival of the unfittest: why the worst infrastructure gets built – and what we can do about it. *Oxford Review of Economic Policy* 25(3): 344–367.

Flyvbjerg, B (2011) Case study, in Denzin, NK, and Lincoln, YS (eds.), *The SAGE handbook of qualitative research,* 4th edition. Thousand Oaks: SAGE, 301–316.

Lerise, FS (2005) *Politics in land and water management: study in Kilimanjaro, Tanzania.* Dar es Salaam: Mkuki na Nyota.

Mbembe, A, and Nuttall, S (2004) Writing the world from an African metropolis. *Public Culture* 16(3): 347–372.

Myers, G (2011) *African cities: alternative visions of urban theory and practice.* London: Zed Books.

Nnkya, TJ (2008) *Why planning does not work: land-use planning and residents' rights in Tanzania.* Dar es Salaam: Mkuki na Nyota.

Odendaal, N. (2012) Reality check: planning education in the African urban century. *Cities* 29(3): 174–182.

Peattie, LR (1994) An approach to urban research in the 1990s, in Stren, R, and Bell, JK (eds.), *Urban research in the developing world,* Volume 4: *Perspective on the city.* Toronto: Centre for Urban & Community Studies, 391–415.

Pieterse, E (2008) *City futures: confronting the crisis of urban development.* London: Zed.

Pieterse, E (2010a) Cityness and African urban development. *Urban Forum,* 21: 205–219.

Pieterse, E (2010b) Filling the void: towards an agenda for action on African urbanization, in Pieterse, E (ed.), *Urbanization imperatives for Africa: transcending policy inertia.* Cape Town: African Centre for Cities, 6–27.

Potts, D (2012) Challenging the myths of urban dynamics in sub-Saharan Africa: the evidence from Nigeria. *World Development,* 40(7): 1382–1393. doi: 10.1016/j.worlddev.2011.12.004.

Simone, A (2004) *For the city yet to come.* Durham: Duke University Press.

Simone, A (2010) *City life from Jakarta to Dakar: movements at the crossroads.* London: Routledge.

Simone, A (2011) The urbanity of movement: dynamic frontiers in contemporary Africa. *Journal of Planning Education and Research* 31: 379–391.

UN-HABITAT (2009) *Global report on human settlements: planning sustainable cities.* Nairobi: United Nations Human Settlement Programme.

Watson, V (2002) *Change and continuity in spatial planning: metropolitan planning in Cape Town under political transition.* London: Routledge.

Watson, V (2011) Changing planning law in Africa: an introduction to the issue. *Urban Forum* 22(3): 203–208.

Watson, V, and Odendaal, N (2012) Changing planning education in Africa: the role of the Association of African Planning Schools. *Journal of Planning Education and Research*, 3(1): 96–107. doi: 10.1177/0739456X12452308.

Yin, R (1994) *Case study research: design and methods.* Applied Social Research Methods Series Volume 5. Thousand Oaks: SAGE.

黄亚平　杨　柳　译，赵丽元　校

5.6
中国的总体规划：
滑县政策和实践实证研究

张冠增　王宝宇　蒋新颜

引言

在任何规划系统中，规划准备都是一个关键部分，尽管这些规划类型因本质和特点各有不同。注重规划结构方面的某些特点，比如调查—分析—规划的程序就贯穿在所有的这些系统之中。但是，规划实践在细节等方面必须因地制宜，所以需要有特别系列的规划和研究方法。有些在规划实践中使用的方法与学术研究中的有一定的相似性，如调查、访谈、对焦点群体的确定，对大量辅助资料的分析等，包括统计信息和人口调查数据。但这些方法都适用并被应用于一个不同的目的，用以针对不同时间范围内的利益相关者，通过规划制定清晰的策略。本章将以战略总体规划的准备为中心，强调在中国制定规划时所使用的特殊方法（Qian and Wong，2012）。本章提出的一个核心观点，就是需要有从传统的特点发展而来的规划方法，以解决目前中国城市所面临的挑战，同时改进现有规划方法中的不足之处。

目前中国的城市规划是平面图式规划。这种规划的基础是政府的统计数据，包括人口、土地使用指标和相关的地方法规。在平面图规划中体现出来的实体规划方法，通常使用 SWOT 的分析手段，以便更好地了解规划对象的实体及社会背景。有一些要素使得对当前的规划方法进行更新和改造成为一项紧迫任务，包括：快速的经济增长和相应的大规模人口流动；激增的私人小汽车拥有量以及快速增加的高速公路和高速铁路运营里程；在维持竞争力的同时减少污染；最后是满足更加可持续发展的社会包容性城市规划需求等（Song，2007，2009；Zhao，2011；Qian，2013）。本章首先简短地描述中国规划体系的发展，随后将举例介绍一个总体规划的案例，来更好地说明平面图规划的方法以及它们解决的核心问题。这个案例研究结合了作者的实践经验，确认了中国规划体系在未来发展过程中的一些变化方向。

中国的规划政策

中国拥有比世界上任何国家都更早和更长的城市规划历史（Guo，2005），从周朝——包括公元前 11 至前 8 世纪的西周和公元前 8 至前 3 世纪的东周开始，已经按照礼制社会的严格规范和设计，并深深扎根于中国古代哲学和社会伦理而建立了自己的首都城市。包括中国在内的所有东亚国家，都在随后的 2000 多年中继承了这些规划原则，并发展了具有强烈文化共性的不同城市形态（参看 Steinhardt，1999；Wu，2013），我们可以在日本、韩国和越南城市看到这些类似之处。

中国最早的城市规划理论及方法具有以下的特点：

· **和谐性** 强调人和自然之间的和谐，这也是决定城市位置和尺度的关键因素；

· **稳定性** 采取严格和有秩序的城市布局，以保证等级社会政治制度的长期稳定，比如北京的中轴线和对称布局；

· **美学价值** 将城市的美感作为一个整体，不允许城市里有任何特别显眼的和形状怪异的建筑；

· **长期发展** 特别关注长期战略和可持续发展。所以，很多中国的城市，在一定程度上也有日本和朝鲜的传统城市，都持续了 1000 年到 2000 年的繁荣昌盛。

1949 年中华人民共和国成立以来，城市规划经历了很多挫折与反复，包括 20 世纪 50 年代苏联的重要影响和 20 世纪 60 年代的严重经济危机。1989 年颁布的《中华人民共和国城市规划法》激发了城市规划的新高潮和大规模的城市建设。中国大陆过去二十年的所有城市规划和实施都是基于这个法规。这部城市规划法规范了规划程序，审批程序和相关的法规保证。中国的行政机构包括 4 个层面：国家层面（住房和城乡建设部）；省级层面（住房和城乡建设厅）；地级层面（城乡规划局）和县级层面（县城乡规划局）。国务院下属的城市规划行政部门是最高机构，负责组建、指导和审批全国范围和所有省份的规划系统。省会城市、直辖市和国务院指定城市的规划，由相应的市政府制定并由国务院批准。其他城市的规划由较高一级的政府部门审批。

在中国，城市规划由不同的要素构成：城市体系规划；城镇总体规划；控制性详细规划（从 20 世纪 80 年代起采用）和修建性详细规划。城市体系规划的面积根据行政区域来确定，规划年限一般是 20 年。城镇总体规划是在城市体系规划的基础上按照各自的区域范围进行制定，也是 20 年的规划年限。虽然一般每隔 5 年要进行一次规划修编，也有些例外是源自某些重要事件。城市总体规划的重点是城市发展战略和城市空间的整体结构。

控制性详细规划或修建性详细规划是最终的规划阶段，目的是依据总体规划，用具体的设计方案来完成总规的意图。但是在准备和实施阶段，控制性详细规划或修建性详细规划往往会导致规划行政部门和开发建设单位之间的矛盾和对抗。较高的省级和国家层面的行政部门有权利来批准建设工程——包括颁发《建设项目选址意见书》、《建设用地规划许可证》和《建设工程规划许可证》，但很多开发商，无论是有地方政府背景的还是受到经济利益驱动的，往往不按照符合条例规定的建设规模和容积率来实施自己的工程建设。特别是在规模较小的城市里，地方政府为追求经济利益经常和开发商达成协议。由于法规制度的不健全，也导致了开发商的违规操作行为。这样一来，很多规划和审批就成为无效文件。所以通过了解中国城市总体规划中的关于制图、控制指标和与不同政府部门之间的协调等方法选择，将有助于理解和探索设计及方法的新途径。这些探索可能会促进中国城市规划体系跃上新的台阶，从而减少部门间的内耗并增强规划实施的确实性。

一个中等城市的总体规划：滑县

1. 简介

根据《中华人民共和国城乡规划法》，《滑县人民政府十二五规划（草案）》和其他相关的法律法规，并在 SWOT 分析，人口和经济增长规模预测，优化的城市空间结构框架和建议的滑县发展时序基础上制定了滑县发展战略。滑县是中国河南省的一个省管县。全县人口为 1271207 人，其中，中心城区人口为 192925 人；有 22 个小镇，总面积为 1780.96 km² （图 5.6.1），并以高质量的绿色农产品及丰富的人力资源而著称。

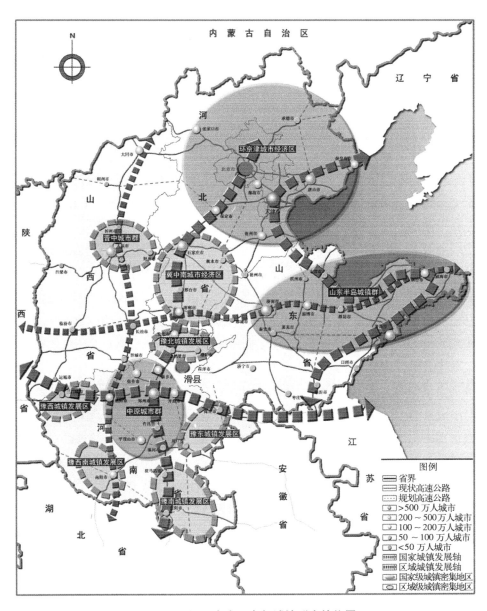

图 5.6.1 滑县在中国东部城镇群中的位置

规划过程从 SWOT 分析和 8 个专题研究开始，包括：区域发展战略；产业布局；工业组织结构；经济模式选择；人口规模预测；综合交通体系；生态绿化体系；最后是城市特色与文化。这些专题研究清晰地说明了滑县城市规划的概念基础，并结合了城市现状、空间和社会经济特点。随后制定了概念性总体规划以实施既定的战略。

2. SWOT 分析

SWOT 分析是一套基于县级城市[1]的性质，城市体系和城市化水平，以及滑县的中心城区规模和发展方向等，来比较和对比其优势、劣势、机会和威胁等。本分析是这个规划中的重要部分，包括不同的聚居区、次中心、城市空间轴线和人口规模等。用地布局是总体规划中最重要的规划内容，它需要平衡城市用地和农村用地、中心区和郊区之间的关系，以便对新老城区的街道和空间进行和谐的整合。其目的就是实现老城区向新城区的平稳过渡。最后，所有的规划方法都与滑县的实际需求相对应，比如空间结构、市政设施、历史保护和未来使用的土地预留等。

SWOT 分析的主要结论如下：滑县位于河南中原城镇群（以洛阳-郑州-开封为轴线的 9 座主要城市）的边缘地带，也就是说滑县远离城镇群的中心发达地区，第二、三产业发展较弱；城市化面积和人口规模也较小。截至 2009 年，滑县的城市化水平仅为 25.6%，低于河南省平均水平（37.7%）和国家平均水平（46.6%）。此外，滑县被呈井字形的四条主要高速公路所环绕，并大约处于中心位置，但交通条件并不优越。最终导致滑县的集聚程度较低，没有足够的势能来有效促进和带动周边地区的城市化发展。

总体规划对环境条件给予了重点考虑，并对地理位置和城市空间结构进行了分析。同时，对城市发展和潜力的障碍因素都进行了总结以作为规划的基础条件，包括自然资源、区域条件、滑县在河南省的现状以及未来政策倾向及经济地位等。总之，总体规划需要从宏观和微观的角度对规划目标进行清晰定位。因为滑县的生态环境很脆弱，因此保护和扩展绿化面积被认为是带来新的城市场景的关键因素。所以，空间结构需要保障一个自然和人工环境之间的和谐关系，特别要关注高速公路、高铁线网以及机场等。

尽管滑县自然资源相对较为薄弱，但滑县是中国最富裕的农业县之一，已经连续 18 年保持河南省产粮大县第一的位置。滑县还拥有丰富的劳动力资源和水果、蔬菜的生产潜力。此外，河南省会城市郑州和山东省会城市济南之间的城市规划发展带将穿过这个城市，这就成为构成良好条件的关键因素，从而吸引沿海城市的产业转移，这正是中国发展内陆地区的宏观政策之一。正因为如此，河南省将滑县提升到高一级的行政地位——省直管县，这意味着滑县将享受更多的优惠政策、经济支持和独立的地方财政权（图 5.6.2）。

3. 规划概念

总体规划要决定城市未来发展的战略目标和支持措施，这就需要通过区域分析、区域定位和总体规划，对区域资源进行整体的解读，并需要一个能对城市空间结构和布局进行规划的城市发展平台。本总体规划从滑县的需求出发，将突破旧行政区的狭小框架，构建一个完全伸展的东西轴线结构，把滑县和国家的一条重要南北通道，即大庆-广州高速公路连接起来。这个空间发展战略主要包括2个发展方向：向东发展，滑县将通过建立新的服务产业与京津城市经济圈紧密连接；向西发展以融入河南省中原城市经济圈。

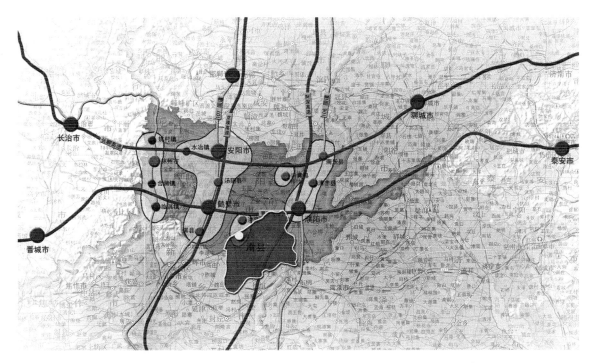

图 5.6.2　滑县区位分析图

滑县需要采取积极措施来达到这个目标，比如吸引东部沿海城市的产业转移（包括食品加工、服装加工及相关产业）；为北京、天津等大城市提供配套产业支持（如电子信息、机器和装备制造业等）；促进地方和传统工业发展（如食品加工和金属板生产等）；以及提升对周边较大城市群体的文化旅游、节假日休闲服务业的吸引力。最后，滑县将充分利用其先进的农产品和农业，完善作为河南省北部城市群后花园和厨房的作用。

在总体规划中使用的另一个概念就是圈层理论概念。[2] 规划的目的是解决与空间结构、交通网络、用地平衡以及新城镇和新工业区发展有关的问题。在规划中运用圈层理论就是针对和解决存在的问题，把滑县分成三个圆形圈区域：一个中心圈层；一个紧凑圈层和一个辐射圈层。第一个圈层区域是为了确定中心和发展轴线，重新组织旧城的内部结构；第二和第三个区域是构成一个合理的道路系统，增加公路密度并提升现有道路的等级。三个圈层的划分都旨在保持中心城镇与农村区域之间、不同的产业（包括农业与服务业）之间、建成区与自然景观之间的平衡。在旧的城镇里特别规划了新的住宅区和工业区以增加城市密度，因为现状情况是每 $82.5km^2$ 内仅有一个镇。通过改进城镇结构和为未来发展预留空间，本规划将奠定两个重要基础：

第一，支持高质量农产品的生产并逐渐成长为中国的食品产业基地之一；第二，实现从旧的城市结构到新的城市结构的顺利转变。

总体规划过程

在规划过程中的第一步是预测人口。在 2009 年，滑县的人口是 1271207，人口密度为 714 人 /km²，城市化率约为 31.5%，两者都比河南全省的平均数低 6 个百分点。通过一元回归法、综合增长率法与经济相关法等[3]，预测滑县县域人口规模在 2015 年达到 135 万人，2030 年达到 150 万人。同时，根据趋势外推法和城市化水平法，2015 年时规划的滑县城市化率将达到 40%，城镇人口约为 54 万人；到 2030 年达到 60%，城镇人口约为 90 万人。届时滑县的城市化率将和河南省的平均水平基本持平。另外一个人口变化的预测显示，2009 年中心城区的人口是 177926；到 2015 年增长为 270000；2030 年增长为 580000。现状的建设规模为 20.8km²，人均面积 208m²。到 2030 年时建设规模和人均面积将分别为 65km² 和 112m²（图 5.6.3）。

图 5.6.3　滑县和其行政区域

第二步是调整空间结构。通过使用"模块空间-组团发展"的概念，规划了中心城区和三个圈层。这个规划是根据滑县的未来发展和现状基础制定的。历史上，滑县曾沿着京杭大运河的一条支流而兴建，呈典型的格子状结构。1949年后城墙被拆掉，城区向东西两个方向扩展，如此一来滑县逐渐成为一个椭圆形。随后到20世纪90年代，城区面积进一步扩大，达到原先的4倍（图5.6.4）。这些重大的城市空间结构变化带来了一个根本性的难题。因为老城的中心位于整个县域的西部，非常靠近邻县，从而使整个县域的经济发展非常困难，也没有留下可以继续发展的空间（参看图5.6.3）。

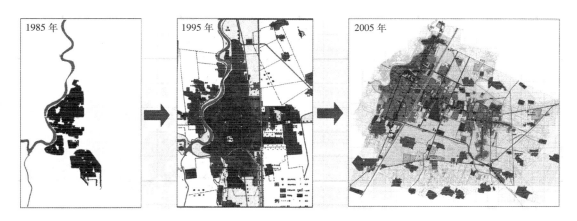

图5.6.4　自1985年至2005年的城市区域扩张

在总体规划中，中心圈层将由滑县中心城和留固镇构成一个双核结构。留固是滑县第二大镇，2009年时有人口75435左右，由于已规划的河南省会郑州和山东省会济南之间高速铁路的带动，近年来留固的发展非常迅速，并将成为滑县向周边较大的城市群敞开的门户。留固镇也靠近大庆——广州高速公路（国家的7918工程，一条重要的南北大动脉），这也为地方物流和工业的发展奠定了基础。在本规划中，设计了连接中心城区和留固镇的快速交通走廊，并计划采用BRT模式来实现未来城镇间的交通。为了加强这个"双子城"结构的城市积聚区建设，规划工业用地增加到整体的22.57%，公共设施增加到15.27%，而道路和广场用地增加到17.12%。在总体规划中提出的这个显著增长，将有效减少以往散布在老城市中心区的小村庄数量，它们对滑县的城市化进程带来很大的阻力（图5.6.5）。

在中国，特别是内陆地区，资源和劳动密集型产业往往成为地方城市发展的主要动力。在本规划中，核心战略是基于食品加工业和服务业的发展，并建立在地方的城市化概念及农产品的优势之上。总体规划中的第二个圈层是个紧凑圈层，这个圈层将包括6个中心镇，主要发展商业、有机农业和旅游业。这个圈层的功能是打造一个紧凑的城市区域，有不同的功能分区，有一条沿着自然河道和水流形成的生态走廊。第三个圈层是总体规划中的辐射圈，包括13个乡镇。这个圈层中的主要的产业仍然是农业、副食品和食品加工业。第三个圈层将保持滑县农业经济的稳定性和自然风貌，同时达到较高的城市化水平（图5.6.6）。

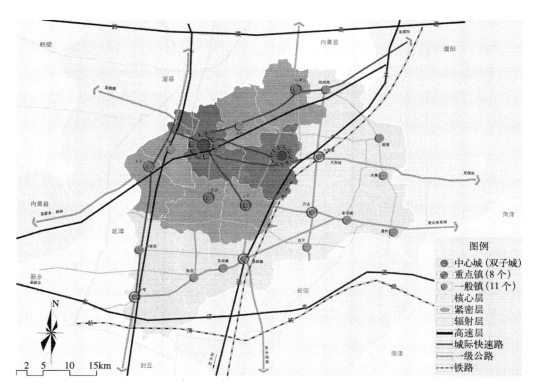

图 5.6.5　滑县城市体系规划图

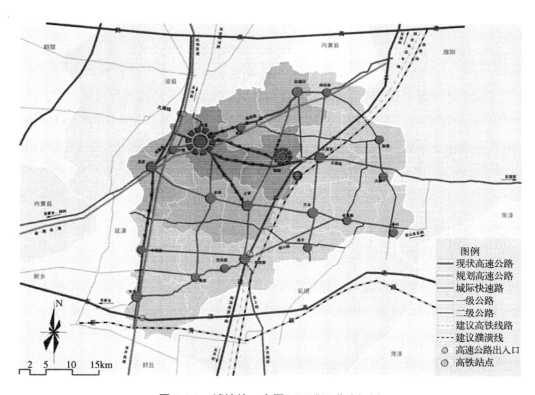

图 5.6.6　城镇的 3 个圈层区域及道路规划

为了支持三个圈层的发展，规划了一个新的道路系统。当前，滑县共有 6 条省级公路，运营里程达到 178.87km，还有 1014.17km 的农村道路。其道路密度分别为 70.1 和 56.9，均为河南省道路平均数的 50%。为了支持新的道路系统，首先确定了交通建设的发展方向。由中心城向滑县的各个角落伸出像人手掌的 5 条指状道路。这 5 条主要的交通走廊将连接 10 个重要镇和村庄，以便给它们提供便捷的交通通道。已经规划的中心城和留固镇两个核之间的城市快速交通走廊，将成为东轴线中的重要组成部分（图 5.6.7）。

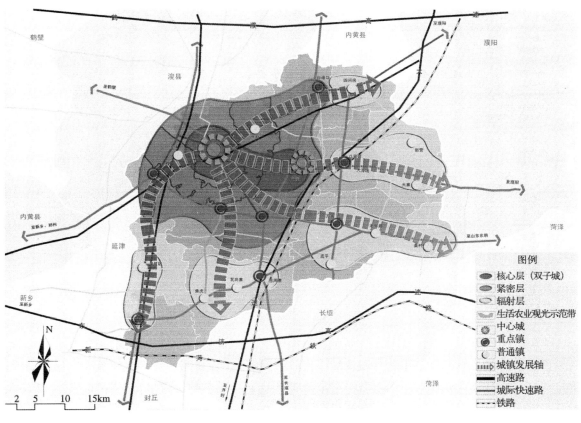

图 5.6.7 滑县的交通规划

中心城区的战略规划

目前大约有 177926 人居住在中心城区，面积约为 20.8km²。然而老城的布局比较杂乱，没有明显的功能分区及合理的空间结构（比如城中村、稀少的绿化和落后的基础设施等）。在本次规划中，新的行政区中心将包括 2 条走廊：城市中央走廊和绿色景观带；4 个功能分区：老城生活片、新城生活片、产业片和物流片。目前的建成区面积约 20.8km²，人均用地为 208m²（图5.6.8）。在 2030 年的远期规划中，人均规划用地将为 112m²，整个建成区面积扩大到 65km²。这些期待的增长需要被容纳在合适的城市形态与结构中。新的城市中心将充分利用自然河流和小溪，构建有农业用途的县行政所在地。而城市中央走廊和东西走向的绿色景观带将为市民提供一个县城必须具备的更好的工作和休闲环境。

图例
二类居住用地
中小学用地
三类居住用地
行政办公用地
商业金融业用地
文化娱乐用地
医疗卫生用地
教育科研用地
其他公共设施用地
一二类工业用地
三类工业用地
仓储物流用地
市政公用设施用地
公共绿地
防护绿地
特殊用地
村镇建设用地
空地
生态林地
滩涂
河流水域
道路用地
规划边界

N

200 500 1000   2000m

图 5.6.8　土地利用现状

所有的土地规划都必须基于合理及经济实用的原则进行。由于本规划提倡公共交通和步行，老城生活区和新城生活区将不包括其他非必要的用途和交通。环境保护也是规划中特别重要的部分。此外，规划阐述了在行政区周围将形成的 6 个重要基地，以发展环境友好型产业、物流、市场、会展设施及办公楼等。土地必须合理使用，建设规模将受到严格控制（图 5.6.9）。

绿廊规划

在现代城市中，人们对休闲空间的渴望不断增加，并通过发展绿化来实现亲和自然的目的。在总体规划中，水系——包括滑县的主要河流，如卫河和大宫河——被用来支持中心城区生态体系的建设。规划的城市中央走廊将体现"慢节奏和快乐都市生活"的规划理念。结合中央公共设施带，从北向南将依次布局一系列公园：森林公园、体育场、休闲区、滨水公园、饮食文化园、小麦产品博览中心和生态蔬果园等。所有这些设施都将继承中国古代园林的传统技术，以提升城市的自然景观和市民的生活质量。沿着这条生态绿廊，本土树种及植物，包括桃、梨、枣、石榴和柳树等，将形成一条具有强烈地方色彩的独特景观带。同时，绿廊将采用重要的生态保护原则，根据季节的变化而表现出不同的特色。沿河和沿主要道路的防护绿带绿化率将达到用地的65%，以增加绿地面积的供应来改进城市的生活质量。这些将与绿核及新的城市区一起打造出更好的生活、工作和休闲环境（图5.6.9）。

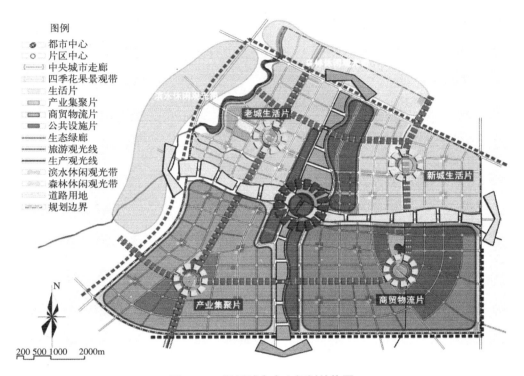

图 5.6.9　滑县城市中心规划结构图

开发时序

最后，提出了发展的时序，以提供一份落实近期和中期将完成的重大项目的名单。因此，这些项目都将按照严格的时间程序来完成。在2010—2020年的近期规划中，首要目标是着手"双子核空间"建构，包括老城区更新、新住宅区扩展和两条走廊的土地配置，但城市建设的规模必须控制在60km²以内。城市的服务设施、市政基础设施，道路及绿带建设的综合土地使用将享有优先权。在早期阶段，手指状的道路轴线和功能圈层区域将成为早期阶段的重点发展目标。在近期内，老城关镇将得到整治与改造，同时，留固镇的新中心将继续扩大到需要的规模，东轴线上的快速交通走廊将得到建设。在2020—2030年的长期规划中，手指状的道路体系将建设完成，从而支持第三圈层和其他镇外围地区的发展，提升和其他城市群，甚至更远的京津大都市圈之间的连接（图5.6.10）。

本规划形式被定义为概念性总体规划，主要把重点放在发展战略和空间结构方面。因此在表达城市空间布局上比较理想化。而随后的总体规划将根据滑县的实际情况进行进一步的调整，包括综合性的土地使用规划（图5.6.11）。

图 5.6.10　景观规划

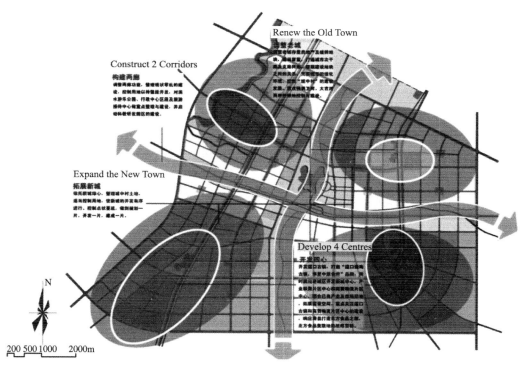

图 5.6.11　开发时序（2010—2020 年）

结论：平衡快速发展的实际与规划需求

中国过去的城市规划实践曾不幸碰到了很多重大难题，其中一些与城市规划中使用的传统方法密切相关。这些问题可以总结如下：

- 超常的发展速度与城镇的快速扩张（Duonfang，2006；Logan，2002）是由于一些地方官员所制定的不切合实际的城市土地及人口规模高指标而导致的。比如，中国所有城市规划的人口规模在 2010 年底已达到了 20 亿，而中国的总人口不过才 13 亿。同样，在 2000 年到 2010 年间，中国城镇的面积增加了约 60%，这已经大大超过了人口增长的需要。

- 规划的内容经常按照地方官员的意志而改变。一般情况下，换届新任的官员，特别是主管部门的官员都会改变前任所作规划的方向及内容，而不顾及法规的有效性。而上级的领导也经常在他们管辖的范围内干预规划，致使城市规划成为个人意志的产品。

- 一些规划缺乏科学依据，而不去确认实际的情况和需求。有的城市，特别是中小城市，往往尝试和盲目仿效同样的城市蔓延形态，扩大郊区并建设环状道路，结果出现了"千城一面"的现象。

《中华人民共和国城乡规划法》于 2007 年 10 月颁布，这是第一次城市规划和乡村规划开始由一部法规来说明。本法规着重于解决城市和乡村规划混淆不清的问题，以及由此带来的大量土地资源的浪费和相同项目的重复建设。但这部法规却没有解决大规模人口移动、农村地区城市化和不合理的资源配置等问题 [参看 Wu（2007）的有关章节，其中阐述了由高强度城市化所带来的有关问题]。制定本法规是为了推动城市和农村的协调发展，同时对城市规划程序建立严格的规范（图 5.6.12），使得规划准备更加透明和公开。本法规也旨在推动公众参与和在规划准备过程中的监督体制，希望城乡规划能够在制定和实施过程中更加科学和有效。

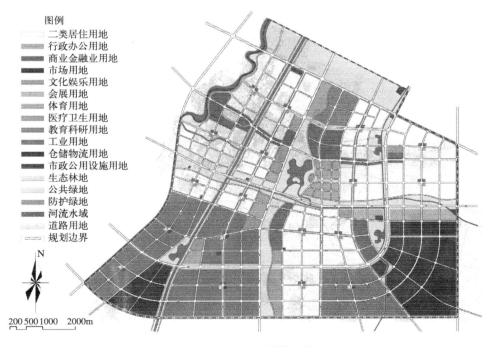

图 5.6.12 土地使用规划图

《城乡规划法》颁布以来已经过去 6 年了。针对大规模的发展和人口迁移的规划机制得到了改进，但仍有不少问题需要解决。由于历史的原因，错综复杂的土地所有权形态和不动产权利仍然对可行及高效的规划制定及实施带来阻力（Ma and Wu，2005；Wu et al，2007）。此外，早期的城市规划经历基本上可以视为技术性实践，所以较少考虑到规划构成中的政治、经济和社会等因素。而现在，对市民幸福（Qian，2013）的考虑则被放在突出的位置并且得到了新一届政府的规划委员会的支持。这就需要各级政府和规划部门更加关注一个城市的可持续发展，以及直接关系到民生大计的社会安定与团结。对城市规划师而言，他们的使命不再是过去那样常态地、简单地遵循地方官员的指示（Leaf，2005）。他们现在必须考虑的是如何最大限度地消除地方官员的干预，特别是那些把城市规划视为自己谋求利益、行政业绩等政绩工程手段的官员。这些对规划师而言仍然是一项任重而道远的工作。

在当前城市规划中还有一个重要的话题，就是城市的更新与保护。在过去的 30 年中，大规模的城市建设项目对很多中国城市的传统风貌及空间结构造成了巨大损害。很多的这些城市失掉了自身的历史文化特色，而新开发的、建成区等看起来多是某一两个著名模式的模仿品，结果导致城市缺乏特色与个性。目前许多地方政府已经意识到保护历史环境和本地传统文化的重要性，但还有相当多的地方政府把这种资源作为刺激地方旅游业和发展经济的机会，他们的所谓"保护性规划"和行为又造成了新的破坏。传统街区和道路——如北京的胡同和上海的里弄的快速消亡，都有力地揭示了过去和正在继续的对建筑遗产的破坏。

总之，人口的快速增长，能源的需求和供给以及可使用土地资源的短缺等将仍然是城市规划必须面临的主要问题，特别是在那些发展国家中的大国，如中国（Ma and Wu，2005）。特别是当城市规划要同时达到两个目标：即高度的透明性、更加强有力和可行的规划途径时，由此所产生问题都为城市规划的实践提出了更多方法论的挑战。为了更好地迎接中国城市未来将面临的问题，各种不同的规划方法都将有一个广阔的创新和实验的空间。

注释

1. 中国行政层级中最低的级别：（1）中央政府；（2）省会城市；（3）地级城市；（4）县级城市。
2. 这个概念是用以强调城市中心和周边非农业区域之间的关系。
3. 这些方法都被用来研究影响滑县城市人口和经济增长的各种因素。

参考文献

Duonfang, Z. 2006. *Remaking Chinese Urban Form. Modernity, Scarcity, Space, 1949–2005*. Abingdon: Routledge.

Guo, Q. 2005. *Chinese Architecture and Planning: Ideas, Methods and Techniques*. Stuttgart: Edition Axel Menges.

Leaf, M. 2005. Modernity Confronts Tradition: The Professional Planner and Local Corporation in the Re-building of Chinese Cities. In Sanyal, B. (ed.), *Comparative Planning Cultures*. London: Routledge, pp. 91–112.

Logan, J.R. (ed.) 2002. *The New Chinese City: Globalization and Market Reform*. Oxford: Blackwell.

Ma, W.C, and Wu, F. (eds.) 2005. *Restructuring the Chinese City*. London: Routledge.

Qian, H., and Wong, C. 2012. Master Planning under Urban-Rural Integration: The Case of Nanjing, China. *Urban Policy and Research*, 30(4), pp. 403–421.

Qian, Z. 2013. Master Plan, Plan Adjustment and Urban Development Reality under China's Market Transition: A Case Study of Nanjing. *Cities*, 30(1), pp. 77–88.

Song, Y. 2007. *Urbanization in China: Critical Issues in an Era of Urban Growth*. Cambridge, MA: Lincoln Institute of Land Policy.

Song, Y. 2009. *Smart Urban Growth in China*. Cambridge, MA: Lincoln Institute of Land Policy.

Steinhardt, N.S. 1999. *Chinese Imperial City Planning*. Honolulu: University of Hawaii Press.

Wu, F. (ed.) 2007. *China's Emerging Cities: The Making of New Urbanism*. London: Routledge.

Wu, F., Xu, J., and Yeh, A.G.O. 2007. *Urban Development in Post-Reform China: State, Market and Space*. London: Routledge.

Wu, W. 2013. *The Chinese City*. London: Routledge.

Zhao, J. 2011. *Towards Sustainable Cities in China: Analysis and Assessment of Some Chinese Cities in 2008*. London: Springer.

黄亚平　卢有朋　译，赵丽元　校

5.7

规划中概念和认知的不确定性：瑞典工业区更新研究

安德斯·腾齐维斯特

引言

当从业者们处理实践中那些具有不确定性的问题时，常常会问自己这样的问题：这是什么类型的问题？如果想要解决这个问题我需要掌握什么知识？规划问题一般是"奇怪的问题"（Rittel and Webber，1973），并且可能难以定义（Schön，1983）。在规划实践中区分概念的不确定性和认知的不确定性十分必要。规划的目标和方式常常存在不确定性——即为此处的概念的不确定性（Friend and Jessop，1977；Rolf，2007；Simon，1997）。而要对规划方案进行正确的评判往往也缺乏实践中的数据来支撑——这就是认知的不确定性（Faludi，1987；Davoudi，2006）。规划领域经常开展旨在减少这两种不确定性的研究。本章认为，对不同的规划参与人士在实践中采用的观念和想法进行探究，有助于找到解决真实世界中的问题的实用的方案。

本章首先展示了瑞典针对上述问题的研究经验，从而表明了研究工作如何可以帮助解决认知和概念上的不确定性问题。谁是利益相关者？有哪些矛盾？是观念上的矛盾还是利益上的矛盾？这些认知、利益和观点存在何种依据？在一些旧城更新项目的案例中，常常需要解决冲突、沟通、争论等各种问题，而我们可以从中学到什么？在旧工业区的更新规划中可以找到很多典型案例。这些工业区大多位于次中心地区，也有一些位于水滨，这使得对它们的再开发具备很大的商业吸引力。虽然这些工业区在中心区域但租金低廉，因而对那些以小企业为主的新客户来说意义重大，也因此成了城市和地区经济中非常重要的一部分（Amin and Thrift，1992；Green and Foley，1986；Jacobs，1969；Schoonbrodt，1995）。如果对这些工业区全部进行更新，长期来看可能会产生一些经济效益，但短期内可能困难重重并且风险较大。但是如果不断进行小规模的更新，情况又可能与此完全相反（Fothergill 等人，1987；Hall，2002）。规划师和决策者如何处理这些目标上的冲突和实施中的难题呢？

上述瑞典研究项目采用了多种研究方法，包括对位于特定工业区域的公司、建筑物进行深入调查；收集关于房产价值和在不同城市区域之间迁移的小公司的数据；对三个工业区采用空间句法分析；对小企业家进行访谈；采用聚类分析方法研究规划者和企业家对产业环境的感知；分析更新规划案例中的冲突管理。该研究项目由查尔姆斯理工大学于 1985—1996 年期间完成，前期的带头人是一位从事工作场所规划的名叫约恩·萨克斯（Joen Sachs）的教授，后期在瑞典卡尔斯克鲁纳技术学院开展，带头人是安德斯·腾齐维斯特教授。该研究的大部分资金由瑞典研究委员会赞助，并与五个瑞典城镇的规划师进行了密切合作。

开展这种类型的研究有助于澄清概念与认知上的不确定性。尽管一些旧工业区的建筑看上去破旧不堪，但对一个成长型公司而言可能意味着一种环境上的改善。从空间句法分析对空间结构的表达来看（不只是按单个建筑的标准），工业区的空间结构对小企业而言似乎非常重要。图片分类研究显示，规划者和企业家对工业环境的感知在一定程度上是一致的，但二者存在不同的兴趣点和侧重点，对这种差异规划师必须要有敏锐的感知能力。可能也是因为二者存在部分共识，所以才促进了相互沟通。研究这种沟通的案例有助于对不同的冲突管理方式进行评估和研究，从而解决冲突并达成一个都能够接受的规划问题解决方案。在更新旧工业区这一过程中的相关发现（研究中也有提及），就是进行澄清概念的不确定性的很好的案例。而对众多公司和规划者进行的调查，不仅揭示了迁移的程度和频率以及共识的存在，还评估了各种冲突管理方法，从而有助于澄清认知的不确定性。

瑞典的实证研究

瑞典的许多城镇都面临着旧工业区衰败的问题。规划当局试图改善条件、促进当地经济发展，但却面临一些问题。例如，小企业如何挑选并使用旧工业区作为经营场所？他们为什么要选择这种看似质量很差的建筑？

瑞典规划体系的特点之一就是赋予了地方当局相对而言更多的自由。目前的《规划和建筑法》确立于 1987 年，这部法律限制了中央政府在地区空间规划上的权力，只有为数不多的几项特定事务由其管理。这些特定事务包括：自然遗产与文化遗产的保护、地区健康与治安的维护以及国家公共设施和军事防御需求的满足。地方政府拥有"规划垄断权"，这意味着私人开发商在制定规划发展计划之前须征得地方当局的同意。地方当局同意之后，开发商在地方政府制定的"地方性规划"的指导下开展工作，这个"地方性规划"对开发商的权利和环境方面的限制条件都进行了细化，同时还列出了建筑设计的指导方针等内容。

地方性规划中的提议必须进行公示并且还要接受公众咨询。法律认可的利益相关者可以呼吁将规划提议上升到更高的行政和司法级别。如此，规划制定的合法性就得到了保证。如果某些特定国家利益受到了损害，国家政府可以干预甚至废止该规划。在裁定利益冲突时，地方政府在听取各利益相关者的观点后，必须在公示文件中解释裁定理由。如果此时地方政府的裁决与已经采纳的总体规划一致（这样的总体规划通常覆盖整个区域，但不具有法律约束力），那么这样的裁定将进一步得到认可。如果地方当局已经批准了某项规划，并且相关投诉被驳回后，开发商就可以申请建筑许可。如果建筑的用途与具有法律意义的地方性规划中的规定相符合，那么这样的建筑许可证的申请将不可被驳回。

瑞典的规划体系在国家总体层面看似清晰，然而其实施规划的方式取决于当地情况，所以就算多个地方政府都存在同样的规划问题，也很难根据国家层面的规划信息来寻求问题的解决办法。不同的规划项目面临的当地条件、权力平衡、限制条件和可能性都是截然不同的。针对对话沟通和冲突管理的规划问题研究需要考虑当地的特殊情况。因此，要解决具体的规划问题就需要针对特定的案例进行研究，这样才比较合理。

将案例研究作为研究策略的基础已成为规划领域的一项惯例。[1] 案例研究不仅可以作为定性研究的来源，也可作为定量研究的来源。案例研究可以基于"评估性"目的或"探索性"目的，前者指案例研究可以评价特定案例的成功或者失败的程度，而后者指案例研究可以探究问题的特点及因果联系。案例研究能够生成一些设想，也可以对其进行检验。(Thomas, 2011;Flyvbjerg, 2011)。在处理之前提到的诸如"方式"和"原因"等问题的时候，案例研究将发挥非常大的作用 (Yin, 2008)。因此可以将案例研究视为处理"概念的不确定性"和"认知的不确定性"的研究策略中的一个非常重要的方法。在之前提到过的瑞典研究项目中，实践中产生的问题都是经由一系列的案例得到了探究。

关于工业区更新的研究

20 世纪 80 年代末，位于哥德堡市中心的小企业们忧心忡忡。新的城市总体规划要求对位于市中心的 Kungssten 小型工业区进行整体重建，取而代之的是办公楼和住宅。该工业园于1945 年建立，为约 30 个企业提供了经营场地。面对这一情况，这些企业组成了一个本地商业协会，并同当地的商业委员会进行积极沟通。委员会对企业家们的担忧表示十分理解。同时城市规划署中的一些规划师也对这个总体规划提出批评。他们组成了一个项目小组，还联系了查尔姆斯理工大学和哥德堡大学的研究者，而这些研究者能够保证项目小组获得来自瑞典建筑科学研究院的资金支持。

该项目小组对 Kungssten 工业区的建筑和商业情况进行了一次彻底调查。规划师们发现有大量废弃建筑，并且街道也残破不堪。商业分析员怀疑有些企业属于"夕阳产业"部门，利润较低并且发展停滞不前，如汽车修理店、管道公司和电焊公司。他们得出的观点部分是基于瑞典工业地区的数据统计结果 (Johansson and Strömquist, 1979)，统计结果表明陈旧衰败的工业区和低生产力、低效益、低工资水平二者之间存在一定的联系。该项统计研究对两类数据进行了调查，分别是瑞典上百个镇的企业和矿业团体的资产评估数据，另一个就是商业绩效的统计数据，并通过所在地的邮政编码将这两类数据关联起来，用来识别出老的产业环境、位置与商业绩效较差之间的相关性。然而，这项统计研究一个很大的局限是经济数据并未涵盖职员小于十个的小企业。

而项目小组对 Kungsten 工业区的建筑和绝大部分的小公司也进行了细致研究，研究结论与之前的数据统计研究略有不同。该区域确实有质量较差的建筑和不景气的公司，但从微观上看，这两者没有明显的相关性。一些不景气的公司在造型优美的建筑中营业，良好的建筑环境带来更多的商机，它们得益于此并且业务不断发展。许多在质量较差的建筑中营业的公司，其业务也在扩张，因为它们从其他环境更加糟糕的经营场所搬迁到这里。其中好几个微型公司后来掌握一技之长，最终他们的产品和服务拥有区域性甚至全国性市场。根据政府的调研，工作环境及其对周边环境的影响是积极正面的。这些研究结论最终促使城市在该工业区的技术性基础设施领域进行投资，并且修改了总体规划。修改后的规划将该工业区定义为一个对于发展商业极具价值的环境。

这项探索性的研究提出了四个研究问题（Törnqvist，1995）：

- 小企业的迁移范围是怎样的？小企业从一处迁移到另外一处的动机是什么？
- 企业家与规划师对小企业经营环境的评价非常不一样，这一现象如何解释？
- 在小企业家眼里，评价物质空间吸引力的维度是什么？
- 如何成功解决企业家与其他利益相关者在土地使用和环境品质上的分歧？

来自特罗尔海坦（一个距离哥德堡市不远的中等城市）的规划师加入了查尔姆斯的研究团队，使得前面三个问题得到了解决。特罗尔海坦的规划师需要找到一个策略，以处理那些旧工业区带来的问题，这些工业区包含废弃的重工业工厂，小企业的商业空间也在不断扩张。在特罗尔海坦，研究者们开展了三项研究，分别是：针对分布在九个工业区的大约 400 个企业的迁移行为的调研；对企业家和规划师进行图片分类研究；对三个工业区进行空间句法分析，以尝试去解释迁移企业可选择的不同经营场地的吸引力的区别。对韦克舍市（Växjö）、诺尔雪平市（Norrköping）和延雪平市（Jönköping）这三个瑞典中等规模城市的案例研究解答了第四个问题。研究提出了关于"是什么"、"为什么"、"怎么办"这类问题，试图去对概念的不确定性进行澄清，也是寻求如何处理旧工业区更新规划这一复杂任务的第一步。

关于企业迁移的研究

特罗尔海坦关于近 400 个位于 11 个工业区的公司的数据库包含了 190 项内容，于 1989 年到 1992 年在地方政府的规划部门的赞助下得以建立。其目的是为了获取更多的经验数据以解决探索性研究中的前三个研究问题。数据的来源有多种：所有的房产交易都在土地登记处有备案，并且房产的价格也可在税收登记处获取。特罗尔海坦的规划师们煞费苦心地调研了市商业委员会的本地企业登记记录，获取了大型房地产公司里的商业场所出租记录，并从这两年的研究中通过对地址和电话簿进行对比来追踪迁移的房客。

由于前期的研究成果表明，较小企业群中的迁入迁出现象可以忽略不计，因此在接下来的研究中就选取了九个最大的工业区。图 5.7.1 总结了企业迁移和就业的动态信息。好几个公司在瑞典的经济衰退期和经济危机中倒闭。多数公司减少了就业岗位，而大型公司将特罗尔海坦的分支机构迁至其他镇以削减开支。但刚刚起步的公司和小型公司的扩张一定程度上弥补了由此减少的就业岗位。与此同时，瑞典经济中的其他领域出现了与此相同的现象（Davidsson 等人，1998）。在 20 世纪 80 年代后期，全瑞典大约每年有 15% 的公司倒闭，但也有数量略多的公司成立，由此净增加了大约 40000 个就业岗位。对数据资料的分析显示，在调研期间，这九个工业区中大约有一半的建筑由于企业迁移而改变用途，平均下来每年大约有 17% 至 18% 的建筑改变了用途。电话访谈和房地产税收登记的数据显示，在大约 130 个的迁移企业中，大部分（达

70%）的迁移目的是改善自身的经营场所，与企业所处的发展阶段无关。

这个研究中出现了一个对概念不确定性进行澄清的例子：在所有调研对象中，小型企业迁移到老旧建筑中，不是为了减少开支以在边际效益减少的情况下生存，这与规划师和经济学家的共识恰好相反。他们的迁移是为了扩张和改善其商业环境。在一些案例中，那些空间更大、价格更低的经营场所刺激了交易活动的增长。由于研究中有相对较多的公司参与，并且有大量数据支撑这个观点，所以这些数据也是一个澄清认知的不确定性的例子。

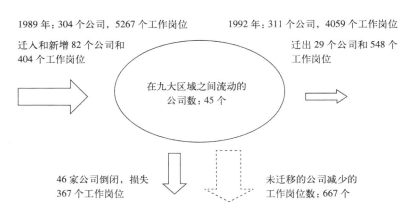

图 5.7.1   1989—1992 年间特罗尔海坦 9 个工业区的企业迁移图

空间句法分析的一个案例

迁移的数据还显示，一些工业区对于企业来说更具吸引力。名为 Halvorstorp 的工业区最近落户于一个紧邻主干道的地区，这对企业来说是一个很好的商业宣传机会，因为有利于企业在此建立一个现代并且具有吸引力的建筑。相反，另一个有名的工业区是一个名为 Stallbacka 的旧工业区，里面有许多废弃的重工业建筑。一个小型房地产开发商已经承包了这块土地，并且修建了一条新的街道用于将这个工业区与主干道连接起来，同时，在入口处又新建了办公楼来为这个工业区做广告。这个开发商翻新了旧的工业建筑，为企业提供了面积、质量、价格各不相同的经营场所。Halvorstorp（1989 年内有 49 个公司）在此期间有 16 个公司实现盈利。Stallbacka（内有 43 个公司）有 10 个公司实现盈利，而与此同时，另一个名为 Nohab 的工业区（内有 35 个公司）有 4 个公司倒闭。

Nohab 最初是一个重工业基地。小企业迁移到隔间式的大型老旧砖式建筑中，当然现在它们也搬了出来。在采访中，企业家抱怨他们的客户很难在大型建筑中找到他们的公司所在地，并且要从工业区入口找到前往建筑之间众多的小胡同的路也很困难。这就提出了一个有待验证的假设，即工业区的空间结构影响了自身的吸引力。

为了进一步探讨这些观点，我们引入了空间句法分析（Hillier and Hanson，1984；Hillier，1999）。这个理论以及空间句法的分析方法是基于"自然运动"的概念。"自然运动"认为城市空间中的大量人流、人行道和车行道的聚合运动被空间结构影响，并将街道与其他公共空间的拓扑关系进行了量化，从而建立起了城市空间轴线图的基础。轴线图的轴线显示了一个人沿街道或开放空间所能看到的物理可达空间的范围。然后，通过软件计算一系列的值，用于测算所有轴线之间的相互关系。

"集成度"（Integration）测算的是从一个街道段出发，用最短路径来连接所有在网络中其他的街道段，需要多少个转弯。这些转弯的专业术语是"句法步数"（syntactic step）。如果从一个街道段连接到其他街道和公共空间的街道段所需的句法步数越少，则可以认为它比其他街道段更加"集成"。空间的整体集成度，是指街道段到所有其他公共空间（分析中选取了不同的城区空间）的步数总和。而空间的局部集成度的计算则对步数作了限定（通常是三步以内）。

如果一个人在之前不认识路的话，那么集成度则代表着一个人在到达一个城市地段的不同区域的过程中，其在感知和认知上的复杂程度（Penn，2003）。在对城市地段的分析中发现，整体集成度与局部集成度的比例，影响了一个陌生人从一个地点到另一个地点之间寻找路径的能力。这个研究显示了空间结构的性质和地产吸引力之间的关联性（Törnqvist and Ye，1995）。Halvorstorp and Stallbacka 显示出了较高的集成度比例。而 Nohab 的集成度比例较低，并且有公司从该地区迁出，也许就可以解释为什么造访者难以找到路径（表 5.7.1）。而其他工业区的空间句法值也解释了它们空间结构上的差异。

三个工业区的空间句法分析		表 5.7.1
工业区名称	轴线条数	INT（3）
Halvorstorp	27	0.7794
Stallbacka	29	0.8868
Nohab	33	0.2193

注：INT：整体集成度；

INT（3）：三步的局部空间集成度。

图片分类研究

图片分类研究旨在揭示建筑环境中对小型公司产生吸引力的因素（Törnqvist and Corander，1995）。在这项研究中，研究者向受访者展示一系列的图片，然后要求他们将图片分类到不同的组，并且他们需要解释这样分组的原因。

格罗特（Groat，1982）指出图片分类方法对于探索概念的形成和环境质量的评价十分有用。相对于语义区分研究（详见 Osgood，1979）而言，这种分类研究不需要预先给定语言词汇。而在语义区分研究中，受访者需要采用给定的几组词汇来对图片或者现象做一个评价（如"满意-不满意"、"新-旧"或"成本高-成本低"）。与语义区分研究不同的是，图片分类研究中，受访者的判断不受调研者观点的影响。

图片分类研究的重点，是要识别出受访者在对多组不同工业环境的照片进行分类和描述时他们使用的语言词汇。这是为了能够对这些利益相关者在描述工业建筑和设施的品质时使用的词汇进行比较。规划师和企业家被划分为两个不同的组，二者在描述词汇上的相似之处和不同之处，有利于澄清认知的不确定性。

哥德堡和特罗尔海坦两地的企业家（26个）和城市规划师（20个）被要求对20张工业环境和商业环境的照片进行分组。所供选择的照片从小型工作棚到现代办公楼，涵盖了各种类型的建筑。调研者特意挑选了那些迁入或者在特罗尔海坦九大工业区之间迁移的企业家，询问他们迁移的原因。他们从事制造业、修理业和私人服务（非零售型），并且一般职员人数在1个到60个之间，在总体样本中具有代表性。

受访者被要求根据相似性原则来将照片按组进行分类，然后描述出每个组的环境特征。组的数量没有限制，也没有提供任何有关分类标准的暗示。每个受访者只用做出一种分类，并且受访者们在描述这个分类时使用的所有词汇与表达将被记录下来。在大多数情况下，受访者们会很快做出这个分类，许多企业家在对不同分组的特征进行描述时出奇地果断。他们可以迅速地选出与他们现在的经营场所相一致的分组，同时也可以很快选出哪组照片中的建筑他们在近期会考虑搬进去。

研究预期的结果是企业家和规划师对工业环境的感知、描述和评估会有明显差异。这个观点在对5—6个企业家进行的一个小规模初步分析中得到了验证，研究显示这种差异可能与这两个群组的倾向相关，两组中一个偏向于描述建筑环境的物质属性，而另一个偏向于描述建筑环境中可能会入驻的企业的特征。由此产生了以下两个有待进一步验证的假设：

假设一：企业家和规划师在对工业环境的照片进行分类与描述时，使用的言语词汇存在很大差异。

假设二：规划师倾向于描述建筑环境的特征，而企业家倾向于描述建筑环境中可能会入驻的企业的特征。

分析这些材料时，首要的任务是对受访者所使用的语言词汇进行分类识别。例如，"旧建筑""比较新的建筑"等词汇就可以归入到"建筑年龄"一类。"制造业或维修业中的家族企业"就可以归入"建筑用途"一类。大多数的语言词汇都能够对建筑环境的物理、技术和经济属性，以及这些建筑环境的未来入驻者有着十分清晰的表述。

在分析受访者使用词汇上的差异时，采用了一些统计技术，包括聚类分析（cluster analysis）、格分析（lattice）和多维标度分析（multidimensional scaling analysis）[2]。所有统计方法的结论均验证了两个关于企业家和规划师在使用词汇上出现差别的两个假设。此处特意根据多维标度分析的结论总结了主要的发现。

规划师和企业家被分为两个差距迥异的组，其主要原因是企业家在描述某些类型的照片分组时明显使用了更多的描述词汇。比如在一个"制造业"的照片类型中，企业家对其进行描述的时候使用了明显更多的不同的词汇（企业家使用了9个，而规划师只使用了3个）。另外一个不同之处在于企业家在"普通建筑类型"（如工厂、办公楼、仓库）与"更先进的建筑类型"中，更偏向于对前者多作描述。

聚类分析也是基于对照片的分组，以便识别可能的相似之处。与格罗特（1982）的研究不同，聚类分析法的目的并不在于考察受访者识别图片特征的能力。但是毫无疑问，那些特征相识的照片（如老建筑）很自然地会被受访者划分至同一分组。分类上出现的差异很有可能与兴趣相关，特别是当这种差异与受访者的类型有关时——如企业家类和规划师类。另一方面，如果照片分类上的差异不明显，那么不同组的参与者对于同一组照片的描述词汇上的差异就会被突显出来。

基于对图片分类进行的聚类分析，企业家和规划师之间的相似及差异得到了测量。其中的一种测量是针对两组不同的受访者对照片的分类而进行，测量照片的"聚类对所占比例"。这个比值在 0 到 1 之间，等于 0.83，表明企业家和规划师对很大一部分图片做出了相似的分类。

总之，这个研究验证了第一个假设，即企业家和规划师之间存在显著差异。这种差异性在企业家和特罗尔海坦的规划师之中最为突出，而哥德堡的规划师显示出较大的个体差异。这个研究也验证了第二个假设，但对第二个假设进行了一些更正，即企业家与规划师的差异更多体现于他们对不同的照片分组类型进行描述时存在词汇数量上的差异。企业家倾向于描述建筑物适合哪种类型的商业，举例来说，是适合一个建筑行业的小型家族企业，还是更适合一个高科技的公司。但规划师更倾向于描述这种建筑的物理特性，例如，是一个残破的砖式建筑还是一个现代的办公建筑。他们的描述反映了他们的专业视角。这些企业家和规划师在对工业环境的照片进行描述和解释时，在描述方法上存在差异，而聚类分析进一步证实了二者的这一差异，即两个受访群体都倾向于首先识别照片在视觉上的相似性，然后据此对照片进行分类。这些发现具有现实意义，指出了实现二者之间沟通对话的可能性。规划师和企业家实际上对工业环境有一些共识，都认识到了小型公司经营场所的相似与不同之处。然而，他们根据自己的专业视角和侧重点对其作出了不同评价。

沟通和冲突管理的基础——概念化

图片分类研究认为，旧工业区在视觉上的吸引力只是个人的主观感受。规划师和企业家对工业环境的观察与分类方式相似，但是二者对其作出的评价却有很大差异。针对迁移现象的调查显示，小公司迁移时（它们经常这样做），它们大多迁移到更大更好的经营场所。这表明了小公司对经营场所的面积、费用和区位存在多样化的需求，这种需求可能比规划师所意识到的更大。如果对工业环境进行彻底的重建，就像是撤走了梯子最底端的一个台阶，而这一个台阶对一些新成立的小型公司来说尤为重要，这是它们日后进一步发展、扩大规模和提升利润的关键。针对迁移位置选择的研究的经验性结果，表明了空间品质（由空间句法分析方法度量）对于小公司的重要性。高集成度的工业区往往有良好的可达性与可定向性，以吸引那些依赖于新客户的公司。如果一些公司的产品又大又笨重或者不太洁净，这些公司可能宁愿藏在一个可达性不佳但租金便宜的工业区，就这一点而言，空间句法分析依然可以被用来分析其空间多样性。

那么，这些以概念性和认识性分类的案例研究，如何可以用来改善小公司的规划呢？我们认为，研究的发现可以成为促进利益相关者之间相互交流的工具和证据，使其成为一种具有启发意义的对话（Davoudi，2006；Forester，1989，1999；Healey，1997）。在得到瑞典地方政府协会研究委员会和卡尔斯克鲁纳市的布莱金厄技术研究所的授权之后，我们得以开展针对这一问题的研究。在研究初期，我们对瑞典三个中等规模的城镇成功解决冲突的条件进行了研究（Törnqvist，2006）。选取的这三个城镇极具代表性，它们的工业环境正在被文化服务、商业服务和住宅逐步取代。研究团队在此之前已经私下联系过了这些镇的规划官员，这有利于研究的开展。地理位置上的接近也为研究的开展提供了便利。

为了减少地区条件的影响、扩充分析中将用到的数据，研究者们做了更多的案例分析，这有助于澄清认知的不确定性。关于规划案例的来源，研究者是通过询问规划师关于最近的规划案例中是否存在利益相关者针对工作环境产生了明显冲突。这些利益相关者包括当地政府的规划师、商人、附近的居民和环境保护代理人。

和其他地方一样，这些城镇的典型冲突在于，是应该允许其他产业入驻工业区，还是应该对中心区现有工业区进行扩张，而后者可能会干扰附近居民的环境（如噪声污染），包括有时候可能触犯现有的法律规定。发展商业的目标也与政治目标相关，即保护和增加就业机会，这对于附近那些失业率高的居住区尤为重要。研究者们精选的九个案例都是关于改变地区规划、为其他形式的活动提供空间，如私人服务取代单纯的制造业，以扩张既有的商业；或是允许在居民区建立工作场所。为了保护其他利益相关者，提出的规划有时需包含一些技术标准，以限制对环境造成干扰。

研究者们采访了一些利益相关者针对这些规划提议所持的观点及原因。同时还对规划文件进行了分析，以对冲突管理的模式进行分类。这些模式构成了案例模型的一个最为重要的部分。另外的一部分则是对冲突管理的结果进行分类（表 5.7.2）。

位于瑞士的三个镇的九个规划案例中的冲突管理模式和结果概况　　　　　　　表 5.7.2

模式的结果	决策理性	沟通理性	战略目标	技术性能标准
解决办法				
（1）Risängen- 改变地方规划	是	是	是	是
（2）V. Mark 改变地方规划	是	是	是	是
（3）I11 非正式总体规划	是	是	是	是
（4）Navestad Youth hostel- 临时性建筑许可	是	是	是	是
合议				
（5）Bankeryd endash- 改变地方规划	否	是	是	否
（6）Arabyshop- 允许临时使用	是	否	是	否
（7）Växjö- 改变地方规划	是	是	是	是
（8）Araby Catering- 允许临时使用	否	否	是	是
（9）Navestad 工作坊 - 允许临时使用	否	否	否	否

1. 冲突管理模式的分类

冲突管理模式的分类来源于法卢迪（1987）、福雷斯特（1989）、萨格尔（1994）和希利（1997）研究成果。出于"决策理性"的模式，决策者应该在特定的决策环境对他能想到的所有决策都予以考虑。决策者还需评价每一种决策可能带来的后果并做出适当的选择，选择对于实现他的目标最为有利的决策。在分析这九个规划案例时，如果出现了至少三种决策可供选择（包括维持现状），就可以应用这一模式。这是一个公认的严格标准。不管怎样，这种模式成功地区分了不同的案例。一个名为"沟通理性"的模式源于萨格尔（1994）和福雷斯特（1989）的研究成果。如果在某个案例中通过规划师的斡旋，不同团体之间能够开展的对话（对话至少包含着最低限度的理解、真实、忠诚和合法性），就证明了这个模式的存在（Forester，1989）。

由于哈贝马斯关于"理想言谈情境"（ideal speech situation）的这些先决条件是否能够实现还存在诸多争论，因而"沟通理性"这个模式比较天真。然而在实际案例中看起来却是可行的，似乎可以运用"沟通理性"这种模式的低标准版本来区分不同的案例。

2. 沟通的独立性和决策的理性

一个所有利益团体都能接受的冲突解决办法，在传统意义上不必是理性的。它也许目光短浅、具有投机性，不仅没有考虑相关的解决办法，还忽视了一些现实中的真实情况。萨格尔（1994）建议参考"规划原则"以防止在灵活的冲突管理中出现投机。举例来说，在增加环境友好地区的就业机会的过程中，规划原则作为一种策略性目标，可以用来说明已经考虑了其他一些可选方案，并且也评估了他们的后果。法卢迪（1987）认为，在这种意义上，这种规划原则和目标可以作为决策理性的支撑。在规划和建筑许可、限制中，技术性能的标准（如工厂排放物的可承受级别）是另一种防止投机性和三方利益受损的方法（Healey，1993）。所以在案例研究中，不仅要观察决策理性与沟通理性的模式，同时也要注意规划文件中关于策略性目标和技术标准的相关内容。

3. 关于理性的问题

尽管决策理性和沟通理性有助于成功解决冲突，但这也许并不是预期的显著结果。一个灵活的并且试图用创新性方法去解决冲突的方法，常常被认为不符合理性。考虑到有些沟通的结果未知但存在着潜在效应，埃尔斯特（Elster，1987）强调了规划师参与沟通可能存在着风险。这个风险不仅徒劳无获，还浪费了资源，而且还会因其失败而受到责备。这将导致规划师的行为更保守，而不是为实际可能成功的机会而进行尝试（Elster，1987，p.32）。专业声誉是一笔宝贵的财富，想要巩固很难，但很容易毁于一旦。大胆冒险精神和谨慎的保守主义因此都缺乏理性标准，而且都还要承担在专业领域中被指责的风险。

4. 结果的分类

萨格尔（1994，p.152）针对各种冲突结果进行分类提出了一种称为"解决办法"或"合议"

433

的方案。在我们的研究中，我们对此给出了以下定义："合议"指一种明显的冲突状态，但是该过程中没有出现"操纵"现象；"操纵"在此处是指故意保留有用的信息（即关于谈判中的表现和策略），或者是向其他参与者投诉而避开了谈判的直接参与人，以此影响谈判的决定。"合议"的一个例子是，当地方政府针对某个规划提议做出了一个决定，而这个决定遭到了某个利益团体的反对，虽然双方相互说服时矛盾仍然存在，但是该利益团体不再纠缠于这个决定（如向更高级别的司法或管理部门进行投诉）。"解决办法"是指所有的操纵和说服都已经停止，一般来说暗示着在各利益团体之间达成了一致。这些团体不再相互争论或者谈判，而是达成了一个共同接受的和解。

这个分析的结论指出，在研究案例中成功的冲突解决办法可能与理性的应用有关，不论是在集权抑或是在民主的环境中都是如此。但是 Växjö Bakery（这个异常的案例表 5.7.2 中的 7 号案例）说明了一个矛盾，即在应用了理性和付出大量的调停努力之后，仍然无法找出成熟的、可被接受的解决办法。这个案例只是终结了抗议和投诉（或者可以说是以"合议"告终）。这个案例揭示了上文提及的规划师与利益相关方接洽时所面对的风险，这种接洽可能有丰硕的潜在成果，但是沟通过程却非常耗时，这一风险就是规划师会因失败而遭受指责并且同时还浪费了资源。总而言之，当将令人满意的成果归因于使用了理性的不同概念作为冲突管理的工具时，对概念不确定性的澄清在某种程度上是可以实现的。然而在未来，涉及矛盾与问题的概念不确定性的澄清是很有必要的，也许通过在后续研究中引入那些能够减少不确定性和风险的"制度"和其他社会结构，就能够实现澄清概念不确定性这一目标（March and Olsen，1988；North，1990；Healey，1999）。

结论

本章展示了一系列的研究，这些研究旨在让概念和认知不确定性的澄清成为规划政策的基础。相关的企业家协会、城市规划师和查尔姆斯理工大学的研究者共同开展了一个关于位于哥德堡中心区域的小型企业入驻的工业区的探索性案例研究。这个详尽的研究指出，建筑物的物理特点和入驻其中的商业公司的经济表现，二者可能没有预期中那么多相关性。这个结论最终改变了城市的总体规划。这个工业区最终免于被全部重建，而是被定位为对于成长型企业来说具有价值的环境。

这个研究进一步引出了四个研究问题，表明在处理工业区更新规划面临的复杂问题时，概念不确定性的澄清和认知不确定性的澄清是很有必要的，同时它们也有利于给一个小型成长企业提供合适的环境。在针对瑞典四个中等规模城镇进行的研究中都探讨了这四个研究问题。

特罗尔海坦是一个距离哥德堡不远的中等规模的城镇，对其中的九个工业区的大约三百个企业的调研显示，这些小企业在这三年期间有很大的流动性。对迁移企业的调查显示，随着大多数企业频繁地迁移，他们经营场所的面积和品质也得到了改善。在经济衰退期间，这种企业的迁移弥补了大公司的倒闭和就业岗位的减少所带来的不良影响。这一现象得到了更大型的宏观经济学研究的证实，而这有利于对认知不确定性进行澄清。

在企业通过迁移来改善经营状况的过程中，一些工业区证明了自己比其他工业区拥有更大的吸引力。空间句法分析和图片分类研究能帮助研究者更好地了解工业环境的吸引力，这也有利于澄清概念的不确定性。根据这一分析，空间结构的品质（如物理可达性和可定向性）一定程度上可以解释一些工业区比其他工业区更受欢迎的原因。

企业家在对不同工业环境的照片进行分类的时候，倾向于描述建筑类型适合哪些类型的商业（比如适合建筑业的小型家族企业）。规划师则倾向于描述建筑的物理特点（如环境较差的老式砖房建筑）。因此他们的描述反映了他们的专业观点。企业家在建筑年龄和建筑标准上没有规划师那样的高要求，这就说明规划师需要更善于观察小型企业的总体环境因素。为了不断给小企业提供一个能够使其发展壮大的大面积经营场所，有必要以动态的视角来看待问题。

企业家和规划师都很容易察觉到不同照片视觉上的相似性，并且相应地把它们放到相似的分组里面。不同的利益相关者（包括企业家、规划师、社区和公众）的观点有相似之处，而其视角和关注点也存在差异，这就为他们之间对话的开展提供了可能性和必要性。对话的模式和结果，是建立在不同的提供冲突解决的案例研究基础上的。这个结果揭示了灵活的方法、基于标准的评价、决策理性和沟通理性这些方式的意义所在，同时也证实了澄清概念的不确定性所具有的作用。概念不确定性的澄清作为有效的冲突管理的条件，也提出了一个问题，即规划师应如何在协商与争论这两个方面得到训练。该问题在应用软件或其他教学工具来针对该领域的教学方法进行测试的后续研究中得到了解决（Törnqvist，2011）。就像其他作者在这本书提到过的那样（详见哈里斯，第1.3章；坎贝尔，第1.5章），想要让研究促成教学或者教学为研究做贡献，其实有很多途径。

注释

1. 参看本书导言以及第三部分的某些章节。
2. Corander（1996）对"格分析"进行了更专业的描述。关于"聚类分析"和"多维标度分析"，读者可以分别参看 Arabie 等人（1996）和 Green 等人（1989）的研究。

参考文献

Amin, A., & Thrift, N. (1992), "Neo-Marshallian Nodes in Global Networks". *International Journal of Urban and Regional Research*, 16(4): 571–587.

Arabie, P., Hubert, L., & DeSoete, G. (eds.) (1996), *Clustering and Classification*. Singapore: World Scientific.

Corander, J. (1996), *Statistical Analysis of Subjective Similarity Data*. Research report, Department of Statistics, Stockholm University.

Davidsson, P., Lindmark, L., & Olofsson, C. (1998), "Small Firms and Job Creation during a Recession and Recovery". In Z. Acs, B. Carlsson, & C. Karlsson (eds.), *Entrepreneurship, Small and Medium-Sized Enterprises and the Macroeconomy*. Cambridge, UK: Cambridge University Press, pp. 286–309.

Davoudi, S. (2006), "Evidence-Based Planning, Rhetoric and Reality". *DISP*, 165(2): 14–24.

Elster, J. (1987), *Sour Grapes: Studies in the Subversion of Rationality*. Cambridge, UK: Cambridge University Press.

Faludi, A. (1987), *A Decision-Centred View of Environmental Planning*. Oxford: Pergamon Press.

Flyvbjerg, B. (2011), "Case Study". In Norman K. Denzin & Yvonna S. Lincoln (eds.), *The SAGE Handbook of Qualitative Research*, 4th edition. Thousand Oaks, CA: SAGE, pp. 301–316.

Forester, J. (1989), *Planning in the Face of Power*. Berkeley: University of California Press.

Forester, J. (1999), *The Deliberative Practitioner, Encouraging Participatory Planning Processes*. Cambridge, MA: MIT Press.

Fothergill, S., Monk, S., & Perry, M. (1987), *Property and Industrial Development*. London: Hutchinson.

Friend, J. K., & Jessop, W.N. (1977), *Local Government and Strategic Choice, an Operational Research Approach toward Public Planning*. Oxford: Taylor & Francis.

Gower, J. (1985), "Measures of Similarity, Dissimilarity and Distance". In S. Kotz, N. Johnson & C. Read (eds.), *Encyclopedia of Statistical Sciences*, Vol. 5. New York: Wiley, pp. 145–146.

Green, H., & Foley, P. (1986), *Redundant Space: A Productive Asset*. London: Harper & Row.

Green, P., Carmone, F., & Smith, S. (1989), *Multi-dimensional Scaling*. Needham Heights, MA: Allyn and Bacon.

Groat, L. (1982), "Meaning in Post-Modern Architecture: An Examination Using the Multiple Sorting Task". *Journal of Environmental Psychology*, 2: 3–22.

Hall, P. (2002), *Cities of Tomorrow: An Intellectual History of Urban Planning and Design in the Twentieth Century*. Oxford: Blackwell.

Healey, P. (1993), "Planning through Debate: The Communicative Turn in Planning Theory". In F. Fischer & J. Forester (eds.), *The Argumentative Turn in Policy Analysis and Planning*. Durham, NC: Duke University Press, pp. 233–253.

Healey, P. (1997), *Collaborative Planning, Shaping Places in Fragmented Societies*. London: Macmillan Press.

Healey, P. (1999), "Institutionalist Analysis, Communicative Planning and Shaping Places". *Journal of Planning Education and Research* 19: 111–121.

Hillier, B. (1999), *Space Is the Machine: A Configurational Theory of Architecture*. Cambridge, UK: Cambridge University Press.

Hillier, B., & Hanson, J. (1984), *The Social Logic of Space*. Cambridge, UK: Cambridge University Press.

Jacobs, J. (1969), *The Economy of Cities*. New York: Random House.

Johansson, B., & Strömquist, U. (1979), *Arbetsområden med industri i svenska tätorter: utvecklingsprocesser och samhällsplanering [Industrial estates in Swedish towns − economic processes and urban planning]*, R24:1979. Stockholm: Swedish Council of Building Research.

March, J. G., & Olsen, P. (1988), *Rediscovering Institutions: The Organizational Basis of Politics*. New York: Free Press.

North, D. C. (1990), *Institutions, Institutional Change and Economic Performance*. Cambridge, UK: Cambridge University Press.

Osgood, C. E. (1979), *Focus on Meaning: Explorations in Semantic Space*. The Hague: Mouton.

Penn, A. (2003), "Space Syntax and Spatial Cognition or Why the Axial Line". *Environment and Behavior*, 35(1): 30–65.

Rittel, H., & Webber, M. (1973), "Dilemmas in a General Theory of Planning". In *Policy Sciences*, Vol. 4. Amsterdam: Elsevier Scientific, pp. 155–169.

Rolf, B. (2007), "Testing Tools of Reasoning: Mechanisms and Procedures". *APA Newsletter on Philosophy and Computers*, 7(1): 21–25.

Sager, T. (1994), *Communicative Planning Theory*. Aldershot: Avebury.

Schön, D. (1983), *The Reflective Practitioner: How Professionals Think in Action*. New York: Basic Books.

Schoonbrodt, R. (1995), *Les PMEs et la revitalisation des villes européennes*. La ville durable, Une tétralogie européenne, Partie II, Fondation européennepour l'amélioration des conditions de vie et de travail, Dublin.

Simon, H. A. (1997), *Models of Bounded Rationality, Empirically Grounded Reason*. Cambridge, MA: MIT Press.

Thomas, G. (2011), "A Typology for the Case Study in Social Science Following a Review of Definition, Discourse and Structure". *Qualitative Inquiry*, 17(6): 511–521.

Törnqvist, A. (1995), *Planning for Small Firm Mobility − Studies of Transfers between Urban Industrial Districts*.

Papers from IACTH 1995:3, Workspace Planning, Chalmers University of Technology, Gothenburg.

Törnqvist, A. (2006), "Efficiency and Effectiveness in the Management of Land-Use Planning Conflicts". In L. Emmelin (ed.), *Effective Environmental Assessment Tools: Critical Reflections on Concepts and Practice.* Research report 3. Karlskrona: Blekinge Institute of Technology, pp. 158–177.

Törnqvist, A. (2011), "Heuristic Simplification of Conceptual Models in Training Planning Students in Negotiation and Argumentation". *Journal for Education in the Built Environment,* 6(1): 8–28.

Törnqvist, A., & Corander, J. (1995), *Buildings for Small Firms – Managing a Culture of Entrepreneurship.* Papers from IACTH 1995:4, Workspace Planning, Gothenburg: Chalmers University of Technology.

Törnqvist, A., & Ye, M. (1995), *Why Small Firms Move to New Locations – a Spatial Analysis of Three Industrial Estates in a Swedish Town.* Papers from IACTH 1995:5, Workspace Planning, Gothenburg: Chalmers University of Technology.

Yin, R. K. (2008), *Case Study Research: Design and Methods,* 4th edition. Applied Social Research Methods, Vol. 5. Thousand Oaks, CA: SAGE.

黄亚平　卢有朋　译，赵丽元　校

5.8

参与式规划的成本效益分析：一个批判性的视角

托雷·萨格尔

引言

在规划和决策过程中可以使用两种截然不同的方法。其中一种是运用算法来计算"最佳解决方案"，另一种则是通过协商来达成一项协议。规划是可以利用算法来计算的，也是可以通过协商来得到结果的，而这一章的标题表明将这两种方法进行结合甚至也是有可能的。很多国家在重要的大型投资项目的准备阶段使用正式的评估方法都是强制性的。尽管如此，即使是像成本效益分析这样公认的评估方法，也需要去适应所要运用的流程的不同类型，而我们往往缺乏这样能适应不同流程的指导方法。

本章以批判性的视角介绍了成本效益分析在参与式规划中的应用，并解决了一些参与者在规划过程中运用成本效益分析时可能会遇到的问题。任何一个社会科学领域的理论和方法都可以对其从不同角度进行批判，成本效益分析也不例外（Beakers 等人，2012；Næss，2006；Sen，2000；Wegner and Pascual，2011）。从一开始就需指出的是，合理的批判并不意味着要放弃使用这种方法。本章中对于成本效益分析的批判是基于对该方法一种认同的理解，而不是一种毫无依据的讽刺性描述。本章的目的是要表明，标准的成本效益分析所采用的技术和方法可能会使非专业参与者失去动力。同时，本章还提出了通过简化方法论以及检验近期其在理论与实践的进展情况（如协商式货币估值），能够改善成本效益分析方法中的一些弊端。

规划过程从特性上来说有很大差异，既有国家层面自上而下的策略，也有地方层面上由草根运动发起的自下而上的为获得权力的努力。关于如何选择最好的方法以及运用熟知的分析方法到参与式规划的过程中，对这个问题的思考数十年来从未间断，这其中就包括成本效益分析（Sager，1979，1982）这一最佳方法。自 20 世纪 70 年代以来，与本章主题紧密相关的一些问题已取得了很多的进展，例如：小众群体问题的解决方法和对话式的规划过程为什么被青睐；偏好的不同类型有哪些；适合集体决策机制的表述型偏好这一方法的潜能和局限，以及环境作用下的协商式货币估值。

本章将成本效益分析定义为一种经济评估方法，可以应用于规划和相关的项目的准备阶段，主要是以货币形式来计算基础设施投资、计划或政策给社会带来的净收益（Mishan and Quah，2007）。本章的重点是关于建立以货币形式来计算的成本和收益的原理和方法。未转化为具体货币形式的收益不在此章的讨论范围之内。本章将参与式规划理解为一种为实现民主的规划决策而开展的过程。在这一过程中，市民参与进来，他们与其他利益相关者（包括开发商、公共规划师和其他政府官员）针对规划议案展开互相讨论。而对于在参与式规划中采用成本效益分析方法也有不少反对之声，其依据为成本效益分析在理论、实践和政治方面还有很多局限。但是有价值的批判必须满足以下几点：

1. 批判应该符合分析的目的。比如，不能要求分析能够以民主的方法提供最终答案，不然这将使得当选的政治家变成一种多余（Saitua，2007，p.29）。不能因为成本效益分析只提供不完全的决策依据而批判这个方法。成本效益分析的结果可以作为政治协商的一个有效依据，但不能替代政治协商。

2. 批判不应该是空想的。成本效益分析是现实世界中实际的规划与决策的一个工具，因此基于一个完美社会的假定或者想达到无法实现的理想状态的建议是毫无用处的。例如，反对在参与式规划过程中使用成本效益分析的某个依据，不应该是来自询问人们有多喜欢这个项目而得到的答案（Osborne and Turner，2010）。然而，要产生与成本效益分析相媲美的方法，需要人们掌握那些远远超过他们实际拥有量的信息。而这些方法也不会告诉我们这个项目是否有利于提高社会的经济效益。

3. 批判的方向应该是针对目前最先进的一些实践，而不是针对那些对概念理解有误或方法使用不当的情况。比如，成本效益分析评估时常出现重复计算效益的情况，如果效益这一栏的多个条目之中都暗藏了同一个有利的结果，就会出现这样的情况。在道路项目评估中，旅客节省了时间的结果，某种程度上在"更高的可达性"和"交通标准的改善"这两个条目中都可以将这一结果纳入计算，而在随后的粗心分析中，它们就被重复计算了两次。但重复计算并不是成本效益分析的固有弱点。

4. 本章中提出的批判既不涉及单个变量的测量方式，也不涉及参数的估算方法。例如，减少一吨二氧化碳排放的经济价值和长期环保项目的社会折现率的大小都是有争议的。现行做法将不在这里进行讨论。

本章的第二节引入了道德哲学的一些概念，这些概念对于思考公民参与过程的评估方法的合理性预期，以及解答参与者对成本效益分析的一些关键问题等方面十分有用。

哲学背景下对成本效益分析的批判

参与者众多的规划流程可能会包括一些在动机、价值观和原则等方面差距迥异的人。有些人在这其中看到机会并从中获益，而有些人则违反原则或为一己私欲而违背准则。像这样的冲突局面在哲学上也有类似现象。关于义务论和结果主义的理论只在这里作粗略概述，其真实目的在于提供足够的背景去帮助读者理解为什么它们有助于解释针对成本效益分析的不同态度。

义务论伦理学决定了行为（项目、计划和政策）的价值，这种价值的基础是道德，而不是取决于其预期的成果或福利效应的价值。基于保护自然环境这个义务，一个道路项目不管其经济成本和经济效益如何，如果它危及脆弱的生态系统就应该被叫停。若一个规划使得重建地区的工薪阶层居民的权利受到侵害，就会被那些不考虑经济因素而单纯只想要捍卫权利的充满责任感的人们否决掉。一些人认为义务伦理学不仅仅只是关于人类的权利，动物、植物和生态系的权利也应受到相应的尊重（Francione and Garner，2010；Norton，1982）。责任和权利往往被视为是绝对的，而成本效益分析假设任何事物在原则上都可以进行交易，因为每个正面和负面的后果所具有的价值都是可以衡量的。这使得在规划过程中义务论者被疏远，导致他们在评价过程中对成本效益分析作出负面评价。

结果主义的道德观认为，行动的结果应该成为判断行动正当性的重要依据。期望一个项目、规划或政策的实施能够取得好的结果，这在道德上本无可厚非，而这个原则在成本效益分析中也同样被认可。结果主义通常与伦理学是相反的，虽然它们之间的差别刚开始看的时候并不明显。森（Sen，2000）认为，预料中的权利违备可以被视为结果，从而可以融入结果主义的成本效益分析中去。

结果主义的立场能够容纳一系列广泛的评价规则。此处只提及与公平维度不同的评价原则。有几个评价原则比起经济效益则更多地强调公平和公正，它们更多关注那些因为规划建议（伦理学中的优先论）而陷入困境或是蒙受巨大损失的人。例如，罗尔斯（1971）的差别原则所采取的形式是让整个社会中最为贫穷的人尽可能地变得更富裕。这意味着从根本上对"人人平等"这一原则的违背，也与典型的功利主义相行渐远。典型的功利主义对一项提案的检验方法是："与其他提案相比，它是否利大于弊？"所以可以说，能在最多人群中产生最大的幸福的行动才是最有效用的（MacIntyre，1977）。在计算最大效用时，标准的功利主义做法是让每个人都为同一件事情着想，而不为其他利益着想，这与成本效益分析中计算所有个体的利益之和而没有单独计算每个人的利益的做法是一致的。成本效益分析被视为是将公共政策建立在实用主义基础上这一做法的隐含意义的实际体现。多数情况下利益受损者都是存在的，但如果在理论上存在着一种可能性，即通过低成本的资金再分配完全能够补偿利益受损失者，则该方案仍然值得推荐——基于卡尔多·希克斯标准。在后文中我将持有的假设是：成本效益分析的标准做法与典型的功利主义是一致的。功利主义要求结果主义能够与另两组观点结合起来。这些效用作为对价值的测量，将其求和排序，则排序的变量是个体净效用的总和。本章接下来的部分较少涉及哲学问题，主要讨论评估方法所需具备的一些民主性质。

参与式规划中评价方法的使用要求

该部分涉及的评价方法具有下列特点，这些评价方法在参与式规划过程中也经常得到运用。我将按照与上文中提到过的一样的顺序对这些要点进行评论：

- 其方法论基础反映了民主价值；
- 公开透明；
- 其过程能够揭示每个群体受到的影响；

- 能够处理偏好发生变化的情况；
- 能容纳规划过程的参与者所表达出的不同价值观和偏好。

成本效益分析的一个基本前提是消费者的独立自主，这意味着分析要尊重个人的偏好。政府的决策要体现出人民的意愿。"人民的意愿"是一个有争议的概念，但由于其他条件都是平等的，所以最终公民的选择是仅凭个人偏好而定的（Richardson，2000，p.991）。此外，总的利益是个人利益的未加权总和（每个个体的权重都为1）。所以尽管支付意愿取决于受调查者在多大程度上受益于现有的收入分配制度，这都使得成本效益分析看起来是一个集体决策过程中可以采用的既公正又民主的分析工具。然而，如果我们不相信额外的一美元（边际收益）对每个人的都同样重要，那平等的效益分配就意味着：

　　　成本效益分析更加系统地强调那些不太在意额外的一美元的人 ... 如果收入的边际效益在收入上确实是递减的，那么成本效益分析在牺牲穷人利益的情况下，更有利于富人利益实现。

（Nyberg，2012，p. 47，原文为意大利文）

当成本效益分析成为民主决策过程中的一个依据时，由于该方法在政治上不是中立的，它可能会造成一些问题。此外，成本效益分析在早期应用中评价较低，这也削弱了它的民主性质。

评价方法通过将规划者脑中的选择准则和价值权衡转换为可以向公众展示的文本，从而能够提高透明度。但此处的透明度是指规划过程参与者的一种放心的心态，因为他们可以对"专家分析"这个"黑匣子"一探究竟，弄清成本效益分析的算法具体是如何操作的，以及分析的结果是如何得到正确解读的。评价方法所使用的程序和标准评估，要能够同时被非专业人士及政策决策的主体理解和接受（Nyborg，2000）。当然，将量化的环境影响从物理单位转换为货币指标这一计算过程，非专业人士很难看懂（Vatn and Bromley，1994）。其他的一些算法可能会被认为非常复杂，主要处理的是私人成本到社会成本的调整、未来成本和收益的贴现率、时间节省和意外事故的货币化、对未来需求的预测以及通过偏好评估法来得出个人偏好，条件价值评估法（该评估方法基于调查数据，用于估算人们购买非市场资源的意愿）就是一个例子。参与其中的非专业人士如果不能在这项工作中发挥任何有意义的作用，这可能会降低他们进一步参与的积极性、影响他们的态度，即使最终真的需要他们就一些以决策为导向的内容来开展讨论。

评估方法应该具有普遍适用性，能够分别对项目发起人、项目的用户群体、附近的居民和工人以及其他人员所受的影响进行评估。对于有争议的规划项目，评估方法能否妥善处理好那些因项目实施而利益受损的人，这一点至关重要。在面对政治多元化的大众群体时，如果成本效益分析能够非常灵活地向不同的利益相关人和受影响的群体强调某一特定利益的经济价值，那么此做法将非常有益于解决问题。然而同时也看到成本效益分析的缺点，即当它包含过多的难以评价的社会和环境变量时，就会难以解读成本效益分析的结果（Sager，2013a）。站在支持成本效益分析的角度来说，在出现许多利益冲突的情况下，以及在规划的影响因利益冲突而无法完整被呈现出来时，这时候就很有可能需要决策者进行一个整体的评估：这个规划确实是整个社会都想要的吗？

在项目的规划和决策过程中，偏好不是一种外源性的分析因素，并且在讨论问题的时间段内，它也很可能会发生变化。例如，大型的高速公路项目往往有十年或更长的规划期。鉴于在一个计划的实施过程中成本和效益可能会发生变化，而人们想必都有重新制定目标的能力，因此他们对于各种规划方案的偏好也会随之发生改变。如此这般的反复考虑对于精明有效地利用资源而言是至关重要的，但成本效益分析将个人的偏好看作是已给定的、稳定的，并且也缺乏整合修改计划的程序（Richardson，2000）。实际上成本效益分析假定所有重要的实践论证过程都是预先开展过的，从而没有给修改偏好留下任何空间。

使用参与式规划过程中的信息应该是一个永恒不变的规则。然而有一点毫无疑问，即规划中的交流和协商可能被操纵、谎言、威胁和其他权力游戏所扭曲，于是代表人们真实利益的偏好也可能发生扭曲和偏离（Adler 和 Posner，2000）。但解决的办法不是要忽视在规划论坛所表达的偏好，以至于完全相信市场交易过程中产生的偏好。首先，这通常是不可行的，因为关系到成本和效益的很多环境因素都不是在市场上交易的。其次，交易中显示出来的偏好也可以被扭曲。存在着一个巨大的公共关系和市场营销的产业，其目的就在于影响购买行为和偏好。

自我反省、其他人的意见以及想让自己的观点更加合理化，这些都会使得协商人员改变他们的偏好。这也是将大范围协商流程（通过民众投票、立法大会或是政府机构等方式进行）安排为最后决策之前的一项程序的一个非常重要的政治原因。即使经过深思熟虑和对话之后依然无法达成共识，最终决策的合法性也能被大大提高，这样民众也会愿意遵守它。最近在学者之间流行的一种研究是建议通过协商式货币估值这种方式来获得这些政治回报（Niemeyer and Spash，2001；Söderholm，2001；Spash，2007；Vatn，2009）。这一方式是分析方法和社会协商（基于价值观、利益和政策选择）的共同作用的体现。

有人提出了几种不同的协商方式，如焦点小组、公民陪审团、共识会议和协商式民意调查等（Niemeyer，2011）。他们都相信非专业人士可以通过知情讨论来形成自己对于复杂政策问题的偏好。规划师不应该为了在评价工作中达成共识而施加过多压力。关于环境价值的不同观点可以为决策者提供有用的信息，特别是在文化多样性和在历史上受到排斥的少数民族社区，达成的共识更容易被压制。根据奇尔弗斯（Chilvers，2008）、罗（Lo，2011）、普赖斯（Price，2000）以及斯帕什（Spash，2008b）的研究，在对协商式货币估值开展小团体讨论时，在以下情况下似乎效果最好：

- 重要的利益团体在协商评估中有各自的代表；
- 采取对策防止在小团体活动过程中出现操纵和支配的情况；
- 鼓励沉默的团体发表自己的言论；
- 参与者的权利和能力是相同的；
- 小组成员之间的沟通是易于理解的、真实的、真诚的，并且符合公共规划规范（Sager，2013b，pp.4–8）。

小团体讨论面临着包容性、代表性、能力和操纵的问题，举行协商式货币估值并不能解决所有问题。但协商这一方法仍然可以用来应对一些针对价值评估法的批评。最值得注意的是，协商的结果并不受限于对理性的狭隘定义，因为这会束缚参加讨论的人的判断。这和价值评估法不同，后者可以可以排除一些偏好有某些方面的嫌疑：受访者故意为之、受访者的抗议或者违反了共同接受的经济评估条例。关于平等对待偏好以及偏好的交流等问题将在下一节继续进行阐述，下文将从非专业参与者的视角对成本效益分析进行一个更仔细、批判性地审视。

参与的群体可能会提出的一些问题

本节将探讨成本效益分析在处理许多国家公民参与规划的直接民主制度化这一形式的能力。非专业参与者都很希望他们的观点能在正式的评估中以一种他们能识别的形式出现。本节会回答市民在参与规划过程时可能会有所猜测但又十分中肯的问题，并且在这些规划过程使用了成本效益分析以提供公共讨论时所需的背景信息。

1. 你们为什么不直接问我们呢？

就像其他的评估方法一样，成本效益分析将项目未来可能产生的影响分解成很多个部分，然后在将各部分的成本和效益相加。在分解和累加的过程中，项目的某些方面或附带产生的影响可能会丢失。我们不确定将项目作为整体的货币评估，是否会和成本效益分析中各项目的总和相同，这比重复计算问题更为严重。例如，规划师可能会认为，由于修建了新的道路项目，当地的使用者因为节省了时间、发生更少的交通事故和降低了出行成本等，而从项目中获得了收益。原则上说，这些用户可能仍然会反对新路。其原因可能是因为他们相信：

- 一些政客在最后一次竞选中承诺为了保护环境这条道路将被推迟建设；
- 这笔钱投资到一些其他的公共项目会更好；
- 他们已经对规划和决策过程极其失望；
- 该项目与某些群体的利益有所冲突；
- 该项目的外观不符合审美，或是与当地的风格不符；
- 在做决定之前，这个项目应该进一步被审查；
- 该项目的资金应该以不同的方式进行整合；
- 一些不受欢迎的土地所有者或投资者很可能从该项目中获益。

这个清单还可以补充，但有一点是确定的：很可能有些理由与成本效益分析无关的，但却有助于市民对项目的整体评估。成本效益分析目的并不在于要完整展示所有人的观点。相反，成本效益分析回答了关于有效利用社会资源的问题，而这个问题是无法通过询问市民的观点来解决。这并不是成本效益分析本身的弱点。

2. 除了经济效益我们还有其他的目标，成本效益分析会考虑它们吗？

学者们通常可以用不同的方式来解决一个问题。他们可以解决问题或改变现实，或者他们试图通过改变人们的观念、改变人们对事实的解读，来使得矛盾不再尖锐。学者亦会将问题转化成为模型，当人们遵循学者对现实的解读方式时，他们将会很难再认清问题本身。成本效益分析就是一个典型的例子：虽然很多人已将经济福利分配不均视为一个尖锐的社会问题，但是，将成本效益分析当作决策的规范性基础的人越多，真正想要解决分配不均这一问题的人就越少。这是因为标准的成本效益分析将公平问题转化为符合卡尔多·希克斯标准的一个模型，从而忽视了现实中失败者需要补偿的实际情况。成本效益分析是所有好的项目的支付意愿的总和，再减去对坏的项目的补偿意愿的总和的差值。由于这种分析是基于人们的支付意愿所表现出来的偏好，并且社会成员之间在贡献上并不平等，于是有人担忧成本效益分析并不能实现公平。我们处于市场经济之下，支付意愿是受支付能力的影响，我们所能做的受限于我们所能担负的。

居民之间的转账交易，在国家收益支出总和中互相抵消。因此，成本效益分析并不适用于地区之间的再分配经济活动的政策（如将政府机构从省会城市迁往周边城市）进行评估。出于相同原因，在评估通用设计的方法时，如与残疾人密切相关的建筑、产品与环境等，成本效益分析并非最佳选择。很多通用设计以让那些出行不便的残疾人享受到更加公平的待遇为主要目标。让残疾人能到达更多目的地的这一想法，更多是出于公平的考虑而非经济效益。

成本效益分析不仅仅不适用于公平性目标。只有当分析中每个环节的影响都能够用经济价值来衡量时，成本效益分析的分析结果才对参与规划的市民与决策者有意义。与社会地位、社会身份、社会名望相关的权利和社会价值等因素不能用于成本效益分析之中（Lutz，1995）。有些环境目标与道德价值紧密相连，与结果主义分析相比，更适合用义务论来进行分析。关于针对可持续发展、生态系统管理、生物多样性减少和全球气候变化等问题开展的项目，也不能完全用成本效益分析来评估。

3. 如果表述出我们的偏好，他们会其纳入成本效益分析而不考虑市场信息吗？

成本效益分析基于个人偏好计算出盈利。这对于参与式规划是一个亮点，其将民众的偏好贯穿于实际应用之中，故被视作是民主的方式。然而，现已存在至少两种不同类型的异议。第一种异议是关于个体偏好的具体特征，如知识背景、独立性、稳定性和一致性（Kahneman and Tversky，2000）。此处我将重点介绍第二种异议，即有人反对将个人偏好纳入集体决策，他们对得出偏好的过程产生质疑。由于不同的偏好产生过程可能导致不同的决策，故个人偏好有时不能很好地体现成本效益分析的结果对人们利益的影响。

如果能够获取市场价格信息，标准成本效益分析的程序就是建立成本与效益的货币度量。如果由于外部因素造成了市场缺陷，则应该调整市场价格。即使经过了调整，通过市场交易选择的偏好来体现的价格与"表述型偏好"体现的价格会有所不同。表述型偏好来源于填写调查问卷的个体。这些个体根据一系列的假设性选项来做出他们的选择，而这些选项的最终目的是能够让规划师按照他们的意图在成本效益分析方法中估算经济价值。

在人们购买商品和服务时的私人偏好与在接受采访时表述的偏好有所出入（Goodin，1985）。前者反映了人们作为消费者的私欲。然而，当对涉及公共利益的项目进行决策的时候，他们会在道德上表现出高于日常私人活动的水准。他们或许想要成为拥有公众精神的优秀市民，凸显"为他人着想"的态度。因此集体决策中的偏好不同于那些在由市场交易意愿所推测出的私人偏好。

个体的偏好很少因外部环境而产生，它们更多的是在规划过程（旨在信息交流、讨论以及达成共识）中形成。在开放包容的规划中，该过程的社会性与交互性的特点对参与者的个体偏好产生了影响（Niemeyer and Spash，2001）。参与者必须准备好在持相反意见的群体面前为自己的观点进行辩护。在交流式规划和协商式民主的理论中，二者都认为原始的、个体的偏好会比修饰过的偏好更容易被人贴上愚昧、恶毒、嫉妒以及报复的标签。

成本效益分析可以用于评价公共物品，如路灯、道路、公园、卫生系统、水净化设施等。当我们购买牙膏时，无须知道他人是否愿意购买牙膏。然而，当问题变成对于公共物品的投资时，这个答案就取决于其他公民的支付意愿。对于公共物品的贡献更像是道德上的抉择，即便大多数人不情愿为之付出很多，但也不希望因"搭便车"而受到指责。他人贡献的不确定性影响着环境保护工程和人造公共物品的实际效用。例如，在一个道路修建工程中，与其他方面相比，噪音减弱的相对价值取决于规划过程中不同利益群体之间的协调，也因此形成不同的相互理解方式。在心理及经济方面关于公共物品研究的文献表明，潜在贡献者之间的沟通会增加他们支付的意愿（Meier，2006）。成本效益分析可以将那些没有在市场中表现出来的偏好纳入考虑，但即使是表述型偏好也能够部分反映出那些在参与性规划中所需要的民众需求与偏好。

4. 成本效益分析会尊重我们出于自己利益而做的选择吗？

非专业参与者们知道制定决策的政治家不一定从始至终都要遵从自己的意愿。有时政府为顾及绝大多数人的利益，可以制定失责处理规则并采取其他限制性措施以杜绝个人偏好。例如对于关于预防气候变化或者禁止在已发生滑坡或雪崩的地区进行建设的政策等（Mandel and Gathii，2006，p.1054—1055）。参与者可能仍然会担心像成本效益分析这类的专家型工具是否会公平对待他们的意见和偏好。我们可以看到几条关于实施成本效益分析的论据都可能会导致家长式管理。

家长式管理是一个个体或集体决策者对于另外一个个体行为的干预，通常有悖于后者自身的意愿，但前者声称这一干预会有利于后者利益或保护后者免受伤害。当专家或者决策者采取家长式管理时，可能会使参与式规划中的基层参与者失去动力。除此之外，有些激进的公共决策者坚持声称公民不知道什么才是于他们最有利的，如此越走越偏，社会很可能逐渐脱离民主。家长式管理下的政策是难以评估的，如禁止使用电动踏板车，或是强制使用自行车头盔。的确，某些支持或反对的观点可以从成本效益分析的角度来理解，但这些政策中重要的成本元素应该反映出人们因自主权利受到限制而表现出的不满，并且目前也没有一种可靠的方式来计算失去自主性所带来的损失。

主流的经济学理论将社会看作是个体的总和，故个体的偏好需求之和即为整个社会的利益所在。内斯（Næss，2006）提出了一个非正统观点，即在一个批判现实主义的环境下，社会中某些事物的价值是不可以被缩减为简单的个体利益之和。如果这些凌驾于个体偏好之上的社会偏好被引入成本效益分析，则个人偏好将很有可能成为无效信息，这反而将对家长式管理形成挑战。如果在某个规划过程中公民首先被邀请积极参与，后来却因公民对自己偏好没有足够了解而被不信任，那么这样的规划过程实在很难自圆其说。此外，如果决策者在成本效益分析中想要确定社会的偏好，那么将很难对建议性的评估分析与实际决策这二者进行区分。这样的混淆（即将成本效益分析等同于最终的决策）是复杂分析工具常常受到人们指责的原因所在。

有些学者认为人们偏好的满足不足以成为利益实现的指标，因为在某些情况下，人们的偏好虽然被满足，但是个体的真正利益却没有实现。阿德勒和波斯纳（Adler and Posner，2000）对偏好发生扭曲的原因进行了研究，其中的原因包括：缺少足够的信息以及不平等的社会环境。在规划过程中某些参与者的偏好可能由于贫困、缺乏教育或者尊严受损而产生扭曲。阿德勒和波斯纳认为，人们能够并且也应该对成本效益分析进行修改，从而能够修正那些因将扭曲的偏好纳入分析而产生的错误。但对于某些偏好的不尊重也会助长家长式作风。除此之外，即使人们不是通过市场行为或者表述型偏好研究，而是通过语言或直接的过程来表达，扭曲的偏好也不会消失。滥用权力可以扭曲沟通的结果并导致分析工作的结果产生偏差。从"愿意支付"这一行为中所得出的偏好是否比"愿意说出来"中推断出的偏好更加具有可信度，目前还不确定。

标准成本效益分析认为偏好是外源性的，因此在规划的过程中不会被扭曲。在市场交易中表现出的偏好通常以表象的价值而定。当在分析中使用表述型偏好，以及在出现反对之声（即反对通过调查采访这一形式得出人们的偏好）或者是某些偏好体现了绝对价值（即"不真实"地表明一个结果胜过其他所有情况下的结果，如减少噪声）时对这些表述型偏好进行调整，这时将很有可能出现家长式管理。这样对于表述型偏好的调整将在下文予以简要介绍。

5. 成本效益分析将如何处理那些我们极不愿妥协的问题？

根据主流的经济思想，如果价格合理，所有东西都是可以被比较并且被交易的。成本效益分析账户下所有的项目都被视为是可以用货币来计量的，因此也能被叠加计和（Aldred，2006）。有很多原则性的偏好体现了绝对价值，且与义务伦理相关。成本效益分析对于此类偏好的处理结果就显得尤其重要。即使在任何其他偏好的结果中出现了重大改善，只要此类偏好的主要结果（或目标）出现轻微的恶化，之前的那些改善都将因此显得微不足道。改进原则性偏好的结果（或者目标）似乎具有无限价值。在表述型偏好的采访中，无论其他选项具有多么吸引人的性质，大量参与者还是经常选择保护环境这个选项。可以想象，人们会不惜一切代价来保护环境（Spash，2000）。

受访者在填写问卷时采用功利主义的思维模式，此时表述型偏好研究的效果最好。义务论者对有关环境或正义的价值评估法可能会持反对意见，结果没有填写答案、完全没有意愿或者有无穷意愿去支付，或者得出超出理性选择的异常结果（Price，2000，p.188）。规划者可以将这样的偏好数据视作离群值，为这些回答者贴上不理性的标签。如果有些人表达了在保护环境方面决不妥协的意愿，而这一意愿被规划者排除或是误读，那么成本效益分析中的价格可容易会产生偏差。

很多文献研究了表述型偏好的设计方法，以避免得到各类反对的回应（Clark 等，2000；Spash，2006，2008a；Szabó，2011），但是有一个潜在的问题，要求人们去交易他们的原则，即使仅仅只是一个假设，这都是不合理的并且被一些人认为是道德上的败坏。人们往往不愿意在实际性价值和真正的道德之间做出选择（Söderholm，2001，p.489）。最终，成本效益分析冒着风险发展成为一种体制性机制，系统性地将一个重要群体的偏好推动成为社会基础，即公民中相信权力不可侵犯的一部分（Spash，2008a）。即使是其他的决策工具，也不一定就能很好地将原则性偏好纳入考虑。例如在公投中，拥有妥协性的偏好的多数人总是能打败拥有不愿妥协的偏好的少数人。

<h2 style="text-align:center">结论</h2>

在民主社会，关系到重要公共政策和项目的最终决策都是由被人民选出的政治家来制定的。然而，这些政治决定可能受到政策分析与规划过程的影响。本章主要讨论如何通过设计能够反映市民价值与问题的分析工具这一途径来使这个过程更加民主化。不同于让很多人参与实际的政治决策的方式，这种民主化要求规划者制定并积极实施措施来征求市民的观点，将其纳入政策发展与评估体系。如果对评估方法多加考虑，就能够让那些受项目影响的当地的基层群众更支持规划和政策的制定（deLeon，1992）。最终实行的政策可能与他们特定的偏好不相一致，但要让市民同意一个他们参与形成的政治决定，会比在没有经过考虑的情况下必须服从那些在票数上胜过他们的人的意愿要容易得多。

标准成本效益分析的建议是以卡尔多·希克斯补偿测试为基础的。用卢茨（Lutz，1995，p.190）的话来说，它"混杂着现有收入分配制度的不平等，却对人权和人性需求的理念视而不见"。为了能让政策的评估以人性尊严为核心，他提出了一个具有三个步骤的措施：第一步是审查该项目是否符合相关权利；第二步是评估项目对人的基本需求方面的影响。当前两步出现正面结果之后，该项目才能进入第三步，即在市场价格、表述型偏好以及多方协商的基础上评价成本和效益。第三步与本章中对成本效益分析进行的批判是一致的。

理查森（Richardson，2000，p.1000）认为成本效益分析的支持者在规范性标准面前面临着一个困境：如果民主议会和较低行政级别的民选议会都属于为了集体目标而设的合法机构，"那么这些由集体协商而定的目标（并且这些目标也并非依据市场环境下或偶然性评估研究中的个体偏好而得出），也应该能为评估方法的替代方案提供重要的基础"。由于地方议会的政治团体并没有完全照顾大众的感受，也没有考虑那些被计划或项目强烈影响着的人的利益，因此本章提出了一个折中的办法：人们针对集体决策所持有的观点，可以在参与式或协商式规划过程中，通过与其他社会成员之间理性的谈话与辩论来得到阐述（Howarth and Wilson，2006）。协商式货币估值是一套有前景的，将经济与政治科学相结合的混合式方法，能够弄清参与者的偏好并且将它们用于分析评估之中。

参考文献

Adler, M.D., and E.A. Posner (2000). 'Implementing cost-benefit analysis when preferences are distorted', *Journal of Legal Studies* 29(2): 1105–1147.

Aldred, J. (2006). 'Incommensurability and monetary valuation', *Land Economics* 82(2): 141–61.

Beukers, E., L. Bertolini, and M. TeBrömmelstroet (2012). 'Why cost benefit analysis is perceived as a problematic tool for assessment of transport plans: a process perspective', *Transportation Research Part A* 46(1): 68–78.

Chilvers, J. (2008). 'Deliberating competence: Theoretical and practitioner perspectives on effective participatory appraisal practice', *Science, Technology, and Human Values* 33(2): 155–185.

Clark, J., J. Burgess, and C.M. Harrison (2000). '"I struggled with this money business": respondents' perspectives on contingent valuation', *Ecological Economics* 33(1): 45–62.

deLeon, P. (1992). 'The democratization of the policy sciences', *Public Administration Review* 52(2): 125–129.

Francione, G.L., and R. Garner (2010). *The animal rights debate: abolition or regulation?* New York: Columbia University Press.

Goodin, R. (1985). 'Laundering preferences', in J. Elster and A. Hylland (Eds), *Foundations of social choice theory*, pp. 75–101. New York: Cambridge University Press.

Howarth, R.B., and M.A. Wilson (2006). 'A theoretical approach to deliberative valuation: aggregation by mutual consent', *Land Economics* 82(1): 1–16.

Kahneman, D., and A. Tversky (Eds.) (2000). *Choices, values, and frames.* New York: Cambridge University Press and the Russell Sage Foundation.

Lo, A.Y. (2011). 'Analysis and democracy: the antecedents of the deliberative approach of ecosystems valuation', *Environment and Planning C: Government and Policy* 29(6): 958–974.

Lutz, M.A. (1995). 'Centering social economics on human dignity', *Review of Social Economy* 53(2): 171–194.

MacIntyre, A. (1977). 'Utilitarianism and cost-benefit analysis: an essay on the relevance of moral philosophy to bureaucratic theory', in K. Sayre (Ed.), *Values in the electric power industry*, pp. 217–37. Notre Dame: University of Notre Dame Press.

Mandel, G.N., and J.T. Gathii (2006). 'Cost-benefit analysis versus the precautionary principle: beyond Cass Sunstein's *Laws of fear*', *University of Illinois Law Review* 2006(5): 1037–1079.

Meier, S. (2006). *The economics of non-selfish behaviour: decisions to contribute money to public goods.* Cheltenham: Edward Elgar.

Mishan, E.J., and E. Quah (2007). *Cost benefit analysis.* 5th edition. London: Routledge.

Næss, P. (2006). 'Cost-benefit analyses of transportation investments: neither critical nor realistic', *Journal of Critical Realism* 5(1): 32–60.

Niemeyer, S. (2011). 'The emancipatory effect of deliberation: empirical lessons from mini-publics', *Politics and Society* 39(1): 103–140.

Niemeyer, S., and C.L. Spash (2001). 'Environmental valuation analysis, public deliberation, and their pragmatic syntheses: a critical appraisal', *Environment and Planning C: Government and Policy* 19(4): 567–585.

Norton, B.G. (1982). 'Environmental ethics and non-human rights', *Environmental Ethics* 4(1): 17–36.

Nyborg, K. (2000). 'Project analysis as input to public debate: environmental valuation versus physical unit indicators', *Ecological Economics* 34(3): 393–408.

Nyborg, K. (2012). *The ethics and politics of environmental cost-benefit analysis.* London: Routledge.

Osborne, M.J., and M.A. Turner (2010). 'Cost benefit analyses versus referenda', *Journal of Political Economy* 118(1): 156–187.

Price, C. (2000). 'Valuation of unpriced products: contingent valuation, cost-benefit analysis and participatory democracy', *Land Use Policy* 17(3): 187–196.

Rawls, J. (1971). *A theory of justice.* Cambridge, MA: Harvard University Press.

Richardson, H.S. (2000). 'The stupidity of the cost-benefit standard', *Journal of Legal Studies* 29(2): 971–1003.

Sager, T. (1979). 'Citizen participation and cost-benefit analysis', *Transportation Planning and Technology* 5(3): 161–168.

Sager, T. (1982). *Participation and formal evaluation in local planning: an annotated bibliography* (Public Administration Series: Bibliography P-888). Monticello, IL: Vance Bibliographies.

Sager, T. (2013a). 'The comprehensiveness dilemma of cost-benefit analysis', *European Journal of Transport and*

Infrastructure Research 13(3): 169–183.

Sager, T. (2013b). *Reviving critical planning Theory*. London: Routledge.

Saitua, R. (2007). 'Some considerations on social cost-benefit analysis as a tool for decision-making', in E. Haezendonck (Ed.), *Transport project evaluation: extending the social cost-benefit approach*, pp. 23–34. Cheltenham: Edward Elgar.

Sen, A. (2000). 'The discipline of cost-benefit analysis', *Journal of Legal Studies* 29(2): 931–952.

Söderholm, P. (2001). 'The deliberative approach in environmental valuation', *Journal of Economic Issues* 35(2): 487–495.

Spash, C.L. (2000). 'Multiple value expression in contingent valuation: economics and ethics', *Environmental Science and Technology* 34(8): 1433–1438.

Spash, C.L. (2006). 'Non-economic motivation for contingent values: rights and attitudinal beliefs in the willingness to pay for environmental improvements', *Land Economics* 82(4): 602–622.

Spash, C.L. (2007). 'Deliberative monetary valuation (DMV): issues in combining economic and political processes to value environmental change', *Ecological Economics* 63(4): 690–699.

Spash, C.L. (2008a). 'Contingent valuation design and data treatment: if you can't shoot the messenger, change the message', *Environment and Planning C: Government and Policy* 26(1): 34–53.

Spash, C.L. (2008b). 'Deliberative monetary valuation and the evidence for a new value theory', *Land Economics* 84(3): 469–488.

Szabó, Z. (2011). 'Reducing protest responses by deliberative monetary valuation: improving the validity of biodiversity valuation', *Ecological Economics* 72(1): 37–44.

Vatn, A. (2009). 'An institutional analysis of methods for environmental appraisal', *Ecological Economics* 68(8–9): 2207–2215.

Vatn, A., and D.W. Bromley (1994). 'Choices without prices without apologies', *Journal of Environmental Economic Management* 26(2): 129–148.

Wegner, G., and U. Pascual (2011). 'Cost-benefit analysis in the context of ecosystem services for human well-being: a multidisciplinary critique', *Global Environmental Change* 21(2): 492–504.

黄亚平　李义纯　译，赵丽元　校

5.9

专家研讨会议流程在应用研究中的战略性运用

仁娜特·科特瓦尔，约翰·穆林

引言

本章重点介绍了将专家研讨会作为一种特定方法来开展规划领域内教育与实践方面的应用研究。讲述了专家研讨会作为一种替代方法使利益相关者和社区能够参与规划过程，从而弥补了其他市民参与及咨询这种正规方式的局限。在介绍了专家研讨会广义的起源及目的之后，针对专家研讨会的应用，本章探讨了一系列的工作原则。这些原则旨在帮助规划师及规划专业的学生将专家研讨会作为一种应用研究的方法，从而更为有效地参与专家研讨会的设计与管理，强调了在解决规划问题的实践中，专家研讨会议既具有教学工具的价值，也具有实用工具的价值。最后的结论部分总结了专家研讨会的价值，并探讨了它作为应用研究方法的局限性。

通过建立共识的交流式规划

自 20 世纪 60 年代，环境与社会正义运动的抗议热潮开始席卷欧洲与北美并一直持续到七八十年代，到了世纪之交，人们越来越多地关注阶级歧视问题。城市规划师一直在为确保规划编制程序中能有一个公平、公开、透明的决策过程而努力。这并不是一个简单的工作，因为规划师们必须满足各个群体的需求，而且这些群体的价值观、利益与诉求各不相同。

20 世纪后期以来，有一点得到大家广泛认可，即交流式规划中必须建立共识，通过这一方法能够重新制定综合规划并且解决复杂的、有争议的问题 (Innes, 1996)。林德布卢姆 (Lindblom, 1959) 和阿特舒勒 (Altshuler, 1965) 对综合规划是规划师完成自身职责的唯一途径这一观点提出质疑，更为重要的是，他们质疑规划师是否能掌握综合规划所需的所有知识。他们认为，让规划师掌握综合规划所需的知识和方法是难以实现的，因而建立共识就很有必要。这一方法很大程度上来源于哈贝马斯 (1984) 关于"沟通理性"的研究，共识的建立是通过多个群体的互动，这种方式能让大家互相学习。其基本假设是，所有各方都能够并且愿意通过有意义的对话互相交流，植根于不同的经验、道德和文化表现形式，生成信息并且相互协作达成共识 (Forester, 1989；Beauregard, 1998；Healey, 1993；Healey and Hillier, 1996)。在当局未采取措施控制打压这些讨论或者大家作出努力限制当局使用权力时,这一交流表现得更为有效 (Hillier, 1993, p.108)。桑德科克 (2000) 声称,成功的讨论结果并不是一种妥协,而是对彼此观念的理解。创建一个开放包容的交流过程是至关重要的,这能使得边缘群体和对少数派权益的倡导能够被更好地实现,也能确保桑德科克 (1994) 和阿恩斯坦 (Arnstein, 1969) 所说的"无产者"的声音被听到。这个群体通常包括没有投票权的穷人、妇女和移民。他们通常难以被大众群体所倾听、关注与重视,他们的观点几乎从未在传统的规划实践中有所耳闻。

在这一环境下,许多规划师已经开始努力确保决策制定的过程尽可能的公开,并保证所有群体都能够以一种非正式的且有意义的方式参与其中。他们通过采访、调查、投票并使用翻译,深入到移民组织和其他社区中,力求确保与社区息息相关的所有市民都拥有权利,从而能够有意地影响决策。"这一项目会使我的财产遭受损失么?"、"这一决策意味着要关闭当地的学校么?",又或"这一项目会在我家街道上产生噪声么?"这些都是大家普遍提出的问题类型。市民们需要听证正式的讨论过程,观察摆在他们面前的方案的物理特点,并且留意他们的周边地区与利益团体针对这些问题的回应,同样他们自身也需要直接作出回应。这样的会议以各种形式举行,已经成了地方规划的一个传统。在美国,这种会议通常被称为"听证会",它们已被纳入法律,深深根植于文化中,被认为是规划过程的关键部分。然而在很多时候,听证的过程中会出现一种对抗性的做法:法律和传统要求绝大多数当事人在听证会上针锋相对表明立场。现实中,听证会的主持人通常在会议刚开始就要求持支持和反对意见的人站分别站到房间的两侧,然后再开始辩论。这些听证会的现场效果就跟本地剧院一样,根据演讲者的立场,一方或另一方的拥护者会大声喝彩或发出嘘声,他们会带来标识和布告,在适当的时刻挥舞起来,并且某项行动开始之际,他们会全体穿着新制作的文化衫一起涌进大厅以示恐吓。在最近一系列跨州关于马萨诸塞州的风能利用的听证会中,反对者甚至组建了由市民组成的巡回队伍,以求煽动起当地的民愤。另外一个例子是,前不久马萨诸塞州的一个地方社区召开了一个讨论新公园未来的使用事项的听证会。存在一个根本性问题,即这个公园主要应该是被动地还是主动地得到使用。正在举行协商的一个关键时刻,一些倡导人士给整个社区带来了一个"少年棒球联合会"以呼吁达成他们的目标,这个联合会由六十个非常年轻,穿着制服的棒球运动员组成,他们提出了对公园新设施的需求,这些孩子们的出现成了倡导者的后盾,使得对公园的主动使用最终获胜。

简而言之,虽然采用听证会这一方式使得民众能够参加规划并影响到结果,他们却不能主动地左右结果。规划师们很早就注意到这个问题,并且已经争取在规划、建议与工程被确定和正式裁决之前,让市民参与其制定过程。他们开展了各类研究活动,组织了邻里聚会、实地考察,开展了调查、组建了工作坊,举行听证会、发传单、撰写新闻稿,以帮助解释当前所面对问题的本质。然而这些方式没有一样能够让社区作为一个整体集合起来,帮助制定能同时满足社区需求和自身利益的规划或计划。渐渐地出现了一种关键性工具——专家研讨会,它能帮助克服市民参与规划的传统形式中的局限性。

专家研讨会在规划过程中的作用

"专家研讨会"这一术语起源于一个法国单词"马车"。在 19 世纪，法国巴黎美院建筑与设计专业的学生在提交他们的作品时，会将它们放入一个收集最终图纸的循环马车内。学生们会跳入马车，试图给他们的作品进行最后的润色，然后在截止日期前完成作品（Lennertz, 2003）。这个词语用来形容一种突发的活动以及一种紧要关头的修改。然而规划过程中"专家研讨会"这一术语是指一种为了增进参与者的互相理解并促进规划活动而开展的合作、深入对话和协商的过程。

自 19 世纪以来，建筑师已开始采用专家研讨会这种形式。但是直到 20 世纪 70 年代之后，规划师才开始将这一技术明显地运用到规划制定的过程中。对于规划师而言，专家研讨会是一种以公民为基础的形式，它能明确社区面临的优势、劣势、机遇及挑战，同时提供对潜在目标、目的与重点的深刻理解。与传统的公众参与方式有所不同的是，专家研讨会这种新的方式能让所有参与者在参与过程中都学有所获（Innes and Booher, 2005）。它们已经显示出其独特成效，能将公众参与的劣势转化为优势，将恐惧转化为理解，将疏远转化为认同与主人公意识（Al-Kodmany, 2001；Sutton and Kemp, 2006）。

关于专家研讨会有一个基本问题，即应在何时何地将其作为社区规划的一部分加以使用。根据经验，我们已经将专家研讨会作为规划过程的一部分予以广泛应用。有时它关注于一些像如何复兴一个工厂或者吸引新的商业到市中心这样的小问题。其他时候，我们通过它来获得关于规制改革或者创建资产改良的相关信息。在大多数情况下，我们发现专家研讨会在为期 3—5 年的战略规划中最有成效，而这些战略规划旨在消除当前紧急问题带来的压力，同时反映市民对社区的未来构想。

专家研讨会的过程

规划领域的专家研讨会涉及各种与会议相关的要素。会前计划包括：对当前问题背景资料的搜集，确定会议的日期、时间和地点，决定会议的参与者名单、议程及题目。会后工作包括：根据会议结果迅速制定规划以及后续的实施计划。然而专家研讨的重心在于实际的会议本身。包括促进会议进程、参与对话、创造让他人能舒适参与的环境、对协商讨论中的提议和方案进行非正式的演习，以及统计从激烈的头脑风暴会议中得到的丰富成果。

专家研讨会必须在合适的时间与地点召开，以便取得令人满意的结果。专家研讨会通常在社区本身比如社区中心、社区学校之类的地点举行，使社区成员和利益相关者等能够方便参与。会议组织者必须谨慎地选取地点。我们工作过的几个社区曾经选择了非市区中心的地点，例如乡村俱乐部和教会大厅。这些地点对某些人群而言存在有一些缺陷：那些非俱乐部成员的人群在这样的地点会感到自在么？那些拥有某种信仰的人会在另一种宗教建筑中感觉舒适么？不管怎样，在地理上靠近当前有待解决问题的所在地点也能为协商讨论提供一个更好的环境。为了能让参与专家研讨会的与会者有充足的时间来准备会议，通常需要撰写一封邀请信。信中需要告知他们会议期间的目标、对他们的期望、当前的问题，以及一些初步的信息以便他们能够熟悉会议的主题。至于时间，许多规划专家研讨会都选择定在晚上或者周末举行。这样与会者能够从他们忙碌的工作日程中挪出时间，为了一个共同的目的聚在一起。

针对普通的问题，专家研讨会要达成一致一般需要一天半至四天（Gibson and Whittington，2010），对于更复杂的问题则可能需要一周的时间（Lennertz，2003；Condon，2008）。会议的时长通常取决于规划项目的性质、专家研讨会召开的地点、与会者的知识与熟悉程度。例如，一个为确定某个社区的基本规划问题而举行的专家研讨会，可能只需要几个小时；而一个需要召开多个工作会议的研讨会（包括对话、设计、协议和反馈在内）则需要分多个时间段并持续多天。通过在参加有时间限制的会议时，与会者不得不放弃以往非常耗时的辩论和无用的玩笑话，很快进入状态开始创造性思考（Lennertz，2003）。这是十分有益的，因为短暂的时间能让人们脑中的观点和想法保持新鲜，从而能够快速消除误解，甚至能更快地进入决策阶段。

在此过程中，会议的协调者或者说在整个会议中进行引导的人将是另外一个十分重要的角色（Lennertz and Lutzenhiser，2006）。外部顾问或协调者经常参与到会议过程中，他们客观地收集信息和意见，以不偏向任何特定利益相关者的视角促进对话的展开。如果协调者不是由在引导与谈判方面训练有素的外部顾问来担任，那么这个角色通常由规划师来担任。虽然这样确实可能有出现偏袒的风险。但规划师的职责就是向与会者确保其协调者的角色是中立的。要做到这一点，规划师通常需要政党或社区领袖再次确认他的中立角色。另一个方法是对专家研讨会本身进行"偏差检验"：这时，规划师会在关键时刻询问与会者是否感觉规划师的存在影响了他们的立场。规划师作为谈判者和调解者的角色非常关键（Susskind and Ozawa，1984），然而令人惊讶的是，他们中很少有人接受过谈判技巧的训练，事实上，这种能力是由其实践与经历磨炼出来的。从本质上说，为了开展一个可行的和成功的专家研讨会，规划师需要掌握各种技能，包括政治、协商、引导、调解、流程设计和会议策划等（Forester，1999）。

协调者或规划师在协商讨论过程中会首先倾听大家的想法，然后将其中最受推崇的想法与建议融入设计和规划中。正如福雷斯特（Forester，1999，p.74）所说，"如果倾听之后没有后续的行动……那么这种倾听只能体现出一种谦虚，还浪费并控制了他人的时间。"福雷斯特所说极其正确，我们有个例子能够证明这一点，有次在专家研讨会快要结束的时候，与会者直率尖锐地质问市长：领导者将会如何应对市民的心声。如果领导者未能有效地回应，那么他就可能遭遇愤怒和嘲讽。还有一个例子，一位市民告知社区领导者说：专家研讨会的结果是"庄严的"，必须予以遵守。总之，如果社区领导者无视研讨会的结果，对自身而言是有政治风险的。

为了更好地倾听和结合每个人的意见，常常会进行更小规模的分组讨论，并进行正式的或非正式的演练。分组讨论便于不同社会背景的小团体之间的讨论，从而使每个人都有平等的机会和充分的时间来表述自己的观点、担忧和行动建议。较小的团体能够让安静且保守的与会者自在地交流，并且确认他们的小组成员对自己的发言感兴趣。协调者需要四处走动，确保所有的小组都能进行高效的讨论和对话，并且对随时可能发生的激烈争论进行掌控。较小的分组使得协调者开展协调工作更加容易，因为小的分组可以分散一些与会者的攻击性，确保他们能更快地冷静下来从而进行高效的讨论。

专家研讨会的反馈也是通过一个会议来完成的，会上所有的集体意见与想法都被汇集起来并展示出来——例如通过展板或大海报。然后要求与会者审查这些想法，提出任何可能遗留的问题，并且标注他们的最佳选择，从而达成一个互相同意的最佳方案列表。设计类的专家研讨会的通常会广泛使用可视化工具，如示意图、模型、地图、照片、地理信息系统等计算机模拟技术来展示研讨会的结果。与会者不需要精通这些技术，这些工具只是由协调者团体使用，以确保与会者的想法和概念能更好地呈现。他们帮助社区成员将当前的问题以可视化的形式表达出来，并评估可能在专家研讨会提出的其他方案（Sanoff，2000）。虽然规划类和设计类的专家研讨会也许会使用不同的工具来展示集体意愿，但它们的目的与作用是相同的。不论哪种情况，协调者都需要具备无形的领导艺术（Condon，2008）。

专家研讨会作为教学和研究的工具

从学生的角度看，专家研讨会可以成为实地调查研究和正式研究的一个极具价值的话题。在实地考察方面，学生有机会去近距离亲身体验规划的工作流程。专家研讨会不再关注在他们课堂上讨论过的抽象原则，而是解决大众如何将他们独特的思考、理想和价值观融入地方规划这一实际问题。他们可以观察到规划过程中的难题是如何出现的，数据和信息如何可以让人们改变想法，以及专家研讨会如何可以促成一个有意义、切实可行的规划。根据我们在一些案例中观察得到的经验，专家研讨会中的学生的参与已经发生了变化。因为他们能够明显感知"妥协的概念"以及"协商的艺术"对于规划制定的重要性。让学生们意识到他们的工作对于社区的重要意义是很有必要的。毕竟他们的工作将成为规划制定的一个基本组成部分。至关重要的一点是他们被要求不能在专家研讨会上以自身的立场提出主张。因为我们的大多数学生都处在对某些特定的目标有着极强的信念这一阶段。例如，我们的学生绝大多数都支持社会正义、环境保护、可持续发展、智慧增长和"绿色运动"。他们也难以接受妥协或是承认其他人不一定要接受自己的立场。

学生们通常被分配到各个小组，他们通过对当前的讨论话题进行背景调查，把搜集来的信息和数据提供给各组以帮助各组表达立场。他们也会和小组合作，共同准备简洁的"白皮书"——即关于结论和展示材料的总结。在专家研讨会上，学生们则被分配到会议室的各桌上来担任记者、抄写员和记录者。通常由他们将信息呈交给最后对结论做报告的人，而此人则将其概括起来呈现给观众。在专家研讨会结束之后，学生将总结会议进程中针对相关问题的结论并就此形成一篇最终报告。同时，他们需要总结自己的想法和观察以用于会后回到教室的讨论。总之，专家研讨会的过程是非常有学习价值的，因为学生们可以在工作中理解理论，意识到在一个社区中取得共识的困难性，并且能更好地理解市民们对自己社区所持的价值观，或许更重要的是知道对于一个规划师而言，对社区有深入的了解是如何重要。在学生和教师的正式研究方面，专家研讨会可以为毕业论文、学术论文和正式文章等提供研究话题。他们可以在短时间、近距离体验到当地的价值观、本土文化、学习的空间、多样性观念和对稀有资源的争夺等方方面面。专家研讨会作为一种教学工具和学习工具，为他们提供了一个良机。

工作原则

根据我们过去二十年在社区层面开展专家研讨会的经验，形成了十条综合性的工作原则，这些原则对于在规划编制过程中应用专家研讨会这一工具感兴趣的人员都具有指导意义。

1. 与会者

（1）专家研讨会是与会者的舞台，官员们更多的是需要倾听。社区成员有各自源于生活的经验和知识，能够为专家研讨会的目标提供有价值的信息。在许多情况下，如果专家研讨会的目标是找到需要关注的问题以及恰当的解决方法，那么"地方性的知识与专家的观点相比，更为中肯与可靠"（Kotval，2006，p.84）。由于这些成员对于社区面临的问题有着细致深入的了解，因此他们更重视专家们提出的能够解决这一复杂问题的对策（Sutton and Kemp，2006）。领导们必须做好准备，因为他们可能会发现有一些立场与那些大权在握的人（如市长和市议会的行政人员）的立场相违背。如果领导不接受会议中出现的对立看法，那么举行专家研讨会就没有任何意义。专家研讨会的目的是让每个人交流、协商、提出担忧并且最终形成一致的行动规划。共识的达成通常是围绕前五个最优方案，因为这些方案通常在规划中占据突出位置，而要针对其他的次优方案达成一致就很困难了。专家研讨会的优势在于，它邀请所有与会者加入到研讨会，不论他们的背景、知识基础与信仰如何，每个人都有平等的地位。在专家研讨会的初期，我们通常花费大量的时间来建立"会议规则"。主要包括以下几点：
- 所有与会者都将以积极的语气交谈；
- 所有与会者将代表自己，而不是政党或利益团体来发表言论；
- 所有与会者必须意识到所有成员参与的必要性；
- 所有与会者的发言应当简短而不是长篇大论；
- 所有与会者将被随机分配到各个讨论桌，从而避免了"组合位置"；
- 所有与会者的姓名牌只有名字，没有姓氏、头衔或单位。

（2）如果社会各阶层，包括那些传统上被忽视或冷落的群体在内都能参与进来，专家研讨会将会取得非常大的成功。会议时间、会议地点、食品、儿童看护、交通、翻译服务等都是决定人们是否出席的关键因素。专家研讨会的目的在于提供一个平台，不管是经常沉默的人还是那些积极主动表达自己观点的人，他们都能够在这个平台上发表自己的观点。那些通常在决策过程中被忽视的人，一般也是时间和精力有限的人：他们对利益攸关的问题缺乏兴趣，对专家与政府的意图缺乏信任，并且还受到社会与经济条件的限制。对于这类人群，专家研讨会需进行大量的事先通知，以帮助这类团体为会议内容做充分准备并作好时间上的安排。

（3）对于那些有组织的特定利益的倡导者，必须对他们的观点加以控制。协商应当是集体工作。普通的市民需要展示自己的想法和意见，并且作为一个整体来参与集体行动。人们会因为不同的原因决定是否参加会议或是工作坊。参会的人通常都是对会议感兴趣的人，希望在他人面前分享自己对重要议题的观点。他们可能以个人的角度或者某些特定群体的立场提出主张。不管什么情况下，他们都想要把自己的想法加入到议题中，以帮助制定解决方案。那些既得利益者、主张"单一议题"的人或是那些别有用心的人都可以参加研讨会。但是他们必须遵守专家研讨会的目的和会议规则。经验告诉我们：几乎没有参会者会无视这些规则。

2. 专家研讨会之前

（1）专家研讨会的目的，以及专家研讨会关注议题的所在区域的地理界线必须予以明确界定。在专家研讨会召开之前，应当就对地理界限问题达成一致。与会者参加研讨会，需要明确地知道会议的目的是什么，以及需要怎样的结果。通过在研讨会之前完善自己的思想和意见，能使他们为这些议题做好准备。如果与会者出席研讨会时没有任何准备且毫不知情，那么整个协商过程通常也会变得无知和含糊。

（2）虽然背景资料很重要，但没有人愿意去阅读成堆的材料。更重要的是，这种材料必须不包含专业术语。背景资料有两个作用，首先，背景资料帮助市民理解议题从而对会议过程产生某些实质性的贡献。其次，它帮助参会者思路更加清晰地准备以及阐述他们对议题所持的观点。

3. 专家研讨会过程中

（1）专家研讨会通常是非批判性的、非对抗性的。来自不同背景和不同利益的人们聚集在一起时，难免会有一些争执和对抗。很少有人能够做到去倾听他人的观点、理解不同的思维。专家研讨会的目的在于包容这些不同的观念、消除消极的因素，将重心转移到那些积极的因素上。不必让所有人都能一致同意每一个提议，专家研讨会的理念是去倾听并且尽可能地理解他人的想法。

（2）有时会出现一些团体来联合抵制专家研讨会。他们之所以这样做，通常情况下都是因为他们想要发表某个政治声明，来反对专家研讨会的组织者所持的意见，因为他们认为会议的过程是有缺陷的，又或者因为他们的成员并没有被邀请直接参会。毫无疑问应当不惜一切代价避免抵制专家研讨会的行为。虽然并没有确定的手段来预防抵制，但我们已经发现了两种有效的方法。首先，如果社区的政治领导人物走近他们并且亲自请求他们协助，他们通常将会参加会议。其次，如果组织者向他们担保，他们的主张将会被公正地倾听，通常情况下他们也会放弃抵制行为。

（3）专家研讨会需要具有前瞻性：必须对过往规划工作的评论加以控制。因为很容易抓住过去的错误不放，然后开始讨论事情是如何出错的。尽管吸取过去的教训是避免重犯错误的一个方式，但研讨会的重心应该是对我们期望的前景作一个设想并且对之加以考虑。

4. 专家研讨会之后

（1）必须广泛宣传关于会议结果的文件。会议结束后，让每个人看见他们共同的工作成果，并让他们看到自己的观点如何形成了这些结果，这是非常有用的。这不仅能让与会者感受到社区的联合力量，同时也增强了他们自身的斗志和信心。因为他们的心声被人倾听，而且被给予了其他与会者同等的关注。由于专家研讨会的目的是收集信息，不是所有的问题在专家研讨会的过程中都能得到解答，因此必须对那些遗留的问题进行深入彻底的研究并且公开回复。然而，规划师必须在进行规划编制的过程中对那些研究成果做出回应，这些回应包括四个方面：一是专家研讨会的组织者需要将专家研讨会的总结以及未来的实施步骤反馈到所有的与会者的手中，以便他们有机会反思这些结论。二是研究成果必须发送给负责规划制定的委员会，让他们能够了解与会者的想法。三是规划师应当把总结发送给所有的市政官员，便于他们也能针对结论进行思考并开展行动。四是规划师应当在规划编制时做好准备，展示规划中的哪个部分应用了研究成果，并解释为什么有些结果没有应用到规划之中。

（2）专家研讨会必须与其他数据采集技术相结合。专家研讨会类似于一个研究项目，其目的是集思广益并开展一个对话，使的每个人都能对当前问题有更多了解，进而能够针对一套解决方案达成一致意见。与其他各类型的研究一样，专家研讨会必须有其他的数据搜集技术从旁协助。往往在此过程中产生的信息在本质上已经不仅仅是具有科学性，它也是源自与会者的经验，从而能够实现观点的转变，达成更精明的决策以及创造性的解决方案（Healey，1993；Innes，1998）。

结论

20世纪下半叶，在理论框架发生转变的背景下，边缘化群体因此能够参与规划和决策制定过程，并且这些群体能够对规划理论提出有价值的见解。这一转变涉及不同形式的知识，既有专家性的又有经验性的，同时强调在规划过程中需要通过讲述、倾听、翻译和理解等不同方式来进行学习（Sandercock，1995）。专家研讨会是实现市民参与规划过程的一种方式，尽管这种形式只起了引导作用，但它却是具有创造性的。因为通过这个协作过程产生了别具一格的想法，这种想法不是通过按部就班的例行程序就能得到的（Innes and Booher，2005）。

对专家研讨会的运用必须持谨慎态度，因为它具有一定的局限性。当专家研讨会成了市民必须参与的一项法律或程序化要求时，这就体现出了第一个局限性。当与会者都是自私自利的，并且大力鼓吹他们的特定目的，而不是为了整个社区共同利益来考虑问题时，这就体现出了第二个局限性。第三个局限性是，专家研讨会上可能会用一种让人难以理解的技术性方式来呈现当前问题。在最近关于生物质能设施和风能结构的布点问题的专家研讨会上，我们就能看到这种局限性。最后一个局限性，同时也是一个概括性的认识，即交流式规划对规划在权力笼罩下进行运作这一点没有给予足够关注（McGuirk，2001）。在这个意义上来讲，仅仅靠建立共识来转向交流式规划，很难将规划过程从"很有可能发生的政治现实"中分离出来（McGuirk，2001，p.214）。

专家研讨会并不是只在规划领域起作用。"研究类专家研讨会"给企业提供了一个平台，使得企业领导者和利益相关者能够收集大量数据并且互相协商（Gibson and Whittington，2010）。同样，萨顿与肯普（Sutton and Kemp，2006）展现了专家研讨会是如何将学术界与社会参与这二者联系起来。社会成员的个人认知以及专家和规划师的专业知识，共同促成了一个互相学习与合作的环境。无论是用于规划过程还是作为一种教育工具，这一包括了不同数量与会者在内的更加完善的知识库，都让结果变得更加有意义。

参考文献

Al-Kodmany, K. (2001). "Bridging the Gap between Technical and Local Knowledge: Tools for Promoting Community-Based Planning and Design." *Journal of Architectural and Planning Research*, 18(2), 110–130.

Altshuler, A. (1965). *The City Planning Process: A Political Analysis*. Ithaca, NY: Cornell University Press.

Arnstein, S. R. (1969). "A Ladder of Citizen Participation." *Journal of the American Institute of Planners*, 35(4), 216–224.

Beauregard, R. A. (1998). "Writing the Planner." *Journal of Planning Education and Research*, 18(2), 93–101.

Condon, P. M. (2008). *Design Charrettes for Sustainable Communities*. Washington, D.C.: Island Press.

Forester, J. (1989). *Planning in the Face of Power*. Berkeley: University of California Press.

Forester, J. (1999). *Deliberative Practitioner: Encouraging Participatory Planning Processes*. Cambridge, MA: MIT Press

Gibson, E., and D. Whittington. (2010). "Charrettes as a Method for Engaging Industry in Best Practices Research." *Journal of Construction Engineering and Management*, 136(1), 66–75.

Habermas, J. (1984). *The Theory of Communicative Action*. Boston, MA: Beacon Press.

Healey, P. (1993). "Planning through Debate: The Communicative Turn in Planning Theory", in F. Fischer and J. Forester (Eds.), *The Argumentative Turn in Policy Analysis and Planning*. Durham, NC: Duke University Press, pp. 233–253.

Healey, P., and J. Hillier. (1996). "Communicative Micropolitics." *International Planning Studies*, 1(2): 165–184.

Hillier, J. (1993). "To Boldly Go Where No Planners Have Ever . . ." *Environment and Planning D: Society and Space*, 11(1), 89–113.

Innes, J. (1996). "Planning through Consensus Building: A New View of the Comprehensive Ideal." *Journal of the American Planning Association*, 62(4), 460–472.

Innes, J. (1998). "Information in Communicative Planning." *Journal of the American Planning Association*, 62(1), 52–63.

Innes, J., and D. E. Booher. (2005). "Reframing Public Participation: Strategies for the 21st Century." *Planning Theory and Practice*, 5(4), 419–436.

Kotval, Z. (2006). "The Link between Community Development Practice and Theory: Intuitive or Irrelevant? A Case Study of New Britain, Connecticut." *Community Development Journal*, 41(1), 75–88.

Lennertz, B. (2003). *New Urbanism: Comprehensive Report & Best Practices Guide*, 3rd edition. Ithaca: New Urban.

Lennertz, B., and A. Lutzenhiser. (2006). *The Charrette Handbook*. Portland, OR: American Planning Association, National Charrette Institute.

Lindblom, Charles. (1959). "The Science of Muddling Through." *Public Administration Review*, 19(2), 79–88.

McGuirk, P. (2001). "Situating Communicative Planning Theory: Context, Power, and Knowledge." *Environment and Planning* A, 33(2), 195–217.

Riddick, W. (1971). *Charrette Processes: A Tool in Urban Planning*. York, PA: George Shumway.

Sandercock, L. (1994). Citizen Participation: The New Conservatism. In W. Sarkissian and D. Perlgut (Eds.),

The Community Participation Handbook: Resources for Public Involvement in the Planning Process, 2nd edition (pp. 7–15). Murdock, Australia: Murdock University.

Sandercock, L. (1995). "Voices from the Borderlands: A Meditation on a Metaphor." *Journal of Planning Education and Research*, 14(2): 7788.

Sandercock, L. (2000). "Negotiating Fear and Desire: The Future of Planning in Multicultural Societies." *Urban Form*, 11(2), 201–210.

Sanoff, H. (2000). *Community Participation Methods in Design and Planning*. New York: Wiley.

Susskind, L., and C. Ozawa. (1984). "Mediated Negotiation in the Public Sector: The Planner as Mediator." *Journal of Planning Education and Research*, 4(1): 515.

Sutton, S., and S. Kemp. (2006). Integrating Social Science and Design Inquiry through Interdisciplinary Design Charrettes: An Approach to Participatory Community Problem Solving. *American Journal of Community Psychology*, 38: 125–139.

黄亚平　杨　晨　译，赵丽元　校

5.10

可持续发展领域青少年的参与和教育:
主动式学习环境下的研究成果交流和规划实践

安杰拉·米利翁,

帕特里夏·麦克赫默,齐尼娅·科特瓦尔

引言

> "地球就像一个苹果,切成四片。其中的四分之一代表陆地,从这四分之一的'陆地'中要拿走三分之二,因为它代表着不适宜人类居住的沙漠和高山,只有剩下的很小一部分代表着适宜我们居住的土地。"

这个关于苹果的比喻被用于一个儿童和青少年的交互式学习活动,该活动试图吸引参与者的注意力,解释清楚为什么可持续的土地开发利用为何如此重要。苹果的比喻也代表着本章的重点,即通过开展特殊形式的研究与参与活动,来探索儿童和青少年在重要的政策议题中的参与机制。此章强调了如何可以通过这些参与活动来促进政策实施以及研究成果的交流。

可持续和棕地再利用

尽管现在没有关于可持续的确切定义,但传统对于可持续的一些定义都有共通之处。被引用最多的定义是来自布伦特兰委员会,他们将可持续定义为"既能满足当代的需求,又不损害其子孙后代满足他们的需求的能力发展模式"(World Commission on the Environment and Development,1987)。这一定义的流行部分原因是因为其简化并澄清了一个相当复杂的概念。自 20 世纪 90 年代以来,"可持续"作为一个概念就广泛流行,但是人们对于它的使用依然谨慎保守。然而关键问题始终存在:什么是可持续? 能否实现可持续? 可持续这个目标是否有效? 可持续的测量方法是什么? 尽管存在诸多疑惑,但是可持续作为一个概念在土地开发再利用这一领域依然行之有效。拉克利沙尤斯(Ruckleshaus,1989,p.167)认为"环境保护与经济发展互为补充、并非相互对立"。在美国,可持续发展总统委员会(President's Councilon Sustainable Development 1999,p.iv)曾描绘了一个前景,"美国的可持续将使得经济不断增长,每个人都平等享有幸福的生活,同时也给当代人及后代人提供一个健康、安全、高质量的生活"。吉勒姆（Gillham，2002）认为可持续发展能够限制人们对自然环境和社会造成不利影响，同时对后代发展所需的自然与社会资源进行保护。

土地资源就像前文提过的苹果那样是极其有限的，于是许多青少年（包括一些学生）开始将其视为有限资源并且考虑土地资源的可持续性利用。此外，这个群体大多成长于布伦特兰委员会设立之后（1983年），所以可持续这一概念早已成为他们世界观的一个重要组成部分。另外一个将可持续视为重要原则的群体是城市与地区的规划师。从传统意义上来看，可持续的城市与地区发展包括保障经济与生态的平衡。考夫曼（Kaufman，1985，p.291）认为，实施一个政策的动力并不是保护土地资源这一权利或是义务，评价一个政策的合理性通常都是以高效、经济以及资源保护为基础的。然而他也认为在土地资源的规划与发展中依然存在并且也体现出了道德上的考虑。经济与生态这种对立统一的关系不断塑造了土地政策与规划政策。但是在城市土地再利用领域，由于社会公平这一概念的出现，使得这种对立统一关系更加复杂。

在布伦特兰委员会成立之后，规划与发展领域的研究者将社会公平这一概念纳入了他们对可持续的讨论中（Cohen and Preuss，2002；Burton，2000；Counsell，1999；Pezzoli，1997；Campbell，1996）。特别是科恩和普罗伊斯（Cohen 和 Preuss，2002）对社会公平与可持续这两个概念进行了区分，认为后者强调的是自然资源的保护与粮食生产；而前者的视野更为广泛，它允许土地利用的方式发生改变，这种改变不一定是为了环境保护。坎贝尔（1996）提出了有关环境保护、经济发展与社会公平的"规划师三角模型"。他将可持续置于这个三角形的中心。杰普森（Jepson，2001）也指出关于可持续的定义有无数个，然而这些定义大部分都是描述性定义。杰普森基于环境（environment）、经济（economy）与社会公平（equity）提出了功能性的定义，并称之为"3E"。与坎贝尔一样，杰普森认为实现可持续的能力与解决"3E"（环境、经济和公平）问题的能力有关。

城市与地区的规划师都清楚地认识到一点，即城市与地区的可持续发展必须将棕地当作可能的发展区域来纳入整体规划，从而提高环境质量、维护生态系统的完整。棕地的发展可以促进社区、城市与地区质量的提高。然而，对于非规划专业、非学术领域的人们而言，他们对将棕地纳入地区发展这一决策的重要性没有很好的认识。这就需要人们围绕研究结果与最佳的规划实践来展开对话交流，这样公众才能理解实施土地再利用的原因，从而减少土地消耗、促进对可持续城镇的理解（Bock 等，2009，pp. 203ff.）。

开展针对可持续土地再利用的交流与教育，有些群体是重要目标，其中包括土地所有者、城市官员、政治家以及普通公众。最近有文献揭示了针对年轻一代开展教育（主要针对孩童与学生，包括大学生）的重要性，同时也指出有必要为这些群体提供一些方法和知识，使他们能够参与规划，成为知情的公民、未来政策的制定者和协调者以及未来计划与前景的发言人。青少年参与规划可以为决策提供有价值的观点（Quon Huber 等，2003）。通过棕地再利用这一方式也使得人们能对减少土地消耗这一概念有所认识。本章的作者将分享兰金（Rankin）的经验，他提出在棕地项目建设过程中，这一项目往往"演变成为一个环境教育项目，并且为可持续教育提供了资源"(Economic Progress Alliance, 2008, 转引自 Rankin, 2008, p. 120)。另外, 这些项目也为未来围绕何种形式的规划知识与方法能影响可持续生活方式的应用以及决策过程这一问题而开展的研究打下了基础(Uttke, 2012)。

20 世纪 90 年代, 规划领域向"交流式规划"(Healey, 1996)的转变强调了城市规划从封闭式行为转为一个容纳不同群体的不同需求与偏好的积极协商的过程。近些年公众对于构建可持续环境的兴趣不断增加, 从而出现了"协作式规划"与"协商式规划"(Healey, 1997; Forester, 1999)。同时人们对于数字技术、新工具以及交流方式的获取和应用也在不断加速增长。这些技术与工具不仅影响了社会体系和城市环境, 而且也改变了目前的研究规划的方式, 即通过协作式决策过程增加了公众在数据收集、交流以及应用研究成果等方面参与规划的机会。公众参与正在影响规划实践与规划研究, 也正是通过这一方式, 同公众的交流也由告知公众转变为教育公众。如今的规划研究者能够且应该运用各种工具与方法去加强与公众的交流, 针对规划研究与实践来对他们进行教育。这些工具包括分析领域(如 GIS、图像众包、实时数据分析等)、设计与表现方法(如手工模型、计算机辅助设计或 CAD、3D、图表设计、模型构建、交互模式等)、内容的传播(如印刷媒体、Web 2.0、社会网络、移动因特网等)以及规划过程中不同利益相关者的参与(如调查、调解等)。这些方法将在下文的案例研究中予以介绍。

本章接下来的部分围绕青少年作为利益相关者参与实施有关棕地开发和土地再利用的规划政策, 将介绍这些项目中所采用的工具和交流方式, 以及具有教育意义的成果。对这些项目的介绍很多情况下是基于我们自身的经验以及作为项目教育者所得的启发。所选的项目涉及不同的制度背景, 包括大学、中学及课外背景, 因此也包括了不同的目标群体, 如大学生、高中生及儿童。最后, 本章还探索了空间规划教育与研究的不同形式、方法及工具。也介绍了四个涉及青少年参与空间规划的项目, 它们是(1)国际学校的交流项目[过去 15 年由密歇根州立大学(美国)和多特蒙德科技大学(德国)主办];(2)被称为孩子们的"暑期学院"的工作坊系列[由非营利性组织 JAS(德国)主办];(3)REFINA(减少土地消耗和可持续土地管理研究)项目下的一个名为"开放空间"的高中项目, 以及(4)名为"景观探索者"的儿童规划教育项目(向 9 到 12 岁的青少年普及关于规划概念、方法和一个本地棕地项目的知识)。

针对可持续的土地再利用的教育

要想实现可持续的土地再利用, 则需要平衡社会、经济和环境这三者的利益与目标。它涉及一套整体的综合性方案, 同时要求基于可持续的三个方面做出可行的决策(Federal Government of Germany, 2008, p.21)。实现可持续的土地再利用面临着严重的挑战, 同时, "在对那些真实或可能存在污染的区域进行清理、再利用时, 实现三者之间的平衡显得越来越重要, 因为很多这样存在污染的区域并没有实现它们自身的经济、环境(或生态)及社会(或文化)潜力"(Forschungszentrum Jülich GmbH, 2008, p.7)。这一任务并不是首次被提出, 在德国, 土地再利用(尤其对于棕地的循环利用)在过去的三十年成了公共与私人的城市再开发项目最为重视的领域之一（Henning，2007，P.10）。经济重心由制造业逐渐转向服务业，对于工业用地的需求因此下降。同时对于建设用地的需求也在下降。然而居住用地与交通用地在德国保持着 113 公顷 / 天的增长速度（Federal Government of Germany，2008，p.144—145，Abb. 1）。闲置的工业用地不断增加，而对土地再利用的需求不断扩增，于是德国联邦政府不得不于 2004 年制定了目标：到 2020 年，将居住和交通用地的增长速度减少至 30 公顷 / 天。要实现这一目标，需借助于一个双重政策，即通过发展内城来保护城市外围区域。实现土地再利用的具体目标是将棕地开发面积与绿地开发面积的比例保持在 1：3。

德国最早进行了一些试点研究和研究项目，这些项目旨在开发出一些创新的、基于实践的方法，以应对不断增加的土地利用需求。这些项目包括 Fläche im Kreis（德文，指"土地循环"）、REFINA 项目（即"减少土地消耗和可持续土地管理研究"）、Nachhaltige Siedlungsentwicklung（德文，指"居住地的可持续发展"）及其他相关项目。只有 REFINA 项目制定了一个具体的行动计划，致力于通过交流的方式来培养关于可持续土地利用的教育与培训的新方法和新观念（见 www.refine-info.de）。

在美国，棕地引起了一系列负外部效应，联邦、各州及地方政府相应制定了一系列政策，同时为促进棕地再开发也形成了一些工具和激励措施（Adelaja 等，2009）。在密歇根州，棕地再开发的激励措施包括棕地税收抵免（BTCs）、租税增额融资（TIFs）、对棕地再开发项目的补助与贷款以及棕地评估服务 [Michigan Economic Development Corporation（MEDC），2008]。密歇根州应用了一些棕地再开发的策略及其他的土地利用工具（如土地银行），因而成为美国土地再利用领域的领导者。密歇根州与德国情况类似，长期以来工业在其经济领域所占的份额不多，结果导致出现过多的闲置工业土地。它是全美棕地面积最多的州之一（NALGEP，2004）。密歇根州估计约有 4400 公顷的棕地处于未利用状态（MEDC，2008）。类似于底特律、弗林特及大溪城这样的较大城市，都曾成功地将以前的工业用地转化为阁楼式公寓、办公楼及其他创新的使用方式，如啤酒厂。密歇根鼓励对棕地及大量闲置工业用地进行整治，这一政策让密歇根州在城市规划领域拥有极大的竞争优势。

德国与美国的城市规划院校的一些课程都会讲授可持续的土地开发。这些课程可能涵盖经济发展、土地使用规划，城市设计与景观设计等内容。然而在学校的教育中，可持续的土地开发却仅作为一个话题来介绍 [Bundesministerium für Umwelt, Naturschutzund Reaktorsicherheit（BMU），2008，p. 52] 不过有些机构已经编写出具有教学意义的资料。德国的这些机构包括 2008 年成立的德国联邦环境、自然保护与核安全部，以及 2010 年成立的维斯滕罗特协会。美国也开展了一些类似项目，包括：宾夕法尼亚州的自然资源与环保部的项目（2005），以及宾夕法尼亚州西部棕地中心学校为中小学学生提供的拓展项目。还有很多由环境教育倡导者和建成环境教育人士提供的主动式课外项目。本章对四个空间规划项目进行了总结，介绍了青少年参与空间规划的教育与研究方法。本章在结尾部分基于案例研究对交叉主题进行了讨论。

1. 密歇根州立大学（美国）与多特蒙德科技大学（德国）关于棕地开发的国际大学交流项目

密歇根州立大学（美国）与多特蒙德科技大学（德国）关于棕地开发的国际大学交流项目开始于 1984 年。该项目每年围绕棕地开发这个主题开展为期 2—4 周的学生交流活动，包含一系列教学与学习方法，如上课、讨论、实地考察、实地走访和工作坊。来自跨文化与跨学科背景下的 30 多名学生会参与到设计类专家研讨会的小组中去，来自德国的空间规划专业的学生与来自美国的城市规划与景观设计专业的学生在研讨会小组内开展合作。该项目的目标包括：帮助参与者掌握土地再利用的方法和工具；促进知识在国与国之间的传递，以及给学生们提供一个开展跨文化、跨学科团队合作的机会等。这个项目的最终目标在于通过棕地开发的实际案例来提供实践经验。

该项目的一个重要环节是对棕地及可持续城市发展项目开展实地考察（图 5.10.1），并参加在德国或美国举办、旨在解决棕地问题的一个为期 4—5 天的设计专家研讨会。东道主学生通常会给客访学生准备一份关于该项目的简要介绍。实地考察则由土地所有者及城市规划师来安排。这些学生将组成一个 4—5 人的跨学科的工作小组。专家研讨会在结束时会发布一份由公众评审过的报告，同时特邀评审员、报社以及导师将针对学生的表现提供反馈。

图 5.10.1　研究棕地开发的真实案例使大学生们获得了实践经历

图片来源：Zenia Kotval。

总之，通过这个项目，学生们认识到有些规划问题是普遍存在的，同时规划思想是可以在不同国家之间进行交流的。他们也认识到政治与经济情况二者是有差异的，而所有权的不同使得美国的土地利用问题更加复杂。学生自己对国际学生工作坊进行了评价，强调它是"学习和了解规划问题各个方面的一个非常有效的方法"(Hoffmann 和 Ziegler-Hennings，2009，p. 48)。两国均有很多学生回国后继续从事他们感兴趣的棕地再利用工作，通过清理环境使得土地拥有适合开发的条件并能再次产生效益。

2. JAS（德国）主办的儿童暑期学院，一个为建成环境教育而设立的非营利组织

从 2007 年到 2010 年，德国盖尔森基兴的"暑期学院"项目每年都会开展一个为期四天的工作坊，为 50 名儿童和青少年提供阅读、建模、城市试验和城市研究等各项活动（详见 www.jugend-architektur-stadt.de）。其总体任务是开发关于未来棕地使用的"年轻"的观点。在"猜猜我看到了什么"这一主题活动下，7—12 岁的孩子们在 Oberschuir 煤矿周边发现了建筑和城市住宅，于是关于棕地的临时使用与功能转换的思想逐步形成。年轻的参与者们在建筑、城市规划、城市设计和景观规划等不同主题团队里工作。在由 7 到 10 人组成的小组中，孩子们在两位老师的引导下对煤矿旧址、周边居民以及煤矿旁的铁道旧址开展了调查。由于棕地的条件允许现场作业，在对空间现状进行分析之后，孩子们就把对棕地改造的想法用 1 ∶ 1 的模型展示出来（图 5.10.2）。项目的最终目的是促进孩子们对环境的理解，使孩子们对建成环境更加敏感，同时还要开发对现实环境变化问题的创新解决方案。该项目也为孩子们提供了运用不同的方法、形式和材料来亲自动手进行试验的活动和空间。该项目其他的一些目标包括培养儿童和青少年对不同尺度的空间（包括单体建筑、社区和城镇中心）的认知，同时鼓励儿童、青少年和所有其他市民意识去留意优质设计，并认识到他们每个人在创造建成环境中的角色、权力和责任。

该项目运用各种主动式学习方法来培养孩子们对空间规划概念的认识，这些主动式学习方法包括：意境地图、感知行走（perception walks）、地图分析、航拍影像分析、实地考察分析、空间实验、模型构建等。它们提供了探索城市环境的机会、促进了点对点讨论，也让孩子们能够展示出他们自己关于建成环境和不同空间实验的想法和愿望。孩子们可以选择他们规划设计的范围层面和关注焦点，如建筑、城市规划、城市设计或景观设计等。每个小组都配有一个包括相机、测量板、地图等在内的"城市研究员工具箱"，以帮助他们开展现状调查。孩子们的小组采用的方法根据规划项目所处的层面和关注焦点而各有不同，总体来说，步骤为：现场调查、现场实验、提出构想并利用模型将其展示出来，从而使得所有的孩子都能了解并运用规划设计的流程。

工作坊结束时会出现实际成果，例如在棕地上的新的城市住宅模型。除了这个看得见的成果之外，该项目同时也会发表他们对于未利用空间的二次利用与二次设计的机会与潜力的见解，孩子们也可以体验城市的规划建设的过程。孩子们也从中学到，他们不仅要关注各自的区域，还要关注周边的区域，并与邻里进行沟通、共同协作，以实现共同目标。

图 5.10.2 　一个儿童实地工作坊发表他们对于空间再利用与再设计的机会与潜力的见解

图片来源：Thorsten Sohauz。

3. 运用新技术和新媒体的 REFINA "开放空间" 项目

"开放空间——青少年讨论土地利用的意识"，是 2007—2009 年在 REFINA 研究计划中的一个项目（见 www.refina-info.de）。该项目成员是来自德国不同城市的三所学校中的 75 名高中生，该项目旨在促进他们对联邦政府关于到 2020 年将新增居住用地和交通用地减少至每天 30 公顷的增速这一目标的认识。为了吸引他们的注意，该项目使用了交互式高科技工具，如卫星导航 GPS 系统、谷歌地球及因特网等。同时还结合使用了如航拍影像分析、地理信息系统等传统的空间分析方法（Mählmann，2008，p. 36）。

该项目的目标是要促进高中生们对德国联邦政府的"30 公顷"目标的了解，并吸引这些学生及他们的老师来成为该目标的传播者或倡导者。此外，该项目尝试通过与学生进行协作来开发有关调查、整理和评估土地消耗问题的创新性的教学方法。其最终的目的是通过编撰教材，在环境教育机构和学校中实现关于土地消耗问题的技术手段和教学方式的融合。

项目中开发并使用了一种交互式 DVD，它主要关注 5 个主题：土地消耗、暴雨、土壤、城市规划和历史古城。在项目课程的初始阶段，学生们会对"理想住宅"提出自己的定义，然后讨论他们的"理想住宅"对于他们各自城镇的土地开发的会产生的影响。在分析土地利用的过程中会使用互联网来获取数据，连接 GIS、Google Earth，进行实地走访以及采用 GPS 系统定位（图 5.10.3）。分析过程结束之后，学生们进而会确定规划的目标和潜力，这在某种程度上是基于已有的目标（如联邦政府的"30 公顷目标"）。在项目结束时，学生们会对项目的成果以及自制的宣传海报、影片及网站等内容制作一个 PPT 并展示出来。PPT 展示的重点是要陈述他们对于创造一个更加可持续的开发模式与形式的观点和想法。

该项目显示出了良好的成效，学生们不仅提高了交互式地运用知识信息的能力，同时也提高了他们将技术应用于实践的能力。他们迫切希望参与规划决策并希望能在一个更广阔的环境下开展工作。学生们的想法有助于实现更加可持续的发展（Freifläche，2009，p.4—5）。此外，项目的成果还包括一些教材，其他学校及教学机构可以通过网络获取。www.freiflaeche.org.

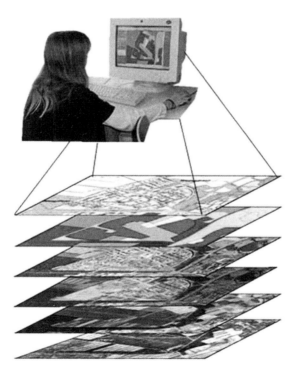

图 5.10.3　运用卫星导航 GPS、谷歌地图及互联网等交互式技术工具来与高中生们开展合作

图片来源：Wolfgang Roth。

4. 案例研究：男生女生俱乐部暑期景观探索者计划（密歇根州兰辛市）

2009 年，美国密歇根州兰辛市的男生女生俱乐部（BGC）的 30 名 7—13 岁的儿童通过景观探索者计划了解了一系列规划设计的理念、原则和技能。孩子们完成了一系列亲自动手的创新项目，这些项目最终在兰辛市规划机构的棕地再开发项目中得到展示。活动包括：设计和设计原则的简介、绘制你的想法（一项环境构图训练）、建筑学、社区分析（基于社区调查并采用 SWOT 分析）、理想社区设计和罗根广场的棕地再开发项目。在最后一个活动中，孩子们分成小组，寻求棕地再开发的潜在方案。

项目的主要目标是提升参与者对其所在地区环境（包括社区和城市两个层面）的认知，并向参与者介绍一系列城市规划和设计的理念和方法。通过他们亲身参与设计过程，该项目也希望获得创造性的问题解决方案及对问题的创新认知。项目的最终目的包括使孩子们能够了解区域规划的范围，包括具体地点、建筑、社区和商业中心等不同层面，同时也能促进他们参与到当地的规划实践。

孩子们参与了各种需亲自动手的活动，包括制作认知地图、建设他们对理想的空间、对男孩女孩俱乐部的入口进行重新设计、社区分析、设计他们理想的社区以及罗根广场商业型棕地设计项目。在罗根广场棕地改造项目中，学生们进行了实地分析、同城市规划官员见面以形成设计理念和方案、制作棕地再开发方案的模型并将其展示给城市规划官员。在制作模型时，3—4 个孩子组成一个小组，密歇根州立大学城市规划和景观建筑系的学生们对他们进行管理和指导。先前的主动学习环节给孩子们提供了建筑要素、规划制度以及设计流程等知识。

构建罗根广场的再设计模型并将其展示给城市规划官员之后，就意味着该项目所有环节的结束。虽然模型代表了实际的物质成果，但教育和学习的成果可能同样甚至更为珍贵。那些平常较少参与规划过程的孩子们意识到市民也可以影响他们所在社区的面貌、空间感受与功能。他们还了解了城市及区域的功能，意识到规划是一个过程，也是一条未来可能的职业道路。

案例研究项目的讨论与评价

前文所述的在棕地再利用领域对青少年的教育的案例研究项目中，出现了四个共同主题：

- 对儿童和青少年进行建成环境教育的重要性日益提高；
- 了解并运用规划设计过程；
- 亲身亲手参与现场活动，包括使用各种媒体及交流工具的这种教育方式的重要性；
- 小组内的点对点学习。

下文将探讨上述的四个主题以及相关经验，这些经验能够应用到对青少年的规划研究及教学中。

1. 对儿童和青少年进行建成环境教育的重要性日益提高

所有案例研究均体现了对儿童、青少年和大学生进行建成环境教育的价值。这些案例研究中包含了诺尔斯·亚涅斯（Knowles-Yánez，2005）提出的一种规划与儿童相互连接的方法，即通过教育者给孩子们讲授规划实践的内容这一方式来实现。所有案例项目的宗旨都响应了建成环境教育这一整体目标（UIA Built EnvironmentEducation Network）。儿童及青少年建成环境教育（BEE）的内容与方法"在过去的 20 年公众的日益关注下已经得到很大发展"（Uttke，2012，p.3）。公众对此的关注也促成了世界各地许多的团体和项目的发展。孩子们也不再只是关注规划游戏（Reicher 等，2007）。教育、规划和研究实践包括：规划课程的开发与采用（Race and Torma，1999；Mullahey 等，1999；Driskell，2002）；国际会议、学术界和规划师的出版物［例如美国规划协会和加拿大规划协会的教育出版物，以及《儿童环境季刊》（前称为《儿童城市简报》]，以及地区性、全国性和国际性的关注建成环境领域儿童的参与及教育的一些组织的形成（例如，空间感知项目、儿童城市、环境设计研究协会、景观学习、PLAYCE、JAS 项目、社区建设协会、儿童城市委员会）。

在本章所提供的案例研究和之前所述研究计划中，二者都显示了人们对棕地开发领域的青少年教育和参与的日益重视，这在某种程度上是因为很多社区都面临着棕地问题。而儿童和青少年，特别是后者，通常都是首个关注此类区域的人（至少在德国是如此，BMVBS/BBSR，2010，pp. 46ff）。儿童是他们所处环境的敏锐观察者，有能力分析并且也能理解他们的周边环境（Horelli and Kaaja，2002；Moore 等，1987；Lynch，1977）。

2. 了解并运用规划设计过程

所有案例研究都涉及的另一个共同主题是：让参与者了解并运用规划和设计过程。这既是所有案例研究的共同目标，也是它们的共同成果。尽管不同的项目会涉及不同的规模，从"理想住宅"到城区住宅再到商业中心，参与者都学习并参与了规划和设计的过程。学生们往往都会列明目录、收集历史资料并确定其意愿、目标和策略。在所有的这些案例中，所涉及的目标区域都没有得到充分利用并且需要改造。在这些案例中，不仅需要参与者去了解他们所在区域的物理、经济和社会环境，同时也鼓励他们利用创造性的规划过程来解决土地再利用过程中的挑战。通过对规划过程中创新思维的鼓励，这些案例项目充分利用了青少年与生俱来的能力——富有想象力，而这种能力往往会在成年后消失不见。

3. 亲身亲手参与现场活动这种教育方式的重要性

所有的案例研究方法均揭示出亲身实参与现场实践的教学方式在青少年的空间规划教学、不同分析媒介的运用以及成果（GIS、手绘草图、3D 计算机辅助造型和建筑模型等）的设计与展示等方面的重要性。对于环境的辨识能力形成于幼年，并以强烈的探索意识为主要标志（Talen and Conffindaffer，1999，p.321）。相关研究发现，儿童具有一种与生俱来的空间感知能力（Halseth and Doddridge，2000；Hart，1997；Blaut，1987；Nagy and Baird，1978；Hart and Moore，1971）。青少年具有的对实地探索的兴趣以及空间理念的理解能力相结合，使得规划和设计研讨会成为一种教育青少年的良好方式。所有案例项目中，大至各种各样的国际城区改造项目，小至到煤矿矿区改造、具体社区的理想住宅设计和棕地的商业化改造，全都开设了设计工作坊。设计工作坊鼓励主动式的参与方式。此外也可对项目中的总体规划和物质模型进行分析。案例研究的亲身参与以及研讨会这个形式更加符合青少年积极主动的特性。辛普森（Simpson，1997，p.923）认为必须通过与儿童能力相当的创造性活动来鼓励儿童参与。

在开展工作坊之前，不同案例研究项目都开展了各种各样的亲身实践活动。例如，给所有的孩子分发沙滩帐篷并让他们去寻找最喜欢的安置地点，然后解释为什么会选择这样一个地点，这就是一个进行亲身实践的例子。在此案例中，可以进行不同的帐篷选址试验，就像建立城市模型可以让孩子们针对规划项目的选址进行试验一样。在这两种情况中，空间的规划都是通过试验而来，并且这些规划也决定了何地的何种用途才最为有效。在此类亲手试验过程中，无需向孩子们介绍那些他们不熟悉的文字或概念就可以让他们理解类似"兼容性"之类的规划概念。

在 REFINA 项目案例中，亲手实践的活动从物理世界延伸扩展至虚拟世界。案例中技术和媒介的使用给学生们提供了一种交互式的亲身体验。交互式的学习体验似乎更为有效持久。新技术的使用（比如使用帐篷及建造模型），就因为其新奇有趣而吸引了大多数青少年的兴趣。这也是学生们愿意去了解一个非常抽象的话题的原因，比如可持续发展，这类抽象的话题他们本身并不熟悉、对此也并不感兴趣。有一个学生非常直接地表达了参加该项目后他的体会。他说："通过亲身参与并亲自动手进行实践，这远比看教科书上罗列的一些事实和数据有趣得多"（摘自 Troll，2009）。

通过实地观察与走访参与者所在的社区这种方式，这一教学方式利用了青少年更重视个人观点的这种心理倾向。例如在土地消耗这个话题中，学生们首先被问及了关于"我的理想住宅——我愿意居住"的个人观点，然后讨论了他们各自的"理想住宅"对于他们所在城镇的土地使用开发的影响。个体的交流以及现场教学对于青少年的参与和理解十分必要。青少年由于参与了规划教育并根据自身的理解来收集数据，于是现场教学显现出了巨大的价值。因此他们也更加能够亲身体验考察现场环境。在所有案例中，青少年都十分幸运地亲身参与了实地考察和分析。

4. 点对点学习

上面所有案例研究在点对点教学中都采用了小团体的形式。所有这些案例也都强调了小团体活动对于提高参与者的学习能力的重要性。在大学交流项目的案例中，小团体使得来自不同文化背景和不同认知环境的学生能够交流彼此的疑问、想法和观念。考虑到各个参与者彼此并不熟悉，小团体提供的交流机会因此就显得尤为重要（Kotval，2009）。即便是在男生女生俱乐部，参与者互相都很熟悉，小团体也能让他们迅速有效地发现并探索各自不同的规划和设计理念。即使孩子们有着同样的文化背景，他们仍然会有不同的想法。小团体迫使参与者加入集体讨论，或者像 REFINA 项目中那样，以一种有效率、有效果的方式来利用一些技术和软件。在"暑期学院"的案例中，考虑到参与者的数量（50 名）和年龄（7—12 岁的孩子），很有必要将孩子们分成更小的团体，这将会极大促进他们的参与，进而促进他们的学习。小团体使得孩子们可以亲自探索他们周边的环境并给让他们能够相互诉说、倾听与表达他们对建筑环境的意见。7—10 人的团体远比 50 人的团体更容易实现这些目标。

结语

本章以棕地开发为例，重点介绍了对大学生、青少年和儿童进行可持续土地再利用教育的方法和实践。同时，也向范围更加广泛的公众群体介绍了交流研究成果和规划知识的方法。这些方法和实践都推崇一种主动式学习方法，以最大限度地提高青少年学生理解空间规划概念的内在能力。沟通交流与学习策略是相互关联的。对案例研究项目进行总结之后，我们发现了四个交叉的主题：建成环境教育对儿童和青少年的重要性日益上升；学习规划的过程并在规划的过程中学习；亲身亲手实践的教学方法在空间规划领域的重要性；点对点学习的作用。

这些案例表明，研究人员和决策者可以采用有各种各样的交流和主动学习的方法和工具，包括专家研讨会、实地考察、工作坊的空间实验以及在高中和青少年中心的技术性教学等，这些方法和工具在吸引学生注意力、加强学生和老师对于土地规划和再利用的讨论这两个方面卓有成效（Kotval，2004）。在棕地开发的案例研究项目中常常使用主动式学习方法。虽然采取的方法不同，每个小组和项目的关注重心也有差异，但它们的任务和教学目标有很多共通之处。一方面，它们都旨在了解土地利用的知识并协调自然保护、城市规划和经济发展之间以及个体和群体之间的利益冲突；另一方面，学生们学会认清空间冲突并关注他们所在社区、城市和地区的典型问题，同时将他们所处的环境和其他国家或国际的环境进行比较。此外，不仅包括规划专业的大学生，还有学校或课外活动中的青少年学生，他们都能提升自己的规划能力，这一规划能力主要包括用创造性方案来解决土地使用上的冲突。

本章提出的方法表明，可持续的土地再利用的研究交流和教育已经从一个狭窄的、以知识为基础的方法逐渐走向一个更广泛的、更主动的方法。这一方法包括了知识和理解、主动性和创造性学习经验以及价值观、技能及能力的发展。可持续发展中的经济、生态和社会之间的平衡也意味着妥协，有时甚至要采用次优方案（比如涉及土地消耗），项目参与者是否真正意识到了这一点，这仍然有待讨论。还有更多的问题也没有答案，如：交流策略和学习经验是否有效？其结果和影响是什么？哪种方法更适用于哪种目标群体？对交流工具和方法的有意选择如何能够有助于实现一个更加公正和可持续发展的环境？所以，在未来进一步的研究中针对这些问题来交流和探讨经验将是一件非常有趣的事。

参考文献

Adelaja, S., Shaw, J., Beyea, W., and McKeown, C. 2009. Potential applications of renewable energy on brownfield sites: a case study of Michigan. East Lansing, MI: Land Policy Institute.

Blaut, J. M. 1987. Place perception in perspective. Journal of Environmental Psychology 7: 297–305.

BMU (Bundesministerium für Umwelt, Naturschutz und Reaktorsicherheit). 2008. Mach mal Platz! Flächenverbrauch und Landschaftszerschneidung. Berlin.

BMVBS (Bundesministerium für Verkehr, Bau und Stadtentwicklung)/BBSR(Bundesinstitut für Bau-, Stadt- und Raumforschung). 2010. Jugend macht Stadt. Berlin.

Bock, S., Hinzen, A., and Libbe, J. (Eds.) 2009. Nachhaltiges Flächenmanagement, in der Praxis erfolgreich kommunizieren. Ansätze und Beispiele aus dem Förderschwerpunkt REFINA. Deutsches Institut für

Urbanistik (Difu), Berlin.

Burton, E. 2000. The compact city: just or just compact? a preliminary analysis. Urban Studies 37(11): 1969–2001.

Campbell, S. 1996. Green cities, growing cities, just cities? Urban planning and the contradictions of sustainable development. Journal of the American Planning Association 62(3): 296–312.

Cohen, J., and Preuss, I. 2002. An analysis of social equity issues in the Montgomery County (MD) transfer of development rights program. Research paper for the National Center for Smart Growth Research and Education, College Park, MD. www.smartgrowth.umd.edu/research/pdf/TDRequity.text.pdf (accessed 5 August 2014).

Counsell, D. 1999. Sustainable development and structure plans in England and Wales: operationalizing the themes and principles. Journal of Environmental Planning and Management 42(1): 45–61.

Driskell, D. 2002. Creating better cities with children and youth. London: Earthscan.

Federal Government of Germany. 2008. Progress report 2008 on the National Strategy for Sustainable Development. Berlin.

Forester, J. 1999. The deliberative practitioner: encouraging participatory planning processes. Boston: MIT Press.

Forschungszentrum Jülich GmbH. 2008. Regional approaches and tools for sustainable revitalization. Berlin.

Freifläche. 2009. Beschreibung der Module/Projektangebote. www.freiflaeche.org/fileadmin/docs/projekte/Freifl%E4che%20Neu/Beschreibung%20der%20Module.pdf, Website Freifläche. Accessed January 6, 2010.

Gillham, O. 2002. Limitless city: a primer on the urban sprawl debate. Washington, DC: Island Press.

Halseth, G., and Doddridge, J. 2000. Children's cognitive mapping: a potential tool for neighborhood planning. Environment and Planning B: Planning and Design 27(4) 565–582.

Hart, R. A. 1997. Children's participation: the theory and practice of involving children in community development and environmental care. New York: UNICEF.

Hart, R. A., and Moore, G. T. 1971. The development of spatial cognition: a review. Place Perception Research Report. Report no. 7. Worcester, MA: Clark University.

Healey, P. 1996. The communicative turn in planning theory and its implications for spatial strategy formation. Environment and Planning B: Planning and Design 23: 217–234.

Healey, P. 1997. Collaborative planning: shaping places in fragmented societies. London: Macmillan.

Henning, G. 2007. Bronfield redevelopment in Germany: state of the art. In Niemann, U., and Ziegler-Hennings, C. (eds.), International Perspectives on Brownfields. International Workshop Brownfields 2007 at the TU Dortmund School of Spatial Planning. Dortmund: TU Dortmund, pp. 10–16.

Hoffmann, A., and Ziegler-Hennings, C. 2009. Resume and outlook. In Gruehn, D. (ed.), German-American Student Workshop Brownfieds by the Water. Dortmund: TU Dortmund , p. 48.

Horelli, L., and Kaaja, M. 2002. Opportunities and constraints of "internet-assisted urban planning" with young people. Journal of Environmental Psychology 22: 191–200.

Jepson, E. 2001. Sustainability and planning: diverse concepts and close associations. Journal of Planning Literature 15(4): 499–510.

Kaufman, J. 1985. Land planning in an ethical perspective. In Wachs, M. (ed.), Ethics in planning. New Brunswick, NJ: Center for Urban Policy Research pp. 291–298.

Knowles-Yánez, K. L. 2005. Children's participation in planning processes. Journal of Planning Literature 20: 3–14.

Kotval, Z. 2004. Teaching experiential learning in the urban planning curriculum. Journal of Geography in Higher Education, 27 (3): 297–308.

Kotval, Z. 2009. A personal note on 25 years of cooperation. In Gruehn, D. (ed.), German-American Student Workshop Brownfields by the Water. LLP-Report 013. Dortmund: TU Dortmund. , pp. 11–12.

Lynch, K. 1977. Growing up in cities. Cambridge, MA: MIT Press.

Mählmann, U. 2008. Freifläche! Jugend kommuniziert Flächenbewußsein. Erste Berichterstattung. In Local Land & Soil News no. 24/25 I/08. Osnabrück, pp. 36–37.

Michigan Economic Development Corporation (MEDC). 2008. Brownfield Redevelopment, Michigan Economic Development Corporation, http://ref.themedc.org/cm/attach/b0bc12b6- 18b0–4e74– 823f 50b40d116e36/BrownfieldSBT.pdf. Accessed October 13, 2008.

Moore, R. C., Goltsman, S. M., and Iacofano, D. S. 1987. The play for all guidelines: planning design and management of outdoor settings for all children. Berkeley, CA: MIG Communications.

Mullahey, R. K., Susskind, Y., and Checkoway, B. 1999. Youth participation in community planning. Washington, DC: APA Planning Advisory Service.

Nagy, J. N., and Baird, J. C. 1978. Children as environmental planners. In Altman, I., and Wohlwill, J. F. (eds.), Children and the environment. New York: Plenum, pp. 259–293.

National Association of Local Government Environmental Professionals (NALGEP). 2004. Unlocking brownfields – keys to community revitalization. Washington, DC: Northeast-Midwest Institute.

Pennsylvania Department of Conservation and Natural Resources. 2005. Pennsylvania land choices: educational guide activities for grades 6–12.

Pezzoli K. 1997. Sustainable development: a transdisciplinary overview of the literature. Journal of Environmental Planning and Management 40(5): 549–574.

President's Council on Sustainable Development. 1999. Towards a sustainable America: advancing prosperity, opportunity, and a healthy environment for the 21st century. Washington, DC.

Quon Huber, M., Frommeyer, J., Weisenback, A., and Sazma, J. 2003. Giving youth a voice in their own community & personal development: strategies & impacts of bringing youth to the table. In Villarruel, F., Perkins, D., Borden, L., and Keith, J. (eds.), Community youth development: programs, policies, and practices. Thousand Oaks, CA: SAGE.

Race, B., and Torma, C. 1999. Youth planning charrettes: a manual for planners, teachers, and youth advocates. Washington, DC: American Planning Association Planners Press.

Rankin, R. 2008. Turning brownfields into art parks. In Brinkmann, R. (ed.), From brown to green: opportunities for sustainable brownfield development in East Tampa. Tampa: University of South Florida, pp. 115–130. http://brinkmann.typepad.com/Final_BF_ET.pdf. Accessed January 4, 2013.

Reicher, C., Edelhoff, S., Kataikko, P., and Uttke, A. (Eds.) 2007. Kinder_Sichten: Städtebau und Architektur für und mit Kindern und Jugendlichen. Troisdorf: Bildungsverlag EINS, pp. 62–72.

Ruckleshaus, W.D. 1989. Toward a sustainable world. Scientific American: 261(3):166–175.

Simpson, B. 1997. Towards the participation of children and young people in urban planning and design. Urban Studies 34 (5–6): 907–925.

Talen, E., and Coffindaffer, M. 1999. The utopianism of children: an empirical study of children's neighborhood design and preferences. Journal of Planning Education and Research 18: 321–331.

Troll, B. 2009. Wohnträume auf den Prüfstand gestellt. Jugendliche für Flächensparen sensibilisiert. Flächenpost – nachhaltiges Flächenmanagement in der Praxis. Berlin, Nr. 12.

Uttke, A. 2012. Towards the future design and development of cities with built environment education: experiences of scale, methods, and outcomes. Procedia – Social and Behavioral Sciences 45: S. 3–13.

World Commission on the Environment and Development. 1987. Report of the world commission on environment and development: our common future. Oxford: Oxford University Press.

Wüstenrot Stiftung (Hrsg.). 2010. Baukultur Gebaute Umwelt: Curriculare Bausteine für den Unterricht. Ludwigsburg.

Websites

ELSA (European Land Soil Alliance e.V.): www.bodenbuendnis.org. Accessed June 1, 2010.

JAS (Jugend Architektur Stadt e.V.): www.jugend-architektur-stadt.de. Accessed September 15, 2009.

REFINA (Forschung für die Reduzierung der Flächeninanspruchnahme und ein nachhaltiges Flächenmanagement/ Research for the Reduction of Land Consumption and for Sustainable Land Management): www.refina-info.de. Accessed June 1, 2010.

UIA Built Environment Education Network: http://uiabee.riai.ie. Accessed September 15, 2009.

Western Pennsylvania Brownfield Center: www.cmu.edu/steinbrenner/brownfields/Current%20Projects/schooloutreach.html. Accessed June 1, 2010.

黄亚平 单卓然 译，赵丽元 校